THIS IS
WESTERN
USA

초판 1쇄 발행 2023년 6월 5일
개정1판 1쇄 발행 2024년 2월 15일
개정2판 1쇄 발행 2025년 2월 17일

지은이 제이민, 민고은

발행인 박성아
편집 김미정, 김현신
디자인 & 지도 일러스트 the Cube
경영 지원·제작 총괄 홍사여리
마케팅·영업 총괄 유양현

펴낸 곳 테라(TERRA)
주소 03925 서울시 마포구 월드컵북로 400, 서울경제진흥원 2층(상암동)
전화 02 332 6976
팩스 02 332 6978
이메일 travel@terrabooks.co.kr
인스타그램 @terrabooks
등록 제2009-000244호
ISBN 979-11-92767-26-0 13980
값 23,000원

THIS IS
디스이즈미국서부
WESTERN USA

글·사진 제이민 민고은

TERRA

About the Author

제이민 Jey Min

여행작가·미국 뉴욕주 변호사. 뉴욕 로스쿨(JD)을 졸업하고 네이버 파워 블로거 선정을 계기로
본격적인 여행 작가의 길을 걷기 시작했다. 여행을 사랑하는 부모님과 함께 어린 시절부터
세계 곳곳을 경험했고, 오랜 해외 생활을 통해 쌓은 풍부한 실전 노하우를 책에 충실하게
담아내고 있다. 니콘 클럽N 앰배서더(3기) 등 사진작가로도 활동 중이다.
저서로 『디스 이즈 미국 동부』, 『디스 이즈 미국 서부』, 『팔로우 호주』, 『팔로우 뉴질랜드』,
『미식의 도시 뉴욕』, 『프렌즈 뉴욕(2015~2020)』 등이 있다.

홈페이지 in.naver.com/travel
인스타그램 @jeymin.ny

수많은 로드트립의 추억과 경험을 한 권의 책으로
담아내는 작업은 매번 힘든 여정이지만, 운명처럼
느껴집니다. 꿈꾸던 멋진 책을 완성해주신 테라
출판사 식구들께 감사드립니다. 민고은 작가님!
두 번째 작업도 즐거웠어요. 캘리포니아의 여름을
함께 해준 내 동생 June에게 고마움과 사랑을
전하며.

민고은 Goeun Min

한국예술종합학교 영상원 졸업. 제일기획 카피라이터 AP 출신. 아시아나국제단편영화제(제1회)
본선 진출 경력을 보유했다. 북미대륙 여행기와 생활 정보를 연재하며 네이버 포스트 스타 에디
터로 선정됐다. 저서로 『미국 서부 100배 즐기기』, 『디스 이즈 미국 서부』가 있다.

블로그 blog.naver.com/hintdot

2015년에 미국살이를 시작하고 나서 8년이
흘렀습니다. 처음엔 마냥 멋있어 보이기만 했던
미국 서부였는데, 이제는 갓 걸음마를 뗀 아이와 함께
구석구석 로드트립을 떠나는 친근한 땅이 됐습니다.
저의 애정이 듬뿍 담긴 미국 서부가 가장 아름다운
모습과 알찬 정보로 독자분들께 다가갈 수 있기를
바랍니다. 함께 책을 만든 제이민 작가님, 출판사
편집팀 그리고 항상 저를 응원해주는 가족에게
고마운 마음을 전합니다.

Author's Note

미국이라는 나라는 작가에게 끝없는 질문을 던져 줍니다.
미국 서부는 까다로운 여행 여건을 감수하고 떠날 만큼 여전히 매력적인가?
수준 높은 카페와 맛집에 익숙한 한국 여행자에게 지속적인 영감을 줄 수 있을까?
또한, 현지에 거주하면서 실시간으로 변화하는 미국 서부를 지켜볼 때마다
여행작가의 의무와 책임감 탓에 조바심이 나기도 했습니다.

활주로가 멈춰 선 때에도 서부의 도시들은 변화를 멈추지 않았고, 새로운 스카이라인이
계속해서 추가됐습니다. 주말이면 LA 주민들은 아트 디스트릭트의 갤러리에서 브런치를
즐기고, 샌프란시스코 포트메이슨의 푸드트럭 축제와 아트쇼는 꼭 가야 할 명소로
자리매김했습니다. 시애틀의 발라드와 라스베이거스 스트립의 북부가 인기 여행지로
거듭났고, 마음 챙김 수업, 키토식 등 새로운 라이프 트렌드가 일상이 됐습니다.

세계 어느 곳보다 생동감 넘치는 혁신성과 동시에, 영원히 변하지 않을 것 같은 영속성
역시 미국 서부가 가진 또 하나의 매력입니다. 그랜드캐니언의 타임라인에선 100년도
찰나에 불과하죠. 옐로스톤의 바이슨 떼는 1세기 전에도 오늘과 같은 모습으로 치솟는
간헐천을 보며 풀을 뜯었을 겁니다. 이 유구함과 혁신성 사이의 팽팽한 긴장감이야말로
여행자들이 미국 서부를 찾는 가장 큰 이유가 아닐까 생각합니다.

한 가지 꼭 기억할 것은 미국 서부가 절대 호락호락한 여행지가 아니란 사실입니다.
방대한 선택지와 이동 시간, 만만치 않은 예산이 들어가죠. 인기 국립공원에서조차
통신이 두절되는 일이 허다합니다. 따라서 미국 서부 여행을 떠날 땐 각 지역의 핵심
정보와 전문가의 조언을 바탕으로 한 선택과 집중이 관건입니다.

이 책에는 수년간 두 명의 작가가 구석구석 찾아 다니면서 축적한 실용 정보와 여행
노하우가 충실히 담겨 있습니다. 트렌드에 맞는 최신 정보도 알차게 채워 넣었습니다.
서부 여행을 앞둔 독자분들이 이 책을 통해 자신 있게 여행 동선을 짤 수 있도록,
현지에서도 든든하게 의지하며 활용하는 책이 되길 바라는 마음으로 최선을 다해
만들었습니다.

『디스 이즈 미국 서부』와 함께 곧 여행을 떠나실 모든 분이
매 순간 새롭고 경이로운 미국 서부를 온전히 누리고 오실 수
있기를 진심으로 기원합니다.

- 민고은, 제이민 드림

About ⟨THIS IS WESTERN USA⟩

⟨디스 이즈 미국 서부⟩를 효율적으로 읽는 방법

책의 구성

● 이 책은 크게 도입부와 지역 소개로 나누었습니다. 도입부에서는 다양한 테마로 구성된 미국 여행의 요모조모를 소개하며 독자들이 여행 감각을 익히도록 했고, 지역 소개에서는 미국 서부의 지역별 여행 정보를 더욱 세부적으로 정리했습니다.

● 지역 소개는 미국 서부 전역을 한 바퀴 돌아보는 순서로 구성했습니다. ❶ 캘리포니아에서 출발해 ❷ 그랜드 서클을 따라 네바다와 유타, 애리조나, 뉴멕시코를 여행하고 ❸ 로키산맥을 거쳐 ❹ 시애틀과 포틀랜드까지 올라가는 순서입니다.

지도에 사용된 아이콘

● 도로 종류

🛣25	인터스테이트 하이웨이	┉┉┉	트레킹 코스
🛡50	US 루트(US 하이웨이)	⋉⋉⋉	기차 노선
🛡9	스테이트 하이웨이	▥▥▥	메트로, 경전철, 스트리트카 등의 노선
▦▦▦	완전 비포장도로(4륜 SUV 이상)	‒‒‒	주 경계선
━━━	비포장도로(SUV 권장)	─────	국경선
━━━	포장도로(일반차량 가능)		
🛣190	국립공원 메인도로		

* 일부 지도에서는 주요 도로와 노선의 색이 다르게 표시되었습니다.

● 아이콘 종류

⭐ 주요 명소	🚢 페리, 크루즈	
® 식당, 카페, 펍	🚲 자전거	
Ⓢ 상점	🛈 비지터 센터	
Ⓗ 숙소	🅿 주차장	0 ──── 500m
✈ 공항	🅶 주유소	방위 및 축척
🚉 주요 기차역	➕ 병원	
🚌 버스 터미널	◎ 주도(州都)	
🚇 메트로, 경전철	◉ 주요 도시, 랜드마크	
🚝 모노레일	• 도시, 표지물	
🚋 스트리트카, 케이블카	▲ 산	

본문 보는 방법

● 대도시 도입부

대도시별 꼭 봐야 할 명소나 포토 스폿을 한눈에 파악할 수 있게 구성했으며, 여행자의 동선을 고려한 추천 일정을 제시했습니다.

● Zone

대도시 등 범위가 넓은 지역은 반나절 또는 하루 동안 돌아볼 만한 지역을 묶어 존으로 구분했습니다.

● Road Trip

자동차 여행을 계획할 때 실질적인 도움이 될 수 있도록 거리 및 소요 시간을 자세히 안내했습니다.

● National Park

미국 서부의 국립공원을 빠짐없이 소개했으며, 특별히 중요한 장소는 상세 지도 및 여행 시 꼭 알아야 할 사항까지 꼼꼼하게 정리했습니다.

● 인덱스 표기

각 지역 소개 페이지 오른쪽 상단에는 해당 도시와 소속 주의 명칭을 축약어로 표기해 책에서의 위치를 파악하기 쉽게 만들었습니다.

● 약어 표기

ADD	주소(Address)	**St**	Street(스트리트)	**Hwy**	Highway(하이웨이)
OPEN	운영시간	**Ave**	Avenue(애비뉴)	**Mt**	Mount, Mountain(산)
PRICE	가격	**Blvd**	Boulevard(대로)	**SW**	Southwest(남서쪽)
WEB	홈페이지(Website)	**Dr**	Drive(드라이브)	**SE**	Southeast(남동쪽)
ACCESS	가는 방법	**Pl**	Place(플레이스)	**NW**	Northwest(북서쪽)
				NE	Northeast(북동쪽)

● 주소 표기

미국에서는 주소를 표기할 때 주 이름을 알파벳 두 글자로 줄인 우편 약자를 사용합니다(예시: 캘리포니아는 CA, 애리조나는 AZ). 약자 뒤에는 다섯 자리의 우편번호(Zip Code)가 따라옵니다. 이 책에서는 대표 주소에 우편번호를 넣어 내비게이션 검색 시 활용하도록 했습니다. 그 외에는 중복되는 도시나 지역명을 생략하고 거리명까지만 기재했습니다.

	번지수/거리명	도시/지역명	소속 주	우편번호
ADD	749 Howard St,	San Francisco,	CA	94103
ADD	S Entrance Rd,	Grand Canyon,	AZ	86023

● 여행 시즌

미국의 여행 성수기는 보통 5월 마지막 주 월요일의 메모리얼 데이(Memorial Day) 연휴부터 9월 첫 번째 월요일 노동절(Labor Day) 연휴까지입니다. 여름 휴가철인 7~8월과 크리스마스 시즌 같은 극성수기에는 숙박비가 1.5배 이상 오르고, 숙소가 부족한 지역이나 인기 국립공원은 6개월~1년 전에 숙소 예약이 마감되기도 하니, 미리 계획을 세우는 것이 중요합니다.

Before Reading　　일러두기

➡ 최근 1400원~1500원을 오르내리는 환율 급상승의 여파로 이 책에 실린 요금, 스케줄 등의 정보가 현지 사정에 따라 수시로 변동될 수 있습니다. 방문 전 최신 환율과 홈페이지 및 현장 정보를 다시 확인하는 것이 좋습니다.

➡ 추천 일정 등 본문에 안내한 차량 또는 도보 이동 시 소요 시간과 대중교통 정보는 현지 사정과 개인의 여행 스타일에 따라 크게 달라질 수 있습니다.

➡ 장소별 요금은 최대한 상세히 기재했으나, 관광지 입장료, 숙박비, 음식 가격 등 시즌에 따라 변동이 큰 항목은 오차가 있을 수 있으므로 대략적으로만 참고해주시길 바랍니다.

➡ 요금은 특별한 경우를 제외하고 대부분 성인을 기준으로 기재했습니다. 단, 소비세나 팁이 포함되지 않은 금액인 탓에 최종 결제액은 10~20% 이상 더해질 수 있습니다. 미국의 팁 문화에 관한 정보는 066p에서 확인할 수 있습니다.

➡ 'Sales Tax'는 '판매세'로 번역하는 게 더 정확한 의미 전달이 되겠으나, 국내에서 이미 '소비세'로 번역돼 통용되고 있기 때문에 이 책에서도 '소비세'로 표기했습니다.

➡ 미국에서는 0세부터 시작해 각자 생일을 기준으로 1살씩 추가하는 '만 나이'를 사용하고 있습니다. 이 책에 수록된 나이 기준은 모두 만 나이입니다.

➡ 숙소 요금은 2인실을 기준으로 기재했습니다. 여기에 소비세와 숙박세뿐 아니라 주차료 같은 비용이 더해 지기도 합니다. 숙소 비용 체크 방법은 111p에서 확인할 수 있습니다.

➡ 외래어 표기는 국립국어원의 외래어 표기법을 따랐으나, 우리에게 익숙하거나 이미 굳어진 지명과 인명, 관광지명, 상호 및 상품명 등은 관용적 표현을 사용했습니다. 또한, 책의 실용성을 높이고자 외래어 표기법에 따르지 않고 미국 현지 발음에 가깝게 표기한 것도 있습니다.

Contents

DINING AND SHOPPING

미국 서부 음식 & 쇼핑 가이드

WESTERN USA TRIP IDEAS

미국 서부 테마 여행

GRAND
CIRCLE

그랜드 서클

WESTERN USA Overview

미국은 상상을 초월하게 넓은 나라다. 위로는 캐나다, 아래로는 멕시코와 국경을 맞댄 본토 중에서 태평양과 가까운 지역을 미국 서부라고 한다. 캘리포니아의 푸른 바다와 애리조나의 붉은 대지가 기다리는 곳! 서부 여행의 출발점으로 삼기 좋은 대표 도시를 알아보자.

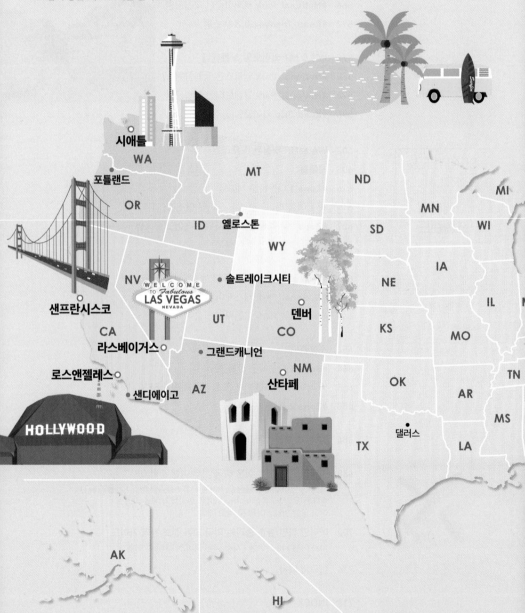

시애틀
WA
포틀랜드
OR
MT
ND
MI
MN
WI
ID
옐로스톤
SD
WY
IA
NV
솔트레이크시티
NE
샌프란시스코
LAS VEGAS
덴버
KS
IL
CA
UT
CO
MO
라스베이거스
그랜드캐니언
로스앤젤레스
NM
OK
TN
샌디에이고
AZ
산타페
AR
MS
HOLLYWOOD
달러스
TX
LA

AK

HI

샌프란시스코

골든게이트브리지가 지키는 낭만과 자유의 도시. 가파른 언덕을 오르는 케이블카도 타고, 물개가 평화롭게 일광욕을 즐기는 항구도 구경해보자. 나파밸리 와이너리와 요세미티 국립공원이 인기 근교 여행지다. 117p

시애틀

아마존과 마이크로소프트 등 글로벌 IT 기업이 자리한 혁신의 아이콘. 알래스카로 떠나는 대형 크루즈가 정박하는 아름다운 항구도시이기도 하다. 스타벅스 1호 매장을 놓치지 말 것! 605p

로스앤젤레스

아카데미 시상식이 열리는 꿈의 도시 LA! 영화 속 명소들이 눈앞에 펼쳐진다. 디즈니랜드와 유니버설 스튜디오는 필수 코스! 야자수가 자라는 캘리포니아의 해변을 따라 샌디에이고를 다녀와도 좋다. 255p

덴버

존 덴버의 노래 가사 속에 담긴 황홀한 산과 호수! 콜로라도에는 눈부신 가을이 한발 앞서 찾아온다. 콜로라도의 황금빛 자작나무를 만나러 로키 마운틴으로 떠나보자. 554p

라스베이거스

초대형 호텔이 화려한 시설과 볼거리로 여행자를 유혹하는 엔터테인먼트의 왕국. 사막 한가운데 건설한 덕분에, 데스밸리나 그랜드캐니언으로 자동차 여행을 떠날 때 중요한 거점이 돼준다. 386p

산타페

붉은 흙으로 지은 어도비 하우스가 늘어선 예술과 정열의 도시. 20세기 미국을 대표하는 화가인 조지아 오키프를 매료시킨 뉴멕시코의 주도다. 528p

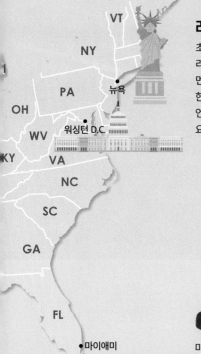

ME
VT
NY
PA
뉴욕
OH
WV
워싱턴 D.C.
KY
VA
NC
SC
GA
FL
마이애미

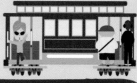

미국은 연방 국가

미국은 50개의 주(State)와 1개의 특별구(District)로 이뤄진 연방 국가다. 수도인 워싱턴 D.C.의 연방 정부와 대등한 지위의 주 정부는 독립적인 행정·입법·사법권을 가진다. 따라서 주마다 지켜야 할 규칙도 조금씩 다르다. 또한, 캘리포니아주의 길이(1220km)가 한반도 전체(1100km)보다 길 정도로 광활한 나라인 만큼, 주 경계선을 넘을 때마다 달라지는 시차와 기후까지 고려한 여행 계획을 세우는 것이 중요하다.

미국 서부 최고의 순간
인생샷 포인트 BEST 10

We're Going West! 우리는 서부로 간다. 샌프란시스코의 골든게이트브리지, LA와 라스베이거스의 야경, 요세미티의 폭포와 그랜드캐니언. 어디서 무엇을 봐야 할지 도저히 모르겠다면, 가슴을 설레게 하는 사진으로 시작해보자.

샌프란시스코의 상징
골든게이트브리지 142p

소살리토를 지나 샌프란시스코로 들어가는 길.
미국 서부의 영원한 랜드마크다.

LA의 핑크 월
멜로즈 애비뉴 295p

핫핑크와 파란 하늘이 완벽하게 어울리는
LA의 포토 스폿. 감각적인 쇼핑 매장이
즐비한 거리에서 사진도 찍고 산책도 하고!

LA여행 포토스팟 No.1
할리우드 사인 285p

수많은 영화와 미디어에 등장해서 관객의 마음을 설레게 한
할리우드 간판은 꿈의 실현과 성공의 아이콘이다.

샌디에이고의 파라다이스
코로나도 아일랜드 359p
길쭉한 야자수 사이로 샌디에이고 스카이라인이 보이는 촬영 포인트.
호텔 델 코로나도 앞에서 인증샷도 잊지 않기!

City of Stars
그리피스 천문대 282p
영화 <라라랜드> 속 천문대 뒤로,
별보다 더 빛나는 로스앤젤레스 다운타운.

대자연이 세운 기념비
모뉴먼트밸리 468p

태양과 바람이 지배하고 원주민이 지키는 땅! 영화 <포레스트 검프>를 비롯한
수많은 고전영화의 배경으로 등장하며 만인의 영감을 자극해 왔다.

잠들지 않는 도시
라스베이거스 386p

화려한 에펠탑 조명 아래, 달콤한 일탈을 꿈꿔보자.
라스베이거스의 밤은 영원하다.

콜로라도강이 만든 말발굽 모양

호스슈벤드 486p

태양이 지평선과 만나는 순간, 콜로라도강이 오묘하게 빛난다.
주차장에서 15분 정도 트레킹을 하면 절벽 끝 전망 포인트에
도달한다.

상상을 초월하는 거대함
그랜드캐니언 488p
거칠고 황량한 사막지대를 수백 킬로미터씩 운전하는 수고로움도
잊게 하는 황홀한 풍경. 우리 모두의 인생 버킷리스트.

시애틀의 잠 못 이루는 밤
스페이스 니들 615p
시애틀의 스카이라인을 완성해주는 전망타워와 마운트 레이니어.
촬영 장소는 도심 속 주택가 공원 케리 파크.

ABOUT USA

태평양 건너편의 미국은 넓은 만큼 이동 거리와 시간도 만만치 않다. 도시를 옮길 때마다 확인해야 하는 지역별 기후와 시차, 한국과는 다른 도량형 기준 단위와 물가 비교, 여행 예산 짜는 요령 등 미국으로 떠나기 전 한 번쯤 읽어 봐야 할 정보를 모았다.

명칭 United States of America
(아메리카 합중국)

수도 워싱턴 D.C.(동부)

독립기념일 1776년 7월 4일

면적 987만km^2
(세계 3위, 한반도의 약 45배)

인구 약 3억 4천만 명

국가 번호 +1(한국 +82)

전압 120v

긴급 전화 번호 911

통화 미국 달러 United States Dollar(USD, $)

미국 공식 여행 웹사이트 gousa.or.kr

미국 표준시 & 일광 절약시간

미국 본토에서는 4개의 시간대를 사용한다. 동쪽으로 갈수록 한국과의 시차가 1시간씩 줄어들며, 가장 서쪽의 캘리포니아는 가장 동쪽의 뉴욕과 3시간의 시차가 발생한다. 시간 경계선을 넘을 때마다 자동차와 손목시계의 시간을 확인하자. 해가 길어지는 계절에는 대부분의 주에서 시계를 1시간 앞당겨서 생활하는 일광 절약시간(Daylight Saving Time, 서머타임)을 실시한다.

일광 절약 시간	3월 둘째 일요일~11월 첫째 일요일
적용 제외 지역	애리조나 주(그랜드캐니언), 하와이 및 미국 본토의 일부 지역

여행지 결정 전, 체크사항! STEP-BY-STEP

Step 1 여행 기간 정하기 → 028p

미국 서부는 도시 간 거리가 멀어서 시간 대비 방문할 수 있는 장소가 적다.

- **2박 3일** 도시 1곳
- **3박 4일** 도시 1곳 + 근교 여행
- **7박 8일** 도시 2곳 + 국립공원 1곳
- **10~14일** 도시 2곳 + 그랜드 서클 일부
- **30일** 미국 서부 일주

Step 2 목적지 & 액티비티 정하기 → 076p

무엇을 볼지, 무엇을 하고 싶은지에 따라 목적지가 달라진다. '미국 서부 테마 여행'을 참고해 나의 취향을 확인해보자.

Step 3 공휴일과 축제기간, 여행 성수기 확인하기 → 040p

휴가나 축제 기간, 주말이 겹치면 숙박비가 치솟는다. 항공편을 예약하기 전 숙박비부터 검색하고 스케줄을 확정하는 것이 좋다.

Step 4 항공권 구매하기 → 691p

기본 계획에 맞춰 항공권을 예매한다. 약간의 추가 비용이 발생하더라도 In-Out 도시를 다르게 한다면 출발지로 돌아갈 필요가 없어 오히려 시간과 비용을 아낄 수 있다.

Step 5 입국 서류 준비하기 → 690p

여권 유효기간 확인 후 ESTA(혹은 비자, I-94 등)를 신청한다. ESTA는 2년간 유효하므로 먼저 여행 승인을 받은 후 구체적인 계획을 세우자. 숙소 주소 입력란 작성을 위해 도착지 첫 번째 숙소만 우선 예약 후 신청하는 것도 좋은 방법이다(숙소 주소는 추후 수정 가능).

Step 6 여행 방법 결정하기 → 703p

렌터카는 필요한 기간에 맞춰 예약하되, 국내 대행사를 통해 예약하는 것이 각 업체의 홈페이지보다 저렴할 수 있다. 대중교통은 별도 예약이 필요 없지만, 도시 간 이동에 투어 업체를 이용할 경우에는 가능한 날짜를 미리 확인하고 예약한다.

Step 7 주요 이벤트, 예약이 필요한 명소나 액티비티 확인하기 → 078p, 098p

캘리포니아주의 테마파크는 항상 붐비기 때문에 가격까지 오르는 주말은 가급적 피하고, 평일 위주로 방문하는 것이 좋다. 또한, 디즈니랜드, 레고랜드 같은 일부 테마파크, 나파밸리의 유명 와이너리, LA의 더 브로드 미술관 등은 입장권 외 방문일 예약도 필요해서, 예약 성공 여부에 따라 일정이 바뀐다. 방문할 국립공원의 입장 예약도 확인해야 한다.

Step 8 숙소 예약하기 → 106p

미국은 이동 시간이 길어 여행에 변수가 발생할 수 있으므로, 가능한 취소 가능한 숙소를 선택한다. 같은 이유에서 최저가로만 검색하는 것보다는 연계 사이트(호텔스닷컴, 익스피디아 등)를 이용해 관리가 쉽도록 예약하는 것도 방법. 도착 첫날의 숙소를 정했다면 잊지 말고 ESTA 정보를 업데이트하자.

지역별 기후

아메리카 대륙에 걸쳐진 미국의 기후는 주별, 지역별로 다르다. 캘리포니아와 태평양 연안의 도시는 비교적 온화한 날씨로 사계절 여행하기 좋지만, 라스베이거스가 있는 네바다주, 그랜드캐니언과 피닉스가 있는 애리조나주, 그랜드 서클의 핵심 지역 유타주는 여름에는 뜨겁고 겨울에는 추운 사막 기후다. 로키산맥이 있는 콜로라도주와 와이오밍주의 고산 지대는 다른 지역보다 일찍 단풍이 들고 10월부터 눈이 내린다. 따라서 지역별 날씨를 고려해 여행 계획을 세우는 것이 중요하다. 아래의 표는 주요 도시별 여행하기 좋은 시즌을 표시한 것. 오렌지색에 가까울수록 여행 최적기, 회색은 비수기를 뜻한다.

	1월	2월	3월	4월	5월	6월	7월	8월	9월	10월	11월	12월
샌프란시스코												
로스앤젤레스												
라스베이거스												
시애틀												
피닉스												
그랜드 서클												
로키산맥	🎿										🏂	

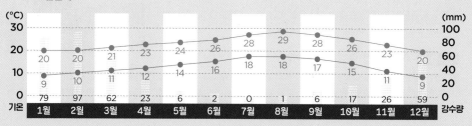

*우리나라 기상청 날씨누리 자료(1981~2020년 평균값)

로스앤젤레스

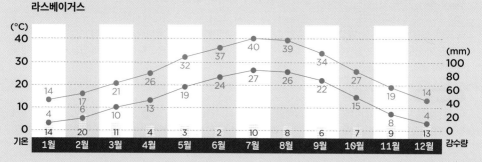

라스베이거스

● 미국 날씨 읽기 팁: °C → °F 변환 필수!

미국은 길이, 무게, 온도 등 실생활에서 사용하는 기준 단위가 한국과 다르다. 주요 단위 체계와 변환 방법, 사용 예시는 다음과 같다.

거리	1마일(Mile, ml) = 약 1.6킬로미터(km) 제한속도 65ml/h = 약 105km/h	1야드(Yard, yd) = 91.44센티미터(cm) 골프 비거리 200 yd = 약 182m
무게	1파운드(Pound, lb) = 약 453그램(g) 몸무게 100lb = 약 45.2kg	1온스(Ounce, oz) = 약 28그램(g) 스테이크 8oz = 약 226g
길이	1피트(feet, ft) = 약 30센티미터(cm) 키 5feet = 약 150cm	1인치(inch, in) = 2.54센티미터(cm) 허리 30인치 = 76.2cm
부피	1갤런(Gallon, gal) = 약 3.785리터(L) 주유시 10gal = 약 37.85L	1파인트(Pint, pt) = 약 470씨씨(cc) 맥주 1파인트 = 약 470cc
온도	변환 공식: °C = (°F-32)/1.8 *화씨에서 30도를 빼고 2로 나누면 섭씨와 대략 비슷하다. 예를 들어, 화씨 100°F에서 30을 뺀 후 2로 나누면 약 35°C(정확히는 37.7 °C)	

● 기상 정보 확인하기

여행 중에는 날씨와 관련된 안전 정보를 확인하는 습관이 중요하다. 스마트폰 긴급 경보를 활성화해 두면 미국에서도 무선 긴급 경보(WEA)를 통해 심각한 날씨, 산불, 기타 비상 상황에 대한 알림을 받을 수 있다. 국립공원 여행 시 주의 사항은 99p, 일반적인 여행 안전 정보는 700p를 참고하자.

♦ 구글맵 Google Maps
목적지를 검색하면 이동 경로상의 도로 상황과 재난 정보 제공
WEB google.com/maps

♦ 연방재난관리청 FEMA
산불, 홍수 등 자연재해에 대한 실시간 경고, 준비 팁 및 안전 지침 확인
WEB fema.gov(한국어 설정 가능)

♦ 미국 국립기상청 NWS
날씨 경보, 주의보 및 경고 제공
WEB weather.gov

♦ 국립 산불센터 NIFC
산불 현황에 대한 상세 지도 제공
WEB nifc.gov/fire-information/maps

♦ 에어나우 AirNow
산불 발생 시 공기질 확인 가능
WEB airnow.gov

+ M O R E +

NWS 기상특보 3단계

 Watches 주시 단계:
발생 확률 50%. 기상 상황을 주시할 것

 Advisories 주의보 단계:
발생 확률 80%. 폭설, 폭염, 홍수 등에 주의

Warnings 경보 단계:
위험한 상황이 임박 또는 발생 중. 즉시 행동 필요

한국 vs 미국 물가 비교

미국의 가격 표기는 대부분 세금(Tax)을 제외한 금액이다. 특히 서비스에 대한 팁(Tip)까지 추가하면 실제 결제 금액은 기재 가격의 20~25%를 웃돈다. 게다가 최근에는 환율까지 급등하면서 체감 물가가 훨씬 높아졌다.

*출처: numbeo.com, 환율: $1=1400원 기준

품목	서울	샌프란시스코	품목	서울	샌프란시스코
버거 세트	8850원	$12(1만6800원)	맥주(생맥주 500ml)	5000원	$8(1만1200원)
단품 식사	1만2000원	$25(3만5000원)	콜라(300ml)	2248원	$2.92(4088원)
달걀(12개)	4483원	$5.41(7574원)	물(300ml)	1158원	$2.22(3108원)
우유(1l)	2988원	$1.49(2086원)	휘발유(1l)	1678원	$1.38(1932원)

주별로 다른 소비세(Sales Tax) 정책

미국의 소비세는 연방정부가 아닌 주정부에서 부과하는 것으로, 텍사스주를 제외하면 택스 리펀 제도를 운용하지 않는다. 따라서 주별로 서로 다른 소비세를 알아두면 도움이 된다. 소비세는 모든 소비 행위에 대한 세금으로, 주세(State Tax)+지역세(Local Tax)가 합쳐진 세율이다. 주는 물론이고 소속 카운티에 따라 식재료, 원재료 및 특정 품목에 면세를 적용하기도 해 가격 차이가 발생한다. 소비세율이 0%인 오리건주가 쇼핑 장소로 인기인 이유가 여기에 있다.

주	소비세(2024년 기준)	주	소비세(2024년 기준)
오리건(OR), 몬태나(MN)	0%	네바다(NV)	8.23%
와이오밍(WY)	5.44%	애리조나(AZ)	8.37%
유타(UT)	7.24%	캘리포니아(CA)	8.85%
뉴멕시코(NM)	7.61%	워싱턴(WA)	9.37%
콜로라도(CO)	7.80%	아이다호(ID)	6.02%

: WRITER'S PICK :
쇼핑하기 좋은 미국 여행 시즌

❶ 블랙 프라이데이 Black Friday
11월 추수감사절 바로 다음 날인 금요일부터 주말까지 이어지는 대규모 할인 행사. 그다음 주 월요일은 온라인에서 파격 할인이 펼쳐지는 '사이버 먼데이'로, 연중 가장 큰 쇼핑 대목이다.

❷ 크리스마스 위크 Christmas Week
크리스마스 장식이 시작되는 12월 초부터 볼거리가 많아진다. 아이 장난감이나 옷 등 가족 선물을 사기에 좋은 시기. 크리스마스 전 주부터 새해 전날까지 할인율이 가장 높다.

❸ 노동절 연휴 Labor Day
9월 초 가을이 시작되며 세일 릴레이의 서막을 알린다. 가을, 겨울 옷을 미리 사기 좋다. 9월 첫째 월요일 노동절 연휴에는 아웃렛을 방문해보자.

❹ 아마존 프라임 데이 Amazon Prime Day
6~7월경 아마존이 수천 개의 인기 제품을 48시간 동안 파격 할인한다. 온라인 주문·배송만 가능.

7박 8일 기준 여행 예산 짜는 요령[예시]

환율 급상승 여파로 현재 미국의 물가는 매우 높아졌다. 여행 경비는 여행 지역과 시기, 인원에 따라 크게 달라질 수 있으므로 아래의 표는 참고로만 활용하자.

분류		상세	비용(USD)			내용
			금액	횟수	계	
서류		ESTA 발급	$21	1	$21	-
		여행자보험	$80	1	$80	-
		통신	$30	1	$30	일주일 로밍 3만9000원
교통	항공권	서울-미국 왕복	-	-	-	토요일 오전 도착, 토요일 밤 출발편
	렌터카	8일(중형 SUV 기준)	$1,000	1	$1,000	공항에서 대여·반납(보험료 포함)
	유류비	1700km	$190	1	$190	LA-라스베이거스-그랜드캐니언 국립공원 왕복
소계					$1,321	
숙박	고급 호텔	LA, 라스베이거스	$300	2	$600	2인 1실 기준가의 50%로 책정
	B&B	가정집 형태의 민박	$150	1	$150	자이언 국립공원 등 마을, 소도시 주변
	국립공원	국립공원의 산장	$200	1	$200	그랜드캐니언 국립공원 내 숙소
	모텔	체인형 숙소	$150	3	$450	주요 관광지 기준 저가형 숙소
소계					$1,400	
식비		일반 레스토랑	$50	6	$300	단품(1인)
		고급 코스 요리	$150	1	$150	고급 레스토랑의 스테이크 등
		버거	$10	2	$20	인앤아웃 기준(음료, 감자튀김 포함)
		스낵	$20	8	$160	샌드위치 등 간단한 식사
		디저트	$10	5	$50	케이크, 아이스크림 등
		음료	$5	8	$40	커피 등
		식료품	$150	1	$150	자동차 여행용
소계					$870	
입장료	할인 패스	LA 테마파크	$150	1	$150	디즈니랜드, 유니버설 스튜디오 등
	국립공원	국립공원 2곳	$35	2	$70	3~4곳 이상의 국립공원 방문 시 연간 패스($80) 구매
	스포츠	메이저리그 경기	$30	1	$30	저가형 좌석 기준
	입장료	박물관 등	$20	3	$60	일반적인 박물관·미술관 기준
소계					$310	
총계(달러화)			$3,901			*** 항공권·쇼핑·주류·팁·기타 비용 불포함
총계(원화)			₩5,461,400			*** 환율 1400원 기준

GOING WEST!

미국 서부 추천 코스 BEST 5

<디스 이즈 미국 서부>는 캘리포니아의 샌프란시스코에서 출발해 LA를 거쳐
네바다와 유타, 애리조나와 뉴멕시코, 콜로라도, 로키산맥을 따라 시애틀까지
올라가며 미국 서부를 한 바퀴 돌아보는 순서로 구성했다. 또한 지역별로 여행
계획을 세우는 데 유용한 5종류의 코스를 제시했다.
여행 기간이 2주 이상이라면 ❶ 번 코스를 기본으로 ❷~❺번 코스를 조합해도
된다. 단, 이동 거리가 늘어날수록 변수가 많아져 제시된 일정보다 더 긴 시간
이 걸릴 수 있다는 점을 감안하자.

❺ 시애틀과 포틀랜드
테마 슬로라이프
      도시 여행
기간 7박 8일
시즌 6~10월

❹ 로키산맥 일주
테마 산과 숲, 호수로 떠나는 힐링 여행
기간 최소 10일
시즌 5월 말~ 9월 중순

뱅쿠버
밴프
CANADA
시애틀
글레이셔 국립공원
WA
포틀랜드
OR
MT
ID
옐로스톤 국립공원
WY
NV
솔트레이크
UT
샌프란시스코
덴버
CA
CO
라스베이거스
로스앤젤레스
AZ
산타페
샌디에이고
피닉스
NM

❶ 캘리포니아 일주
테마 화려한 도시와 태평양의 만남
기간 9박 11일
시즌 사계절

❷ 그랜드 서클
테마 미국 서부 핵심 자동차 여행
기간 최소 9일
시즌 봄, 가을(라스베이거스는 사계절)

❸ 남서부 일주
테마 루트 66 따라
      미국 횡단 여행
기간 최소 10일
시즌 봄, 가을

캘리포니아 일주

화려한 도시와 태평양의 만남

낭만의 도시 샌프란시스코에서 출발해 할리우드의 엔터테인먼트가 총집합한 로스앤젤레스까지, 캘리포니아의 대표 도시 2곳을 연결하는 아름다운 해안도로를 따라 여행해보자. 넓은 백사장이 펼쳐진 태평양에서 오렌지빛 석양을 감상하고 데미피그까지 즐기는 일주일은 힐링 그 자체! 해안도로 대신 샌프란시스코에서 300km 떨어진 요세미티 국립공원을 방문하고 내려오는 방법도 있다.

나파밸리
① 91km
샌프란시스코
③ 307km
요세미티 국립공원(1박)
③ 506km
628km
요세미티 경유
총 812km
캘리포니아 1번 도로
총 715km **②**
피스모비치(1박)
로스앤젤레스 43km
디즈니랜드
④ 194km
샌디에이고

⊙**항공권** 샌프란시스코 IN-로스앤젤레스 OUT
⊙**여행 최적기** 사계절

	숙박 장소	세부 일정	준비사항
Day 1	샌프란시스코	시티투어(피셔맨즈 워프, 다운타운)	–
Day 2		소살리토/앨커트래즈	앨커트래즈 크루즈 예약 여권 또는 여권 사본 지참
Day 3		❶ 나파밸리	렌터카 또는 투어 예약 와이너리/브루어리 시음 예약
Day 4	선택	❷ 캘리포니아 1번 도로	
Day 5		❸ 요세미티 국립공원	
Day 6	로스앤젤레스	시티투어(할리우드, 베벌리힐스) 후 산타모니카	게티 센터·게티 빌라 예약
Day 7		시티투어(다운타운 LA) 후 스포츠·공연 관람	더 브로드(미술관) 예약, MLB·NBA 경기 예약
Day 8		유니버설 스튜디오 또는 디즈니랜드 캘리포니아	테마파크 입장권 예매 (디즈니랜드, 레고랜드는 방문일 지정 필수)
Day 9	LA해변	❹ 샌디에이고 다녀오기	–
Day 10		귀국 준비	–

⚠ 고려 사항

❶ 나파밸리 와이너리는 샌프란시스코를 기점으로 다녀오기 좋다. 이동 거리는 짧지만 와인 시음을 할 예정이라면 당일 투어를 이용하거나, 나파 또는 소노마에서 1박을 고려한다.

❷ 예능 프로그램 <어쩌다 사장> 촬영지 몬터레이를 비롯해 예쁜 바닷가 소도시가 많다. 길이 험한 빅서(Big Sur)와 산불로 인해 길이 통제된 말리부 구간은 방문 전 구글맵으로 통행 가능 여부를 꼭 확인하자. ➡ 1번 국도 정보 239p

❸ 요세미티 국립공원은 볼거리가 많고 장거리 운전이 포함돼 있어 최소 1박 2일이 필요하다. 샌프란시스코 당일 투어나 샌프란시스코-요세미티 국립공원-LA를 연결해주는 관광상품(샌딩투어로 검색)도 있다.

❹ 다소 빠듯한 일정이지만, 차가 있다면 LA에서 샌디에이고를 당일로 다녀오는 것도 가능하다. 귀국 전날 숙소를 LA 공항에서 15분 거리의 해변 지역(마리나델레이 추천)으로 잡으면 이동 시간이 단축된다. 대중교통 이용 시 이동 시간이 길어져 하루 일정을 잡는 것이 무의미하다.

그랜드 서클

미국 서부 핵심 자동차 여행 코스

애리조나·뉴멕시코·콜로라도·유타·네바다주 등 미국 남서부의 5개 주를 넘나들며 주요 국립 공원을 돌아보는 드라이브 코스를 그랜드 서클(Grand Circle)이라고 한다. 매일 황량한 사막지대를 수백 킬로미터씩 운전해야 하지만, 웅장한 협곡과 미로 같은 계곡을 따라 대자연의 경이로움을 체감하는 여행은 평생 잊지 못할 추억이 된다.

+MORE+

요즘 사랑받는
미국 서부 6대 캐니언 투어란?

라스베이거스에서 출발해
❶ 자이언 국립공원
❷ 브라이스캐니언 국립공원
❸ 앤털로프캐니언
❹ 호스슈벤드
❺ 그랜드캐니언 국립공원
❻ 모뉴먼트 밸리를 돌아보는
경로를 말한다. 여행사에서는 보통 1~5번까지 1박 2일, 1~6번까지 2박 3일 일정으로 구성한다. 하지만 직접 운전하면서 관광까지 할 예정이라면 이보다 더 여유 있게 일정을 계획해야 한다.

⊙**항공권** 로스앤젤레스 IN-라스베이거스 OUT
⊙**여행 최적기** 가을철: 추운 지역을 먼저 돌아보면서 시계 방향으로 이동
　　　　　　　　봄철: 더운 지역에서 시작해 반시계 방향으로 이동

계절에 따라 여행 방향을 달리하면 좋은 이유는 기온 차 때문이다. 아치스 국립공원, 모뉴먼트밸리, 앤털로프캐니언 등은 고지대인 자이언과 브라이스캐니언 국립공원보다 상대적으로 더운 사막 지대임을 고려하자.

Day 1	Day 2	Day 3
09:00 라스베이거스 출발	**09:00 자이언 국립공원**	**07:00 브라이스캐니언 국립공원**
↓ 250km	• 에메랄드 풀 트레킹	• 일출 감상 및 트레킹
12:00 ❶ 자이언 국립공원 도착	• 자이언마운트 카멜 하이웨이	**14:00 시닉 바이웨이 12 진입**
• 자이언 여행	↓ 140km	↓ 187km
• 국립공원 또는 스프링데일 투숙	**17:00 ❷ 브라이스캐니언 도착**	**18:00 ❸ 캐피톨리프 도착**
	• 국립공원 입구 루비스 인 투숙	• 주변 마을(토리, 프루타)투숙

Day 4	Day 5	Day 6
09:00 캐피톨리프 국립공원	**08:00 ❹ 아치스 국립공원**	**09:00 모압 출발**
• 시닉 드라이브(90분)	• 델리케이트 아치 트레일	↓ 233km
↓ 112km	• 랜드스케이프 아치 트레일	**12:00 ❺ 포코너스 모뉴먼트(option)**
14:00 고블린밸리 주립공원(option)		모압 → 모뉴먼트밸리 직선거리 241km
↓ 161km	**14:00 ❺ 캐니언랜즈 국립공원**	↓ 170km
16:00 모압 도착	• 오버룩 및 메사 아치	**15:00 ❼ 모뉴먼트밸리 도착**
• 모압 투숙(첫째 날)	↓ 50km	• 구즈넥스 주립공원 등 주변 투어
	• 모압 투숙(둘째 날)	• 모뉴먼트밸리 투숙(석양 감상)

Day 7	Day 8	Day 9
09:00 모뉴먼트밸리	**09:00 페이지**	**09:00 그랜드캐니언 여행**
• 일출 감상	• 앤털로프캐니언 투어	• 허밋 레스트 지역
• 밸리 드라이브(2시간)	↓ 224km	• 헬리콥터/경비행기 투어 등
↓ 195km	**15:00 ❾ 그랜드캐니언 도착**	↓ 447km
15:00 ❽ 페이지 도착	• 일몰 감상	라스베이거스 복귀
• 호스슈벤드	• 국립공원(사우스 림) 투숙	

⚠ **고려 사항**

본 추천 일정은 여행 최적기에 해당하는 9~10월에 거의 매일 숙소를 옮기는 것을 전제로 구성돼 있다. 여기에 LA와 라스베이거스 간 이동 거리까지 포함하면 약 2주간 2800km를 운전하게 되는 셈. 자동차 여행 중에는 예기치 못한 돌발 상황이 발생할 수 있으니, 여행 시기와 도로 사정, 자동차 여행 경험을 고려해 자신에게 맞는 탄력적인 계획을 세우자. 특히 운전자가 1명이라면 경유지를 줄이거나 시간을 늘리는 방법을 택해야 한다.

BEST COURSE

03

10일 + α

남서부 일주

루트 66 따라 미국 횡단 여행

멕시코 국경과 인접한 미국 남서부는 지역색이 강하고 아메리카 원주민의 유구한 문화와 전통이 살아있는 땅이다. 푸른 하늘 아래 광활한 사막, 아득한 지평선 너머로 끝없이 이어진 도로를 달리는 남서부 로드 트립은 대도시와는 완전히 다른 매력이 있다. 대륙 횡단 도로 루트 66을 따라 3개의 유네스코 세계유산을 보유한 뉴멕시코로 떠나보자. 산타페 공항에 렌터카를 반납하고 비행기로 돌아오는 경로가 거리상으로 무난하다.

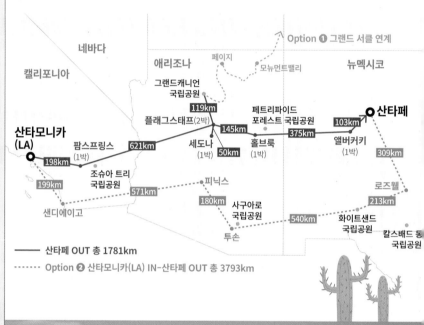

Option ❶ 그랜드 서클 연계

네바다
캘리포니아
애리조나
뉴멕시코
페이지
모뉴먼트밸리

그랜드캐니언 국립공원
119km
플래그스태프(2박)
145km
페트리파이드 포레스트 국립공원
375km
산타페 ◉
103km
산타모니카 (LA) ◉
198km
팜스프링스 (1박)
세도나 (1박)
50km
홀브룩 (1박)
앨버커키 (1박)
309km
621km
199km
조슈아 트리 국립공원
571km
피닉스
180km
사구아로 국립공원
로즈웰
213km
샌디에이고
투손
540km
화이트샌드 국립공원
칼스배드 동 국립공원

━━━ 산타페 OUT 총 1781km

┄┄┄ Option ❷ 산타모니카(LA) IN-산타페 OUT 총 3793km

ROUTE 66

⊙**항공권** 로스앤젤레스 IN–산타페 OUT
　　　　Option ❶ 그랜드 서클 일주와 연계
　　　　Option ❷ 로스앤젤레스 IN-OUT
⊙**여행 최적기** 봄, 가을

	숙박 장소	세부 일정	준비사항
Day 1	LA	산타모니카 피어 루트 66 기념 촬영	–
Day 2	팜스프링스	팜스프링스 트램 탑승	사막 밤하늘 투어
Day 3		조슈아 트리 국립공원	코첼라 페스티벌 일정 확인
Day 4	플래그스태프	그랜드캐니언 국립공원	국립공원 내 숙소 예약
Day 5	(그랜드캐니언)		경비행기/헬기 투어 예약
Option ❶		그랜드캐니언 국립공원에서 그랜드 서클 일주와 연계. 추천 일정 02 참고 (그랜드캐니언 → 페이지 → 모뉴먼트밸리 → 모압 → 브라이스캐니언 순서)	
Day 6	세도나	세도나 캐서드럴록 트레킹 아트 갤러리, 틀라케파케 방문	핑크 지프 투어 예약
Day 7		홀브룩(Holbrook) 숙박 또는 세도나 2박 후 페트리파이드 포레스트 국립공원	–
Day 8	앨버커키	앨버커키 올드타운 / <브레이킹 배드> 촬영지	10월 열기구 축제 일정 확인
Day 9	산타페	산타페 시티투어	–
Day 10		타오스 푸에블로 원주민 마을	비행기로 LA 공항까지 이동
Option ❷	자유 구성	로즈웰 / 화이트샌드 국립공원 / 칼스배드 동굴 국립공원 / 사구아로 국립공원 / 피닉스, 스코츠데일 리조트	여행 일정이 넉넉하다면 투손과 피닉스를 지나 서부 해안으로 돌아오면 된다. 남쪽 사막에 꽃이 피는 3~4월이 여행의 최적기다.

로키산맥 일주

산과 숲, 호수로 떠나는 힐링 여행

로키산맥은 캐나다를 거쳐 미국의 몬태나·와이오밍·콜로라도·뉴멕시코주 북부까지 장장 4800km의 길이로 북미 대륙을 관통한다. 고산 아래 초원에서 바이슨과 엘크가 풀을 뜯고, 맑고 깊은 호수 주변으로 가우보이가 일궈낸 목가적인 풍경이 펼쳐진다. 헤밍웨이의 발자취가 남아 있는 와이오밍의 황금 들녘, 세계 최대의 간헐천 지대 옐로스톤 국립공원으로 떠나 보자. 시간만 충분하다면 국경을 맞댄 워터톤-글레이셔 국제 평화 공원을 통해 만년설과 빙하로 뒤덮인 캐나다 로키로 여정을 이어가도 좋다.

⊙**항공권** Option ❶ 그랜드 서클 일정과 연계
Option ❷ 덴버 IN-밴쿠버(캐나다) 또는 시애틀(미국) OUT
⊙**여행 최적기** 늦봄~초가을(장거리 여행은 여름시즌이 최적)

	도시	세부 일정	준비사항
Option ❶	두랑고	모뉴먼트밸리 → 포 코너스 → 메사 베르데 국립공원 → 두랑고	그랜드 서클에서 덴버로 가는 길 572p
	아스펜	→ 아스펜 이동	
		존 덴버 메모리얼 및 트레킹	
Day 1	덴버	콜로라도 스프링스	-
Day 2		덴버 시티투어	레드록 앰피시어터 공연 예약
Day 3	로키	로키마운틴 국립공원	-
Day 4			
Day 5	샤이엔	샤이엔 이동	와이오밍 일주 594p
Day 6	잭슨	잭슨 도착 및 휴식	
Day 7		그랜드티턴 국립공원	-
Day 8	옐로스톤	옐로스톤 국립공원	-
Day 9	이동	글레이셔 국립공원(미국)	시애틀 IN-밴쿠버 OUT 592p
Day 10			
Option ❷ 593p	자유 일정	워터톤 국립공원(캐나다)	캐나다 출입국서류 준비, 국경 오픈 시간 체크, 렌터카 반납 지점 확인
		밴프(캐나다)	
		캘거리 또는 밴쿠버 여행 후 캐나다 또는 시애틀 출국	

로키산맥의 사계

- **봄**(4~5월) 산간지대의 도로는 대부분 폐쇄된 상태. 눈이 녹으며 산사태와 홍수가 발생한다.
- **여름**(6~8월) 산과 호수에서 시원하게 여름을 보내려는 이들이 모여드는 성수기
- **가을**(9~10월) 아스펜 숲이 눈부신 노란색으로 물드는 가을은 콜로라도 여행의 하이라이트!
- **겨울**(11~3월) 풍부한 적설량을 자랑하는 로키에서 스키를 탈 수 있다. 미국에서는 아스펜,
  솔트레이크, 잭슨, 캐나다에서는 밴프와 레이크 루이스가 유명하다.

슬로라이프 도시 여행

시애틀과 포틀랜드

미국 북서부 연안의 시애틀과 포틀랜드는 일주일 정도면 묶어서 여행할 수 있을 정도로 가깝다. 두 도시의 공통점은 차가 없어도 될 만큼 대중교통이 발달했다는 것과 커피와 맥주를 사랑한다는 것! 스타벅스의 도시 시애틀은 빈디지 감성의 독립 카페 문화로 유명하고, <킨포크 매거진>을 탄생시킨 포틀랜드에는 미국 3대 스페셜티 커피로 손꼽히는 스텀프타운이 있다. 새콤한 사워 비어나 진한 스타우트 비어를 생산하는 마이크로 브루어리도 무수히 많은 곳. 맑은 날이면 새하얀 눈산(시애틀의 마운트 레이니어, 포틀랜드의 마운트 후드)이 수호신처럼 모습을 드러내는 점까지 닮았다. 들판에 야생화가 피어나고, 보랏빛 라벤더가 물결치는 여름이라면 더더욱 시애틀과 포틀랜드로 여행을 떠나보자.

◉**항공권** 시애틀 IN-샌프란시스코 OUT
◉**여행 최적기** 6~10월

	숙박 장소	세부 일정	준비사항
Day 1	시애틀	시티투어(스타벅스 1호점, 파이크 플레이스 마켓, 스페이스 니들)	
Day 2	시애틀	❶ 캐나다 빅토리아 당일 여행	크루즈 예약 캐나다·미국 출입국 서류 준비
Day 3	시애틀	시티투어(워싱턴 대학교, 케리 파크, MLB 경기)	
Day 4	포틀랜드	❷ 포틀랜드로 이동(카페, 브루어리)	기차·버스 예약/축제 일정 확인
Day 5	포틀랜드	❸ 시티투어(에어리얼 트램, 강변 자전거)	
Day 6	포틀랜드	❹ 근교 여행(라벤더 농장, 캐넌비치, 마운트 레이니어, 올림픽 국립공원)	렌터카 또는 투어 예약
Day 7	시애틀	시애틀로 이동(프리몬트, 발라드 등 동네 구경)	
Day 8	시애틀	귀국 준비	

⚠ 고려 사항

❶ 캐나다와 국경을 맞댄 시애틀에서는 빅토리아행 크루즈 당일 투어가 인기다. 국경을 넘기 때문에 미국·캐나다 출입국 준비는 필수. 일주일짜리 알래스카행 크루즈도 있다. 장기 크루즈는 프로모션이나 예약 시기에 따라 가격 차가 커서 미리 준비하는 것이 중요하다.

❷ 서부 해안을 따라 운행하는 앰트랙 노선 코스트 스타라이트(Coast Starlight)를 타면 시애틀 킹스트리트역에서 포틀랜드 유니언역까지 4시간만에 도착한다. 둘 다 도심과 가까운 기차역이라서 대중교통으로 숙소까지 쉽게 이동할 수 있다.

❸ 포틀랜드는 축제의 도시다. 주말의 파머스 마켓, 봄의 장미 축제와 여름의 라벤더 축제, 맥주 축제도 빼놓을 수 없다. 따라서 방문 기간에 어떤 이벤트가 있는지 확인하고 가자.

❹ 차가 없다면 당일 근교 투어를 신청해도 좋고, 운전이 가능하다면 렌터카를 빌려보자. 오리건 코스트의 캐넌 비치와 마운트 레이니어 국립공원의 야생화, 올림픽 국립공원 등 자연을 즐기면서 천천히 시애틀로 돌아와도 좋다.

미국의 공휴일과 축제 캘린더

연방 공휴일(Federal Holiday) 중에서 1월 1일, 크리스마스, 추수감사절에는 대부분의 관광지와 레스토랑이 휴업한다. 샌프란시스코와 로스앤젤레스의 상세 축제 정보는 각 도시별 페이지에 정리되어 있다.

★는 연방 공휴일

1월	1일	신년 New Year's Day★	새해 첫날. 박물관·미술관 및 주요 관광 명소가 문을 닫는다.
	셋째 월요일	마틴 루터 킹 기념일 Martin Luther King Jr. Day★	미국의 인권 운동가 마틴 루터 킹의 생일을 기념하는 연방 공휴일
	지역별 축제	음력 설 Lunar New Year @ 도시별 차이나타운 로즈볼 게임 & 퍼레이드 Tournament of Roses @ LA 근교 패서디나 선댄스 영화제 Sundance Film Festival @ 유타주 파크 시티 CES 가전쇼 @ 라스베이거스	
2월	셋째 월요일	대통령의 날 Presidents' Day★	미국의 초대 대통령 조지 워싱턴의 생일(2월 22일)을 기념하는 연방 공휴일
	지역별 축제	스코틀랜드 페스티벌 ScotsFestival @ LA 롱비치 퀸메리호 그래미 시상식 Grammy Award @ LA 다운타운	
3월	둘째 일요일	서머타임 시작	일광 절약시간이 시작되어 시계를 1시간 앞당긴다.
	17일	성 패트릭 기념일 St. Patrick's Day	아일랜드에 기독교를 전파한 수호성인 성 패트릭을 기념하는 날. 아일랜드 이민자의 전통 행사로, 도시 곳곳에서 녹색 옷과 장신구로 치장하고 맥주를 마시며 퍼레이드를 즐긴다.
	지역별 축제	아카데미 시상식 Academy Awards @ LA 할리우드 캑터스 리그 Cactus League @ 애리조나주(메이저리그 15개 팀의 시범 경기. 플로리다주에서 열리는 나머지 15개 팀의 시범 경기는 그레이프프루트 리그라고 한다.)	
4월	3월 22일~4월 25일 사이	부활절 Easter	그리스도의 부활을 기념하는 기독교 축일. 알록달록한 삶은 달걀을 나눠 먹는다.
	지역별 축제	메이저 리그 개막(미국과 캐나다의 프로야구 시즌 시작) @ 도시별 야구장 코첼라밸리 뮤직앤아츠 페스티벌 Coachella Valley Music and Arts Festival @ 인디오(팜스프링스 근교) 샌프란시스코 국제 영화제 SFFILM @ 샌프란시스코	
5월	5일	신코 데 마요 Cinco de Mayo	과거 프랑스군과의 전쟁에서 승리를 기념하는 멕시코의 기념일로 히스패닉계 이민자가 많은 남서부 지역에서 축제가 열린다.
	둘째 일요일	어머니의 날 Mother's Day	아버지의 날과 비슷한 어머니의 날
	마지막 월요일	메모리얼 데이 Memorial Day★	미국의 현충일. 주요 도시에서 퍼레이드를 한다.
	지역별 축제	베이 투 브레이커스 Bay to Breakersl @ 셋째 일요일, 샌프란시스코(샌프란시스코 동서를 횡단하는 이색 마라톤) 볼더 크리크 페스티벌 Boulder Creek Festivall @ 콜로라도주 볼더(본격적인 여름을 알리는 3일간의 축제)	
6월	19일	준틴스 데이 Juneteenth Day★	1865년의 노예 해방 선언을 기념하는 연방 공휴일
	셋째 일요일	아버지의 날 Father's Day	어버이의 날과 비슷한 아버지의 날
	지역별 축제	포틀랜드 장미 축제 Portland Rose Festival @ 포틀랜드(5월 말-6월) LA 영화제 LA Film Festival @ LA 컬버시티 프리몬트 하지축제 Fremont Solstice Parade @ 시애틀	

7월	4일	독립기념일 Independence Day★	미국의 독립을 기념하는 연방 공휴일. 샌프란시스코의 피어39, LA 산타모니카 해변, 디즈니랜드 등 미국 전역에서 불꽃놀이가 펼쳐진다.
	지역별 축제	코믹콘 인터내셔널 Comic-Con International: San Diego @ 샌디에이고 필모어 재즈 축제 Fillmore Jazz Festival @ 샌프란시스코 US 오픈 서핑 US Open of Surfing @ 헌팅턴비치(LA 근교) 오리건 맥주 페스티벌 @ 마지막 주, 포틀랜드 샤이엔 프론티어 데이 Cheyenne Frontier Days @ 샤이엔	
8월	지역별 축제	산호세 재즈 서머 페스티벌 San Jose Jazz Summer Fest @ 산호세 산타페 인디언 마켓 Santa Fe Indian Market @ 산타페 버닝맨 축제 Burning Man @ 8월 마지막 주, 네바다주 블랙록 사막	
9월	첫째 월요일	노동절 Labor Day★	미국의 노동 운동과 노동자를 기념하는 날
	지역별 축제	그레이트 아메리칸 맥주 축제 Great American Beer Festival @ 덴버 범버슈트 음악축제 Bumbershoot @ 시애틀 산타페 피에스타 Santa Fe Fiesta @ 산타페	
10월	둘째 월요일	콜럼버스의 날 Columbus Day★	1492년 10월 12일 크리스토퍼 콜럼버스가 아메리카 대륙을 발견한 것을 기념하는 날
	31일	핼러윈 Halloween	악령을 쫓기 위해 불을 피우고 동물 탈을 쓰던 고대 켈트족의 풍습에서 유래했다. 미국 전역에서 남녀노소가 분장을 하고 축제를 즐긴다.
	지역별 축제	앨버커키 국제 열기구 축제 Albuquerque International Balloon Fiesta @ 10월 초, 앨버커키 함대 주간 Fleet Week @ 샌프란시스코, 샌디에이고 등 미국 서부 해안 전역	
11월	1-2일	망자의 날 Day of the Dead	해골 모양 장식과 꽃으로 상징되는 멕시코식 핼러윈. 퍼레이드와 축제가 펼쳐진다.
	첫째 일요일	**서머타임 종료**	여름철 앞당겼던 시계를 1시간 뒤로 되돌린다.
	11일	재향군인의 날 Veterans Day★	재향군인을 기념하는 날. 전사자를 추모하는 메모리얼 데이와 구분된다.
	넷째 목요일	추수감사절 Thanksgiving Day★	초기 이민자의 첫 수확을 감사하는 감사절에서 유래한 미국의 대표적인 명절. 가족이 모여 칠면조 요리를 먹는다. 전날 오후부터 휴업하는 시설이 많아 여행 계획을 잘 세워야 한다.
	추수감사절 다음날	블랙 프라이데이 Black Friday	본격적인 크리스마스 쇼핑 시즌이 시작된다. 대규모 할인 행사가 많아 상점마다 인파가 몰린다.
	추수감사절 다음 월요일	사이버 먼데이 Cyber Monday	블랙 프라이데이에 이어 온라인상에서 다양한 할인 행사를 진행한다.
12월	25일	크리스마스 Christmas Day★	한 달 전부터 번화가에 대형 크리스마스트리를 설치하고 점등 행사를 한다. 12월 내내 축제 분위기가 이어진다.

DINING AND SHOPPING

미국 서부
음식 & 쇼핑 가이드

베벌리힐스에서 포틀랜드까지!

인스타그래머블한 맛의 세계

미국 서부에는 예쁜 컬러와 비주얼로 눈길을 사로잡는 카페와 디저트 맛집이 수없이 많다.
여행을 행복하게 해줄 달콤한 순간을 모았다.

알프레드 커피 297p

필즈커피 061p

인텔리젠시아 333p

솔트앤스트로 333p

래퍼츠 아이스크림 199p

리틀 데미지 315p

부두 도넛 676p

에러원 069p

BBCM 307p

라라랜드 카인드 카페 332p

여행자에게 간편한 한 끼가 돼주는 길거리 음식은 고마운 존재다. 대도시라면 어김없이 점심 시간에 맞춰 푸드트럭이 줄지어 서 있고, 때론 유명 푸드트럭이 모여서 축제를 열기도 한다.

길거리 음식은 다 모였다! 푸드트럭 축제

미국의 대표적인 푸드트럭 축제는 예능 프로그램 <현지에서 먹힐까>에도 소개된 로스앤젤레스의 스모가스버그와 샌프란시스코의 오프 더 그리드가 있고, 포틀랜드에선 푸드트럭 밀집 구역을 팟(Pods)이라고 부를 정도로 길거리 음식이 활성화돼 있다. 그 외 주말에 열리는 파머스 마켓이라면 어디서나 푸드트럭을 만날 수 있을 정도로 미국에서 푸드트럭은 하나의 문화로 자리 잡았다.

로스앤젤레스(LA)

스모가스버그 317p

샌프란시스코

메인 포스트 147p

포틀랜드

푸드 카트 677p

GOURMET

2

**BURGER
FRANCHISE**

누구나 먹고 가는 인앤아웃!

미국 서부 버거 맛집 투어

미국에서는 버거 전문점(버거 조인트)은 물론, 일반 음식점 어디에서나 점심에 버거를 쉽게 맛볼 수 있다. 폭신한 번 위에 마요네즈를 쓱쓱 바르고 상추와 토마토, 양파, 피클 슬라이스를 취향껏 깔아준 다음, 직화로 구워낸 패티를 끼우면 든든한 한 끼 완성! 참고로 소고기 패티가 들어가면 버거, 치킨이나 다른 재료가 들어가면 샌드위치라고 부른다.

LA에서 첫 끼는 여기!

In-N-Out Burger

인앤아웃 버거

· **SINCE** 1948년, LA 근교 볼드윈 파크, 캘리포니아
· **BRANCH** 약 390개
· **PRICE** Cheeseburger $4.1, DoubleDouble $5.9
· **WEB** in-n-out.com
· **ADD** LA 공항점 9149 S Sepulveda Blvd, Los Angeles, CA 90045

미국 동부에 셰이크쉑버거가 있다면 서부에는 인앤아웃 버거가 있다! 캘리포니아에서 탄생한 버거답게 귀여운 야자수 그림을 로고로 삼은 인앤아웃은 가격 대비 뛰어난 맛을 자랑한다. 공식 메뉴는 버거 3종(햄버거·치즈버거·더블더블(패티와 치즈가 2장씩))과 감자튀김이지만, 공공연한 시크릿 메뉴가 따로 있어 취향별로 조합을 달리해 먹을 수 있다. 제일 유명한 지점은 LA 공항점. 5분마다 머리 위로 날아가는 여객기를 볼 수 있는 명당이다.

LA 공항점

더욱 맛있어지는 인앤아웃 버거 주문 팁

버거나 감자튀김 주문 시 애니멀 스타일 (Animal Style)로 요청하면 생양파 대신 잘 게 다진 볶은 양파가 들어간 스페셜 소스 로 변경해준다. 느끼함을 달래고 싶다면 다진 고추(Chopped Chillies)를 추가하거 나, 빵 대신 양상추로 패티를 싸주는 프 로틴 스타일(Protein Style)에 도전해보자.

Animal Style Cheeseburger
애니멀 스타일 치즈버거:
캐러멜라이즈드 양파/특제 소스 사용

Cheeseburger with Onions
양파 넣은 치즈버거
(생양파, 토마토, 양상추)

Animal Style Fries
애니멀 스타일 감자튀김

Cheeseburger without Onions
양파 뺀 치즈버거

버거 멈춰! 치킨샌드위치가 간다

Chick-fil-A
칙필레

· **SINCE** 1946년, 애틀랜타 근교 헤이프빌, 조지아
· **BRANCH** 약 2900개
· **PRICE** Deluxe Sandwich $7.49, Chick-fil-A Nuggets $6.69
· **WEB** chick-fil-a.com

칙필레는 '치킨필레'의 줄임말! 소고기 패티 대신 무항생제 닭가슴살을 사용하는 치킨 전문점이다. 건강식 열풍에 힘입어 순식간에 버거 맛집 대열에 합류했다. 튀긴 닭가슴살을 넣은 딜럭스 샌드위치와 매콤한 스파이시 딜럭스, 벌집 모양의 와플 감자튀김이 인기 메뉴. 담백하게 먹고 싶다면 레몬 허브에 재운 그릴 샌드위치를 선택해보자. 바 비큐 소스와 허니머스터드를 섞은 오리지널 칙필레 소스를 비롯해 다양한 소스를 제공해주는 것도 칙필레의 성공 비결. 치킨 너깃에 찍어 먹으면 더 맛있다.

폭신한 달걀 샌드위치 원조는 나!

Eggslut
에그슬럿

- **SINCE** 2011년, 로스앤젤레스, 캘리포니아
- **BRANCH** 대한민국 포함 전 세계
- **PRICE** Fairfax Sandwich $10, Slut $9
- **WEB** eggslut.com
- **ADD** 본점 317 S Broadway, Los Angeles, CA 90013

다운타운 LA의 샌드위치 맛집. 먼바다 건너 우리나라에도 진출했다. 대표 메뉴는 버거용 번에 부드러운 스크램블드에그를 끼워 넣은 페어팩스 샌드위치. 달걀 요리 방법을 달리해 주문할 수 있는데, 달걀 프라이가 들어갔다면 먹을 때 노른자가 흐르지 않게 주의하자. 유리병에 크리미한 매시드 포테이토를 담고 위에 달걀을 얹어주는 슬럿(slut)은 같이 나오는 바게트에 찍어 먹는다. 즉석에서 짜주는 캘리포니아 오렌지 주스도 꼭 마셔 보자.

1일 1버거 어때요?

Habit Burger Grill
해빗 버거 그릴

- **SINCE** 1969년, 골레타, 산타바바라 근교, 캘리포니아
- **BRANCH** 약 360개
- **PRICE** Charburger $5.99, Santa Barbara Char $9.89(LA 다운타운 기준)
- **WEB** habitburger.com

산타바바라 카운티의 작은 해변 도시에서 두 형제가 '누구나 편하게, 습관처럼 버거를 즐겼으면 좋겠다'는 생각으로 오픈한 가게. 매장에 걸린 바다 그림에서 캘리포니아 버거의 정체성이 엿보인다. 대표 메뉴는 숯불구이라는 의미의 차버거(Charburger). 아보카도, 양상추, 캐러멜라이즈한 양파가 들어가는 산타바바라 스타일 버거도 있으며, 사이드 메뉴로는 그린빈 튀김이 인기다. 느끼함을 덜어줄 할라피뇨와 피클, 페페론치노, 라임도 셀프 무한 리필!

Super Duper
슈퍼두퍼

· **SINCE** 2009년, 샌프란시스코, 캘리포니아
· **BRANCH** 대한민국 포함 20개 미만
· **PRICE** Super Burger $10.5, Mini Burger $7.5
  (SF 마켓 스트리트 기준)
· **WEB** superduperburgers.com
· **ADD** 본점 2304 Market St, San Francisco, CA 94114

모양도, 맛도, 분위기도 샌프란시스코와 무척 어울리는 자연주의 버거. 지방 함량 20%의 신선한 고기에 소금과 후추로만 간을 한 냉장 패티를 그날그날 소비한다. 4oz(약 113g)짜리 패티가 2장 들어가는 시그니처 버거인 슈퍼버거와 패티 1장짜리 미니 버거가 있으며, 커다란 오이 피클을 마음껏 가져다 먹을 수 있다. 로컬 축산 농가의 유기농 재료를 공급받아 사용한다. 2022년 말 서울에 첫 해외 지점을 오픈했다.

하이웨이 스타

Jack in the Box
잭인더박스

· **SINCE** 1951년, 샌디에이고, 캘리포니아
· **BRANCH** 약 2200개
· **PRICE** Buttery Jack $7.24, Curly Fries $4.49
· **WEB** jackinthebox.com

미국 서부의 고속도로를 달리다가 한 번쯤 가볼 만한 버거 체인. 폭신한 번과 스위스 치즈를 사용한 버터리 잭, 동그랗게 말린 감자튀김인 양념 컬리프라이(Seazonsed Curly Fries)가 시그니처 메뉴다. 갈릭허브버터에 구운 4온스(113g)짜리 패티는 함박스테이크 같은 느낌이어서 다소 뻣뻣하지만, 스파이시한 오리지널 소스에서 남부 캘리포니아와 멕시칸의 풍미가 느껴진다. 시크릿 메뉴로는 아침에만 주문 가능한 브렉퍼스트 타코가 있다.

미국 서부 빵지순례

베이커리 카페

발효 빵 장인의 베이커리, 미슐랭 스타 셰프의 크루아상. 아침을 열어주는 맛있는 베이커리 카페를 찾아가 보자.

캘리포니아 감성 듬뿍

어스 카페 Urth Caffé

친환경 식재료만 사용하고 비건 메뉴도 다양하게 갖추고 있어 앤젤리노들에게 꾸준히 사랑받는 오거닉 카페. 진한 치즈케이크, 미국식 애플파이 등 먹음직스러운 베이커리가 진열대를 가득 채운다. 커피에도 진심이라 직접 공수한 유기농 원두를 매장에서 로스팅한다. LA의 힙한 쇼핑가와 산타모니카 등 세련된 해변이라면 어김 없이 매장이 있다.

WHERE 베벌리힐스 292p
BRANCH LA 근교
WEB urthcaffe.com

오리지널 샌프란시스코 사워도우

보딘 베이커리 Boudin Bakery

흔히 '샌프란시스코 클램 차우더 맛집'으로 알려진 이곳은 본래 '오리지널 샌프란시스코 사워도우'로 상표 등록까지 마친 정통 베이커리. 황금색의 단단한 빵 껍질과 산미가 매력인 사워도우는 오직 밀가루와 이스트, 소금과 물로만 반죽해서 굽는 천연 발효 빵. 반죽이 완성되면 그 일부를 남겨 다음 날 발효종(Levain)으로 사용하는 전통 방식을 고수하는데, 이 반죽을 '마더도우(Mother Dough 혹은 Sourdough Starter)'라고 부른다. 1849년 창업 이래 그 명맥이 끊기지 않고 계속 이어져 왔다는 정통성이 보딘의 자부심이다.

WHERE 본점 피셔맨스 워프(샌프란시스코) 165p
BRANCH 샌프란시스코, 샌디에이고 등
WEB boudinbakery.com

감각적인 아티장 브레드

타르틴 베이커리 Tartine Bakery

제임스 비어드 상을 수상한 부부의 아티장 베이커리. 고급 유기농 재료를 사용하는 작은 동네 빵집에서 시작해 크게 성공한 사례다. 샌프란시스코에서는 빵 위주로 판매하는 본점과 브런치를 맛볼 수 있는 매뉴팩토리가 각각 영업 중이다.

WHERE 본점 미션(샌프란시스코) 190p
BRANCH LA, 서울 등
WEB tartinebakery.com

쿠바 할머니의 레시피

포르토 Porto's Bakery and Cafe

고기를 속에 넣고 튀겨낸 남미식 파이 엠파나다(Empanada), 감자 퓌레를 넣은 포테이토볼 피카디요(Picadillo), 크림치즈를 넣은 치즈롤 등 미국인의 입맛에 맞게 개발한 쿠바식 페이스트리로 유명한 베이커리. 감자칩 맛이 나는 플랜틴 바나나칩(마리퀴타스Mariquitas)도 한 번 먹기 시작하면 멈출 수 없는 맛이다. 우리나라의 대형 베이커리 체인 같은 분위기로, 부에나 파크점은 디즈니랜드를 다녀가는 길에 들르기 좋다.

WHERE LA 근교
WEB portosbakery.com

미슐랭 스타 셰프의 완벽한 크루아상

부숑 베이커리 Bouchon Bakery

나파밸리의 레스토랑 프렌치 론드리와 뉴욕의 레스토랑 퍼 세로 각각 미슐랭 3스타를 획득한 토머스 켈러의 베이커리. 토머스 켈러는 미국인 최초로 프랑스 레지옹 도뇌르 훈장을 받은 스타 셰프로, 평소 예약조차 하기 어려운 그의 최고급 레스토랑에 방문할 수 없을 땐 부숑 베이커리가 대안이다. 미슐랭 1스타를 획득한 크루아상과 페이스트리를 맛볼 수 있다.

WHERE 본점 욘트빌(나파밸리) 210p
BRANCH 라스베이거스
WEB thomaskeller.com

산지 직송 크랩 천국

태평양 시푸드 먹방

미국 서부 해안 도시에서는 신선한 해산물 요리가 별미다. 갓 쪄낸 던지니스 크랩과 굴은 미국인도 한국인도 모두 사랑하는 메뉴. 따끈한 클램 차우더와 치오피노는 가성비가 좋아서 여행자가 선호한다.

미국인도 게 맛을 알아?

던지니스 크랩 Dungeness Crab

워싱턴주에 있는 작은 어촌 마을의 이름을 딴 게의 한 종류다. 수온이 차가운 태평양에서 주로 잡히기 때문에 시애틀과 샌프란시스코에서 먹는 것이 가장 싱싱하다. 크기는 알래스카 킹크랩과 블루 크랩의 중간 크기이며, 무게는 800g~1.5kg으로 꽤 묵직한 편. 다리 살 위주로 먹는 알래스카 킹크랩이나 스노크랩과는 달리, 몸통에 꽉 찬 속살은 달콤하고 비린내가 전혀 없어서 소금물에 쪄내기만 해도 맛있다. 매년 12월부터 이듬해 늦은 봄까지가 제철이다.

어디서 먹을까?

➡ 피셔맨스 워프(샌프란시스코)
➡ 워터프론트(시애틀)
➡ 레돈도(리돈도)비치(로스앤젤레스)

샌프란시스코에서 탄생한 이탈리아 음식

치오피노 Cioppino

토마토, 와인과 함께 끓여 만든 해산물 스튜다. 1900년대 초 샌프란시스코에 정착한 이탈리아인들이 던지니스 크랩, 생선, 조개, 오징어, 새우 등을 던져 넣고(Chip In) 만들던 것에서 유래했다. 캘리포니아의 시푸드 레스토랑이라면 어디에서나 쉽게 눈에 띄는 메뉴로, 살짝 매콤해서 우리 입맛에도 잘 맞는다.

어디서 먹을까?

➡ 소토마레(샌프란시스코)
➡ 치오피노(샌프란시스코)

따끈한 조갯살 수프
클램 차우더 Clam Chowder

골라 먹는 재미가 있다!
굴 Oysters

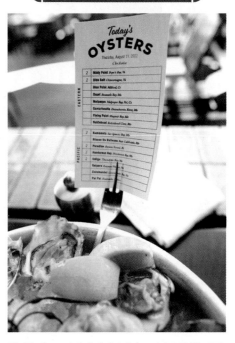

여름에도 서늘한 바닷바람이 불어오는 샌프란시스코와 시애틀에서는 몸을 따뜻하게 데워주는 음식이 반갑다. 조갯살이 듬뿍 들어간 클램 차우더 수프도 파이크 플레이스 마켓의 명물. 감자와 양파로 끓인 수프에 우유나 크림을 첨가하는 뉴잉글랜드식 클램 차우더(흰색)와, 토마토를 베이스로 끓이는 맨해튼식 클램 차우더(빨간색)가 있다.

어디서 먹을까?
➡ 파이크 플레이스 차우더(시애틀)
➡ 보딘 베이커리(샌프란시스코)

뉴잉글랜드식 클램 차우더 맨해튼식 클램 차우더

해산물 레스토랑에서 애피타이저로 많이 주문하는 굴은 맛이 천차만별이다. 품종은 크게 퍼시픽 굴(Crassostrea Gigas, 크고 움푹한 모양)과 유러피언 플랫 굴(Ostrea Edulis, 납작한 모양)로 나뉘며, 굴이 자라는 물의 염도에 따라 강한 짠맛(Savory) 또는 약한 짠맛(Mild)으로 구분된다. 어떤 것이 취향에 맞을지 잘 모르겠다면, 여러 종류의 굴을 맛볼 수 있는 오이스터 바 믹스(Oyster Bar Mix)를 추천. 생굴이 부담스럽다면 굴 튀김이나 구운 굴이 대안이다.

어디서 먹을까?
➡ 미국 서부 전역

미국식 멕시칸요리

'텍스멕스, 제대로 맛보기

상큼함과 매콤함이 조화를 이루는 멕시칸 음식은 더위에 지친 입맛을 소생시켜주는 여름의 맛! 멕시칸 음식의 원형은 실란트로(고수)와 다진 양파, 돼지고기, 닭고기를 주재료로 하는 건강식에 가깝지만, 미국식 멕시칸 요리인 텍스멕스는 치즈, 사워크림, 소고기 등을 넣어 볼륨감을 더한 것이 특징이다. 요즘엔 미국식 레스토랑이라면 어디서나 과카몰리나 치즈를 듬뿍 얹은 멕시칸 요리 한두 개쯤은 맛볼 수 있다.

멕시코 음식의 근본! 토르티야와 살사

1 토르티야란?

스페인에서는 오믈렛이라는 의미로 사용하지만, 멕시코의 토르티야는 기원전 마야 문명으로부터 전해져 온 전통 음식이다. 옥수숫가루에 물과 라임즙을 섞어 만든 동그란 반죽을 얇게 구워내는 것이 정통 레시피인데, 1500년대 유럽에서 밀가루가 도입된 이후 밀가루 토르티야가 생겨났다. 샌디에이고 올드타운을 방문하면 남미 할머니들이 구워주는 수제 토르티야를 맛볼 수 있다.

2 멕시칸 소스, '살사'란?

미국 남부 국경지대를 여행하다 보면 살사의 필수 재료인 고추를 말리는 풍경이 낯설지 않다. 살사는 멕시코에서 각종 소스를 통칭하는 단어. 재료와 숙성 정도에 따라 맵기와 맛이 달라지는데, 미국에서는 편하게 '레드 소스' '그린 소스'로 구분한다.

살사 로하 Salsa Roja 토마토와 빨간 고추를 넣어 만드는 빨간색 소스
살사 베르데 Salsa Verde 멕시칸 꽈리 토마토(Tomatillo)로 만드는 녹색 소스

주문할 때 알아두면 편리한 멕시칸 메뉴

타코 Taco

손바닥 만한 크기의 토르티야에
재료를 얹어 먹는 것

나초 Nacho

토르티야를 잘게 잘라
튀겨낸 스낵

크리스피 타코 Crispy Taco

타코를 바삭하게 만든
텍스멕스 스타일 요리

파이타 Fajita

소고기 스테이크와 고추, 파프리카를
아낌 없이 썰어 넣고 구운
텍스멕스 대표 요리

부리토 볼 Burrito Bowl

밥 위에 각종 재료를 얹어낸 한 그릇
요리. 미국의 멕시칸 푸드 체인
치폴레를 통해 유명해졌다.

우에보스 란체로스 Huevos Rancheros

토르티야에 달걀을 얹고
블랙빈, 아보카도 등을 더한
멕시칸 농장 스타일의 아침 식사.
브런치 레스토랑의 인기 메뉴다.

멕시칸 음료수도 있어요!

하리토스 Jarritos

미국 마트에서 자주 눈에 띄는 멕시코산 탄산음료.
예쁜 색감에 음식과도 찰떡궁합.

코로나리타 Coronarita

멕시코의 대표 술인 테킬라와 코로나를
섞어 만든 칵테일.

미국은 고기서 고기지

스테이크와 고기 샌드위치 고르는 꿀팁

육즙 풍부한 고기를 두툼하게 구워낸 정통 스테이크, 달착지근한 소스를 곁들인 바비큐 립, 소고기 덩어리를 통째로 염장해 만드는 고기 샌드위치! 여행 중 든든한 한 끼를 원할 때는 고기 메뉴를 기억해두자.

아메리칸 바비큐(BBQ)를 주문할 때는

풀랙 또는 하프랙

장작 훈연으로 부드럽게 조리하는 바비큐는 스테이크와 차별화된 매력을 가진 미국 음식이다. 푸짐한 양과 특제 소스로 승부하는 샌디에이고의 바비큐 전문점 필스 바비큐부터 마트에서 파는 간편식인 잭 다니엘까지 옵션도 다양하다.

- **베이비백 립** Baby Back Rib 돼지 등갈비 중 가장 부드러운 부위로 만든 BBQ
- **비프 립** Beef Rib 소갈비로 만든 BBQ. 두툼한 만큼 씹는 맛이 제대로다.
- **풀드 포크** Pulled Pork 오랫동안 훈연한 돼지 어깨살 등을 잘게 찢어서 소스에 버무렸다.
- **풀 랙** Full Rack 돼지갈비의 경우 갈빗대 10~13개, 소갈비는 갈빗대 9개가 기준. 양이 부담될 땐 절반인 하프랙(Half Rack)을 맛보자.

필스 바비큐

스테이크를 맛있게 먹으려면

USDA 등급 확인하기

스테이크의 맛과 가격은 미국 농무부(USDA)에서 운영하는 소고기 품질 등급에 따라 크게 달라진다. 그중 가장 높은 등급인 USDA 프라임의 생산량은 전체의 2~3%에 불과하기 때문에 고급 스테이크 하우스들은 품질 좋은 고기를 확보하기 위한 경쟁이 치열하다. 프라임 등급을 공급받는 식당이라면 메뉴판에 커다랗게 기재해두고 있으니 꼭 확인하자.

▪ **고기 굽기 선택하기**
스테이크 전문점에서 고기 굽기를 선택할 때는 웰던보다는 선홍빛 핏기가 살짝 남은 미디엄 레어 또는 미디엄을 추천!

완전히 구운 것 → 웰던 Well Done
중간 정도 → 미디엄 Medium
살짝 익힌 것 → 레어 Rare

고기 샌드위치 속재료 고르기

파스트라미, 콘비프

미국의 정통 다이너나 샌드위치 전문점에서 만나게 되는 파스트라미나 콘비프는 보통 소 가슴살(배꼽부위)을 통째로 염장해 오랜 시간 숙성시켜 만드는 슬로푸드다. 호밀 빵에 머스터드 소스를 바르고 고기를 두툼하게 얹어주는, 푸짐하면서도 저렴한 영양식이다.

콘비프 Corn Beef
고깃덩어리를 염장한 것으로 부들부들한 식감이 특징

파스트라미 Pastrami
염장한 고깃덩어리에 후추를 입혀 훈제한 것. 씹는 맛과 향이 남다르다.

루벤 샌드위치 Ruben Sandwich
고기에 사우어크라우트(양배추 절임)와 치즈를 얹어 구워낸 샌드위치

057

GOURMET

7

DINER

이것이 미국 감성

빈티지 끝판왕 다이너

미국 영화나 드라마를 통해 익숙한 빈티지 식당, 다이너. 영업시간이 길고 메뉴 가짓수도 많은 이곳은 '미국판 기사식당'이라고 정의할 수 있다. 팬케이크와 오믈렛, 소시지 같은 브런치부터 햄버거, 샌드위치, 수프, 미트로프까지 골고루 갖췄다. 내부분 냉동 식재료를 사용하기 때문에 음식 퀄리티는 전문 레스토랑보다 낮지만, 향수를 자극하는 감성이 셀링 포인트다.

: WRITER'S PICK :

**다이너가
미국 문화의
아이콘이 되기까지**

미국의 초창기 다이너는 마차나 트럭으로 자리를 옮겨가며 일꾼들에게 음식을 팔던 런치 왜건(lunch wagon) 형태였다. 1930년대에 들어 기차 식당칸을 개조하거나, 이와 비슷한 조립식 컨테이너가 대량 보급되면서 다이너는 대도시뿐 아니라 중서부의 황량한 지역까지 퍼져나갔다. 맥도날드로 대표되는 드라이브 스루 버거 체인의 원형인 다이너는 미국 문화에서는 빼놓을 수 없는 아이콘이다.

자니 로켓의 롤모델

애플팬 The Apple Pan

미국의 유명 프랜차이즈 자니 로켓이 모델로 삼았을 정도로 클래식한 분위기가 매력적인 다이너. 1947년에 문을 열었다. 차 없이는 찾아가기 어려운 위치인데도 평일 낮 카운터석이 금세 채워지는 곳. 머리가 하얗게 센 서버 할아버지가 화덕에서 패티를 꺼내고 능숙하게 버거를 만들어준다. 창업 당시부터 고수해온 레시피로 만들어낸 애플파이와 커피도 꼭 맛보자.

ADD 10801 W Pico Blvd, Los Angeles, CA 90064
OPEN 11:00~23:00/월요일 휴무
MENU 히코리버거 $11.25, 애플파이 $7.75
WEB theapplepan.com

조지 루카스 영화에도 나온

멜스 드라이브인 Mel's Drive-In

1947년부터 시작된 다이너 체인. 지금은 없어진 샌프란시스코 헤이스밸리의 본점이 조지 루카스의 영화 <아메리칸 그래피티(청춘 낙서)>(1973)에 등장하면서 더욱 유명해졌다. 드라이브 스루여서 주차장도 갖췄고, 새벽까지 활짝 문을 열어둔다. 식사 후엔 어쩐지 차를 몰고 멀리 여행을 떠나야 할 것만 같은 기분! LA에서는 선셋 대로에 위치한 지점이 가장 인기 있다.

ADD 8585 Sunset Blvd, West Hollywood, CA 90069
OPEN 07:00~04:00(월·화요일 ~24:00)
MENU 멜버거 $19.5, 버팔로윙 $16.5
WEB melsdrive-in.com/locations

반가운 빨간색 간판과 클래식카

루비스 다이너 Ruby's Diner

미국식 숙소에 딸린 다이너는 식사와 커피, 술을 즐길 수 있을 뿐 아니라 편의시설까지 겸하고 있어서 자동차 여행의 오아시스 같은 존재다. 매장 앞에 원색의 클래식카를 전시해둔 루비스 다이너는 복고 열풍과 맞물려 다시 사랑받고 있는 LA 해안 지역의 다이너 체인. 이른 아침부터 문을 연다.

ADD 30622 S Coast Highway Laguna Beach, CA 92651
OPEN 08:00~20:00
MENU 팬케이크 $16, 오믈렛 $15
WEB rubys.com

GOURMET 8

CAFE TOUR

라테는 역시 미국

미국 서부 카페 투어

스타벅스와 블루보틀이 탄생한 미국 서부는 카페 투어를 여행의 목적으로 삼기에 더없이 좋은 곳이다. 자체 로스팅 설비를 갖추고 정성껏 커피를 내려주는 카페들을 하나하나 탐방하면서 '인생 커피'를 마셔 보자.

혁신의 도시 시애틀의 자랑
스타벅스 Starbucks

스타벅스의 역사는 1971년 시애틀의 재래시장 파이크 플레이스 마켓의 한구석에서 시작됐다. 옛 간판이 그대로 걸려 있는 본점을 방문해 커피 한 잔 맛보고 기념품을 사는 것은 시애틀 여행의 필수 코스. 좀 더 차분한 분위기에서 다양한 원두를 경험해보고 싶다면, 최초의 스타벅스 리저브 매장도 방문해보자. 커다란 단독 건물에서 다양한 방식으로 추출한 커피를 맛볼 수 있다.

ADD 스타벅스 1호점 1912 Pike Pl, Seattle, WA 98101
스타벅스 리저브 1호점 1124 Pike St, Seattle, WA 98101
WEB starbucks.com

오클랜드가 낳고 샌프란시스코가 키운
블루보틀 Blue Bottle

미국의 3대 스페셜티 커피 브랜드 중 한 곳인 블루보틀은 2002년 올드 오클랜드 파머스 마켓의 간이 카트에서 첫선을 보인 후, 이듬해 샌프란시스코 페리 빌딩 파머스 마켓에 진출하면서 명성을 떨쳤다. 샌프란시스코에는 헤이스밸리 에스프레소라는 시그니처 메뉴를 만들어낸 첫 공식 매장이 아직도 남아 있고, 오클랜드의 파머스 마켓이 열리는 거리에도 매장이 있다. 섬세하게 내린 핸드드립 커피와, 뉴올리언스 아이스 커피, 메뉴판에 없는 지브롤터 커피가 인기 메뉴다.

ADD 헤이스밸리점 315 Linden St, San Francisco, CA 94102
오클랜드점 480 9th St, Oakland, CA 94607
WEB bluebottlecoffee.com

산타크루즈의 수제 커피
벌브커피 로스터스 Verve Coffee Roasters

2007년 캘리포니아 해안가에서 시작한 로컬 감성 카페. 산타크루즈 매장에서는 여전히 빈티지 로스터를 사용하여 커피를 직접 로스팅한다. 대표 메뉴는 커피 농축액에 우유와 시럽을 추가한 달큰한 라테, 미사일(Missile)이다. 로스앤젤레스, 샌프란시스코, 일본에도 매장이 있다.

ADD 산타크루즈 1호점 816 41st Ave
LA 멜로즈점 8925 Melrose Ave
WEB vervecoffee.com

MZ감성의 선구자
필즈커피 Philz Coffee

사랑과 자유의 도시 샌프란시스코에서 가장 독특한 커피를 마실 수 있는 곳. 박하잎을 띄운 '민트 모히토'를 한번 마셔보면 그 여운을 잊을 수 없다. 2003년 샌프란시스코 미션 디스트릭트에 오픈했던 첫 매장은 아쉽게도 문을 닫았지만, 다운타운에서 직장인들에게 뜨거운 인기를 얻은 리얼 핫플레이스다. 캘리포니아 전역에 매장이 있다.

ADD 샌프란시스코 다운타운점 1 Front St #100
LA 다운타운점 801 S Hope St A
WEB philzcoffee.com

+ M O R E +

아이언맨 도넛으로 유명한,
랜디스 도넛 Randy's Donuts

영화 <아이언맨>에서 토니 스타크가 대형 도넛 간판에 앉아 도넛을 먹던 장면을 기억한다면 1952년 문을 연 LA 근교 잉글우드 1호점을 찾아가 보자. 정신없는 도로변인데도 발길이 끊이지 않는 인증샷 명소! 눈에 띄는 간판만큼이나 푸짐하고 폭신한 도넛은 우리나라에도 잘 알려져 있다.

ADD 본점 805 W Manchester Blvd,
Inglewood, CA 90301
WEB randysdonuts.com

태양과 대지의 선물

캘리포니아 와이너리 투어

태평양에서 불어오는 서늘한 공기가 뜨거운 햇살과 비옥한 토양을 만나 더없이 싱그럽고 달콤한 포도알을 빚어내는 곳. 세계 4위를 자랑하는 미국의 와인 생산량 중 84%가 캘리포니아에서 생신된다. 캘리포니아의 대표적인 와인 산지로 여행을 떠나보자.

캘리포니아 와인의 대명사

나파밸리 & 소노마 Napa Valley & Sonoma 202p

나파밸리의 와인은 1976년 '파리의 심판'에서 1위를 차지하면서 캘리포니아 와인의 대명사가 됐다. 생산량은 캘리포니아 전체의 4%에 불과하지만, 지중해성 기후의 영향으로 균일하고 뛰어난 품질의 와인을 만든다. 나파밸리는 인근의 소노마밸리와 함께 연간 450만 명의 방문객이 찾는 관광지이기도 하다.

태평양 해안의 보석

센트럴 코스트 Central Coast 248p

몬터레이와 산타바바라 사이의 센트럴 코스트에서 본격적으로 와인 재배가 이뤄진 것은 나파밸리가 국제무대에서 인정받은 이후인 1980년대부터였다. 피노누아와 샤르도네가 대표 품종이며, 까베르네 소비뇽, 진판델도 유명하다. 햇살이 더 강한 내륙지대에서는 시라, 비오니에, 마르산느, 루산 등 한층 다양한 품종을 재배한다.

파 노스

Eureka

나파밸리 & 소노마

나파

소노마

엘도라도

시에라네바다

San Francisco

인랜드밸리

뜨거운 태양 아래 테메큘라 계곡

서던 캘리포니아 Southern California

샌디에이고에서 약 1시간 거리인 테메큘라밸리
는 남부 캘리포니아 최대의 와인 산지. 뜨겁고
건조한 사막 기후에 강한 품종을 주로 재배한다.
시음장 규모가 크고, 야외 테이블석도 잘 갖춘 윌
슨 크리크 와이너리(Wilson Creek Winery), 서머셋
와이너리(Somerset Winery), 파젤리 셀라 와이너
리(Fazeli Cellars Winery) 등을 방문해보자.

프레즈노

몬터레이

센트럴 코스트

파소 로블스

샌루이스 오비스포

앤털로프밸리

산타바바라

Los Angeles

테메큘라밸리

서던 캘리포니아

San Diego

더운 날씨에 딱!
와인 슬러시

: WRITER'S PICK :

더 재미있는 와이너리 방문 & 테이스팅 팁

❶ **유명한 곳은 예약을** 대부분의 유명 와이너리는 입장료 또는 시음
료를 받고 있으며 예약제로만 운영한다. 소규모 부티크 와이너리는
시음료만 받은 뒤 와인 구매 시 시음료를 돌려주기도 한다.

❷ **좋은 와인을 맛보려면 옵션 추가** 기본 시음은 보통 저가 와인 위주
다. 한 단계 높은 옵션을 선택하면 1병 가격이 $100 이상인 리저브
급이나 고급 빈티지 와인을 맛볼 수 있다.

❸ **드레스코드는?** 한여름에는 반바지에 샌들을 신고 다니는 현지인
들이 대다수일 정도로 옷차림이 자유롭다. 단, 예약제로 운영하는
와인 산지의 최고급 레스토랑에서는 비즈니스 캐주얼을 요구할 수
있다.

미국 서부 맥주 여행

천 가지 맛, 천 개의 브루어리

최근 불어오는 크래프트 비어(수제 맥주) 열풍의 중심에는 미국식 IPA가 있다. 앵커 스팀 맥주가 미국 전통 맥주의 명맥을 이어온 가운데, 1980년대 이후 본격적으로 수천 개의 양조장이 생겨났다. 규모와 시설 면에서 구경해볼 만한 장소도 많고, 브루어리와 같이 운영하는 탭룸의 샘플러를 맛보는 일도 즐겁다. 시음이 포함된 투어에 참가하려면 신분증은 필수. 21세 이하는 성인과 동행해야 한다.

눈에 확 띄는 물고기 라벨

발라스트 포인트 브루잉 Ballast Point Brewing

홉의 쓴맛과 시트러스 향이 잘 어울리는 '스컬핀 IPA'로 미국식 IPA의 매력을 널리 알린 샌디에이고의 양조장이다. 낚시광인 설립자의 영향으로 물고기 그림으로 맥주 라벨을 디자인하는 것이 특징이다. 독특한 라벨만큼이나 창의적인 레시피로 퀄리티 높은 맥주를 주조한다. 주요 생산 시설은 샌디에이고 인근 미라마(Miramar)에 두고 있으며, 캘리포니아의 주요 도시에서 탭룸을 운영 중이라 방문하기 편하다. 마트에서는 팔지 않는 특별한 종류의 맥주를 맛볼 수 있는데, 플라이트(Flight)를 주문하면 4종류를 고를 수 있다. 개별 주문도 물론 가능하다.

설립 1996년　**대표 맥주** 스컬핀 IPA　**지역** 샌디에이고
ADD 2215 India St, San Diego, CA 92101
OPEN 11:00~22:00(일요일 ~20:00, 월요일 ~21:00)
WEB ballastpoint.com

플라이트(Flight)

콜로라도 대표 맥주

쿠어스 브루어리 Coors Brewery

덴버는 '맥주계의 나파밸리'라고 불릴 만큼, 수제 맥주를 생산하는 마이크로 브루어리가 많다. 1873년 독일계 이민자 아돌프 쿠어스가 창업한 쿠어스 맥주는 덴버를 대표하는 브랜드. 양조장(Brewhouse), 맥아 제조장(Malthouse), 패키징 장소(Packaging) 등을 둘러보는 1시간짜리 투어가 있으며, 샘플 테이스팅과 기념품숍도 운영한다. 그 밖에 덴버 시내 최초의 브루잉 펍 윈쿱 브루잉 컴퍼니를 방문하거나, 로도 지역의 여러 브루어리를 방문하는 시음 투어도 있다.

설립 1873년　**대표 맥주** 쿠어스　**지역** 덴버
ADD 502 14th St, Golden, CO 80401
OPEN 투어 목~월요일(예약 후 방문)
TEL 303-277-2337　**WEB** coorsbrewerytour.com

세계 최고의 미국 IPA

러시안 리버 브루잉 컴퍼니 Russian River Brewing Company

일반 맥주에 비해 홉을 3배 사용한 최초의 트리플 IPA 맥주, 플리니 더 영거(Pliny the Younger)가 2010년 세계 최고의 맥주로 선정되면서 벼락스타가 된 양조장. 플리니 더 영거는 매년 2월 2주간만 선보이며, 더블 IPA인 플리니 디 엘더(Pliny the Elder)가 나머지 시즌을 담당한다. 벨기에 맥주 람빅에서 영감을 받은 배럴 숙성 맥주도 최고로 평가받는다.

18가지의 드래프트 맥주 트레이를 선보이는 풀 샘플러를 주문하면 한쪽은 IPA 계열, 다른 한쪽은 배럴 숙성 라인을 제공한다. 귀여운 돼지 라벨이 들어간 블라인드 피그(Blind Pig)도 인기. 제주시와 산타로사시가 자매결연을 한 이유로 브루어리 앞에는 제주 물허벅 아낙네 상이 서 있으며, 인근 윈저에 2호점이 있다.

설립 1997년
대표 맥주 플리니 더 영거
지역 산타로사
ADD 725 4th St, Santa Rosa, CA 95404
OPEN 11:00~22:00
TEL 707-545-2337
WEB russianriverbrewing.com

화려한 수상 경력에 빛나는

파이어스톤 워커 브루잉 컴퍼니 Firestone Walker Brewing Company

설립자인 애덤 파이어스톤과 데이비드 워커의 이름을 딴 양조장. 캘리포니아 불곰과 영국 사자가 맞서고 있는 로고가 상징으로, 세계 최고의 브루마스터 맷 브리닐슨이 이끈다. 본점은 센트럴 코스트의 파소 로블스에 있고, LA 근교 부엘톤과 베니스에 지점이 있다.

클래식 맥주 라인은 파소 로블스의 대형 캠퍼스에서 양조하며, 방문자 센터와 탭룸을 갖췄다. 4가지 맥주 테이스팅을 포함한 투어(12세 이상) 요금은 1인당 $13.16. 45~60분간 양조장, 발효실, 병입 라인을 돌아본다. 대표 맥주는 캘리포니아에서 가장 많이 팔리는 수제 맥주로 블론드 에일인 805. IPA 계열의 마인드 헤이즈가 그 뒤를 쫓는다.

설립 1996년
대표 맥주 805
지역 파소 로블스
ADD 1400 Ramada Dr, Paso Robles, CA 93446
OPEN 탭룸 11:00~20:00
(일요일 10:00~, 금·토요일 ~21:00),
투어 11:00~18:00
TEL 805-225-5911
WEB firestonebeer.com

미국의 팁 문화 이해하기

미국에서는 서비스를 받았다면 반드시 그에 대한 봉사료(팁)를 지불해야 한다. 평소에 팁을 건넬 수 있도록 $1 또는 $5짜리 지폐를 여러 장 준비해두는 것이 좋다.

1 팁이 필요한 장소별 적정 비율 또는 금액

레스토랑 대도시 기준 점심 18~20%, 저녁 20~25%
바텐더 10~15%(바에서 술만 주문했을 땐 한 잔에 $1~2)
택시 15%(짐이 있으면 추가 비용 또는 1개당 $1~2)
옷 보관소(Coat Check) 1개당 $1
호텔룸 매일 $2~5
주차장/컨시어지 $1~5(짐 드는 것을 도와줬을 땐 $5~10)

2 식당에서 팁 계산하는 방법

팁을 계산해야 하는 대표적인 곳이 테이블에 앉아서 식사하는 레스토랑이다. 식사 후 자리에 앉은 채로 점원에게 "체크 플리즈(Check, Please)"라고 요청하면, 음식 가격에 세금(Tax)을 더한 소계가 적힌 영수증을 가져다준다. 만약 계산서에 'Gratuity(Service charge) included'라는 항목이 있다면 이미 청구액에 팁이 포함됐다는 뜻이므로, 팁을 지불할 필요가 없다.

현금으로 계산할 때

☐ 청구된 음식 가격에 팁을 합산한 최종 금액을 테이블에 놓고 나온다.

신용카드 단말기로 직접 결제할 때

☐ 신용카드를 기계에 꽂고 화면에 나타나는 팁 비율 버튼(15%·18%·25% 등)을 선택한 뒤 'Continue'를 누르면 최종 금액이 청구된다.

☐ 고객이 직접 카운터에서 주문하고 음식을 받아오는 카페테리아나 푸드홀, 드라이브 스루 매장에서는 팁이 의무 사항이 아니다. 이럴 땐 화면에서 'No Tip' 또는 'Custom Tip' 버튼을 누르고 팁을 0%로 변경한다.

15%	20%	25%
Custom Tip Amount		
No Tip		

신용카드로 계산할 때

☐ 영수증 위에 신용카드를 올려놓으면 카드를 가져갔다가 영수증 2장을 카드와 함께 돌려준다. 하나는 고객용 영수증(Customer Copy), 다른 하나는 식당에 제출하는 영수증(Merchant Copy)이다.

☐ 식당용 영수증에 팁 액수와 최종 금액을 각각 기재 후 서명한다. 이때 팁 액수를 반올림·반내림 등으로 처리하면 합산할 때 편리하다.

☐ 고객용 영수증과 카드를 챙기고, 식당용 영수증은 테이블에 놓고 나온다.

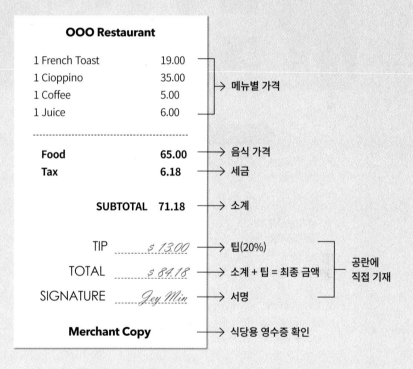

OOO Restaurant	
1 French Toast	19.00	→ 메뉴별 가격
1 Cioppino	35.00
1 Coffee	5.00
1 Juice	6.00
Food	**65.00**	→ 음식 가격
Tax	**6.18**	→ 세금
SUBTOTAL	**71.18**	→ 소계
TIP	$ 13.00	→ 팁(20%)
TOTAL	$ 84.18	→ 소계 + 팁 = 최종 금액
SIGNATURE	Jey Min	→ 서명
Merchant Copy		→ 식당용 영수증 확인

공란에 직접 기재

마트 쇼핑하기

미국 도착하면 제일 먼저

미국 장바구니 물가는 어떨까? 요즘 유행하는 건강식은 뭘까? 시시콜콜한 궁금증을 해결해 주는 곳이자 로컬들의 실생활을 가장 가깝게 들여다볼 수 있는 곳이 바로 마트다. 종류별로 진열하는 상품도, 매장 분위기도 조금씩 다른 미국 서부 마트를 찾아가 보자.

싱싱한 과일도 먹고 장도 보고!

식료품 마트, Groceries

창고형 마트에 비해 규모가 작고 특화된 식료품 마트는 같은 체인 형태라고 해도 지역마다 좀 더 사랑받는 장소가 있다. 특색 있는 마트에서 파는 자체 상품은 가성비 좋은 선물로도 베스트!

1 유기농 전문 마트
홀푸드 Whole Foods

1980년 텍사스에서 문을 연 마트. 생산부터 배송에 이르는 전 과정에서 특정 기준을 충족한 미국 농무부 인증 유기농 제품(USDA Organic Certification)을 주로 판매한다. 깔끔하고 세련된 매장에서 예쁘게 패키징한 에센셜오일, 비누, 유기농 샴푸를 구매할 수 있고, 과일 퀄리티도 최고! 로컬 푸드와 유기농 식재료로 차려진 샐러드 바도 인기다. 가격은 다른 마트보다 높은 편이지만, 아마존 계열사로 프라임 멤버십 소지 시 할인 혜택이 있다.

WEB wholefoodsmarket.com

2 스페셜티 그로서리
트레이더 조 Trader Joe's

1967년 LA 근교 패서디나에서 시작해 대형 마트 체인으로 성장한 홀푸드의 경쟁사. 전체 상품의 86%를 자체 브랜드로 조달해 가격대를 낮췄다. 배달과 픽업이 안 되는데도 단골을 많이 보유한 곳. 코너별로 재미난 이름을 붙여두는 등 정감 있는 분위기다.

WEB traderjoes.com

3 150년 역사의 LA 마트
랄프스 Ralph's

1873년에 탄생한 LA의 전통 식료품 마켓 브랜드. 북미 최대 슈퍼마켓 체인인 크로거(Kroger)의 계열사이며, 남부 캘리포니아를 중심으로 운영한다. 대중적인 브랜드부터 식료품까지 편하게 구매하기 좋다.

WEB ralphs.com

4 샌디에이고가 사랑하는
본스 Vons

북미에서 두 번째로 큰 슈퍼마켓 체인인 알버슨의 계열사. 과일과 식료품 퀄리티가 좋고, 매장 디스플레이도 예쁘다. 보다 상위 브랜드인 파빌리온에서는 고급 유기농 식재료와 방대한 와인 리스트를 선보인다.

WEB vons.com

5 인플루언서들의 아지트
에러원 Erewhon

LA 인플루언서들이 이용하는 곳으로 입소문 난 프리미엄 슈퍼마켓. 유기농, 글루텐 프리, 비건, 키토, 대체식 등 트렌디한 스페셜티 식품의 집결지다. 헤일리 비버가 즐겨 마신다는 '스트로베리 글레이즈 스킨 스무디'가 인기 상품. 베벌리힐스, 그로브 몰, 베니스 등 LA에 10개의 매장을 뒀다.

WEB erewhonmarket.com

로컬들이
사랑하는

**트레이더 조
인기템**

아보카도 스프레이 오일
Avocado Spray Oil
건강에 좋은 아보카도 오일을 간편하게 분사해 에어프라이 이용 시 편리하다.

화이트 트러플 팝콘
White Truffle Popcorn
이탈리아산 화이트 트러플과 프랑스산 시솔트를 더한 고급스러운 맛의 팝콘.

동결 건조 망고
Freeze Dried Mango
적당한 단맛과 바삭한 식감이
매력적이다.

딸기 레모네이드 조조
Strawberry Lemonade Joe Joe's
딸기 크림과 레몬 맛이 어우러진
여름철 베스트 샌드 쿠키.

레몬 페퍼 시즈닝
Lemon Pepper Seasoning Blend
스테이크나 아보카도 요리에 어울리는 시즈닝. 우마미 솔트, 어니언 솔트, 바비큐 럽 시즈닝 모두 인기. 단, 에브리싱 벗더 베이글 세서미는 반입 금지므로 주의!

우리에게도 익숙한

창고형 대형 마트, Supermarkets

10위 권에 드는 초대형 마트는 영업 이익 순으로 월마트-아마존-코스트코-크로거-알버슨-타깃 등이 있다. 대용량 제품이 많아서 편의성 및 가격 면에서 유리하지만, 단품이 필요한 여행자 입장에서는 비효율적일 수 있고, 한 번 들어가면 쇼핑 시간이 오래 걸린다.

1 월마트 Walmart
세계 최대의 유통 업체로 미국 내 어느 도시에서나 볼 수 있다.

WEB walmart.com

2 코스트코 Costco
시애틀에서 시작된 창고형 회원제 할인 마트. 한국 회원 카드로도 이용 가능.

WEB costco.com

3 타깃 Target
빨간 과녁 모양 로고가 상징. 깔끔하고 세련된 이미지의 대형 마트.

WEB target.com

4 세이프웨이 Safeway
알버슨 계열의 체인 마트. 창고형 마트가 없는 중소 도시나 마을에도 입점했다.

WEB safeway.com

원스톱 쇼핑센터

대형 백화점

단독 부티크 매장이 활성화된 미국에서 백화점은 명품관보다 좀 더 친근한 공간이다. 물론 체인별로 고급화 전략을 추구하기도 한다. 지점에 따라 고메 식품 코너나 푸드홀을 운영하고 있어 알아 두면 여러모로 편리하다.

1 메이시스 Macy's
미 전역에 500여 개 매장은 운영하는 최대 규모의 백화점 체인. 대형 크리스마스트리 등 시즌마다 다양한 이벤트를 주관하는 것으로 유명하다.

WEB macys.com

2 노드스트롬 Nordstrom
시애틀에 본사를 둔 미국 서부 대표 백화점. 대중적인 브랜드를 집약적으로 모아 인기를 얻었다. 전략적으로 레스토랑과 카페를 운영하며, 저가형 아웃렛(Nordstrom Rack)도 있다.

WEB nordstrom.com

3 니만 마커스 Neiman Marcus
텍사스에 본사를 둔 럭셔리 백화점. 뉴욕 명품 백화점 버그도프 굿맨과 같은 계열사로, 미 전역에 36곳의 매장이 있다. 할인 코너(Neiman Marcus Lastcall)도 운영한다.

WEB neimanmarcus.com

4 삭스 피프스 애비뉴 Saks Fifth Avenue
럭셔리 백화점의 대명사. 뉴욕 5번가 플래그십 스토어를 비롯해 미국 주요 도시 위주로만 매장을 운영한다. 삭스 오프 피프스(Saks Offs 5th)는 저가형 라인이다.

WEB saksfifthavenue.com

코로나19 검사가 가능한 미국의 대표적인 약국 체인은 월그린(Walgreens)과 CVS로, 보통 편의점처럼 생긴 마트 안에 있다. 그리 저렴하진 않지만, 접근성이 좋고 늦게까지 문을 여는 곳이 많아 여행 중 즐겨 찾게 되는 곳. 멤버십 제도를 활용하면 포인트 적립 및 할인을 받을 수 있는데, 가입 시 현지 주소나 연락처가 필요하다. 관광객이 이용하기에는 CVS보다 월그린이 좀 더 편리하다.

드럭 스토어 약국을 겸한 마트

일반 의약품 Over-the-Counter Drug

의사의 처방 없이 구매 가능한 의약품을 오버더카운터 드럭이라고 한다. 두통약(타이레놀, 애드빌), 감기약(타이레놀 콜드, 플루), 소화제(잔탁, 펩토비스몰), 알레르기약(지르텍) 등이 이에 해당한다. 일반 진열대에 놓인 제품은 마트 계산대에서 다른 제품과 함께 구매할 수 있다. 가격은 한국과 비슷하거나 좀 더 저렴하다.

처방약 Prescription Drugs

처방전이 있다면 안쪽 약국 섹션에 있는 약사에게 건넨 후 조제해준 처방약을 받는다. 신분증 지참은 필수. 유학생이라면 가입 보험사 정보를 제공하고, 한국의 일반 여행자 보험에 가입돼 있다면 보험사별 규정에 따른다. 영수증을 나중에 처리해주는 방식이 대부분이므로 반드시 처방전 사본과 약국 영수증을 챙기자.

굿알엑스 GoodRx

비대면 진료가 활성화되면서 온라인 채팅(영어)으로 의사와 상담하고 가까운 약국(월그린, CVS) 지점으로 처방전을 팩스로 전송해주는 저렴한 방법도 생겼다(현지 상황에 따라 변동 가능). 하지만 증상이 심각하다면 병원에 찾아가는 것을 명심하자. 비상약 등 개인 의약품은 미리 준비해 가는 것이 좋다.

WEB goodrx.com

인기 쇼핑 아이템

〈디스 이즈 미국 서부〉가 픽한

미국은 디자이너 브랜드를 포함한 의류 및 패션 잡화 가격이 우리나라보다 저렴한 편이다. 미국 브랜드일수록 할인율이 높다는 것도 장점. 단, 유럽 등 타 국가의 브랜드는 할인율이 낮으므로 국내 가격과 꼼꼼하게 비교하고 구매하자.

캐리어를 채울 시간!

미국 쇼핑 리스트

과일 Fruits
한 봉지 듬뿍 사도 부담 없는 가격의 캘리포니아 체리 등 각종 열대과일 맛보기.

콤부차 Kombucha
맛있고 예쁜 콤부차의 세계는 끝이 없다. 미량의 알코올이 포함돼 있다.

시에라네바다 맥주
Sierra Nevada
멋진 자연을 즐기며 맥주 한 잔! 신분증 지참은 필수.

캘리포니아 와인
California Wines
나파밸리, 소노마, 센트럴 코스트의 훌륭한 와인을 추천.

감자칩 Chips
아이다호 감자로 만든 다양한 스낵. 특히 시솔트 & 비니거가 마성의 맛이다.

피츠 커피
Peet's Coffee
진한 다크로스트 원두가 특징인 샌프란시스코 커피 브랜드.

씨즈 캔디
See's Candies
'워렌 버핏 사탕'으로 유명한 LA 토종 캔디. 4가지 맛이 믹스된 어소티드 롤리팝이 인기다.

영양제
센트룸, GNC 등 인기 브랜드의 영양제를 CVS나 GNC, 홀푸드 같은 대형 슈퍼마켓에서 살 수 있다.

이런 옷 어때요?

인기 만점 의류 브랜드 Clothing

1 브랜디 멜빌 Brandy Melville
캘리포니아의 1020세대가 열광하는 브랜드. 로고 없는 기본 타입의 캐주얼 면티, 크롭 탑, 바지 등이 주를 이룬다. 타이트한 원 사이즈로, 스키니한 체형에 잘 어울리는 편.

2 파타고니아 Patagonia
우리나라에서도 인기가 높은 브랜드 파타고니아의 1호점을 캘리포니아 벤추라(235 W Santa Clara St, Ventura)에서 만날 수 있다.

3 스킴스 Skims
LA 출신의 인플루언서 킴 카다시안의 언더웨어 브랜드. 누트럴한 스킨컬러의 보정 속옷과 실내복이 돋보인다. 노드스트롬 백화점에서 찾아보자.

4 스투시 Stüssy
라구나 비치에서 탄생한 브랜드. 창립자 숀 스투시의 사인 로고를 활용한 심플한 디자인, 감각적인 그래픽으로 사랑받는 스트리트 패션의 아이콘이다. LA 라 브레아 매장(Map 294p)의 제품 입고일은 금요일이다.

5 수프림 Supreme
빨간 로고와 하얀 폰트가 눈에 확 띄는 스트리트 패션 브랜드. 샌프란시스코 마켓 스트리트(Map 169p)와 LA 선셋 대로(307p)에 매장이 있다.

뷰티 아이템은 여기서!

화장품 Cosmetics

1 글로시에 Glossier
'코덕'이라면 꼭 한번 방문하고 싶어할 글로시에의 쇼룸. 립밤, 고체 향수처럼 작고 소중한 잇템이 가득하다.

2 바나나보트 선크림 Banana Boat
자외선 차단 지수가 높은 선크림은 햇볕 뜨거운 서부 지역 관광의 필수템. 서핑, 하이킹을 계획한다면 드럭 스토어에서 미리 구매하자.

3 배스앤바디 웍스 Bath & Body Works
향 좋은 바디워시, 핸드크림, 손소독제 등 실용적인 기념품을 사기 좋은 곳. 산뜻한 컬러와 아기자기한 디자인, 착한 가격이 장점.

4 미시즈 메이어스 Mrs. Meyer's
인공첨가물을 넣지 않은 친환경 핸드솝, 캔들, 세제류를 판매한다. 직구로도 많이 구매하는 브랜드.

5 세포라 Sephora
프랑스에서 건너온 코스메틱숍. 자체 브랜드부터 다양한 가격대의 타 브랜드까지 직접 테스트해보고 구매할 수 있다. 번화가에서 쉽게 볼 수 있다.

미국 서부 아웃렛 한눈에 보기

만족은 높이고 가격은 낮추고

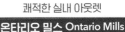

미국 전역의 대형 아웃렛에서는 다양한 가격대의 브랜드를 30~70% 할인가로 구매할 수 있다. 큰 도시와 가까울수록 좀 더 퀄리티 높은 제품이 많고, 소비세가 낮은 지역은 캐주얼한 제품 구매 시 유리한 편. 대부분 연중무휴이지만, 먼 걸음을 해야 하니 방문 전 운영 여부를 꼭 확인하자.

LA 도심에서 가장 가까운
시타델 아웃렛 Citadel Outlets

LA 다운타운 유니언역, LA 라이브 등에서 무료 셔틀버스가 출발할 정도로 접근성이 좋다. 심플하지만 대중적인 브랜드 위주의 상점 130여 개가 입점했다.

ADD 100 Citadel Dr, Commerce, CA 90040
OPEN 10:00~21:00
WEB citadeloutlets.com
ACCESS LA 기준 14km

쾌적한 실내 아웃렛
온타리오 밀스 Ontario Mills

캘리포니아에서 가장 큰 실내 아웃렛. 대중적인 브랜드 위주의 200여 개 상점, 영화관 및 레스토랑이 입점했다.

ADD 1 Mills Cir, Ontario, CA 91764
OPEN 10:00~20:00(금·토요일 ~21:00, 일요일 11:00~)
WEB simon.com/mall/ontario-mills
ACCESS LA 기준 67km

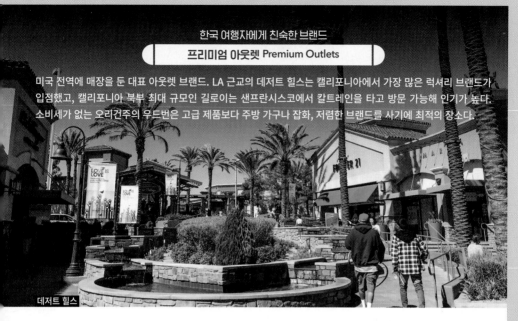

한국 여행자에게 친숙한 브랜드

프리미엄 아웃렛 Premium Outlets

미국 전역에 매장을 둔 대표 아웃렛 브랜드. LA 근교의 데저트 힐스는 캘리포니아에서 가장 많은 럭셔리 브랜드가 입점했고, 캘리포니아 북부 최대 규모인 길로이는 샌프란시스코에서 칼트레인을 타고 방문 가능해 인기가 높다. 소비세가 없는 오리건주의 우드번은 고급 제품보다 주방 가구나 잡화, 저렴한 브랜드를 사기에 최적의 장소다.

데저트 힐스

데저트 힐스 Desert Hills
ADD 48400 Seminole Dr, Cabazon, CA 92230
OPEN 10:00~20:00
ACCESS LA 기준 146km

캐머릴로 Camarillo
ADD 740 Ventura Blvd
OPEN 10:00~20:00
ACCESS LA 기준 80km

우드번 Woodburn
ADD 1001 N Arney Rd, Woodburn, OR 97071
OPEN 10:00~19:00(토요일 ~20:00)
ACCESS 포틀랜드 기준 48km

라스베이거스 노스 Las Vegas North
ADD 875 S Grand Central Pkwy, Las Vegas, NV 89106
OPEN 10:00~20:00(일요일 11:00~19:00)
ACCESS 벨라지오 호텔에서 8km

길로이 Gilroy
ADD 681 Leavesley Rd, Gilroy, CA 95020
OPEN 10:00~20:00(금·토요일 ~21:00, 일요일 12:00~18:00
ACCESS 산호세 남쪽 50km

길로이

라스베이거스 노스

SAVINGS

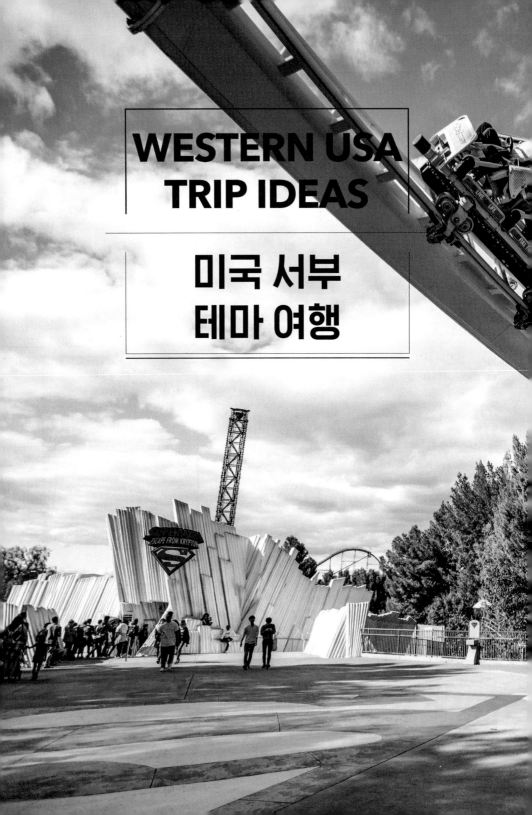

WESTERN USA
TRIP IDEAS

미국 서부
테마 여행

유니버설 스튜디오 vs 디즈니랜드!

캘리포니아 테마파크 한눈에 보기

사계절 온화한 날씨로 야외 활동에 최적화된 남부 캘리포니아에는 세계적인 테마파크가 모여 있다.
꿈의 놀이동산 디즈니랜드, 할리우드 영화 같은 유니버설 스튜디오, 미국 최초의 테마파크 넛츠 베리 팜,
익스트림 롤러코스터로 유명한 식스 플래그, 샌디에이고의 시월드까지!
캘리포니아 테마파크의 세계로 안내한다.

식스 플래그 매직마운틴 345p

산타모니카 퍼시픽 파크 329p

Los Angeles

넛츠 베리 팜 345p

레고랜드 캘리포니아 344p

시월드 346p

유니버설 스튜디오 080p

디즈니랜드 캘리포니아 084p

San Diego

샌디에이고 동물원 사파리 파크 347p

샌디에이고 동물원 359p

알뜰한 여행자를 위한
서던 캘리포니아 관광 패스

LA 여행을 위한 할인 패스를 고를 때 중요한 기준은 유니버설 스튜디오 또는 디즈니랜드 포함 여부다. 테마파크가 남부 캘리포니아 전역에 걸쳐 있어서 샌디에이고 쪽 일정도 같이 생각해서 고르면 좋다. 할인 폭이 크지 않은 시기에는 공식 홈페이지를 통해 구매하는 것이 나을 수 있다.

❶ 고우시티 로스앤젤레스 Go City Los Angeles

선택 기간(1·2·3·5·7일) 내에 제시된 어트랙션을 자유롭게 방문하는 'All-Inclusive Pass'와 어트랙션 개수(2·3·4·5·7개)를 선택하는 'Explorer Pass'가 있다. 핵심 명소인 유니버설 스튜디오 입장권은 올 인클루시브 패스 3일권 이상에만 포함된다. 장소 간 이동 거리가 꽤 먼 편이니, 체력과 일정을 고려하여 알맞은 패스를 선택하자.
WEB gocity.com

❷ 클룩 로스앤젤레스 Klook Los Angeles

디즈니랜드 입장권을 비롯한 다양한 할인권을 판매한다. 한국어로 예약할 수 있어 편리하고, 비슷한 조건의 할인 패스인 시티 패스 서던 캘리포니아와 비교하면 전반적으로 저렴한 편. 단, 특별 할인이 아닌 이상 공식 홈페이지와 가격이 똑같을 수 있다. 특히 디즈니랜드 이용권은 공식 홈페이지에서 구매 시 날짜 선택이나 변경의 폭이 좀 더 자유로우니, 양쪽을 비교해보고 구매하자.
WEB klook.com

❸ 샌디에이고 시티 패스 City Pass San Diego

할인 폭은 다소 적은 대신 사용기간이 9일로 넉넉한 것이 장점이다. 시월드와 레고랜드 둘 다 방문하고, 다른 어트랙션 1~2개만 추가로 이용해도 할인 혜택이 쏠쏠하다. 단, LA 쪽 어트랙션은 불포함. 이와 비슷한 조건의 할인 패스로는 고우시티 샌디에이고의 'Explorer Pass'가 있다.
WEB citypass.com/san-diego

TRIP IDEAS

1

UNIVERSAL
STUDIOS
HOLLYWOOD

유니버설 스튜디오 할리우드

'오픈런', 필수! 요즘 대세 테마파크

최첨단 기술을 결합한 놀이기구와 특수효과 쇼를 즐길 수 있는 초대형 놀이공원이다. 놀이기구마다 블록버스터 영화를 주제로 삼고 있어 기다리는 시간조차 흥미진진! 미국 동부 올랜도의 유니버설 스튜디오보다는 작은 규모지만, 오직 할리우드에서만 가능한 스튜디오 투어가 포함됐다는 점이 차별화 포인트다. 티켓은 미리 구매해두는 것이 저렴한데, 만일에 대비해 종이 티켓도 프린트해 지참하자.

ADD 100 Universal City Plaza, Universal City, CA 91608
PRICE $109~154(요일 및 시즌별로 다름)
OPEN 요일 및 시즌별로 다름
TEL 800-864-8377
WEB universalstudioshollywood.com

가는 방법

🚌 할리우드에서 5km(15분). 주차료를 고려하면 우버가 더 저렴할 수 있다.

🅿 주차료 기본 $35 (오후 5시 이후 $10) 정문 바로 앞 주차 $75 발렛파킹 $60

🚉 메트로 레일 B라인 (레드) Universal/ Studio City역에서 육교 건너편 셔틀버스 탑승. 또는 도보 15분

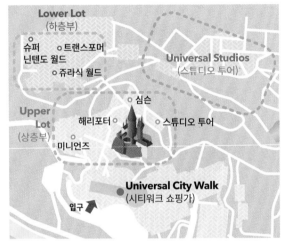

Lower Lot (하층부)

슈퍼 닌텐도 월드 · 트랜스포머

· 쥬라식 월드

Universal Studios (스튜디오 투어)

Upper Lot (상층부)

· 심슨

해리포터 · 스튜디오 투어

· 미니언즈

입구

Universal City Walk (시티워크 쇼핑가)

1 입장하면 바로 보이는
유니버설 지구본

2 유니버설 시티워크의
거대한 킹콩 간판

3 해리포터 마을 입구
호그와트 익스프레스

4 스튜디오 전경이 보이는
상층부 테라스

5 좋아하는 영화 캐릭터와
기념 촬영

+MORE+

유니버설 스튜디오 테마 레스토랑

쓰리 브룸스틱 Three Broomsticks

호그와트 마을 초입의 레스토랑. 영
국식 셰퍼드 파이, 피시앤칩스 등
영화에 등장한 음식과 버터 맥주를
맛볼 수 있다. 영화 세트장처럼 꾸
며진 넓은 실내 자체가 구경거리다.

크러스티 버거 Krusty Burger

심슨 라이드 맞은편, 스프링필드를
테마로 꾸민 레스토랑. 버거와 핫도
그 같은 대중적인 메뉴를 팔며, 공간
이 넓어 자리 잡기 편하다. 근처에서
파는 커다란 심슨 도넛도 인기.

유니버설 시티워크 Universal Citywalk

주차장부터 테마파크 입구 사이에
조성된 쇼핑가에 인기 프랜차이즈
레스토랑이 대거 입점해 있다. 놀이
공원 폐장 이후에도 이용 가능.

상층부
(Upper Lot)

대표
어트랙션

해리포터 The Wizarding World of Harry Potter

유니버설 스튜디오의 하이라이트. 호그스미드 마을과 호그와트 마법 학교를 완벽하게 재현해 아기자기한 상점가만 구경해도 재밌다. 영화 속에 나온 버터 맥주(무알코올)도 도전!

• 포비든 저니 Forbidden Journey

해리, 론, 헤르미온느와 함께 호그와트성에서 탈출하는 스토리를 4D 어트랙션으로 구현했다. 골든 스니치를 뒤쫓으며 영화 속 주인공이 돼보자. 대기시간이 길지만, 기다리는 동안 성 내부를 구경하는 것도 재밌다.

• 플라이트 오브 더 히포그리프 Flight of the Hippogriff

어린이도 탈 수 있는 미니 롤러코스터. 탑승 시간은 매우 짧다.

• 올리밴더스 Ollivanders

영화 세트장과 똑같이 꾸며진 마법 지팡이 가게. 등장인물의 이름이 새겨진 마법 지팡이를 판매한다. 줄을 서서 입장하면 지팡이가 주인을 선택하는 퍼포먼스를 볼 수 있다.

스튜디오 투어 Studio Tour

관람차를 타고 1시간가량 영화 <사이코>, <죠스> 등 세트장을 돌아보는 유니버설 스튜디오 할리우드만의 특별 어트랙션. 영화 속 홍수나 화재 장면 촬영 기법을 최첨단 특수효과로 보여준다. 실제 제작 현장을 지나가기도 해서 시간이 맞으면 촬영 중인 스태프도 볼 수 있다.

워터월드 Water World

유니버설 스튜디오의 3가지 쇼 중 가장 박진감 넘치는 액션 스턴트쇼. 물 위에서 펼치는 리얼한 액션 연기와 특수효과를 관람할 수 있다. 앞 좌석에 앉으면 옷이 젖을 수 있으니 우비를 준비하자.

심슨 라이드 The Simpson Ride

심슨 가족과 함께 IMAX 돔에서 가상현실 롤러코스터를 탑승하는 4D 어트랙션. 스토리를 몰라도 문제없다.

미니언즈 Despicable Me Minion

직접 귀여운 미니언즈가 돼보는 시뮬레이션 상영관. 아이들이 가장 좋아하는 어트랙션 중 하나다.

하층부
(Lower Lot)
———
대표
어트랙션

트랜스포머 Transformers

변신 로봇에 올라타서 범블비와 함께 디셉티콘에 맞서
는 4D 어트랙션. 물줄기를 맞거나 화염의 열기를 느낄
수 있다. 맨 앞자리를 추천.

미라의 복수 Revenge of the Mummy

고대 이집트 테마의 어두컴컴한 세트장을 시속 70km
이상으로 질주하는 롤러코스터. 단순하지만 짜릿한 스
릴이 느껴진다.

슈퍼 닌텐도 월드 Super Nintendo World

슈퍼 마리오 게임 속 세상을 구현한 세트장. 탈 것은 마
리오 카트 하나뿐이지만, 손목에 차는
파워-업 밴드를 구매해 챌린지를 즐
길 수 있다. 성수기에는 원격 줄서기로
예약하거나 익스프레스 티켓이 있어
야 입장할 수 있다. 게임 캐릭터를 활
용한 먹거리를 파는 투드 스툴 카페는
현장에서 QR코드를 찍고 예약한다.

파워-업 밴드

: WRITER'S PICK :
시간을 아껴주는 투어 꿀팁

❶ 개장 시간에 입장
주차장에서 입구까지 멀다는 점을 감안해 오픈 시간
전에 미리 줄을 설 수 있게 도착하자. 보안 검사도 진행
하기 때문에 최소 30분 전에는 도착하는 것을 추천.

❷ 인기 어트랙션부터 공략
입장과 동시에 닌텐도 월드부터 방문하자. 입구의 QR
코드 이용해 토드스툴 카페를 예약할 수 있다. 해리포
터의 포비든 저니와 스튜디오 투어도 오전 방문 추천.

❸ 얼리 액세스 티켓
사람이 많이 몰리는 슈퍼 닌텐도 월드에 일반 개장 시
간보다 1시간 먼저 들어갈 수 있는 입장권(Early Access
Ticket, $20~30). 대기시간을 줄일 수 있다.

❹ 원격 줄서기
앱에서 '버추얼 라인(Virtual Line)'이 활성화되면 원격
줄서기가 가능한 어트랙션 목록이 보인다. 예약 완료
후 해당 시간대에 방문하면 빠른 입장이 가능하다. 예
약 시간이 지나면 그다음 원격 줄서기가 열린다.

❺ 싱글 라이더 활용
일부 어트랙션에는 1인 탑승자를 위한 전용 줄이 있다.
대기시간이 상대적으로 짧아서 시간을 절약할 수 있다.

❻ 익스프레스 티켓
일반 입장권보다 2배 비싼 유니버설 익스프레스(Uni-
versal Express)를 구매하면 전용 줄로 입장할 수 있다.
성수기에도 어트랙션 대부분을 빠르게 이용할 수 있어
만족도가 높다.

❼ 모바일 앱
공식 앱을 다운받으
면 모바일 입장권으
로 활용할 수 있다.
실시간 대기시간 확
인 및 원격 줄서기
기능도 제공. 스마
트폰 사용량이 많으
니 보조 배터리를
꼭 챙겨가자.

티켓 구매 · 지도 · 대기시간 · 식사 장소 확인 · 원격 줄서기 · 현장 대기시간

디즈니랜드 캘리포니아

〈겨울왕국〉에서 〈어벤져스〉까지

미국 서부 LA 근교에 있는 디즈니랜드의 정식 명칭은 '디즈니랜드 리조트'다. 쇼핑가인 다운 타운 디즈니 디스트릭트를 사이에 두고 두 테마파크로 나뉘는데, 하루에 한 군데씩 이틀에 걸쳐서 봐야 할 정도로 방대한 규모다. 티켓 구매부터 어트랙션 이용 방법까지, 미리 어느 정도는 파악하고 가야 제대로 즐길 수 있다.

ADD Disneyland Dr, Anaheim, CA 92802 **TEL** 714-781-4636
OPEN 요일 및 시즌별로 다름 **WEB** disneyland.disney.go.com

디즈니랜드 리조트로 가는 방법은?

LA 도심에서 약 45km 거리다. 자동차로 1시간, 일반 대중교통은 2시간 30분 이상 소요되므로 차가 없을 땐 대부분 우버/리프트 또는 한인 택시를 이용한다. 우버 비용은 교통 상황에 따라 편도 $80~120 정도다.

디즈니랜드 파크

디즈니 캘리포니아 어드벤처파크

디즈니랜드 파크

디즈니랜드 호텔
디즈니 그랜드 캘리포니아 호텔
픽사 플레이스 호텔

다운타운 디즈니 (쇼핑가)

디즈니 캘리포니아
어드벤처 파크

두 테마파크, 어떻게 다를까?

1955년 개장한 '디즈니랜드 파크'는 월트 디즈니가 직접 설계한 세계 최초의 디즈니랜드라는 상징성이 있다. 2001년 개장한 디즈니 캘리포니아 어드벤처의 랜드마크는 커다란 대관람차(Pixar Pal-A-Round)다.

구분	디즈니랜드 파크 Disneyland Park	디즈니 캘리포니아 어드벤처파크 Disney California Adventure Park
중요한 쇼	디즈니 캐슬을 배경으로 펼치는 불꽃놀이와 퍼레이드	대관람차 앞의 분수쇼(월드 오브 컬러)와 퍼레이드
핵심 어트랙션	• Star Wars: Rise of the Resistance 싱글패스 스타워즈 영화 속 장면을 재현한 초대형 체험형 어트랙션 • Tiana's Bayou Adventure 멀티패스 <공주와 개구리>의 티아나 공주를 테마로 한 급류 타기 플룸라이드. 2024년 11월 공개된 최신 어트랙션 • Space Mountain 멀티패스 우주를 테마로 한 실내 롤러코스터 • Matterhorn Bobsleds 멀티패스 알프스 산맥을 모티브로 만든 롤러코스터	• Guardians of the Galaxy 멀티패스 '가오갤'로 불리는 어벤저스 캠퍼스의 최고 인기 어트랙션 • Radiator Springs Racers 싱글패스 애니메이션 <카> 랜드에서 즐기는 카레이싱 • Incredicoaster 멀티패스 디즈니랜드 리조트의 대표 롤러코스터 • Soarin' Over California 멀티패스 행글라이더 가상 체험 • Grizzly River Run 멀티패스 급류 타기 래프팅

*예약 방식과 이용 정책은 수시로 바뀌므로 방문 직전 최신 정보 확인은 필수

: WRITER'S PICK :
둘 중 어디로 갈지 고민되는 사람을 위한 요약 정리!

✔ 스릴 넘치는 라이드를 좋아함 → 디즈니 캘리포니아 어드벤처
✔ 미키와 미니마우스 마을(Toon Town)을 보고 싶음 → 디즈니랜드 파크
✔ 스타워즈 매니아라면 → 디즈니랜드 파크
✔ 마블 매니아라면 → 디즈니 캘리포니아 어드벤처
✔ 예산과 시간 여유가 충분함 → 2일권으로 하루에 한 곳씩 방문
✔ 체력이 좋고 하루 안에 꼭 다 보고 싶음 → 파크 호퍼로 하루에 두 곳 방문

라이트닝 레인 Lightning Lane 예약은 어떻게 할까?

줄 서는 시간을 줄이고 싶다면 공식 앱을 통해 라이트닝 레인 패스(3종류) 입장 예약을 해야 한다. 예약 기능은 방문 당일 테마파크에 입장해야 활성화된다. 꼭 타고 싶은 몇 개를 정한 다음 대기 줄 상황을 체크하면서 공략해 보자.

멀티패스 Lightning Lane Multi Pass: $32~39(구매 후 하루 종일 사용)

당일 테마파크에 입장한 후 앱으로 구매해도 되지만, 1일 판매 수량에 제한이 있으므로 성수기에는 입장권 구매 단계에서 미리 사두는 편이 유리하다. 멀티패스로 1개의 놀이기구를 예약했다면 그다음 놀이기구 예약은 해당 예약 이용 후(또는 2시간 후)에만 할 수 있다. 따라서 앱에서 대기시간을 확인하면서, 적절한 간격으로 활용해야 한다.

싱글패스 Lightning Lane Single Pass: 1개당 $18~35(하루 2개까지만 구매)

<스타워즈: 라이즈 오브 더 레지스턴스>와 <래디에이터 스프링스>처럼 가장 인기 있는 어트랙션은 오픈런을 하지 않는 이상 탑승 자체가 힘들다. 멀티패스로는 이용이 불가능해서 추가 요금을 내고 싱글패스로 예약해야 한다.

프리미어패스 Lightening Lane Premier Pass: $300~400(어트랙션당 1번씩 사용)

시간 지정을 하고 사용하는 멀티패스나 싱글패스와 달리, 날짜만 지정하고 두 테마파크의 모든 어트랙션을 1번씩 빠르게 탑승할 수 있다. 방문 2일 전 오전 7시부터 제한된 수량만 판매한다.

파크 호퍼Park Hopper는 언제, 어떻게 쓰는 걸까?

오전 11시 이후부터 두 번째 테마파크로 이동하게 해주는 옵션이다. 시간이 부족한 1일권 사용자가 주로 선택하는데, 자칫 걸어 다니기만 하다가 하루가 끝나버릴지도 모른다. 대신, 양쪽에서 꼭 봐야 할 것을 제대로 파악하고 계획을 세운다면 매우 유용하다.

알쏭달쏭 디즈니랜드 티켓 가격과 이용 방법 총정리

구분	1일권 One Park Per Day	2~5일권 Multi-Day Tickets
가격	Tier 0 $104, Tier 6 $206	2일권 $330, 3일권 $415 등
장점	비수기에는 1일권을 2장 사는 것이 2일권보다 저렴할 수 있음	- 하루씩 나눠서 2곳을 볼 수 있음 - 예약 변경이 자유로움
단점	예약 변경 시 티켓 등급에 맞춰 날짜를 조정해야 함	추가 비용 발생(LA에 숙소를 두고 왕복한다면 교통비 2배)
옵션	- 라이트닝 레인 멀티패스 하루 +$32~39(입장권 구매 단계에서 선택 가능) - 파크 호퍼 하루 +$65~75(2일차부터 할인율이 높아짐)	

★ 1일권은 가격 등급이 달라요

1일권에 한해 요일 및 시즌에 따른 가격 등급(Tier 0~6)이 적용된다. 일반적으로 1~2월의 평일이 가장 저렴한 Tier 0, 연휴가 많은 4·12월 및 주말이 가장 비싼 Tier 6에 해당한다. 2일권부터는 비수기/성수기 관계없이 동일한 가격이다.

★ 티켓 구매와 별도로 입장 날짜를 예약하세요

테마파크별로 입장 인원을 제한하기 때문에 티켓 구매 후에는 입장 날짜와 방문할 테마파크를 지정해야 한다. 나중에 예약을 변경하고 싶다면 기존에 구매한 등급과 동일하거나, 더 저렴한 티켓으로만 가능하다. 예를 들어, 성수기 주말 요금을 내고 구매한 Tier 6 티켓은 Tier 3으로 바꿀 수 있지만, 9월 비수기 평일 Tier 1 티켓으로는 Tier 3 날짜에 입장할 수 없다는 뜻!

★ 어린이 요금은 별도 체크하세요

평상시 3~9세 입장권은 성인 요금보다 겨우 $6~10 저렴한 수준. 이벤트성으로 어린이 입장료를 대폭 인하하기도 한다. 3세 미만 유아는 무료입장.

★ 작은 배낭은 가져갈 수 있어요

하루 종일 테마파크에서 시간을 보내야 하는 만큼, 물통이나 간식거리, 모자 등을 챙기지 않을 수 없다. 입장 시 보안 검사가 있으니, 일반적으로 통용되는 물건만 휴대할 것.

★ 불꽃놀이와 퍼레이드 스케줄은 미리 확인하세요

불꽃놀이는 보통 저녁 9시 또는 9시 30분, 퍼레이드는 오후 또는 저녁에 하루 1~2회 진행한다. 하지만 최근 불꽃놀이는 프로젝션으로 대체되는 날이 많고, 퍼레이드가 없는 날도 있으니 예약하기 전 스케줄을 확인해 두자. 이벤트 1~2시간 전부터 앞자리를 차지하기 위한 경쟁이 시작된다. 분수 쇼 자리 확보는 당일 정오부터 앱으로 예약할 수 있는 가상 대기 줄(Virtual Queue)을 이용하면 편리하다.

★ 스마트폰과 보조배터리를 꼭 챙기세요

입장 전 모바일 앱(Disneyland Resort) 다운로드는 필수다. 테마파크 지도 및 현재 위치, 대기시간을 확인할 수 있으며, 각종 음식 주문까지 원격 줄서기를 통해 이루어진다. 스마트폰 사용량이 많기 때문에 보조배터리도 반드시 준비한다.

★ 엄청난 인파에 대비하기

어린아이를 동반했다면 미아 방지 팔찌를 채우고, 가족과 불시에 헤어질 상황을 대비해 만날 장소를 미리 정해 놓는다.

디즈니랜드에서 뭐 먹지?

미키마우스 모양의 팬케이크, 아이스크림 등 모든 것이 디즈니 캐릭터로 꾸며져 있다. 이용객이 많기 때문에 식사 시간보다 조금 일찍 움직이는 것이 좋으며, 앱으로 주문·픽업하는 방식을 쓴다. 테마파크 외부에 있는 쇼핑가 다운 타운 디즈니에는 맛집이 훨씬 다양한데, 밖에 나와서 식사 후 재입장해도 좋다. 재입장 시에는 첫 입장할 때 찍어 놓은 사진으로 본인 확인을 한다(입장권도 제시).

다운타운 디즈니

디즈니랜드를 편하게 즐기려면?

LA에서 당일로 다녀갈 수도 있지만, 밤늦게 끝나는 퍼레이드와 불꽃놀이까지 즐기려면 디즈니랜드 근처에 숙소를 정하는 것이 좋다. 디즈니랜드 리조트 안에는 3곳의 공식 호텔이 있다. 걸어서 테마파크를 왕복할 수 있기 때문에 주차료 걱정이 없고, 호텔 내 수영장 등 다양한 부대시설을 이용할 수 있는 것이 장점. 단점은 가격이 비싸고 시설이 다소 낡은 것이다.
3곳 중 그랜드 캘리포니아 호텔의 위치와 시설이 가장 좋고 가격도 비싸며, 디즈니랜드 호텔과 픽사 플레이스 호텔이 그다음 순이다. 예약은 공식 홈페이지를 이용한다. 리조트 외부의 숙소를 고를 때는 테마파크 입구까지 셔틀버스를 운영하는지 확인할 것. 유료 주차 타워에 주차하고 전동 열차를 이용해 디즈니랜드까지 이동할 수도 있다.

: WRITER'S PICK :
주차장 위치 기억하기

주차장(일반 주차 $35)의 규모가 워낙 크다 보니, 위치를 꼭 기억해 둬야 한다. 주차 구역을 사진 찍어 두거나, 디즈니랜드 앱에서 주차 위치 기능(Car Locator)을 통해 기록해 두자. 유사 시 주차장 벽면의 버튼을 누르면 도움을 받을 수 있다.

TRIP IDEAS

3

CAMPUS TOUR

꿈을 키우는 여행

캘리포니아 대학 캠퍼스 투어

캘리포니아 대도시 인근의 넓고 아름다운 대학 캠퍼스와 도서관은 훌륭한 관광지다. 대학 캠퍼스는 대부분 방문객에게 개방돼 있어 직접 둘러볼 수 있다. 특별히 관심 있는 대학이 있다면 방문 전 입학처(Admission Center)를 통해 캠퍼스 투어를 신청하는 방법도 있다.

샌프란시스코 ● ❹ UC 버클리 대학
스탠퍼드 대학 ❺ ● 산호세

로스앤젤레스　　캘리포니아
UCLA 대학 ❷❸❶ 공과대학(칼텍)
　　　서던 캘리포니아 대학
　　　(USC)

1 남부 캘리포니아의 사립 명문
서던 캘리포니아 대학(USC)
University of Southern California

1880년 개교한 남부 캘리포니아의 사립 대학교. 영화학과와 경영학과에서 두각을 나타낸다. 도산 안창호 선생 가옥을 보존해 한국학 연구소로 운영 중이며, 영화학과(시네마스쿨) 신관은 조지 루카스와 스티븐 스필버그의 공동 기부로 만들어졌다. LA 도심에 있어 방문이 쉽고, 주변에 엑스포지션 파크, LA 자연사박물관, 캘리포니아 사이언스 센터 등이 있다.

가까운 도시 LA(다운타운)
ADD University of Southern California, Los Angeles, CA 90007
TEL 213-740-2311
WEB visit.usc.edu
ACCESS 메트로 E라인 Expo Park/USC역

2 빅뱅 이론 과학자의 요람
캘리포니아 공과대학(칼텍)
California Institute of Technology(Caltech)

미국 동부 MIT의 라이벌로 여겨지는 명문 대학. 1891년 설립 이래 동문과 교수진에서 알버트 아인슈타인, 리처드 파인만 등 76명의 노벨상 수상자를 배출했다. 소수 정예를 통한 연구 중심의 대학을 표방하며, 미국 항공 우주국(NASA)의 우주 프로그램을 총괄하는 제트추진연구소(JPL)를 운영 중이다.

가까운 도시 LA 근교 패서디나
ADD 1200 East California Blvd, Pasadena, CA 91125
TEL 626-395-6811
WEB caltech.edu
ACCESS 다운타운 LA에서 18km(자동차 20분)

3
LA 웨스트우드의 아름다운
캠퍼스

UCLA 대학
University of California
Los Angeles

캘리포니아 주립대 계열 10개 학교
중 LA에 위치한 대학. 의대, 치대,
생물학 분야에서 두각을 나타낸다.
1919년 설립 이래 동문과 교수진
에서 25명의 노벨상 수상자를 배출
했다. 아름다운 캠퍼스 풍경은 드
라마 <러브스토리 인 하버드>의 배
경으로도 등장했다.

가까운 도시 LA(웨스트 할리우드)
ADD 405 Hilgard Ave, Los Angeles, CA
90095
TEL 310-825-4321
WEB ucla.edu/visit
ACCESS 베벌리힐스에서 4km(자동차 10
분), 주차장 Lot 4, Lot 5가 메인 캠퍼스
와 가까운 편

4
진취적이며 자유분방한
분위기

UC 버클리 대학
University of California
Berkeley

1866년, 캘리포니아 주립대학 10
곳 중 최초로 설립되었다. 100여
명의 노벨상 수상자를 배출한 명
문 대학으로, 노벨상 수상자를 위
한 별도의 주차 공간까지 마련돼 있
다. 지역 주민과 학생들 사이에서는
'칼(Cal)'이라는 줄임말로 불린다.
1960년대 학생 운동의 발상지답게
진취적인 학풍과 자유분방한 분위
기로 유명하다. 영화 <졸업>(1967)
의 촬영지였다.

가까운 도시 샌프란시스코
ADD Koret Visitor Center, 2227
Piedmont Ave, Berkeley, CA 94720
TEL 510-642-5215
WEB visit.berkeley.edu
ACCESS BART B라인 Downtown Ber-
keley역(비지터 센터까지 캠퍼스 순환버스
Perimeter Line 이용)

5
미국 서부 최고의
명문 사립대

스탠퍼드 대학
Stanford University

캘리포니아 주지사였던 릴런드 스
탠퍼드가 1891년 설립했다. 말 목
장이 있던 부지에 지어졌기 때문에
'농장(Farm)'이라는 애칭으로도 불
린다. 서부의 자유로운 학풍과 기업
가 정신을 강조하면서 다양한 분야
의 인재를 배출한 미국 서부의 하
버드. 학문은 물론 스포츠에서도 두
각을 드러내 UC 버클리와의 미식
축구 대항전이 최고의 이벤트로 손
꼽힌다. 평일에 공식 비지터 센터를
운영한다.

가까운 도시 산호세, 샌프란시스코
ADD 295 Galvez St, Stanford,
CA 94305
TEL 650-723-2300
WEB stanford.edu
ACCESS 샌프란시스코에서 60km, 칼트레
인 Palo Alto역에서 하차해 셔틀버스 탑승

메이저리그 팬이라면

야구 경기 관람하기

야구장은 언제나 축제 중! 야구팬이 아니라도 경기장의 명물 먹거리와 맥주를 즐기다 보면 저절로 흥겨운 분위기에 빠져든다. 기념품숍에서 홈 구단의 모자를 사서 쓰면 응원하는 재미까지 플러스!

메이저리그와 정규 시즌

미국 29개, 캐나다 1개의 야구팀이 겨루는 북미 야구 리그는 크게 내셔널 리그와 아메리칸 리그로 나뉘며, 다시 지역에 따라 각각 동부·중부·서부 지구로 구분된다. 정규 시즌 이후에는 플레이오프, 월드시리즈로 이어져 최종 우승팀을 가린다. 박찬호, 추신수, 류현진, 김하성, 이정후, 고우석, 김혜성 등 다수의 한국 선수가 메이저리그에서 활약하면서 야구팬들의 관심이 그 어느 때보다도 높아졌다.

구분	내셔널 리그-서부, 중부, 동부
	아메리칸 리그-서부, 중부, 동부
정규 시즌	4월 초~10월 초
서부 주요 팀	SF 자이언츠, LA 다저스, 샌디에이고 파드리스, 애리조나 다이아몬드백스, 시애틀 매리너스
2개 팀 보유 도시	뉴욕(양키스와 메츠), LA(다저스와 에인절스), 시카고(컵스와 화이트삭스)
최다 우승팀	뉴욕 양키스(27회)
대표 라이벌	LA 다저스 vs SF 자이언츠, 뉴욕 양키스 vs 보스턴 레드삭스

예매 방법

MLB 홈페이지(mlb.com)를 통해 구장별 경기 일정을 확인하고 표를 예매할 수 있다. 가격은 대개 $30~100 이며, 상대 팀에 따라 차등 적용된다. 예를 들어 LA 다저스와 SF 자이언츠의 라이벌 매치는 좀 더 비싼 편. 좌석 위치에 따라서도 가격이 달라지는데, 홈플레이트에서 가깝고 낮은 층일수록 비싸고, 위로 올라갈수록 저렴해지는 대신 전망은 좋아진다. 좌석 위치별 전망은 티켓 판매 플랫폼 시트긱(seatgeek.com)에서 확인.

관람 순서 & 관람 요령

가방 검사 → 홈티켓 스캔 → 마케팅 이벤트가 있다면 기념품 받기 → 입장해서 예매석 찾아가기

- 그늘이 없는 좌석이 많으므로 챙 넓은 모자와 선크림은 필수.
- 공수 교대 타임마다 스크린을 활용해 키스 타임, 댄스 타임, 선물 증정식 다양한 이벤트를 진행한다.
- 중간에 음식을 사러 나가거나 화장실도 자유롭게 다녀올 수 있는데, 되도록 이닝이 종료된 다음 움직이는 것이 매너다. 좌석 구역 밖으로 나올 때는 티켓을 지참한다.

주요 팀의 홈구장

샌프란시스코 자이언츠
오라클 파크 177p

LA 다저스
다저 스타디움 272p

샌디에이고 파드리스
펫코 파크 358p

시애틀 매리너스
티모바일 파크 626p

골프 라운딩

PGA의 본고장에서 즐기는

여름에는 온화한 캘리포니아의 해안가에서, 한겨울에는 따뜻한 애리조나에서 사계절 라운딩을 즐길 수 있는 곳이 미국 서부다. 상대적으로 저렴한 그린피 또한 인기 비결. 시에서 운영하는 퍼블릭 코스부터 최고급 리조드의 프라이빗 코스까지 선택지도 다양하다.

샌프란시스코 근교

페블비치 리조트

캘리포니아 해안을 배경으로 환상적인 코스가 펼쳐지는 페블비치는 골프 마니아를 설레게 만드는 꿈의 필드다. 1919년 개장 이래 6번의 US 오픈 챔피언십과 다수의 골프 대회를 유치한 페블비치 골프 링크 외에도 소설 <보물섬>을 테마로 한 스파이글래스 힐, 아름다운 해변에 자리한 스패니시베이 링크 등 5개의 퍼블릭 코스와 3개의 프라이빗 코스가 있다. 투숙객에게 예약 우선권이 있으며, 최소 6개월~1년 전에 예약이 마감된다.

WEB pebblebeach.com

페블비치
Pebble Beach Golf Links

HOLE 18 **PAR** 72 **YARD** 6828
설계 Jack Neville, Douglas
Grant(1919년)
그린피 $675/카트 $55

스파이글래스 힐
Spyglass Hill Golf Course

HOLE 18 **PAR** 72 **YARD** 6960
설계 Robert Trent Jones Sr.
(1966년)
그린피 $525/카트 $55

스패니시베이 링크
The Links at Spanish Bay

HOLE 18 **PAR** 72 **YARD** 6821
설계 Robert Trent Jones Jr
(1987년)
그린피 $365/카트 $55

로스앤젤레스 근교

퍼블릭 코스와 트럼프 클럽

시에서 운영하는 퍼블릭 코스는 보통 캐디 없이 플레이해 더욱 저렴하다. 베벌리힐스와 가까운 랜초 파크가 대표적이며, 코스가 까다로워 골프계의 전설 아놀드 파머가 파5에서 12타를 기록한 일화가 있다. 이후 골퍼들에게 용기를 주고자 실패 기념비를 세웠다. 9홀 파3 코스도 운영해 초보자에게도 인기. 랜초 팔로스 버디스 쪽에도 경치가 좋은 퍼블릭 코스와 트럼프 내셔널 골프 클럽이 있다.

WEB golf.lacity.org

아놀드 파머 실패기념비

랜초 파크
Rancho Park Golf Course

HOLE 18 **PAR** 71 **YARD** 6839
설계 William P. Bell(1949년)
그린피 $39~55/카트 $18

로스 버디스
Los Verdes Golf Course

HOLE 18 **PAR** 71 **YARD** 6617
설계 William F. Bell(1964년)
그린피 $44~48.5/카트 $15.5

트럼프 내셔널 클럽
Trump National Golf Club

HOLE 18 **PAR** 71 **YARD** 7242
설계 Pete Dye, Perry Dye(1999년)
그린피 $195~575/카트 포함

LA 근교

팜스프링스

사막 휴양지 팜스프링스의 동쪽 타키츠 계곡(Tahquitz Creek)과 라퀸타(La Quinta) 지역에는 10여 개의 수려한 골프 리조트가 모여 있다. 국내 다수의 골프 아카데미가 겨울철 전지훈련을 떠나며, 드라마 <서른, 아홉>의 손예진이 골프 유학을 선언했던 곳이기도 하다. 여름을 제외하면 연중 쾌적한 라운딩이 가능하며, 수영장, 온수 스파 등을 갖춘 최고의 휴양 도시로 꼽는다. 6개의 골프 코스로 구성된 PGA 웨스트와 LPGA가 열리는 미션 힐스 컨트리 클럽이 유명하다.

PGA 웨스트 PGA WEST Stadium Course

HOLE 18 **PAR** 72
YARD 7300
설계 Pete Dye, Alice
Dye(1987년)
그린피 $150~215
WEB pgawest.com

피닉스 근교

스코츠데일

미국에서 인구당 퍼블릭 골프 코스가 가장 많다는 애리조나주의 스코츠데일에는 84개의 골프 코스와 컨트리 클럽이 있다. 여름보다는 1~3월이 최성수기. TPC 스코츠데일은 미국 프로골프협회(PGA) 투어에서 직접 운영하는 골프장으로, 토너먼트 방식으로 5일간 열리는 WM 피닉스 오픈의 개최지다. 스타디움 코스를 대표하는 16번 홀(파3)은 2만 명을 수용할 수 있는 관중석을 설치한 곳으로, 홀인원이 많이 나오는 시그니처 홀이다.

TPC 스코츠데일 TPC Scottsdale Stadium Course

HOLE 18
PAR 71 **YARD** 7261
설계 Tom Weiskopf
(2014년), Jay Morrish
(1986년)
그린피 $230~360
WEB tpc.com

낭만적인 리조트에서 보내는

힐링 타임

미국 서부에서라면 상상하는 모든 종류의 힐링을 경험할 수 있다. 맛있는 브런치로 하루를 시작해 주변의 관광지를 구경하고, 야자수가 드리워진 수영장에서 칵테일을 즐기며 저녁을 맞이하자.

선글라스와 태닝 오일 필수!

벨라지오 풀 Bellagio Pool

지중해풍으로 꾸며진 라스베이거스 벨라지오 호텔의 수영장은 시설 및 분위기, 위치면에서 인기가 높다. 투숙객이 아니라도 카바나(간이 객실)와 선베드를 예약하거나 수영장 옆 카페를 이용하는 방식으로 구경할 수 있으니, 더운 계절 느긋하게 수영장에 누워 칵테일 한 잔의 여유를 부려보자. 대부분의 라스베이거스 호텔은 겨울철에 야외 수영장을 폐쇄하니 시기를 잘 확인할 것.

WEB bellagio.mgmresorts.com
ACCESS 라스베이거스 벨라지오 호텔 403p

한적한 레크리에이션 장소를 찾는다면

미션베이 Mission Bay

육지 반, 물 반으로 이루어진 인공 해변. 잔잔한 내해 쪽은 해양 레포츠를 즐기기에 적합하다. 샌디에이고의 대표 어트랙션인 시월드와 가깝고 전체가 해양 공원으로 지정된 휴양지다 보니, 주변은 온통 놀러 온 사람뿐! 중간에 자리한 베케이션섬(Vacation Isle)에는 야자수로 둘러싸인 고급 리조트 파라다이스가 들어서 있어 열대 휴양지 분위기를 물씬 풍긴다. 편의시설이 가까운 중심부에 방을 배정받으려면 라나이 프리미엄(Lanai Premium), 해변 쪽 큰방을 원한다면 베이사이드 방갈로(Bayside Bungalow)를 예약하자.

WEB paradisepoint.com
ACCESS 샌디에이고 미션베이 파라다이스 포인트 리조트 **355p**

아이들과 함께라면

디즈니랜드 호텔 Disneyland Hotels

디즈니랜드 리조트에는 3개의 공식 호텔이 있다. 그랜드 캘리포니아 호텔이 위치 및 시설이 가장 좋고, 디즈니랜드 호텔과 픽사 플레이스 호텔이 그 뒤를 잇는다. 걸어서 테마파크를 다녀올 수 있어 주차 걱정이 없고, 어린아이가 있다면 중간에 숙소로 돌아와 쉴 수 있다는 것이 큰 장점. 가격이 비싸고 시설이 낡은 편인데도 인기가 워낙 높기 때문에 서둘러 예약해야 한다.

WEB disneyland.disney.go.com/hotels
ACCESS 디즈니랜드 캘리포니아 **084p**

꿈결 같은 한 시간

쿠아 배스앤스파 Qua Baths and Spa

카이사르의 동상과 콜로세움, 승리의 여신 니케 등 로마 시대 조각상이 즐비한 시저스 팰리스 호텔은 라스베이거스의 상징이다. 마사지 프로그램을 신청하거나 데이 패스를 구매하면 투숙객이 아니어도 사우나를 비롯한 부대 시설을 이용할 수 있다. 추천 프로그램은 스톤 마사지나 페이셜, 아로마 테라피 같은 서비스 중 1~2개를 고를 수 있는 1시간짜리 아워글래스 트리트먼트. 그 외 다양한 프로그램을 현장에서 신청할 수 있다(피부 관리사에게 주는 팁(10~15%) 별도). 스파 입장 시 가운과 슬리퍼 제공. 수영복을 미리 준비해가도 좋다.

WEB caesars.com
ACCESS 라스베이거스 시저스 팰리스 호텔 **405p**

TRIP IDEAS

7

FAMILY VACATION

아이와 함께하는 **가족 여행**

해외에서 아이를 데리고 여행하려면 좀 더 많은 준비가 필요하다. 미국 여행 시 특별히 고려할 점은 무엇인지, 어른과 아이가 함께 즐길 만한 장소는 어디인지 알아보자.

아이와 함께 떠나는

미국 서부 자동차 여행 준비물과 체크 리스트

체크	준비사항	상세 내용
	카시트, 부스터시트는 필수	주별로 차이는 있지만 대개 뒷자리에 만 4세 미만은 카시트, 만 8세 미만은 부스터시트 설치가 필수다. 렌터카 이용 시 반드시 미리 대여 신청을 하고, 차량 인수 시 제대로 장착됐는지 체크한다.
	유모차는 비행기 게이트 앞까지 이용	공항에서 비행기 탑승 직전까지 유모차를 이용하고 게이트 앞에서 바로 맡길 수 있다. 수하물 체크인 시 게이트 탑승을 요청하면 따로 태그를 붙여준다. 직원이 게이트 앞에서 수하물로 가져갈 때 짐이 있으면 안 되므로 미리 정리해둔다.
	장거리 비행에 대비	긴 비행시간 동안 아이가 최대한 오래 잠을 잘 수 있도록 밤 비행기를 이용하는 것이 좋다. 이륙 시 멍멍한 귀로 우는 경우가 많으니 물, 우유 등을 준비할 것. 흥미를 지속시킬 스티커 & 컬러링북, 소리 없는 장난감과 재미있는 동영상을 오프라인 저장해둔다. 간단한 간식과 멀미약도 도움이 된다.
	무리한 장시간 이동은 금물	아이와 자동차로 장거리 이동할 땐 약 2시간 간격으로 충분히 휴식한다. 휴식 장소는 아이가 뛰놀기 좋은 야외 놀이터나 공원, 식사 장소가 있는 거점 도시로 잡을 것. 아이의 컨디션에 무리가 가지 않도록 여유롭게 일정을 짜는 것이 중요하다.
	한인 마트에서 장보기	국립공원이나 한적한 도로변에서는 먹거리를 구하기가 쉽지 않다. 아이가 미국 음식에 낯설어할 상황을 고려해 미리 한인 마트에서 즉석밥, 즉석식품, 컵라면, 김, 참치 등을 준비한다. 그로서리 마켓의 신선한 과일이나 스낵도 추천.
	비상 구급 용품	각종 비상 상황을 대비해 해열제, 알레르기약, 상처 연고, 반창고, 1회용 소독솜, 화상 진정제 등 어린이용 필수 의약품을 챙긴다. 유사시 근처의 CVS 같은 드럭 스토어나 Urgent Care를 이용한다.
	지루하지 않은 이동을 위해 준비할 것	장거리 자동차 여행에서 아이들은 지루하고 지치는 게 당연하다. 차 안에서 들을 음악과 충분한 간식을 준비한다. 미국 서부의 한적한 시골길에서는 대체로 인터넷이 안 되므로 유튜브 동영상 등을 미리 오프라인 저장해둔다.
	숙소 선택 시 확인할 것	간단한 아침이나 간식을 준비할 수 있는 전자레인지, 냉장고, 포트 등이 구비된 숙소인지 확인한다. 주방이 딸린 리조트식 숙박시설도 좋다. 저녁에 숙소 안에서도 즐길 만한 편의시설이 있다면 금상첨화. 성인 전용(Adults Only) 호텔이 있으니 예약 시 주의하고, 금연 룸인지도 체크한다.
	여름에도 따뜻한 재킷은 필수	미국 서부 해안은 한여름에도 서늘한 경우가 많다. 여름일지라도 아이용 경량 패딩, 플리스 재킷을 꼭 챙기자. 숙소에는 슬리퍼가 없으므로, 아이용 실내 슬리퍼도 필요하다. 수영복은 숙소 수영장 이용 시 요긴하다.
	데일리 백으로 스마트한 짐 싸기	매번 장거리 여행용 짐을 차에서 싣고 내리는 일은 꽤 번거롭다. 숙소별 혹은 그날그날 꼭 쓸 짐만 데일리 백에 담아 짐을 꾸리면 효율적이다. 숙소 세탁기로 빨래를 하면 짐을 줄일 수 있으니 캡슐 세제를 챙기면 유용하다.

1 그리피스 파크 & 서던 레일로드
Griffith Park & Southern Railroad

꼬마 기차와 조랑말을 탈 수 있는 인기 명소. LA의 그리피스 파크 안에 있다. 인근에는 미국 서부 최초의 놀이터인 셰이 인스피레이션(Shane's Inspiration), 수십 대의 기차가 늘어선 기차 박물관 트래블 타운 레일로드(Travel Town Railroad)가 있다.

WEB griffithparktrainrides.com

2 언더우드 가족 농장
Underwood Family Farms

LA 근교의 대표 가족 농장. 계절마다 딸기 따기, 펌킨 패치, 크리스마스트리랏 등 농장 체험과 동물 먹이주기를 할 수 있다. 꼬마 기차, 미니 트랙터 탑승도 가능. 또 다른 가족형 농장으로는 어바인의 타나카팜(Tanaka Farms)이 있다.

WEB underwoodfamilyfarms.com

3 키즈스페이스 어린이 박물관
Kidspace Children's Museum

패서디나 지역의 야외 인터렉티브 어린이 공원. 낮은 언덕을 따라 숲속 악기 놀이터, 계곡 체험, 모래놀이 공간이 조성돼 있다.

WEB kidspacemuseum.org

4 젤리 벨리 캔디 컴퍼니
Jelly Belly Candy Company

'해리포터 젤리'로 불리며 더 유명해진 150여 년 전통의 젤리 벨리는 샌프란시스코 근교 페어필드에 자리한다. 컨베이어 벨트를 따라 젤리가 만들어지는 과정을 둘러보고, 시식도 할 수 있다. 방문 무료.

WEB jellybelly.com

5 펌킨 패치
Pumpkin Patch

핼러윈의 상징인 잭-오-랜턴은 호박 껍질을 도려내 도깨비 얼굴을 만들고, 속을 파내 초를 넣어 밝히는 장식품이다. 수확 철을 맞은 10월에 여행한다면 황금 들녘에 널린 다양한 크기와 색깔의 호박을 골라서 수레 가득 담아보자. 어른 키보다 큰 옥수수밭 미로(Corn Maze)와 호박 대포 등 자연 친화적인 놀이도 특별한 경험.

캘리포니아주 새크라멘토 근교-Cool Patch Pumpkins
WEB coolpatchpumpkins.com
캘리포니아주 샌프란시스코 근교-Half Moon Bay
WEB pumpkinfest.miramarevents.com
워싱턴주 시애틀 북부-Craven Farm
WEB cravenfarm.com
뉴멕시코 앨버커키 근교-McCall's Pumpkin Patch
WEB mccallpumpkinpatch.com

키즈스페이스 어린이 박물관

그리피스 파크 & 서던 레일로드

맥콜 펌킨 패치

TRIP IDEAS

8

NATIONAL PARK

모두의 버킷리스트

미국 국립공원의 모든 것

바다와 산, 평원과 협곡을 넘나드는 힐링 여행지! 내셔널 파크라고 부르는 국립공원은 미국 연방정부에서 관리하는 자연 보호구역이다. 현재 미국 전역에는 63개의 국립공원이 있으며, 그중 상당수가 미국 서부와 알래스카에 집중돼 있다.

미국 서부 국립공원 한눈에 보기

주	이름	지정 연도	면적 (km²)	Page	주	이름	지정 연도	면적 (km²)	Page
캘리포니아	요세미티 ★	1890	3,027	216	와이오밍	옐로스톤	1872	8,991	580
	조슈아 트리	1994	3,217	366		그랜드티턴	1929	1,255	590
	데스밸리	1994	13,650	372	워싱턴	올림픽	1938	3,734	646
	세쿼이아	1890	1,635	230		마운트 레이니어 ★	1899	954	644
	킹스캐니언	1940	1,869	230		노스 캐스케이드	1968	2,043	645
	래슨 화산	1916	431	214	뉴멕시코	화이트샌드	2019	589	549
	레드우드	1968	455	240		칼즈배드 동굴 ★	1930	189	548
	채널 아일랜드	1980	1,010	341	몬타나	글레이셔	1910	4,102	593
	피너클스	2013	108	244	오리건	크레이터 레이크	1902	742	686
애리조나	그랜드캐니언	1919	4,927	488	네바다	그레이트베이슨	1986	312	427
	페트리파이드 포레스트	1962	895	517					
	사구아로(사와로)	1994	370	520					
콜로라도	로키 마운틴 ★	1915	1,074	566					
	메사 베르데	1906	211	573					
	그레이트 샌드 듄	2004	604	577					
	거니슨 (블랙 캐니언)	1999	124	575					
유타	자이언	1919	593	432					
	브라이스캐니언	1928	145	440					
	아치스 ★	1971	310	454					
	캐피톨리프	1971	979	452					
	캐니언랜즈	1964	1,366	464					

★표시된 국립공원은 방문 예약제를 실시 중이다 (서부의 국립공원은 2025년 기준 5곳). 이 외에도 글레이셔 국립공원처럼 사람이 몰리는 일부 트레킹 코스나 드라이브 코스에 예약제를 시행하는 국립공원도 있다.

국립공원 여행 전 알아두면 좋은 용어 정리

국립공원관리청
National Park Service(NPS)

1872년 3월 1일, 옐로스톤을 미국 최초의 국립공원으로 지정하는 법안을 선포하고 '공공의 이익과 즐거움을 위하여' 존재하는 국립공원관리청이 신설됐다. 각 국립공원의 공식 홈페이지는 nps.gov에서 통합 관리한다. NPS 소속의 공무원 레인저(Ranger)는 친절한 안내자 역할과 더불어 국립공원을 순찰·단속하는 권한을 갖고 있다.

비지터 센터 Visitor Center

국립공원관리청(NPS)에서 운영하는 공식 비지터 센터 방문은 안전 문제와 직결된다. 인터넷 연결 상태가 좋지 않은 국립공원에서 주의사항이나 당일 날씨, 도로 사정을 파악할 수 있고, 대부분 대형 종이지도를 무료 제공한다. 전시관과 기념품점도 겸하고 있으니 편하게 방문하는 습관을 들이자.

연간 패스 Annual Pass

국립공원 한 곳의 입장료는 차량 1대 기준 $30~35 정도다. 따라서 국립공원을 3곳 이상 방문한다면 2000여 곳의 국유지에 무제한 입장할 수 있는 연간 패스($80)를 구매하는 것이 유리하다. 연간 패스는 맨 처음 방문하는 국립공원 매표소에서 구매해 서명 후 차량에 부착하면 된다. 정식 매표소가 없을 때는 무인 요금소(Self Paid Station)를 이용하거나 비지터 센터를 방문하자.

국립기념물 National Monuments

같은 '국립'이지만 서로 다른 특징을 가진 자연보호구역이 존재한다. 국립기념물은 역사적 또는 고고학적 특징에 기반하여 지정되며, 그 밖에 국유림(National Forest)이나 국립휴양지(National Recreation Area) 등이 있다. 대부분 국립공원관리청(NPS)에서 판매하는 연간 패스로 무료입장할 수 있다.

주립공원 State Park

주정부에서 지정하고 관리하는 공원. 국립과는 관련이 없기에 별도의 입장료를 내야 한다.

: WRITER'S PICK :

국립공원 여행의 소소한 재미! 스탬프 투어

기념 여권을 사두면 비지터 센터를 방문할 때마다 도장을 찍고 우표를 붙이는 스탬프 투어를 할 수 있다. 5~12세 어린이들을 위한 주니어 레인저(Junior Ranger)는 국립공원별 뱃지와 패치를 모으고 가족과 미션을 수행하는 프로그램. 다소 지루할 수도 있는 자연 여행이 흥미로워진다.

+MORE+

필독! 국립공원 여행 시 주의 사항

❶ 입장, 트레킹, 캠핑장 예약은 공식 사이트(recreation. gov)를 통해 한다. 예약 방식과 정책은 장소별로 다르다. 국립공원 내에는 숙소가 아예 없거나 적은 편이라서 캠핑장 예약 경쟁은 언제나 치열하다.

❷ 방문객이 많은 그랜드캐니언, 요세미티 등 주요 국립공원조차 편의시설이 극히 제한적이다. 따라서 입장 전 충분한 물과 식량, 비상약을 준비하는 것은 기본! 짧은 트레킹을 떠날 때도 충분한 물과 간식을 지참한다.

❸ 국립공원 내에서는 언제나 서행하고, 야생동물을 발견하면 완전히 지나갈 때까지 비상등을 켜고 기다린다.

❹ 야생동물에게 먹이를 주거나 가까이 다가가는 행위는 불법! 캠핑이나 트레킹 시 음식물은 밀봉하고, 밤에는 밀폐 컨테이너에 보관한다.

❺ 국립공원에서는 내비게이션에 의존하지 말고, 메인 도로와 표지판을 확인하며 운전한다.

❻ 인터넷이나 전화가 연결되지 않는 지역이 대부분이므로 숙박 및 식사 등 사전 여행 준비를 철저히 해야 한다. 휴대폰 방전 등 비상 상황에 대비하고, 종이 지도와 여행책을 휴대하자.

TRIP IDEAS

9

PHOTO SPOT

레전더리 포토 스폿

영원한 감동의 순간

미국 서부는 전 세계 사진가들이 선망하는 최고의 출사지로 가득하다. 웅장한 절벽과 암석의 질감, 신비로운 빛줄기를 담아내려면 각 장소의 특징을 고려해 최적의 시간대를 선택하는 것이 중요하다.

1 완벽한 파노라마
요세미티 터널 뷰

사진작가 안셀 아담스가 사랑했던 요세미티 국립공원의 웅장한 산세가 한눈에 들어오는 대표 포토존. 정동향을 바라보는 일출 명소이며, 오후 무렵 깔끔한 순광 촬영이 가능하다. 폭포의 수량이 풍부한 5월에 방문하면 브라이들베일 폭포와 하프 돔이 어우러진 완벽한 장면을 찍을 수 있다. 초여름의 신록과 가을 단풍, 겨울의 설경까지 사계절 내내 환상적인 곳. 221p

- **촬영 난이도** 하
- **준비물** 줌렌즈, 광각렌즈
- **촬영 적합 시간** 일출, 오후, 일몰
- **계절** 사계절

2 노을과 바다의 반영
캐넌비치

육중한 바위산 주변에 작은 암초가 둘러싼 헤이스택 록은 포틀랜드 근교의 캐넌비치를 유명하게 만든 주인공이다. 태평양 저편으로 해가 저물기 시작하면 온 세상이 황금빛으로 물든다. 685p

- **촬영 난이도** 하
- **준비물** 삼각대, 줌렌즈, 필터
- **촬영 적합 시간** 일몰
- **계절** 여름

3 거대한 나무 숲
레드우드 국립공원

세계에서 가장 키 큰 나무가 살고 있는 레드우드 국립공원은 바다와 가깝다. 오전에는 짙은 안개가 끼어 있다가, 해가 떠오르기 시작하면서 숲속으로 햇빛이 비쳐 드는 모습이 신비롭다. 240p

- **촬영 난이도** 중
- **준비물** 줌렌즈, 광각렌즈
- **촬영 적합 시간** 해가 강한 정오 무렵
- **계절** 여름

4 자연이 빚은 정교한 조각품
브라이스캐니언

뾰족한 조각상처럼 독특하게 풍화
된 수천 개의 바위가 일출에 맞춰 일
제히 빛을 발하는 비경을 연출한다.
여러 전망 포인트 중 선라이즈 포인
트와 선셋 포인트에서는 햇살이 역
광으로 비춘다. 약간 옆에서 후두를
바라볼 수 있는 인스피레이션 포인
트가 촬영 장소로 적합하다. 440p

- **촬영 난이도** 중
- **준비물** 삼각대, 광각렌즈, 필터
- **촬영 적합 시간** 일출 또는 오후
- **계절** 봄, 가을

5 사진가의 꿈
앤털로프캐니언

세계에서 가상 비싸게 팔린 사진 <펜
텀(Phantom)>의 촬영지로 유명한 동
굴. 고운 모래가 흩날리는 곳이므로 렌
즈 교체는 금물이다. 암벽이 물살에 휩
쓸린 흔적과 스포트라이트처럼 내리꽂
히는 빛줄기를 제대로 촬영하려면 유료
투어에 참가해야 한다. 480p

- **촬영 난이도** 상
- **준비물** 삼각대, 광각렌즈, 카메라 보호팩
- **촬영 적합 시간** 11:00~13:00
- **계절** 봄, 가을

6 바람과 세월이 만들어 낸 기적
델리케이트 아치

왕복 2~3시간의 등반 끝에 만나는 높이 16m, 너비 10m의 천연 아치.
은하수 촬영 명소로도 알려져 있으나, 불빛 하나 없는 오지에 위치한
곳에서 야간 촬영을
한다는 것은 매우 위
험한 조건이므로, 현
지 사정을 잘 아는 가
이드를 동반해야 한
다. 460p

- **촬영 난이도** 상
- **준비물** 광각렌즈
- **촬영 적합 시간** 오후
- **계절** 봄, 가을

: WRITER'S PICK :
여행용 렌즈, 뭐가 좋을까?

광활한 자연을 담아내
려면 광각렌즈는 필수.
조리개값 F/2.8 이하
의 밝은 단렌즈는 실내
및 야간 촬영에 유리하
다. 휴대성은 떨어지지
만 원거리의 야생동물
을 담고 싶다면 망원렌
즈도 챙기자.

광각 단렌즈   초광각 줌 렌즈   망원 줌 렌즈

TRIP IDEAS
10
ROAD TRIP

꿈의 자동차 여행
올 아메리칸 로드

미국 교통국에서 보존 가치가 높고 아름다운 길로 공식 선정한 옛 도로를 올 아메리칸 로드라고 한다. 6가지 항목(고고학·역사·문화·경관·자연·휴양) 중 1가지를 충족하면 내셔널 시닉 바이웨이(National Scenic Byway, 국립 절경 도로), 2가지 이상을 충족하면 올 아메리칸 로드로 선정한다. 미국 서부에는 총 19곳의 올 아메리칸 로드가 있다.

전설의 대륙 횡단 도로, 루트 66

If you ever plan to motor west 서부로 자동차 여행을 떠날 계획이라면
Travel my way, take the highway that is best. 최고의 고속도로로 떠나요.
Get your kicks on route sixty-six. 루트 66을 신나게 달려요.

– 냇 킹 콜(Nat King Cole)의 <루트 66> 중에서

1926년 개통한 루트 66(U.S. Route 66)은 미국 동부의 시카고에서 서부 로스앤젤레스의 산타모니카로 이어지는 3948km의 대륙횡단 도로다. 정식 명칭은 윌 로저스 하이웨이(Will Rogers Highway)지만, 존 스타인벡의 소설 <분노의 포도>에 언급되며 '어머니의 도로(The Mother Road)'로 더 많이 불려 왔다. 1950년대 후반, 잘 정비된 고속도로(Interstate Highway)가 등장한 후로는 이용자가 줄었지만, 미국인들에게는 향수를 불러일으키는 자동차 여행 코스의 대명사로 남았다. 애니메이션 <카>에도 루트 66의 옛길에서 레이싱 연습을 하는 장면이 나온다.

WEB historic66.com

102

+MORE+

책에 소개된 올 아메리칸 로드

- 캘리포니아 1번 도로(빅 서 & 샌루이스 오비스포) **238p**
- 브라이스캐니언 부근의 시닉 바이웨이 12 **446p**
- 세도나의 레드록 시닉 바이웨이 **515p**
- 로키마운틴 국립공원의 트레일 리지 로드 **570p**
- 콜로라도의 산후안 스카이웨이 **575p**
- 오리건 코스트 하이웨이 **686p**

미국 운전정보 Q&A

Q1 교차로에 왜 좌회전 신호가 없나요?

공항에서 차를 빌려 큰길로 나오면 당황스러운 점 하나! 좌회전 신호가 없는 교차로가 많다는 것. 그 밖에 어떤 차이점이 있는지 꼭 알아보자. ➡ 기본적인 교통 법규 **708p**

Q2 도로의 표지판은 무슨 뜻인가요?

주요 교차로의 STOP 사인은 빨간색 신호등과 같기 때문에 무조건 '일단정지'해야 한다. 그 외 직진 우선, 큰 도로 우선, 제한 속도, 추월 금지, 저속 차선, 야생동물 주의 등등 도로의 특성이 표지판에 모두 안내돼 있으므로, 단 하나의 표지판도 소홀히 할 수 없다. ➡ 교통 표지판 보는 법 **712p**

Q3 여기 거리 주차 허용 구역 아닌가요?

주차 미터기가 있다고 해서 다 주차 가능한 것은 아니다. 청소를 위해 도로를 비워줘야 하는 시간, 최대 주차 시간이 제한되는 곳 등 다양한 예외를 확인하는 방법을 알아보자. ➡ 주차 표지판 보는 법 **710p**

Q4 과속 단속에 걸리면 어떻게 되죠?

미국에서 과속 단속은 경찰차뿐 아니라 레이더 및 항공 순찰로도 이루어진다. 혹시 단속에 걸린다면 절대 차에서 내리지 말고 천천히 지시에 따르자. ➡ 경찰 단속 및 적발 시 대처 방법 **709p**

Q5 고속도로마다 붙은 번호는 뭔가요?

모든 도로에는 번호가 있어서 자신이 주행할 도로 번호를 알아두면 운전이 더 쉽다. 가끔 맨 오른쪽 차선으로 주행하다 보면 EXIT ONLY 차선으로 달리게 되는데, 이때는 일단 달리던 길에서 나가야 한다. 대부분의 경우 다시 진입하는 길이 있으니 무리하지 말고 운전하자. ➡ 미국의 도로 체계 **713p**

자동차 여행자라면 필독!
미국 렌터카 제대로 선택하기

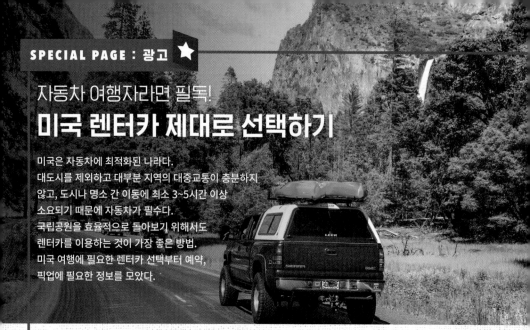

미국은 자동차에 최적화된 나라.
대도시를 제외하고 대부분 지역의 대중교통이 충분하지
않고, 도시나 명소 간 이동에 최소 3~5시간 이상
소요되기 때문에 자동차가 필수다.
국립공원을 효율적으로 돌아보기 위해서도
렌터카를 이용하는 것이 가장 좋은 방법.
미국 여행에 필요한 렌터카 선택부터 예약,
픽업에 필요한 정보를 모았다.

¤ 렌터카 선택 시 고려 사항

☑회사의 신뢰도

자동차는 여행 내내 함께하게 될 핵심 교통수단이다. 유사시 신속한 지원을 받을 수 있는지, 궁금한 점이나 요청 사항이 있을 때 즉각 소통이 가능한지, 클레임 발생 시 쉽고 편하게 접수하고 처리하는 시스템이 있는지 확인해야 한다. 단순 가격 비교가 아닌, 신뢰도를 기반으로 업체를 선택하는 것이 중요한 이유다.

☑국내 사무소 운영 여부

렌터카는 예약 단계부터 사용 이후까지 렌트사의 도움을 받아야 하는 경우가 많다. 허츠 렌터카는 해외 렌터사로는 유일하게 서울에 직영 영업소를 운영하고 있으며, 여행과 지도 등의 협력사를 통해서도 즉각적으로 소통할 수 있다.

☑예약은 렌트사에 직접

여러 렌트사의 차량을 가격순으로 비교해주는 중개 사이트에서 예약하면 보험, 위약금, 취소 조건 등이 렌트사에 직접 예약할 때와 달라질 수 있으니 주의해야 한다. 가격이 저렴하다면 저렴한 이유가 반드시 있기 때문에 어느 부분에서 차이가 나는지 계약 조건을 꼼꼼히 확인해야 한다.

Hertz 허츠 렌터카

허츠는 세계적 권위를 지닌 'J.D 파워의 소비자 만족도 조사'에서 렌터카 부문 1위로 여러 해 동안 선정된 전 세계 1위 렌트사다. 골드 회원으로 가입(무료)하면 연중 진행하는 프로모션과 함께 다양한 서비스를 제공받을 수 있다.

Hertz Gold Plus Rewards® 회원 혜택
➡ 전용 카운터 운영으로 신속한 픽업
➡ 원하는 차를 골라서 탈 수 있는 골드 초이스
➡ 상시 10% 할인 제공
➡ 다음 렌트 시 현금처럼 사용 가능한 포인트 적립

¤ 예약 절차 및 알아두기

✅ 렌터카, 언제 예약하는 것이 좋을까?

렌트 요금은 현지의 차량 수급 사정에 따라 수시로 변하기 때문에 서둘러 예약한다고 무조건 저렴한 것은 아니다. 항공 스케줄이 확정되면 일단 예약을 진행하되, 출발 전까지 틈틈이 견적을 체크해보다가 가격이 더 내려갔다면 기존 예약을 취소하고 새로 예약하는 것도 방법이다.

✅ 보험 선택(허츠 렌터카 기준)

미국의 모든 렌터카에는 기본 보험인 LI 및 LDW가 포함돼 있다. 예기치 않은 상황에 대비해 추가로 선택해야 할 보험이 LIS와 PAI/PEC이다.

기본	LI(Liability Insurance) 대인·대물 책임보험	LDW(Loss Damage Waiver) 차량 파손 및 도난에 대해 완전 면책하는 자차 보험
추가	LIS (Liability Insurance Supplement) 보상 한도를 $100만까지 상향	PAI/PEC (Personal Accident Insurance) 사고로 인한 상해 및 차량 털이 대비

※ 실제 보험의 적용은 예약 시점 'Hertz 임차 규정 원문'을 기준으로 한다.

✅ 추가 운전자 등록은 어떻게 할까?

예약자 본인 이외의 운전자가 있다면 현지 영업소에서 반드시 추가 등록해야 한다. 일부 기간만 운전한다 해도 추가운전 등록비용은 전 렌트 기간에 대해 부과되며, 만 25세 미만인 경우 영 드라이버(Young Driver) 비용이 전 렌트 기간에 대해 부과된다.

✅ 차량 픽업 시 준비물

유효한 국내 운전면허증, 발급 1년 이내의 국제 운전면허증, 주 운전자의 이름이 명시된 신용카드(무기명 법인카드·체크카드·현금 결제 불가)를 준비한다. 뒷면이 영어로 된 국내 운전면허증은 미국 대부분의 주에서 인정되지 않으니, 별도의 국제 운전면허증을 발급받아야 한다.

허츠 렌터카 예약 방법

공식 홈페이지를 통해 직접 예약하거나 협력사인 여행과 지도를 이용한다. 여행과 지도는 허츠 본사의 예약 시스템을 공유하는 공인 예약 에이전시로, 한글화된 영업소 검색 시스템을 제공한다. 예약 단계에서 선불 또는 후불 요금을 선택할 수 있으며, 추가 보험과 각종 할인 코드가 기본적으로 적용되어 편리하다. 상세 정보는 여행과 지도 홈페이지를 확인하자.

Hertz

허츠 코리아
WEB hertz.co.kr
TEL 02-6465-0315
EMAIL cskorea@hertz.com
(클레임 접수)

 여행과 지도

여행과 지도
WEB leeha.net
TEL 02-6925-0065
YOUTUBE @travel-and-map
(여행과 지도)

나에게 알맞은 숙소 유형 알아보기

숙소는 예산의 가장 큰 비중을 차지하는 요소이자 전체적인 여행의 만족도를 좌우하기 때문에 신중하게 선택해야 한다. 호텔이나 모텔이 가장 보편적인 숙소 형태이고, 리조트, B&B(또는 에어비앤비), 로지, 캠핑장 이용은 여행을 좀 더 특별하게 만들어준다. 온라인에서 조건과 가격을 비교하고 해당 숙소를 통해 직접 예약하거나 전문 예약 사이트를 이용한다. 체인형 숙소(힐튼, 하얏트, 베스트 웨스턴, 슈퍼 8 등)는 포인트를 적립하는 자체 리워드 프로그램이 있고, 호텔 예약 사이트(호텔스닷컴, 아고다 등)에서는 마일리지 적립이 가능하므로 한 곳을 지정해서 예약하는 게 유리하다.

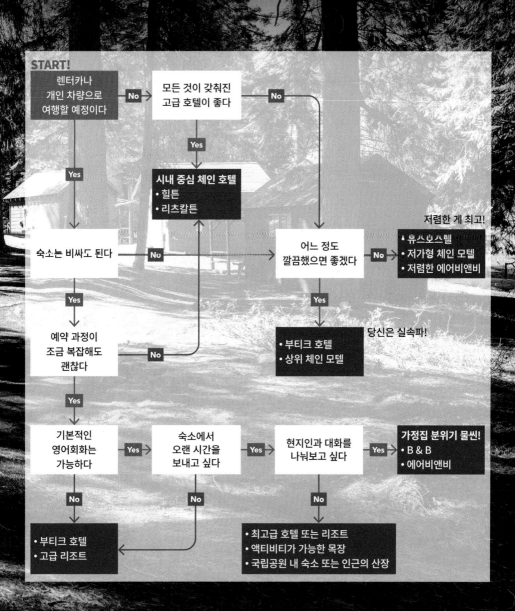

체인형 호텔 & 모텔

TYPE 1 가격 상위

관광·교통·상업의 요지인 대도시 중심가에 위치한 곳이 많다. 레스토랑·바·수영장·피트니스 등 부대시설이 다양하고 수준 높은 서비스를 제공한다. 4성급 호텔의 숙박비는 1박에 50만원 이상이며, 주차장 사용료 등 별도 요금이 추가된다.

• 힐튼 Hilton
세계적인 호텔 브랜드. 호텔보다 한 단계 낮은 인(Inn)급 체인인 홈우드 스위트(Homewood Suites), 햄튼(Hampton) 등의 계열사가 있다.
WEB hilton.com

• 하얏트 Hyatt
'하얏트'라는 이름이 들어간 곳은 모두 호텔급이고, 규모와 시설에 따라 등급이 달라진다.
WEB hyatt.com

• 리츠-칼튼 The Ritz-Carlton
메리어트와 같은 계열의 호텔 브랜드. 고급 시설을 갖췄다.
WEB ritzcarlton.com

TYPE 2 가격 중위

미국인이 가장 많이 이용하는 모텔급 숙소는 도시 중심부나 주변부에 골고루 위치한다. 대개 방 하나에 더블 침대 2개의 구조로, 가족 단위의 투숙객에게도 적합하다(예약 시 최대 인원 확인 필요). 간단한 아침 식사를 제공하는 곳도 있다. 1박에 30~40만원대.

• 라 퀸타 인 La Quinta Inn
북미 지역에 900여 개의 지점을 둔 브랜드. 스페인어로 '별장'을 뜻한다. 출장이 잦은 여행객이 주로 이용하며, 스페인과 남부 캘리포니아식 인테리어를 갖춘 곳이 많다.
WEB lq.com

• 베스트 웨스턴 Best Western
합리적인 가격과 스탠다드한 퀄리티로 세계 각지에 4200여 개의 지점을 둔 브랜드. 베스트 웨스턴 플러스, 프리미어의 경우 업그레이드된 서비스를 제공한다.
WEB bestwestern.com

• 홀리데이 인 Holiday Inn
인터콘티넨탈 그룹의 모텔급 브랜드. 전 세계에 2600여 개 지점이 있다.
WEB ihg.com/holidayinn

TYPE 3 가격 하위

최소한의 부대시설을 갖춘, 가장 저렴한 가격대의 모텔 체인. 주로 고속도로변에 자리 잡고 있으며, 간단한 아침 식사를 제공한다.

• 컴포트 인 Comfort Inn
WEB choicehotels.com/comfort-inn

• 데이즈 인 Days Inn
WEB wyndhamhotels.com/days-inn

• 슈퍼 8 Super 8
WEB wyndhamhotels.com/super-8

• 모텔 6 Motel 6
WEB motel6.com

현지인 민박 B&B(Bed & Breakfast)

숙소와 아침 식사를 제공한다는 의미를 담은 B&B는 가정집의 방이나 독채를 대여하는 민박 형태다. 고급 B&B는 주로 한적한 지역에 있으며, 정갈하게 꾸민 집안을 구경하고 현지인과 아침 식사를 하는 등 미국의 라이프스타일을 체험할 수 있다. 체인형 숙소가 아니어서 방문 장소에 따라 만족도의 편차가 큰 편. 구글에서 'B&B', 'Specialty lodging' 등을 검색한 다음, 리뷰를 꼼꼼히 확인하고 선택한다.

+ M O R E +

B&B와 비슷한 개념의 에어비앤비

에어비앤비는 B&B와 여러모로 장단점이 비슷하지만, 당사자와 직접 연락하여 열쇠를 받아야 한다는 점, 체크인이나 체크아웃 절차에서 돌발 상황이 생길 수 있다는 점을 항상 염두에 둬야 한다. 또한, 정식 허가를 받지 않고 운영하는 곳이 많으니 주의해야 한다.

WEB airbnb.co.kr

산장 Lodge & 오두막 Cabin

대도시와 멀리 떨어진 국립공원 주변에는 오두막과 산장 형태의 숙소가 많다. 비교적 규모가 있는 곳은 호텔보다 아늑하면서 B&B보다 독립성이 보장되며, 숙소 주변의 레크리에이션 시설(바비큐, 미니 골프 등)도 이용 가능하다. 특히 국립공원 내 숙소는 일몰·일출 감상 장소로 최적이어서 인기가 높다. 성수기엔 방문 6개월 전 예약을 권장. 구글에서 'Lodge', 'Ranch' 등을 검색해보자. 국립공원 내 숙소는 해당 국립공원 공식 홈페이지(www.nps.gov)에서 예약한다.

캠핑 Camping

파도 소리가 들려오는 해변, 별이 쏟아지는 사막, 숲속 호숫가 캠핑은 낭만적이면서 경제적이지만, 여러 준비와 사전지식이 필요하다. 시설은 화장실만 있는 곳부터 급수 시설, 테이블, 샤워장, 작은 마켓을 갖춘 곳까지 다양하다. 국립공원 내 캠핑 예약은 공식 홈페이지(www.recreation.gov)를 통해 일괄 관리한다. 대부분 예약이 필요하고, 당일 선착순 방식으로 운영되기도 한다. 시즌과 상황별로 이용이 제한되는 경우도 있으며, 일부 지역에서는 캠핑 허가를 받아야 한다.

+ M O R E +

캠핑장 기본 수칙

- 저녁 8시부터 아침 8시까지는 소음 발생에 주의한다.
- 화기 사용은 그릴 및 화덕만 가능하다.
- 대부분의 국립·주립공원에서는 캠핑 기간을 일주일 정도로 제한한다.
- 야생동물이 접근할 위험이 있으므로 음식물은 반드시 밀폐 용기 및 지정 컨테이너에 보관한다(국립공원에서는 차량 내 보관도 불허).

1 여행 시기 확인하기

미국의 본격적인 여행 성수기는 5월 말 메모리얼 데이부터 9월 첫째 주 노동절 연휴까지다. 이때는 국립공원에 인파가 몰리고 숙박비도 오르므로, 숙소를 미리 예약해야 한다.

2 여행지와의 거리 확인하기

주요 관광지 및 대중교통과 거리가 멀면 숙박비가 저렴한 대신 교통비(택시)가 추가된다. 차가 있다고 해도 관광지에서 주차비가 발생한다면 숙박비 이상의 비용이 들 수 있다.

3 치안 확인하기

치안이 별로인 지역의 최고급 호텔보다 치안이 좋은 지역의 중급 호텔이 나을 수 있다. 살기 좋은 동네를 알려주는 사이트(areavibes.com)에서 지역별 범죄율 및 편의성을 종합한 '거주 적합성' 확인 가능. 단, 여행자를 위한 정보가 아니므로 관광지와 거리가 멀 수 있다.

최종 결제 시점은 언제인가요?

예약 시 결제까지 마쳤다면 영수증을 잘 챙겨두자. 현장에서 중복으로 청구되는 사태를 막을 수 있다.

달러 결제로 했나요?

신용카드 결제 시 원화가 아닌 달러를 선택해야 이중 환전 수수료가 나가지 않는다. 업체나 예약사이트의 취소 정책도 꼼꼼하게 따져보자.

방 형태는 확인했나요?

침대와 거실이 한 공간에 있는 원룸(Studio)인지, 별도의 침실을 갖춘 원베드룸(One Bedroom)인지 확인한다. 에어비앤비 예약 시엔 주방·거실·욕실·침실이 딸린 독채(Entire Place), 공용 공간은 다른 사람과 공유하는 개인실(Private Room), 여럿이 함께 투숙하는 방(Shared Room/Dormitory)을 구분한다.

침대 유형과 인원수를 체크했나요?

미국 서부의 숙소는 방이 비교적 큰 편이라서 방 하나에 2개의 퀸베드를 놓은 곳이 많다. 이런 곳은 가족 여행에 적합해서 아동 2인까지는 추가 요금을 받지 않는다. 퀸베드 대신 크기가 작은 더블베드 2개를 놓거나, 크기가 큰 킹베드 1개만 놓은 숙소도 있으니, 침대 유형과 인원수 제한을 잘 살펴보자.

숙소 내 세탁 시설이 있나요?

장기간 자동차 여행을 할 때는 코인 세탁기와 건조기를 갖춘 숙소인지 확인하자. 최고급 호텔은 세탁 서비스(Laundry Service)만 제공하기도 한다.

욕실과 화장실은 따로 있나요?

욕실 포함(En-Suite, Private Bathroom) 등의 용어를 확인한다. 유스호스텔, 캠핑장 등 저가형 숙소는 공용 욕실(Shared Bathroom)일 확률이 높고, 이불·베개·시트·수건 등에 추가 요금을 매기기도 한다.

에어컨이나 히터가 있는지 확인했나요?

미국 서부, 특히 해안 도시에는 에어컨이 없는 숙소가 많다. 샌디에이고나 샌프란시스코의 여름은 그늘에 있으면 선선하고 습도도 낮기 때문. 단, 가끔 찾아오는 폭염(Heat Waves)에는 속수무책이므로, 더위를 많이 타는 사람이라면 에어컨이 있는 곳을 예약하자. 한편, 캘리포니아, 네바다, 애리조나 등 겨울이 온화한 지역에는 히터가 없는 경우도 있으니 온도 조절이 가능한지 꼭 확인!

호텔 내 세탁 시설

숙소 예약 사이트 화면에 보이는 1박 요금은 최종 요금이 아니다. 미국에서는 기본 숙박비(Room Total)에 더해 여러 가지 항목이 추가되기 때문에 잘 모르고 예약하면 현장에서 비싼 청구서를 받고 당황할 수 있다. 대표적인 숨은 비용은 다음과 같다.

요금 세부 정보

Room Total	객실 1개 x 1박	₩486,053	→ 숙박료 검색 결과
Taxes and Fees	세금 및 수수료	₩76,286	
Destination Fee	목적지 요금	₩12,197	
Resort Fee	리조트 이용료	₩42,663	
Due	총금액	**₩617,200**	→ 최종 결제 금액

☑ Tax and Fees

소비세(Sales Tax), 숙박세(Lodging Tax) 및 카드 수수료가 요금에 비례하여 청구된다. 캘리포니아, 네바다는 세금을 받지 않으며, 소비세만 받는 워싱턴, 콜로라도, 숙박세만 받는 오리건 등 주별로 세금 정책이 다르다.

☑ Resort Fee/Destination Fee

리조트 이용료는 라스베이거스 대부분의 호텔 및 다른 지역의 리조트형 숙소에서도 1박당 적용하는 비용이다. 이와 별도로 '목적지 요금' 항목을 추가하기도 하는데, 호텔마다 명목상 붙여두는 사용료가 달라서 발생하는 추가 요금이다. 인터넷, 수영장 등 편의시설 사용료 정도로 이해하면 된다.

☑ Self/Valet/Secure Parking

대도시의 숙소나 고급 리조트에서는 대부분 1박당 주차장 사용료를 따로 받는다. Self Parking은 직접 주차할 수 있는 주차장, Valet은 주차요원에게 차를 맡기는 것을 뜻한다. 일부 호텔은 Valet만 가능하며, 이 경우 주차요원에게 주는 팁($2~5 정도의 현금)이 별도로 든다. Secure Parking은 보안요원이 지킨다는 의미로, 차량 도난의 위험이 있는 대도시에서는 중요한 확인 사항이다.

☑ Cleaning Fee & Service Fee

에어비앤비에서 주로 제시되는 요금 유형. 투숙 기간 중 1회에 한해 부과되는 청소비다(면제되는 곳도 있음). 중개수수료 또한 별개이며, 예약 취소에 제한이 발생하니 주의한다.

☑ Deposit

대부분의 호텔에서는 체크인 시 신용카드로 일정 금액을 가결제한다. 이는 보증금 개념이므로 체크아웃 후 3~4일 이내에 결제 기록이 소멸한다. 체크아웃 시 청구서(Invoice, Bill 또는 Folio라고도 함)를 요청하면 정확하게 확인할 수 있다.

: WRITER'S PICK :

호텔에서 알아두면 편리한 정보

❶ 실내 슬리퍼는 꼭 챙기세요

고급 호텔도 실내용 슬리퍼를 제공하지 않는 곳이 대부분이다.

❷ 'COMPLIMENTRY' 사인을 확인하세요

기본 세공되는 생수 및 서비스 품목에는 반드시 무료 표시가 붙어 있다. 확인하고 싶다면 "Is this complimentary?"라고 물어보자.

❸ 뜨거운 물이나 얼음을 제공해줘요

대부분의 숙소에는 커피포트가 마련돼 있고, 자동차 여행 시 아이스박스에 채울 얼음도 제공한다. 얼음은 위생상 문제가 있을 수 있으니 보냉용으로만 사용하자.

❹ 팁을 잊지 마세요

체크아웃 때는 물론, 방 정리를 해주는 메이드를 위해 인원수에 따라 $2~5의 팁을 남겨두는 것이 기본 매너다.

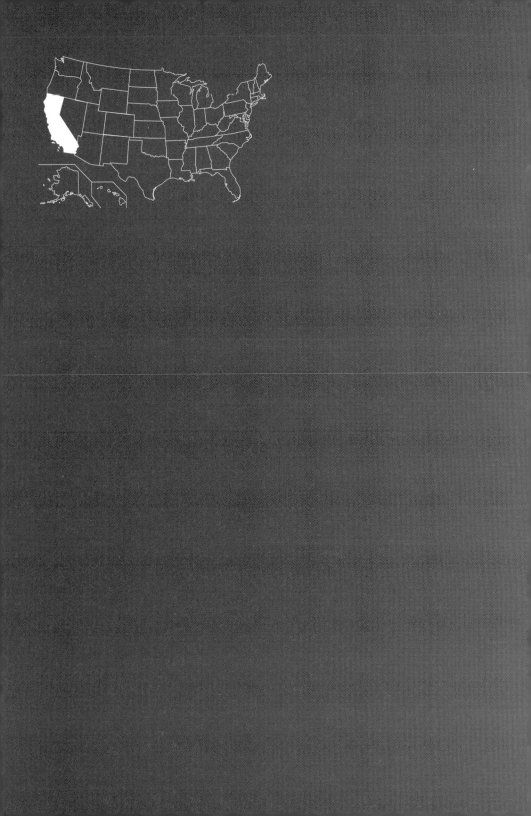

CALIFORNIA

1

캘리포니아

CA 캘리포니아
State of California

남쪽으로 멕시코와 국경을 맞댄 캘리포니아주는 동쪽의 시에라네바다산맥에서부터 서쪽의 태평양 연안에
이르기까지 방대한 면적을 자랑한다. 미국에서 가장 살기 좋은 곳이자, 거주 인구도 제일 많은 곳.
온화한 해양성 기후 덕분에 사계절 내내 골프, 서핑 등 레크리에이션을 즐길 수 있으며, 최고급 품질의 와인을
생산하는 나파밸리도 자리 잡고 있어서 여행자의 선택지가 다양하다. 국내 직항 항공편이 기착하는
로스앤젤레스(LA)와 샌프란시스코(SF)를 출발점으로 삼아 미국 서부 여행을 시작해보자.

주도	새크라멘토
대도시	로스앤젤레스
별칭	Golden State(황금의 주)
연방 가입	1850년 9월 9일(31번째 주)
면적	423,970km²(미국 3위)
홈페이지	visitcalifornia.com(캘리포니아 관광청)

오리건
OREGON

아이다호
IDAHO

CA

Crescent City

Eureka
레드우드
국립공원

래슨화산
국립공원
Susanville

유타
UTAH

드라이브스루
나무 공원
Leggett

Reno

타호 호수

네바다
NEVADA

캘리포니아 1번 도로

사우스 레이크
타호

새크라멘토

인요 국유림

나파밸리

샌프란시스코

요세미티
국립공원

하프문베이
Santa Clara
산호세

산타크루즈
길로이

Bishop

17마일 드라이브
몬터레이

마리나

킹스캐니언
국립공원

피너클스
카멜 국립공원
줄리아 파이퍼
번스 주립공원

마운트 휘트니
세쿼이아
국립공원

Olancha

데스밸리
국립공원

그랜드캐니언 →

비쇼비 코리코너리지
빅 서

캘리포니아 1번 도로

라스베이거스

엘리펀트 실 비스타 포인트
허스트 캐슬

모로베이
피스모비치

샌루이스 오비스포

모하비 사막

Needles

태평양
Pacific Ocean

솔뱅
산타바바라

패서디나
San Bernardino

채널아일랜드
국립공원

로스앤젤레스

조슈아 트리
국립공원

롱비치

팜스프링스

Blythe

애리조나
ARIZONA

테메큘라밸리

칼스배드

0   100km

샌디에이고

멕시코
MEXICO

115

Time Zone

표준시 태평양 표준시(PT)

시차 −17시간(서머타임 있음)

한국 09:00 → **캘리포니아** 전 날 16:00

Weather

봄

Mild
여름

가을

Mild
겨울

San Francisco

샌프란시스코

"샌프란시스코에 간다면, 꼭 머리에 꽃을 꽂아요."
"샌프란시스코에 간다면, 평화를 사랑하는 사람들을
만날 거예요."

스콧 매켄지의 팝송 '샌프린시스고'가 곳곳에서 들려
오는 곳. 1960년대 히피 문화의 중심이었던 샌프란시
스코는 당시의 낭만과 자유분방함이 그대로 남아있는
도시다. 푸른 바다 위에 걸쳐진 골든게이트브리지, 가
파른 언덕을 경쾌하게 오르는 케이블카, 빅토리아 양
식의 알록달록한 주택, 한가로이 햇볕을 쬐는 바다사
자의 평화로운 모습까지, 자연을 품은 대도시 샌프란
시스코의 매력은 무한하다.

샌프란시스코 BEST 9

1 롬바드 스트리트   135p

2 골든게이트브리지   142p

3 피어 39   158p

4 케이블카   138p

5 앨커트래즈 아일랜드   160p

6 페리 빌딩   173p

7 노스비치   182p

8 소살리토   196p

9 나파밸리   202p

SUMMARY

공식 명칭 City and County of San Francisco
소속 주 캘리포니아(CA)
표준시 PT(서머타임 있음)

ⓘ **공식 비지터 센터** California Welcome Center

ADD Pier 39, Level 2, San Francisco, CA 94133
OPEN 11:00~17:00
WEB visitcalifornia.com
ACCESS 피셔맨스 워프, 피어 39 2층

WEATHER

샌프란시스코의 날씨는 변덕스럽기로 유명하다. 7~8월에도 육지의 뜨거운 대기와 태평양의 습하고 차가운 공기가 만나 발생한 짙은 해무(Sea Fog, 海霧) 탓에 평균 최고 기온이 21°C에 불과하다. 한여름이라고는 믿기지 않을 정도로 쌀쌀한 때가 많아 아침, 저녁에는 외투가 필수. 이 때문에 에어컨이 없는 집이 흔해서 간혹 폭염(Heat Wave)이 발생하면 더욱 무덥게 느껴진다. 겨울철 최저 기온은 5°C 안팎으로 혹한은 없으나, 비가 내리거나 안개가 끼면 체감 온도가 훨씬 낮아지므로 패딩점퍼를 준비하는 것이 좋다.

샌프란시스코 한눈에 보기

샌프란시스코 반도 북쪽 끝에 자리한 샌프란시스코는 삼면이 바다로 둘러싸인 해안 도시다. 행정구역상 약 36개 지역으로 구분되며, 지역 주민들이 이름 붙여 부르는 디스트릭트(Districts)만 해도 100여 개가 넘을 만큼 동네별로 개성이 뚜렷하다. 주요 관광지는 태평양 연안의 골든게이트브리지를 포함하여, 해안선을 따라 피셔맨스 워프, 다운타운, 마켓 스트리트의 남쪽까지 이어진다.

◎는 이 책에서 소개하는 지역임

다운타운 ZONE 3

유니언 스퀘어를 구경하고 마켓 스트리트를 따라서 페리 빌딩까지 걸어볼까? 금융권과 상권이 모인 샌프란시스코 경제 일번지 파이낸셜 디스트릭트와 문화예술의 거리 소마(SoMA)를 찾아서! 168p

시빅 센터 ZONE 3

샌프란시스코 시청을 중심으로 오페라 하우스와 재즈 센터가 자리 잡은 공연예술의 메카. 172p

노스비치 & 차이나타운 & 노브 힐 ZONE 4

비트세대의 낭만이 담긴 서점을 구경하고 신선한 재료로 만든 이탈리아 음식 맛보기! 최초의 포춘쿠키가 탄생한 장소는 어디일까? 182p

프리시디오, 골든게이트 파크, 랜즈 엔드 ZONE 1

인증샷 명소가 무수히 많은 금문교 주변 공원 지역과 피크닉 명소인 골든게이트 파크, 태평양 노을 감상 포인트 랜즈 엔드까지! 146p, 148p, 151p

헤이트-애시베리 ZONE 1

음악 마니아라면 안 가볼 수 없다. 재니스 조플린의 숨결이 살아 숨쉬는 자유의 거리. 154p

필모어 스트리트 ZONE 1

패션 부티크가 많은 샌프란시스코의 가로수길. 여름에는 길거리 재즈 페스티벌이 열리는 음악의 거리. 156p

피셔맨스 워프 ZONE 2

샌프란시스코의 대표 관광 포인트. 바다사자 구경과 유람선 관광, 미국판 수산시장에서 던지니스 크랩 맛보기. 158p

미션 & 카스트로 ZONE 5

트렌드세터가 모이는 곳! 전망 좋은 돌로레스 파크에서 여유를 즐기고 타르틴 베이커리에서 브런치 먹기. 188p

샌프란시스코 추천 일정

동네마다 특색이 다르고 아기자기한 볼거리도 많은 샌프란시스코를 여행하려면 최소 3박 4일 이상의 시간이 필요하다. 도시 전체에 40여 개의 언덕이 있어 거리상으로는 가까워 보여도 실제로 걸어가기 어려울 수 있으니, 대중교통과 투어버스를 잘 활용해보자.

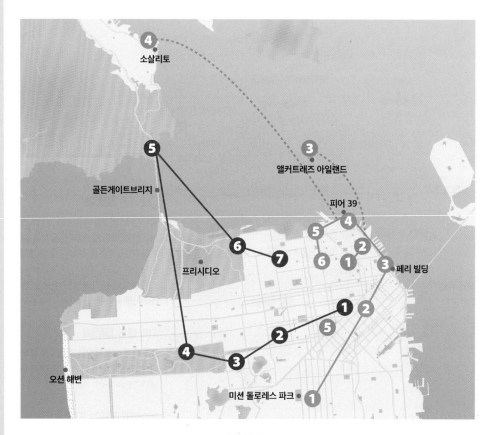

+MORE+

샌프란시스코 여행 계획 세우기

- **예약이 꼭 필요한 곳은?** 앨커트래즈 아일랜드행 공식 크루즈는 예약이 빨리 마감돼요. 클래식 공연과 미슐랭 인기 맛집, 근교 여행을 위한 렌터카와 투어 프로그램도 미리 챙겨야 해요.

- **대중교통은 이렇게** 공항에서 바트를 타거나, 페리로 소살리토에 건너가려면 클리퍼 카드가 필수! 케이블카를 타는 날에는 뮤니 패스포트 1일권($14), 나머지 하루나 이틀은 뮤니모바일 1일권($5.5)을 조합하면 걱정 없어요.

- **축제의 도시 샌프란시스코** 매주 열리는 파머스 마켓이나 푸드트럭 페스티벌, 여름철의 야외공연 등 다양한 이벤트도 놓치지 마세요!

	Day 1	**Day 2**	**Day 3**
오전	❶ 유니언 스퀘어 🍴 시어스 파인푸드 *유니언 스퀘어에서 출발하는 2층버스 투어 이용하기	❶ 발렌시아 스트리트 🍴 타르틴 매뉴팩토리 브런치 🚶 도보 15분 돌로레스 파크	❶ 워싱턴 스퀘어 - 세인트피터앤폴 성당 - 시티 라이츠 서점 🍴 마마스 카페(오픈런) 🍴 소토 마레 ☕ 카페 트리에스테
	🚌 버스 10분	🚇 바트 15분	🚌 버스 15분
	❷ 알라모 스퀘어	❷ 샌프란시스코 현대미술관	❷ 코이트 타워 전망대
	🚌 버스 10분		
	❸ 헤이트-애시베리 거리		
오후	🚶 도보 또는 🚲 자전거 15분	🚋 스트리트카 F 10분	⛴ 페리
	❹ 골든게이트 파크 드 영 박물관 & 전망대 🍴 미술관 카페	❸ 페리 빌딩 🍴 마켓플레이스	*약 2~3시간 소요되는 코스별 옵션 ❸ 앨커트래즈 아일랜드 ❹ 소살리토
	🚌 버스 15분	🚋 스트리트카 F 15분	
	❺ 골든게이트브리지 웰컴 센터 & 비스타 포인트	❹ 피어 39 - 풍개 & 상점 구성 ❺ 제퍼슨 스트리트 🍴 보딘 베이커리	+ 크리시 필드 자전거 타고 다녀오기 I 랜즈 엔드 트레킹 + 트윈피크스 전망대 등
	🚌 버스 15분	🚠 케이블카 10분	
	❻ 프리시디오 - 팰리스 오브 파인아츠 - 월트 디즈니 박물관	❻ 롬바드 스트리트	
저녁	🚕 택시	🚠 케이블카 10분	🚕 택시
	❼ 필모어 스트리트 & 체스트넛 스트리트 - 식사 & 쇼핑	☕ 부에나 비스타 카페 - 기라델리 스퀘어 야경	*금요일 밤이라면 ❺ 시빅 센터 오페라 & 재즈 공연

DAY 4 근교 여행

반나절 일정 • 소살리토 • UC 버클리 대학교 • 하프문베이

하루 일정 • 나파밸리 와이너리 • 스탠퍼드 대학 & 실리콘밸리 • 17마일 드라이브

1박 2일 이상 • 요세미티 국립공원 • 레드우드 국립공원 등 근교 여행

샌프란시스코 IN & OUT

샌프란시스코는 우리나라에서 직항 또는 경유 항공편을 이용해 방문할 수 있다. 미국 동부의 뉴욕과 함께 대중교통이 잘 발달한 도시로, 도보 여행자가 특히 선호한다. 도심 쪽을 관광한 다음에는 렌터카 및 투어를 이용해 근교 지역으로 여행을 이어 나가자.

주요 지점과의 거리

출발지	거리(km)	교통수단별 소요 시간			
		자동차	항공	버스	기차
나파밸리	100km	1.5시간	-	-	-
요세미티	340km	4시간	-	-	-
로스앤젤레스	620km	8시간	1.5시간	9.5시간	12시간
라스베이거스	917km	9시간	1.5시간	15시간	-
시애틀	1300km	14시간	2시간	22시간	23시간

*기차는 오클랜드 앰트랙 역에서 버스로 환승

공항에서 시내 가기

샌프란시스코베이 지역의 주요 공항은 ❶ 샌프란시스코 국제공항(SFO), ❷ 오클랜드 국제공항(OAK), ❸ 산호세 국제공항(SJC)이다. 인천국제공항에서 이륙한 직항편은 샌프란시스코 국제공항까지 약 10시간 30분 만에 도착한다. 매일 직항편을 운영하는 항공사로는 대한항공, 아시아나항공, 델타항공, 유나이티드항공이 있다. 저가 항공 에어프레미아는 주 4회 일정으로 취항한다.

샌프란시스코 국제공항은 규모가 매우 크고, 항공기 지연이 잦은 편이다. 국제선 터미널인 A와 G터미널은 서로 연결돼 있으며, 입국장(Arrivals)은 2층, 출국장(Departures)은 3층이다. 2024년 6월에는 국내선 터미널인 하비 밀크 터미널1이 완공되면서 국제선 터미널과의 전용 연결 통로와 보안 검색대가 생겼다. 그 밖의 터미널 간 이동은 에어트레인(AirTrain)을 이용한다.

참고로 미국에서 환승할 때는 입국 심사를 거친 다음 다시 체크인하는 것까지 고려해 환승 시간을 넉넉하게 잡아야 한다. 상세 정보 699p.

샌프란시스코 국제공항 San Francisco International Airport
ADD International Terminal, SFO, San Francisco, CA 94128
WEB flysfo.com

공항에서 시내까지 교통편(국제선 터미널→유니언 스퀘어 기준)

교통수단	요금	시간	탑승 장소
바트	$10.55	30분	터미널 G 3층
택시	$50~65	30분	터미널 G 2층
우버	$37~50		터미널 G 3층
렌터카	-	30분	에어트레인 이용
샘트랜스	구간별 요금	해당 없음	터미널 G, A 1층

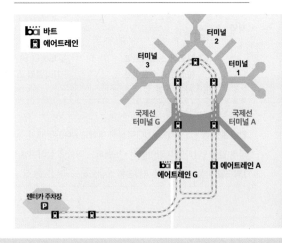

🚇 바트 BART(Bay Area Rapid Transit)

공항과 샌프란시스코, 오클랜드, 버클리를 연결하는 고속철도. 교통체증 없이 빠르게 도심의 주요 4개 역(Civic Center, Powell, Montgomery, Embarcadero) 및 근교까지 이동할 수 있다. 요금은 거리에 따라 책정되며, 왕복 티켓을 구매해도 할인 혜택은 없다. 공항 바트역에서 클리퍼 카드를 구매해 샌프란시스코에서 사용하면 편리하다.

HOUR 05:00~24:00(토요일 06:00~, 일요일 08:00~)
WEB bart.gov

🚗 렌터카 Rent a Car

국제선 터미널 내의 카운터에서 대여 수속을 먼저 진행한 다음, 에어트레인 파란색 노선을 이용해 렌터카 주차장으로 이동해 차량을 픽업해야 한다.

🚕 택시 Taxi

SFO 공항에서 샌프란시스코 도심까지 거리는 약 21km로, 평균 30분 정도 걸리지만 교통 정체가 심할 수 있다. 요금은 $50~65에 공항세와 팁이 추가된다(기본요금 $4.15, 주행 0.2마일(약 323m)당 $0.65, 정체 시 1분당 $0.65, 공항세 $5.5, 팁은 운임의 10~15%). 공유 차량 플랫폼(Ride App)인 우버와 리프트를 이용하면 좀 더 저렴해진다. 우버 탑승 장소는 국제선 터미널 3층 출국장의 Pick-Up/Drop-Off Zone 14~17으로 지정돼 있다.

🚌 샘트랜스 SamTrans

샌프란시스코 도심보다는 팔로알토 등 근교 지역을 연결하는 광역 버스. 목적지에 따라 공항 터미널 바로 앞에서 출발하는 노선(292번, 397번)과 렌터카 센터나 장기주차장에서 출발하는 노선으로 나뉜다.

HOUR 24시간
WEB samtrans.com

🅑 바트 노선도

샌프란시스코 시내 교통

샌프란시스코의 대중교통은 미국에서 손꼽는 수준으로 잘 돼 있으나, 종류와 운영 주체 등이 모두 달라서 여행자 입장에선 다소 복잡하게 느껴진다. 샌프란시스코 도시교통국의 공식 모바일 앱인 뮤니모바일(MuniMobile) 및 구글맵에서 최적의 이동 경로를 검색할 수 있다. 낮에는 대중교통 이용에 별다른 문제가 없지만, 우범지대를 지나는 노선이나 심야 시간대 탑승은 권장하지 않는다.

WEB 샌프란시스코 도시교통국 sfmta.com | 베이 에어리어 교통국 511.org

시내 교통수단

기본적인 대중교통수단은 뮤니(MUNI: San Francisco Municipal Transportation Agency)다. 뮤니는 일반 시내버스인 뮤니 버스, 지하철인 뮤니 메트로, 지상 전차인 뮤니 스트리트카로 나뉘며, 이를 묶어 '뮤니 3종'이라고 부른다. 뮤니 간 환승은 할인이 적용된다. 티켓을 구매할 땐 여행 중 꼭 한 번은 타게 되는 케이블카가 포함돼 있는지 확인할 것. 스트리트카는 평지를 달리며, 케이블카는 언덕을 오르내린다.

🚋 뮤니 스트리트카 Muni Street Car

클래식한 외관의 히스토릭 스트리트카. 케이블카와 함께 샌프란시스코의 거리를 장식하는 교통수단이다. 속도는 느린 편이지만, 카스트로와 피셔맨스 워프를 오가는 F노선, 피셔맨스 워프와 오라클 파크를 오가는 E노선이 유용하다(E노선은 코로나 이후 잠정 운영 중단 상태이니 현지에서 운행 상황을 확인하고 탑승하자).

HOUR 07:00~22:00

🚈 뮤니 메트로 Muni Metro

지상과 지하를 운행하는 현대식 경전철. 총 6개 노선(J·K·L·M·N·T) 중 J는 도심-미션, K·M은 도심-카스트로, N은 칼트레인역-헤이트-오션 해변을 연결한다. 2023년 1월 신규 개통한 T노선은 차이나타운에서 유니언 스퀘어를 거쳐 칼트레인역을 지난다.

HOUR 24시간

+MORE+

샌프란시스코의 교통 허브
세일즈포스 트랜짓 센터 Salesforce Transit Center

운영 주체가 서로 달라 흩어져 있던 교통수단을 한 곳에서 통합 관리할 목적으로 다운타운의 세일즈포스 파크에 지은 종합 터미널이다. 현재는 버스 터미널로만 사용되고 있지만, 향후 바트와 뮤니 메트로 노선을 지하로 연결하고, 최종적으로는 철도까지 유치해 칼트레인과 앰트랙까지 들어오도록 하는 것이 목표다. 센터 위에는 공중 산책로로 세일즈포스 파크가 조성되어 있다. **MAP 141p**

ADD 425 Mission St **WEB** salesforcetransitcenter.com

- 층별 버스 정류장
- **1층** Muni(5·5R·7·38·38R번) & Golden Gate Transit
- **3층** Greyhound, AC Transit, Treasure Island, Muni 25번
- **지상층** SamTrans, Amtrak(연계 버스)

🚌 뮤니 버스 Muni Bus

약 70개 노선이 있다. 전신주에 노란색 페인트로 번호가 쓰여 있거나 도로 바닥에 정류장 표시만 있는 경우도 많다. 버스 번호 뒤에 R(Rapid), X(Express)가 표시된 급행 노선은 3~4개 정류장마다 한 번씩 정차한다. 목적지로 가는 뮤니 버스가 도착하면 손을 들어 버스를 세우고, 내리기 전 창문 쪽의 줄을 당겨 '스톱' 램프를 켠다. 앞문으로 승차, 뒷문으로 하차하며 요금은 승차 시 요금함에 넣는다.

HOUR 24시간

🚋 케이블카 Cable Car

노선도는 138p 참고

지면에 매설된 케이블 궤도를 따라 시속 15km의 속도로 언덕을 오르내리는 노면 전차. 1873년부터 운행됐으며, 현재 관광용 노선 3개만 남았다. 티켓은 뮤니모바일을 통해 미리 구매하거나, 탑승 후 승무원에게 직접 현금으로 살 수 있다.

HOUR 07:00~23:00(캘리포니아라인 ~21:00)

🚕 택시 Taxi

택시는 플라이휠(Flywheel)이라는 앱을 통해 호출할 수 있으며, 택시 대신 우버나 리프트를 이용하는 방법도 있다. 우버에서도 플라이휠 택시 호출 서비스를 제공하는데, 앱에서 자신의 위치와 목적지를 입력해 근처에 있는 차량을 호출하는 방식이다. 요금은 사전에 입력해둔 신용카드로 지불하고, 요금과 별도로 10%가량의 팁을 추가하는 것이 관행이다.

WEB 우버 uber.com/ko-us **l 리프트** lyft.com

🚗 자동차

샌프란시스코는 가파른 언덕이 많고 길이 복잡해 운전이 굉장히 까다롭다. 빠르게 지나가는 케이블카와 스트리트카도 피해야 한다. 따라서 주차 공간이 부족한 도심에서는 대중교통을 이용하고, 근교 여행은 투어 프로그램을 활용하거나, 시내 렌탈 업체에서 필요한 날짜만 예약하기를 권장한다. 도심을 벗어나 골든게이트브리지 또는 골든게이트 파크 쪽으로 갈 때는 차를 가지고 가는 것이 편리할 수 있으나, 한적한 주차장에서는 도난 사고가 빈번하게 발생하므로 귀중품을 차 안에 보관하면 안 된다. 샌프란시스코 근교 지역을 자동차로 돌아볼 계획이라면 1938년에 만들어진 49마일 시닉 드라이브(49 Mile Scenic Drive)를 따라 여행하는 것도 좋다. 골든게이트 파크와 대표적인 전망대, 다운타운의 주요 명소를 둘러보는 74km의 경로다.

WEB sftodo.com/scenic-49-mile-drive.html

+ **M O R E** +

언덕길 주차 요령

언덕이 많은 샌프란시스코 시내에서는 경사면 주차 시 각별한 주의가 필요하다. 오르막길에서는 핸들을 인도 반대쪽으로, 내리막길에서는 인도 쪽으로 돌려 차량이 미끄러지지 않도록 하는 교통법규를 준수해야 한다(적발 시 벌금 부과). 주차장 정보는 홈페이지(SFpark.org) 및 모바일 앱 SFpark를 통해 확인할 수 있다.

교통수단 요금 결제 방법

티켓 종류	교통편	뮤니 3종	케이블카	바트	페리
현금(1회권)		$3	$8	탑승 불가	구간별 요금 적용
클리퍼 카드		$2.75	$8	$10.55(공항 ⇆ 시내)	탑승 가능(일부 할인 혜택 제공)
뮤니모바일		$2.75	$8	탑승 불가	탑승 불가

❶ 요금함 Farebox

현금 결제는 점차 사라지는 추세다. 대중교통 이용 시엔 거스름돈을 주지 않으니, 정확한 금액을 현금으로 지불하고 이용 시간이 표시된 티켓을 받아야 한다. 티켓은 120분 이내 환승 시 재사용 가능. 정류장에 자동판매기가 있으면 1회권(Limited-Use)을 미리 구매해도 된다.

❷ 클리퍼 카드 Clipper Card

- 뮤니, 케이블카, 바트, 칼트레인 및 페리 노선에서 사용 가능한 통합 교통카드. 클리퍼 카드로 태그할 경우 환승 및 할인요금이 자동으로 적용되어 효율적이다.

- 자판기에서 실물 카드를 사려면 카드 발급비($3)를 내야 한다. 미국에서 결제 가능한 애플페이나 구글페이 계좌가 있다면 모바일 월렛에 등록해도 된다(카드 발급비 면제).

- 금액을 충전해 두고 탑승할 때마다 요금을 차감하는 방식으로 사용한다. 카드 잔액이 항상 $2 이상이어야 다음 교통수단을 이용할 수 있으니, 금액을 잘 계산하여 조금씩 충전해 쓰도록 하자. 장기 체류자를 위한 30일짜리 정액권도 선택할 수 있다.

클리퍼 카드 자동판매기

❸ 뮤니모바일 MuniMobile

- 클리퍼 카드와 동일한 요금으로 이용할 수 있는 공식 앱이다. 뮤니 3종 또는 케이블카 1회권을 각각 선택하여 구매할 수 있다.

- 여행자에게는 길을 잘못 들어도 요금 부담 없는 뮤니 3종 1일권(1-Day Pass, $5.5)이 가격 면에서 유리하다. 단, 케이블카는 포함돼 있지 않다. 만약 케이블카를 하루 2회 이상 이용할 계획이라면 뮤니 3종뿐 아니라 케이블카도 무제한 이용할 수 있는 뮤니 비지터 패스포트(1일권 $14, 3일권 $33, 7일권 $44)를 선택하는 것이 이득이다.

← Buy Tickets 취소

Rider   Fare

Choose Your Fare 🔍

Muni Bus & Rail Use by 90 days from today 뮤니 3종 1회권	$2.75
1-Day Pass (No Cable Car) Use by 90 days from today 뮤니 3종 1일권(케이블카 제외)	$5.50
Single Ride Cable Car Use by 90 days from today 케이블카 1회권	$8.00
1-Day Passport Use by 90 days from today 패스포트 1일권	$14.00
3-Day Passport Use by 90 days from today 패스포트 3일권	$33.00
7-Day Passport Use by 90 days from today 패스포트 7일권	$44.00

🚊 광역 전철, 바트 BART(Bay Area Rapid Transit)

➡ 공항, 오클랜드, 버클리

샌프란시스코와 근교 도시, 공항을 연결해 지하철처럼 이용해도 좋은 교통수단. 바트와 뮤니 간 환승은 불가능하다. 클리퍼 카드로만 결제 가능.

HOUR 05:00~24:00(토요일 06:00~, 일요일 08:00~)
WEB bart.gov

바트 자동판매기와 개찰기

🚉 광역 기차, 칼트레인 Caltrain

➡ 실리콘밸리, 길로이 프리미엄 아웃렛

샌프란시스코에서 출발해 팔로알토, 산타클라라, 산호세를 거쳐 길로이까지 운행하는 통근열차. 샌프란시스코 도심에는 4th/King Street에 정차한다. 클리퍼 카드 사용 가능.

WEB caltrain.com

🚌 교외버스, 골든게이트 트랜짓 Goldengate Transit

➡ 골든게이트브리지, 소살리토, 산타로사, 소노마

샌프란시스코 도심과 골든게이트브리지 북쪽의 교외 지역으로 향하는 버스 노선이다. 클리퍼 카드 사용 가능.

WEB goldengate.org

⛴ 페리 Ferry

➡ 오클랜드, 소살리토, 티뷰론

통근용으로 많이 이용하는 교통수단. 페리 빌딩과 피셔맨스 워프의 피어 41에서 출항하는 노선이 많다. 클리퍼 카드 사용 가능.

WEB 샌프란시스코 페리 sanfranciscobayferry.com
골든게이트 페리 goldengateferry.org

골든게이트 페리터미널

🚉🚌 장거리 기차·버스, 앰트랙 Amtrak

➡ 근교 도시

현재 샌프란시스코 도심까지는 앰트랙 철도가 연결되지 않아서 오클랜드, 에머리빌, 산호세의 앰트랙 역에서 연계버스(Amtrak Thruway Bus)로 환승해야 한다.

WEB amtrak.com/california-train-bus-stations

🚌 장거리 버스, 그레이하운드 Greyhound

➡ 근교 도시

세일즈포스 트랜짓 센터 또는 주변 길가의 정류장에서 탑승한다. 8시간가량 소요되는 샌프란시스코-LA 노선의 요금은 약 $70. 온라인 예약 시 더 저렴해진다.

WEB greyhound.com

알뜰한 여행을 위한 준비물, 각종 할인 패스

❶ 샌프란시스코 시티 패스
San Francisco City Pass

어트랙션 4곳의 입장권을 결합한 할인 패스. 사용 개시일을 포함해 9일간 유효하다. 기존에는 뮤니 패스포트까지 결합해 상당히 유용했으나, 아쉽게도 해당 혜택이 사라진 상태. 정해진 2개 어트랙션(① 캘리포니아 과학관, ② 블루 & 골드플릿 유람선 또는 블루 & 골드플릿 유람선) 입장권과 다음 어트랙션(③ 베이 아쿠아리움 ④ 샌프란시스코 동물원 ⑤ 월트 디즈니 가족 박물관 ⑥ 익스플로라토리움 ⑦ 현대미술관(SFMOMA)) 중에서 2개의 입장권을 선택할 수 있다. 온라인 구매 후 이메일로 받은 모바일 티켓을 제시하거나, 이메일을 프린트해서 가져간다.

PRICE $89
WEB citypass.com/san-francisco

❸ 할인 입장권

샌프란시스코 관광청 공식 홈페이지에서도 주요 관광지 입장권을 할인 판매한다.

WEB sftravel.com/buy-tickets

❷ 고우시티 샌프란시스코
Go City San Francisco

어트랙션 입장권과 투어 프로그램(버스 투어, 크루즈, 자전거, 고 카 투어 등)을 통합한 할인 패스다. 시티 패스에 비해 선택의 폭이 넓다는 것이 장점이지만, 원하는 장소가 포함돼 있는지 잘 살펴보고 결정해야 한다. 2가지 유형의 패스로 나뉘며, 입장 시 모바일 티켓을 제시하면 된다.

WEB gocity.com

유형	조건	특징
All-Inclusive Pass 기간 선택형	1일 $104 2일 $149 3일 $179 5일 $209	선택한 기간 중 제휴 업체의 대부분을 이용할 수 있다. 짧은 기간에 최대한 많은 곳을 방문하고 싶을 때 유용하다.
Explorer Pass 어트랙션 선택형	2개 $84 3개 $99 4개 $129 5개 $144	유효기간(60일) 내에 일정 개수의 어트랙션을 골라 방문할 수 있다. 여유롭게 여행하고 싶은 장기 여행자에게 유용하다.

짧고 굵게 둘러보는 샌프란시스코
2층 투어버스

투어버스는 짧은 일정으로 샌프란시스코를 구경하기 좋다. 버스를 타고 그대로 한 바퀴 돌아봐도 되고, 낮에는 주요 명소에서 자유롭게 타고 내릴 수도 있다. 특히 차 없이 방문하기 힘든 골든게이트브리지 전망 포인트, 골든게이트 파크, 알라모 스퀘어를 다녀올 때 편하다.

❶ 빅 버스 Big Bus

가장 대표적인 업체로, 배차 간격이 원활한 편이다. 도시 명소를 한 바퀴 돌고 골든게이트브리지에서 회차하는 레드라인과 1시간짜리 야경 투어인 블루라인이 있다. 버스 티켓을 포함해 앨커트래즈 유람선이나 자전거 렌탈 등을 추가한 패키지도 판매한다.

PRICE 1일권 $65.7 **WEB** bigbustours.com

❷ 스카이라인 사이트싱 Skyline Sightseeing

노선은 빅 버스와 거의 비슷하다. 뮤어 우드 국립공원과 소살리토를 다녀오는 패키지가 있다.

PRICE 1일권 $73 **WEB** sightseeingworld.com

바람을 가르며 씽씽!
자전거 Bicycle

걸어서 보기 힘든 골든게이트 파크나 프리시디오, 해변 지역을 다닐 때는 자전거가 편리하다. 공원 입구나 피셔맨스 워프 쪽에 대여소가 많고, 온라인 예약 시 할인해주기도 한다. 자전거를 잠시 세워둬야 할 때는 'BikeLink'라는 자전거 주차장을 이용하면 되는데, 계정을 연결해두면 클리퍼 카드로도 요금 결제가 가능하다. 자전거 대여업체에서 가이드 투어를 제공하기도 한다. 요금은 일반 자전거 1일 $36~40, 전기 자전거 1일 $70~76.

❶ SF 바이시클 렌탈 SF Bicycle Rentals

WEB bikerentalsanfrancisco.com

❷ 블레이징 새들 Blazing Saddles

WEB blazingsaddles.com/san-francisco

항구도시만의 즐거움
유람선 Cruises

항구도시인 샌프란시스코에서는 배를 타보는 것이 특별한 재미. 유람선 출발 장소는 피셔맨스 워프의 피어 41 및 피어 43 ½ 쪽이다. 업체마다 다양한 프로그램이 있는데, 약 1시간 동안 골든게이트브리지와 앨커트래즈 아일랜드까지 한 바퀴 돌아보는 관광 크루즈가 인기다. 섬 내부까지 보려면 공식 투어를 이용해야 한다. 성수기와 비수기, 요일에 따라 요금이 조금씩 다르다.

❶ 블루 & 골드 플릿 Blue & Gold Fleet

PRICE 베이 크루즈 1시간 $39
WEB blueandgoldfleet.com

❷ 레드 & 화이트 플릿 Red & White Fleet

PRICE 베이 크루즈 1시간 $38
WEB redandwhite.com

❸ 앨커트래즈 시티 크루즈 Alcatraz City Cruises

PRICE 앨커트래즈 공식 투어 $45.25(상세 정보는 160p 참고)
WEB alcatrazcruises.com

미니 자동차 타고 한 바퀴
고 카 투어 GO Car Tours

노란색 2인용 미니 자동차를 운전해 주요 명소를 다녀오는 프로그램이다. 차량에 장착된 GPS가 위치를 안내해주고 오디오 가이드도 포함돼 있다. 구불구불한 롬바드 스트리트를 내려오는 코스와 골든게이트브리지를 다녀오는 코스를 추천. 출발 장소는 피셔맨스 워프다.

PRICE 3시간 $158
WEB gocartours.com/locations/san-francisco

유람선

고 카 투어

129

샌프란시스코에서 숙소 정하기

실리콘밸리의 영향으로 샌프란시스코의 건물 임대료는 미국에서 가장 높은 수준이다. 강력한 개발 규제로 인해 고층 건물이 많지 않고, 주택가는 대부분 저층 구조다. 주택난이 심각하다 보니, 여행자를 위한 숙소도 부족하고 비용도 월등히 높다. 축제 기간이나 주말을 피해 묵는 것이 숙소비를 아끼는 방법이다.

숙소 정할 때 고려할 사항

바트Bart 접근성

대중교통을 이용할 예정이라면 공항과 시내를 오갈 수 있는 바트 역과 가까운 숙소가 좋다. 바트가 지나가는 마켓 스트리트 주변, 유니언 스퀘어, 페리 빌딩 근처가 이에 해당한다.

주차료

차가 있으면 다운타운을 벗어나 마리나(Marina), 리치먼드(Richmond), 포트레로 힐(Potrero Hill) 등으로 범위를 넓힐 수 있다. 대신 숙소에 주차가 가능한지 확인해야 하며, 도심에서의 주차료도 고려해야 한다.

방 크기

호텔급이라 해도 타 도시에 비해 공간이 협소하고 낡은 숙소가 많다. 비슷한 조건의 숙소인데 가격이 다르면 방 크기 차이일 수 있다.

치안

샌프란시스코는 급증하는 노숙자로 인해 어려움을 겪는 대표적인 도시다. 따라서 핵심 관광지를 제외하고 대중교통 이용은 권하지 않는다. 숙소는 쉽게 저녁을 먹을 수 있는 번화가나 치안이 좋은 주택가로 알아보자. 구글 스트리트뷰를 이용해 주변 환경을 파악할 것. 주차를 해야 한다면 발렛파킹 또는 보안이 확실한 시큐어드 파킹(Secured Parking)을 선택해야 한다.

에어비앤비

샌프란시스코에서 에어비앤비는 단기 임대만 가능하며 등록제도를 통해 관리된다. 호스트의 프로필에 등록번호 대신 'Pending Registration'이라 적혀 있다면, 정식 등록되지 않았을 가능성이 높다. 일반 주택가의 방이나 독채를 빌렸을 때는 저녁에 우버를 이용해야 하므로 교통비가 더 많이 들 수 있다.

숙소 위치는 어디가 좋을까?

유니언 스퀘어 주변

대중교통 접근성이 좋은 다운타운의 번화가로, 숙소 선택지가 가장 다양하다. 단, 시빅 센터와 유니언 스퀘어 사이의 텐더로인 구역에는 노숙자가 많으므로 큰 길이 아닌 골목 안쪽에 있는 숙소는 피해야 한다. 선택 전 리뷰를 꼼꼼히 살펴보자.

유니언 스퀘어

피셔맨스 워프

관광명소 및 케이블카 탑승장과 가깝고 관광객이 무척 많아 안전한 지역에 속한다. 어르신이나 아이를 동반한 가족 여행인 경우 관광객을 상대로 하는 대형 맛집이 많다는 것도 장점. 단, 낡은 숙소가 많고, 밤에 시끄러울 수 있다.

노브 힐

럭셔리 호텔이 많은 클래식한 동네. 언덕 지대라 걸어 다니기 어려운 대신 케이블카가 다니고, 전망도 뛰어나다.

리츠칼튼 샌프란시스코
The Ritz-Carlton San Francisco ★★★★★

샌프란시스코의 대표 럭셔리 호텔. 케이블카 노선과도 가깝고 마켓 스트리트, 노스비치까지 걸어갈 수 있다. 최고급 부대 시설을 갖췄다.

ADD 600 Stockton St, San Francisco
TEL 415-296-7465　　**PRICE** $620~800
WEB ritzcarlton.com/en/hotels/california/san-francisco

페어몬트 샌프란시스코 Fairmont San Francisco ★★★★

쾌적한 노브 힐에 위치한 고풍스러운 호텔로, 굵직한 행사가 많이 열린다. 객실은 환상적인 시티뷰와 베이뷰로 나뉜다. 바로 앞에 케이블카 캘리포니아라인이 지나가 관광지까지 쉽게 이동할 수 있다.

ADD 950 Mason St　　**TEL** 415-772-5000
PRICE $480~700　　**WEB** fairmont.com/san-francisco

아르고너트 호텔 Argonaut Hotel ★★★★

1900년대 초반에 건축된 옛 건물을 개조한 최고급 호텔. 벽돌이 그대로 드러난 실내 인테리어와 창밖 하버 뷰가 근사하다. 제퍼슨 스트리트 및 캐너리 쇼핑센터와 연결되어 관광지와의 접근성이 매우 좋다.

ADD 495 Jefferson St　　**TEL** 415-563-0800
PRICE $358~400　　**WEB** argonauthotel.com

챈슬러 호텔 온 유니언 스퀘어
Chancellor Hotel on Union Square ★★★

가족이 운영하는 부티크 호텔이다. 케이블카가 지나는 큰길에 입구가 있어 안전하다. 1915년 건축된 건물이라서 전반적인 시설은 낡았으나, 깔끔하게 관리되는 편이다.

ADD 433 Powell St　　**TEL** 415-362-2004
PRICE $162~270　　**WEB** chancellorhotel.com

코트야드 바이 메리어트 피셔맨스 워프
Courtyard by Marriott Fisherman's Wharf ★★★

관광지 한복판에 자리 잡아 입지 조건이 탁월한 체인 호텔. 저녁 늦게까지 문을 여는 맛집도 많고, 샌프란시스코의 노을을 감상하고 걸어 돌아올 수 있다.

ADD 580 Beach St　　**TEL** 415-775-3800
PRICE $240~300　　**WEB** marriott.com

호텔 제퍼 Hotel Zephyr ★★★★

힙한 분위기의 고급 부티크 호텔. 유람선이 출발하는 피어 41까지 도보 3분 거리로 피셔맨스 워프 한복판에 있다. 체인형 호텔은 아니므로 친구, 커플 여행에 추천.

ADD 250 Beach St　　**TEL** 415-617-6565
PRICE $180~273　　**WEB** hotelzephyrsf.com

호텔 그리폰 Hotel Griffon ★★★

페리 빌딩 인근의 엠바카데로에 있어 베이브리지가 보이는 뷰가 멋지다. 부대시설로 레스토랑과 피트니스 센터도 있고 깔끔한 편이다.

ADD 155 Steuart St　　**TEL** 415-495-2100
PRICE $260~350　　**WEB** hotelgriffon.com

콜럼버스 모터 인 Columbus Motor Inn

피셔맨스 워프 남쪽의 콜럼버스 애비뉴에 있으며, 롬바드 스트리트까지 도보 5분 거리인 모텔급 숙소. 시설은 노후하지만, 합리적인 가격과 샌프란시스코 핵심 지역에 무료 주차할 수 있다는 것이 장점.

ADD 1075 Columbus Ave　**TEL** 415-885-1492
PRICE $200~320　　**WEB** columbusmotorinn.com

하이 샌프란시스코 다운타운 호스텔
HI San Francisco Downtown Hostel

배낭여행자들이 많이 이용하는 저렴한 숙소로, 유니언 스퀘어 부근에 자리한다. 방의 구성(공용 또는 개인실) 및 욕실 조건에 따라 가격이 다르다.

ADD 312 Mason St　　**TEL** 415-788-5604
PRICE $150~250　　**WEB** hiusa.org

샌프란시스코 축제 캘린더

1월

바다사자 서식 기념일
Sea Lions' Arrival Anniversary
(1월 20일경)

바다사자가 샌프란시스코 Pier 39에
서식하기 시작한 날

WHERE 피어 39
WEB pier39.com

음력 설 축제
Lunar New Year Parade (음력 1월 1일 무렵)

미국에서 가장 오래된 차이나타운이
주요 퍼레이드 장소(2025년은 2월 15일)

WHERE 차이나타운
WEB chineseparade.com

3월

세인트 패트릭스 데이 퍼레이드
St. Patrick's Day Parade (17일)

아일랜드를 상징하는 녹색 옷을 입고
맥주를 실컷 마시는 날

WHERE 마켓 스트리트
WEB uissf.org

메이저리그 개막
MLB Opening Day (3월 말~4월 초)

미국 메이저리그 시즌이 시작되는 날

WHERE 오라클 파크
WEB sfgiants.com

4월

샌프란시스코 국제 영화제
SFFILM (11일간)

1957년부터 명맥을 이어오는 영화인
들의 축제

WHERE 다운타운
WEB sffilm.org

벚꽃 축제
Cherry Blossom Festival (2주간)

1968년부터 이어져 온 샌프란시스코
의 하나미 축제

WHERE 재팬타운
WEB nccbf.org

5월

베이 투 브레이커스
Bay to Breakers (셋째 일요일)

독특한 코스튬을 입고 달리는 100여
년 전통의 마라톤 대회

WHERE 엠바카데로~오션 해변
WEB capstoneraces.com/bay-to-
breakers

카니발 샌프란시스코
Carnaval San Francisco
(메모리얼 데이 주말)

이틀간 온 도시가 화려한 원색으로 물
드는 다문화 축제

WHERE 미션 디스트릭트
WEB carnavalsanfrancisco.org

6월

유니언 스트리트 축제
Union Street Festival

파머스 마켓과 공예품 장터가 열리는
거리 예술 축제

WHERE 유니언 스트리트
WEB unionstreetsf.com

재즈 축제
SF Jazz Festival

전 세계 재즈 거장들이 모이는 30년
전통의 음악 축제

WHERE SF 재즈 센터
WEB sfjazz.org

프라이드
Pride (마지막 주말)

LGBT 커뮤니티에서 주관하는 46년
전통의 퍼레이드

WHERE 마켓 스트리트
WEB sfpride.org

여름철

야외 영화 상영
Sundown Cinema

공원마다 돌아가며 개최하는 야외 상
영회

WHERE 주요 공원
WEB sanfranciscoparksalliance.org

골든게이트 파크 음악제
Golden Gate Park Bandshell

야외 음악당에서 열리는 무료 음악회

WHERE 골든게이트 파크
WEB sfrecpark.org

연중

오프 더 그리드
Off the Grid

점심 시간에는 다운타운, 특별한 날에
는 포트 메이슨에서 열리는 푸드트럭
이벤트

WHERE 포트 메이슨, 세일즈포스 파크
WEB fortmason.org/event

7월

독립기념일 불꽃놀이

[4일]

샌프란시스코에서 불꽃놀이를 보려면 피셔맨스 워프로!

WHERE 피어 39
WEB pier39.com

필모어 재즈 축제

Filmore Jazz Festival

도로 위에 무대를 설치하고 재즈를 만 끽하는 음악 축제

WHERE 필모어 스트리트
WEB fillmorejazzfest.com

9월

클래식 시즌 개막

Classical Concert Season

샌프란시스코 오페라 및 샌프란시스코 심포니 정기 시즌 시작

WHERE 시빅 센터
WEB sfopera.com/ sfsymphony.org

10월

함대 주간

Fleet Week

미국 해군이 1주일간 도시에 정박하며 각종 기념행사를 주최한다.

WHERE 해안 지역
WEB fleetweeksf.org

핼러윈

Halloween [10월 31일]

공식 퍼레이드는 없으나 거리 곳곳에서 파티가 열린다.

WHERE 카스트로
WEB sfhalloween.com

헤이트-애시베리 거리 축제

Haight Ashbury Street Fair

히피의 성지에서 열리는 자유분방한 축제

WHERE 헤이트-애시베리
WEB haightashburystreetfair.org

11월

크리스마스트리 점등식

San Francisco Tree Lighting

크리스마스 시즌의 시작을 알리는 라이트업 행사

WHERE 유니언 스퀘어
WEB visitunionsquaresf.com

12월

홀리데이 마켓

Holiday Markets

길거리에 아이스링크나 크리스마스 마켓이 설치되는 시기

WHERE 피어 39, 엠바카데로, 유니언 스퀘어

피셔맨스워프의 크리스마스 시즌 풍경

주요 미술관 & 박물관 휴관일 & 입장료

미술관 & 박물관	휴관일	입장료	WEB
드 영 박물관 152p	월요일	$20(첫째 화요일 무료), 9층 전망대 무료	deyoung.famsf.org
리전 오브 아너 149p	월요일	$20(첫째 화요일 무료) *당일 드 영 박물관 입장 가능	legionofhonor.famsf.org
캘리포니아 과학 아카데미 152p	무휴	$45.95(예약 권장)	calacademy.org
월트 디즈니 가족 박물관 147p	월, 화, 수	$25	waltdisney.org
앨커트래즈 아일랜드 160p	무휴	$45.25(크루즈 예약 필수)	alcatrazcruises.com
베이 아쿠아리움 158p	무휴	$35	aquariumofthebay.org
해양 국립역사공원 163p	무휴	해양박물관·뮤제 메카닉 무료 USS 팜파니토 잠수함 $30	nps.gov/safr
샌프란시스코 현대미술관 170p	수요일	$30	sfmoma.org
아시아 미술관 172p	화, 수	$20	asianart.org
익스플로라토리움 176p	월요일	$40(심야 티켓 별도)	exploratorium.edu
케이블카 박물관 138p	월요일	무료	cablecarmuseum.org

누가 찍어도 그림엽서!
샌프란시스코 포토존

샌프란시스코를 대표하는 단 한 장의 사진을 찍기 위해 어디까지 갈 수 있을까? 주변에 다른 관광지가 있는 것이 아닌데도, 다양한 미디어에 빠짐없이 등장하다 보니 최고의 관광명소가 된 포토 스폿을 모았다.

사랑스러운 페인티드 레이디스
알라모 스퀘어 Alamo Square

작은 동네 공원에 불과했던 이 광장이 포토 스폿으로 유명해진 까닭은 샌프란시스코 스카이라인을 배경 삼아 줄지어 선 알록달록한 파스텔톤의 주택 덕분이다. 1849~1915년 샌프란시스코에 지어졌던 빅토리아 및 에드워드 7세 양식의 주택 4만8000여 채는 1906년 대지진으로 인해 대부분 소실되었는데, 알라모 스퀘어 주변에만 보존 상태가 훌륭한 주택 일곱 채가 남았다. 이 중 3가지 이상의 색상으로 도색한 주택을 페인티드 레이디스(Painted Ladies)라는 애칭으로 부른다. 참고로 샌프란시스코의 주택들이 이처럼 벽을 맞댄 테라스하우스 형태로 지어진 이유는 지진 피해를 최소화하기 위해서라고. 동네 주민이 반려견과 함께 산책하는 공원인 동시에, 투어버스에서 방금 내린 관광객들이 연신 카메라 셔터를 눌러대는 포토존이다. **MAP 140p**

ADD 710-720 Steiner St
ACCESS 마켓 스트리트에서 뮤니 버스 5번을 타고 Mcallister St & Pierce St 하차 또는 투어버스 이용

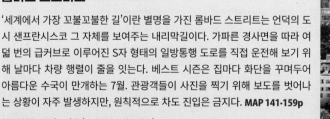

<인사이드 아웃>의 예쁜 언덕길

롬바드 스트리트 Lombard Street

'세계에서 가장 꼬불꼬불한 길'이란 별명을 가진 롬바드 스트리트는 언덕의 도시 샌프란시스코 그 자체를 보여주는 내리막길이다. 가파른 경사면을 따라 여덟 번의 급커브로 이루어진 S자 형태의 일방통행 도로를 직접 운전해 보기 위해 날마다 차량 행렬이 줄을 잇는다. 베스트 시즌은 집마다 화단을 꾸며두어 아름다운 수국이 만개하는 7월. 관광객들이 사진을 찍기 위해 보도를 벗어나는 상황이 자주 발생하지만, 원칙적으로 차도 진입은 금지다. **MAP 141·159p**

ADD 1070 Lombard St(Hyde & Lombard St)
ACCESS 피셔맨스 워프에서 케이블카 파월~하이드라인을 타고 언덕 위 Hyde St역 하차/차량은 서쪽(위) 언덕에서 진입해 동쪽(아래)으로 내려가야 한다.

순간에서 영원으로

팰리스 오브
파인 아트 시어터

Palace of Fine Arts Theatre

원래는 1915년 파나마-퍼시픽 박람회를 위해 지어진 가건물의 일부였으나, 파리 보자르
양식으로 설계된 웅장한 돔이 인기를 얻으며 철거 계획을 철회하고 1974년 전면 재건축
했다. 앨프레드 히치콕의 <현기증>, 마이클 베이의 <더 록> 등 샌프란시스코를 배경으로
한 영화에 등장해 더욱 유명해졌다. 로툰다와 연못의 조화가 아름다워 웨딩 촬영 장소로
도 인기지만, 촬영만을 목적으로 남겨진 장소라서 실제로 보면 다소 썰렁하게 느껴질 수
있다. 건물 뒤쪽 극장에서는 각종 공연이 열린다. **MAP 140·142p**

ADD 3301 Lyon St
OPEN 06:00~21:00
WEB palaceoffinearts.org
ACCESS 피셔맨스 워프에서 뮤니 버스 28번을 타고 Richardson Ave & Francisco St 하차 또는 프리시
디오 비지터 센터에서 도보 20분

샌프란시스코 최고의 전망 포인트
트윈피크스 Twin Peaks

해발 280m에 자리 잡은 언덕 위 전망대다. 구불거리는 자동차 도로를 따라 크리스마스트리 포인트에 오르면 오른쪽으로는 다운타운이, 왼쪽으로는 태평양 전망이 펼쳐진다. 뮤니 버스가 언덕 아래에 정차하지만, 최소 15~20분 걸어 올라가야 한다. 산간지대이므로 밤에는 방문을 삼가자. **MAP 119p**

ADD 100 Christmas Tree Point Rd
WEB sfrecpark.org/destination/twin-peaks
ACCESS 정상에 무료 주차장 있음/뮤니 버스 37번 이용

금문교 대표 포토 스폿
배터리 스펜서 Battery Spencer

골든게이트브리지 주변의 수많은 포토 포인트 중 교각 너머로 샌프란시스코가 겹쳐 보이는 풍경이 특히 유명하다. 국립 휴양지의 산간 도로를 타고 들어가야 해서 대중교통으로는 방문이 어렵고, 택시나 우버를 이용하기에도 다소 까다로운 위치인데도 수많은 사람이 찾아와 인증샷을 남긴다. **MAP 142p**

ADD Conzelman Rd, Sausalito, CA 94965
ACCESS 다리 북단의 비스타 포인트에서 도보 15분

150년 역사의 대중교통
샌프란시스코 케이블카

1873년 첫 운행을 시작한 케이블카는 가파른 언덕이 많은 지형에서도 안정적으로 운행하는 샌프란시스코 특유의 교통수단이다. 1906년 이전까지는 노선이 많았으나 현재는 도심 남북을 관통하는 파월~하이드라인, 파월~메이슨라인, 캘리포니아 스트리트를 동서로 횡단하는 캘리포니아라인 3개 노선이 관광용으로 운행 중이다. 가장 인기가 많은 노선은 피셔맨스 워프에서 롬바드 스트리트 위쪽을 지나가는 파월~하이드라인. 종점에서 탈 때는 줄을 섰다가 차례로 타면 되는데, 중간에 탑승하거나 사람이 많을 때는 아슬아슬하게 매달려 가야 하는 경우도 생긴다. 승차권은 뮤니모바일 앱 또는 클리퍼 카드를 이용하거나, 탑승 후 승무원에게 현금으로 구매할 수 있다.

+MORE+

케이블카의 모든 것
케이블카 박물관
Cable Car Museum

샌프란시스코 케이블카의 역사와 작동원리를 한눈에 보여주는 박물관이다. 1974년 설립되어 현재도 케이블카 차고로 사용되며, 도심에 있는 모든 케이블카의 동력을 공급하는 파워하우스(Power House)를 겸한다. 거대한 휠이 굉음을 내뿜으며 쉴 새 없이 회전하면서 케이블카를 끌어당기는 방식이다. 실제로 케이블카가 지나갈 때 궤도를 자세히 보면 노면의 홈을 따라 케이블이 움직이는 모습을 볼 수 있다. **MAP 141·169p**

ADD 1201 Mason St(Powell St & Washington St)
OPEN 10:00~16:00(금~일요일 ~17:00)/월요일 휴무
PRICE 무료
WEB cablecarmuseum.org
ACCESS 케이블카 코너에서 도보 5분

케이블카 박물관

끊임없이 돌아가는 케이블

초창기 케이블카

◎ 찰칵! 여기가 바로 케이블카 포토 스폿

파월 & 마켓 케이블카 턴테이블

각 노선의 종점에는 운전사(그립맨)가 수동으로 케이블카의 방향을 전환하는 케이블카 턴테이블(Turntable, Turnaround라고도 함)이 있다. 그중 유니언 스퀘어 근처 파월 스트리트와 마켓 스트리트가 만나는 지점은 2개 노선의 회차 지점이라 그 모습을 더 자주 볼 수 있다.

앨커트래즈 뷰

롬바드 스트리트 위쪽의 하이드 & 체스트넛(Hyde St & Chestnut St) 사거리. 케이블카와 함께 바다 위 앨커트래즈 아일랜드와 샌프란시스코 주택가 풍경까지 담을 수 있다.

베이브리지 뷰

노브 힐의 파월 & 캘리포니아(Powell & California St) 사거리. 골목 사이로 보이는 베이브리지와 케이블카가 한 컷에 담기는 장소다.

케이블카 코너

2개 노선이 교차하는 파월 & 워싱턴(Powell & Washington St) 사거리. 서로 다른 방향에서 달려오는 케이블카가 자주 지나가 사진 찍을 기회도 많다.

샌프란시스코 도심 지도

★ 골든게이트브리지

샌프란시스코
해양 국립역사공원 ☆

오프 더 그리드 ● ☆ 포트 메이슨 센터

기라델리 스퀘어 ☆

● 프리시디오 터널 톱스

월트 디즈니
가족 박물관

메인 포스트

팰리스 오브
파인 아트 시어터

프리시디오 ★

체스넛 스트리트

피셔맨스 워프 159p

다운타운과 시빅 센터 169p

☆ 필모어 스트리트

필모어 극장 ●

세인트 메리 대성당
The Cathedral of Saint Mary
of the Assumption ⊗

University of San Francisco

University of San Francisco

알라모 스퀘어 ★ 페인티드
레이디스

☆ 골든게이트 파크

헤이트-애시베리

Laguna & Guerrero ⊗ 스트리트

미션 돌로레─

피셔맨스 워프
피어 41
피어 39
앨커트래즈 아일랜드
제퍼슨 스트리트
Taylor 스트리트카 F라인
Powell
파월/하이드 턴테이블
피어 33 (앨커트래즈 공식 크루즈)

노스비치, 차이나타운, 노브 힐 182p

파월/메이슨 턴테이블

엘바카데로

앨커트래즈 뷰
코이트 타워
피어 17
익스플로라토리움
피어 15

롬바드 스트리트
세인트피터 앰플 성당
필버트 계단
텔레그래프 힐
러시안 힐
워싱턴 스퀘어
노스 비치

시티 라이츠 서점
트랜스아메리카 피라미드
페리 터미널

페리 빌딩
The Embarcadero & Ferry Building

케이블카 박물관
Chinatown-Rose Pak
케이블카 코너
차이나 타운

그레이스 대성당
베이 브리지 뷰
드래곤 게이트
베이브리지

노브 힐
1st & Battery
세일즈포스 트랜짓 센터

다운타운
세일즈포스 파크
링컨 힐

유니언 스퀘어
3rd & Kearny
샌프란시스코 현대미술관
Union Square/ Market St
4th & Stockton
소마
파월/마켓 턴테이블
예르바부에나 가든
Powell Street

6th & Taylor
Yerba Buena/ Moscone

7th & Jones
Civic Center
샌프란시스코 시청
King St & 2nd St
오라클 파크
8th & Hyde
9th & Larkin
칼트레인
San Francisco Station
4th & King St
시빅 센터
South Van Ness Ave
S Van Ness Ave

0   200m

태평양과 맞닿은 도심공원
골든게이트브리지와 서쪽 해안
Golden Gate Bridge and the Pacific Ocean

골든게이트브리지를 보기 위해 방문하는 프리시디오와 북서쪽 연안의 랜즈 엔드 일대, 골든게이트 파크는 복잡한 대도시를 찾은 이들이 재충전하기 좋은 힐링 명소다. 도심에서는 5km가량 떨어져 있고, 대중교통으로 여행하기 어려운 장소가 많아서 차가 없다면 투어버스를 활용해보자. 낮에는 안전한 편이나, 저녁이 되면 치안에 유의해야 한다.

0 ─── 500m

포트 베이커
101
배터리 스펜서
☆ 골든게이트브리지

골든게이트 해협

ℹ️ 웰컴 센터
크리시 필드
프리시디오 터널 톱스
101
월트 디즈니 가족 박물관
메인 포스트
팰리스 오브 파인아트 시어터
☆ 프리시디오
우드라인
🌳 루카스필름 101
🌳 필모어 스트리트
베이커 해변

리전 오브 아너
☆ 랜즈 엔드   리치몬드

☆ 오션 해변

☆ 골든게이트 파크
캘리포니아 과학 아카데미
☆ 헤이트─애시베리

1 샌프란시스코의 상징, 금문교
골든게이트브리지
Golden Gate Bridge

샌프란시스코와 북쪽의 마린 카운티를 연결하는 골든게이트브리지는 전장 2737m, 교각 최고 높이가 수면으로부터 227m에 달하는 대형 현수교다. '인터내셔널 오렌지'라 불리는 다리의 붉은색은 해무가 수시로 발생하는 해안지대에서 가시성을 높이기 위해 해난 구조에 주로 사용하는 색상을 선택한 것이라고. 골든게이트 해협의 해류가 거세고 수심이 깊어 건축 당시 '건설이 불가능한 다리'라는 별명이 붙기도 했지만, 설계자 조셉 스트라우스의 획기적인 아이디어로 4년여의 공사 기간을 거쳐 1937년 완공됐다. 다리 남쪽 웰컴 센터가 대중교통의 접근성이 가장 좋은 지점이며, 정식 주차장과 전망 카페를 갖췄다. 센터 앞 광장에서 스트라우스의 동상과 함께 현수교를 지지하는 거대한 케이블의 단면을 볼 수 있다. **MAP 142p**

ADD Golden Gate Bridge Welcome Center
OPEN 웰컴 센터 09:00~18:00, 라운드하우스 카페 08:30~16:00
WEB goldengatebridge.org/visitors
ACCESS 뮤니 버스 28번·골든게이트랜싯(GGT) 버스 Southbound Toll Plaza 하차
PARKING 시간당 $5, 최대 3시간/주차장(GGB South Parking Zone) 이용 전 모바일 앱 (Parkmobile)으로 운영 정보 확인 필수

기념 스탬프도 잊지말고 꾹~!

라운드하우스 카페

+ MORE +

골든게이트브리지, 어떻게 건널까?

다리 남단 웰컴 센터에서 북단 비스타 포인트까지는 3km 거리로, 보행자 도로와 자전거 도로를 구분해뒀다. 다리 위는 바람이 강하고 한여름에도 꽤 쌀쌀하므로 따뜻한 옷차림이 필수다.

■ 자전거

피셔맨스 워프에서 다리 아래쪽 포트 포인트까지 다녀오는 코스(왕복 14km)가 무난하다. 평탄한 해안 도로를 따라 2시간 정도 소요된다. 다리를 건너 소살리토까지 가는 방법은 197p 참고.

■ 자동차

샌프란시스코에서 북쪽 외곽으로 나갈 때는 무료지만, 도시로 진입할 때는 통행료($9.25)를 내야 한다. 무인 톨게이트라서 자동요금단말기(FasTrak)로 요금을 징수하는데, 단말기가 부착돼 있지 않으면 추가 비용을 청구한다. 렌터카 업체에 비용 처리 방법을 문의하도록 하자.

여기가 바로 명당!
골든게이트브리지 포토 스폿 BEST 7

다리 주변의 포토 스폿은 골든게이트 국립 휴양지로 지정된 자연보호구역이라서 웰컴 센터를 제외하면
도보나 대중교통으로는 방문하기 어렵다. 주차 공간은 다리 남쪽과 북쪽 주변에서 찾을 수 있다.
차량 도난 사고가 빈번한 지역이니 주차 시 각별한 주의가 필요하다.

 Point 1 ## 웰컴 센터
Golden Gate Bridge Welcome Center

다리를 걸어서 건너려면 다리 남단의 웰컴 센터에서 출
발! 남쪽을 비스타 포인트 사우스(Vista Point South)라고
한다.

ACCESS Golden Gate Bridge Welcome Center 또는
southbound Toll Plaza 검색

 Point 2 ## 포트 포인트
Fort Point National Historic Site

해안 일대를 방어하던 19세기 벽돌 건물로, 교각이 올
려다보인다.

ACCESS 웰컴 센터에서 계단으로 도보 15분/크리시 필드에서 도
보 10분

북쪽 비스타 포인트
Vista Point North

Point 3

다리 북단에서 교량이 정면으로 보이는 위치. '외로운
선원의 동상' 주변 주차장에 소살리토행 버스와 투어버
스가 정차한다. 우버·리프트를 호출하기 적당한 곳이다.

ACCESS | H. Dana Bowers Memorial Vista Point 또는 North
Side Vista Point in Sausalito 검색

Point 4 배터리 스펜서
Battery Spencer

교각 너머로 샌프란시스코의 빌딩이 겹쳐 보이는 대표 포토 스폿. 방문자가 매우 많은 곳으로, 포토존과 언덕 주변을 걸어보는 것도 좋다. 주말 및 성수기에는 콘즐먼로드(Conzelman Rd) 전체를 일방통행 주차 공간으로 개방한다.

ACCESS 비스타 포인트에서 도보 15분

Point 5

골든게이트 오버룩
Golden Gate Overlook

비스타 포인트 정반대 지점, 나무 사이로 보이는 다리가 멋진 SNS 핫 스폿이다.

ACCESS Langdon Court Parking에 주차 후 바로 앞

Point 6 베이커 해변
Baker Beach

건너편 마린 카운티의 절벽과 골든게이트브리지를 같이 담을 만한 사진 포인트가 많은 해안지대다.

ACCESS Baker Beach 검색 후 Battery Chamberlin Rd 주차장 이용

Point 7 유람선
Golden Gate Cruise

피어 39 앞에서 출발하는 유람선을 타면 다리와 골든게이트브리지 해협 전체 풍경을 감상할 수 있다. 129p

프리시디오 터널 톱스

② 울창한 숲과 아름다운 경관
프리시디오 Presidio

프리시디오는 스페인어로 요새를 뜻한다. 1776년 스페인 군대가 점령한 이래 218년간 군사기지로 쓰이던 곳을 1994년부터 공원화하여 일반에 개방했다. 샌프란시스코 북서쪽 해안지대 전체를 차지할 정도로 넓은 6km² 면적의 공원은 울창한 숲과 해변으로 이루어져 전체를 다 보기는 어렵다. 전망 좋은 해변공원 크리시 필드 또는 샌프란시스코베이가 내려다보이는 메인 퍼레이드 론(Main Parade Lawn)을 방문해보자. 인증샷 명소 팰리스 오브 파인 아트 시어터(136p)는 공원 중심부에서 1.5km 거리에 있다. **MAP 142p**

WEB presidio.gov
ACCESS 뮤니 버스 43번 Presidio Transit Center 하차/다운타운에서 PresidiGo 이용

+ MORE +

무료 셔틀버스 프리시디고 PresidiGo

프리시디오를 구경할 때는 셔틀버스를 이용해도 좋다. 트랜짓 센터를 기점으로 다운타운을 왕복하는 노선(Downtown Route)과 프리시디오 내부를 순환한 다음 베이커 해변까지 가는 사우스 힐 노선(South Hills Route) 2개를 운행한다. 기본적으로 무료지만, 다운타운 노선의 경우 평일 출퇴근 시간에는 거주민만 이용 가능하니 홈페이지(presidio.gov/transportation/presidigo)에서 시간표를 꼭 확인하자.

(Spot 1) 크리시 필드 Crissy Field

프리시디오 북쪽의 해변공원으로, 피셔맨스 워프에서 자전거를 타고 골든게이트브리지 방향으로 가다보면 나온다. 활주로로 쓰이던 넓은 잔디밭과 모래사장에 야외 바비큐 시설이 있어서 주말에는 놀러 나온 시민으로 가득하다. 최고의 전망 포인트를 찾으려면 'Torpedo Wharf'를 목적지로 설정하자. 여기서 골든게이트브리지를 바라보며 걷다 보면 교각 아래 포트 포인트 요새가 나오고, 웰컴 센터와 연결된 언덕길도 찾을 수 있다.

ACCESS 웰컴 센터까지 도보 20분

Spot 2 메인 포스트 Main Post

군사기지였던 시절 '프리시디오의 심장'이라 불리던 곳. 수백 채에 달하는 병영 막사는 관광객을 위한 비지터 센터를 비롯해 박물관과 레스토랑, 숙박업소까지, 다양한 시설로 활용되고 있다. 붉은색 벽돌 건물이 에워싼 중앙의 연병장(메인 퍼레이드 론)은 골든게이트브리지가 보이는 전망 스폿이자 최적의 피크닉 장소로, 날씨 좋은 날에는 푸드트럭이 줄지어 늘어선다. 2022년 광활한 해안 습지를 공원화하는 프리시디오 터널 톱스(Presidio Tunnel Tops) 프로젝트가 완성되면서 단절돼 있던 메인 포스트와 크리시 필드가 산책로를 통해 연결됐다.

ADD 210 Lincoln Blvd(비지터 센터) **OPEN** 10:00~17:00

Spot 3 월트 디즈니 가족 박물관
The Walt Disney Family Museum

월트 디즈니의 생애와 업적에 초점을 맞춘 박물관. 꿈 많은 청년에서 세계적인 애니메이션 회사의 창립자로 성공하기까지의 도전과 극복 스토리를 볼 수 있다. 딸 다이앤 디즈니 밀러가 디즈니사의 지원 없이 개인적으로 운영해 규모는 크지 않지만, 전시 품목은 상당히 알차다. 미키 마우스의 초기 캐리커처 등 개인 소장품과 아카데미 트로피, 디즈니랜드 미니어처 등을 구경할 기회다. 메인 포스트 바로 앞 막사 건물에 있다.

ADD 104 Montgomery St
OPEN 목~일요일 10:00~17:30
PRICE $25(대학생 $20, 6~17세 $15)
WEB waltdisney.org

루카스필름 Lucasfilm Spot 4

메인 포스트에서 도보 15분 거리인 레터맨 디지털 아트 센터에는 영화 <스타워즈>의 제작사 루카스필름의 본사가 있다. 일반인은 요다 동상이 세워진 분수(Yoda Fountain)와 여러 캐릭터가 전시된 본관 로비까지만 들어갈 수 있다.

ADD 1 Letterman Dr Building B
OPEN 07:00~19:00/주말 휴무
WEB lucasfilm.com

Spot 5 우드라인 Woodline

영국 출신의 조각가이자 환경운동가 앤디 골드워시가 설치한 자연 소재의 예술작품. 울창한 나무 터널에 굵은 나무줄기를 지그재그 형태로 연결해 360m의 우드라인을 만들었다. 고요하고 매혹적인 분위기를 연출하는 산책로로 기념 촬영하기 좋다.

ADD Presidio Blvd
WEB presidio.gov/places/andy-goldsworthyswood-line

3 스펙터클한 해안절벽
랜즈 엔드 Lands End

샌프란시스코 반도 북서쪽 코너의 랜즈 엔드에서는 도심 가까운 곳이라고 느껴지지 않을 정도로 거친 자연경관을 마주하게 된다. 메인 비지터 센터는 태평양을 내려다보는 위치에 지어져 석양을 감상하러 찾아오는 사람이 많다. 서쪽의 클리프 하우스에서부터 해협 안쪽까지 2km 가량 이어지는 해안 절벽 트레일은 골든게이트브리지 전망 포인트로 유명하다. 랜즈 엔드 룩아웃까지 다녀오려면 왕복 2시간 정도 걸린다.
MAP 142p

ADD Lands End Lookout Visitor Center, 680 Point Lobos Ave
OPEN 비지터 센터 09:00~17:00, 주차장 07:00~01:00
WEB nps.gov/goga
ACCESS 다운타운에서 12km(자동차 30분) / 뮤니 버스 38번 Point Lobos & 48th Ave 하차 후 도보 5분

Spot 1 클리프 하우스
Cliff House

"도시 생활에 지쳤을 때 찾아갈 만한 곳"이라며 마크 트웨인도 극찬했던 원조 핫플레이스. 1863년 지어져 역대 대통령들이 다녀갔을 정도로 인기를 끌었던 첫 건물이 화재로 전소된 이후, 1896년 미국의 대부호이자 샌프란시스코의 24대 시장이었던 아돌프 수트로가 8층 높이의 성을 건축했으나, 1907년에 두 번째 화마를 입었다. 현재의 건물은 아돌프 수트로의 딸이 1909년에 복구한 것으로, 1977년에 골든게이트 국립 휴양지(Golden Gate National Recreation Area)로 편입됐고, 지금은 건물만 남아 있다. 오션 해변까지 걸어 내려갈 수 있는 위치이며 주차장도 있으나, 요즘에는 치안에 각별히 주의해야 한다.

ADD 1090 Point Lobos Ave

Spot 2 수트로 배스 Sutro Baths

아돌프 수트로가 클리프 하우스와 함께 암벽 위에 건설한 천연 실내 수영장. 수영장 외에도 스케이트장, 박물관까지 갖춘 초대형 복합시설로, 당시 1만 명까지 수용하는 규모였다고 한다. 제2차 세계대전을 거치며 폐장했고, 1966년 화재로 전소돼 현재는 그 흔적만 쓸쓸히 남았다. 아래로 내려가 보는 사람들도 있으나, 비지터 센터 앞에서 가볍게 훑어보는 것만으로도 충분하다. 수트로 배스 앞바다의 작은 바위섬은 물개가 서식하는 실록(Seal Rock)이다.

ADD 1004 Point Lobos Ave

Spot 3 배터리 로보스 Battery Lobos

제2차 세계대전 당시 지어진 요새의 터만 남은 전망 포인트. 수백 마리의 바다사자가 울부짖는 소리가 들려온다고 해서 로보스 마리노스(스페인어로 바다사자)라는 이름이 붙었다. 바다사자들은 현재 Pier 39로 이주했다. USS SF 메모리얼 앞에 주차하면 바로 가볼 수 있다.

ADD 2404 El Camino Del Mar

+MORE+

리전 오브 아너 Legion of Honor

제1차 세계대전 전사자를 추모하기 위해 건축한 미술관. 골든게이트 해협이 내려다보이는 언덕 위에 세워진 네오클래식 양식의 건물이 인상적이다. 입구에 설치된 로댕의 '생각하는 사람'을 비롯해 고대 및 유럽 미술 작품 12만4000점을 소장하고 있다. 같은 날 이용 시 리전 오브 아너의 입장권으로 드 영 박물관도 입장할 수 있다.

ADD 100 34th Ave, Lincoln Park
OPEN 09:30~17:15/월요일 휴무
PRICE $20(매월 첫째 화요일 무료)
WEB legionofhonor.famsf.org
ACCESS 뮤니 버스 18번 Legion of Honor 하차

Spot 4 랜즈 엔드 룩아웃 Lands End Lookout

발밑 낭떠러지에 골든게이트 해협의 거친 파도가 몰아치고, 멀리 골든게이트브리지가 보이는 전망 포인트. 샌프란시스코 출신 예술가 에두아르도 이길레라가 조약돌로 만든 작품 '랜즈 엔드 미로(Lands End Labyrinth)'를 설치하면서 인증샷 명소가 됐다. 비지터 센터에서 사이프러스 숲길을 따라 2km가량 걸어야 하지만, 길이 평탄하고 경치가 매우 좋아 대표적인 하이킹 트레일로 인기가 높다. 단, 인적 드문 곳노 낳아 혼사라면 추천하지 않는다.

골든게이트브리지 →

랜즈 엔드 미로 ④

Land's End Trail

Coastal Trail

리전 오브 아너 ● 🅿 🛈
Legion of Honor

③ USS SF 메모리얼
🅿

② 비지터 센터 🛈 🅿
Point Lobos Ave   Point Lobos Ave
Point Lobos & 48th Ave

① 골든게이트 파크
↓

실록(물개바위) ●
오션 해변

149

④ 광활한 해변을 만나다
오션 해변 Ocean Beach

태평양 연안을 따라 길게 뻗은 광활한 해변. 랜즈 엔드의 클리프 하우스에서
부터 골든게이트 파크를 지나 남쪽까지 길이가 3.5마일(약 5.2km)에 달한다.
수온이 낮고 조류가 강해 해수욕은 불가능하고, 거센 파도를 즐기려는 프로
급 서퍼들이 찾는 서핑 명소로 알려져 있다. 바다와 대기의 온도 차가 큰 봄과
여름에는 지역 전체에 짙은 해무가 발생하면서 한 치 앞도 안 보이는 날도 많
으니 참고하자. 한여름을 제외하고 언제나 한적한 편이며, 공원에서 해변까
지 조깅하거나 노을을 즐기러 찾아오는 현지인이 대부분이다. **MAP 149p**

WEB parksconservancy.org/parks/
ocean-beach
ACCESS 랜즈 엔드 클리프 하우스에서 도
보 10분

⑤ 세계에서 가장 큰 인공 공원
골든게이트 파크
Golden Gate Park

원래 황무지였던 곳에 5000종이 넘는 식물을 옮겨 심어 조성한, 세계에서 가장 큰 인공 공원이다. 헤이트-애시베리와 연결된 동쪽 입구에서부터 오션 해변과 맞닿은 서쪽 입구까지의 거리가 5km에 달한다. 식물원, 박물관, 미술관 등의 문화시설과 야구장, 테니스 코트 등 운동시설이 많아 샌프란시스코 시민의 휴식처로 사랑받는 곳. 주요 볼거리는 동쪽 입구에서 JFK 드라이브를 따라 들어가면 보이며, 자전거를 타고 둘러봐도 좋다. 캘리포니아 과학 아카데미 앞 음악 광장(Music Concourse) 쪽에서부터 세그웨이를 타고 약 2시간 30분 동안 공원 전체를 안내해주는 투어도 있다. **MAP 142p**

OPEN 24시간
WEB sfrecpark.org
ACCESS 뮤니 메트로 N라인 Irving St & 9th Ave역에서 도보 10분/뮤니 버스 44번 캘리포니아 과학 아카데미(Concourse Dr/Academy of Sciences, 공원 내부) 하차

세그웨이 투어
WEB segwaysfbay.com

Spot 1 드 영 박물관
De Young Museum

프리츠커 건축상을 받은 스위스 건축팀 헤르조그 & 드뫼롱(Herzog & de Meuron)이 설계한 박물관. 시간이 흐를수록 건물 외관이 바닷바람에 산화되며 고풍스러운 빛깔로 변해가도록 구리, 석재, 목재를 이용해 건축했다. 아메리카 원주민의 공예품과 현대미술작품까지 17~21세기를 아우르는 미국의 미술작품과 유럽 회화, 사진, 조각 등 2만7000점에 달하는 방대한 컬렉션을 자랑한다. 대표작으로 조지 칼렙 빙엄의 '미주리강의 보트맨' 등이 있으며, 제임스 터렐, 앤디 골드워시, 키키 스미스 같은 아티스트의 공간 설치미술품을 감상할 수 있다. 같은 날 이용 시 드 영 박물관의 입장권으로 랜즈 엔드의 리전 오브 아너도 이용할 수 있다.

ADD 50 Hagiwara Tea Garden Dr **OPEN** 09:30~17:15/월요일 휴무
PRICE $20(매월 첫째 화요일 무료) **WEB** deyoung.famsf.org

Spot 2 캘리포니아 과학 아카데미
California Academy of Sciences

1853년에 건립된 미국 서부 최초의 과학기관이자 세계 최대 규모의 자연사 박물관. 우주, 대양, 육지를 테마로 플라네타륨, 아쿠아리움, 열대우림 식물원, 자연사 박물관을 한 곳에 총망라했다. 두 차례의 지진으로 파괴된 건물은 이탈리아 건축가 렌조 피아노가 설계해 2008년 재건한 것이다. 건축이 환경에 끼치는 영향을 최소화하기 위해 청바지를 재활용한 단열재, 자연 환기 시스템, 태양광 발전기 같은 기술을 동원했으며, 샌프란시스코의 언덕을 모티브로 삼은 생태 지붕(Living Roof)도 인상적이다.

레인포레스트(온실 식물원)

ADD 55 Music Concourse Dr
OPEN 09:30~17:00(일요일 11:00~)
PRICE $45.95(방문 3일 전까지 온라인 예매 시 할인)
WEB calacademy.org

아쿠아리움(수족관)

플라네타륨(천체관)

+MORE+
놓치지 말아야 할 무료 전망대

드 영 박물관과 연결된 높은 건물에는 하몬 전망 타워(Hamon Observation Tower)가 있다. 박물관 입구로 들어가 엘리베이터를 타고 9층으로 올라가면 층 전체를 통유리창으로 꾸민 조망 공간이 나온다. 골든게이트 파크 전경과 함께 샌프란시스코의 주택가와 멀리 해안가까지 내려다보이는 멋진 뷰다. 박물관 입장권이 없어도 박물관 폐관 1시간 전까지 누구나 입장할 수 있다.

Spot 3 온실 화원
Conservatory of Flowers

1879년 건축된 빅토리아 스타일의 온실 식물원. 1906년의 대지진에도 끄떡없이 살아남았다. 온실 내부는 열대식물 갤러리와 수중식물 갤러리 등 이국적인 식물 전시장으로 사용되고 있다. 밖에서 보면 하얗게 반짝이는 유리 돔이 잘 가꾸어진 정원과 잘 어울러진다.

ADD 100 John F Kennedy Dr
OPEN 10:00~16:30/수요일 휴무
PRICE $17
WEB conservatoryofflowers.org

CA

샌프란시스코

Spot 4 네덜란드 풍차
Dutch Windmill

골든게이트 파크 서쪽의 오션 해변에서도 보이는 대형 네덜란드 풍차. 매년 2~3월이 되면 풍차 주변에 수천 송이의 튤립이 만개한다.

ADD 1691 John F Kennedy Dr

+ M O R E +

SNS를 달군 오션뷰 모자이크 타일 장식 계단,
16th Avenue Tiled Steps

지역 주민들과 예술가들의 협업으로 만들어진 멋진 계단이다. 163개의 가파른 계단을 걸어 올라가다가 뒤돌아보면 일직선으로 길게 뻗은 모라가 스트리트(Moraga St) 끝에 바다가 넘실대는 환상적인 경관을 보게 된다. 관광지와는 거리가 먼 동네인데도 SNS를 통해 알려지며 찾아오는 사람이 많아졌다. 방문을 원한다면 낮에만 가도록 하자.

ADD Mosaic Stairway, 16th Ave
WEB 16thavenuetiledsteps.com
ACCESS 뮤니 버스 66번 16th Ave & Moraga St 하차

6 자유와 사랑의 거리
헤이트-애시베리 Haight-Ashbury

샌프란시스코 로컬의 일상이 여행자에게는 일탈이 되는 곳. 눈으로 보는 모든 것이 신선한 충격으로 다가오는 히피 문화의 성지다. 원색으로 칠한 낡은 건물과 사람들의 독특한 옷차림까지, 1970년대로 타임슬립 한 느낌이다. 세계에서 가장 많은 음반을 보유한 레코드 매장을 포함하여 유니크한 아이템을 찾고 싶은 사람에게는 보물창고와 같은 동네다. 2층 버스 투어를 하면 골든게이트 파크에 진입하기 전 헤이트 스트리트를 관통해서 지나간다. **MAP 142p**

ADD Haight St & Ashbury St(대표 주소)
ACCESS 뮤니 버스 7·37번 이용

Spot 1 헤이트 거리의 아이콘
피드몬트 부티크
Piedmont Boutique

화려한 의상과 가발, 소품을 파는 코스튬 매장. 커다란 마네킹 다리가 2층 창밖으로 툭 튀어나와 멀리서도 알아볼 수 있다. 헤이트 스트리트와 애시베리 스트리트가 교차하는 지점에서 가깝다.

ADD 1452 Haight St   **OPEN** 11:00~19:00(화요일 휴무)
WEB piedmontboutique.com

Spot 2 록의 성지를 찾아서
뮤지션의 집 Musician's Houses

미국 록의 전설 지미 헨드릭스와 재니스 조플린, 제리 가르시아 3명 모두 헤이트-애시베리에서 불꽃 같은 삶을 살았다. 거리 곳곳에 그들을 그린 그라피티가 눈에 띄는 것도 이 때문. 내부에 들어가 볼 수는 없지만, 건물 자체는 유명하다.

지미 헨드릭스의 집
Jimi Hendrix Red House
ADD 1524 Haight St

재니스 조플린의 집
Janis Joplin House
ADD 635 Ashbury St

제리 가르시아의 집
Grateful Dead House
ADD 710 Ashbury St

지미 헨드릭스의 집

 희귀 음반의 보고

아메바 뮤직
Amoeba Music

아마존 쇼핑몰에서도 찾기 어려운 희귀 음반, CD, 카세트테이프, 포스터, 삽화 등을 판매하는 대형 인디 음악 체인점. 1990년 버클리 텔레그래프 애비뉴에 1호점을 오픈한 후, 1997년 이곳에 문을 열었다.

ADD 1855 Haight St **OPEN** 11:00~19:00
WEB amoeba.com

 예쁜 소품을 찾고 있다면

샌프란시스코 머컨타일 San
Francisco Mercantile

캘리포니아 로컬 아티스트들의 상품을 모아 판매하는 매장. 샌프란시스코의 상징성이 담긴 각종 기념품은 물론이고 수공예품까지 취급해 구경하는 재미가 있다.

ADD 1698 Haight St **OPEN** 11:00~19:00
WEB shopsfmercantile.com

 수제 맥주와 버거

매그놀리아 브루잉
Magnolia Brewing

지하의 브루어리에서 직접 수제 맥주를 만들고, 맛있는 버거와 샌드위치 등을 파는 가스트로펍. 헤이트 스트리트의 핫플로 자리 잡았다. 수제 맥주를 캔맥주로 만들어 판매하기도 한다.

ADD 1398 Haight St **OPEN** 11:30~21:00
WEB magnoliapub.com

 편안한 브런치 가게

1428 헤이트 파티오 카페
1428 Haight Patio Cafe

오랫동안 로컬들의 사랑을 받아 온 브런치 가게. 크레이프가 대표 메뉴고, 갓 짠 오렌지수스를 맛볼 수 있다. 헤이트 스트리트에서 2대째 가게를 운영 중인 주인의 환대와 편안한 분위기도 장점.

ADD 1428 Haight St **OPEN** 09:00~21:00
WEB 1428haight.com

: WRITER'S PICK :
머리에 꽃을 꽂고 사랑을 노래하라!
샌프란시스코의 '사랑의 여름'

1960년대 후반의 샌프란시스코는 반전, 평화, 사랑과 자유를 추구하는 플라워 무브먼트(Flower Movoment), 즉, 히피 문화의 중심에 있었다. 특히 "If you're going to San Francisco, be sure to wear some flowers in your hair~ ♪ (샌프란시스코에 긴다면 꼭 머리에 꽃을 꽂아요)"라는 노랫말로 시작되는 스콧 매켄지의 '샌프란시스코'는 1967년 발표하자마자 최고의 히트를 기록하면서 그해 여름 미국 전역에서 10만 명의 젊은이가 샌프란시스코의 헤이트-애시베리에 집결하는 데 일조했다. 길거리에서 공동체 생활을 시작한 이들은 음악과 약에 취해 여름을 보내다가 가을이 되자 자연스럽게 해산했지만, '사랑의 여름(Summer of Love)'이라 불리는 이 사건을 계기로 헤이트-애시베리는 히피의 영원한 성지가 됐다. 매년 10월에 당시 분위기를 재현하는 길거리 음악 축제가 열린다.

7 재즈 페스티벌의 거리
필모어 스트리트
Fillmore Street

관광객보다 로컬들이 더 많은 곳. 재즈 공연장 필모어(The Fillmore)를 중심으로 길게 뻗은 거리 전체에 쇼핑가가 형성 돼 있다. 캘리포니아 스트리트와의 교차점에는 소규모 상점과 인기 레스토랑이 공존하고, '샌프란시스코의 가로수길'이라고 부를만한 체스트넛 스트리트 쪽으로 갈수록 세련된 부티크가 많아진다. 전체를 다 걷기보다는 필모어의 중심 구역을 구경한 다음 거리를 관통하는 버스를 이용해 북쪽으로 이동하는 코스를 추천. **MAP 142p**

ADD Fillmore St & California St
ACCESS 뮤니 버스 22번 이용

거리를 걷다 보면 누구나 재즈의 리듬에 저절로 몸을 들썩이게 된다.

Spot 1 구경하는 재미가 있는 독립서점
브라우저 북스 Browser Books

필모어 스트리트의 임대료 폭등에도 43년간 꿋꿋하게 자리를 지켜온 사거리 코너의 작은 서점. 2019년에 베이 지역을 기반으로 활동하던 또 다른 독립서점 그린애플이 인수한 후에도 이름을 그대로 유지할 만큼 로컬들의 지지를 받고 있다.

ADD 2195 Fillmore St **OPEN** 10:00~20:00
WEB greenapplebooks.com

Spot 2 위스키 마니아라면 꼭!
D & M 와인앤리커
D & M Wine And Liquor Co.

1935년부터 한자리에서 대를 이어 운영 중인 리커숍. 샴페인과 빈티지 아르마냑, 싱글몰트 스카치 셀렉션, 구하기 어려운 와인도 다양하게 갖추고 있다. 증류소에서 위스키를 직접 공급받고 숙성시키는 독립병입자(Independent Bottler)라서 회원제도 운영한다.

ADD 2200 Fillmore St **OPEN** 11:00~19:00
WEB dandm.com

Spot 3 깜찍한 동네 빵집
필모어 베이크숍 Fillmore Bakeshop

프로스팅 장식을 듬뿍 올린 컵케이크, 추수감사절의 호박파이 등 미국 가정집의 손맛이 궁금한 이들에게 추천하는 베이커리.

ADD 1890 Fillmore St **OPEN** 08:00~16:00/월요일 휴무
WEB fillmorebakeshop.com

매일 아침 직접 구워내는 달콤한 빵들로 사랑받는다.

로컬들의 생기 넘치는
현장에 합류해보자.

Spot 4

퇴근하고 술 한잔 어때?
해리스 바
Harry's Bar

친구들과 가볍게 술 한잔하거나 스포츠 경기를 보며 여
럿이 나눠 먹기 좋은 안주류를 내놓는 필모어 스트리트
의 인기 펍 중 하나. 1984년에 문 열었다.

ADD 2020 Fillmore St
OPEN 16:00~23:00(수 ~24:00, 목 ~01:00, 금 14:00~02:00, 토
11:00~02:00, 일 11:00~)/상황에 따라 유동적
MENU 칵테일 $13~15, 치킨윙 $18 **WEB** harrysbarsf.com

Spot 5

스타일리시한 가스트로펍
우드하우스 피시 컴퍼니
Woodhouse Fish Co.

트렌디한 캘리포니아 음식을 맛볼 수 있는 레스토랑.
피시타코, 랍스터롤, 크랩케이크 등 해산물로 만든 안
주를 여럿이 나눠 먹을만한 펍 스타일로 서빙한다. 예
약 없이 워크인만 가능한 핫플레이스다.

ADD 1914 Fillmore St **OPEN** 11:30~21:00
MENU 피시타코 $19, 랍스터롤 $31 **WEB** woodhousefish.com

Spot 6

독특한 타파스바
스테이트 버드 프로비전스
State Bird Provisions

같은 건물의 바 프로그레스(The Progress)와 함께 운영
되는 퓨전 아시안-아메리칸 레스토랑. 2017년부터 5년
내내 미슐랭 별 1개를 받은 필모어 스트리트의 대표 맛
집이다. 오픈 키친에서 만든 타파스나 디션 등은 작은
접시에 담아 서빙하면, 눈으로 보고 즉석에서 골라 먹
는다. 오픈 테이블을 통해 30일 전부터 예약 가능.

ADD 1529 Fillmore St **OPEN** 17:30~22:00
MENU 접시당 $8~16 **WEB** statebirdsf.com

: WRITER'S PICK :
필모어 재즈 페스티벌 Fillmore Jazz Festival

1950년대부터 필모어 스트리트의 재즈 클럽은 엘
라 피츠제럴드, 듀크 엘링턴, 빌리 홀리데이 등 전
설적인 재즈 뮤지션들이 밤마다 공연을 펼치던 곳
이었다. 간혹 게릴라 콘서트를 열기도 했는데, 이것
에서 영감을 받아 1986년부터 필모어 재즈 페스티
벌이라는 초대형 길거리 음악 축제가 기획됐다. 7
월 4일 독립기념일과 제일 가까운 주말에 이틀간
진행되는 축제의 하이라이트는 해가 뜰 때부터 질
때까지 길거리 무대에서 연주되는 무료 라이브 공
연! 길거리 음식과 플리마켓도 같이 즐길 수 있다.

WEB fillmorejazzfest.com

바다사자도 보고, 크랩도 먹고!
피셔맨스 워프 Fisherman's Wharf

피어 39와 기라델리 스퀘어 사이를 피셔맨스 워프라고 한다. 과거에 어선이 오가던 부둣가와 옛 군사기지를 샌프란시스코의 대표적인 관광지로 개발한 것이다. 물개의 쉼터 피어 39, 앨커트래즈행 유람선이 떠나는 피어 33, 해양 국립역사공원과 문화예술단지 포트 메이슨까지, 하루 종일 걸어 다녀도 지루할 틈이 없는 동네다. 관광명소인 만큼 주요 교통수단과 투어도 전부 연결된다.

① 바다 위 쇼핑센터
피어 39 Pier39

옛 부두의 정취가 살아있는 2층 규모의 복합 관광 시설이다. 회전목마가 빙글빙글 돌아가는 1층 중앙광장 주변에 기념품점과 맛집이 즐비하고, 맨 끝으로 걸어가면 앨커트래즈 아일랜드가 가깝게 보인다. 이곳의 가장 큰 볼거리는 1층 난간 쪽, 골든게이트브리지행 유람선이 오가는 선착장 앞 바다사자 항구(Sea Lion Harbor)에서 일광욕을 즐기는 바다사자들이다. 야생동물인 바다사자가 한적한 해변 대신 샌프란시스코 도심에 서식하게 된 계기는 1989년 인근 로마 프리에타에서 발생한 지진 때문이다. 서식지가 파괴돼 새 보금자리를 찾던 바다사자들이 상어가 없고 먹거리가 풍부한 내해의 부둣가로 모여든 것. 여름에는 번식을 위해 남쪽으로 이동했다가, 8월경부터 이듬해 중순까지 다시 개체수가 늘어난다.

2층에는 여행 정보를 얻을 수 있는 캘리포니아 웰컴 센터, 베이 아쿠아리움(Aquarium of the Bay), 유명 시푸드 레스토랑들이 자리한다. 샌프란시스코만에 서식하는 해양생물을 볼 수 있는 베이 아쿠아리움에선 가오리와 상어가 머리 위로 헤엄쳐 다니는 해저 터널이 인기다. 40~50분이면 충분히 돌아볼 수 있는 규모다. MAP 159p

ADD Pier 39, The Embarcadero
OPEN 쇼핑센터 10:00~20:00, 베이 아쿠아리움 10:00~17:00
PRICE 베이 아쿠아리움 $35(4~12세 $25)
ACCESS 케이블카 파월-하이드·파월-메이슨라인/뮤니 스트리트카 E·F라인/코이트 타워행 39번 버스 이용

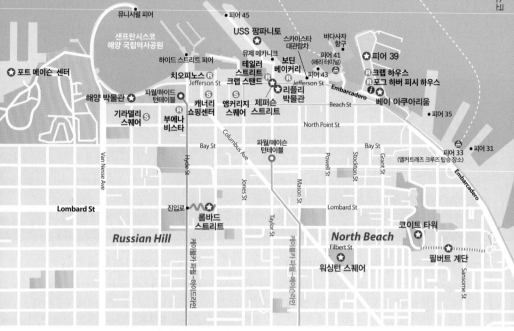

케이블카
스트리트카 F 라인

앨커트래즈
아일랜드

소살리토

뮤니시펄 피어
피어 45
USS 팜파니토
샌프란시스코
해양 국립역사공원
스카이스타
대관람차
바다사자
항구
피어 39
하이드 스트리트 피어
뮤제 메카니크
테일러
스트리트
크랩 스탠드
보딘
베이커리
피어 41
(페리 터미널)
크랩 하우스
포그 하버 피시 하우스
포트 메이슨 센터
치오피노스
Jefferson St
리플리
박물관
Jefferson St
피어 43
Embarcadero
해양 박물관
파월/하이드
턴테이블
캐너리
쇼핑센터
앵커리지
스퀘어
제퍼슨
스트리트
Beach St
베이 아쿠아리움
기라델리
스퀘어
부에나
비스타
North Point St
피어 35
Van Nesse Ave
Columbus Ave
Bay St
파월/메이슨
턴테이블
Powell St
Stockton St
Grant St
Bay St
피어 33
(앨커트래즈 크루즈 탑승 장소)
피어 31
Embarcadero
Lombard St
Hyde St
Jones St
진입로
롬바드
스트리트
Mason St
Taylor St
Lombard St
코이트 타워
Russian Hill
North Beach
Filbert St
워싱턴 스퀘어
필버트 계단
Sansome St

+ MORE +

피어 39의 추천 기념품 가게

■ 케이블카 스토어 The Cable Car Store
샌프란시스코의 명물 케이블카를 테마로 만든 기념품을 고를 수 있다.

WEB cablecarstore.com

■ 앨커트래즈 기념품숍 Alcatraz Gift Shop
수갑 모양의 열쇠고리, 줄무늬 죄수복 티셔츠 등 앨커트래즈 감옥과 관련된 재미있는 아이템을 판매한다.

WEB alcatrazgifts.com

159

세상에서 가장 아름다운 감옥
앨커트래즈 아일랜드 Alcatraz Island

<더 록>, <캐치미 이프 유 캔>을 비롯한 수많은 영화와 드라마의 배경으로 등장한 바위섬 앨커트래즈(알카트라즈)는 1850년부터 군사 기지, 1934년부터 1963년까지 약 260명의 1급 범죄자가 수감된 연방교도소로 사용됐다. 육지에서 불과 2km 거리인데도 빠른 조류와 차가운 수온 때문에 '탈출이 불가능한 교도소', '악마의 섬'이라고 불렸다. 실제로 탈옥을 시도한 36명 중 23명은 검거, 8명은 익사 또는 사살, 5명은 행방불명이라는 기록을 남기기도 했다. 1986년에 국가 공식 사적지로 지정되면서 일반 관람이 가능해졌다.

¤ 앨커트래즈 아일랜드 셀프 투어하기

앨커트래즈 아일랜드에 상륙하는 유일한 방법은 공식 크루즈에 탑승하는 것이다. 배로 왕복하는 시간까지 포함해 전체 관람에는 약 3시간이 소요된다. 선착장에서 간단한 오리엔테이션을 받은 뒤 자유롭게 돌아보는 방식. 제일 먼저 언덕 위로 올라가 메인 감옥(셀 하우스)을 보고 내려오는 동선이 효율적이다. 국립공원 가이드가 감옥의 철문 개폐 방법을 보여주며, 악명 높은 재소자 알 카포네의 독방을 비롯한 여러 시설이 공개돼 있다. 옛 교도관과 재소자의 육성이 담긴 오디오 가이드(한국어 지원)를 들으며 둘러보는데 40분 정도 소요된다.

철창 뒤 숨 막히는 공간을 뒤로하고 밖으로 나오면 섬의 가장 높은 지점인 등대 앞이다. 탁 트인 풍경이 유난히 반갑게 느껴지는 전망 포인트로, 골든게이트브리지 교각 전체와 샌프란시스코 다운타운이 손에 잡힐 듯 가깝게 보인다. 폐허가 된 섬의 한쪽 경사면은 페르시안 카펫(Persian Carpet)이라 불리는 석류풀과의 진홍색 꽃밭으로 뒤덮여 있고, 해안 산책로 아가베 트레일(Agave Trail)이 조성돼 있다.

¤ 크루즈 탑승 방법

미국 국립공원관리청(NPS) 지정 공식 크루즈 업체는 단 한 곳뿐이라서, 성수기에는 표가 쉽게 매진된다. 투어 당일에는 피어 33의 매표소에 미리 도착해 체크인하고, 신분증 확인 및 소지품 검사를 받아야 한다. 예매하면 보내주는 안내사항을 잘 확인할 것. 육지로 돌아가는 페리 시간표를 확인해 두는 것도 중요한데, 출발시간에 임박해 선착장에 도착하면 다음 페리를 기다려야 한다.

탑승 장소 피어 33
PRICE 일반 투어 $45.25, 심야 투어 $56.3
WEB 국립공원 nps.gov/alca
　　　크루즈 alcatrazcruises.com

앨커트래즈 / 피어 33 / 피어 39

피어 33 크루즈 선착장

도착 후 오리엔테이션 받기

감옥 내부

감옥 내부   등대   아가베 트레일

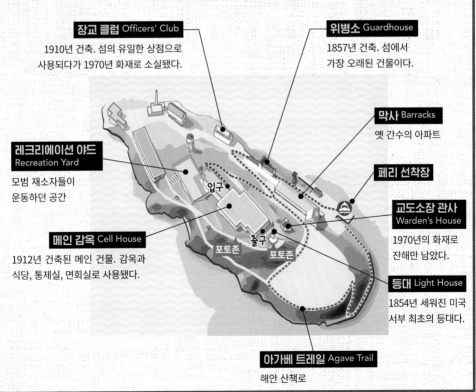

장교 클럽 Officers' Club
1910년 건축. 섬의 유일한 상점으로
사용되다가 1970년 화재로 소실됐다.

위병소 Guardhouse
1857년 건축. 섬에서
가장 오래된 건물이다.

막사 Barracks
옛 간수의 아파트

**레크리에이션 야드
Recreation Yard**
모범 재소자들이
운동하던 공간

페리 선착장

**교도소장 관사
Warden's House**
1970년의 화재로
잔해만 남았다.

메인 감옥 Cell House
1912년 건축된 메인 건물. 감옥과
식당, 통제실, 면회실로 사용됐다.

등대 Light House
1854년 세워진 미국
서부 최초의 등대다.

입구

포토존   출구   포토존

아가베 트레일 Agave Trail
해안 산책로

② 활기 넘치는 메인 도로
제퍼슨 스트리트
Jefferson Street

제퍼슨 스트리트와 테일러 스트리트(Taylor St)가 교차하는 지점에는 선박의 조타륜을 본떠 만든 초대형 조형물이 우뚝 솟아 있다. 그 주변으로 박물관과 쇼핑몰, 호텔, 렌터카 업체 등 관광객을 위한 편의시설이 밀집해 있고, 클램 차우더 맛집인 보딘 베이커리와 던지니스 크랩을 파는 테일러 스트리트의 노점상을 구경하는 것만으로도 들뜨는 기분! MAP 159p

ADD Jefferson St & Taylor St
ACCESS 피어 39에서 도보 10분

ⓢ¹ 스카이스타 대관람차 SkyStar Wheel

2023년 11월 골든게이트 파크에 있던 대관람차가 이전해 오면서 피셔맨스 워프에 새로운 명물이 탄생했다. 유람선이 출발하는 피어 41 페리 터미널과 가깝고, 저녁 시간에 타면 항구의 노을까지 감상할 수 있다.

ADD 2860 Taylor St
PRICE $18(시간 지정 없음)
OPEN 10:00~22:00
WEB skystarwheel.com

ⓢ² 앵커리지 스퀘어 Anchorage Square

여행자를 위한 원스톱 쇼핑센터. 버거 전문점 인앤아웃, 젤리 & 캔디 스토어 잇츠슈거(It's Sugar), 스냅백과 MLB 모자를 판매하는 리드(LIDS) 등 인기 체인점이 입점했다. 렌터카 업체, 세그웨이 투어 등 여행 관련 편의시설과 대형 주차 타워가 있다.

ADD 333 Jefferson St
WEB anchoragesquare.com

③ 해안 전체가 거대한 박물관
샌프란시스코 해양 국립역사공원
San Francisco Maritime National Historical Park

갈고리처럼 길게 구부러진 지형의 아쿠아틱 파크 피어(Aquatic Park Pier)와 해안 지역 전체를 공원화한 장소다. 피어 앞 파월 & 하이드 케이블카 턴테이블에서는 롬바드 스트리트로 향하는 케이블카를 탈 수 있다. MAP 159p

ADD Hyde St Pier
OPEN 토·일요일 10:00~17:00
WEB nps.gov/safr
ACCESS 기라델리 스퀘어 앞

기라델리 스퀘어의 대형 네온사인 간판과
샌프란시스코항의 야경 명소

④ 미국 3대 초콜릿
기라델리 스퀘어 Ghirardelli Square

초콜릿 공장

이딸리아 출신 도밍고 기리델리기 1052년 창업한 초콜릿 브랜드의 쇼핑몰 겸 박물관. 기라델리는 공항 면세점에서도 판매하는 샌프란시스코 특산품이다. 옛 광장을 둘러싸고 초콜릿 공장, 레스토랑, 카페, 판매점이 자리해 마치 초콜릿 왕국에 들어선 기분! 꼭 들러봐야 할 곳은 아치형 문 안쪽의 오리지널 기라델리 아이스크림 & 초콜릿숍이다. 초콜릿과 아이스크림이 미니 두 베로 달콤한 핫 퍼지 선데 아이스크림을 맛보고, 초콜릿 제조 과정도 볼 수 있다. 새롭게 탄생한 초콜릿 폭포벽도 볼거리. 다양한 기념품을 판매하는 광장 서쪽의 초콜릿 익스피리언스는 창가석에서 해안 풍광이 내려다보여 자리 경쟁이 좀더 치열하다. MAP 159p

ADD 900 North Point St   **OPEN** 09:00~22:00
WEB ghirardelli.com   **ACCESS** 피어 39에서 도보 15분

핫 퍼지 선데

USS 팜파니토 잠수함(1943년)
뮤제 메카니크

⑤ 피어 45에서 잠수함 구경
USS 팜파니토 USS Pampanito

제2차 세계대전에 참전한 잠수함으로, 퇴역 후 국립역사기념물로 지정되어 내부를 일반에 공개하고 있다. 어뢰실, 승조원 생활 공간, 지휘실 등의 구역이 보존되어 당대 해군 잠수함 승조원의 삶을 생생히 전달한다. 잠수함이 정박한 피어 45 입구에는 빈티지 아케이드 게임 300여 대를 모아둔 뮤제 메카니크(Musée Mécanique)도 있다. 입장료 없이 동전을 넣고 오락을 즐길 수 있는 흥미로운 장소다. MAP 159p

ADD Pier 45
OPEN 9:30~16:30 (뮤제 메카니크 10:00~20:00)
PRICE $30
WEB maritime.org/uss-pampanito
ACCESS 피셔맨스 워프 사인 주변

⑥ 해안의 문화예술단지
포트 메이슨 센터 Fort Mason Center

100년 가까이 해군기지로 사용하던 곳을 문화 예술 단지로 탈바꿈한 도시 재생 프로젝트의 대명사. 약 49동의 창고형 건물에 갤러리, 서점, 소극장 등이 들어서 있다. 건물 사이의 공터에서는 다채로운 이벤트가 열리는데, 주요 연례행사로는 1월의 아트쇼 '포그(FOG Design + Art)'와 3월의 샌프란시스코 봄철 북 세일이 있다. 정기 이벤트로는 로컬들이 장을 보러 오는 파머스 마켓(일요일 09:30~13:30)이 있다. 이벤트 장소는 마리나 쪽 입구이며, 그 앞에 유료 주차장(시간당 약 $3) 및 거리 주차가 가능한 구역이 있다. 포트 메이슨 센터의 위치가 중심가와는 다소 거리가 있고 부지가 매우 넓어서 늦은 시간에는 안전에 유의해야 한다. **MAP 159p**

ADD 2 Marina Blvd
OPEN 매장별로 다름
WEB fortmason.org
ACCESS 뮤니 버스 43번 Marina Blvd & Laguna St 하차/기라델리 스퀘어에서 도보 20분

파머스 마켓

+MORE+

함께 둘러보면 좋은 곳들

■ **독일식 비어홀, 라드하우스** Radhaus
옛날 기계창고가 쾌적한 비어홀로 변신했다. 햇빛이 비쳐드는 창가에서 샌프란시스코베이의 풍경을 감상하며 시원한 맥주와 독일 음식을 즐기기 좋다.

ADD 빌딩 A **OPEN** 12:00~저녁 **WEB** radhaussf.com

■ **예쁜 기념품을 찾고 있다면,**
  플랙스 아트 & 디자인 FLAX art & design
Flax의 철자 'F'를 딴 로고가 SF 모마(SFMOMA)의 디자인 컬렉션에도 포함됐을 정도로 인정받는 미술용품 전문점. 샌프란시스코 관련 디자인 제품도 다양하다.

ADD 빌딩 D **OPEN** 09:30~18:00(일요일 10:00~)
WEB flaxart.com

여기가 시푸드 천국!
피셔맨스 워프 맛집 거리

관광객이 많은 피셔맨스 워프에는 자리가 넉넉한 패밀리 레스토랑과 간단히 식사할 수 있는
프랜차이즈 식당이 많아 예약 없이 방문해도 좋다. 부둣가인 만큼 다양한 해산물을 맛볼 수 있다.

175년 전통의 클램 차우더 맛집
보딘 베이커리 Boudin Bakery & Café

1849닌 이시도르 보딘이 창업한 샌프란시스코의 대표 베이커리다. 조개와
감자, 양파 등을 넣은 뉴잉글랜드 스타일 클램 차우더 수프를 황금색 사
워도우 빵에 담아주는 브레드볼이 인기 메뉴. 베이커스 홀(Bakers Hall)이라
고 부르는 1층 카페에 줄을 서서 음식을 주문하고, 픽업 포인트에서 음식을
찾아 빈 테이블에 앉으면 된다. 2층에는 보딘 베이커리의 역사와 빵의 제조
공정을 보여주는 작은 무료 박물관과 비스트로가 있다. **MAP 159p**

ADD 160 Jefferson St
OPEN 09:30~20:00
MENU 클램 차우더 $14, 샌드위치 $18~28
WEB boudinbakery.com
ACCESS 피어 39와 기라델리 스퀘어 사이

누구나 주문해 먹는
보딘의 대표 메뉴,
브레드볼

게살이 듬뿍 들어간 크랩 샌드위치

위스키를 넣은 아이리시 커피
부에나 비스타 The Buena Vista

1952년 미국에서 처음으로 아이리시 커피를 소개한 카페. 일간지 <샌프란시스코 크로니클>의 여행기자가 아일랜드 공항에서 이 커피를 맛본 후 카페 주인과 합작해 레시피를 개발했다고 한다. 노련한 바텐더가 유리잔에 각설탕 2개를 넣고 뜨거운 커피와 아이리시 위스키를 부은 다음 진한 크림을 얹은 커피를 즉석에서 만들어 서빙해준다. 알코올 도수가 꽤 높은데, 술을 마시지 못하는 사람에겐 별도의 음료를 만들어주기도 한다. 에그 베네딕트 등 식사 메뉴도 있다. **MAP 159p**

ADD 2765 Hyde St
OPEN 09:00~23:00(주말 08:00~)
MENU 아이리시 커피 $14
WEB thebuenavista.com
ACCESS 케이블카 파월-하이드라인 코너 앞

거리에서 맛보는 시푸드
테일러 스트리트 크랩 스탠드
Taylor Street Crab Stand

정식 레스토랑을 방문할 시간이 없다면 우리나라의 수산시장과 비슷한 테일러 스트리트의 노점상을 추천한다. 100여 년의 역사를 자랑하는 가게를 비롯한 다양한 노점을 둘러보다가 마음에 드는 자리에 앉으면 그만이다. 꼭 크랩 요리가 아니더라도 클램 차우더, 칼라마리 튀김, 크랩 샌드위치 등 선택지가 다양하다. 크랩 시즌에는 갓 쪄낸 던지니스 크랩의 수율이 높아서 만족도가 높다.

MAP 159p

ADD 2803 Taylor St
OPEN 11:00~22:00(매장별로 다름)
MENU 던지니스 크랩(레스토랑보다 저렴)
ACCESS 제퍼슨 스트리트의 선박 조타륜 앞에서 항구 방향으로 들어간다.

따뜻하게 몸을 녹여주는 해산물 스튜
치오피노스 Cioppino's

이탈리아 이민자 출신 어부들이 1900년대부터 먹기 시작한 것으로 알려진 샌프란시스코식 해물 스튜 치오피노에서 레스토랑 이름을 따왔다. 던지니스 크랩을 비롯해 여러 가지 해산물이 듬뿍 들어가는데, 살짝 매콤한 것이 우리 입맛에 잘 맞는다. 위치가 좋고 매장이 넓어서 편하게 식사할 수 있는 관광 레스토랑이며, 이탈리안 가족이 5대째 운영 중이다. **MAP 159p**

ADD 400 Jefferson St
OPEN 11:00~21:45
MENU 치오피노 $50
WEB cioppinosf.com
ACCESS 제퍼슨 스트리트의 선착 소타듀에서 기라델리 스퀘어 방향으로 도보 5분

피어 39의 전망 좋은 레스토랑
포그 하버 피시 하우스
Fog Harbor Fish House

샌프란시스코 대표 시푸드 레스토랑으로 손꼽히는 맛집. 피셔맨스 워프가 내다보이는 창가 전망이 멋지다. 크랩 시즌(11월 중순~이듬해 봄)에는 통째로 나오는 게가 맛있고, 그 외 시기에는 시푸드 파스타 등 다른 메뉴를 주문하는 것이 좋다. 피어 39의 대표적인 관광 레스토랑인 데다 규모도 커서 가족 여행자에게 특히 추천. 격식을 갖춰 서빙해주는 정식 레스토랑이어서 가격대는 높은 편이다. **MAP 159p**

ADD Pier 39, Fishermans Wharf
OPEN 11:00~21:00
MENU 던지니스 크랩 약 $57(시가), 치오피노 $42
WEB fogharbor.com
ACCESS 피어 39 2층

특제 마늘소스에 구운 던지니스 크랩
크랩 하우스 Crab House

포그 하버와 어깨를 견주는 샌프란시스코 대표 크랩 맛집이다. 게에 마늘소스를 발라 통째로 구워낸 킬러 크랩으로 유명하고, 킬러 콤보를 주문하면 게, 조개, 새우를 같이 맛볼 수 있다. 포그 하버 피시 하우스 바로 옆에 있으며, 분위기나 메뉴 구성은 좀 더 캐주얼한 편. 두 곳 모두 피어 39 개발 업체에서 운영하는 매장이므로 자리가 있는 가게를 선택하면 된다. **MAP 159p**

ADD 203 C Pier 39
OPEN 11:30~21:00
MENU 킬러 크랩 1마리 약 $60(시가), 킬러 콤보 $79
WEB crabhouse39.com
ACCESS 피어 39 2층

샌프란시스코의 심장

다운타운과 시빅 센터 Downtown & Civic Center

마켓 스트리트는 북동쪽의 페리 빌딩에서 출발해 남서쪽의 시빅 센터를 지나 카스트로까지, 다운타운을 관통하는
샌프란시스코의 핵심 도로다. 뮤니 스트리트카, 뮤니 버스, 뮤니 메트로와 바트 등의 교통수단이 모두 이곳을 관통
하며, 파월 하이드, 파월 메이슨 케이블카의 종착역도 이곳에 있다. 유니언 스퀘어의 쇼핑가와 예술의 거리 소마를
구경하고 마켓 스트리트를 따라 페리 빌딩까지 방문해보자.

*관광객이 많은 곳은 괜찮지만 예전보다 노숙자가 늘어난 것은 사실. 혼자 다니거나 밤늦게 다운타운을 방문하는
것은 삼가야 한다.

코이트 타워에서 내려다본
파이낸셜 디스트릭트 전경

: WRITER'S PICK :

투어버스 못지않네! 뮤니 활용법

■ 뮤니 스트리트카 F라인 타고 해안도로 한 바퀴!
Fishermans Wharf ⇌ Castro

해안도로 엠바카데로(Embarcadero)는 스페인어로 '선착장'이라는 뜻. 페리 빌
딩 옆에서부터 돌출형 부두인 피어(Pier) 1이 시작돼 반시계 방향으로 피어
45까지 숫자가 올라가는데, 바로 그 샌프란시스코 동북쪽 해변을 따라 엠바
카데로가 놓여 있다. 마켓 스트리트 전체를 관통하는 뮤니 스트리트카 F라인
은 페리 빌딩에서 방향을 틀어 엠바카데로를 따라 피어 39까지 연결되기 때
문에 주요 관광지를 구경하는 투어버스처럼 활용하기 좋다.

■ 뮤니 버스 39번 타고 노스비치까지
Coit Tower ⇌ North Point St

낯선 곳에서 버스를 탄다는 것은 만만치 않은 일이지만, 뮤니 39번이라면 얘
기가 다르다. 피셔맨스 워프의 피어 39 앞에서 버스를 타고 종점까지 앉아만
있으면 전망대 바로 앞에 내려준다. 코이트 타워를 보고 난 다음 노스비치 워
싱턴 스퀘어의 이탈리안 맛집에서 식사하는 최적의 여행 동선이 가능하다.

스트리트카 F라인

뮤니 버스 39번

① 쇼핑과 관광의 중심
유니언 스퀘어 Union Square

샌프란시스코 쇼핑과 관광의 기준점이 되는 광장이다. 유니언 스퀘어라는 이름은 미국 남북 전쟁 당시 북부 연방군(The Union)을 지지하는 집회가 열린 데서 비롯됐다. 광장 중앙에는 1898년 스페인과의 전쟁에서 승리를 거둔 조지 듀이 제독 기념비가 세워져 있고, 입구마다 설치된 하트 조형물이 광장의 아이콘이다. 교통의 요지인 만큼 각종 투어버스도 이곳에서 출발한다. 광장 서쪽의 파월 스트리트(Powell St) 앞에는 샌프란시스코에서 가장 오래된 고급 호텔인 웨스틴 세인트 프란시스가 있고, 큰길을 따라 마켓 스트리트까지 걸어가면 케이블카 노선 2개의 회차 지점인 케이블카 턴테이블과 바트역이 나온다.

메이시스, 니만 마커스 같은 대형 백화점과 명품숍이 밀집한 최대 쇼핑가이지만, 팬데믹을 겪으면서 웨스트필드가 폐점하고 샌프란시스코 센터로 이름을 바꾸는 등 변화가 있었다.

MAP 169p

ADD 333 Post St
WEB visitunionsquaresf.com
ACCESS 뮤니 메트로 T라인 Union Square역 또는 바트 Powell St역에서 도보 5분

② 예르바 부에나 가든 Yerba Buena Gardens

도심 속 문화 공원

샌프란시스코 문화예술의 중심지다. 인공 폭포와 잔디밭이 어우러진 공원을 둘러싸고 박물관과 미술관이 포진한 이곳은 원래 창고와 공장뿐이었으나, 1970년대 이후 아티스트의 작업실이 하나 둘 들어서면서 점차 분위기가 바뀌었다. 엔터테인먼트 시설 메트레온(Metreon)과 대규모 컨벤션 센터인 모스콘 센터(Moscone Center)까지 자리를 잡으며 다운타운의 핵심 지역으로 떠올랐다. 이 일대는 '마켓 스트리트의 남쪽'이라는 의미를 담아 '소마(SoMA: South of Market)'라고도 부른다. **MAP 169p**

ADD 750 Howard St
OPEN 06:00~22:00
WEB yerbabuenagardens.com
ACCESS 뮤니 스트리트카 F라인 Market St & 3rd St역, 뮤니 메트로 T라인 Yerba Buena역 하차

③ 샌프란시스코 현대미술관
San Francisco Museum of Modern Art(SFMOMA)

미국 현대미술의 상징

1935년 개관 이래 방대한 분량의 동시대 미술작품을 수집해온 미국의 대표적인 현대미술관이다. 마티스, 미로, 드가, 피카소, 뒤샹, 몬드리안 등 20세기 유럽 작품과 조지아 오키프, 앤디 워홀, 잭슨 폴록 등 20세기 미국 대표작 약 3만3000점을 소장하고 있다. 마리오 보타가 설계한 벽돌색 건물 뒤로 2016년 기존의 3배에 달하는 건물을 증축하면서 미디어 아트와 21세기 미술품까지 비중 있게 전시한다. 사진 전시관으로는 최대 규모인 프리츠커 포토그래피 센터(The Pritzker Center for Photography)도 볼거리. 전시품 외에도 도심 속 조각공원(5층)과 리빙월(3층) 등 건축미도 뛰어나다. 특히 7층 테라스에서는 노르웨이의 건축회사 스뇌헤타가 샌프란시스코베이의 안개와 물결을 모티브로 만든 미술관 외벽과 다운타운의 스카이라인을 감상할 수 있다. 미술관 5층의 레스토랑과 2층 카페, 1층 기념품점도 방문해보자. **MAP 169p**

5층 조각공원 & 카페

1층 아트리움

ADD 151 3rd St
OPEN 10:00~17:00(목요일 12:00~20:00)/수요일 휴무
PRICE $30(18세 이하 무료)
WEB sfmoma.org
ACCESS 유니언 스퀘어에서 도보 10분

7층 테라스 저망

3층 리빙 월

5층 오큘러스브리지

+MORE+

SFMOMA 대표 소장품

디에고 리베라 <꽃을 나르는 사람
(The Flower Carrier)> 1935년
프리다 칼로 <프리다와 디에고 리베
라(Frieda and Diego Rivera)> 1931년
로버트 인디애나 <사랑(Love)>
1973년
앤디 워홀 <자화상(Self-Portrait)>
1986년
앙리 마티스 <모자를 쓴 여인
(Woman with a Hat)> 1905년
르네 마그리트 <개인적 가치
(Personal Values)> 1952년

*스마트폰에 오디오 가이드 앱을 설치
하면 미술관 지도와 함께 작품 해설
(한국어 없음)을 들을 수 있다.

MAP 169p

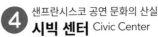

4 샌프란시스코 공연 문화의 산실
시빅 센터 Civic Center

아름다운 돔을 가진 시청과 광장, 공립도서관, 연방 정부 건물이 모인 행정 중심 구역이자 문화예술의 메카다. 시빅 센터역 근처 UN 광장에서는 매주 2회 파머스 마켓이 열린다. 공연 관람을 위해 저녁 무렵 방문하면 시청 주변을 배회하는 노숙자가 많으니 주의가 필요하다.

ADD 147 Fulton St
OPEN 파머스 마켓 수·일요일 07:00~16:00
WEB sfciviccenter.org
ACCESS 바트 Civic Center·UN Plaza역 하차/뮤니 스트리트카 F라인 Market St & 8th St역 하차

Spot 1 샌프란시스코 시청 City Hall

샌프란시스코시와 샌프란시스코카운티의 공식 청사로, 시장 집무실과 시의회, 시행정부가 사용한다. 로마의 베드로 성당을 본떠 만든 웅장한 돔의 높이는 94m. 1906년 대지진으로 파괴된 시청을 1915년 파나마·퍼시픽 박람회에 맞춰 재건했다. 1년에 약 2000회의 결혼식을 거행하며, 관광객을 위한 투어 프로그램도 운영 중이다.

ADD 401 Van Ness Ave
OPEN 평일 08:30~18:00/무료 투어 금요일 11:00·13:00(1시간 소요)
WEB sf.gov

Spot 2 아시아 미술관 Asian Art Museum

한국을 비롯해 1만8000점에 달하는 방대한 아시아 예술 작품을 전시하고 있다. 실리콘밸리 기업가 이종문씨가 거액을 기부하여 건물 전면에 'Chong-Moon Lee Center for Asian Art and Culture'라고 새겨져 있다. 불교 미술품과 미국의 운동선수이자 미술품 수집가였던 에이버리 브런디지의 컬렉션 등이 주요 소장품이다.

ADD 200 Larkin St
OPEN 10:00~17:00(목요일 13:00~20:00)/화·수요일 휴무 **PRICE** $20
WEB asianart.org

Spot 3 전쟁 기념 오페라 하우스 War Memorial Opera House

제1차 세계대전에 참전한 군인들을 기념하여 1932년 개관한 공연장. 샌프란시스코 시청을 설계한 건축가 아서 브라운 주니어가 설계했다. 1923년 설립되어 창립 100주년을 넘긴 샌프란시스코 오페라(SFO)의 음악감독은 현재 김은선 지휘자가 맡고 있다. 샌프란시스코 발레단의 홈 공연장으로도 사용된다.

ADD 301 Van Ness Ave
WEB sfwmpac.org, sfopera.com sfballet.org

Spot 4 데이비스 심포니 홀 Davies Symphony Hall

샌프란시스코 심포니의 주 공연장이다. 최상의 소리가 전달될 수 있도록 건축가, 음향 전문가가 설계 단계부터 함께 참여했다. 공연 시즌은 9월부터 이듬해 6월까지다.

ADD 201 Van Ness Ave
WEB sfsymphony.org

Spot 5 SF 재즈 센터 SF JAZZ Center

미국에서 재즈 공연만을 위해 지어진 첫 번째 공연장이다. 2013년 오픈 이후 토니 베넷, 윈턴 마샬리스 등 전설적인 재즈 아티스트들이 이곳에서 공연했다. 매년 6월에 열리는 샌프란시스코 재즈 페스티벌(필모어 축제와는 다름)의 핵심 장소다.

ADD 201 Franklin St **WEB** sfjazz.org

⑤ 시계탑 랜드마크 아래 선착장
페리 빌딩 Ferry Building

샌프란시스코와 주변 지역을 오가는 페리가 정박하는 선착장이다. 골드러시 시대인 1898년부터 1930년대 사이에 샌프란시스코로 들어오는 페리는 모두 이곳을 거쳤고, 지금도 뮤니 스트리트카, 바트 노선까지 가깝게 연결된 교통 터미널 역할을 한다. 마켓 스트리트가 바다와 만나는 맨 끝자락에 보이는 시계탑은 스페인 세비야 성당의 히랄다 종탑(Giralda Tower)을 본떠 만든 것으로, 멀리 있는 트윈피크스 전망대에서도 눈에 띄는 랜드마크다. **MAP 169p**

ADD 1 Ferry Building
OPEN 07:00~20:00
WEB ferrybuildingmarketplace.com
ACCESS 뮤니 스트리트카 E·F라인 The Embarcadero/Ferry Building역 하차/케이블카 캘리포니아라인 California St & Davis St역에서 도보 5분

+MORE+

샌프란시스코에서 오클랜드까지
베이브리지 Bay Bridge

1936년 개통했으며, 골든게이트브리지와 함께 샌프란시스코를 대표하는 교량이다. 샌프란시스코와 오클랜드 및 동쪽 지역을 연결하며, 다리 아래에 있는 예르바 부에나섬과 트레저섬을 방문할 때도 이용할 수 있다. 골든게이트브리지와 마찬가지로 동쪽에서 도심으로 들어올 때는 통행료($7)를 내야 한다.

페리 빌딩의 쇼핑 & 맛집 찾기
마켓 플레이스

페리 빌딩 1층 마켓 플레이스에는 샌프란시스코베이 지역을 기반으로 한 각종 특산품점과 로컬 맛집, 카페가 한데 모여 있다. 와인, 치즈, 올리브유 같은 식재료와 소상공인들의 수공예품까지, 하나하나 구경하는 재미로 가득하다.

❶ 호그 아일랜드 오이스터 컴퍼니
Hog Island Oyster Co.

줄 서서 먹는 이 구역 최고의 인기 맛집! 싱싱한 굴과 시푸드 파스타를 맛보자. 178p 참고.

일주일에 3회
❷ 파머스 마켓 Farmers Market

페리 빌딩 앞 광장에서 열리는 파머스 마켓은 지역 농부들이 생산한 신선한 식재료를 판매하는 장터다. 제2의 블루보틀 커피를 꿈꾸는 이동식 푸드 카트 상점들도 눈에 띈다.

OPEN 화·목요일 10:00~14:00, 토요일 08:00~14:00

지도 영역:

엠바카데로

페리 터미널 B
티뷰론행

• 야외 광장

⑤ ⑥
⑦
③
①

⑧

페리빌딩
마켓 플레이스

스트리트카
F라인 정류장
Embarcadero &
Ferry Building

❷
페리 플라자

골든게이트
페리 터미널
소살리토행

④

페리 터미널 E, F, G
리치몬드, 오클랜드,
피어 41번행

캘리포니아 도자기의 품격
❸ 히스 세라믹
Heath Ceramics

1948년 도예가 이디스 히스가 소살리토 공방에서 시작한 도자기 브랜드. 스미소니언 쿠퍼 휴잇 디자인상을 받기도 했다. 매끈하고 은은한 색감의 테이블웨어는 국내에서도 인기가 상당하다.

WEB heathceramics.com

기념품부터 예쁜 액세서리까지
❹ 포그 시티 벼룩시장
Fog City Flea Trading Post

수공예품, 의류, 액세서리 등 샌프란시스코베이 지역을 기반으로 한 로컬 제품을 판매하는 창구다. 2019년 팝업스토어로 시작해 정식 매장이 되었고, 여러 상인이 합심해 운영 중이다.

INSTAGRAM @fogcityflea

독창적인 아이스크림
❺ 험프리 슬로콤
Humphry Slocombe

영국 시트콤 <Are You Being Served>의 주인공 미스터 험프리와 미시즈 슬로콤에서 이름을 따온 아이스크림 가게. 특이한 이름만큼이나 톡톡 튀는 아이스크림을 만든다. 시크릿 브렉퍼스트, 블루보틀 커피의 원두를 사용한 베트남 커피 맛, 그래험 크래커, 피넛 버터 퍼지 등이 스페셜 메뉴. 본점은 미션에 있다.

WEB humphryslocombe.com

신선한 유기농 원두
❻ 블루보틀 커피
Blue Bottle Coffee

오클랜드의 블루보틀 커피가 샌프란시스코에 소개된 것은 페리 빌딩의 파머스 마켓을 통해서였다고 한다. 그 인연을 계기로 정식 매장으로 입점해 있다.

WEB bluebottlecoffee.com

로컬 재료로 만든 프렌치 디저트
❼ 미에트 파티세리
Miette Patisserie

유기농 우유 브랜드 스트라우스 (Straus)와 밀가루, 치즈, 건포도 등 유기농 로컬 식재료를 사용한다. 핑크빛 매장에 어울리는 앙증맞은 마카롱, 컵케이크, 에클레어, 마시멜로가 눈길을 끈다.

WEB miette.com

담백한 바게트
❽ 애크미 브레드 컴퍼니
Acme Bread Company

1983년 버클리에서 시작한 유기농 베이커리. 기본에 충실한 바게트, 사워 도우 브레드가 인기 메뉴다. 점심시간에는 바게트 샌드위치를 판매한다.

WEB acmebread.com

<안개 다리>

⑥ 체험형 과학박물관
익스플로라토리움 Exploratorium

1969년 오펜하이머가 건립한 박물관을 피어 15로 이전해온 체험형 과학 박물관이다. 650여 가지의 인터랙티브 전시를 통해 어린이의 호기심을 자극하고, 과학과 자연스럽게 친해지도록 유도한다. 다양한 기후를 체험하거나, 지형과 해양환경을 만져볼 수 있도록 한 것이 인상적이다. 목요일 밤에는 어른을 위한 특별 심야 프로그램 애프터 다크(After Dark)를 진행하는데, 시티 패스 입장권이 아닌 별도 입장권이 있어야 참여할 수 있다. 박물관 바깥쪽 피어 15와 17 사이에는 후지코 나카야의 작품 <안개 다리(Fog Bridge)>가 설치돼 있다. 다리에 설치된 800개의 노즐에서 안개가 자욱하게 뿜어져 나오는, 지극히 샌프란시스코다운 장면이 하루 4번 연출된다. MAP 169p

ADD Pier 15
OPEN 10:00~17:00(일요일 12:00~, 목요일 야간 개관 18:00~22:00)/월요일 휴무
PRICE $40(4~17세 $30), 야간 $20
WEB exploratorium.edu
ACCESS 페리 빌딩에서 도보 10분/뮤니 스트리트카 E·F라인 The Embarcadero & Green St 하차

⑦ 다운타운을 한눈에 담아보자
코이트 타워 Coit Tower

ADD 1 Telegraph Hill Blvd
OPEN 10:00~18:00(11~3월 ~17:00)
PRICE $10
WEB sfrecpark.org
ACCESS 워싱턴 스퀘어 또는 피어 39에서 뮤니 버스 39번을 타고 종점 하차

텔레그래프 힐(Telegraph Hill) 정상에 우뚝 솟은, 소방 호스처럼 생긴 높이 64m의 전망 타워. 어린 시절 소방관의 구조로 목숨을 건진 릴리 코이트 여사의 기부금으로 건축했다. 1933년에 지어진 낡고 좁은 건물임에도 전망은 기대 이상으로 멋지다. 1층에서 엘리베이터를 타고 올라가면 360도 파노라마뷰가 펼쳐지는데, 다운타운은 물론이고 앨커트래즈 아일랜드와 베이브리지, 페리 빌딩까지 완벽하게 보인다. 엠바카데로 근처에서부터 코이트 타워가 있는 텔레그래프 힐까지 연결된 필버트 계단(Filbert Steps)을 통해 가는 방법이 유명하지만, 가파른 경사면을 30분가량 올라야 하니 참고하자. 주차장이 협소하므로 대중교통을 추천한다. MAP 141p

⑧ 파이낸셜 디스트릭트의 랜드마크
트랜스아메리카 피라미드
Transamerica Pyramid

대형 은행, 보험사, 업무용 빌딩이 밀집해 '서부의 월스트리트'라 불리는 금융업무지구 파이낸셜 디스트릭트에서 가장 누에 띄는 건물이 있다면 단연 이것이다. 1972년 윌리엄 페레이라가 설계한 높이 260m의 건물로, 2018년에 세일즈포스 타워(Salesforce Tower)가 지어지기 전까지 46년 동안 샌프란시스코에서 가장 높은 건물이라는 타이틀을 유지해왔다. 그 독특한 모습과 상징성은 여전하며, 빌딩 앞에서부터 피셔맨스 워프까지 관통하는 콜럼버스 대로가 일직선상에 있어 멋진 피사체가 돼준다. **MAP 169p**

ADD 600 Montgomery St
WEB pyramidcenter.com
ACCESS 페리 빌딩에서 도보 15분

⑨ 스플래시 히트를 꿈꾸다!
오라클 파크 Oracle Park

우리나라 이정후 선수가 2024 시즌부터 합류한 샌프란시스코 자이언츠의 홈구장이다. 좌석 수 총 4만 1500석 규모의 야구장 외야 뒤편으로 푸른 바다가 보이는데, 우측 담장을 넘겨 바다에 떨어지는 홈런에는 '스플래시 히트(Splash Hit)'라는 특별한 명칭을 붙인다. 경기가 없는 날에는 내부 투어도 가능하지만, MLB 시즌 중이라면 샌프란시스코 팬들의 열기를 직접 경험해 보자.

티켓은 MLB 공식 홈페이지를 통해 구매하면 되고, 보통 프린트 없이 모바일 티켓을 제시하고 들어간다. 인기석은 클럽 레벨 217~225사이이며, 바다가 잘 보이는 좌석은 3층 중에서 홈 플레이트가 정면으로 보이는 315~320 사이이다. 저렴한 티켓을 소지했더라도 일단 경기장에 입장했다면 자유롭게 이동하며 먹거리를 구매하거나 이곳저곳 돌아다닐 수 있다. 기라델리 초콜릿으로 만든 아이스크림(Ghirardelli sundae), 토니스 피자 같은 먹거리도 인기고, 샌프란시스코 자이언츠 로고가 새겨진 컵에 맥주를 마시는 것도 특별한 재미다. **MAP 169p**

ADD 24 Willie Mays Plaza
WEB sanfrancisco.giants.mlb.com
ACCESS 뮤니 메트로 N라인 King St & 2nd St역 하차/ 유니언 스퀘어에서 뮤니 메트로 T라인 4th St역 하차

+ M O R E +

야구 경기 관람 시 주의사항

✔ **짐은 간단하게 챙기세요** 입장 전 보안검사를 거치며, 배낭은 금지 품목이다. 옆으로 매는 숄더백, 쇼핑백 등은 허용된다.

✔ **선크림은 필수! 옷은 따뜻하게!** 관중석에 가림막이 없어서 낮에는 햇빛이 매우 강한 반면, 바닷바람이 부는 곳이라 꽤 쌀쌀할 수 있다. 특히 저녁 경기를 관람한다면 반팔 위에 걸쳐 입을 후드티나 재킷은 필수다.

✔ **교통편을 미리 알아두세요** 경기장은 시내와 거리가 꽤 멀고 걸어갈 수 없는 위치다. 경기 당일에는 주변 교통이 통제되니 대중교통을 이용하는 것이 가장 수월하다. 경기 직후에는 매우 혼잡하므로 우버를 타고 싶다면 경기 종료 전 미리 밖으로 나와서 호출하는 편이 낫다. 특정 경기를 봐야 하는 것이 아니라면 주말 낮 경기를 관람하는 것도 괜찮은 방법이다.

현지인이 '좋아요' 누른
다운타운 로컬 맛집

고급 스테이크하우스부터 저가형 다이너, 오래된 로컬 브런치 맛집과 직장인들이 자주 들리는 카페 체인점까지,
다운타운의 선택지는 수없이 많다. 선택은 당신의 몫!

페리 빌딩에서 만난 인생 맛집
호그 아일랜드 오이스터 컴퍼니
Hog Island Oyster Co.

페리 빌딩의 대표 맛집. 미국 서부 해안의 작은 섬, 호그 아일
랜드의 굴 양식장에서 납품받고 있어 해산물의 퀄리티가 남
다르다. 납작하고 동그란 모양의 호그 아일랜드 스위트워터
(Hog Island Sweetwater)라는 굴은 내륙 깊숙이 자리 잡은 토말
스베이(Tomales Bay)의 지리적 특성상 물의 염도가 낮은 곳에
시 자리 매우 달콤하고 즙이 풍부하다. 다양한 품종의 굴을 취향
대로 맛보는 일도 즐겁지만, 조개가 듬뿍 들어간 파스타(스티머)를 비
롯한 다른 음식도 수준급! 항상 웨이팅이 있는 편이지만, 예약 없이 워크
인으로만 손님을 받으며, 가격도 비
교적 저렴하다. MAP 169p

ADD Ferry Building
OPEN 11:00~20:00
MENU 오이스터 하프더즌(6개) $24,
파스타 $27
WEB hogislandoysters.com
ACCESS 페리 빌딩 1층

푸짐한 18장의 팬케이크
시어스 파인 푸드 Sears Fine Food

1938년부터 자리를 지켜온 유니언 스퀘어의 대표
맛집. 오랜 전통이 느껴지는 실내 분위기가 인상적이다. 작은
팬케이크 18장이 나오는 스웨디시 팬케이크를 비롯해 프렌치
토스트, 와플 등의 브런치 메뉴는 오후 2시까지만 주문할 수
있고, 일반 식사 메뉴는 오전 11시부터 판매한다. 접근성이 좋
고 늦게까지 문을 여는 것도 장점. 미국식 다이너의 음식을 맛
보고 싶을 때 괜찮은 선택이다. MAP 169p

ADD 439 Powell St
OPEN 07:00~21:00
MENU 시그니처 팬케이크 $18, 식사 메뉴 $20~25
WEB searsfinefood.com
ACCESS 유니언 스퀘어 북쪽

든든한 아침으로 제격
태즈 스테이크 TAD's Steak

이름은 스테이크하우스지만 다이너에 가깝다. 팁 없이 스테이크
를 비롯한 여러 가지 메뉴를 판다. 양이 푸짐하고 빠른 식사가 가능
해 주변 직장인은 물론이고 갈 길 바쁜 여행자들에게 환영받는 장
소다. 1950년대부터 지금까지 명맥을 이어온 것만 봐도 이 가게의
명성을 짐작할 수 있다. 아침에는 오믈렛, 햄버그스테이크 같은 브
런치 메뉴, 점심부터 늦은 저녁까지는 든든한 고기류를 추천한다.
MAP 169p

ADD 38 Ellis St
OPEN 07:00~21:00(일요일 09:00~)
MENU 태즈 페이머스 스테이크 $31, 햄버그스테이크 $19
WEB tadssf.com
ACCESS 유니언 스퀘어 남쪽

금융가 직장인 맛집
샘스 그릴앤시푸드 레스토랑
Sam's Grill & Seafood Restaurant

어시장 노점에서 오이스터를 팔던 '오이스터 킹' 마이클 모라간이
골드러시 직후인 1867년 오픈한 시푸드 전문점. 150년 넘게 명맥
을 이어오고 있다(현재의 위치에 자리 잡은 것은 1936년이다). 금융가 한
복판이라 직장인들이 즐겨 찾는 곳으로, 바로 옆에 샘스 태번이라
는 펍도 함께 운영 중이다. 레스토랑에서는 오이스터, 연어, 칼라마
리, 조개찜 등 각종 해산물 그릴 요리를 주문해보자. 리츠칼튼, 포시
즌스 호텔과 가깝다. **MAP 169p**

ADD 374 Bush St
OPEN 11:00~20:30/주말 휴무
MENU 생선구이 $50, 오이스터 6개 $21
WEB samsgrillsf.com
ACCESS 바트 Montgomery St역에서 도보 5분

클래식한 아메리칸 스테이크하우스
존스 그릴 스테이크하우스 John's Grill Steakhouse

클래식한 외관이 돋보이는 스테이크 전문점. 샌프란시스코 대지진 2
년 후인 1908년, 유니언 스퀘어에 오픈한 첫 번째 레스토랑이다. 당
대의 저명인사가 모이는 문화 살롱 역할을 했기에 내부에는 이곳을
스쳐 간 인물의 사진이 담긴 액자가 빼곡하게 걸려 있다. 유력 정치
인은 물론 스티브 잡스, 앤디 워홀, 프랜시스 포드 코폴라 감독도 다
녀간 곳. 웨이터가 격식을 갖춰 서빙하는 곳이지만, 드레스코드가 엄
격하지 않고 그릴로 요리한 시푸드 등 메뉴도 다양하다. **MAP 169p**

ADD 63 Ellis St
OPEN 11:45~21:30
MENU 립아이 스테이크 런치 $43, 디너 $50
WEB johnsgrill.com
ACCESS 유니언 스퀘어 남쪽

60년 전통의 딤섬 전문점
양싱 Yank Sing

1958년부터 3대에 걸쳐 운영하는 광둥식 딤섬 전문점. 미슐랭 가이드와 제임스 비어드 가이드 등에도 소개된 유명 맛집이다. 설립자의 이름을 딴 앨리스 할머니의 치킨 & 버섯 딤섬(Grandma Alice's Famous Chicken and Mushroom Dumpling)을 비롯해 100여 종의 딤섬을 판매한다. 카트가 지나갈 때 먹고 싶은 딤섬을 손으로 가리키는 전통적인 주문 방식. 실내 또는 실외 좌석을 선택할 수 있고, 점심시간에만 운영한다. **MAP 169p**

ADD 49 Stevenson St
OPEN 11:00~15:00(주말 10:00~)/월요일 휴무
MENU 딤섬 $8~17
WEB yanksing.com   **INSTAGRAM** @yanksing
ACCESS 유니언 스퀘어에서 도보 12분

커피의 모든 과정을 즐기다
사이트글래스 커피 Sightglass Coffee

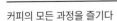

로스팅부터 브루잉까지 커피 제조 과정을 직접 보며 커피 맛을 체험할 수 있는 플래그십 매장이다. 생두자루가 쌓여 있는 로스터리, 바리스타가 정성껏 커피를 내려주는 커피 바 등의 공간으로 나뉜다. 커피를 마시며 편하게 쉴 수 있도록 테이블도 넉넉하게 마련돼 있나. 매주 금요일에는 일빈 고객을 대상으로 시음 행사를 진행하기도 한다. **MAP 169p**

ADD 270 7th St
OPEN 07:00~17:00
MENU 커피 $4~7.25
WEB sightglasscoffee.com
ACCESS 바트 Civic Center역에서 도보 10분

미국 3대 스페셜티 커피
블루보틀 커피 Blue Bottle Coffee

오클랜드에서 탄생하고 샌프란시스코를 통해 널리 알려진 커피 브랜드. 블루보틀 커피의 첫 번째 공식 매장은 시빅 센터와 가까운 헤이스밸리 (Hayes Valley)에 있다. 이것이 바로 블루보틀의 시그니처 커피 중에 헤이스밸리 에스프레소가 빠지지 않는 이유. 헤이스밸리점은 테이크아웃만 가능한 키오스크 매장이고, 카페에 앉아 쉬고 싶다면 다운타운의 마켓 스트리트점을 방문해보자. **MAP 169p**

아이스라테 & 헤이스밸리 에스프레소

ADD 헤이스밸리점: 315 Linden St/마켓 스트리트점: 705 Market St
OPEN 06:30~18:00경(지점마다 조금씩 다름)
MENU 커피 $4~8.25
WEB bluebottlecoffee.com
ACCESS 헤이스밸리점: 시청에서 도보 10분 /다운타운점: 유니언 스퀘어에서 도보 10분

마크 저커버그가 사랑한 커피
필즈커피 Philz Coffee

메타((구) 페이스북)의 CEO 마크 저커버그가 좋아해서 페이스북 본사에 입점시키기도 했고, 자신의 결혼 파티에도 주문했던 샌프란시스코 태생의 커피 브랜드. 핑크빛 크림에 박하잎을 얹은 '민트 모히토,' 콜드 브루 커피에 꿀과 오트 밀크(귀리 우유)를 넣은 '허니 헤이즈,' 시나몬과 넛맥, 정향 등의 향신료를 사용해 톡 쏘는 '진저 스냅' 같은 특이한 아이스 라테 음료가 인기다. 여러 매장 중에서 다운타운점이 직장인 카페로 꾸준한 사랑을 받는다. **MAP 169p**

민트 모히토

ADD 1 Front St #100
MENU 커피 $5~7
ACCESS 페리 빌딩에서 도보 10분

OPEN 05:30~17:00/토·일요일 휴무
WEB philzcoffee.com
ACCESS 바트 24th St역 하차

스타 셰프의 화려한 디저트
원 65 One 65

2023년 프랑스 리옹에서 열린 케이터링 월드컵(International Catering Cup)에서 1위를 차지한 총괄 셰프 르토힉의 꿈이 담긴 매장이다. 층마다 콘셉트를 달리해 바, 비스트로, 레스토랑, 디저트 매장으로 꾸몄다. 프랑스식 브런치나 디저트를 맛볼 수 있는 파티세리 원 65는 예약 없이 방문 가능하며, 미슐랭 별 1개를 받은 프렌치 파인 다이닝 레스토랑 오 바이 클로드 르토힉(O'by Claude Le Tohic)은 예약제로 운영된다. **MAP 169p**

ADD 165 O'Farrell St
OPEN 08:00~20:00(일·월요일 ~18:00)
MENU 마카롱 $3.5, 샌드위치 $22   **WEB** one65sf.com
ACCESS 유니언 스퀘어에서 도보 3분

#Zone 4

에스프레소 한 잔,
책 한 권의 여유

노스비치,
차이나타운,
노브 힐

North Beach &
Chinatown & Nob Hill

트랜스아메리카 피라미드가 정면으로 바라다보이는 콜럼버스 애비뉴를 따라 이탈리안 커뮤니티인 노스비치, 미국 최대의 차이나타운, 고급 주택가 노브 힐이 모여 있다. 워싱턴 스퀘어 주변에서는 미국 문학의 한 시대를 풍미한 작가들과 프란시스 코폴라 감독의 발자취를 곳곳에서 찾아볼 수 있다.

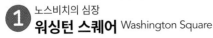

노스비치의 심장

① 워싱턴 스퀘어 Washington Square

1847년 노스비치 중심부에 만들어진 공원이다. 날씨가 좋을 때면 산니밭에서 일광욕하는 사람들이 눈에 띄는 평화로운 공간. 공원 북쪽에는 1884년 건축된 세인트 피터앤폴 성당(Saints Peter and Paul Church)이 자리 잡고 있는데, 로마네스크 양식의 두 첨탑과 내부의 대리석 제단, 스테인드글라스가 특히 아름답다. 코이트 타워행 뮤니 버스를 비롯해 여러 교통수단이 정차하는 핵심 지역이다.

MAP 182p

ADD Filbert St & Stockton St
OPEN 공원 24시간,
성당 07:00~16:00(주말 ~18:00)
WEB sfrecpark.org
ACCESS 뮤니 버스 39·45번/케이블카 파월~메이슨라인 Mason St & Union St 하차 후 도보 5분

② 영혼의 등불을 밝히다
시티 라이츠 서점 City Lights Bookstore

시인 로렌스 펄링게티와 사회학자 피터 D. 마틴이 1953년 설립한 독립서점으로, 비트 문학의 구심점 역할을 했다. 앨런 긴즈버그의 문제작 <울부짖음(The Howl)>의 출간을 제안하고 지원한 곳도 바로 이곳. 수십 년이 지난 지금도 초심을 지키려고 노력하면서 소규모 독립출판물까지 심도 있게 다룬다. 미로처럼 연결된 내부 공간은 세심하게 큐레이션 한 책으로 가득하다. 자리에 앉아 읽고 가기를 권유하는 팻말이 따뜻하게 다가오는, 가장 샌프란시스코다운 공간. 서짐 근처, 콜럼버스 애비뉴와 브로드웨이가 만나는 지점에서 수십 권의 책보병을 매날아 놓은 공공 미술 작품 <새의 언어(Language of the Birds)>도 찾아보자. **MAP 182p**

ADD 261 Columbus Ave
OPEN 10:00~22:00
WEB citylights.com
ACCESS 워싱턴 스퀘어에서 도보 5분

: WRITER'S PICK :
샌프란시스코의 비트세대란?

비트세대(Beat Generation)는 1950년대의 관습적이고 획일적인 사회 구조에 저항하고 권위주의에 반대하며 샌프란시스코 노스비치를 중심으로 활동한 작가, 예술가, 사상가 그룹을 칭한다. 비트세대의 상징적인 인물인 잭 케루악은 윌리엄 버로스, 닐 캐시디, 앨런 긴즈버그 등과 함께한 서부 여행을 바탕으로, 소설 <길 위에서>(1957)를 발표해 미국 젊은이들의 열광적인 반응을 얻으며 1960년대 히피 문화에 영향을 끼쳤다. 서점 옆 비트 박물관(Beat Museum)에서도 비트 문학의 중요 작품과 희귀 자료를 관람할 수 있다.

비트 박물관

<새의 언어>

③ 북미에서 가장 큰
차이나타운 Chinatown

골드러시가 시작된 1848년, 대륙 횡단 철도 건설 과정에서 형성된 미국에서 가장 오래된 차이나타운이다. 사찰과 약재상을 비롯해 다채로운 식료품점과 딤섬집이 모여 있어서 아시아 음식이 생각날 때 찾아갈 만한 곳이다. 매년 음력 1월 1일을 전후로 그랜트 애비뉴를 따라 전통 사자춤과 용을 앞세운 성대한 퍼레이드가 열린다. **MAP 182p**

WEB sanfranciscochinatown.com
ACCESS 뮤니 메트로 T라인 Chinatown-Rose Pak역 또는 유니언 스퀘어에서 드래곤 게이트까지 도보 7분

 Spot 1 드래곤 게이트
Dragon Gate /
Tian Xia Wei Gong

1970년 세워진 차이나타운의 정문 뒤로 중국풍 건물과 가로등이 밤을 환하게 밝힌다. 문을 지나 일직선으로 걸으면 '차이나타운의 심장'으로 불리는 포츠머스 광장(Portsmouth Square)이 나온다. 1848년에 황금 발견을 공표한 곳으로, 미국 역사에서 중요한 의미를 지니는 장소다.

ADD 745 Kearny St

 Spot 2 골든게이트
포춘쿠키 팩토리
Golden Gate Fortune
Cookie Factory

미국의 중식당에서는 어디서든 운세 쪽지가 든 포춘쿠키를 나눠준다. 이곳은 포춘쿠키를 최초로 만들었다고 알려진 작은 상점. 점원들이 재빠른 손놀림으로 쿠키 반죽 안에 쪽지를 넣고 모양을 만드는 모습이 재미있다.

ADD 56 Ross Alley
OPEN 09:00~18:30

 Spot 3 옛 중국 전화 교환국
Old Chinese Telephone
Exchange

중국풍 디자인의 외관이 시선을 사로잡는 3층짜리 옛 전화 교환국 건물로, 손꼽히는 기념 촬영 명소다. 건물이 세워진 1891년 당시 전화 교환원은 무려 5개의 중국 방언과 영어를 구사했다고. 1906년 대지진으로 파괴됐다가 재건돼 1949년까지 사용되었으며, 현재는 이스트 웨스트 뱅크(East West Bank) 건물로 남아있다.

ADD 743 Washington St

4 노브 힐의 랜드마크
그레이스 대성당 Grace Cathedral

노브 힐의 구심점 역할을 하는 대성당. 1928년 건축을 시작해 완공까지 40년이 소요됐다. 팝아티스트 키스 해링의 생애 마지막 작품으로 알려진 제단화가 있으며, 프랑스 샤르트르 대성당을 본떠 성당 안과 밖에 대형 미로를 그려두었다. 일요일 미사 시간을 제외하면 자유롭게 열린 공간이다.

노브 힐은 대륙 횡단 철도 건설로 막대한 재산을 모은 대부호들의 저택이 지어지면서 '억만장자의 언덕'이라는 별명이 붙은 지역으로, 맞은편 헌팅턴 파크 쪽으로는 페어몬트, 인터콘티넨털 마크 홉킨스, 헌팅턴, 스탠퍼드 코트 등의 최고급 호텔이 모여 있다. 높은 언덕에 있어 전망이 뛰어나고, 대성당 앞을 지나는 케이블카를 타면 언덕을 내려가는 내내 정면에 베이브리지가 보인다. **MAP 182p**

ADD 1100 California St
OPEN 10:00~17:00(일요일 관람은 13:00~)
WEB gracecathedral.org
ACCESS 케이블카 캘리포니아라인 California St & Taylor St역 하차

코폴라 감독의 단골집을 찾아라
노스비치의 동네 카페 & 맛집

노스비치의 워싱턴 스퀘어 주변에는 로컬들에게 사랑받아온 동네 맛집과 카페가 많다.
평일 아침부터 오픈런하는 모습이 전혀 이상하지 않은 동네가 바로 이곳.
해산물 스튜 먹고 에스프레소 한잔하면서 노스비치 감성을 충전해보자.

샌프란시스코 최고의 치오피노
소토 마레 Sotto Mare

미국식 이탈리안 요리를 맛볼 수 있는 시푸드
레스토랑. 대표 메뉴는 샌프란시스코의 명물인
치오피노(Cioppino)로, 크랩과 신선한 해산물이
아낌없이 들어간다. 가정식 칼라마리 튀김, 소
금에 절인 대구인 바칼라(Baccalà), 시푸드 파스
타 등 전반적으로 음식 퀄리티가 훌륭하고, 양
이 푸짐하다. 늦은 저녁까지 줄 서서 먹는 맛집
이다. **MAP 182p**

ADD 552 Green St
OPEN 11:30~21:00
MENU 치오피노 $55, 파스타 $30
WEB sottomaresf.com
ACCESS 워싱턴 스퀘어 남쪽

게살 얹은 에그 베네딕트
마마스

Mama's On Washington Square

워싱턴 스퀘어 코너에 사람들이 모여 있다면
분명 마마스 대기 줄이다. 우리나라 여행자에
게도 잘 알려진 브런치 카페로, 입장하면 자리
를 안내받고 주문은 앞쪽에 가서 하는 방식이
다. 인기 메뉴는 에그 베네딕트에 게살을 얹은
크랩케이크 베네딕트. 단, 손님이 많아서 불만
사항이 생길 수 있고, 오픈런을 하지 않으면 1
시간 넘게 기다려야 한다는 것, 점심 영업 직후
문을 닫는 것이 단점이다. **MAP 182p**

ADD 1701 Stockton St
OPEN 08:00~14:00(주말 ~15:00)/월요일 휴무
MENU 크랩케이크 베네딕트 $31, 몬테크리스토 $19.5
WEB mamas-sf.com
ACCESS 워싱턴 스퀘어 북동쪽 코너

코폴라 감독의 취향 그대로
카페 조에트로프 Café Zoetrope

트랜스아메리카 피라미드와 정확히 겹쳐 보이면서 노스비치의 아이콘이
된 녹색 빌딩. 프랜시스 코폴라 감독이 소유한 건물로, 그가 조지 루카스와
함께 설립한 아메리칸 조에트로프 영화사의 본사로 사용되고 있다. 1층에
같은 이름의 카페를 운영 중인데, 벽마다 빼곡하게 걸린 액자와 그림, 메뉴
명과 이탈리안 칵테일, 와인 리스트 하나까지 코폴라 감독의 취향을 고스
란히 반영했다고 한다. 1924년경 시저샐러드를 최초로 개발한 레스토랑
터였다는 것을 기념하기 위해 시저샐러드도 판매한다. **MAP 182p**

ADD 916 Kearny St
OPEN 12:00~19:00(금·토요일 ~20:00)
MENU 파스타 $22~25, 시저샐러드 $16, 와인 $12
WEB cafezoetrope.com
ACCESS 시티 라이츠 서점에서 도보 3분

시저샐러드

오페라가 흐르는 100년 전통 카페
토스카 카페 Tosca Cafe

빈티지한 간판이 눈에 띄는 클래식한 건물. 1919년에
오픈해 샌프란시스코에서 3번째로 오래된 바가 있다.
2012년 폐업 위기를 겪기도 했으나 스타 셰프인 에이
프릴 블룸필드가 인수하면서 간단한 식사 메뉴가 있는
와인 & 칵테일바로 변신했다. 오래된 주크박스에서 오
페라가 흘러나오면 노스비치의 밤 분위기가 무르익는
다. **MAP 182p**

ADD 242 Columbus Ave
OPEN 디너 화·수요일 17:00~22:00, 목~토요일 17:00~23:00/
바(Bar) 목~토요일 17:00~01:00
MENU 하우스 카푸치노 $16, 파스타 $29~38
WEB toscacafe-sf.com
ACCESS 시티 라이츠 서점 건너편

비트세대의 문학 살롱
카페 트리에스테 Caffe Trieste

1956년 미국 서부의 첫 번째 에스프레소 전문점으로
문을 연 이후, 근처의 베수비오 카페(Vesuvio Café)와 더
불어 잭 케루악, 앨런 긴즈버그 등 비트 문학의 대표주
자들이 즐겨 찾는 명소가 됐다. 프랜시스 코폴라 감독
이 영화 <대부>의 시나리오를 집필한 장소로도 유명하
다. **MAP 182p**

ADD 601 Vallejo St
OPEN 07:00~21:00
MENU 에스프레소 $3.75, 카푸치노 $4.5
WEB caffetrieste.com
ACCESS 시티 라이츠 서점에서 도보 2분

이탈리아 피자 챔피언의 마르게리타
토니스 피자 나폴레타나
Tony's Pizza Napoletana

이탈리아의 피자 경연대회에서 베스트 피자상을 여러 번 거머쥔 피자 장인, 토니 제미니아니가 운영하는 피제리아다. 경연 당시 사용했던 나무 화덕에서 구워내는 마르게리타 피자는 1일 73판만 한정 판매한다. 시실리안 피자, 로만 피자 등 이탈리아 정통 피자를 포함해 미국식 피자와 파스타까지, 다양한 메뉴로 '미국 피자 레스토랑 TOP 10'에 선정되기도 한 노스비치의 대표 맛집이다. **MAP 182p**

ADD 1570 Stockton St
OPEN 12:00~23:00(월·화요일 ~22:00)
MENU 이탈리안 피자 $33~37, 미국식 피자 $30~37
WEB tonyspizzanapoletana.com
ACCESS 워싱턴 스퀘어 남쪽

노브 힐의 감성 카페
커피 무브먼트 The Coffee Movement

케이블카 박물관 근처에 있는 작은 카페로, 현지 감성이 물씬 풍긴다. 코코아 카푸치노, 피콜로(라테보다 우유가 적게 든 커피음료) 등의 독창적인 메뉴로 입소문을 타더니 지점 오픈도 앞두고 있다. 제철에만 맛볼 수 있는 시즈널 메뉴가 매력이고, 테이스팅 플라이드(Tasting Flight)를 선택하면 날마다 달라지는 3가지 종류의 커피 혹은 3가지 방법으로 내려주는 한 종류의 커피를 맛보는 특별한 경험을 할 수 있다. **MAP 182p**

ADD 1030 Washington St
OPEN 07:00~14:00(금~일요일 ~16:00)
MENU 피콜로 $4, 테이스팅 플라이트 $8
WEB thecoffeemovement.com
ACCESS 케이블카 박물관에서 도보 2분

시가는 팔지 않는 샌드위치 카페
마리오스 보헤미안 시가 스토어 카페
Mario's Bohemian Cigar Store Cafe

독특한 이름을 가진 보헤미안 감성의 카페. 원래 담배 가게였던 곳에 1971년 마리오가 카페를 열었고, 지금도 가족이 대를 이어 운영한다. 샌드위치에 사용하는 포카치아 빵은 속이 폭신하고 겉이 바삭한 식감이 일품인데, 공원 건너편의 리구리아 베이커리에서 매일 공수해 온다. 바에 앉아 혼자 가벼운 식사를 즐겨도 부담없는 곳이니, 부드러운 라테 또는 생맥주 한 잔을 곁들여 보자. **MAP 182p**

ADD 566 Columbus Ave
OPEN 11:00~21:00
MENU 샌드위치 $16~17
WEB mariosbohemian.com
ACCESS 워싱턴 스퀘어 남쪽

#Zone 5

트렌드세터가 모이는 곳
미션 & 카스트로
Mission & Castro

미션 디스트릭트는 샌프란시스코의 탄생과 밀접하게 관련된 히스패닉의 거주지역이자, 샌프란시스코의 트렌드를 주도하는 핫플레이스다. 발렌시아 스트리트와 18th 스트리트를 따라 걸으며 나만의 보석 같은 장소를 발견해보자. 단, 골목 하나만 잘못 들어가도 분위기가 달라질 수 있으니 길이 익숙하지 않은 사람은 메인 도로 위주로 둘러보자.

+MORE+

미션의 벽화 골목을 찾아서

라틴 감성으로 충만한 미션 디스트릭트에는 원색의 벽화가 그려진 건물과 골목을 곳곳에서 발견할 수 있다. 샌프란시스코의 역사와 중앙아메리카의 독립에 이르기까지, 다양한 주제를 담아낸 아트 벽화만 보러 다니는 워킹 투어가 운영될 정도다. 벽화 건물 중에는 미션 지역 깊숙이 자리한 발미 앨리 (Balmy Alley)가 특히 유명하고, 비교적 가기 쉬운 곳으로는 클라리온 앨리(Clarion Alley)와 위민스 빌딩(Women's Building)이 있다. 단, 늦은 시간에 골목 안으로 들어가는 것은 위험하다.

1 컬러풀한 축제의 언덕
돌로레스 파크 Dolores Park

샌프란시스코 다운타운의 스카이라인이 보이는 전망 포인트! 테니스장과 축구장 등 다양한 운동 시설을 갖췄고, 주말이면 피크닉 매트를 가지고 놀러 나온 주민들이 에너지를 한껏 발산한다. 원형극장처럼 둥근 언덕 전체가 인파로 가득 채워진 모습이 장관이라서, 그냥 앉아 있기만 해도 즐겁다. 공원 바로 앞을 지나는 18th 스트리트와 발렌시아 스트리트 사이에 미션의 핫플들이 모여 있다. **MAP 188p**

ADD 18th St & Dolores St
WEB sfrecpark.org/destination/mission-dolores-park
ACCESS 뮤니 메트로 J라인 Church & 18th St역 하차

② 샌프란시스코 역사의 시작
미션 돌로레스 Mission Dolores

돌로레스 파크와 가까운 곳에는 1776년 10월 9일 캘리포니아의 6번째 선교원으로 설립된 미션 돌로레스가 있다. 정식 명칭은 미션 샌프란시스코 데 아시스(Misión San Francisco de Asís)로, 샌프란시스코라는 도시명이 아시시의 수호성인 프란치스코에서 유래했음을 알 수 있다. 1782~1791년에 어도비 양식(햇빛에 말린 진흙으로 만든 어도비 벽돌로 건물을 짓는 중남미 지역의 건축 양식)으로 재건하여 샌프란시스코에 현존하는 가장 오래된 건물로 남았다. 대부분의 미사는 옆자리 선교회 부속 건물인 미션 돌로레스 바실리카에서 진행한다. **MAP 188p**

ADD 320 Dolores St
OPEN 10:00~16:00/월요일 휴무
WEB missiondolores.org
ACCESS 돌로레스 파크에서 도보 5분

③ 진보와 저항의 상징
하비 밀크 플라자 Harvey Milk Plaza

돌로레스 파크에서 18th 스트리트를 따라 서쪽으로 걸어 내려오면 레인보 횡단보도(Rainbow Crosswalk) 교차로(18th St & Castro St)가 나온다. 여기가 바로 샌프란시스코의 대표적인 성 소수자(LGBT) 커뮤니티인 카스트로 디스트릭트(Castro District)로, 곳곳에서 성 소수자 문화와 샌프란시스코의 다양성을 상징하는 무지개색 표식을 확인할 수 있다. 지역명은 19세기 캘리포니아 자치를 위해 투쟁한 호세 카스트로의 이름에서 유래했으며, 6개의 거리가 만나는 곳에 하비 밀크 플라자(광장)가 있다. 캘리포니아 최초로 커밍아웃을 하고 선출직 공무원에 당선됐다가 1978년 암살당한 하비 버나드 밀크를 기리는 레인보 깃대가 있는 곳이 광장의 중심부다. 다운타운에서 카스트로행 뮤니 스트리트카 F라인을 타고 종점에 내리면 된다. **MAP 188p**

ADD 17th St & Castro St   **WEB** harveymilkplaza.org
ACCESS 뮤니 스트리트카 F라인 17th St & Castro St 하차/뮤니 메트로 KT·L·M라인 Castro St역 하차

유니크함으로 승부하는 핫플
미션 & 카스트로 맛집

강렬한 개성이 묻어나는 미션 & 카스트로의 맛집은 하나같이 특별하다.
우리에게도 이미 유명한 맛집부터 지금 뜨는 핫플까지, 트렌드를 알고 싶다면 이곳으로!

줄 서서 먹는 베이커리 카페
타르틴 베이커리 Tartine Bakery

뉴욕 CIA 요리학교 출신으로 2008년 제임스 비어드 상을 받은 채드
로버트슨 부부의 베이커리. 유기농 빵 타르틴 브레드가 미국 다수의 매거진
에서 꼭 먹어봐야 할 빵으로 소개되면서 LA와 서울에도 진출했다. 본점에
서는 새콤달콤한 레몬 크림 타르트, 쌉싸름한 초코 헤이즐넛 타르트, 시나
몬과 오렌지 향이 풍기는 모닝 번 등 다양한 디저트를 판매한다. 매장이 작
아서 자리가 부족한데도 언제나 줄 서는 핫플. 여기서 빵을 사서 돌로레스
파크로 가는 것도 좋은 방법이다. **MAP 188p**

ADD 600 Guerrero St
OPEN 08:00~17:00
MENU 크루아상 $6.25,
레몬 크림 타르트 $11.5
WEB tartinebakery.com
ACCESS 돌로레스 파크에서 도보 5분

감성 브런치 맛집
타르틴 매뉴팩토리 Tartine Manufactory

타르틴 베이커리의 분점. 건물 전체를 베이킹 공방으로 꾸며서 본점보다 한
결 여유로운 분위기다. 테이크아웃이나 딜리버리도 가능하지만, 자리에 앉
아 식사할 수 있다는 점이 인기 요인. 특히 여행자들은 커다란 빵 덩어리를
들고 다니는 것이 쉽지 않은데, 여기에 오면 타르틴의 빵을 다른 재료와 함
께 요리처럼 맛볼 수 있어서 편하다. 입장은 예약 없이 선착순. **MAP 188p**

ADD 595 Alabama St
OPEN 카페 08:00~16:00
(식사 수~일요일 17:30~21:30)
MENU 마르게리타 피자 $23,
새먼 타르틴 $19.25
WEB tartinebakery.com
ACCESS 타르틴 베이커리 본점에서 도보 15
분(우버 이용 추천)

패스트푸드가 아닌 슬로푸드
슈퍼 두퍼 버거
Super Duper Burgers

카스트로에서 탄생한 샌프란시스코의 대표 버거집. 다른 버거 체인보다 가격대가 다소 높은 이유는 육즙 가득한 패티에 있다. 신선하게 갈아낸 냉장고기(지방함량 20%)를 소금과 후추만으로 양념한 패티는 냉동하지 않고 당일만 사용한다는 게 철칙이다. 4oz(약 113g)짜리 패티가 2장 들어가는 슈퍼 버거가 다소 과하게 느껴질 때는 패티 1장짜리 미니 버거를 주문하는 것도 좋다. 모양도, 맛도, 분위기도 샌프란시스코와 무척 잘 어울리는 자연주의 버거다. 다운타운과 베이 지역에 지점이 있다. **MAP 188p**

ADD 2304 Market St
OPEN 11:00~21:00
MENU 슈퍼 버거 $10.5, 감자튀김 $4
WEB superduperburgers.com
ACCESS 하비 밀크 쁠라자에서 노보 5분

캘리포니아 펍 음식
스타벨리 Starbelly

신선한 재료로 만든 캘리포니아 음식을 파는 가스트로펍. 우드톤으로 꾸민 실내 분위기에 마음이 편안해진다. 가격 대비 음식 퀄리티가 훌륭해 주말 브런치 명소이자 저녁에 친구들과 찾는 펍으로 사랑받는다. 주변에도 인기 레스토랑과 바가 많은데, 여행자보다는 로컬이 즐겨 찾는 카스트로 지역의 맛집이다.

MAP 188p

ADD 3583 16th St
OPEN 11:00~21:00(주말 ~22:00, 브런치 메뉴 ~15:30)
MENU 버거 $19, 로코모코 $16
WEB starbellysf.com
ACCESS 뮤니 스트리트카 F라인 Market & Noe St 하차

정통 부리토를 맛보려면
라 타퀘리아 La Taqueria

지역색이 뚜렷한 동네에서 맛보는 멕시코 음식은 언제나 실패 없는 선택! 토르티야에 재료를 넣고 둘둘 말아주는 부리토, 토르티야를 반으로 접어주는 타코, 노릇하게 구워주는 퀘사디아 중 하나를 선택한 다음 메인 육류(소, 돼지, 닭, 소시지)에 치즈, 사워크림, 아보카도 등 토핑을 추가해 즉석에서 만들어준다. 이곳 외에도 미션 지역에는 맛있는 멕시코 음식을 먹을 수 있는 타퀘리아(멕시코 식당)가 수없이 많으니, 어디든 마음에 드는 식당을 만나면 주저 없이 들어가 보자.

MAP 188p

ADD 2889 Mission St
OPEN 11:00~20:45/월·화요일 휴무
MENU 부리토 $11~30
ACCESS 미션 스트리트 남쪽 끝

머핀 안에 반숙 달걀이?
크래프츠맨앤울브스 Craftsman and Wolves

식사 대용으로 손색없는 페이스트리를 파는 작은 가게다. 머핀을 반으로 자르면 촉촉한 달걀노른자가 주르륵 흘러나오는 레벨 위딘(The Rebel Within)이 몇 년째 사랑받아 온 시그니처 메뉴. 그 밖에도 샥슈카 크루아상, 칠면조 크루아상 등 특색 있는 메뉴를 꾸준히 선보인다. 잼과 꿀이 듬뿍 들어간 퀸아망, 바나나 케이크 등 달콤한 디저트류도 훌륭하다. 발렌시아 스트리트 한복판에 있어 잠시 쉬어가기에도 좋은 곳이다. **MAP 188p**

ADD 746 Valencia St   **OPEN** 07:30~15:30
MENU 레벨 위딘 $9   **WEB** craftsman-wolves.com
ACCESS 돌로레스 파크에서 도보 7분

여기서 인정받아야 진짜!
발렌시아 스트리트의 커피 & 디저트

발렌시아 스트리트(Valencia St)를 따라 18th 스트리트부터 24th 스트리트까지 이어지는 거리엔
아이디어 넘치는 바리스타와 셰프가 모여 있다.
샌프란시스코만의 로컬 브랜드가 끊임없이 탄생하는 이곳에서 인정받는다면 그야말로 '찐' 맛집이다.

로컬 커피의 성공 신화
리추얼 커피 Ritual Coffee

블루보틀 커피, 포 배럴과 함께 커피업계에 제3의 물결을
일으켰다고 평가받는 스페셜티 커피 브랜드. 지역에서 탄
탄한 마니아층을 확보하고 있다. 첫 매장을 발렌시아 스
트리트에 열었고, 이후 다른 곳으로도 확장했다. 매장에
서는 V60 드리퍼를 사용한 핸드드립 커피와 에어로프레
스 커피를 즐길 수 있다. 시선을
사로잡는 강렬한 붉은색 로고가
새겨진 기념품도 눈여겨볼 만하
다. MAP 188p

ADD 1026 Valencia St
OPEN 07:00~18:00
MENU 커피 $4.5~7
WEB ritualroasters.com
ACCESS 발렌시아 스트리트 남쪽

편안한 분위기의 로스터리 카페
포 배럴 커피 Four Barrel Coffee

고품질의 싱글 오리진 원두를 수입하여 직접 로스팅하
는 독립 카페로 출발해 샌프란시스코의 대표 스페셜티
커피 브랜드로 자리매김했다. 빈티지한 독일산 기계를
사용하는 옛 로스팅 방식을 고수하며, 지역 아티스트와
의 꾸준한 협업으로 선보이는 다채로운 원두 패키징도
매력. 커피 마니아라면 우드톤 인테리어가 돋보이는 발
렌시아 스트리트 본점을 찾아가 보자. MAP 188p

ADD 375 Valencia St
OPEN 07:00~17:00
MENU 커피 $5~7
WEB fourbarrelcoffee.com
ACCESS 발렌시아 스트리트 북쪽

샌프란시스코 로컬 픽 1위!

바이라이트 크리머리
Bi-Rite Creamery

사랑스러운 민트색 외벽과 벽화가 인증샷을 부르는 아이스크림 전문점. 1940년대부터 미션 지역의 사랑방 역할을 해온 슈퍼마켓 바이라이트가 2006년 오픈했다. 지역 상생에 목표를 둔 가게라서 주로 로컬 식재료를 사용하는 편. 캘리포니아의 유명 목장 더블 에이트(Double 8)의 우유로 생산하는 소프트아이스크림은 버터 함량이 높아 어떤 토핑과 조합해도 완벽한 베이스가 돼준다. 리추얼 커피의 원두를 사용한다거나, 미스터 홈즈 베이커리와 협업한 메뉴를 개발하는 등 샌프란시스코 로컬 맛집과 연계한 특별한 아이스크림을 맛볼 수 있다. **MAP 188p**

ADD 3692 18th St
OPEN 12:00~21:00
MENU 1스쿱 $6
WEB biritecreamery.com
ACCESS 돌로레스 파크에서 도보 5분

가장 완벽한 한 스쿱

스미튼 아이스크림
Smitten Ice Cream

여러 대의 기계가 설치된 내부가 마치 과학 실험실 같은 분위기의 아이스크림 가게. 스탠퍼드 MBA 출신의 로빈 S. 피셔가 액화 질소를 이용해 영하 196°C에서 아이스크림을 급속 냉동하는 기계를 개발하고 특허까지 받았다. 먹고 싶은 메뉴를 고르면 직원이 '부르릉' 소리를 내는 기계(Brrr® 머신)로 90초 만에 아이스크림을 만들어주는데, 유난히 크리미하고 신선한 맛이다. '단짠단짠'한 솔티드 캐러멜과 새콤달콤한 발사믹 딸기가 대표 메뉴이며, 바질이나 허니 라벤더 같은 허브 향 아이스크림도 인기다.

MAP 188p

ADD 904 Valencia St
OPEN 14:00~21:00
MENU 1스쿱 $6.75
WEB smittenicecream.com
ACCESS 돌로레스 파크에서 도보 10분

커피도 맛있는 초콜릿 공장

단델라이언 초콜릿
Dandelion Chocolate

최고급 코코아 빈을 직접 로스팅하고 완제품으로 만드는 빈 투 바(Bean-to-Bar) 공정을 진행하는 프리미엄 수제 초콜릿 브랜드. 리추얼 커피 등 로컬 브랜드와 협업하여 샌프란시스코다운 특색을 강화해 나간다. 초콜릿 공방이자 카페로 운영되는 발렌시아점에서는 달콤한 초콜릿과 쌉싸름한 커피, 각종 초코 음료뿐 아니라 디저트까지 다양하게 맛볼 수 있다. 초콜릿 공장은 미션에 있으며, 다운타운 페리 빌딩과 LA에도 매장이 있다.

MAP 188p

ADD 740 Valencia St
OPEN 07:30~21:00
MENU 핫초콜릿 $6.25
WEB dandelionchocolate.com
ACCESS 돌로레스 파크에서 도보 7분

SAN FRANCISCO DAY TRIPS

샌프란시스코 근교 여행

샌프란시스코베이 주변의 9개 카운티(County)를 베이 에어리어(Bay Area)라고 한다. 가깝게는 골든게이트브리지 건너편의 마린 카운티와 베이브리지 건너편의 오클랜드, 캘리포니아 와인의 주산지인 나파와 소노마, 스탠퍼드 대학과 실리콘밸리, 산호세가 있는 산타클라라 등이 여기에 포함되며, 당일 여행으로 충분히 다녀올 수 있는 거리다.
1박 2일 이상의 일정으로는 캘리포니아 동쪽의 큰 줄기를 이루는 시에라네바다산맥의 여러 국립공원을 추천한다. 캘리포니아주 1번 국도로 불리는 CA State Route 1은 대표적인 해안 드라이브 코스다. 샌프란시스코를 기준으로 북부로 올라가면 레드우드 국립공원을 지나 포틀랜드와 시애틀까지, 남부로 내려가면 LA를 지나 샌디에이고까지 갈 수 있다.

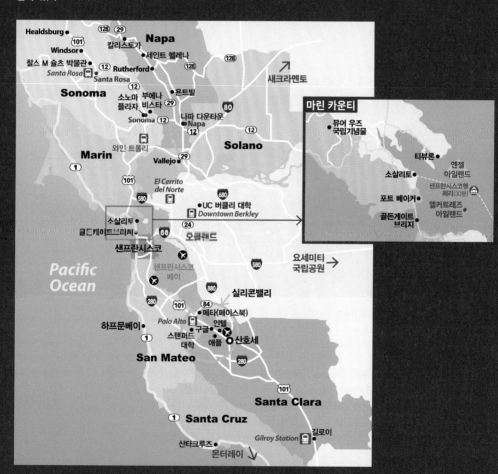

소살리토를 품은 해안가
마린 카운티 Marin County

골든게이트 해협 건너편의 마린 카운티는 뛰어난 경치를 자랑하는 국립휴양지에 둘러싸여 있다. 특히 해안마을 소살리토는 반나절 코스로 사랑받는 근교 여행지다. 길이 좁고 주차 공간이 부족하기 때문에 페리로 방문하는 것이 더 편한데, 샌프란시스코 페리 터미널에서 출발해 소살리토까지 가는 30분 내내 유람선을 탄 것처럼 멋진 풍경이 함께 한다.

① 보헤미안 감성의 해안마을
소살리토 Sausalito

'작은 버드나무'라는 뜻을 가진 소살리토는 골든게이트브리지 건너편, 샌프란시스코가 바라다보이는 언덕에 자리 잡은 아름다운 타운이다. 과거 어촌이던 곳에 70~80년 전부터 보헤미안 예술가들이 보트 위에 집을 짓고 살기 시작한 것이 오늘날 예술마을의 토대가 됐다. 페리에서 내리면 선착장 바로 앞에 관광객을 위한 편의시설이 모인 쇼핑가가 조성돼 있다. 부티크와 갤러리, 예쁜 레스토랑과 카페가 많아서 구경 도중 잠시 쉬며 바닷가 경치를 즐기기에 더할 나위 없는 동네다.

ADD Sausalito Ferry Terminal, Sausalito, CA 94965
WEB sausalito.org
ACCESS 샌프란시스코 다운타운에서 17km(자동차 30분)

MAP 195p

포인트 카발로 해안 절벽

② 골든게이트브리지의 또 다른 전망 포인트
포트 베이커 Fort Baker

옛 군사 부지를 골든게이트 국립 휴양지역에 편입시키고 25개의 육군 건물을 사적으로 지정했다. 아이들을 위한 다양한 실내외 체험 학습 시설을 갖춘 디스커버리 박물관이 있고, 호텔로 쓰이는 건물도 있다. 박물관 외 포트 베이커 부지 전체는 무료로 개방된 공원으로, 주말에는 현지인의 낚시나 트레킹 장소로 애용된다. SNS에서는 포인트 카발로(Point Cavallo)의 해안 절벽이 골든게이트브리지 전망 포인트로 유명하다. 풍경은 정말 아름답지만 해안마을 소살리토 쪽에서 걸어올 만한 위치는 아니니, 차가 있을 때 방문해볼 만하다. **MAP 195p**

ADD Fort Baker, Sausalito
OPEN 24시간
PRICE 무료
WEB nps.gov/goga
ACCESS 골든게이트브리지 웰컴 센터에서 5.6km(자동차 10분)

+MORE+

마린 카운티에서 레드우드를 볼 수 있다고?
뮤어 우즈 Muir Woods 국립기념물

샌프란시스코에서 수백 킬로미터 떨어진 레드우드 국립공원까지 가기 어렵다면 마린 카운티의 뮤어 우즈 국립기념물이 좋은 대안이다. 이곳에서 가장 큰 레드우드(미국삼나무)의 높이는 79m로, 30분~1시간 가량 트레킹하다 보면 레드우드 숲을 만나게 된다. 주말에는 소살리토 페리 터미널에서 출발하는 라크스퍼(Larkspur) 셔틀버스를 이용하는 것도 좋은 방법이다. 방문 전에 입장료와 별도로 셔틀버스 티켓(편도 $3.75) 또는 주차권을 예매해야 한다. **MAP 195p**

ⓘ **뮤어 우즈 비지터 센터** Muir Woods Visitor Center
ADD 1 Muir Woods Rd, Mill Valley, CA 94941
OPEN 08:00~18:00(여름철 ~20:00)
PRICE 입장권 $15(국립공원 패스 사용 가능)
WEB gomuirwoods.com
ACCESS 샌프란시스코에서 27km(자동차 40분), 소살리토에서 13.4km(셔틀버스 30분)

소살리토 IN & OUT

🚢 페리
샌프란시스코에서 소살리토를 가장 편하게 다녀오는 방법. 출퇴근 시간이나 성수기 오후에 샌프란시스코로 돌아오는 페리에는 사람이 많으니 스케줄을 잘 짜야 한다.

Blue and Gold Fleet
DEPARTURE Fisherman's Wharf Pier 41
PRICE 편도 $14.75(자전거 티켓 별도 구매, 온라인 예약 가능)
WEB blueandgoldfleet.com

Golden Gate Ferry
DEPARTURE Ferry Building Gate B
PRICE 편도 $14(현장에서 티켓을 구매하는 대신 클리퍼 카드를 탭하면 할인요금 적용)
WEB goldengateferry.org

🚌 버스
다운타운에서 버스를 타면 시빅 센터와 골든게이트브리지 웰컴 센터 앞 톨 광장(Toll Plaza)을 지나 다리를 건너 소살리토에 도착한다. 총 소요 시간은 약 **40분**. 가장 저렴한 수단이다.

Golden Gate Transit
DEPARTURE Salesforce Transit Center
PRICE 편도 $8.5(클리퍼 카드 $6.8)
WEB goldengatetransit.org

🚲 자전거
샌프란시스코 도심에서부터 자전거를 타고 골든게이트 브리지를 건너 소살리토까지는 편도 14km 거리다. 많은 이들이 도전하고 싶어 하지만 경사진 구간이 많은 고난도 코스라서 일반 자전거로 왕복하기는 상당히 어렵다. 힘이 적게 드는 전기 자전거(Electric Bikes) 대여를 추천한다. 샌프란시스코로 돌아갈 때는 페리를 이용하자. 자전거 대여소 정보 129p.

페리 터미널

아티스트 감성 듬뿍!
소살리토에서 쇼핑하기

해변 산책로 브리지웨이(Bridgeway)를 따라 걷다 보면 마주치게 되는 갤러리와 와인숍, 잡화점들.
특히 소살리토의 로고가 그려진 예쁜 제품들이 기념품으로 제격이다.

기념품 쇼핑은 여기서!
스튜디오 333
Studio 333

로컬 아티스트들의 멋스러운 디자인 제품을 만날 수 있는 부티크 겸 갤러리. 액세서리, 모자, 가방뿐 아니라 부담 없는 가격의 수제 비누, 캔들, 엽서도 판매하는데, 하나같이 예쁘다.

ADD 803 Bridgeway
OPEN 10:30~17:30
WEB studio333downtown.com

태피 드셔보셨나요?
먼치스 캔디
Munchies Candies

커다란 나무통에 달콤한 사탕 한가득! 태피(Taffy)는 버터나 오일, 시럽을 넣어 다양한 맛을 내는 미국식 사탕이다. 달콤하고 짭조름한 맛이 매력인 솔트워터 태피를 포함해 종류별로 구매 가능.

ADD 607 Bridgeway
OPEN 10:00~18:00
WEB munchiesofsausalito.com

로컬 와인 탐색하기
바커스앤비너스
Bacchus & Venus

아트 갤러리와 와인숍을 같이 운영하는 작은 매장. 시음을 원한다면 여러 종류의 와인을 맛볼 수 있는 샘플러가 괜찮다. 특별한 로컬 와인 셀렉션을 찾아보기에도 좋고, 와인 용품도 같이 판매한다.

ADD 769 Bridgeway
OPEN 11:00~19:00
WEB bacchusandvenus.com

소살리토 본점을 방문할 기회
히스 세라믹
Heath Ceramics

1948년 소살리토에서 탄생한 미국 서부의 고급 도자기 브랜드 히스 세라믹 최초의 공방. 주말에는 공방 투어(유료)도 진행한다.

ADD 400 Gate Five Rd
OPEN 10:00~17:00
WEB heathceramics.com

귀여운 양말이 한가득
삭살리토
SOXalito

재치 있는 가게명이 돋보이는 양말 가게. 샌프란시스코와 소살리토를 테마로 제작한 알록달록한 양말은 선물용으로 제격이다.

ADD 771 Bridgeway
OPEN 11:00~17:00
WEB soxalito.com

흥미로운 장난감 가게
게임스 피플 플레이
Games People Play

온갖 잡동사니를 모아둔 것 같은 미국 스타일의 장난감 가게. 장난감 외에 샌프란시스코와 관련된 책과 아이들을 위한 그림책, 소소한 소품도 다양하다.

ADD 695 Bridgeway
OPEN 10:00~18:00

햇살 좋은 바닷가에서 점심을
소살리토 맛집

소살리토에서는 굳이 계획을 세우기보다 마음에 드는 장소에 불쑥 들어가 보는 것도 재미있다.
햇살이 쏟아지는 야외 테이블에 앉아 이탈리아식 알 프레스코 다이닝을 즐겨보자!

상큼 달콤 열대의 맛
래퍼츠 아이스크림
Lappert's Ice Cream

바다와 어울리는 상큼한 하와이언 아이스크림은 소살리토 최고의 명물! 하와이 카우아이섬에서 영감을 받아 오픈한 곳으로, 시솔트 캐러멜, 마카다미아, 코나 커피, 구아바 등을 사용한 다양한 열대의 맛을 선보인다.

ADD 689 Bridgeway
OPEN 09:30~19:00 **MENU** 1스쿱 $6
WEB lapperts.com

맛있는 시푸드가 먹고 싶을 때
피시.
Fish.

신선한 해산물 요리가 맛깔스러운 시푸드 전문점. 카운터에서 주문하고 픽업하는 방식이라 팁이 없어 저렴하고, 양도 굉장히 푸짐하다. 중심가와 거리가 있는데도 일부러 찾아가 줄 서서 먹는 맛집이다.

ADD 350 Harbor Dr (주차장 있음)
OPEN 11:30~20:30
MENU 클램 링귀니 $27, 스티머볼 $29
WEB 331fish.com

버거 종류가 이렇게 다양하다고?
나파밸리 버거 컴퍼니
Napa Valley Burger Co.

매콤한 체다치즈, 위스키에 재운 베이컨, 와인으로 블렌딩한 패티, 여기에 캘리포니아 스타일의 샐러드까지! 분위기 좋은 펍에서 로컬 와인과 어울리는 수제 버거를 만나보자.

ADD 670 Bridgeway
OPEN 11:30~18:00/화요일 휴무
MENU 버거 $17~24, 샐러드 $18
WEB napavalleyburgercompany.com

지글지글 구워내는 패티
햄버거스
Hamburgers

유리창 너머로 고기를 굽는 장면에 저절로 눈길이 가는 가게. 두툼한 패티에 체다치즈를 얹어서 버거를 완성한다. 투박하지만 가성비 좋은 맛집으로 오랫동안 한자리를 지켜왔다. 매장이 작아서 테이크아웃 추천.

ADD 737 Bridgeway **OPEN** 11:00~17:00
MENU 치즈버거 $13

소살리토의 대표 레스토랑
스코마스 오브 소살리토
Scoma's of Sausalito

위치, 전망, 분위기 모두 완벽한 수상 레스토랑이다. 통째로 구운 생선과 관자 요리, 스테이크와 랍스터, 해산물 파스타 등을 파는 시푸드 전문점. 예약 권장.

ADD 588 Bridgeway
OPEN 11:30~20:00
MENU 생선 요리 $36~43, 링귀니 $32
WEB scomassausalito.com

던지니스 크랩은 여기서
살리토스 크랩 하우스
Salito's Crab House

발코니에 앉으면 요트 항구가 내다 보이는 크랩 전문점. 1970년대부터 맛집으로 유명했다. 통째로 구워주는 던지니스 크랩과 프라임 립이 대표 메뉴.

ADD 1200 Bridgeway(주차장 있음)
OPEN 12:00~20:00
MENU 던지니스 크랩 약 $80(시가)
WEB salitoscrabhouse.com

전 세계 IT 기술을 선도하는
실리콘밸리의 초기업

1970년대부터 첨단 IT 벤처기업이 하나둘씩 자리 잡으며 오늘날의 명성을 이룩한 샌프란시스코베이의 남쪽 지역을 실리콘밸리라고 한다. 그중 메타(페이스북), 구글, 애플, 인텔 본사는 실리콘밸리의 분위기를 궁금해하는 여행자가 많이 방문하는 곳. 내부는 직원의 안내를 받아야 들어가 볼 수 있지만 비지터 센터가 별도 운영되고 있으며, 주변이 공원처럼 조성돼 있어 주차나 산책이 자유로운 편이다. 샌프란시스코를 기준으로 가장 멀리 떨어진 애플 파크가 73km 거리(자동차로 약 1시간)이며, 근처의 스탠퍼드 대학(089p)과 묶어서 방문한다면 하루 일정으로 다녀오기에 적당하다.

페이스북의 새로운 얼굴
메타(페이스북) Meta(Facebook)

세계 최대 소셜 네트워크서비스 페이스북을 운영하는 메타의 본사. 거대한 친환경 캠퍼스는 빌바오 구겐하임 미술관을 설계한 세계적인 건축가 프랭크 게리의 작품이다. 건물 내부는 직원의 초대가 없으면 입장이 어렵고, 입구의 간판이 유일한 구경거리다. 15분 거리에 VR 체험이 가능한 최초의 메타 스토어를 운영 중이니, 메타버스에 관심이 있다면 아쉬움을 달래보자. **MAP 195p**

ADD 본사 1 Hacker Way, Menlo Park, CA 94025/메타 스토어 322 Airport Blvd(구글맵에서 Meta Store Burlingame 검색)
WEB meta.com/kr
ACCESS 샌프란시스코에서 52km

신사옥 '애플 파크' 구경하기
애플 Apple

스티브 잡스 생전에 설계해 2017년 완공한 애플의 신사옥 애플 파크(Apple Park)는 투명 유리 벽과 태양광 시설이 어우러진 우주선 모양의 빌딩이다. 내부 관람은 불가능하지만 방문객을 위해 애플스토어를 겸하는 비지터 센터가 마련돼 있으며, 기념품도 판매한다. 루프톱 테라스에서는 애플 캠퍼스를 내려다볼 수 있다. **MAP 195p**

ADD 10600 North Tantau Ave, Cupertino, CA 95014
OPEN 10:00~19:00(일요일 11:00~18:00)
WEB apple.com
ACCESS 샌프란시스코에서 73km

공중에서 본 메타 헤드쿼터

실리콘밸리의 역사와 함께해 온
인텔 Intel

산타클라라에 자리한 세계적인 반도체 기업 인텔의 본사. 인텔 박물관(Intel Museum)을 무료로 개방하고 있으며, 반도체와 컴퓨터의 역사, 인텔의 기술력을 확인할 수 있다. 박물관 입구에 로고가 새겨진 펜이나 모자를 구매할 수 있는 기념품점이 마련돼 있다. **MAP 195p**

ADD 2200 Mission College Blvd, Santa Clara CA 95054
OPEN 09:00~17:00/주말 휴무
WEB intel.com
ACCESS 샌프란시스코에서 70km

+MORE+

실리콘밸리의 중심 도시, 산호세 San Jose

1777년 스페인 통치 시기에 건설된 산호세는 알타 칼리포니아(Alta California: 오늘날의 캘리포니아·네바다·유타·애리조나·뉴멕시코주 등을 아우르는 지역)에서 가장 오랜 역사를 간직한 도시다. 1821년 이후 멕시코령이었다가, 1850년 3월 27일 미국으로 편입되면서 캘리포니아 최초의 주도가 되기도 했다. 성 요셉의 스페인어 표기에서 유래한 도시명의 현지 발음은 '샌호제'에 가깝고, 우리나라에서는 '새너제이'로 표기하기도 한다. 실리콘밸리의 중심지이자, 로스앤젤레스와 샌디에이고의 뒤를 이어 캘리포니아에서 3번째로 인구가 많은 도시로, 우리나라 주재원이나 교민도 많이 거주한다.

ⓘ 산호세 비지터 센터 Team San Jose
ADD 408 S Almaden Blvd, San Jose, CA 95110
OPEN 19:00~17:00/주말 휴무 **WEB** sanjose.org

미국에서 가장 일할 맛 나는 회사
구글 Google

세계 최대 검색 엔진이자 IT 기업인 구글 본사는 마운틴뷰 지역에 넓게 흩어져 있다. 구글이 직접 설계하고 최고 기술을 총동원해 지은 신사옥 '베이 뷰' 캠퍼스는 '언제든 일하러 가고 싶은 근무 공간'이라고 한다. 2023년 11월에는 맞은편 '그래디언트 캐노피'에 비지터 체험 센터(Google Visitor Experience)를 열어 베이뷰를 간접 체험하고 카페, 기념품점을 이용할 수 있게 됐다. **MAP 195p**

ADD 2000 N Shoreline Blvd Ground Floor, Mountain View, CA 94043
OPEN 09:00~18:00(일요일 10:00~17:00)
WEB visit.withgoogle.com
ACCESS 샌프란시스코에서 57km

캘리포니아 와인의 자존심
나파밸리 Napa Valley

지역명 자체가 하나의 브랜드가 된 나파밸리는 캘리포니아의 따뜻한 햇살, 태평양과 샌프란시스코베이에서 불어오는 서늘한 공기와 안개, 비옥한 토양이 만나 균일하고 뛰어난 품질의 와인을 생산한다. 나파밸리 전역에 등록된 와이너리만 1700개에 달하며, 그중 500여 곳이 와인 테이스팅룸을 갖추고 있다. 여기에 옆 지역 소노마밸리까지 더하면 선택지는 더욱 다양해진다. 따라서 막연한 생각으로 이 지역을 방문했다가는 혼란에 빠지기 쉽다. 아무리 많이 본다고 해도 하루에 3~4곳 이상은 무리이므로 어느 곳에서 무엇을 볼지 미리 정해놓는 것이 좋다. 샌프란시스코에서 당일로 다녀갈 만한 거리에 있지만, 하루쯤 머물면서 와인 시음과 함께 여유를 즐겨도 좋을 만큼 아름다운 경치를 지닌 지역이다.

: WRITER'S PICK :
나파밸리 IN & OUT

🚗 자동차
샌프란시스코 다운타운에서 나파밸리 중심부까지는 약 85km 거리이며, 교통 상황에 따라 2시간 정도 소요된다. 고속도로 101번 North를 따라 북쪽으로 달리다가 37번 East로 빠진 후 121번 North로 접어든다. 121번과 12번 교차점에서 소노마는 12번 North, 나파밸리는 12/121번 East를 타고 29번 North를 이용한다.

⛴ 페리
샌프란시스코 페리 빌딩에서 발레이오(Vallejo)행 페리 탑승(샌프란시스코 페리 sanfranciscobayferry.com, 60분 소요), 발레이오 페리 빌딩에서 Vine 11번 버스로 환승하면 나파 다운타운까지 총 3시간 소요된다.

🚌 버스
샌프란시스코 시빅 센터, 골든게이트 톨 플라자(Toll Plaza) 정류장에서 골든게이트트랜짓 101번 버스를 타면 소노마 북쪽 도시인 산타로사까지 갈 수 있다.

🚐 투어
대중교통으로는 방문이 힘든 지역이므로 렌터카 또는 투어 이용을 권장한다. 샌프란시스코에서 출발해 6~9시간 동안 와이너리 2~3곳을 방문하는 당일 투어 상품이 많다.

WEB viator.com, klook.com

나파밸리로 가는 길

① 나파밸리의 관문
나파 Napa

샌프란시스코에서 진입하는 길에 보이는 대형 간판이 나파밸리에 도착했음을 알려온다. 나파밸리는 여기서부터 북쪽까지 크게 나파, 욘트빌, 세인트헬레나, 칼리스토가 지역으로 구분되며, 유명 와이너리는 주로 욘트빌과 칼리스토가 주위에 분포돼있다. 나파밸리 웰컴 센터(비지터 센터)에서 출발하는 테이스팅 투어에 참여하면 운전 걱정 없이 시음을 즐길 수 있다. 주변에 호텔이 많은 것도 바로 이런 이유 때문이다.
MAP 195p

나파밸리 웰컴 센터
Napa Valley Welcome Center
ADD 1300 1st St #313, Napa, CA 94559
OPEN 09:00~18:00
TEL 707-251-5895
WEB visitnapavalley.com

+ M O R E +

와인 트레인 Wine Train

빈티지한 기차를 타고 포도밭을 달리는 기분은 어떨까? 나파밸리 와인 트레인은 1864년 나파와 칼리스토가의 온천을 연결하기 위해 만들어진 옛 선로를 활용한 관광 열차다. 왕복 3시간의 여정 동안 객실에서 와인과 식사를 즐길 수 있으며, 중간중간 내려서 유명 와이너리를 구경하거나, 호텔과 연계한 상품도 있다. 출발 장소는 나파의 옥스보 퍼블릭 마켓(Oxbow Public Market) 부근이다.

ADD 1275 McKinstry St, Napa, CA 94559 **HOUR** 10:00~11:30 사이 출발 **PRICE** 3시간 $450, 6시간 $750 **WEB** winetrain.com

② 나파밸리의 메인 스트리트
세인트헬레나
St. Helena

나파밸리 남북 중간 지점의 세인트헬레나에서 본격적인 와이너리 투어에 나서보자. 이름을 들으면 알 만한 브랜드인 오퍼스 원(Opus One), 로버트 몬다비(Robert Mondavi)를 비롯해 소형 부티크 와이너리 페주(Peju), 독일 와인의 풍미가 느껴지는 베린저(Beringer) 등 선택지는 다양하다. 웰컴 센터에서 패스포트 세인트헬레나를 구매하면 주변 와이너리 10곳을 연계해 시음과 푸드 페어링을 할 수 있다. **MAP 195p**

ⓘ **세인트헬레나 웰컴 센터**
St. Helena Welcome Center
ADD 1320A Main St, St Helena, CA 94574
OPEN 10:00~17:00
WEB sthelena.com

베린저

로버트 몬다비

③ 온천으로 유명한 와인 마을
칼리스토가 Calistoga

칼리스토가에는 미국 서부 3대 간헐천 중 하나인 올드 페이스풀 가이저(Old Faithful Geyser)가 있다. 예부터 스파를 즐길 수 있는 리조트 타운이었으며, 서부개척시대를 연상시키는 빈티지한 건물이 많다. 나파밸리의 이름을 전 세계에 알린 샤토 몬텔레나(Chateau Montelena)가 바로 이 지역에 있다. **MAP 195p**

ⓘ **칼리스토가 웰컴 센터**
Calistoga Welcome Center
ADD 1133 Washington St, Calistoga, CA 94515
OPEN 10:00~16:00
WEB visitcalistoga.com

④ 미식가를 위한 천국!
욘트빌 Yountville

나파밸리의 대표적인 미슐랭 스타 레스토랑이 밀집한 지역이다. 캘리포니아산 식재료로 만든 최정상급 프랑스 요리를 와인과 함께 맛볼 수 있어 미식가들의 발길이 끊이지 않는다. 세련된 분위기의 타운 중심가는 걸어서 구경하기에도 알맞다. **MAP 195p**

ⓘ **욘트빌 웰컴 센터**
   Yountville Welcome Center
ADD 6484 Washington St #F, Yountville, CA 94599
OPEN 10:00~16:00(주말 ~15:00)
WEB yountville.com

소노마 시청

미션 샌프란시스코 솔라노

⑤ 캘리포니아 와인의 역사
소노마 Sonoma

캘리포니아에서 와인이 처음 만들어진 지역이자, 멕시코로부터의 독립을 천명하고 캘리포니아의 깃발을 최초로 내건 미션 샌프란시스코 솔라노(Mission San Francisco Solano)가 있는 유서 깊은 소도시. 남쪽의 중심지 소노마부터 북쪽의 중심지 산타로사까지 약 40km를 소노마밸리라고 하며, 나파밸리에 비해 한결 조용한 분위기가 매력이다. **MAP 195p**

ⓘ **소노마밸리 비지터 센터**
   Sonoma Valley Visitors Bureau
ADD 453 1st St E, Sonoma, CA 95476
OPEN 10:00~16:00
WEB sonomavalley.com

취향대로 골라서 가볼까?
나파밸리 와이너리 & 명소

와인을 좋아하는 이에게는 더없이 만족스럽지만, 술을 마시지 않는 일행이 있다면 다소 망설여지는 것이
와이너리 투어다. 하지만 볼거리, 먹거리, 즐길거리를 두루 갖춘 나파밸리에는 가족과 함께 방문해도
좋은 곳이 많다. 유명 와이너리는 대부분 예약제로 운영되고 기본 시음이 포함된 입장료를 받지만,
테마파크형 와이너리나 소규모 부티크 와이너리는 워크인으로도 방문할 수 있다.

와인 애호가라면 가볼 만한

와이너리

나파밸리 전설의 시작
샤토 몬텔레나 Chateau Montelena

설립: 1882년, 대표 품종: 샤르도네, 지역: 칼리스토가

프랑스의 샤토(고성)를 표방해 지은 나파밸리 초창기 와이너리다.
1976년에 열린 와인 시음회 '파리의 심판'에서 11명의 평론가가
샤토 몬텔레나의 샤르도네를 화이트와인 1위로 선정한 것을 계기
로 나파밸리 와인이 세계 무대에서 급부상하게 됐다.

ADD 1429 Tubbs Ln, Calistoga, CA 94515
OPEN 09:30~16:00/예약 필수
TEL 707-942-5105
WEB montelena.com

'파리의 심판'

레드와인을 좋아한다면 여기
스택스 립 와인 셀러 Stag's Leap Wine Cellars

설립: 1970년, 대표 품종: 카베르네 소비뇽, 지역: 나파

'파리의 심판'의 또 다른 주역으로 레드와인 부문에서 1위를 수
상했다. 모던한 스타일의 건물에 비지터 센터를 운영하며, 시음
은 예약제로만 가능하다.

ADD 5766 Silverado Trail, Napa, CA 94558
OPEN 10:00~16:30/예약 필수
TEL 707-261-6410
WEB stagsleapwinecellars.com

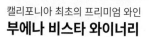

캘리포니아 최초의 프리미엄 와인
부에나 비스타 와이너리
Buena Vista Winery

설립: 1857년,
대표 품종: 피노누아, 지역: 소노마

나파와 소노마 사이, 카르네로스 언덕에 자리한 와이너리. 캘리포니아에 와인 생산이 이뤄지기 전, 완벽한 조건을 찾던 헝가리 출신의 아고스톤 하랏시가 선택한 지역으로, 서늘한 기후 덕분에 캘리포니아 최초의 프리미엄 와인 생산지로 인정받는다. 1862년에 지어진 저택에서 와인 시음 및 식사가 가능하다.

ADD 18000 Old Winery Rd, Sonoma, CA 95476
OPEN 11:00~17:00(마지막 시음 15:30)
TEL 800-926-1266
WEB buenavistawinery.com

토스카나 성채를 그대로 재현한
카스텔로 디 아모로사
Castello di Amorosa

설립: 2007년,
대표 품종: 카베르네 소비뇽,
지역: 칼리스토가

사이프러스 나무가 줄지어 선 진입로를 지나면 거대한 성채가 나타난다. 13세기 중세 토스카나의 성을 재현하기 위해 유럽에서 옛 건축자재를 공수하느라 완공까지 15년이 걸렸다고 한다. 107개의 방과 지하 4층, 지상 4층으로 설계된 성은 전망대까지 갖추고 있어 칼리스토가의 풍경을 감상하기에도 좋다. 당분간 예약제로만 운영한다.

ADD 4045 St Helena Hwy, Calistoga, CA 94515
OPEN 10:00~17:00/예약 필수
TEL 707-967-6272
WEB castellodiamorosa.com

영화 배경이 된 최고의 전망
아르테사 빈야드 & 와이너리
Artesa Vineyards & Winery

설립: 1991년,
대표 품종: 피노누아, 지역: 나파

나파밸리 남단 로스 카네로스(Los Carneros)의 높은 산등성이에 자리 잡은 환상적인 뷰는 영화 <와인 컨트리>에도 등장한 바 있다. 포도밭의 절반 이상을 차지하는 피노누아(Pinot Noir)와 잘 익은 시트러스 향을 지닌 샤르도네가 주력 품종. 와인 시음뿐 아니라 경치를 감상하기 위해 찾아오는 방문객도 많아서 예약하고 가는 것이 안전하다.

ADD 1345 Henry Rd, Napa, CA 94559
OPEN 11:00~17:00(주말 10:30~)
TEL 707-224-1668
WEB artesawinery.com

누구나 알만한

나파밸리 대표 라벨!

나파밸리의 대명사
로버트 몬다비 Robert Mondavi Winery

설립: 1966년, 대표 품종: 카베르네 소비뇽, 지역: 세인트헬레나

ADD 7801 St Helena Hwy,
Oakville, CA 94562
OPEN 10:00~16:00/예약 필수
TEL 888-776-6328
WEB robertmondaviwinery.com

나파밸리에서 최초로 와이너리 투어를 시작하고, 제조 공정에 현대적 기술을 도입하며 미국 와인의 변화와 고급화를 이끈 장인의 와이너리다. 정원에서 열리는 다양한 테이스팅 프로그램은 예약제로만 운영한다. 건너편에 로버트 몬다비와 프랑스 샤토 무통 로칠드의 합작 브랜드 오퍼스 원(Opus One)이 있다. 현재 공사 중으로 나파 다운타운에 아치 & 타워(Robert Mondavi Arch & Tower)를 운영 중이다.

대중적인 미국 와인
켄달잭슨
Kendall-Jakson Wine Estate & Gardens

설립: 1982년, 대표 품종: 샤르도네, 지역: 산타로사

빈트너스 리저브(Vintner's Reserve) 샤르도네로 미국 와인의 대명사가 된 와이너리. 여러 지역의 포도를 섞어 만들어 산미는 적고 맛은 풍부한 전형적인 미국 와인이라고 평가받는다. 시음은 예약해야 하지만, 아름다운 정원은 자유롭게 구경할 수 있다.

ADD 5007 Fulton Rd, Santa Rosa, CA 95403
OPEN 10:00~17:00
TEL 866-287-9818
WEB kj.com

독일풍 라인하우스와 동굴 투어
베린저 빈야드 Beringer Vineyards

**설립: 1876년, 대표 품종: 화이트 진판델,
지역: 세인트헬레나**

독일에서 건너온 베린저(베링거) 형제가 세운 나파밸리 초창기의 와이너리. 금주령 시대에도 미사(Mass)용 포도주를 합법적으로 생산하며 명맥을 이어왔다. 1971년 기업형 와이너리로 전환하면서 수집가용 프리미엄 와인과 대중적인 와인을 폭넓게 생산 중. 메인 건물 라인하우스(Rhine House)와 정원이 아름답고, 와인 동굴도 투어로 돌아볼 수 있다.

ADD 2000 Main St, St Helena, CA 94574
OPEN 10:00~17:00/워크인 가능
PRICE 케이브 투어 $35(시음 포함, 7~20세는 시음 없이 투어만 $15) **TEL** 707-257-5771
WEB beringer.com

와인 못 마셔도
괜찮아!

가족과 함께
즐기기

영화감독의 와이너리
프랜시스 포드 코폴라 와이너리
Francis Ford Coppola Winery

설립: 2006년, 대표 품종: 아르키메데스(카베르네 소비뇽), 지역: 소노마

와인 애호가이자 미식가로 유명한 코폴라 감독의 모든 취향을 모아둔
장소. 와인 시음은 물론이고, 영화 <대부>의 작품 전시관, 레스토랑,
카페, 기념품점까지 갖춰 하나의 테마파크 같은 곳이다. 수영장은 시
즌제로만 운영하며, 방문 전 패키지 예약이 필수다. 와인 시음에 참여
하지 않아도 레스토랑만 이용 가능.

ADD 300 Via Archimedes, Geyserville, CA 95441
OPEN 테이스팅룸 11:00~17:00/화·수요일 휴무
PRICE 내부 전시 관람 무료, 수영장(4인 기준) $275~295
TEL 707-857-1471
WEB francisfordcoppolawinery.com

스누피와 찰리 브라운을 만나다
찰스 M 슐츠 박물관 Charles M. Schulz Museum

설립: 2002년, 지역: 산타로사

스누피와 찰리 브라운이 등장하는 만화 <피너츠>를 무려 50년간 연재
한 찰스 M 슐츠를 기념하는 박물관이다. 각종 기록물 전시관과 상영관
을 갖춰 매니아들이 일부러 찾아오는 명소다. 스누피 콘셉트의 레스토
랑도 있고, 빅볼린 등쪽 킨니편에 휘시안 스누피 갤러리 &
기프트숍에서도 다양한 캐릭터 상품을 만나볼 수 있다.

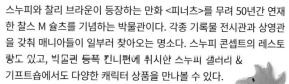

ADD 2301 Hardies Lane Santa Rosa, California 95403
OPEN 11:00~17:00(주말 10:00~)/9~5월 화요일 휴무
PRICE $12(4~18세 $5) **WEB** schulzmuseum.org

곤돌라 타고 올라가는 전망 와이너리
스털링 빈야드 Sterling Vineyards

설립: 1964년, 대표 품종: 메를로, 지역: 칼리스토가

나파밸리 최초로 단일품종 메를로(Merlot)를 생산하는 저명한 와이너
리다. 높은 언덕에 위치한 와이너리까지 케이블카 에어리얼 트램(Aerial
Tram)를 타고 올라가면 칼리스토가의 풍광을 감상할 수 있다. 와인을
맛보며 발효실, 오크통 숙성실 등의 와인 생산 시설을 구경하거나, 전
망 카페를 이용할 수 있다.

ADD 1111 W Dunaweal Ln, Calistoga, CA 94515
OPEN 10:00~17:00 **TEL** 800-726-6136
WEB sterlingvineyards.com

미식가라면 주목!
와인과 함께, 나파밸리 맛집

푸른 포도밭을 보며 힐링하거나, 근사한 레스토랑에서 식사하거나!
향긋한 포도주와 어울리는 맛있는 음식을 즐기기에도 나파밸리는 최고의 장소다.

나파밸리 특산품이 한자리에
옥스보 퍼블릭 마켓
Oxbow Public Market

나파밸리에서 생산되는 주요 와인과 특산품, 샌프란시스코 명물까지 모아둔 나파 시내의 종합 마켓. 호그 아일랜드 오이스터 컴퍼니를 비롯해 와인 한 잔을 놓고 캐주얼한 식사를 즐길 수 있는 카운터석도 많아서 간단히 한 끼를 해결하기에 좋다. 바로 옆 공터에서는 특별한 날이면 축제가 열리며, 관광객이 많이 모여들어 늘 활기찬 분위기다.

ADD 610 1st St, Napa, CA 94559
OPEN 07:30~21:00
WEB oxbowpublicmarket.com

스타 셰프의 크루아상 맛보기
부숑 베이커리
Bouchon Bakery

스타 셰프 토머스 켈러의 미슐랭 3스타 레스토랑인 프렌치 론드리(The French Laundry), 각각 미슐랭 별 1개를 받은 부숑(Bouchon) 비스트로와 부숑 베이커리가 나파밸리 최고의 미식 타운 욘트빌에 나란히 자리 잡고 있다. 프렌치 론드리는 사전 예약이 필수이고 셰프가 엄선한 테이스팅 메뉴만 제공하는 반면, 부숑 비스트로에서는 비교적 부담 없이 식사할 수 있다. 뉴욕과 라스베이거스에도 진출한 부숑 베이커리의 본점 앞에는 날마다 빵을 사려는 손님들로 긴 줄이 늘어선다.

ADD 6528 Washington St, Yountville, CA 94599
OPEN 07:00~15:00(금~일요일 18:00)
WEB thomaskeller.com

프렌치 론드리

부숑 베이커리
부숑 비스트로

미국 최고의 요리학교
CIA 캘리포니아 CIA California

요리에 관심 있는 사람이라면 미국의 톱 셰프를 배출하는 세인트헬레나의 요리사관학교 CIA(Culinary Institute of America)를 방문해보자. 나파밸리의 두 캠퍼스 중에서 그레이스톤(Greystone)은 1889년 지은 성채 건물을 사용하고 있어 입구부터 근사한 분위기. 1층의 베이커리 카페와 기념품점은 누구나 방문할 수 있고, 학생들의 실습 공간이기도 한 레스토랑은 예약제로 운영된다. 새로 생긴 코피아(Copia) 캠퍼스에는 레스토랑이 3곳 있어 이용이 좀 더 쉬운 편이다. 신청을 통해 요리 실습 참관이나 와인 시음 클래스에 참여해볼 수도 있다.

ADD 그레이스톤: 2555 Main St, St Helena, CA 94574,
코피아: 500 1st St Napa, CA 94559
OPEN 그레이스톤 08:30~17:00/주말 휴무,
코피아 10:30~21:00(월·화요일 ~17:30)
WEB ciachef.edu/cia-california

차분한 분위기의 쇼핑몰
욘트빌 V 마켓플레이스
V Marketplace

욘트빌 한복판에 있는 차분하고 세련된 분위기의 마켓. 다양한 콘셉트의 상점을 모아놓았다. 이탈리안 레스토랑 보테가 나파밸리, 치아렐로 와이너리의 테이스팅룸과 레스토랑을 포함해 스파와 갤러리도 있어서 잠시 둘러볼 만하다.

ADD 6525 Washington St, Yountville, CA 94599
OPEN 10:00~19:00
WEB theestateyountville.com

이탈리안 정취로 가득
러스틱
Rustic

소노마의 프랜시스 포드 코폴라 와이너리 내에 있는 이탈리안 레스토랑. 코폴라 감독이 이탈리아를 여행하며 받아 적은 동네 할머니의 레시피부터 나폴리 피자, 나무 장작에 구운 고기 요리 등 다양한 메뉴를 갖췄다. 비교적 부담 없는 가격과 목가적인 분위기가 장점. 포도밭이 내다보이는 멋진 테라스 풍경은 덤이다.

ADD 300 Via Archimedes, Geyserville, CA 95441
OPEN 레스토랑 11:30~19:00/화·수요일 휴무
WEB francisfordcoppolawinery.com

#Road_Trip

해발 2000m에 자리한 푸른 호수
레이크 타호
Lake Tahoe

하늘엔 갈매기가 날고, 사람들은 일광욕을 즐기는 영락없는 바닷가 풍경. 그런데 수평선 너머로 새하얀 눈산이 보인다. 얼핏 바다 같기도, 깊은 산속 같기도 한 이곳은 해발 1897m 높이에 있는 북미 최대 크기의 고산 호수(Alpine Lake) 레이크 타호다. 호수의 둘레는 116km, 최고 수심은 500m로, 오리건주의 크레이터 호수(Crater Lake)에 이어 미국에서는 두 번째로 깊다. 여름에는 더위를 피해, 겨울에는 스키를 타러 미국인들이 사계절 즐겨 찾는 힐링 여행지. 샌프란시스코에서는 최소 1박 2일 이상의 일정으로 방문해야 한다.

---

① 타호 여행의 베이스캠프
사우스 레이크 타호 South Lake Tahoe

호수 남쪽, 타호에서 가장 큰 스키장 헤븐리 마운틴 리조트(Heavenly Mountain Resort)가 자리한 레저 타운이다. 한라산보다 조금 낮은 해발 1915m(6285ft)에 고급 호텔부터 중저가형 숙소까지 다양한 편의시설이 밀집해 있다. 11월 중순~4월 중순 사이의 스키 시즌에 제일 붐비지만, 정상까지 사계절 운행하는 곤돌라도 인기다. 중간 하차 지점인 해발 2781m의 전망대에서는 동쪽의 카슨밸리(Carson Valley)와 남쪽의 국유림까지, 산 아래에서는 좀처럼 파악하기 힘들었던 고산 호수의 전경이 한눈에 들어온다. 해발 3068m 정상에는 여름엔 짚라인, 겨울엔 스키장으로 사용되는 어드벤처 파크가 있다.

사우스 레이크 타호의 중간 지점에 놓인 횡단보도가 캘리포니아와 네바다주를 가르는 경계선 역할을 한다. 경계선 너머에는 캘리포니아보다 훨씬 화려한 네온사인으로 장식한 네바다주의 대형 카지노 리조트가 관광객을 기다린다.

ⓘ **타호 비지터 센터** Explore Tahoe Visitor Center
ADD 4114 Lake Tahoe Blvd, South Lake Tahoe, CA 96150 **OPEN** 10:00~17:00 **TEL** 530-542-4637 **WEB** visitlaketahoe.com

레이크 타호의 리조트-캘리포니아 방향

헤븐리 마운틴 리조트 전망대에서 본 레이크 타호

212

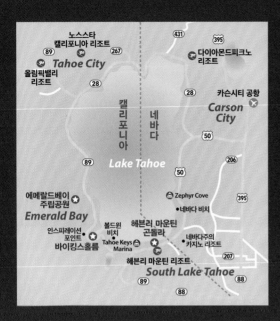

미국 캘리포니아와 네바다주의 경계, 시에라네바다산맥 깊숙한 곳에 자리 잡은 레이크 타호는 샌프란시스코에서 321km(자동차 3시간 30분) 거리에 있다. 고산지대지만 자동차 도로가 굉장히 잘 정비된 휴양지다. 가장 가까운 공항은 네바다주의 리노-타호 국제공항(RNO)으로, 공항에서 호수 주변 도시까지 셔틀버스를 운행한다.

② 호수 속 작은 호수
에메랄드베이 주립공원
Emerald Bay State Park

레이크 타호의 낚서쪽에 움푹 들어간 작은 만, 에메랄드베이를 감상하는 방법은 2가지가 있다. 첫 번째는 사우스 레이크 타호에서 유람선을 타고 약 2시간 동안 에메랄드베이까지 왕복하는 코스고, 두 번째는 산간 도로를 따라 전망대(Inspiration Point)로 올라가는 것. 맑은 날이면 보석처럼 투명하게 빛나는 푸른 호수와 레이크 타호의 유일한 섬 파넷 아일랜드(Fannette Island)를 볼 수 있다. 에메랄드베이 호숫가에는 1929년 건축한 북유럽 스타일의 여름 별장 바이킹스홀름(Vikingsholm)이 눈에 띈다. 작은 박물관으로 운영되고 있지만, 가는 방법이 매우 까다롭다. **MAP 213p**

전망대
ADD Inspiration Point, CA-89   **OPEN** 24시간
ACCESS 사우스 레이크 타호에서 20km(자동차 25분)
바이킹스홀름
OPEN 여름철 10:00~16:30   **PRICE** 입장료 $18
ACCESS 주차장에서부터 1시간가량 험한 산길을 따라 내려가거나 보트 투어로만 방문 가능   **WEB** vikingsholm.com

크루즈
OPEN 홈페이지 확인   **PRICE** 2시간 $125(기본 스낵 포함)
ACCESS 사우스 레이크 타호의 선착장(Tahoe Keys Marina)에서 출발
WEB tahoebleuwave.com

바이킹스홀름

볼드윈 비치

WEB tahoepublicbeaches.org

네바다 비치 Nevada Beach
ADD 416 Bittlers Rd, Zephyr Cove
OPEN 08:00~21:00
ACCESS 사우스레이크 타호에서 8.2km(자동차 10분)

볼드윈 비치 Baldwin Beach
ADD Baldwin Beach Rd, South Lake Tahoe
OPEN 24시간
ACCESS 사우스레이크 타호에서 11.2km(자동차 20분)

❸ 해변을 닮은 타호의 모래사장
퍼블릭 비치 Public Beaches

레이크 타호에는 약 40곳에 달하는 퍼블릭 비치가 있다. 네바다주의 네바다 비치는 캠핑장과 산속 호숫가 풍경을 즐기기에 좋고, 캘리포니아주의 볼드윈 비치는 다른 곳보다 물이 얕은 편이고 주변이 탁 트인 데다 수영해도 좋을 만큼 아늑한 모래사장을 갖췄다. 단, 레이크 타호의 수온은 굉장히 낮아서 한여름을 제외하면 수영보다는 카약, 일광욕 등을 즐기는 경우가 더 많다. 같은 날 이용할 경우 소정의 입장료를 내면, 호수 남쪽에 자리한 퍼블릭 비치 4곳을 골고루 방문할 수 있다. **MAP 213p**

+ M O R E +

뜨거운 화산과 온천지대
래슨 화산 국립공원 Lassen Volcanic National Park

용암 분출로 형성된 거대한 플러그 돔과 1914~1921년 분화해 현재까지 뜨거운 증기를 뿜어내는 증기공 및 간헐천이 놀라운 볼거리를 제공하는 국립공원이다. 남서쪽 입구 부근의 설퍼 워크(Sulphur Works)와 범패스 헬(Bumpass Hell) 지대에서는 연약한 지반 아래 고온의 열탕과 진흙 구덩이가 존재할 수 있어, 정해진 트레일과 보드워크를 절대로 벗어나지 않아야 한다. 주변에 다른 관광지가 거의 없는 오지라서 방문객은 많지 않은 편이며, 2021년에는 산불로 약 68%의 면적이 피해를 입기도 했다. 기온이 30℃ 이상 치솟는 여름과 -10℃로 떨어지는 겨울에는 도로가 폐쇄될 수 있다.

ⓘ **콤야마니 비지터 센터** Kohm Yah-mah-nee Visitor Center
ADD Lassen Volcanic National Park, 38050 Hwy 36 E Mineral, CA 96063
OPEN 국립공원 24시간, 비지터 센터 09:00~17:00/10~4월 수·목요일 휴무　**PRICE** 차량 1대 $30(일주일)/겨울철 $10
WEB nps.gov/lavo　**ACCESS** 새크라멘토에서 313km(자동차 3시간)

캘리포니아의 주도
새크라멘토 Sacramento

골드러시 시기에 가장 번영했고, 지금은 캘리포니아 주의사당이 있는 행정도시다.
1848~1849년에 인근지역 콜로마(Coloma)에서 금이 발견되며 인구가 급증했던 흔적을 곳곳에서 찾아볼 수 있다.
주도라고 해도 서부 해안가의 주요 도시와는 거리가 있어 방문이 쉽지 않지만, 캘리포니아의 역사에 흥미가 있는
여행자들이 가끔 찾는다. 샌프란시스코에서 레이크 타호로 이동하는 길에 방문해 볼 만하다. **MAP 115p**

캘리포니아 주의사당 California State Capitol

워싱턴 DC 국회의사당을 모티브로 1874년 지어졌다.
내부에는 콜럼버스와 이사벨라 여왕의 조각상, 캘리포
니아 주요 도시들에 대한 설명과 옛 주지사 사무실, 로
널드 레이건과 아놀드 슈왈제네거 등 역대 주지사 초상
화가 전시돼 있다. 주 상원 회의 공간은 붉은색, 주 하
원 회의 공간은 녹색으로 구분돼 있으며, 회의 진행과
관계없이 항상 공개된다. 규모가 작아서 셀프 투어로
20분 정도면 충분히 돌아볼 수 있다.

ADD 1315 10th St
OPEN 내부 09:00~17:00/주말 휴무, 기념품점 09:30~16:30
PRICE 무료 **ACCESS** 유료 거리 주차 가능
WEB capitolmuseum.ca.gov

하원 회의 공간 상원 회의 공간

+MORE+
새크라멘토 비지터 센터
Sacramento Visitor Center

ADD 1000 2nd St,
Sacramento, CA 95814
ACCESS 샌프란시스코에서 140km,
레이크 타호에서 166km, 요세
미티 국립공원에서 312km
WEB visitsacramento.com

올드 새크라멘토 Old Sacramento

골드러시 시대에 새크라멘토 강변에 형성된 잡화상 거리. 잦은 범람과 방화
로 장기간 슬럼화됐다가, 1960년대 이후 19세기 건축양식의 53개 건물을 복
원하고 레스토랑과 기념품점을 입점시켰다. 미국 서부 시대로 돌아간 것 같아
걷는 재미가 쏠쏠한 옛 타운이다. 특별하게 들러볼 만한 곳으로는 21대의 실
물 증기기관차를 전시한 캘리포니아 주립 철도박물관이 있다. 여행 성수기에
는 실제 기차를 타고 새크라멘토 강변을 달리는 투어를 진행하기도 한다.

ADD Old Sacramento Historic District, 125 I St **OPEN** 박물관 10:00~17:00
PRICE $12 **WEB** californiarailroad.museum **ACCESS** 주의사당에서 2km

캘리포니아 주립 철도박물관

죽기 전에 꼭 봐야 할 절경

요세미티 국립공원
Yosemite National Park

장엄한 바위산 하프 돔(Half Dome)과 신비로운 브라이들 베일 폭포(Bridalveil Falls)가 상징인 요세미티 국립공원은 탐험가 존 뮤어의 적극적인 활동에 힘입어 1890년 미국 3번째 국립공원으로 지정되었으며, 1984년 유네스코 세계유산에 등재됐다. 화강암으로 둘러싸인 협곡과 깎아지른 듯한 산세가 물줄기 흐르는 초원과 조화를 이루는 풍경을 보기 위해 전 세계에서 관광객들이 몰려든다. 샌프란시스코에서 2시간 정도면 도착할 수 있어서 사계절 내내 붐비는 인기 국립공원이다.

SUMMARY
공식 명칭 Yosemite National Park
소속 주 캘리포니아
면적 3027km²
오픈 24시간(성수기 입장 예약 필수)
요금 차량 1대 $35(7일간 유효)

ⓘ 요세미티밸리 비지터 센터
Yosemite Valley Visitor Center

ADD 9035 Village Dr, Yosemite Valley, CA 95389
OPEN 09:00~17:00
TEL 209-372-0200
WEB nps.gov/yose

WEATHER

고저 차가 심한 산간 지역이다. 폭포의 수량은 눈이 녹기 시작하는 4월 말부터 6월 초 사이에 가장 풍부하다가, 여름 이후에는 거의 말라버린다. 고지대의 산간 도로 티오가(타이오가) 로드와 글레이셔 포인트는 5월 말이나 6월 초가 돼야 제설 작업이 완료되고 눈이 내리는 11월 이후 다시 폐쇄되기 때문에 여행 시기별로 볼 수 있는 풍경이 조금씩 다르다.

기온	요세미티밸리 (해발 1220m)		투올러미 메도 (해발 2622m)	
	7월	1월	7월	1월
최고 평균	32°C	9°C	22°C	5°C
최저 평균	14°C	-2°C	3°C	-12°C

요세미티 국립공원 IN & OUT

요세미티 국립공원을 여행하는 가장 일반적인 방법은 자동차 또는 투어를 이용하는 것이다. 여행 최적기는 5월 말부터 10월까지이며, 연휴와 여름철 성수기에는 정체가 발생할 정도로 방문자가 많다. 국립공원의 핵심구역인 요세미티밸리 지역에서는 무료 셔틀버스를 상시 운행한다.

주요 지점과의 거리(요세미티밸리 기준)

출발지	거리	육로 이동 소요 시간
프레즈노	151km	2.5시간
샌프란시스코	314km	4시간
로스앤젤레스	504km	6시간
라스베이거스	642km	8시간

자동차로 가기

샌프란시스코에서는 120번 도로를 따라가다가 그로브랜드(Groveland) 마을을 지나서 국립공원 입구(Big Oak Flat Information Station)로 진입하는 것이 가장 빠른 길이다. 입구에서 요세미티밸리까지는 40km(자동차 50분 이상 소요)의 산길을 따라 내려가야 한다.

요세미티밸리의 주요 명소에서는 일방통행에만 주의하면 운전에 큰 어려움은 없으나, 자연재해로 인한 돌발 상황은 언제든지 생길 수 있다. 11~3월에는 스노체인을 의무적으로 차에 싣고 다녀야 한다.

대중교통으로 가기

가장 가까운 공항은 프레즈노 요세미티 국제공항(FAT)이며, 앰트랙과 그레이하운드 노선은 인근 도시인 머세드(Merced)까지 연결된다. 여기서 요세미티 지역 대중교통시스템 야츠(YARTS: Yosemite Area Regional Transportation System)를 이용하면 국립공원 요세미티밸리까지 들어갈 수 있다.

야츠 노선은 140번 도로를 따라 상시 운행하는 머세드 노선과 여름철 한시적으로 운행하는 소노라(Sonora), 프레즈노(Fresno), 매머드 레이크(Mammoth Lakes) 노선이 있다. 중간 정류장에 내려 구경하고 다음 차를 이용하는 것도 가능하지만, 이 경우 다음 시간표를 정확하게 확인하고 움직여야 한다. 요금은 구간별로 계산하는데, 머세드-요세미티밸리 기준 편도 $22 정도다.

WEB yarts.com

도로 오픈
안내 표지판

+MORE+

입장 예약 확인하기 Park Entry Reservation

요세미티 국립공원에서는 차량이 많이 몰리는 시즌에 입장 예약제를 시행한다. 예약은 입장일을 포함해 3일간 유효하고, 차량 1대 기준 예약비 $2(환불 불가)를 받는다. 국립공원 게이트를 통과할 때 예약 내역과 예약자 본인의 신분증(여권)을 제시하면 된다. 단, 국립공원 내의 숙소나 캠핑장에 투숙 예정이라면 입장 예약은 필요 없고, 대신 숙박 확인서를 제시한다.

예약 방법
❶ 공식 홈페이지(recreation.gov)에서 계정 생성
❷ 'Yosemite National Park Ticketed Entry'로 검색해서 예약 진행
❸ 연초에 오픈하는 1차 예매분이 매진된 경우, 방문일 며칠 전 잔여 입장권을 추가로 배정함(2월에는 2일 전, 4~10월에는 7일 전 예매 개시)
❹ 통신 두절에 대비하여 예약 후 화면을 캡처하거나 인쇄할 것

2월 둘째 주~마지막 주	주말 및 공휴일	Horsetail Fall Ticketed Entry(24시간 통제)
4월 중순~6월, 8월 중순~10월	주말 및 공휴일	Peak Hour Plus Reservations(05:00~16:00 통제)
7월 1일~8월 중순	매일	

*상세 일정과 예약 방식은 매년 초 국립공원 홈페이지(nps.gov/yose)를 통해 공지

요세미티 국립공원

EAST
ENTRANCE
네바다 방향

Lee
Vining

Big Oak Flat
Park Entrance
샌프란시스코 방향

요세미티
국립공원

투올러미
메도

Sonora

(120)

Buck
Meadows

Tioga Road

테나야 호수

❹ (120)

❶ 옴스테드 포인트

El Portal

(140)

❷

터널 뷰

❸

Bridalveil Creek

(41)

Central Entrance
중앙 게이트

South Entrance
프레즈노 방향

Fish Camp

❺

(41) 마리포사 그로브

0   10km

요세미티 국립공원 입구

DAY 1 여행의 출발점은 숙소 및 편의시설이 밀집한 ❶ **요세미티밸리**다. 비지터 센터와 박물관을 둘러보고, 주요 폭포와 뷰포인트를 자유롭게 골라서 방문하면 된다. 주차 공간이 넉넉하지 않은 비수기에는 셔틀버스를 타고 이동하는 것도 괜찮은 방법. 오후에는 ❷ **터널 뷰 포토존**에 들르고 ❸ **글레이셔 포인트**까지 다녀오기에도 하루가 빠듯하기 때문에, 요세미티밸리에 미리 숙소를 정해두기를 추천.

DAY 2 여름철이라면 요세미티밸리에서 숙박한 다음, 공원을 관통하는 티오가 로드(Highway 120)를 따라 ❹ **투올러미 메도**까지 다녀오는 경로를 추천한다. 다시 요세미티밸리 쪽으로 내려와 자이언트 세쿼이아로 둘러싸인 ❺ **마리포사 그로브**를 지나면 국립공원의 남쪽 출입구가 나온다. 여기서 킹스캐니언 국립공원 쪽으로 여정을 이어갈 수 있다.

+MORE+

요세미티 국립공원 숙소, 어디로 정할까?

■**예약은 기본!**
요세미티밸리의 숙소는 늘 부족한 편이라서 1년 전부터 예약이 빠르게 마감되곤 한다. 특히 중심 지역을 제외하면 통신이 두절되는 곳이 많아서 미리 숙소를 정하지 않으면 난감한 상황에 부닥칠 수 있다. 국립공원 내의 숙소는 공식 사이트에서 통합 관리한다.
WEB travelyosemite.com/lodging

■**야생동물 주의!**
요세미티는 곰이 출몰하는 지역이므로 캠핑장이나 텐트 캐빈에서는 음식을 포함해 냄새가 나는 물건은 전부 철제 캐비닛에 넣어두어야 한다. 캐비닛은 숙소에서 제공해주지만, 자물쇠는 따로 준비해야 한다. 같은 이유로 허가받지 않은 차박이나 취사도 엄격하게 금지된다. 또한, 베어스프레이는 지참할 수 없다.

여기다!
요세미티 최고의 인증샷 포인트

엘 캐피탄

하프 돔

요세미티 폭포

쿡스 메도

i 요세미티밸리 비지터 센터

요세미티밸리 로지

아와니 호텔

리본 폭포

호스테일 폭포

커리 빌리지

버날 폭포

터널 뷰

one-way

Sentinel Creek

글레이셔 포인트

El Portal Road

Southside Drive

one-way

Merced River

센티널 폭포

네바다 폭포

Wawona Road

브라이들베일 폭포

엘 캐피탄 El Capitan

클라우드 레스트 Cloudrest

센티널 돔 Sentinel Dome

하프 돔 Half Dome

캐서드럴록 Cathedral Rock

리닝 타워 Leaning Tower

브라이들베일 폭포 Bridalveil Falls

220

 Point 1 모두가 원하는 단 한 컷
터널 뷰 Tunnel View

정면의 하프 돔을 중심으로 왼쪽에는 엘 캐피탄(El Capitan), 오른쪽에 브라이들베일 폭포 (Bridalveil Falls)가 쏟아져 내리는 완벽한 풍경! 이 장면을 보기 위해 요세미티를 방문한다 해도 과언이 아니다. 국립공원 남쪽에서 캘리포니아주 41번 국도를 따라 요세미티밸리 방향으로 진입해 와워나 터널(Wawona Tunnel)을 통과하면 곧바로 포토존이 나타난다. 터 널 출구 앞 작은 주차장에 잠시 차를 세워두고 기념사진을 찍을 수 있다. 성수기에는 교통 정체가 매우 심해져 거리에 비해 이동 시간이 길어지는 구간이다. **MAP 220p**

ADD Tunnel View, Wawona Rd(CA-41)
ACCESS 요세미티밸리에서 13km

221

Point 2 하프 돔과 눈높이 맞추기
글레이셔 포인트 Glacier Point

해발 2199m의 높은 지대에 올라가 눈높이에서 하프 돔(Half Dome)을 마주할 수 있는 전망 포인트다. 아래쪽으로는 요세미티밸리의 전경도 내려다보인다. 험한 산길이라서 제설 작업이 마무리되는 5월 말~10월에만 방문 가능하며, 길의 막다른 지점에 주차장과 원형 전망대가 있다. 여기서부터 센티널 돔(Sentinel Dome)을 비롯한 여러 지점으로 향하는 트레킹 루트가 시작되는데, 만만한 코스가 아니므로 전망대를 중심으로 잠시 한 바퀴 둘러보자. 글레이셔 포인트에서 나오는 길에 워시번 포인트(Washburn Point)에 들르면 버날 폭포(Vernal Falls)와 네바다 폭포(Nevada Falls)가 한결 또렷하게 보인다. **MAP 220p**

ADD Glacier Point Rd, Yosemite Valley
ACCESS 요세미티밸리에서 50km

 Point 3 폭포 아래 초원지대

쿡스 메도 Cook's Medow

센티널 브리지와 요세미티 빌리지 사이의 쿡스 메도는 요세미티 폭포 전경을 감상할 수 있는 포인트다. 3단 폭포의 시작과 끝 지점이 선명하게 보여, 전체 규모가 얼마나 큰지 가늠할 수 있다. 드넓은 초원은 가끔 사슴이 나타나 풀을 뜯는 장소이기도 하다. 주변에는 평지로 이뤄진 나무 데크 산책로가 있어 자전거를 타거나 한 바퀴 걷기에 좋다. 센티널 브리지 바로 앞에 셔틀버스 정류장이 있어 쉽게 찾아갈 수 있다. **MAP 220p**

ADD Sentinel Bridge, Yosemite Valley
ACCESS 요세미티밸리 중심

+MORE+

DON'T FORGET!
입장 전 주유 미리 하기

요세미티밸리에는 주유소가 없으므로 국립공원 입구를 통과하기 전에 꼭 휘발유를 넣어야 한다. 120번 도로를 통해 진입할 때는 그로브랜드, 140번 도로는 엘 포털(El Portal), 41번 도로는 오크허스트(Oakhurst) 쪽 주유소를 이용하자. 이 지점을 지나면 나오는 주유소들은 운영 시간이 불규칙하거나 휘발유 가격이 매우 높다.

223

어디서 볼까?
요세미티의 대표 바위와 폭포

센티널브리지 위에서 본 하프 돔

Point 1

요세미티의 상징
하프 돔 Half Dome

둥그스름한 돔 모양의 바위 한쪽 면이 마치 칼에 잘린 듯 날카로운 모습이 독특하다. 아웃도어 브랜드 노스페이스의 로고로 익숙한 해발 2696m의 바위. 오랫동안 정복 불가능한 바위로 여겨졌으나, 1875년 클라이밍 케이블이 설치되면서 많은 산악인이 등반에 성공했다. 터널 뷰에서 볼 때는 아득해 보이던 하프 돔이 요세미티밸리 깊숙한 곳으로 들어갈수록 웅장하게 다가온다. 글레이셔 포인트나, 티오가 로드의 옴스테드 포인트(Olmsted Point)를 차로 지나갈 때도 새로운 각도의 하프 돔을 볼 수 있다. 하프 돔의 반영이 보이는 미러 호수(Mirror Lake)로 가려면 커리 빌리지(Curry Village)에서 왕복 3.2km 정도 트레킹을 해야 한다. **MAP 220p**

티오가 로드 옴스테드 포인트의 화강암 뷰

커리 빌리지 주차장에서 본 하프 돔

Point 2

거대한 화강암 절벽
엘 캐피탄 El Capitan

전 세계 암벽 등반가들의 가슴을 뛰게 하는 해발 2308m
의 화강암 절벽이다. 요세미티 빌리지에서 노스사이드
드라이브(Northside Drive)를 따라 나가는 길에 왼편에
보이는 넓은 초원을 엘 캐피탄 메도라고 하는데, 이곳
에서 보면 거대한 단일 암체의 크기를 실감할 수 있다.
낮에는 900m 높이로 치솟은 수직 절벽에 매달린 암벽
등반가들의 모습을 찾아보는 것노 재미있다. **MAP 220p**

TREKKING 길가에 주차하고 바로 앞

Point 3

요세미티 대표 폭포
브라이들베일 폭포 Bridalveil Falls

터널 뷰에서 전체 모습이 제일 잘 보이는 높이 189m
의 폭포다. 바위에 부딪혀 물줄기가 산산이 흩어지는
모습이 신부의 면사포 같다 하여 이름이 붙여졌다. 주
차장에서 폭포 아래까지는 계곡을 따라 걸으면 금방인
데, 가까이 다가갈수록 물보라가 거세지면서 온몸을 적
시게 된다. 우비를 미리 준비하는 것도 좋은 방법이다.
MAP 220p

TREKKING 왕복 800m / 20분 소요 / 난이도 하

Point 4

아름다운 3단 폭포
요세미티 폭포 Yosemite Falls

총길이 739m의 요세미티 폭포
는 어퍼(436m), 미들(205m), 로어
(97.5m)로 나뉘는, 북미 대륙에서 가
장 긴 3단 폭포다. 수량이 많은 4~6
월 사이에는 폭포수가 천둥 같은 굉
음을 내면서 쏟아져 내린다. 폭포
맨 위까지 올라가는 어퍼 요세미티
트레일은 11.6km의 난이도 높은
코스고, 로어 요세미티 폭포까지는

조금만 걸어가면 된다. 길은 비교적
평탄하지만, 폭포와 가까운 곳은 미끄럽기 때문에 샌들보다는 튼튼한 신발을 신는 것이 좋다. **MAP 220p**

TREKKING 로어 요세미티 폭포 Lower Yosemite Falls 왕복 1.6km / 주차장에서 30분 소요 / 난이도 하

호스테일 폭포

Point 5

그 외의 폭포들
눈이 녹아내리기 시작하는 시기, 요세미티에는 수많은 폭포가 생겼다가 없
어진다. 2월 석양빛에 비친 물줄기가 마치 용암이 흘러내리는 것 같다고 해서 '불의
폭포(Firefall)'라는 별명이 붙은 호스테일 폭포(Horsetail Fall)는 뉴스에 보도될 정도로
유명하다. 낙차가 큰 리본 폭포(Ribbon Fall), 글레이셔 포인트의 네바다 & 버날 폭포
(Nevada & Vernal Fall), 여러 개의 작은 폭포가 계단처럼 보이는 센티널 폭포(Sentinel
Falls)도 계절에 따라 모습을 바꿔가며 흘러내린다.

① 요세미티 관광의 중심지
요세미티밸리 Yosemite Valley

머세드강이 흐르는 협곡의 저지대에 자리한 국립공원의 핵심구역
이다. 도착하면 제일 먼저 요세미티 빌리지의 대표 비지터 센터를
방문해 종이 지도와 여행을 위한 기본 정보를 확인하자. 계곡의 형
성 과정과 아메리칸 원주민 문화를 소개한 요세미티 박물관, 요세
미티의 아름다움을 전 세계에 알린 풍경사진작가 안셀 애덤스 갤
러리도 들러보자.
무료 셔틀버스가 요세미티밸리의 주요 관광 포인트를 연결한다.
한 방향으로 순환 운행한다는 점이 다소 불편하지만, 주차 공간이
부족한 여름철에는 숙소에 주차해 두고 셔틀버스를 이용하는 것이
오히려 효율적이다. 최신 노선도 및 운행정보는 현장 비지터 센터
에서 확인하자. **MAP 227p**

ⓘ **요세미티밸리 비지터 센터**
Yosemite Valley Visitor Center
ADD Yosemite Valley Visitor
Center 9035 Village Dr
OPEN 09:00~17:00
ACCESS 셔틀버스 정류장 ❺

요세미티밸리 비지터 센터

비지터 센터
요세미티 폭포   요세미티 빌리지
요세미티밸리 로지
포 마일 트레일
아와니 호텔
헤리티지 센터   커리 빌리지   미러 호수
엘 캐피탄 피크닉 구역   해피 아일
엘 캐피탄 메도
캐서드럴 해변

요세미티밸리 무료 셔틀버스 노선
Valleywide Shuttle 요세미티밸리 입구까지 운행/
07:00~22:00/12~22분 간격
East Valley Shuttle 요세미티밸리 중심 구간 운행/
07:00~22:00/8~12분 간격

요세미티 폭포
요세미티 로지
비지터 센터
아와니 호텔
요세미티 빌리지 전경

안셀 애덤스 갤러리

Spot 1 아와니 호텔 The Ahwahnee

전 영국 여왕 엘리자베스 2세, 윈스턴 처칠, 스티브 잡스, 오바마 전 대통령 등 유명 인사가 다녀간 고풍스러운 호텔이다. 1927년 길버트 스탠리 언더우드가 자연에 어울리도록 석재와 목재를 이용해 건축했고, 미국 역사 기념물 및 국가사적지로 지정됐다. 매우 비싸고 예약이 어려운 4성급 호텔이지만, 라운지는 누구나 입장할 수 있어서 일반 관람객도 많이 찾아온다.

ADD 1 Ahwahnee Dr
ACCESS 셔틀버스 정류장 ❸

Spot 2 요세미티밸리 로지 Yosemite Valley Lodge

정면으로 브라이들베일 폭포가 보이는 숲속 산장 분위기의 숙소다. 시설은 다소 낡은 편이지만 요세미티 폭포까지 걸어갈 수 있는 위치이며, 셔틀버스를 타기에도 편리해 가족 단위의 여행객에게 추천할 만하다. 푸드코트와 레스토랑, 라운지는 투숙객이 아니라도 이용할 수 있다. 여름철 이용 시 에어컨이 없다는 점을 참고하자.

ADD 9006 Yosemite Lodge Dr
ACCESS 셔틀버스 정류장 ❼

Spot 3 커리 빌리지 Curry Village

캠프사이트를 제외하고 요세미티밸리 내에서 가장 저렴한 숙소다. 오두막 형태의 캐빈과 일반 모텔형 숙소, 캠핑장도 있지만 천막형 텐트 캐빈(Canvas Tent Cabins)이 가장 인기. 단, 난방 여부에 따라 가격이 달라지고, 공동욕실을 이용해야 한다는 어려움이 있다. 카페테리아 형태의 레스토랑과 카페, 스낵바 등이 있어 간편하게 식사하기 위해 일부러 찾아오는 사람도 많다.

ADD 9010 Curry Village Dr
ACCESS 셔틀버스 정류장 ⓮

주차장

텐트 캐빈

수영장과 식당

227

② 여름에만 개방되는 비밀의 숲
티오가 로드 Tioga Roads

5월 중순부터 11월 초까지 개방되는 120번 도로는 요세미티 국립공원의 고지대를 동서로 관통하는 유일한 산간 도로다. 가는 길에 하프 돔의 북면이 보이는 옴스테드 포인트(Olmsted Point)와 청정한 고산호수 테나야 호수(Tenaya Lake)를 볼 수 있다. 동쪽 게이트 근처에도 차를 세우고 경치를 감상할 만한 전망 포인트가 계속 나타난다.

요세미티밸리에 숙소를 정해두고, 투올러미 메도(Tuolumne Meadows)까지 구경하고 돌아오는 반나절 코스를 추천한다. 비지터 센터 주변을 제외하면 편의시설이 전혀 없으므로 하루치 물과 식사를 준비해서 가는 것이 좋다. **MAP 219p**

ⓘ **투올러미 메도 비지터 센터**
 Tuolumne Meadows Visitor Center
ADD Tioga Pass Rd(CA-120), Yosemite National Park, CA 95321
OPEN 여름철
TEL 209-372-0200
ACCESS 요세미티밸리에서 편도 90km(자동차 최소 1시간 30분)

투올러미 메도
Tuolumne Meadows

구불구불한 산길을 지나면 나타나는 드넓은 평지. 해발 2600m의 고지대에서 만나게 될 것이라고는 예상치 못한 광경이다. 강이 흐르는 초원지대에서는 사슴 떼가 무리 지어 풀을 뜯고, 사람들은 여기저기 자리를 잡고 피크닉을 즐긴다. 비지터 센터 건너편에서부터 소다 스프링스(Soda Springs)까지 다녀오는 트레킹 코스의 맨 끝에는 존 뮤어와 함께 이 지역을 보존하는 데 기여한 에드워드 파슨스의 산장, 투올러미강 위로 걸쳐진 옛 나무다리가 있다. 경사가 전혀 없고 평평해서 누구나 즐겁게 다녀올 만한 길이다.

소다 스프링스와 파슨스 메모리얼 로지 트레인
Soda Springs and Parsons Memorial Lodge Trail
TREKKING 왕복 2.4km/주차장에서 1시간 소요/난이도 하

투올러미 메도

투올러미 메도에서 풀을 뜯는 사슴

옴스테드 포인트

그리즐리 자이언트 루프 트레일

그리즐리 자이언트

③ 자이언트 세쿼이아 군락지
마리포사 그로브 Mariposa Grove

500여 그루의 자이언트 세쿼이아가 숲을 이룬 지역으로, 1857년 갈렌 클락과 밀튼 만에 의해 발견됐다. 밑줄기의 일부가 검게 변한 그리즐리 자이언트(Grizzly Giant)는 높이 63.7m, 밑 둘레는 29.5m의 거대한 나무다. 수령은 2995년 정도(오차 약 250년)로 추정되는데, 여전히 왕성하게 성장 중이다. 3.2km 길이의 그리슬리 자이언트 루프 트레일을 따라 2시간가량 걸으면서 마리포사의 유명한 나무들을 구경할 수 있다. **MAP 219p**

ⓘ **마리포사 그로브 비지터 센터** Mariposa Grove Welcome Plaza
ADD Mariposa Grove Rd, Fish Camp, CA 93623
OPEN 08:00~17:00
ACCESS 요세미티밸리에서 50km, 국립공원 남쪽 입구

+MORE+

시에라네바다산맥 따라 트레킹
존 뮤어 트레일 John Muir Trail

요세미티와 세쿼이아 국립공원의 보존에 공헌하고, 영향력 있는 자연보호 단체 시에라 클럽을 창설한 탐험가 존 뮤어의 이름을 딴 트레일이다. 캘리포니아 남북 방향으로 길게 뻗은 시에라네바다(Sierra Nevada)산맥의 등줄기를 따라 걷는 총 338.6km(210.4mi)의 트레킹 코스로, 스페인의 산티아고 순례길, 캐나다의 웨스트 코스트 트레일과 함께 세계 3대 트레일로 손꼽힌다.

해발 4421m에 달하는 미국 본토의 최고봉 마운트 휘트니(Mount Whitney)까지 등반해야 하기에, 일반 여행자 입장에서 이 길을 걷는다는 것은 사실상 불가능에 가깝다. 대신, 요세미티 국립공원의 해피아일(요세미티밸리) 또는 소다 스프링스(티오가 로드) 등에서 존 뮤어 트레일의 일부임을 알리는 팻말을 볼 수 있는데, 사람들이 반가워하며 인증샷을 남기는 자리다. 입산 허가(Wilderness Permit) 등 실제 트레킹을 위한 정보는 캘리포니아의 등반동호인 협회 홈페이지를 참고하자.

WEB pcta.org/discover-the-trail/john-muir-trail

마운트 깁스(Mount Gipps)의 반영

화강암으로 둘러싸인 테나야 호수

존 뮤어 트레일의 마운트 휘트니

옐로벨리
마르모트

세계에서 가장 거대한 나무의 숲

세쿼이아 & 킹스캐니언 국립공원

Sequoia & Kings Canyon National Park

해발 2000m에 달하는 깊은 산속에 20층 건물 높이까지 자라는 자이언트 세쿼이아 군락지가 있다. 북쪽의 킹스캐니언 국립공원은 험준한 절벽으로 둘러싸인 협곡 지대이며, 남쪽의 세쿼이아 국립공원 중심부는 미국의 최고봉 마운트 휘트니로 향하는 존 뮤어 트레일의 핵심 경로다. 시에라네바다산맥의 경관을 눈으로 확인할 수 있는 최고의 장소, 여름에도 시원하고 울창한 숲속 국립공원으로 언택트 여행을 떠나보자.

SUMMARY
공식 명칭 Sequoia & Kings Canyon National Park
소속 주 캘리포니아
면적 세쿼이아 1635km², 킹스캐니언 1869km²
오픈 24시간
요금 차량 1대 $35(7일간 유효)

① 킹스캐니언 비지터 센터
Kings Canyon Visitor Center

ADD 83918 CA-180, Grant Grove Village, CA 93633
TEL 559-565-3341
OPEN 09:00~16:00
WEB nps.gov/seki

WEATHER
협곡 아래쪽 저지대의 여름은 뜨겁고 건조하지만, 세쿼이아 숲이 있는 고산지대는 여름에도 밤에는 재킷을 걸쳐야할 정도로 서늘하다. 초가을부터 늦봄 사이에는 주요 관광지에도 많은 눈이 내리기 때문에 상황에 따라 모든 차량이 의무적으로 스노체인을 장착해야 하는 법령이 발효된다. 킹스캐니언의 시더 그로브로 이동하는 산간 도로는 겨울 동안 폐쇄된다.

기온	고지대		저지대	
	7월	1월	7월	1월
최고 평균	24℃	6℃	36℃	14℃
최저 평균	11℃	-4℃	20℃	2℃

추천 경로

Sierra Nevada
White Mountain
인요 국유림
Big Pine
데스밸리 국립공원
킹스캐니언 국립공원
395
세쿼이아 국유림
Independence
Big Stump Entrance
180
180
③ Zumwalt Meadow
프레즈노
킹스캐니언 시닉 바이웨이
Scenic Byway
그랜트 그로브
자이언트 포레스트
Lone Pine
245
① Ash Mountain Entrance Station
세쿼이아 국립공원
Mount Whitney
136
63
198
Three Rivers
190
비살리아

DAY 1 두 공원을 남북으로 잇는 제너럴스 하이웨이(52.3km)를 따라 먼저 세쿼이아 국립공원으로 이동해 **① 제너럴 셔먼 트리**를 찾아가자. 나무를 보기 위해서는 1시간가량 가벼운 트레킹을 해야 한다. 쓰러진 고목에 터널을 뚫어 놓은 터널 나무, 시에라네바다산맥이 한눈에 들어오는 모로록 트레일까지 보고 킹스캐니언으로 돌아오는데 최소 4~5시간은 잡아야 한다. 킹스캐니언 국립공원에서는 **② 제너럴 그랜트 트리**를 보거나, 숲속 레스토랑을 방문하며 잠시 쉬어가도 좋다.

DAY 2 여름철이라면 그랜트 그로브에 숙소를 정하고 킹스캐니언 시닉 바이웨이(CA-180, 48km)를 따라 **③ 시더 그로브**의 협곡을 다녀오자. 줌월트 메도와 여러 폭포가 쏟아지는 아름다운 지역이다.

231

세쿼이아 & 킹스캐니언 국립공원 IN & OUT

두 국립공원 중 방문자가 더 많은 지역은 세쿼이아 국립공원이다. 숙소가 부족하니 계획은 미리 세우고, 당일 여행이라면 아침 일찍 들어갔다가 어두워지기 전에 나오는 것이 중요하다.

주요 지점과의 거리 (킹스캐니언 국립공원 기준)

출발지	거리	육로 이동 소요 시간
비살리아	90km	2시간
프레즈노	90km	1.5시간
샌프란시스코	389km	4시간
로스앤젤레스	391km	4시간

대중교통으로 가기

두 국립공원을 대중교통으로 방문하기는 굉장히 어렵다. 인근 도시 비살리아 버스터미널과 세쿼이아 국립공원을 연결하는 유료 셔틀버스는 여름철에만 운행하며, 전화로 일정을 확인하고 예약해야 한다. 여름철에는 혼잡한 세쿼이아 국립공원의 주요 명소를 연결하는 무료 셔틀버스도 운행한다.

HOUR 08:00~18:30
WEB nps.gov/seki/planyourvisit

세쿼이아 무료 셔틀버스 노선도

자동차로 가기

프레즈노 지역의 평야와 킹스캐니언의 고지대를 연결하는 180번 도로가 2개의 국립공원으로 들어가는 메인 진입로다. 가파른 산길로 접어들어 국립공원 입구(Big Stump Entrance)에 도달할 무렵 휴대전화 통신이 끊어지는데, 도로 표지판이 잘 돼 있어 길을 잃을 일은 거의 없다. 180번 도로를 계속 따라가면 킹스캐니언의 그랜트 그로브(Grant Grove)가 나오고, 그 전에 세쿼이아 국립공원 방향으로 가는 제너럴스 하이웨이(Generals Highway) 갈림길이 보인다. 자이언트 포레스트 박물관(Giant Forest Museum)을 지나면 비살리아(Visalia) 방향의 198번 도로와 연결되는데, 중간에 험한 구간이 포함된 외진 길이므로 가급적 우회하거나, 도로 상태를 비지터 센터에 문의하자.

시닉바이웨이

+MORE+

편의시설과 주유소 정보

- **GAS** 국립공원 내에는 주유소가 없고, 국유림의 일부 구간에만 간이 주유소가 있다. 산길이라 생각보다 연료 소모가 많다는 점을 감안하여 이동 경로를 계획하자.

- **FOOD** 주요 관광지(그랜트 그로브, 시더 그로브, 자이언트 포레스트)마다 비지터 센터와 레스토랑, 카페테리아, 편의점을 운영하고 있지만, 문 닫는 것에 대비해 물과 음식을 충분히 준비하자.

- **SLEEP** 국립공원의 숙소는 한 곳에서 통합 관리한다. 방이 많지 않아서 성수기에는 예약 필수다.

WEB visitsequoia.com/Stay

자유의 여신상보다 크다!
캘리포니아의 위대한 나무들

수목이 성장하는 데 최적의 조건을 갖춘 캘리포니아에서는 엄청난 규모의 나무들이 평균 수령 2000년을
훌쩍 넘기며 자생한다. 중세와 근대를 거뜬히 살아내고 우리와 현재를 함께하고 있으며,
먼 미래에도 살아있을 특별한 나무들은 어디에 있을까?

브리슬콘 파인

남산서울타워 135.7m(첨탑 제외)

레드우드 116m

자이언트 세쿼이아 95m

자유의 여신상 92m

레드우드

←7m→　　←12m→

브리슬콘 파인

자이언트
세쿼이아

	자이언트 세쿼이아 Giant Sequoia	레드우드(세쿼이아의 일종, 미국삼나무) Coastal Redwood	브리슬콘 파인(소나무) Bristlecone Pine
특징	세계에서 가장 부피가 큰 나무	세계에서 가장 키가 큰 나무	세계에서 가장 오래된 나무
대표 나무	제너럴 셔먼 트리 높이 84m, 지름 11m	하이페리온(위치 미공개) 높이 116m, 지름 4.84m	므두셀라(위치 미공개)
자생지	시에라네바다산맥 세쿼이아 & 킹스 국립공원 230p	캘리포니아 해안 레드우드 국립공원 240p	캘리포니아 동부 및 네바다 그레이트베이슨 국립공원 427p
학명	Sequoiadendron giganteum	Sequoia sempervirens	Pinus longaeva
평균 수령	1800~3000년	2000년	4700년

굵은 몸통이 인상적인 자이언트 세쿼이아는 흔히 세계에서 가장 큰 나무로 불리지만, 평균 높이만 따진다면 서부 해
안 지역의 레드우드가 더 크게 자란다. 한편, 세계에서 가장 오래된 나무는 수령 5066년으로 추정되는 므두셀라
(Methuselah)다. 나무를 보호하기 위해 위치를 공개하지 않는 곳도 많지만, 세계에서 가장 부피가 큰 나무로 불리는 제
너럴 셔먼 트리는 바로 이곳, 세쿼이아 국립공원에서 만나볼 수 있다.

ZONE 1

세쿼이아 국립공원

자이언트 포레스트 박물관 / 콩그레스 트레일

1 세계에서 가장 거대한 나무
자이언트 포레스트 Giant Forest

커다란 기둥처럼 우뚝 솟은 거목이 8000그루 이상 서식하는 자이언트 포레스트 일대는 편의시설과 볼거리가 집중된 세쿼이아 국립공원의 핵심 관광지다. 욱사치 로지(Wuksachi Lodge)라는 규모가 큰 숙박 시설을 갖추고 있고, 여름에는 주요 관광지까지 셔틀버스가 다닌다. 1~2시간 하이킹을 해야 하는 곳이 많아서 보고 싶은 장소를 미리 정해두면 효율적으로 움직일 수 있다. 자이언트 포레스트 박물관에서는 여행 정보 및 국립공원의 생태에 관한 자세한 정보를 얻을 수 있다. **MAP 120p**

ⓘ **자이언트 포레스트 박물관**
Giant Forest Museum
ADD Mile 16, Generals Hwy, Sequoia National Park, CA 93262
OPEN 09:00~16:30
ACCESS 킹스캐니언 국립공원에서 50km(자동차 1시간 이상)/비살리아에서 82.5km(차로 1.5시간), 198번 도로를 따라 Ash Mountain Entrance로 진입할 경우 도로 개통 상황 확인 필수

Spot 1 제너럴 셔먼 트리
General Sherman Tree

세쿼이아 국립공원을 방문하는 이유는 바로 이 나무를 보기 위해서다. 미국 남북 전쟁의 영웅 윌리엄 테쿰세 셔먼 장군의 이름을 딴 세계 최대의 자이언트 세쿼이아로, 지금도 계속 자라고 있다. 수령은 약 2200년으로 추정되며, 높이 84m, 밑둘레 31.3m, 무게는 1000t을 넘어선다. 나무를 보려면 '미국 의사당'이라는 뜻을 가진 콩그레스 트레일(Congress Trail)을 따라 크게 한 바퀴 돌아야 한다. 시원스럽게 솟아오른 자이언트 세쿼이아 군락마다 '상원의원(Senate)', '하원의원(House)'이라는 이름을 붙여두어 그렇게 불리게 됐다고. 유명한 나무에는 팻말이 붙어 있어서 인증샷을 찍는 사람이 많다.

ACCESS 성수기를 제외하면 트레일 바로 앞에 주차 가능
콩그레스 트레일 Congress Trail
TREKKING 한 바퀴 4.7km/1~2시간 소요/난이도 하

Spot 2 터널 나무(터널 로그)
Tunnel Log

1937년 자연재해로 쓰러진 고목의 중간 부분을 잘라내고 자동차가 통과할 수 있게 만든 터널이다. 자이언트 세쿼이아의 거대함을 체감할 수 있는 곳이기 때문에 터널 아래에 잠시 차를 세우고 사진을 찍으려는 차량이 몰려와 진입로는 항상 정체가 발생한다. 나무의 원래 높이는 83.8m였으며, 수령은 2000년 이상으로 추정된다.

ACCESS 자이언트 포레스트 박물관에서 2.5km, 크레센트 메도 가는 길

Spot 3 모로록 트레일
Moro Rock Trail

화강암 바위 위에서 국립공원의 광활함을 세김힐 수 있는 **전밍 포인트**. 아득하게 보이는 높은 산맥은 해발 4000m에 달하는 봉우리 14개로 이루어진 그레이트 웨스턴 디바이드(Great Western Divide)다. 시에라네바다의 중요한 줄기가 되는 산맥으로, 존 뮤어 트레일과 하이 시에라 트레일이 지나는 지역이기도 하다. 모로록 트레일은 불과 400m의 짧은 코스지만, 가파른 400개 계단을 올라가야 하므로 운동화가 필수. 고도가 높은 지대이기 때문에 물을 충분히 마시며 천천히 등반하는 것이 좋고, 두통이 심해질 수 있으니 진통제도 준비해 두자.

ACCESS 자이언트 포레스트 박물관에서 2.7km
TREKKING 편도 400m/왕복 40분 소요/ 난이도 중

자이언트 포레스트
2000m

모로록
2050m

ⓘ **킹스캐니언 비지터 센터**
Kings Canyon Visitor Center
ADD 83918 Highway 180,
Grant Grove Village, CA 93633
OPEN 09:00~16:00
WEB nps.gov/seki
ACCESS 세쿼이아 국립공원에서
50km(자동차 1시간 이상)

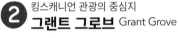

2 킹스캐니언 관광의 중심지
그랜트 그로브 Grant Grove

국립공원 입구와 가까운 해발 2000m의 작은 마을로, 숙박 시설과 레스토랑, 비지터 센터 등 여러 편의시설을 갖추고 있다. 두 국립공원의 중간 지점에 해당하기 때문에 여름에 킹스캐니언 시닉 바이웨이까지 다녀올 생각이라면 숙소로 정하기에 적당한 위치다.

그랜트 그로브 빌리지에 있는 존 뮤어 로지(산장)는 일반적인 호텔 형태, 그랜트 그로브 캐빈은 공동욕실을 사용하는 오두막 형태인데, 대신 독채로 분리된 통나무집에서 호젓한 산속 분위기를 즐기기에는 그만이다. 방문객이 많은 세쿼이아 국립공원에 비해 좀 더 조용한 그랜트 그로브 빌리지를 걷다 보면 풀을 뜯는 사슴 떼를 쉽게 만날 수 있다. **MAP 120p**

제너럴 그랜트 트리
General Grant Tree

세계에서 두 번째로 큰 나무인 자이언트 세쿼이아. 제30대 미국 대통령 캘빈 쿨리지가 '미국의 크리스마스 나무'로 공표하면서 존재감을 알렸다. 높이 81.5m, 밑 둘레는 32.8m에 달하며, 수령은 1650년 정도로 제너럴 셔먼 트리에 비해 상대적으로 젊은 나무다. 주변을 걷다 보면 수명을 다하고 쓰러진 고목, 폴른 모나크(Fallen Monarch, 무너진 군주)가 보인다. 속이 텅 비어 안에 들어가 볼 수 있다.

ACCESS 비지터 센터에서 차로 1.7km
TREKKING 한 바퀴 500m/20분 소요/난이도 하

폴른 모나크

③ 미국에서 가장 깊은 협곡
킹스캐니언 시닉 바이웨이
Kings Canyon Scenic Byway

고지대 그랜트 그로브에서 저지대 시더 그로브를 연결하는 킹스캐니언 내의 유일한 자동차 도로(CA-180)다. 북미에서 가장 깊은 협곡 지대에 건설된 구불구불한 도로와 멋진 경관 덕분에 시닉 바이웨이로 선정됐다. 편도 48km의 도로를 왕복하려면 2~3시간이 걸릴 정도로 경사가 가파르지만, 길은 잘 정비돼 있다. 5월말~9월 말에만 접근 가능한 도로인 탓에 이곳의 비지터 센터와 숙소는 여름에만 문을 연다. 휴대전화 통신이 두절되는 지역이고 주유소도 없으니 출발 전 철저히 준비하고 떠나자. **MAP 120p**

ⓘ **시더 그로브 비지터 센터** Cedar Grove Visitor Center
ADD North Side Dr, Kings Canyon National Park, CA 93633
OPEN 여름철 09:00~17:00
ACCESS 국립공원 입구에서 50km(왕복 및 관람 시간 반나절 이상 소요)

Spot ① 줌월트 메도 트레일
Zumwalt Meadow Trail

높은 화강암 절벽 아래 흐르는 계곡(킹스강)을 따라 한 바퀴 걷는 하이킹 코스. 중간의 나무다리를 건너면 넓은 초원 지대가 나타난다. 여름에는 야생화가 피어 화사하고, 가을에는 은은한 단풍으로 물든다. 목새 보드워크가 설치돼 있어 아이들도 무난하게 걸을 수 있다.

TREKKING 한 바퀴 2.4km/40분 소요/난이도 하

그리즐리 폭포

로어링 리버 폭포

Spot ② 시더 그로브의 폭포들
Cedar Grove Waterfalls

봄이 되면 시더 그로브 지역에는 협곡을 타고 세차게 흐르는 폭포가 여럿 생겨난다. 본격적인 트레킹을 해야 볼 수 있는 미스트 폭포(Mist Falls)와는 달리, 그리즐리 폭포(Grizzly Falls)나 로어링 리버 폭포(Roaring River Falls)는 그랜트 그로브에서 가는 길에 잠시 차를 세우고 걸으면 쉽게 볼 수 있다. 셋 중에서 규모는 가장 작지만, 바위 틈새로 쏟아져 나온 계곡물이 소용돌이치는 로어링 리버 폭포의 우렁찬 물소리는 약간의 경사면을 올라가야 하는 수고가 아깝지 않다.

TREKKING Roaring River Falls 편도 500m/10분 소요/난이도 중하
Grizzly Falls 편도 200m/3분 소요/난이도 하

완벽하게 아름다운 해안도로

캘리포니아 1번 도로
CA State Route 1

미국 서부 해안 전체를 종단하는 루트 101(684p)의 일부이자, '퍼시픽 코스트 하이웨이(PCH)'라고도 불리는 캘리포니아 1번 도로는 샌프란시스코 북부의 레깃(Leggett)에서 로스앤젤레스 남부의 다나 포인트(Dana Point)까지 연결된 총 1055km의 주립 도로다. 특별히 경치가 아름다워 '시닉 바이웨이' 및 '올 아메리칸 로드'로 선정된 빅 서(Big Sur)와 샌루이스 오비스포(San Luis Obispo) 쪽이 미국 로드 트립의 핵심 코스라고 할 수 있다. 해안 절벽과 해안가를 넘나드는 길가에는 동화처럼 예쁜 마을과 바다사자가 노니는 해변 등 명소가 많아, 샌프란시스코와 LA로 오가는 중간에 최소 하루 이상 숙박하는 일정을 추천한다.

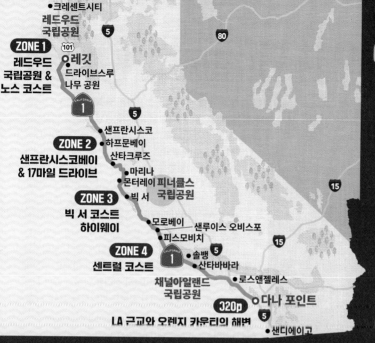

추천 경로 **CA**

레드우드 국립공원
↑ 231km, 2.5시간
레깃
↑ 293km, 3시간
출발 샌프란시스코
↓ 125km, 1.5시간
산타크루즈
↓ 70km, 1시간
몬터레이
↓ 50km, 1시간
빅 서
↓ 172km, 3시간
샌루이스 오비스포
↓ 153km, 1.5시간
산타바바라
↓ 137km, 1.5시간
LA 산타모니카

지도 레이블:
- 크레센트시티
- 레드우드 국립공원
- 5
- 80
- **ZONE 1** 레드우드 국립공원 & 노스 코스트
- 레깃
- 101
- 드라이브스루 나무 공원
- 1 (CALIFORNIA)
- 5
- 샌프란시스코
- 하프문베이
- **ZONE 2** 샌프란시스코베이 & 17마일 드라이브
- 산타크루즈
- 마리나
- 몬터레이 피너클스 국립공원
- **ZONE 3** 빅 서 코스트 하이웨이
- 빅 서
- 모로베이
- 샌루이스 오비스포
- 피스모비치
- 15
- 15
- **ZONE 4** 센트럴 코스트
- 1 (CALIFORNIA)
- 솔뱅
- 5
- 산타바바라
- 채널아일랜드 국립공원
- 로스앤젤레스
- **320p** 다나 포인트
- LA 근교와 오렌지 카운티의 해변
- 5
- 샌디에이고

+MORE+

1번 도로를 여행할 때 꼭 알아야 할 것!

❶ 샌프란시스코에서 로스앤젤레스 방향으로 여행하면 바다와 가까운 차선으로 주행하며 전망 포인트마다 쉽게 차를 세울 수 있다.

❷ 빅 서~샌루이스 오비스포 구간은 경사가 심한 산길이고 통신이 원활하지 않다. 구글맵에 표시된 것보다 시간이 추가로 소요되는 것을 감안해야 한다.

❸ 내비게이션에 의존하면 빠른 길로만 안내할 확률이 높다. 최종 목적지 대신 다음 마을을 목적지로 설정해야 경치 좋은 길로 갈 수 있다. 단, 이 경우 훨씬 더 오랜 시간이 소요되며, 책에 소개된 모든 장소를 들르는 것은 1박 2일 일정으로는 불가능하다.

❹ 여행 정보 검색 및 숙소 예약은 미리 해두는 것이 좋다. 비교적 저렴한 숙소가 많은 지역은 몬터레이, 피스모비치 등이다.

❺ 해안 도로 통제 시 우회해야 하니 진입 전 통행 가능 여부를 꼭 확인하자.
- 캘리포니아 교통국 **WEB** quickmap.dot.ca.gov
- 빅 서 상공회의소 **WEB** bigsurcalifornia.org/highway_conditions.html

레드우드가 바다 안개를 만났을 때

캘리포니아 헤안을 여행히디 보먼 한 치 앞도 보이지 않을 만큼 짙게 깔린 안개 속을 헤쳐 나가야 하는 일이 종종 생긴다. 차가운 해수면과 따뜻한 공기가 접촉하며 형성된 해무 때문이다. 레드우드는 뿌리뿐 아니라 잎과 나무껍질을 통해 수증기를 흡수하는 능력이 있어서 해무가 발생하는 지역에서도 잘 자란다고. 맑은 날에는 짙은 안개와 빼곡한 숲 사이로 찬란한 햇빛이 비치는 명장면을 볼 수 있다.

US 101

CALIFORNIA 1

ZONE 1

레드우드 국립공원 & 노스 코스트

세계에서 가장 큰 나무가 사는 곳

① 레드우드 국립·주립공원
Redwood National and State Parks(RNSP)

캘리포니아 북부에는 평균 높이 91m를 훌쩍 넘겨 자생하는 코스트 레드우드(Coast Redwood)가 대규모 군락을 형성하고 있다. 특히 캘리포니아 1번 도로의 연장선인 루트 101을 따라서 레드우드 삼림이 약 100km에 걸쳐 나타나는데, 1850년대의 무차별적인 벌목 때문에 삼림의 95%가 파괴되고 남은 것이 이 정도라니, 고대의 숲이 어느 정도 규모였을지 짐작조차 가지 않는다.

1920년대에 3개의 주립공원(❶ Del Norte Coast ❷ Jedediah Smith ❸ Prairie Creek Redwoods)이 만들어지고, 1968년에는 연방 국립공원관리청과의 협업으로 국립공원까지 설립되면서 남아 있는 5%의 면적 중 약 45%에 해당하는 560km²(1억7000만 평)의 삼림이 보호받게 됐다. 국립공원 내에서는 통신이 거의 두절되며, 구글맵의 안내도 부정확하다. 접근성이 좋은 쿠첼 비지터 센터를 방문해 종이 지도를 받고, 산불 등에 관한 안전 정보도 파악하자. **MAP 239p**

ⓘ **토마스 H.쿠첼 비지터 센터** Thomas H. Kuchel Visitor Center
ADD 119441 US-101, Orick, CA 95555
OPEN 여름철 09:00~17:00, 겨울철 10:00~16:00(수·목요일 휴무)
PRICE 국립공원 무료 **TEL** 707-464-6101
WEB nps.gov/redw
ACCESS 샌프란시스코에서 502km(자동차 6시간 이상)

Spot 1

빅 트리 Big Tree

메인 도로에 차를 세우고 5분만 걸어가면 보이는 높이 60m의 나무로, 레드우드 중에서는 16번째로 키가 크다고 한다. 추정 수령은 약 1500년. 시간이 없어서 레드우드 국립공원을 그냥 지나쳐야 할 때 잠깐이라도 들르기를 추천!

톨 트리 그로브

토마스 H.쿠첼 비지터 센터

ADD Big Tree Wayside, Newton B. Drury Scenic Pkwy, Orick, CA 95555
OPEN 24시간
PRICE 무료
ACCESS 프레리 크리크 비지터 센터(Prairie Creek Visitor Center)에서 1.4km
TREKKING 주차장에서 100m/5분 소요/ 난이도 하

 Spot 2 레이디 버드 존슨 그로브 트레일
Lady Bird Johnson Grove Trail

제36대 대통령 린든 존슨의 영부인 클라우디아 존슨의 환경보호 활동을 기념하기 위해 헌정된 숲이다. 1960년대 이후에 심어진 2세대 나무와 원래부터 자생하던 높은 수령의 나무가 함께 자란다. 아이들도 쉽게 걸을 수 있는 산책로라서 가족 단위 여행객이 방문하기 좋다. 자동차로 볼드힐 로드를 따라 6.4km 정도 더 올라가면 레드우드 숲과 바다가 보이는 전망 포인트(Redwood Creek Overlook)가 나온다.

ADD Bald Hills Rd, Orick, CA 95555
OPEN 24시간 **PRICE** 무료
TREKKING 1바퀴 2.4km/30분 소요/난이도 하

 Spot 3 톨 트리 그로브
Tall Tree Grove

세계에서 가장 키 큰 나무인 하이페리온(Hyperion, 수령 600~800년, 높이 116m)이 자라는 숲이다. 붉은색 몸통과 결이 인상적인 레드우드는 나이를 먹을수록 회색으로 변해가는데, 톨 트리 그로브에는 젊은 레드우드가 유난히 많다. 다른 구역과 다르게 하루 입장 인원을 제한하고 있어 방문 전 온라인 퍼밋을 신청해야 한다. 고지대에서 강 유역의 숲까지 꽤 가파른 길을 걸어 내려간다.

ADD Tall Trees Access Rd, McKinleyville, CA 95519
PRICE 무료(최소 24시간 전 온라인 퍼밋 신청 필수, 180일 전부터 신청 가능)
WEB redwoodparksconservancy.org/permits/tall-trees
TREKKING 주차장부터 왕복 6.4km/3시간 소요/난이도 중상

2 차 타고 나무 터널 통과하기
드라이브스루 나무 공원
Drive Thru Tree Park

수령 약 2400년, 높이 84m의 레드우드 밑동에 차가 통과할 수 있도록 만든 터널(가로 1.8m, 높이 2.06m)이다. 1930년대 이후에는 이런 터널을 만드는 것이 금지됐는데, 거대한 레드우드 사이를 자동차로 통과하는 진기한 경험을 하기 위해 일부러 방문하는 사람이 많다. 근처에 캘리포니아 1번 도로의 시작 지점(레깃)이 있어서 산길을 따라 바다로 내려가면 해안 도로를 달리게 된다. **MAP 239p**

ADD 67402 Drive Thru Tree Rd, Leggett, CA 95585
OPEN 08:30~17:00(여름철 ~20:00)
PRICE 차량 1대 $15
TEL 707-925-6464
WEB drivethrutree.com
ACCESS 레드우드 국립공원에서 211km(자동차 2시간 30분)

❸ 아름다운 해변 산책로
하프문베이 Half Moon Bay

매년 10월 캘리포니아 최대 페스티벌인 펌킨 축제(Half Moon Bay Art & Pumpkin Festival)가 열리는 해변 휴양지. 해안 절벽의 랜드마크, 리츠칼튼 호텔 주변을 둘러싼 캘리포니아 코스털 트레일(California Coastal Trail)이 필수 산책 코스다. 투숙객이 아니어도 정문에서 산책로를 방문한다고 말하면 무료로 주차할 수 있다. 해안가를 따라 펼쳐지는 2개의 골프 코스도 예약 경쟁이 치열하다. 서핑으로 유명한 베이 북쪽의 매버릭스(Mavericks) 옆 항구에는 전망 좋은 시푸드 레스토랑이 몰려 있다. 그 중 샘스 차우더 하우스(Sam's Chowder House)의 랍스터 롤은 꼭 맛봐야 한다. 따뜻한 치오피노(해물 스튜), 대구살 꽉 찬 피시앤칩스와 함께 맛보자. **MAP 239p**

ACCESS 샌프란시스코에서 50km

리츠칼튼 호텔
ADD 1 Miramontes Point Rd, Half Moon Bay, CA 94019
WEB ritzcarlton.com

샘스 차우더 하우스
ADD 4210 N. Cabrillo Hwy
OPEN 11:30~20:30(주말 11:00~)
WEB samschowderhouse.com

샘스 차우더 하우스

캐피톨라 해변

산타크루즈 비치 보드워크 전경

❹ 과거와 현재가 공존하는
산타크루즈 Santa Cruz

미국에서 서핑을 제일 먼저 소개한 도시이자 전설의 서퍼 잭 오닐이 살던 지역이다. 서쪽 해안절벽 위 작은 등대(Lighthouse Point, 서핑 박물관 건물) 쪽에서 최고의 서핑 명소인 스티머 레인(Steamer Lane)이 내려다보인다. 바다 중앙으로 길게 뻗은 산타크루즈 워프로 나가면, 해변의 빈티지한 테마파크 산타크루즈 비치 보드워크(Santa Cruz Beach Boardwalk)가 보인다. 1907년 오픈한 이곳의 대표 어트랙션은 나무로 만든 우든 롤러코스터 '자이언트 디퍼'와 공중에서 해안 풍경을 만끽하는 '스카이 글라이더'다. **MAP 239p**

ACCESS 샌프란시스코에서 120km

등대
ADD 700 W Cliff Dr, Santa Cruz, CA 95060   **WEB** cityofsantacruz.com
산타크루즈 비치 보드워크
ADD 400 Beach St, Santa Cruz, CA 95060 **OPEN** 주말 12:00~17:00/여름철 매일 11:00~21:00
PRICE 입장 무료, 올데이 패스(어트랙션 자유이용권) $40~75
WEB beachboardwalk.com

⑤ 바닷가 관광 도시
몬터레이 Monterey

노벨문학상 수상자 존 스타인벡의 소설 <캐너리 로>(1945)의 배경으로 이름을 알린 항구 도시다. 한동안 쇠락한 어촌으로 남아 있다가 몬테레이 베이 아쿠아리움, 스타인벡 기념비 등 명소가 늘어나면서 휴양지로 변모했다. 국립해양보호구역으로 지정된 몬터레이반도의 서쪽 끝에는 등대(Point Pinos Lighthouse)와 가수 존 덴버의 추모비가 있는데, 태평양의 노을을 감상하기 좋은 한적한 장소다.
한편, 올드 피셔맨스 워프(Old Fisherman's Wharf) 쪽은 캘리포니아 바다사자 서식지로 유명하다. 4월~9월 사이에는 개체수가 더욱 늘어나, 인근 해안절벽은 물론이고 시푸드 레스토랑이 모인 부둣가와 항구 쪽에서도 일광욕을 즐기곤 한다. **MAP 244p**

WEB seemonterey.com
ACCESS 샌프란시스코에서 183km
(자동차 2시간)

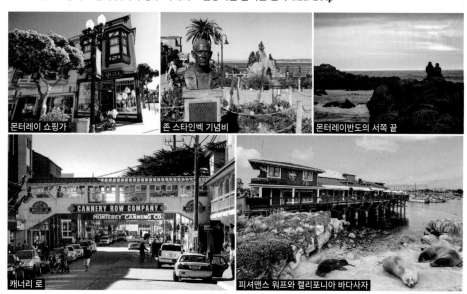

몬터레이 쇼핑가 | 존 스타인벡 기념비 | 몬터레이반도의 서쪽 끝

캐너리 로 | 피셔맨스 워프와 캘리포니아 바다사자

Spot 1 캐너리 로 Cannery Row

피셔맨스 워프에서 아쿠아리움까지 연결된 메인 도로다. '캐너리'는 통조림 공장, '로'는 길거리를 뜻하는데, 한창 어업이 활발하던 1900년대 초에는 실제로 정어리 통조림을 만드는 공장들이 줄지어 서 있었다. 현재는 옛 건물을 개조한 상점과 아트 갤러리, 레스토랑이 들어섰다.

ADD John Steinbeck Statuary,
660 Cannery Row
OPEN 24시간

Spot 2 마리나 Marina

샌프란시스코에서 고속도로 101번을 타고 가다 보면 '임진 파크웨이(Imjin Parkway)'라는 표지판이 눈에 띈다. 예능 프로그램 <어쩌다 사장> 시즌 3의 촬영지 마리나와 연결된 길이다. 관광지는 아니므로 동네 분위기가 궁금하다면 마리나 주립해변 인근을 잠시 둘러보자. 몬터레이 번화가까지는 차로 15분쯤 걸린다.

ADD Marina State Beach, 200 Reservation Rd
OPEN 24시간

외로운 사이프러스

⑥ 꿈의 리조트 페블비치
17마일 드라이브 17 Mile Drive

세계 3대 골프 코스인 페블비치(Pebble Beach)에서 관리하는 27km(17마일)의 드라이브 코스다. 몬터레이와 카멜 쪽에 입구가 있고, 소정의 입장료를 내면 셀프 투어를 할 수 있다. 스페인 탐험가 일행이 1769년 아름다운 경치에 반해 머물렀다는 스패니시베이의 새하얀 모래사장, 점박이 바다표범과 수많은 물개, 바다새가 서식하는 해변의 바위, 사람들과 어울려 한가로이 풀을 뜯는 사슴의 모습은 지상 낙원 그 자체!

여러 개의 골프장과 건물로 이루어진 대형 리조트 페블비치는 투숙객이 아닌 일반 관광객도 레스토랑과 마켓 등을 이용할 수 있다. 페블비치 컴퍼니의 나무 모양 로고인 '외로운 사이프러스(Lone Cypress)'가 새겨진 기념품은 선물용으로도 인기가 많은데, 이 나무는 실제로 17마일 해안가 바위에서 자라는 수령 250년의 사이프러스 고목이다. 2019년 폭풍 피해로 가지의 일부가 부러졌다는 안타까운 소식이 전해진다. **MAP 244p**

ADD 북쪽 입구: Pacific Grove Gate, 2790 17 Mile Dr, Pebble Beach, CA 93953
남쪽 입구: Carmel Gate, Carmel Way, Carmel-By-The-Sea, CA 93923
PRICE 차량 1대 $12(리조트 내 레스토랑에서 $35 이상 식사 시 입장료 면제)
TEL 831-647-7500
WEB pebblebeach.com(골프장 정보 092p)
ACCESS 몬터레이에서 입구까지 5km(전체 구간 이동 및 관람에 약 2시간 소요)

+MORE+

미국 서부에서 제일 작은 국립공원
피너클스 국립공원 Pinnacles National Park

약 2300만 년 전 화산활동의 영향으로 생겨난 뾰족한 돌기둥 피너클스(Pinnacles)를 볼 수 있다. 국립공원 서쪽(Westside)과 동쪽(Eastside) 입구는 완전히 분리돼 있는데, 그중 동쪽에 주요 관광지가 몰려 있다. 트레킹을 즐기려는 일반 방문객부터 암벽등반가까지 많은 사람이 찾아온다. 무성한 덤불과 초원지대에는 대형 조류인 캘리포니아 콘도르(California condor)가 서식하며, 야생화가 지천으로 피어나는 봄과 선선한 가을이 여행의 적기다. **239p**

ⓘ **피너클스 비지터 센터** Pinnacles Visitor Center
ADD 5000 CA-146, Paicines, CA 95043
OPEN 동쪽 입구 24시간, 서쪽 입구 07:30~20:00
PRICE 차량 1대 $30(7일간 유효)　**WEB** nps.gov/pinn
ACCESS 몬터레이에서 87km(자동차 1시간 30분)

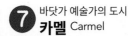

⑦ 바닷가 예술가의 도시
카멜 Carmel

동화 속 오두막처럼 예쁜 집이 가득한 '바닷가의 카멜(Carmel-by-the-Sea)'은 1906년 샌프란시스코 대지진 이후 많은 예술가가 이주해 주택과 정원을 지으면서 조성된 예술타운이다. 1980년대 후반에 영화배우 클린트 이스트우드가 시장으로 선출되는 등 예술가들의 적극적인 참여로 도시의 정체성을 지켜나가고 있다. 카멜에선 캘리포니아 해안 소도시의 매력을 잘 보여주는 메인 쇼핑가 오션 애비뉴(Ocean Avenue)를 걷는 즐거움도 남다르다. 3층짜리 쇼핑센터 카멜 플라자(Carmel Plaza)를 비롯해 아트 갤러리와 팬시한 소품 가게, 카페와 레스토랑이 예쁜 건물마다 입점해 있다. **MAP 244p**

ⓘ **카멜 비지터 센터** Carmel Visitor Center
ADD Carmel Plaza, Mission St, Carmel-By-The-Sea, CA 93921
TEL 831-624-2522
WEB carmelcalifornia.com
ACCESS 몬터레이에서 10km(자동차 15분)

카멜 미션 바실리카

카멜 플라자

: WRITER'S PICK :

캘리포니아 1번 도로에서 마주친 미션과 순례길

1769~1833년 캘리포니아에는 21개의 미션, 즉 선교원이 차례로 설립됐다. 샌디에이고의 첫 번째 미션에 이어, 1770년 6월 3일에는 미션 산 카를로스 보로메오 데 카멜로(일명 카멜 미션)가 세워지면서 북부 지역에 교세를 확장해나가는 구심점이 된다. 18세기 캘리포니아에 최초로 복음을 전파한 스페인 선교사 성 후니페로 세라 신부의 유해가 잠든 곳도 바로 카멜이다. 그 밖에도 샌루이스 오비스포, 산타바바라, 솔뱅 등 캘리포니아 1번 도로를 여행하다 보면 소도시의 중심마다 미션을 계속 만나게 된다. 미

산 후안 카피스트라노미션

올드 미션 산타바바라

국 서부와 가톨릭 역사에서 중요한 의미를 지니기에, 캘리포니아의 미션을 연결하는 순례길을 '엘 카미노 레알(El Camino Real, 스페인어로 '왕의 길'이라는 뜻)'이라 부르며 순례를 떠나는 사람도 많다.

WEB californiamissionsfoundation.org

⑧ 빅 서의 관문
빅스비 크리크브리지
Bixby Creek Bridge

협곡 바닥으로부터 79m 높이, 총길이 218m의 빅스비 크리크브리지는 1932년 완공 당시 세계에서 가장 높은 단일 아치교로서 오랫동안 서부 해안의 상징이 돼왔다. 이 다리가 완공되기 전까지 건너편 마을 주민은 겨울마다 고립됐다고 한다.

빅스비 크리크브리지를 기점으로 본격적인 해안절벽이 시작된다. 높은 곳에서 낮은 곳으로, 다시 높은 곳으로 아슬아슬하게 이어지는 험준한 도로가 바로 올아메리칸 로드로 선정된 아름다운 해안도로, 빅 서 코스트 하이웨이이다. 유난히 험준한 지형의 특성상 도로가 간혹 폐쇄될 때가 있으니, 입구 쪽 표지판을 보고 도로 상황을 체크하자. 빅스비 크리크브리지보다 1km 앞에는 같은 시기에 지어진 로키 크리크브리지(Rocky Creek Bridge)가 있는데, 비슷한 아치교라서 착각할 수 있으니 빅스비 크리크브리지 입구 쪽에 잠시 차를 세울 수 있는 캐슬록 뷰포인트(Castle Rock View Point)를 확인하자. 인증샷을 남기려고 다리를 걸어서 건너는 사람도 꽤 많기 때문에 운전에 주의해야 한다. **MAP 115p**

ADD Bixby Creek Bridge, Hwy 1, Monterey, CA 93940
ACCESS 카멜에서 25km(자동차 30분/차량정체 발생 구간)

시크릿 비치

: WRITER'S PICK :
시크릿 비치의 황금빛 석양

빅 서 부근에는 가파른 절벽 아래 '시크릿 비치'라고 불리는 숨겨진 해변이 몇 군데 있다. 그중 대표적인 포토존이 파이퍼 해변(Pfeiffer Beach)이다. 거대한 바위의 해식동굴 사이로 햇빛이 비치는 비경을 촬영한 사진으로 유명해졌는데, 가는 길이 생각보다 몹시 험하다. 주립공원 쪽에서 해변까지 내려가는 길이 좁고, 해변도 넓지 않아서 강풍이 불거나 기상 조건이 나쁠 때는 접근하지 않는 것이 안전하다.

9 폭포가 떨어지는 해안절벽
줄리아 파이퍼 번스 주립공원 Julia Pfeiffer Burns State Park

절벽 위에서 수직으로 떨어지는 맥웨이 폭포(McWay Falls)가 해안으로 밀려드는 파도를 만나는 장면으로 잘 알려진 주립공원이다. 잦은 조난사고로 해변 출입은 통제되고 있어서, 주차 후 10분가량 산책로를 따라 걸어서 전망 포인트까지 가야 한다. 유난히 녹색을 띤 바다와 폭포, 주변의 바위가 아름다운 줄리아 파이퍼 번스 해변이 한눈에 내려다보인다. **MAP 115p**

ADD 52801 Hwy 1, Big Sur, CA 93920
OPEN 08:00~일몰
PRICE 차량 1대 $10
WEB parks.ca.gov
ACCESS 빅스비 크리크브리지에서 21.5km (자동차 30분)

+MORE+

쉬어갈 곳이 필요하다면, 빅 서의 편의시설

❶ 파이퍼 빅 서 주립공원 Pfeiffer Big Sur State Park

산타루치아산맥의 서쪽 기슭, 레드우드 숲과 계곡으로 둘러싸인 주립공원이다. 넓은 부지 안에 레스토랑과 숙박 시설을 갖춰 중저가형 숙소가 부족한 빅 서의 쉼터 역할을 한다. 산장 형태의 본채 및 숙박용 별채 오두막이 가족 여행에 적합하고, 캠핑장도 있다. 이곳의 숙박권을 제시하면 당일에 한해 주변의 다른 주립공원에 무료로 입장할 수 있다.

ADD Big Sur Lodge, 47555 Hwy 1, Big Sur, CA 93920
PRICE 차량 1대 $10
WEB bigsurlodge.com

❷ 니펜시 Nepenthe

절벽 위에 자리한 뷰 맛집! 1949년부터 빅 서를 방문하는 이들을 포근하게 맞이해왔다. 주차장이 있는 1층에는 기념품점, 2층에는 카페, 3층에는 레스토랑이 들어서 있는데, 테라스에서 보이는 경치가 예술이다. 빅 서 지역을 그냥 지나치기 아쉬울 때 부담 없이 방문할 만한 곳이다.

ADD 48510 Hwy 1 Big Sur, CA 93920

OPEN 레스토랑 11:30~21:00, 카페 09:00~14:30, 기념품점 10:30~18:00
WEB nepenthe.com

ZONE 4

센트럴 코스트

코끼리바다물범을 만나러 가자

⑩ 엘리펀트 실 비스타 포인트
Elephant Seal Vista Point

해안 절벽 지대가 끝나고 나면 완만한 내리막길을 따라 해변이 한결 가까워진다. 샌루이스 오비스포 카운티로 접어든 것이다. 이곳의 해변은 매년 10~3월 사이에 수천 마리의 코끼리바다물범(Elephant Seal)이 찾아오는 장소로 유명하다. 코끼리바다물범은 수컷의 경우 몸길이가 약 5m, 몸무게는 2300kg이 넘고, 2시간 이상 잠수하며, 주식은 오징어와 물고기다. 개체수가 조금 줄어들 때는 물개와 함께 어울려 일광욕을 즐긴다. 사람의 진입을 통제하는 대신 살짝 떨어진 거리에서 구경할 수 있도록 1번 도로변에 주차장과 산책로가 마련돼 있다. 주차장에 차를 세우고 해안선을 따라 비스타 포인트로 이동하면 된다. **MAP 115p**

ADD San Simeon, CA 93452
PRICE 무료
WEB elephantseal.org
ACCESS 빅 서에서 95km(자동차 2시간 이상)

11 언덕 위 그림 같은 성
허스트 캐슬 Hearst Castle

언론 재벌 윌리엄 랜돌프 허스트가 1919년 착공해 1947년 완공한 지중해 스타일의 대저택이다. 유럽의 수도원과 고성, 교회 등을 해체해 공수한 건축 자재와 예술품으로 건물 전체를 채웠다. 깊이 3m의 야외 수영장과 럭셔리한 실내 수영장, 당시로서는 최첨단 기술이던 전화와 영화관까지 들어선 초호화 건축물에서는 늘 성대한 파티가 열렸고, 찰리 채플린을 비롯한 당대의 할리우드 스타와 저명한 정치인들이 방문했다. 랜돌프 허스트 사망 이후, 1957년 허스트 가문이 캘리포니아 주정부에 저택을 기증하면서 현재의 주립 공원이 됐다. 허스트 캐슬은 투어로만 관람할 수 있다. 본관 카사 그란데(Casa Grande)를 둘러보는 그랜드 룸 투어가 기본이고, 예술작품 및 다양한 프로그램을 선택할 수 있다. 아래쪽 비지터 센터에 주차 후 저택까지 셔틀버스를 타고 올라가야 하기 때문에 관람에는 최소 2시간이 걸린다. **MAP 115p**

ADD 750 Hearst Castle Rd, San Simeon, CA 93452
OPEN 09:00부터 투어 시작(60일 전부터 온라인 예약)
PRICE Grand Rooms Tour $35
TEL 800-444-4445
WEB hearstcastle.org
ACCESS 엘리펀트 실 비스타 포인트에서 주차장까지 8km(자동차 10분)

12 평화로운 새들의 해변
모로베이 Morro Bay

1번 도로를 지날 때 눈에 확 띄는 둥근 바위는 화산 활동으로 생성된 높이 180m의 모로록(Morro Rock)이다. 바위는 바다새들의 서식지로, 주변 해안가에서 해달, 물개, 바다표범이 헤엄치는 모습을 쉽게 볼 수 있다. 바위 옆의 작은 어촌 모로베이는 낚시나 물놀이를 하려는 사람들이 찾아오는 조용한 장소다. 항구 바로 앞에는 피시앤칩스 가게를 비롯한 소박한 음식점들이 있다.
MAP 239p

ADD 695 Harbor St, Morro Bay, CA 93442
WEB morrobay.org
ACCESS 샌루이스 오비스포에서 60km(자동차 40분)

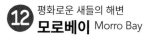

⑬ 빈티지한 감성 해변
피스모비치 Pismo Beach

1920년대 지어진 36m 길이의 목재 부두(Pier)가 피스모비치의 아이콘이다. 잔잔한 파도 덕분에 초보 서퍼들에게도 인기가 많은 센트럴 코스트의 대표적인 해변이다. 4월과 11월 사이에는 혹등고래 투어도 가능해 전체적으로 활기찬 분위기. 식용 조개인 피스모 클램(Pismo Clam)의 이름이 피스모 해변에서 유래했을 정도로 한때 조개가 많이 잡혔다고 한다. 지금은 관광용 조개잡이가 대부분이지만, 10월마다 열리는 조개 축제가 77년째 이어져 오고 있다. 캘리포니아 1번 도로를 여행하다가 하루 쉬어가기 좋은 위치로, 산책로와 쇼핑가가 조성된 메인 해변 쪽에는 중저가형 숙소가, 언덕 위에는 전망 좋은 고급 리조트형 숙소가 많다. **MAP 239p**

ADD 100 Pomeroy Ave, Pismo Beach, CA 93449
WEB experiencepismobeach.com
ACCESS LA에서 280km(자동차 4시간 이상)

⑭ 슬로라이프의 여유
샌루이스 오비스포
San Luis Obispo(SLO)

'SLO'로 불리는 샌루이스 오비스포는 발음 그대로 느림의 미학을 추구하는 슬로라이프의 대명사다. 타운 중심에는 1772년 캘리포니아에서 5번째로 건축된 미션 샌루이스 오비스포 데 톨로사(Mission San Luis Obispo de Tolosa)가 있다. 미사 시간마다 사람이 직접 울리는 종소리가 나지막한 건물로만 이루어진 동네 전체로 울려 퍼진다. 매주 목요일 저녁 6시면 다운타운의 메인 도로를 막고 40년 전통의 파머스 마켓이 열린다. 동네 사람은 물론, LA에서도 일부러 찾아오는 대규모 장터다. 주말 내내 다양한 이벤트가 계속되며, 캘리포니아폴리테크닉 주립대가 인근에 있어 트렌디한 맛집과 카페, 갤러리, 상점도 많다. 중심가는 걸어서 충분히 돌아볼 수 있는 규모다. **MAP 239p**

ⓘ **SLO 비지터 센터** SLO Visitor Center
ADD 895 Monterey St, San Luis Obispo, CA 93401
OPEN 09:30~18:00
TEL 805-781-2777
WEB visitslo.com
ACCESS LA에서 304km(자동차 4시간 이상)

센트럴 코스트에서 즐기는
와인 한 잔

센트럴 코스트 해안에서 한 발짝 내륙으로 들어가면 햇살 내리쬐는 구릉지대와 협곡, 비옥한 대지가 펼쳐진다.
상대적으로 한산하고 여유로운 분위기의 작은 타운과 와이너리가 많아
힐링 여행지로 주목받는 그곳으로 떠나보자.

와인 컨트리의 중심부
파소 로블스 Paso Robles

센트럴 코스트의 와인 중심지로, 250여 개의 와이너리가 있다. 와인 시음은 물론, 승마, 열기구 투어 등 다양한 액티비티를 즐길 수 있다. 스컬프테라 와이너리(Sculpterra Winery)의 아름다운 조각공원, 비나 로블스(Vina Robles Vineyards & Winery)의 클래식한 시음장을 추천. 샌루이스 오비스포와 더 가까운 애드나 밸리(Edna Valley)에도 경치 좋은 와이너리가 밀집해 있다. 맥주를 좋아한다면 화려한 수상 경력을 가진 파이어스톤 워커 양조장(Firestone Walker Brewery)을 방문해보자.

ⓘ **파소 로블스 비지터 센터** Paso Robles Visitor Center
ADD 1225 Park St, Paso Robles, CA 93446
OPEN 09:00~17:00(토요일 10:30~16:00, 일요일 10:00~14:00)
TEL 805-238-0506
WEB travelpaso.com
ACCESS 샌루이스 오비스포에서 50km(자동차 40분)

영혼의 안식처
오하이 Ojai

LA에서 비교적 가까운 벤투라 카운티(Ventura County)의 토파토파산맥(Topatopa Mountains) 자락에는 작지만 트렌디한 휴양 타운 오하이가 있다. 철학자이자 명상가 크리슈나무르티가 생의 마지막을 보낸 곳으로, 나탈리 포트먼, 앤 해서웨이, 리즈 위더스푼, 줄리아 로버츠 같은 할리우드 스타들도 명상과 미식, 힐링을 위해 찾곤 한다. 감귤류, 올리브, 견과류, 라벤더를 재배하기에 이상적인 기후라서 로컬 식재료를 사용하는 유기농 레스토랑이 유난히 많고, 근교 와이너리에서 생산한 와인을 시음해볼 수 있는 테이스팅룸까지 여럿 들어섰다. 오하이 빈야드 테이스팅룸을 중심으로 친환경 제품을 파는 부티크, 아트 갤러리 등을 둘러보자.

오하이 빈야드 테이스팅룸 Ojai Vineyard Tasting Room
ADD 109 S Montgomery St, Ojai, CA 93023
OPEN 12:00~17:00
TEL 805-649-1674
WEB ojaivineyard.com
ACCESS 산타바바라에서 54km(자동차 1시간)

인어공주 동상
(Statue of Little Mermaid)

⑮ 미국의 덴마크
솔뱅 Solvang

캘리포니아에서 가장 다양한 와인 품종을 재배하는 산타이네즈밸리 (Santa Ynez Valley) 서쪽 자락에 '양지바른 땅'이라는 의미의 솔뱅이 있다. 1911년 덴마크계 미국인이 집단 이주하여 건설한 타운답게 커다란 풍차와 인어공주 동상, 코펜하겐의 둥근 탑 룬데토른(Rundetaarn)을 재현했고, 덴마크 출신의 동화작가 안데르센의 박물관도 세웠다. 맛집과 베이커리, 아이스크림 가게까지, 눈에 보이는 모든 것이 유럽 마을 풍경 그대로라서 '미국의 덴마크 수도(Danish Capital of America)'라는 별명을 갖고 있다. 1804년 세워진 미션 산타이네스(Mission Santa Inés) 근처에 주차하고 비지터 센터까지 걸어가면, 그 주변에 대부분의 볼거리가 모여 있다. **MAP 239p**

ⓘ **솔뱅 비지터 센터** Solvang Visitor Center
ADD 1639 Copenhagen Dr, Solvang, CA 93463
OPEN 10:00~18:00
TEL 805-688-6144
WEB solvangusa.com
ACCESS LA 산타모니카에서 200km
(자동차 2시간)

안데르센 동상

솔뱅 풍차
(Solvang Windmill)

안데르센 박물관
(Hans Christian Andersen Museum)

룬데토른(Round Tower
또는 Rundetaarn)

+ MORE +

솔뱅에서 맛보는 덴마크 과자

솔뱅에서 꼭 먹어봐야 하는 데니쉬 페이스트리! 사람들이 들고 다니는 하얀색 버킷에는 데니쉬 버터쿠키가 가득 담겨 있다. 대표 베이커리인 올센과 모르텐센을 방문하면 진열대를 가득 채운 데니쉬 페이스트리를 구매할 수 있다. 데니쉬 팬케이크를 파는 파울라스도 브런치 맛집으로 인기다.

Olsen's Danish Village Bakery
ADD 1529 Mission Dr
WEB olsensdanishvillagebakery.com

Mortensen's Danish Bakery
ADD 1588 Mission Dr
WEB mortensensbakery.com

Paula's Pancake House
ADD 1531 Mission Dr
WEB paulaspancakehouse.com

 미국 속 지중해 도시
산타바바라 Santa Barbara

'미국의 리비에라(이탈리아와 프랑스의 지중해 연안)'로 불리는 살기 좋은 해안 도시이자 휴양지다. 중심부의 스테이트 스트리트를 따라 법원과 미술관, 박물관을 비롯해 쇼핑가가 계속된다. 이 도로의 끝은 1872년 건설될 때부터 목재로 지어진 스턴스 워프(Stearns Wharf)로 이어진다. 시원스러운 야자수 해변을 따라 들어선 최고급 호텔과 리조트가 캘리포니아 휴양지의 이미지와 완벽하게 어울린다. **MAP 239p**

ⓘ **스테이트 스트리트 비지터 센터**
  State Street Visitors Center
ADD 120 State St, Santa Barbara, CA 93101
OPEN 11:00~17:00
TEL 805-869-2632
WEB santabarbaraca.com
ACCESS LA 산타모니카에서 150km(자동차 1.5시간)

 Spot 1 산타바바라 카운티 법원
Santa Barbara County Courthouse

시계탑 전망대에 올라가면 산타이네즈산맥과 푸른 태평양을 배경으로 새하얀 외벽과 붉은 타일 지붕으로 동일된 도시 전경이 내려다보인다. 1929년 스페인 양식으로 건축한 법원 내부의 모자이크와 분수, 샹들리에도 인상적이다. 전망대는 무료 개방되며, 타워 아래쪽에 스컬레이터를 타거나 걸어올라가면 된다.

ADD 1100 Anacapa St, Santa Barbara, CA 93101
OPEN 08:30~16:30(주말 10:00~)

Spot 2 올드 미션 산타바바라
Old Mission Santa Barbara

1786년 캘리포니아 21개 미션 중 10번째로 세워졌으며, 2개의 종답과 붉은빛의 지붕, 흰색 외벽의 교회가 아름답다. 1812년과 1925년 두 차례 지진으로 피해를 입었으나, '미션의 여왕'이라는 명성에 힘입어 완벽하게 재건됐다. 소정의 입장료를 내고 성당 건물(미사 시간 제외)과 묘지, 정원, 박물관을 둘러볼 수 있다.

ADD 2201 Laguna St **OPEN** 09:30~16:00
PRICE 셀프 가이드 투어 $17 **WEB** santabarbaramission.org

Los Angeles
로스앤젤레스

스페인어로 '천사의 도시(Ciudad de Los Angeles)'라
는 뜻의 로스앤젤레스(LA)는 다양한 민족과 문화가 용
광로처럼 녹아든 미국 제2의 대도시다. 해마다 열리는
오스카상, 그래미상, 프라임타임 에미상의 개최지 할
리우드가 세계인들의 시선을 사로잡고, 화려한 쇼핑가
베벌리힐스, 야자수가 자라는 해변이 다채로운 볼거리
를 선사한다.
샌디에이고와 디즈니랜드 등 남부 캘리포니아의 주요
관광지를 비롯해 미국 서부 자동차 여행의 하이라이
트인 그랜드 서클로 향하는 관문이기도 하다. 최근 산
타모니카와 말리부 사이에서 대형 산불이 발생했으나,
LA 도심의 주요 관광지는 정상적으로 여행할 수 있다.

로스앤젤레스 BEST 9

할리우드   276p

그리피스 천문대   282p

유니버설 스튜디오   080p

게티 미술관   271p

베벌리힐스   286p

핑크 월   295p

아카데미 영화박물관   301p

앤젤스 플라이트   310p

산타모니카   328p

SUMMARY

공식 명칭 City of Los Angeles
소속 주 캘리포니아(CA)
표준시 PT(서머타임 있음)

ⓘ **공식 비지터 센터** Discover Los Angeles

ADD 6801 Hollywood Blvd, Los Angeles, CA 90028
OPEN 임시 휴업 중
WEB discoverlosangeles.com/kr
ACCESS 오베이션 할리우드 278p

WEATHER

연평균 기온차가 크지 않은 지중해성 기후지만, 분지 지형이라서 위치에 따라 체감온도가 달라진다. 건조한 여름은 그늘에서 재킷이 필요할 정도로 서늘한 반면, 햇빛이 굉장히 따가워 자외선 차단제, 선글라스, 모자가 필수. 한국의 가을 날씨와 비슷한 겨울은 우기에 해당하여 종종 비가 내린다. 늦은 봄과 초여름 사이에는 짙은 안개가 끼는 날이 많다.

로스앤젤레스 한눈에 보기

로스앤젤레스 시티를 구심점으로 해변의 산타모니카, 베니스, 말리부, 내륙의 베벌리힐스, 글렌데일, 패서디나 등
주변 88개의 도시가 모여 '로스앤젤레스 카운티(County)'를 이룬다. 서쪽은 태평양 연안, 북쪽은 샌가브리엘산맥으
로 둘러싸인 로스앤젤레스 분지에 자리 잡고 있어 LA를 여행할 때는 필연적으로 도심과 해변을 오가게 된다.

할리우드 ZONE 1

화려한 드레스와 턱시도를 입은 스
타의 거리! 영화의 메카 할리우드
를 둘러보고, 할리우드 사인을 배
경으로 인증샷을 남겨보자. 276p

그리피스 파크 ZONE 2

<라라랜드>의 탭댄스가 펼쳐진 그
리피스 천문대에서 보석처럼 반짝
이는 야경을 만나보자. 276p

베벌리힐스 ZONE 2

할리우드 셀럽처럼 거리를 걸어볼
까? 미국 서부 최고의 명품 거리는
구경만 해도 즐겁다. 286p

웨스트 할리우드 ZONE 3

LA 하면 핫핑크! 멜로즈 애비뉴에
서 인증샷 찍고, 그로브 몰에서 트
롤리 타고, 파머스 마켓에서 길거리
음식까지 즐기면 완벽한 하루! 294p

미라클 마일 ZONE 3

스케일이 다른 미술관과 박물관이
줄지어 선 문화의 거리. 취향에 따
라 방문할 곳이 너무나 많다. 300p

다운타운 LA ZONE 4

그랜드 센트럴 마켓에서 원조 에
그슬럿을 맛보고, 빈티지 푸니쿨라
앤젤스 플라이트를 타보는 낭만적
인 관광 코스. 더 브로드 미술관도
놓칠 수 없다. 308p

아트 디스트릭트 ZONE 4

트렌드세터의 필수 코스! LA에서
가장 트렌디한 지역이며, 일요일마
다 열리는 푸드트럭 축제 스모가스
버그로 더욱 활기 넘친다. 316p

코리아타운 ZONE 5

한국 음식 먹고 싶을 땐 여기! 서부
자동차 여행을 떠나기 전, 장보기
딱 좋은 한국 마트도 있다. 323p

산타모니카와 베니스 근교

바다 위 테마파크 산타모니카, 베
니스의 팬시한 쇼핑가 애보키니는
LA 여행의 필수 코스. 328p, 330p

로스앤젤레스 추천 일정

할리우드와 인증샷 명소, 미술관, 수많은 맛집과 카페를 섭렵하고 테마파크까지 즐기려면 3박 4일로도 부족하다. 도심만 한정해도 서울의 2배 면적인 데다 외곽 지역은 대중교통 이용이 쉽지 않으므로 동선을 효율적으로 짜는 것이 중요하다. 참고로 다운타운 LA에서 산타모니카까지는 직선으로 25km 거리지만 정체가 극심할 때는 1시간 이상 걸린다.

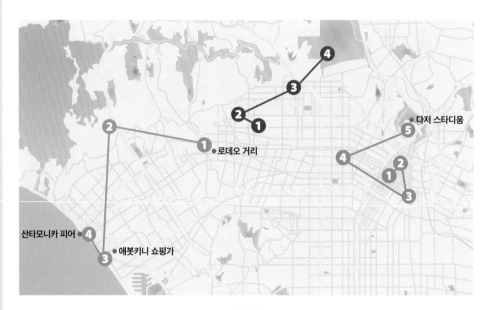

+ M O R E +

LA의 투어 프로그램

■ 스타라인 투어 StarLine Tour

2층 버스를 주요 명소에서 횟수 제한 없이 타고 내릴 수 있는 Hop-on-hop-off 투어 및 다양한 프로그램을 운영하는 LA 지역 기반의 여행사다. 대중교통 이용이 쉽지 않은 곳을 방문할 때 적절히 활용하면 편리하다. 인기 노선은 할리우드-베벌리힐스-LA 카운티 미술관-파머스 마켓이 포함된 레드라인. 작은 승합차를 타고 베벌리힐스를 다녀오는 스타의 집 투어도 운영한다. 출발 장소는 오베이션 할리우드 근처.

WEB starlinetours.com

■ 한인 관광 업체

할리우드, 베벌리힐스, 로데오 거리 등 시내 관광지 투어 및 유니버설 스튜디오, 디즈니랜드, 아웃렛을 다녀오는 당일 코스와 샌디에이고, 라스베이거스를 다녀오는 장거리 코스 등 다양한 프로그램을 운영한다.

대표 업체
WEB 삼호관광 samhotour.com
　　　US아주투어 usajutour.com

스타의 집 투어

스타라인 2층 버스

	Day 1	Day 2	Day 3
오전	❶ 그로브 몰 & 파머스 마켓 🍴 분수 광장 카페와 맛집	❶ 베벌리힐스 - 베벌리힐스 사인 - 로데오 거리 ☕ 호텔 루프톱	❶ 그랜드 센트럴 마켓 🍴 에그슬럿 - 앤젤스 플라이트
오후	🚗 자동차 15분 또는 🚌 버스 30분	🚗 자동차 20분	🚶 도보 10분
	❷ 멜로즈 애비뉴 - 핑크 월 인증샷 & 글로시에 LA ☕ 알프레드 카페	❷ 게티 센터 - 미술관 전망대	❷ 더 브로드 미술관 - LA 뮤직 센터 - 로스앤젤레스 시청
	🚗 자동차 10분	🚗 자동차 30분	🚗 자동차 15분
	❸ 할리우드 대로 - 워크 오브 페임 - 돌비 극장 - 오베이션 할리우드	❸ 베니스 - 해변까지 자전거 타기 🍴 애보키니 쇼핑가	❸ 아트 디스트릭트 🍴 스모가스버그(일요일) - ROW DTLA - 산타페 애비뉴
저녁	🚗 자동차 20분 + 🚈 메트로 레일 DASH 환승 30분	🚲 자전거 15분	🚗 자동차 20분 또는 🚌 버스 30분
	❹ 그리피스 천문대 - LA 야경	❹ 산타모니카 - 퍼시픽 파크 노을 🍴 시푸드 레스토랑	❹ K-타운 🍴 갈비 ❺ 나이트라이프 - 루프톱 바, 공연, 야구 경기

DAY 4 근교 여행 327p

반나절 일정 • 패서디나 • 말리부 해변 • 허모사비치 • 시타델 아웃렛 쇼핑

하루 일정 • 유니버설 스튜디오 • 디즈니랜드 캘리포니아 • 식스 플래그

1박 2일 이상 • 라구나비치 • 샌디에이고 • 조슈아 트리 국립공원 등 근교 여행

로스앤젤레스 IN & OUT

미국 서부 여행의 첫 번째 목적지로 가장 많이 선택되는 도시가 LA다. 우리나라에서 직항 및 경유 항공편을 이용해 방문할 수 있으며, 지리적으로 캘리포니아와 그랜드 서클로 여행을 떠나기 좋은 위치다.

주요 지점과의 거리

출발지	거리(km)	교통수단별 소요 시간			
		자동차	항공	버스	기차
디즈니랜드	40km	1시간	-	-	-
샌디에이고	200km	3시간	-	3.5시간	3시간
라스베이거스	435km	4시간	55분	5시간	직행 없음
샌프란시스코	620km	8시간	1.5시간	9.5시간	

공항에서 시내 가기

국내 직항편이 취항하는 로스앤젤레스 국제공항(LAX)은 하루 700여 편의 비행기가 이착륙하는 대형 공항이다. 인천 국제공항에서 이륙한 직항편은 약 11시간 만에 톰 브래들리 국제터미널(Tom Bradley International Terminal)에 도착한다. 줄여서 '터미널 B'라고 부른다.
터미널 간 이동은 순환 셔틀버스(LAX Shuttle)로 한다. 3개의 노선 중 A루트는 터미널 간 이동, C루트는 주차장, G루트는 메트로 레일 역으로 가까 연결된다. 국내선 경유 항공편을 이용할 때는 입국심사를 거친 다음 다시 체크인하는 것까지 고려해 환승 시간을 최소 3시간 이상으로 잡아야 한다.

LA 국제공항 LA international Airport(LAX)
ADD 1 World Way, Los Angeles
WEB flylax.com

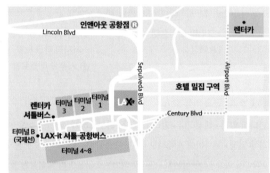

인앤아웃 공항점 Ⓡ
Lincoln Blvd
렌터카
렌터카 셔틀버스
터미널 3 터미널 2 터미널 1
Sepulveda Blvd
Airport Blvd
호텔 밀집 구역
Century Blvd
터미널 B (국제선)
LAX-it 셔틀 공항버스
터미널 4~8

톰 브래들리 국제터미널 · 공항 순환 셔틀버스

◎ 공항에서 시내까지 교통편 (톰 브래들리 국제터미널 출발 기준)

교통수단		요금	시간	탑승 장소
FLYAWAY	공항버스 (Flyaway)	$9.75	유니언역 45분	각 터미널 도착층 앞 (TAP 카드 사용 가능, 24시간 운행) **WEB** lawa.org/flyaway
LAXit	택시·공유 차량	$60~70 (다운타운 기준)	45분~1시간 (다운타운 기준)	터미널 1 옆 LAX-it 탑승 구역 **WEB** flylax.com/lax-it

🚕 택시·공유 차량 Taxi·Rideshare

LAX 공항에서 해변 도시 마리나델레이까지는 10km, 할리우드 및 다운타운까지는 25~27km 거리다. 도로 정체가 심하기로 악명 높은 LA에서 택시는 비용 부담이 큰 교통수단이지만, 호출하지 않고 바로 탈 수 있어 편리하다. 택시 업체마다 과금 방식이 조금씩 다른데, 기본요금에 공항세($4)와 팁(15~18%)이 더해지며, 목적지에 따라서 통행료도 추가될 수 있다. LA 공항에서 다운타운까지는 통상 $51.5~55.15로 정액제 운행을 하는 경우가 대부분이니, 탑승 전 정액 요금(Flat Rate)인지 문의하자. 택시 업체 중에서는 LA 시티 캡(LA City Cab)이 저렴한 편이며, 예약도 가능하다.

저렴한 이동 수단을 찾는다면, 여러 번 환승해야 하는 메트로 레일과 메트로 버스보다는 공항버스(Flyway)나 공유 차량(우버/리프트/오플리) 이용을 권한다.

택시 및 공유 차량은 터미널 1 옆 LAX-it(엘에이 엑시트) 구역에서만 호출할 수 있다. 각 터미널 앞에서 LAX-it 까지 무료 셔틀버스를 운행하며, 터미널 B에서 걸어가면 약 20분 소요된다.

🚗 렌터카 Rent a Car　　　　CA

렌터카를 빌리려면 셔틀버스를 타고 터미널 밖의 장소로 이동한다. 운전자만 가서 차를 빌린 후 일행을 픽업해도 되지만, 초행길에 터미널 B를 다시 찾아온다는 것이 쉬운 일은 아니다. 렌터카 대여 장소까지 셔틀버스를 쉽게 탈 수 있도록 짐의 개수를 줄여두는 것이 좋다.

❶ 셔틀버스 탑승: 터미널 B 밖으로 나와 렌터카 표시를 따라가면 탑승장이 나온다. 여러 업체의 셔틀버스가 수시로 순환 운행한다. 수하물은 직접 실어야 한다.

❷ 이동: 터미널에서 약 15분

❸ 차량 대여: 현장에서 예약한 차를 받고 이상이 없는지 점검한다. 추가 운전자 등록이 필요하다면 반드시 이때 동행하여 등록해야 한다.

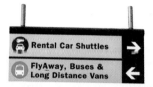

기차·버스로 가기

다운타운 LA의 유니언역(Union Station)까지 철도와 버스 노선이 연결돼 있다. 샌루이스 오비스포-산타바바라-로스앤젤레스-샌디에이고를 잇는 앰트랙 퍼시픽 서프라이너(Pacific Surfliner) 철도는 바다를 보며 달리는 노선이어서 인기가 높다. 전체 거리는 564km, 총 소요 시간은 6시간 정도. 그레이하운드 버스도 유니언역에서 출발하며, 샌프란시스코까지 9시간 30분 걸리는 장거리 노선도 운행한다.

ADD 유니언역 800 North Alameda St
TEL 213-223-6380
WEB 유니언역 unionstationla.com
　　　퍼시픽 서프라이너 pacificsurfliner.com

다운타운의 LA 유니언역

로스앤젤레스 시내 교통

자동차 문화권인 LA에서는 주민들의 대중교통 의존도가 현저히 낮다. LA 교통공사에서 LA시와 LA 카운티를 총괄하는 대중교통망을 운영하고 있지만, 지역이 넓다 보니 노선이 촘촘하지 않고, 배차간격도 긴 편. 대신 LA에서는 우버 등의 차량 공유 서비스가 매우 활성화돼 있어 비교적 합리적인 가격으로 관광지를 오갈 수 있다.

WEB LA 교통공사 metro.net

한 눈에 보는 LA 교통요금

LA의 대중교통수단은 잔돈을 거슬러주지 않으므로 TAP 카드를 구매해 사용하는 것이 좋다. TAP 카드는 메트로 레일 역 자동판매기에서 실물 카드를 구매해 쓰는 것이 편리하다. 모바일 앱(TAP L.A.) 버전도 있으나, 통신이 원활하지 않거나 오류가 발생할 수 있어 여행자에게는 권장하지 않는다. 카드 구매 후 온라인에 번호를 등록해두면 탑승 이력을 확인할 수 있으며, 카드 분실 시 잔액을 보호받을 수 있다. 단, 온라인 충전 시 금액이 반영되기까지 1시간이 걸리므로 자동판매기 이용을 추천.

◎ 공항에서 시내까지 교통편

구분	메트로 레일(경전철)	메트로 버스	대시(DASH) 버스
특징	여행자는 B·D·E라인을 주로 이용 (TAP 카드 필수)	로컬(주황색. 1-200번대)과 래피드(빨간색. 700번대)로 구분	일종의 마을버스
기본요금	$1.75	$1.75	현금 50¢(TAP카드 35¢)
TAP 카드	여러 교통수단에서 이용 가능한 선불식 충전카드(카드 발급비 $2). 1회 요금은 $1.75이며, 2시간 이내 환승 시 무료(단, DASH 및 일부 메트로 노선에서는 무료 환승 불가). 하루 3번 이상 이용 시 1일권($5) 및 7일권($18) 추천 **WEB** taptogo.net		

메트로 레일 & 버스 노선도

🚈 메트로 레일 Metro Rail

지상 및 지하로 운행하는 경전철. 출퇴근 시간이나
저녁에는 치안 문제가 있으니 각별히 주의해야 한
다. 6개 노선 중 여행자에게 유용한 구간은 정체가
심한 할리우드와 다운타운을 오가는 B라인(레드)·D
라인(퍼플) 정도. 산타모니카에 갈 때는 E라인(엑스
포)을 이용해도 괜찮다.

HOUR 05:00~24:00/5~20분 간격 운행

🚌 메트로 버스 Metro Bus

웨스트 할리우드의 주요 버스 번호는 294p참고

도심을 다니는 오렌지색 일반 버스와 빨간색 래피드 버스, 고속도로를 오가는 익스프레스 버스, 지하철의 대체 노
선으로 운행되는 메트로 G라인(오렌지)과 메트로 J라인(실버)이 있다. LA에서 버스는 배차 간격이 길어서 이용하는
경우가 드물지만, 낮에는 할리우드와 베벌리힐스 사이의 큰길(산타모니카 대로, 선셋 대로 등)을 일직선으로 이동하는
메트로 버스가 편리할 수 있다.

LA 시내 도로를 빠르게 달리는
메트로 래피드(급행) 버스

메트로 버스

LA 교통국에서 운영하는
마을버스 대시(Dash)

🚗 자동차

출퇴근 시간을 비롯해 주요 지역의 도로 정체가 극심하지만, 시간
여유만 있다면 LA에서의 운전은 크게 어렵지 않다. 상시 단속이 이
뤄지므로 규정 속도 및 교통 법규는 반드시 준수할 것. 내비게이션
은 구글맵을 사용하면 도시에서는 거의 정확하게 안내해준다.

: WRITER'S PICK :

LA의 주차장

대형 쇼핑몰과 관광명소는 물론이고 산
타모니카 등 해변 지역까지 대부분의
명소는 주변에 대형 주차장을 갖췄다.
주말을 제외하면 거리 주차도
쉬운 편. 단, 시간 제한 및 요
금 관련 표지판을 정확하게
숙지하고, 도난 위험이 있으
므로 차량에 귀중품은 두지
않도록 한다. 주차 표지판
보는 법은 710p 참고.

로스앤젤레스에서 숙소 정하기

관광지 간 거리가 상당히 먼 LA에서는 숙소 위치가 매우 중요하다. 숙박비가 저렴해도 관광지가 멀면 교통비가 추가 된다는 점도 고려할 것. 마음에 드는 숙소가 있다면 구글 스트리트뷰로 주변 거리 분위기를 확인해보는 것이 좋다.

숙소 정할 때 고려사항

대중교통 접근성

LA에서는 택시(우버) 이용이 많고 저녁에는 대중교통 이용이 어렵기 때문에 지하철역과의 접근성이 꼭 플러스 요인은 아니다. 번화한 곳 인지, 걸어서 관광지까지 갈 수 있 는지를 체크하는 게 더 중요하다.

치안

LA에서는 되도록 일찍 귀가하는 게 좋지만 여행자에게는 저녁 시간 도 소중하기 마련이다. 따라서 밤 에도 사람이 많고 늦게까지 문 연 상점이 많은 곳인지 확인하자.

렌터카

운전이 가능하다면 선택의 폭이 넓 어진다. LAX 공항과 가까운 해변 지역의 뷰 좋은 숙소도 좋다. 단, 숙 소에 별도 주차료가 발생하는지 꼭 확인할 것.

숙소 위치는 어디가 좋을까?

베벌리힐스

다운타운과 해변의 중간 지점이라 이동이 편리하고 치안이 좋다. 지 역 전체가 관광지라서 걸어 다니기 에도 좋고, 대중교통도 이용 가능. 단, 숙박비가 비싸다.

웨스트 할리우드

멜로즈 애비뉴와 로버트슨 대로 사 이의 고급 주택가 쪽에 리조트형 호텔이 몇 군데 있다. 치안이 좋고 조용한 대신 차가 없다면 우버에 의존해야 한다.

다운타운 LA

공연이나 스포츠 경기를 보기에는 최적의 위치이고, 상업 지구라서 호텔 체인도 많다. 단, 동쪽에 치우 쳐 있어 다른 관광지로의 접근성은 떨어진다.

코리아타운

에어비앤비나 저가형 숙소가 많아서 인기가 높은 지역. 단, 비교적 중간 지점이라고 해도 핵심 관광지와는 거 리가 있어 반드시 지하철이나 우버를 이용해야 한다. 큰길에서 가까운 숙소를 선택할 것.

서쪽 해안 지역

공항과 가까운 비즈니스호텔을 찾는다면 깔끔한 곳이 많은 마리나델레이가 괜찮다. 산타모니카 쪽에는 다소 낡은 부티크 호텔이 많다.

할리우드 루스벨트 The Hollywood Roosevelt ★★★★

제1회 아카데미 시상식이 개최됐으며, 마릴린 먼로, 찰리 채플린 등 많은 할리우드 스타가 투숙한 호텔이다. 카페, 바, 풀장 등을 갖췄고, 할리우드 대로에 있다.

ADD 7000 Hollywood Blvd **TEL** 323-856-1970
PRICE $325~460   **WEB** thehollywoodroosevelt.com

W 할리우드 W Hollywood ★★★★

젊고 팬시한 감각의 호텔. 루프톱 수영장, 스파, 피트니스 시설을 갖췄다. 메트로 레일 역과 붙어 있으며, 할리우드 중심가까지 도보 10분 거리다.

ADD 6250 Hollywood Blvd **TEL** 323-798-1300
PRICE $390~500   **WEB** whollywoodhotel.com

르파크 앳 멜로즈 Le Parc at Melrose ★★★★

웨스트 할리우드의 조용한 주택가에 자리한 콘도형 부티크 호텔. 주차장 보안이 철저하고, 주변 환경이 깨끗하다는 것이 큰 장점이다. 대중교통과는 거리가 멀지만, 멜로즈 애비뉴까지 걸어갈 수 있다.

ADD 733 N W Knoll Dr **TEL** 310-855-8888
PRICE $500~600   **WEB** leparcsuites.com

LA 몬드리안 LA Mondrian Los Angeles ★★★★

아름다운 루프톱과 수영장을 갖춘 럭셔리 호텔. 할리우드와 베벌리힐스 사이에 있어 위치가 좋지만, 대중교통 이용은 어렵다. 주차는 발렛파킹으로만 가능.

ADD 8440 Sunset Blvd **TEL** 323-650-8999
PRICE $360~480   **WEB** sbe.com

파크 플라자 로지 호텔 Park Plaza Lodge Hotel ★★

웨스트 할리우드에 위치해 주변 환경이 깔끔하고 가격이 합리적인 모텔급 호텔. 그로브 몰과 가까워 쇼핑, 식사, 관광 접근성이 두루 높다.

ADD 6001 W 3rd St   **TEL** 323-931-1501
PRICE $220~280   **WEB** parkplazalodge.com

베스트 웨스턴 플러스 선셋 플라자 호텔
Best Western Plus Sunset Plaza Hotel ★★★

할리우드와 베벌리힐스 사이인 선셋 플라자에 있으며, 가운데 수영장을 둘러싼 빌라 형태의 호텔. 안전하고 좋은 위치에 비해 가격이 비교적 저렴하다. 단, 도보나 대중교통으로는 이용이 어렵다.

ADD 8400 Sunset Blvd **TEL** 323-654-0750
PRICE $310~380   **WEB** bestwestern.com

라인 LA The Line LA ★★★★

코리아타운 중심의 윌셔 대로에 있다. 푸드트럭으로 성공한 한인 셰프 로이 최(Roy Choi)의 메뉴를 맛볼 수 있는 레스토랑이 있다. 메트로 레일 역과 인접하여 접근성이 좋다.

ADD 3515 Wilshire Blvd **TEL** 213-381-7411
PRICE $270~380   **WEB** thelinehotel.com

마리나델레이 메리어트 Marina del Rey Marriott ★★★★

로스앤젤레스 국제공항과 가깝고, 출장 중 비즈니스호텔로 이용하기에 적합한 시설과 분위기를 갖췄다. 치안이 좋은 마리나델레이의 중심에 있으며, 전망도 훌륭하다. 주차는 발렛파킹만 가능.

ADD 4100 Admiralty Way, Marina Del Rey
TEL 310-301-3000   **PRICE** $380~490
WEB marriott.com

쇼어 호텔 Shore Hotel ★★★★

산타모니카의 모던한 호텔로, 파티 분위기가 나는 야외 수영장의 인기가 높다. 산타모니카 피어와 해변, 써드 스트리트 프로미네이드도 도보권. 단, 밤늦게까지 거리의 소음이 들려올 수 있다.

ADD 1515 Ocean Ave, Santa Monica
TEL 310-458-1515   **PRICE** $520~650
WEB shorehotel.com

할리우드 루스벨트 호텔

LA 축제 캘린더

연중

스모가스버그 Smorgasburg

[일요일 10:00~16:00]

LA 최대 규모의 푸드트럭 축제. 317p

WHERE 다운타운 LA(아트 디스트릭트)

WEB la.smorgasburg.com

스모가스버그 푸드트럭 마켓

1월

로즈 퍼레이드 Rose Parade [1월 1일]

130년 이상 전통의 새해맞이 행사.

WHERE 패서디나

WEB tournamentofroses.com

음력 설 축제 Golden Dragon Parade

[음력 1월 1일 무렵]

WHERE 차이나타운

WEB lachinesechamber.org

2월

그래미 시상식 Grammy Award

WHERE 크립토닷컴 아레나

WEB grammy.com

LA 메모리얼 콜리세움의 풋볼 경기

3월

LA 마라톤 LA Marathon

WHERE 다운타운 LA~산타모니카 피어

WEB lamarathon.com

아카데미 시상식 Academy Awards

WHERE 돌비 극장

WEB oscars.org

4월

메이저 리그 야구 개막 LA Dodgers

WHERE 다저 스타디움

WEB mlb.com/dodgers

코첼라밸리 뮤직앤아트 축제
Coachella Valley Music and Arts Festival

WHERE 팜스프링스 인근 코첼라밸리

WEB coachella.com

5월

신코 데 마요 Cinco de Mayo

[5월 5일]

WHERE 올베라 스트리트

WEB elpueblo.lacity.org

6월

LA 영화제 LA Film Festival

WHERE 컬버 시티

WEB filmindependent.org

라크마 재즈공연
Jazz at LACMA [4~11월]

WHERE LA 카운티 미술관

WEB lacma.org

7월

독립 기념일 불꽃놀이
4th of July Fireworks [7월 4일]

WHERE LA 전역

미국 오픈 서핑 대회
US Open of Surfing

WHERE 헌팅턴비치

WEB usopenofsurfing.com

셰익스피어 연극제 Griffith Park Free
Shakespeare Festival [7~8월]

WHERE 그리피스 파크

WEB iscla.org

8월

LA 국제 단편 영화제
LA Shorts International Film Festival

WHERE 다운타운 LA

WEB lashortsfest.com

9월

LA 한인 축제 LA Korean Festival

[9~10월]

WHERE 코리아타운
WEB lakoreanfestival.org

10월

웨스트 할리우드 할러윈 카니발
West Hollywood Halloween Carnaval

[10월 31일]

WHERE 웨스트 할리우드(산타모니카 대로)
WEB visitwesthollywood.com

11월

그로브 몰 크리스마스 점등식 The Grove Christmas Tree Lighting Ceremony

WHERE 더 그로브
WEB thegrovela.com

LA 오토쇼 LA Auto Show

WHERE 다운타운 LA 컨벤션 센터
WEB laautoshow.com

할리우드 크리스마스 퍼레이드
The Hollywood Christmas Parade

[추수감사절 다음 일요일]

WHERE 할리우드
WEB thehollywoodchristmasparade.org

12월

베니스 크리스마스 보트 퍼레이드
Venice Christmas Boat Parade

[첫째 토요일]

WHERE 베니스
WEB venicegov.com

LA의 크리스마스 시즌 풍경

주요 미술관 & 박물관 휴관일 & 입장료

미술관 & 박물관	휴관일	입장료	홈페이지
게티 센터 271p	월요일	무료(예약 필수)	getty.edu/visit/center
게티 빌라 271p	화요일	주차료 $25(15:00 이후 $15)	getty.edu/visit/villa
그리피스 천문대 282p	월요일	무료	griffithobservatory.org
오트리 미국 서부박물관 282p	월요일	$18 /화·수 13:00 이후 무료(전날 예약)	theautry.org
아카데미 영화박물관 301p	화요일	$25(오스카 체험 별도)	academymuseum.org
LA 카운티 미술관 300p	수요일	$28/매월 둘째 화요일 무료	lacma.org
피터슨 자동차박물관 302p	무휴	$21(특별전 별도)	petersen.org
라 브레아 타르 피츠 & 박물관 302p	매월 첫째 화요일	$18	tarpits.org
해머 미술관(UCLA) 089p	월요일	무료	hammer.ucla.edu
더 브로드 311p	월요일	무료(예약 필수)	thebroad.org
컨템퍼러리 아트 뮤지엄 311p	월요일	무료(예약 필수)	moca.org
그래미 박물관 321p	화요일	$22.5	grammymuseum.org
캘리포니아 사이언스 센터 320p	없음	무료(특별전 별도)	californiasciencecenter.org
LA 카운티 자연사박물관 321p	매월 첫째 화요일	$18(예약 권장)	nhm.org
노턴 사이먼 미술관 322p	화·수요일	$20	nortonsimon.org
헌팅턴 도서관 322p	화요일	$29(금~일요일 예약 필수)/ 매월 첫째 목요일 무료	huntington.org

레디, 액션!
할리우드 스튜디오 투어

유니버설 스튜디오, 파라마운트 픽처스, 워너 브라더스, 소니 픽처스 등 4대 메이저 영화사의 촬영 현장을 둘러보는 스튜디오 투어는 오직 할리우드에서만 가능한 체험이다. 테마파크를 접목한 유니버설 스튜디오의 인기가 가장 높고, 다른 영화사들도 특색있는 스튜디오 투어를 운영한다.

대표 투어

유형	유니버설 스튜디오 080p	워너 브라더스	파라마운트	소니 픽처스
관람 방법 및 소요 시간	테마파크 입장 최소 1일	1시간 가이드 카트 투어 + 자유 관람	2시간 가이드 카트 투어	2시간 가이드 워킹 투어
기본 티켓	$109~154	$70	$67	$55

도심 속 스튜디오
파라마운트 픽처스 Paramount Pictures

<인터스텔라>, <포레스트 검프>, <트랜스포머>, <맥가이버>, <NCIS>, <부통령이 필요해>를 탄생시킨 전통의 스튜디오(1912년 설립). 할리우드 남쪽 멜로즈 애비뉴에 있어 쉽게 갈 수 있다. 일반 스튜디오 투어 외에 필름 보관소와 제작 설비를 구경하는 특별 투어도 선택 가능. MAP 275p

ADD 5515 Melrose Ave
OPEN 09:00~15:30/예약 필수
WEB paramountstudiotour.com
ACCESS 시내 중심, 멜로즈 애비뉴

작지만 마니아층이 확실한 곳
소니 픽쳐스 Sony Pictures

<맨 인 블랙>, <스파이더맨>, <오즈의 마법사> 등 영화는 물론이고 미국 유명 TV쇼 <제퍼디!>, <휠 오브 포춘> 등을 탄생시킨 제작사. 가이드의 안내를 받으며 2시간가량 촬영지를 둘러보는 워킹 투어가 진행되는데, 다른 곳에 비해 규모는 작은 편이다. MAP 274p

ADD 10202 West Washington Blvd
OPEN 09:00~15:00(예약 필수)/주말 휴무
WEB sonypicturesstudiotours.com
ACCESS 할리우드에서 20km(LA 서남쪽 Culver City)

<프렌즈> 스튜디오에서 기념사진 찰칵!

워너 브라더스 Warner Bros.

<해리포터>, <배트맨>, <왕좌의 게임>, <프렌즈> 등 인기 영화와 드라마 시리즈물을 탄생시킨 제작사. 가이 드가 운전하는 카트를 타고 <라라랜드> 주인공 미아가 일하던 카페, 뉴욕과 워싱턴 D.C. 거리 등 실물 크기로 제작된 세트장을 살펴보는 것이 기본 관람 코스. 배 트맨 카, 해리포터 의상 등이 전시된 작은 박물관도 들 르고, 기회가 되면 실제 촬영 현장에 내려 잠시 둘러볼 수도 있다. 투어가 끝나면 <프렌즈> 세트장에서 기념 촬영을 하거나 센트럴 퍼크 카페에서 커피 타임을 가져 보자. 일반 투어 외에 고전 영화나 특수 효과 등을 관람 하는 프로그램도 있다. **MAP 275p**

ADD 3400 W Riverside Dr, Burbank, CA 91522
OPEN 08:30~15:30/예약 필수
WEB wbstudiotour.com
ACCESS 할리우드에서 7km(자동차 10분, 우버 이용 권장)

위대한 유산
게티 미술관 Getty Art Museum

세계적인 사진 아카이브 '게티 이미지'로도 익숙한 장 폴 게티 시니어(Jean Paul Getty Sr., 1892~1976)는 석유 사업으로 막대한 부를 축적한 대부호다. 1930년대부터 본격적으로 유럽의 미술품과 골동품을 수집해온 그는 J. 폴 게티 재단을 설립하고, 사후에 6억 6천 1백만 달러의 유산을 남겼다. 그가 평생을 바쳐 모은 컬렉션은 오늘날 재단에서 관리하는 미술관, 게티 센터와 게티 빌라의 근간이 되었다. 폴 게티의 유지에 따라 관람료는 받지 않지만, 하루 입장 인원을 제한하므로 홈페이지에서 시간 예약 후 방문해야 한다.

WEB getty.edu

게티 센터 구조도

남쪽 전시관
1600~1800년대

포토존

Cactus Garden
선인장 정원

동쪽 전시관
1600~1800년대

포토존

북쪽 전시관
1700년대 이전

서쪽 전시관
1800년대 이후

특별전시관

미술관 입구

Central Garden
중앙 정원과
꽃의 미로

트램 탑승장

Lower Terrace
조각공원

방문 차량
진입로

Sepulveda Blvd

트램 탑승장

포토존
가든테라스 카페

주차장 및
택시/우버 하차 지점

미술관 입구로 가는 트램

남쪽 테라스에서 바라본 도심 전경

: WRITER'S PICK :

가는 방법

- **자동차** 방문차량은 반드시 Getty Center Drive와 N Sepulveda Boulevard의 교차 지점을 통해 진입해야 하며, 남쪽의 주택가 방향에서는 진입이 불가능하다.

- **대중교통** 메트로 버스 761번이 게티 센터 앞에 정차하나, 우버 이용을 권장. 교통 정체시간을 피해서 방문할 것.

주차료 할인받기

주차료는 차량 1대당 $25(15:00 이후 방문 시 $15)다. 방문 당일에 한해, 첫 번째 미술관의 인포메이션 데스크에서 주차증과 예약증을 제시하면 두 번째 미술관에서 사용할 무료 주차 쿠폰을 발급해준다.

*2025년 1월 발생한 산불로 인해 게티 빌라는 휴관 중이다. 건물과 미술품에는 피해가 없으나, 인근 부지 복구 작업을 진행하고 있다.

로버트 어윈이 설계한 꽃의 미로와 정원

언덕 위 그림 같은 미술관
게티 센터 Getty Center

브렌트우드 언덕 정상에 자리한 미술관. 미국 3대 건축가라 불리는 리처드 마이어의 설계로 1997년 완공된 모던한 건물에 유럽의 회화·조각·장식예술·사진 등 중세와 현대에 이르기까지 광범위한 작품을 전시한다. 주요 소장품은 반 고흐의 <아이리스>, 세잔의 <사과>, 제임스 앙소의 <1889년 그리스도 브뤼셀 입성>, 렘브란트의 <자화상>, 디에릭 보우츠의 <수태고지>다. 내부 관람 시엔 한국어가 지원되는 미술관 앱(GettyGuide)을 활용하자. 면적이 상당히 넓어서 주요 작품과 포토존만 돌아봐도 2~3시간은 걸린다. 주차장에서 전용 트램을 타고 미술관으로 가는 도중 펼쳐지는 주변 경치도 아름답다. **MAP 274p**

ADD 1200 Getty Center Dr
OPEN 10:00~17:30(토요일 ~20:00)/월요일 휴무
ACCESS 할리우드에서 27km(자동차 30~40분)

LA에서 만나는 고대 로마
게티 빌라 The Getty Villa

말리부의 해안가 절벽 위에 고대 로마의 빌라를 재현한 미술관. 고대 그리스, 로마, 에트루리아의 유물과 미술품 4만4000점을 소장·전시한다. 이탈리아 베수비오 화산 폭발로 폼페이와 함께 묻혀버렸던 파피리 빌라를 구현하기 위해 실제 발굴된 자재를 사용하기도 했다. 폴 게티가 설계 과정부터 깊게 관여했으나, 그의 사후 2년 뒤인 1976년에야 완공됐다. 월계수·석류나무·회양목·라벤더 등 고대 로마의 관목을 심고, 파피리 빌라에서 출토된 청동상의 복제품을 전시한 분수 정원을 포함한 총 4개의 정원에 둘러싸여 있다. **MAP 274p**

ADD 17985 E Pacific Coast Hwy,
Pacific Palisades, CA 90272
OPEN 2025년 2월 현재 휴관 중
ACCESS 2025년 2월 현재 진입 불가

빌라 파피리의 정원을 재현한 분수 정원

스포츠 매니아라면 놓칠 수 없지!
LA 스포츠 경기장

프로야구와 농구의 본고장에서 경기장 관람을 빼놓을 수 없다. 거기에 LA는 2028년 하계 올림픽 개최지이자 2026 년 북중미 월드컵 경기가 열릴 장소가 아닌가. 도시 전역에 흩어진 초대형 스타디움은 경기는 물론 슈퍼스타의 콘서 트가 열리는 축제의 장으로 활용된다.

LA 다저스의 홈구장
다저 스타디움 Dodger Stadium

5만6000명의 관중을 수용하는 MLB 최대 규모의 야구장. 1962년 개 장 이래 총 10번의 월드 시리즈 경기가 개최됐다. 4~9월 정규 시즌에 는 요일별로 양말 데이, 티셔츠 데이 등 각종 이벤트가 열리고, 매주 금요일과 기념일 경기 땐 불꽃놀이가 펼쳐진다. 선수 대기석, VIP 관 람석을 구경하고 필드를 밟아보는 75분짜리 일반 투어와 경기 직전 에 진행되는 프리게임 투어, 클럽하우스 투어 등이 있다. MLB 야구 경기 관람 방법은 090p 참고. **MAP 275p**

ADD 1000 Vin Scully Ave
PRICE 일반 투어 $35(10:00~15:00 1시간 간격 진행)
WEB dodgers.com/tours
ACCESS 유니언역에서 3km(다운타운 북쪽)/경기가 있는 날에는 유니언역에서 무료 셔틀버스 운행(티 켓 소지자만 이용 가능)

NBA와 슈퍼스타의 무대
크립토닷컴 아레나
Crypto.com Arena

구 스테이플스 센터에서 이름을 바 꾼 다목적 경기장. LA의 프로 농구 팀 LA 레이커스(LA Lakers)와 클리 퍼스(Clippers), 아이스하키팀 LA 킹 스(LA Kings)의 홈구장이다. 팝스타 의 공연 및 매년 2월 그래미 시상식 장으로도 사용된다. **MAP 275p**

ADD 1111 S Figueroa St
WEB cryptoarena.com
ACCESS LA 라이브(321p)

상징적인 올림픽 스타디움
LA 메모리얼 콜리세움 LA Memorial Coliseum

1923년 개장 이후 슈퍼볼, 월드 시리즈 등 대형 스포츠 행사와 교황의 미
사, 넬슨 만델라의 연설 등이 열린 역사적인 경기장. LA 2028 하계 올림픽
까지 열리고 나면, 총 3회에 걸쳐 하계 올림픽 주경기장으로 사용된 기록
을 수립하게 된다. 현재 대학 미식축구팀 트로전스(Trojans)의 홈경기장으
로 사용 중. 같은 부지에 있는 LA 풋볼 클럽(LAFC)의 홈구장 뱅크 오브 캘리
포니아 스타디움은 2028년 올림픽에서 축구 경기장으로 전용할 예정이다.
MAP 275p

ADD 3911 S Figueroa St
WEB lacoliseum.com
ACCESS 엑스포지션 파크 320p

+MORE+

세계에서 가장 비싼 경기장
소파이 스타디움 SoFi Stadium

50억 달러의 예산을 들여 2020년 완공한 최신식 실내 경기장. NFL 미식
축구팀 LA 램스(LA Rams)와 LA 차저스(LA Chargers)의 새로운 홈구장이다.
슈퍼볼, BTS 콘서트 등 굵직한 이벤트가 열리며, 2026년 북중미 월드컵
경기장 및 2028년 하계올림픽의 개막식과 폐막식 장소로 선정됐다. 경
기장이 위치한 할리우드 파크는 관광지 할리우드가 아니라 LA 국제공항
근처에 옛 경마장 부지를 재개발한 잉글우드에 있다. **MAP 275p**

ADD 1001 Stadium Dr, Inglewood   **WEB** sofistadium.com
ACCESS 다운타운에서 20km/경기 당일 메트로 레일 C라인 Hawthorne/Lennox
역에서 셔틀버스 운행/차량 이용 시 방문 전 온라인으로 주차 패스 구매 필수

로스앤젤레스 전도

405

101

170

Ventura Fwy

101

101

유니버설 스튜디오 ★

할리
힐
러니언
파

405

San Diego Fwy

**웨스트 할리우드 &
라 브레아 294p**

그레이스톤 맨션 ★

★ 선셋 스트립

2

**웨스트
할리우**

게티 센터 ★

베벌리힐스 호텔 ★

베벌리힐스 사인

● 베벌리힐스 시청

그로브 몰

UCLA 대학 ●

베벌리힐스

ℹ️ 베벌리힐스
비지터 센터

오리지널
파머스 마켓

베벌리힐스 286p

로데오
드라이브

미라클
마을

웨스트필드
센추리 시티

27

게티 빌라 ★

애플팬 ●

Santa Monica Fwy

10

LA 해변도시 328p

1

2

10

컬버 시티

405

187

산타모니카

퍼시픽 파크 ●

소니 픽쳐스 ★

1

187

Diego Fwy

베니스

애보키니 쇼핑가 ●

마리나델레이

● 피셔맨스 빌리지

1

405

태평양
Pacific Ocean

N

0   2km

✈️
LA 국제공항
(LAX)

로스앤젤레스

☆ 워너 브라더스

오트리 미국 서부 박물관 •

로즈볼 스타디움 •

패서디나

Ventura Fwy

• 노턴 사이먼 미술관

캘리포니아 공과대학
(칼텍)

(134)

(2)

(134)

210

210

110

Mt. Lee

☆ 할리우드 사인

LA 동식물원 •

할리우드 & 그리피스 파크 276p

헌팅턴 도서관 •

그리피스
파크

Golden State Fwy

Glendale Fwy

Arroyo Seco Pkwy

할리우드
저수지

그리피스 천문대

5

(2)

브룸 스트리트
S 제너럴 스토어

101
할리우드
워크 오브 페임

로스펠리스 ☆

☆ 할리우드/바인역

할리우드

(2)

• 실버 레이크

110

☆ 파라마운트 픽처스

S 클레어 비비에

☆
멜로즈 애비뉴

101

R 라치몬트
방갈로 카페

• 다저 스타디움 ☆

☆ 라치몬트 빌리지

(101)

다운타운 LA 308p

라 브레아
애비뉴

• LA 총영사관

코리아타운

엘 푸에블로
로스앤젤레스

LA 뮤직 센터

🚉 유니언역

더 브로드 ☆

☆ 로스앤젤레스 시청

퍼싱 스퀘어
라스트 북스토어

☆
다운타운 LA

5

그랜드

LA 라이브
크립토닷컴 아레나

센트럴 마켓

아트
디스트릭트

San Bernardino Fwy

Pomona Fwy

10

아트 디스트릭트 316p

5 Santa Ana Fwy

• 서던 캘리포니아 대학(USC)

LA 카운티 자연사 박물관 •

• 캘리포니아 사이언스 센터

엑스포지션 파크
LA 메모리얼 콜리세움

Harbor Fwy

110

Long Beach Fwy

☆ 소파이 스타디움

Anderson Fwy (Century Fwy)

Glenn A

여행의 시작
할리우드 & 그리피스 파크
Hollywood & Griffith Park

전 세계 미디어가 주목하는 영화의 메카 할리우드는 LA 여행자라면 누구나 방문하는 대표 관광지다. 돌비 극장 쪽 주요 명소는 걸어 다니며 구경할 수 있고, 식사하기 좋은 프랜차이즈 레스토랑도 많다. 북쪽 언덕 위 그리피스 천문대 및 실버레이크 등 주변 지역은 차로 가야 한다. 할리우드 사인 뷰포인트는 285p 에서 확인하자.

HOLLYWOOD
★ 할리우드 사인
• 할리우드 사인 하이크
레이크 할리우드 파크
그리피스 파크
오트리 미국 서부 박물관
LA 동물원
• 마운트 할리우드 하이킹 트레일
Western Canyon Rd
N Vermont Canyon Rd
할리우드 저수지
Western Canyon Rd
☆ 그릭 시어터
☆ 그리피스 천문대
Cahuenga Blvd E
101
• 할리우드 볼
N Cahuenga Blvd
N Highland Ave
Los Feliz Blvd
Los Feliz Blvd
Hillhurst Ave
Los Feliz Blvd
브룸 스트리트 제너럴 스토어 Ⓢ→
로스펠리스
Ⓡ 홈 레스토랑
N Western Ave
N Vermont Ave
뜨뜨뜨 뜨뜨뜨
Franklin Ave
Franklin Ave
Franklin Ave
101
Hollywood Blvd
N Wilton Pl
Hollywood Blvd
N Normandie Ave
Hollywood Blvd
Hillhurst Ave
Ⓡ
홈스테이트
돌비 극장 워크 오브 페임
할리우드 대로
★ Hollywood/Highland
Hollywood Blvd
N Highland Ave
⊙⊙ Hollywood/Vine
할리우드/바인역
바인 스트리트
선셋 대로
Sunset Blvd
N Gower St
Sunset Blvd
N Van Ness Ave
Sunset Blvd
N Vermont Ave
Sunset Blvd
하이랜드 애비뉴
Sunset Blvd
Fountain Ave
N Cahuenga Blvd
Fountain Ave
Vine St
Fountain Ave
N Western Ave
Fountain Ave
N Normandie Ave
Fountain Ave
N Vermont Ave
101
실버레이크 ✪→
클레어 비비에 Ⓢ
라치몬트 방갈로 카페 Ⓢ
Santa Monica Blvd
2
산타모니카 대로
Santa Monica Blvd
Santa Monica Blvd
0   500m

돌비 극장
비지터 센터 ℹ️
오베이션 할리우드 Ⓢ
★ Hollywood/Highland
TCL
차이니즈 극장
N Highland Ave
할리우드 워크 오브 페임
★
할리우드 대로
Wilcox Ave
<당신은 스타> 벽화
Vine St
팬테이지스 극장
할리우드/바인역
Hollywood/Vine
펑코 할리우드
Ⓢ뮤직
아메바
Argyle Ave
0   200m

<기생충> 수상 기록

① 스타의 거리
할리우드
워크 오브 페임
Hollywood Walk of Fame

스타들의 이름이 새겨진 별 모양 플레이트로 유명한 거리. 할리우드 대로 양쪽 보도블록에 영화·TV·라디오·음악·공연 5개 엔터테인먼트 산업에서 활약한 이들의 이름을 새긴 2798개 이상의 청동 플레이트가 5km가량 이어진다. 관광객은 저마다 좋아하는 스타의 이름이나 미키마우스, 심슨 같은 인기 캐릭터를 찾느라 여념이 없는데, 영화 속 캐릭터로 분장한 사람들과 기념사진을 찍으면 $10가량의 팁을 요구하니 주의할 것. 할리우드 최초의 동양인 배우이자 도산 안창호 선생의 아들인 필립 안의 이름도 새겨져 있다. **MAP 276p**

ADD 6901 Hollywood Blvd
WEB walkoffame.com
ACCESS 메트로 B라인 Hollywood/Highland역 앞

Spot 1 돌비 극장 Dolby Theatre

매년 2월 말~3월 초에 아카데미 시상식이 개최되는 3400석 규모의 대형 극장. <아메리카 갓 탤런트> 등의 무대와 콘서트장으로도 쓰인다. 시상식 시즌이면 극장 입구까지 연결된 계단에 레드카펫이 깔리고, 화려한 옷차림의 스타들이 손을 흔들며 걸어 올라간다. 공연장 내부 투어에 참여하면 오스카 트로피가 전시된 VIP 라운지, 객석, 무대 등을 구경할 수 있다. 2020년 영화 <기생충>이 4개 부문의 아카데미상을 받은 그 자리에서 인증샷을 남겨본다면 특별한 추억이 될 것이다.

ADD 6801 Hollywood Blvd **OPEN** 건물 외부 24시간(시간별 입장)/투어 공연일 제외
PRICE $25 **WEB** dolbytheatre.com

Spot 2 TCL 차이니즈 극장
TCL Chinese Theatre

1927년부터 할리우드의 역사와 함께 한 극장이다. 1977년 <스타워즈>가 최초로 상영됐고, 2012년 이전까지 3차례의 아카데미 시상식이 개최됐으며 현재는 아이맥스 영화관으로 사용되고 있다. 이곳을 방문하는 가장 큰 이유는 극장 앞 작은 광장에 새겨진 영화감독과 스타들의 손도장, 발도장을 보기 위해서다. 스티븐 스필버그, 조지 루카스, 마릴린 먼로, 줄리 앤드류스, 톰 크루즈, 라이언 고슬링을 비롯해 <해리포터>에 등장하는 세 주인공의 흔적도 찾아보자. 국내 배우 중에서는 안성기와 이병헌이 나란히 도장을 찍었다.

ADD 6925 Hollywood Blvd
OPEN 광장 24시간
WEB tclchinesetheatres.com

영화 <해리포터> 주인공들

Spot 3 오베이션 할리우드
Ovation Hollywood

오랫동안 '할리우드-하이랜드'로 불리다가 2022년 리노베이션하며 이름을 바꾼 초대형 복합 쇼핑몰. 저 멀리 할리우드 사인이 바라다보이는 야외 원형 광장은 각종 이벤트 장소로 활용된다. 다저스 클럽하우스, 세포라, 빅토리아 시크릿 같은 대중적인 브랜드와 프랜차이즈 레스토랑이 입점했다. 할리우드 비지터 센터, 돌비 극장, TCL 차이니즈와 통로로 연결되므로 차량 이용 시 이곳에 주차하는 것이 편리하다.

ADD 6801 Hollywood Blvd
OPEN 10:00~20:00(금·토요일 ~21:00)
PRICE 입장 무료/주차 1시간 $6(매장 이용 시 최초 2시간 $3), 하루 최대 요금 $20
WEB ovationhollywood.com

② 취향에 맞는다면 천국!
할리우드/바인역
Hollywood/Vine station

할리우드 주요 명소를 다 둘러봤다면 그
다음 가볼 만한 곳. 다소 낙후된 거리였
지민 W호텔이 늘어시면서 취향 띠리 즐
길 어트랙션이 많아졌다. 돌비 극장에서
지하철 한 정거장 거리로, 낮에는 구경하
며 걸어가기에 괜찮다. **MAP 276p**

ACCESS 메트로 B라인 Hollywood/Highland역
에서 1.4km(도보 20분)

Spot 1 펀코 할리우드
Funko Hollywood

할리우드와 피규어 숍은 찰떡궁합! 미국 대
중문화를 아우르는 방대한 인기 캐릭터를
팝 피규어로 만들고 전시해 팬들의 수집욕을
자극한다. 입장료가 없고, 원하는 피규어를
직접 제작해볼 수 있다.

ADD 6201 Hollywood Blvd #100
WEB funko.com/hollywood

<라라랜드> 벽화

Spot 2 할리우드 벽화 Hollywood Murals

영화 <라라랜드>에서 미아가 세바스찬의 피아
노 소리에 이끌려 들어간 라이브클럽(Lipton's) 외벽에
그려진 그림, <당신은 스타(You are the Star)>. 마릴린
먼로, 찰리 채플린, 셜리 템플, 제임스 딘 등 할리우드
의 대스타를 그린 벽화다. 내부 촬영은 다른 장소에서
했으니 걸어가는 길에 잠깐 들러 벽화만 감상해보자.

ADD 1648 Wilcox Ave

Spot 3 아메바 뮤직 Amoeba Music

샌프란시스코 매장과 동
일한 독립 레코드 상점. 절판된 바
이닐과 CD, 할리우드 고전 영화
DVD 등을 만나볼 수 있다. 무료 라
이브공연 같은 이벤트도 열린다.

ADD 6200 Hollywood Blvd
WEB amoeba.com

할리우드니까 한 번쯤
할리우드
테마 박물관 & 극장

할리우드 대로에는 테마별로 꾸민 크고 작은 박물관이
굉장히 많다. 기네스 박물관과 왁스 박물관은 통합 입
장권이 더 유리하고, 마담 투소는 LA 할인 패스(Go City)
가 있다면 무료. 오픈 시간과 휴무일은 시즌별로 바
뀌니 방문 전 확인 필수. 또한 화려한 명성만큼이나 영
화, 연극, 뮤지컬, 라이브 공연이 열리는 극장이 즐비하
고, 유명 브로드웨이 작품이 끊임없이 무대에 오른다.
홈페이지에서 일정을 확인하고 예매하자.

할리우드 볼

돌비 극장 ☆ 비지터 센터
할리우드 사인
전망 포인트
오베이션 할리우드
팬테이지스 극장 →
할리우드/바인역 →
마담 투소 할리우드 TCL 차이니즈 하드록 카페
타겟 백화점 마살
Hollywood/Highland
할리우드 왁스 박물관
Hollywood Blvd
디츠니 스토어
할리우드 워크 오브 페임
H&M 지미키멜 라이브 엘 캐피탄 극장 리플리의 믿거나 말거나
기네스 박물관 (휴관)
넷플릭스 스토어
할리우드 박물관

마담 투소 할리우드
Madame Tussauds Hollywood

할리우드만큼 마담 투소의 밀랍 인형
이 잘 어울리는 곳이 있을까? 기존 전
시관에 마블 유니버스 4D 체험관까
지 추가됐다.

ADD 6933 Hollywood Blvd
PRICE $37(온라인 가격)
WEB madametussauds.com/hollywood

엘 캐피탄 극장
El Capitan Theatre

월트디즈니 컴퍼니의 전용 극장으로 1926년에 개관했다. 디즈니 캐릭터의 라이브쇼를 볼 수 있고, 백스테이지 투어도 운영한다.

ADD 6838 Hollywood Blvd
WEB elcapitantheatre.com

할리우드 볼
Hollywood Bowl

캘리포니아의 여름밤을 아름답게 수놓는 야외 음악당. 여름에는 LA 필하모닉의 주 공연장으로 사용되며, 피크닉을 즐기며 공연을 감상할 수 있는 특별석이 있다.

ADD 2301 Highland Ave
WEB hollywoodbowl.com

리플리의 믿거나 말거나
Ripley's Believe It or Not!

지붕 위 공룡부터 전율이 느껴진다! 온갖 이색적인 사물은 다 모아둔 곳.

ADD 6780 Hollywood Blvd
PRICE $26
WEB ripleys.com/hollywood

팬테이지스 극장
Pantages Theatre

1930년 개관 이래 LA 시민들에게 꾸준히 사랑받아온 뮤지컬 공연장. 화려한 아르데코 실내 장식이 눈길을 사로잡는다.

ADD 6233 Hollywood Blvd
WEB pantagestheatre.net

할리우드 왁스 박물관
Hollywood Wax Museum

마담 투소와 유사한 콘셉트의 밀랍 인형 전시관.

ADD 6767 Hollywood Blvd
PRICE 통합권 $30~35
WEB hollywoodwaxmuseum.com

넷플릭스 스토어
Netflix Store at the Egyptian

넷플릭스의 인기 콘텐츠를 테마로 제작한 굿즈들을 감상할 수 있는 소규모 매장.

ADD 6712 Hollywood Blvd
OPEN 11:00~20:00

할리우드 박물관
Hollywood Museum

의상, 소품, 포스터 등 할리우드 역사가 궁금하다면 방문해보자.

ADD 1660 N Highland Ave
OPEN 10:00~17:00/월·화요일 휴무
PRICE 성인 $15
WEB thehollywoodmuseum.com

3 LA 최고의 비스타 포인트
그리피스 천문대 Griffith Observatory

포토 스폿

그리피스 파크는 산타모니카 산맥의 동쪽 끝자락, 마운트 할리우드와 주변 언덕 전체를 아우르는 거대한 공원이다. 대부호 그리피스 대령이 기증한 땅에 LA 동식물원, 오트리 미국 서부박물관(Autry Museum of the American West), 그리피스 천문대 같은 문화시설이 들어섰다. 그중 가장 많은 방문객을 맞이하는 그리피스 천문대는 할리우드를 배경으로 한 영화에 어김없이 등장하는 명소. 다운타운 LA가 정면으로 보이는 마운트 할리우드 언덕에 1935년 아르데코 양식으로 건립됐다. 해가 지기 전 도착해 내부를 관람하고, 2층 발코니 또는 전망 카페에서 보석처럼 빛나는 LA의 밤하늘을 만나보자. **MAP 276p**

ADD 2800 East Observatory Rd
OPEN 12:00~22:00(주말 10:00~)/월요일 휴무(정원과 테라스는 상시 개방)
PRICE 입장 무료, 플라네타륨 $10(어린이 $6)
WEB griffithobservatory.org

로스앤젤레스

그리피스 천문대, Inside and Out

❶ 푸코의 진자

중앙 로비로 들어서면 지구의 자전을 증명하는 거대한 푸코의 진자가 관람객을 맞이한다. 로툰다의 천장화는 화가이자 영화감독인 휴고 발린의 작품으로, 과학의 발전을 시대별로 그렸다.

❷ 천체 투영관

거대한 돔을 가득 채운 밤하늘의 영상이 <라라랜드>의 데이트 장면에 등장하면서 새뮤얼 오스친 플라네타륨(Samuel Oschin Planetarium)의 인기가 치솟았다. 티켓은 현장에서 구매할 수 있고, 60~90분 간격으로 상영한다.

❸ 천체 망원경

초대형 칼 자이스 망원경으로 밤하늘을 바라보고 싶다면, 맑은 날 저녁 시간에 2층으로 올라가면 된다. 그리피스 대령의 뜻에 따라 무료 개방하고 있다.

❹ 잔디 광장

제임스 딘 흉상

영화 <이유 없는 반항>의 촬영지였던 것을 기념하면서 주연배우 제임스 딘의 흉상을 세웠다. 갈릴레오 갈릴레이, 뉴턴 등 과학자의 동상도 볼 수 있다. 할리우드 사인과 LA 도심 전경을 바라보는 또다른 전망 스폿.

❺ 절망대 카페

아래층에 '우주의 끝 카페(Café at the End of the Universe)'라는 낭만적인 이름을 가진 카페가 있다. 선셋 테라스의 환상적인 전망을 감상하며 간단한 음료나 식사를 즐겨보자.

그리피스 천문대 가는 방법

할리우드/하이랜드역에서 7.5km 떨어져 있다. 평소에는 개인 차량이나 우버를 이용하면 쉽게 갈 수 있지만, 정체가 심한 주말에는 DASH 버스 이용을 추천한다.

▪자동차

천문대 앞 공식 주차장과 할리우드 쪽 진입로(Western Canyon Road)는 유료 주차 구간이다. 해당 구간에서는 반드시 요금소(Pay Station)에서 신용카드 결제 후, 영수증을 차 앞유리에 놓아두어야 한다. 주차 공간은 늘 부족한 편이며, 도로 정체가 심하면 진입을 통제하기도 한다. 그럴 때는 반대편 진입로의 그릭 시어터(Greek Theatre)에 주차한 다음 DASH를 타거나 걸어 올라가야 한다.

OPEN 12:00~22:00(주말 10:00~)
PRICE 천문대 주변 시간당 $10(가격은 수시 변동), **그릭 시어터 주변** 무료(공연일 제외)

▪대중교통

지역 순환 버스인 DASH가 메트로 B라인 Vermont/Sunset역에서 출발한다. Observatory/Los Feliz행을 타면 그릭 시어터를 지나 천문대 앞까지 15분 정도 소요된다.

PRICE 50¢(TAP카드 30¢) **HOUR** 10:00~22:00/20~25분 간격 운행

로스펠리스 추천 맛집

■홈 레스토랑 Home Restaurant
보헤미안 감성과 편안한 로컬 가정집 같은 분위기가 공존하는 현지인 맛집.

ADD 1760 Hillhurst Ave
OPEN 09:00~21:00
WEB homerestaurantla.com

■홈스테이트 HomeState
캐주얼한 멕시칸 맛집. 수제 토르티야에 유기농 달걀, 목초 먹인 소고기를 넣은 타코를 판다.

ADD 4624 Hollywood Blvd
OPEN 08:00~22:00
WEB myhomestate.com

④ 100년 동안 힙한 거리
로스펠리스 Los Feliz

그리피스 천문대가 올려다보이는 로스펠리스는 20세기 초부터 시대를 앞서간 힙스터들이 모여 살던 곳이다. 월트 디즈니의 첫 스튜디오가 세워진 자리이자, 전설적인 건축가 프랭크 로이드 라이트가 설계하고 세계문화유산으로 등재된 홀리혹 하우스(Hollyhock House)도 이곳에 있다. 덕분에 클래식하면서도 트렌디한 매력을 동시에 지녔다.
MAP 276p

ACCESS 메트로 B라인 Hollywood/Vermont역 하차

⑤ 보헤미안 느낌 가득!
실버레이크 Silver Lake

호수와 언덕으로 둘러싸인 주거 지역에서 핫플로 탈바꿈한 지역. 에코파크 호수 위를 한가롭게 떠다니는 오리배 뒤로 다운타운의 마천루가 펼쳐지고, 석양과 야경 명소로 커플들이 즐겨 찾는다. 실버레이크 대로에는 다른 곳에서 보기 드문 힙한 상점과 레스토랑도 많다. **MAP 275p**

ADD 751 Echo Park Ave(할리우드 동쪽)
PRICE 오리배 1인 $13/1시간(예약 필수)
WEB wheelfunrentals.com
ACCESS 산타모니카 대로에서 4번 버스를 타고 Sunset/Echo Park 하차 후 도보 5분

실버레이크 추천 맛집 & 숍

■쿨레어 비비에 Clare V.
파리지앵 스타일과 캘리포니아 감성을 접목한, 실용적이고 앙증맞은 가죽 제품 전문 매장.

ADD 3339 Sunset Blvd
OPEN 10:00~18:00 **WEB** clarev.com

■브룸 스트리트 제너럴 스토어
Broome St. General Store
주택을 개조한 아늑한 분위기와 선반 가득 유기농 제품이 가득한 부티크 겸 카페.

ADD 2912 Rowena Ave
OPEN 08:00~18:00(일요일 09:00~17:00)
WEB broomestgeneral.com

■라치몬트 방갈로 카페
Larchmont Bungalow Café
LA의 밝고 화사한 야외 테이블을 즐기기에 안성맞춤인 예쁜 브런치 가게. 맛은 물론 비주얼까지 좋은 레드 & 블루 벨벳 팬케이크(Red & Blue Velvet Pancakes)가 인기다.

ADD 2110 Sunset Blvd suite n
OPEN 07:30~21:00(일요일 ~17:00)
WEB larchmontbungalowcafe.com

할리우드 사인 뷰포인트 3

말이 필요 없는 할리우드의 상징! 글자 하나당 높이 14m, 아홉 글자 전체 길이가
약 107m에 이르는 대형 간판이다. 1923년 광고를 위해 마운트 리(Mt. Lee) 중턱에
임시로 세운 간판이 폭발적인 인기를 끌면서 그대로 남게 되었다.
그리피스 천문대 광장이나 할리우드 워크 오브 페임(오베이션 할리우드)에서도
바라볼 수 있지만, 더욱 특별한 경험을 원한다면
다음 장소를 방문해보자.

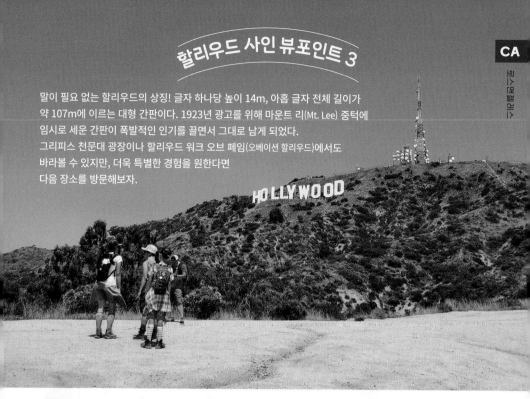

 Point 1 레이크 할리우드
파크

Lake Hollywood Park

차로 방문해야 하는 장소 중에는
멀홀랜드 하이웨이를 따라 올라가
는 이곳이 최고의 포토 스폿. 꽤 구
불구불한 도로를 따라 올라가야 하
는데도 인기가 높다.

ADD Hollywood sign viewpoint, 3114
Canyon Lake Dr
ACCESS 할리우드 워크 오브 페임에서 차
로 15분

 Point 2 마운트 할리우드
하이킹 트레일

Mt. Hollywood Hiking Trail

그리피스 천문대 주차장에서 마운
트 할리우드 하이킹 트레일 사인
을 따라 올라가면 할리우드 사인이
가깝게 보이고, 천문대와 다운타운
LA 전경이 겹쳐 보이는 장관이 펼
쳐진다.

ADD 2840 W Observatory Rd
ACCESS 그리피스 천문대 주차장에서 왕
복 4km 트레킹

 Point 3 할리우드 사인
하이크

Hollywood Sign Hike

할리우드 사인 바로 아래까지 걸어
가려면 최소 2~3시간이 걸린다. 그
늘이 전혀 없는 캐니언 지대를 따
라 정상 근처까지 올라가는 일이
어렵긴 하지만, 한 번쯤은 해볼 만
한 특별한 경험!

ADD 3200 Canyon Dr(이곳에 주차 후
Brush Canyon Trail로 진입)
ACCESS 왕복 10km 트레킹

로데오 거리 원조는 바로 나!
베벌리힐스 Beverly Hills

지리적으로는 LA에 속하지만, '시티 오브 베벌리힐스'라는 독립 행정구역으로 구분된 도시다. 영화 <귀여운 여인>에서 줄리아 로버츠가 쇼핑을 즐기던 로데오 거리, 불후의 명반 <호텔 캘리포니아>의 앨범 재킷 촬영지 베벌리힐스 호텔이 이곳에 있다. 베벌리 가든 파크의 분수와 '골든 트라이앵글'이라고 불리는 최고급 쇼핑가는 걸어서 둘러볼 수 있다. 산타모니카 대로 북쪽의 고급 맨션과 주택가는 직접 운전하거나 투어 프로그램을 이용해 다녀온다.

베벌리힐스 호텔
그레이스톤 맨션
N Canon Dr
N Beverly Dr
Santa Monica Blvd
Civic Center Dr
Rodeo Dr
베벌리힐스 시청
베벌리힐스 사인 ★
Burton Way
Burton Way
오닐 하우스
베벌리힐스 비지터 센터
Santa Monica Blvd
네이트앤알
로데오 드라이브
스파데나 하우스
스프링클스
N Rodeo Dr
N Beverly Dr
Dayton Way
포고 데 차오 →
에러원
베벌리 캐년 가든
투 로데오
스위트그린
스파고
Wilshire Blvd
루프톱 베벌리힐스
Wilshire Blvd
포시즌스 호텔
웨스트필드 센추리 시티
S Beverly Dr
0   200m
어스 카페

베벌리힐스 시청

무료 트롤리

: WRITER'S PICK :
베벌리힐스 여행 꿀팁

베벌리힐스 시청에서는 관광객을 위한 무료 트롤리를 운영한다. 시청 근처에서 출발해 로데오 드라이브와 고급 백화점이 많은 윌셔 대로를 한 바퀴 돌아볼 수 있다. 운행 정보는 시즌별로 달라지니 비지터 센터에서 확인하자.

베벌리힐스 비지터 센터 Beverly Hills Visitor Center
ADD 9400 S Santa Monica Blvd #102
OPEN 10:00~17:00, 트롤리 주말 11:00~16:30 **WEB** lovebeverlyhills.com

베벌리힐스 아트쇼

1 베벌리힐스의 이정표
베벌리힐스 사인
Beverly Hills Sign

수련이 핀 연못과 대형 간판을 배경 삼아 인증샷을 남기고 베벌리힐스 여행을 시작해보자. 베벌리힐스 가든 파크는 일반 주택가와 상업지구를 구분 짓는 길이 3km의 공원으로, 매년 5·10월의 베벌리힐스 아트쇼를 포함한 여러 이벤트가 펼쳐진다. 공원 건너편에 보이는 유럽풍 타워는 베벌리힐스 시청 건물이며, 일요일에 파머스 마켓이 열린다. **MAP 286p**

ADD 9390 N Santa Monica Blvd
ACCESS 할리우드에서 8km(자동차 20분)

2 거리 전체가 런웨이
로데오 드라이브 Rodeo Drive

산타모니카 대로와 로데오 드라이브의 교차로에서부터 LA의 최고급 쇼핑가가 시작된다. 럭셔리 스포츠카가 굉음을 내며 지나는 가운데 에르메스, 베라왕, 루이뷔통, 까르띠에, 샤넬 등 명품 브랜드의 플래그십 매장이 늘어섰는데, 이곳에서만 판매하는 한정 상품뿐 아니라 세련된 건축물 자체도 볼거리다. 프랭크 로이드 라이트가 설계한 복합몰 앤더튼 코트(Anderton Court), 스파와 카페, 작은 부티크가 입점한 로데오 컬렉션(Rodeo Collection)도 잠시 구경해보자.

가장 눈에 띄는 노란색 건물은 역대 미국 대통령과 스포츠 스타들이 양복을 맞춰 입던 디자이너 비잔 팍자드의 최고급 남성복 매장, 비잔(Bijan)이다. 건물 색에 맞춰 주차 요금기까지 노랗게 칠해둔 포토 포인트. 반클리프아펠 앞 사거리까지 내려오면 로데오 드라이브의 중심, 은빛 토르소가 보인다. **MAP 286p**

ADD 469 N Rodeo Dr
ACCESS 베벌리힐스 사인에서 도보 5분/생로랑 매장 앞에서 투 로데오까지 500m

비잔

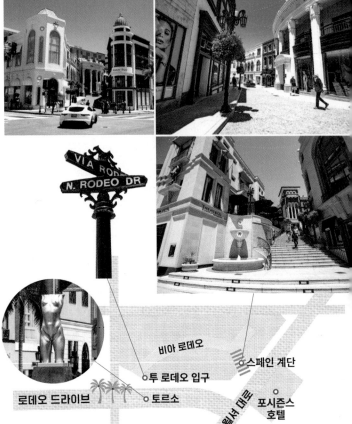

투 로데오
Two Rodeo

은빛 토르소 옆으로 유럽풍 골목 입구가 보인다. 보행자 전용도로 비아 로데오(Via Rodeo)를 사이에 두고 베르사체의 플래그십 매장과 랑방, 지미추, 티파니앤코 등이 입점했다. 반대쪽 출입구는 로마의 스페인 계단을 재현한 최고의 포토존. 계단 위에 파라솔을 펼친 노천 레스토랑까지 있어 완벽한 분위기! 아주 짧은 길이니 부담 없이 걸어보자.

ADD Dayton Way & Rodeo Dr
WEB 2rodeo.com

Spot
2

포시즌스 호텔
Four Seasons Hotel

스페인 계단 건너편에는 <귀여운 여인>에서 줄리아 로버츠와 리처드 기어가 머물렀던 포시즌스 호텔이 있다. 시상식 시즌에는 차에서 내리는 셀럽들을 목격할 수 있는 곳. 호텔 앞 윌셔 대로를 따라 삭스 피프스 애비뉴, 니만 마커스 등 대형 백화점이 늘어선 쇼핑가를 구경하고, 다시 골든 트라이앵글의 꼭짓점으로 돌아가자.

ADD 9500 Wilshire Blvd
WEB fourseasons.com/everlywilshire

비아 로데오
스페인 계단
투 로데오 입구
로데오 드라이브
토르소
윌셔 대로
포시즌스 호텔

Spot
3

베벌리 캐넌 가든
Beverly Canon Gardens

메이본 베벌리힐스 호텔 앞 퍼블릭 스페이스로 개방된 아름다운 정원. 벤치에 앉아 잠시 쉬어가도 좋고, 호텔 1층 카페나 루프톱 수영장에서 칵테일을 마시며 경치를 즐겨도 좋다. 로데오 드라이브에 비해 친근한 브랜드가 많은 베벌리 드라이브에는 룰루레몬, 클럽모나코 같은 패션 브랜드나 아트북 전문서점 타셴, 가구점 포터리반, 고급 슈퍼마켓 에러원 등이 자리한다.

ADD 241 N Canon Dr, Beverly Hills   **OPEN** 06:00~22:00

③ 베벌리힐스 대저택
그레이스톤 맨션 Greystone Mansion

캘리포니아에서 처음으로 석유 시추에 성공해 큰돈을 번 에드워드 도헤니가 아들에게 줄 선물로 1928년 완공한 저택. 현재는 베벌리힐스 시티의 소유. 맨션 내부는 영화 세트장으로 많이 활용됐는데, 이곳에서 촬영한 작품만 해도 100여 편에 달한다고. <스파이더맨> 시리즈 전편을 비롯해 <웨스트윙>, <NCIS>, <길모어 걸스> 등 미드에도 곧잘 등장했다. 내부는 특별한 이벤트가 열릴 때만 공개되지만 아름다운 정원은 상시 개방된다. 주택가 언덕길 꽤 깊숙한 곳에 있어 가는 동안 다른 집을 구경하는 재미도 있다. **MAP 274p**

ADD 905 Loma Vista Dr   **OPEN** 10:00~17:00(여름철 ~18:00)
PRICE 무료   **WEB** greystonemansion.org
ACCESS 베벌리힐스 사인에서 3km(자동차 10분)

+MORE+

부의 상징, 베벌리힐스의 저택

베벌리힐스의 호화 저택은 관광지가 아니기에 차를 타고 지나가면서 보는 것이 최선이다. 안토니 가우디 스타일로 디자인한 오닐 하우스와 동화책 속 마녀의 집이 떠오르는 스파데나 하우스가 큰길에서도 잘 보이는 편. 마돈나, 엘비스 프레슬리, 톰 크루즈, 케이티 페리 등 할리우드 스타의 대저택이 어디 있는지 궁금하다면 스타라인의 'Celebrity Homes Tour'에 참여해보자. 할리우드에서 출발해 베벌리힐스의 주요 명소와 주택가를 차에 탄 채 볼 수 있는 2시간짜리 유료 투어다.

WEB starlinetours.com

스파데나 하우스(516 Walden Dr)

오닐 하우스(507 N Rodeo Dr)

스타의 집 투어 트럭

베벌리힐스의 주택가

④ 여기가 바로 호텔 캘리포니아!
베벌리힐스 호텔
Beverly Hills Hotel

로데오 드라이브 북쪽 언덕의 부촌에 자리 잡은 낭만의 아이콘. 록밴드 이글스의 '호텔 캘리포니아' 앨범 재킷 사진을 촬영한 장소다. 걸어서 방문하기 어려운 위치임에도, 핑크빛 건물과 간판을 배경으로 기념사진을 찍으려는 사람이 꽤 많이 찾아온다. 마릴린 먼로 등의 셀럽들이 묵었던 최고급 호텔의 숙박료는 하루 수백만 원에 육박하고, 빨간색 카펫이 깔린 로비 분위기부터 남다른 곳. 레스토랑 폴로 라운지에서는 꽃으로 가득한 파티오에서 브런치를 즐길 수 있다. **MAP 274p**

ADD 9641 Sunset Blvd
WEB dorchestercollection.com
ACCESS 베벌리힐스 사인에서 1.6km(자동차 5분)

⑤ 편리한 야외 쇼핑센터
웨스트필드 센추리 시티 Westfield Century City

미국에서 가장 잘 나가는 184개의 패션·뷰티·잡화 브랜드가 집결한 대형 쇼핑센터. 이탈리안 식재료를 판매하는 3층 이탈리(Eataly)를 비롯해 69개의 레스토랑과 카페, 노드스트롬, 블루밍데일스 백화점까지 입점했다. 넓은 야외 테라스를 따라 안락한 소파와 테이블도 즐비해 휴식하기에도 좋고, 각종 팝업스토어와 이벤트가 수시로 열려 볼거리도 다양하다. 센추리 시티는 20세기 폭스사의 본사인 폭스 플라자와 엔터테인먼트 기업, 로펌과 투자 회사가 자리한 상업 지구다. **MAP 274p**

ADD 10250 Santa Monica Blvd **OPEN** 10:00~21:00
WEB westfield.com/united-states/centurycity
ACCESS 베벌리힐스 사인에서 2.2km(자동차 5분)

영화 속 주인공처럼

베벌리힐스 맛집

꼭 비싼 음식일 필요는 없다. 베벌리힐스라면 멋진 전망을 보면서 마시는 칵테일 한 잔,
컵케이크 한 개도 특별하게 느껴지니까! 스타 셰프의 레스토랑부터 힙한 카페까지, 취향대로 골라보자.

인생샷 명당

루프톱 베벌리힐스
The Rooftop Beverly Hills

베벌리힐스의 대저택과 언덕을
한눈에 담으려면? 월도프 아스토
리아 호텔에 자리한 뉴욕 출신 장
조지의 루프톱을 방문해보자. 전
용 엘리베이터를 타고 12층에 내
리면 꽃밭을 배경으로 그림 같은
장면이 펼쳐진다. 어떻게 찍어도
인생샷이 나오는 특급 포토존. 캐
주얼한 아메리칸 메뉴를 맛볼 수
있다. **MAP 286p**

ADD 9850 Wilshire Blvd
OPEN 11:30~22:00(주말 10:00~)
MENU 아보카도 토스트 $25,
랍스터버거 $42
WEB waldorfastoriabeverlyhills.com

LA의 스타 셰프 울프강 퍽

스파고 Spago

할리우드 스타의 거리에도 이름을 새긴 울프강 퍽(Wolfgang
Puck)은 전 세계에 스타 셰프 열풍을 불러일으킨 장본인.
스테이크 전문점 'CUT', 캐주얼 다이닝 '키친' 등 다양한 브
랜드를 런칭했지만, 스파고가 그의 플래그십 레스토랑이
다. 사시미를 얹은 피자, 꽃장식 가득한 감각적인 캘리포니
아 퀴진을 경험할 수 있다. 예약 후 방문. **MAP 286p**

ADD 176 N Canon Dr
OPEN 17:00~22:00/월요일 휴무
MENU 1인 $70~
WEB wolfgangpuck.com

화사한 유럽풍 카페

어스 카페 Urth Caffé

유기농 커피와 고급 차, 페이스트리와 샌드위치 등 친환경 식재료로 만든 메뉴만 제공하는 카페. 돌과 나무, 타일 같은 재료를 사용한 인테리어도 자연 친화적이다. 주문은 카운터에서 하고 자리는 마음대로 잡으면 된다. 이른 아침부터 늦게까지 문을 열기 때문에 커피 한잔을 해도, 식사를 해도 부담 없다. **MAP 286p**

ADD 267 S Beverly Dr
OPEN 07:00~22:00
MENU 크루아상 $4.75, 프렌치토스트 $19, 스패니시 라테 $6.75
WEB urthcaffe.com

컵케이크 자판기

팬시한 자판기 컵케이크

스프링클스 Sprinkles

로고부터 패키징까지 완벽한 컵케이크 전문점. 플라스틱 장난감처럼 예쁘게 만들어진 컵케이크는 폭신한 케이크와 프로스팅 맛도 최고! 2005년 베벌리힐스에 처음 문을 열었을 땐 3시간 만에 2000개의 컵케이크가 팔려나갔다고. 24시간 이용 가능한 컵케이크 자판기까지 개발해서 뽑는 재미를 더했다. **MAP 286p**

ADD 9635 S Santa Monica Blvd
OPEN 10:00~20:00(목~토요일 ~21:00)
MENU 1개 $5.25~
WEB sprinkles.com

70년 전통의 샌드위치 맛집
네이트앤알 Nate'n Al

1945년부터 자리를 지키며 오랜 단골과 여행자들의 식사를 책임진 델리카트슨. 영화감독, 배우, 작가들이 드나들기 시작하며 빈싱에 신세에 이크렀디. 리디스 디이제스트에서 최고로 인정한 핫도그, 커다란 고깃덩어리를 통째로 염장해 만드는 미국식 콘비프와 훈제 파스트라미 샌드위치를 맛보자. **MAP 286p**

ADD 414 N Beverly Dr
OPEN 08:00~19:00
MENU 네이트앤알 샌드위치 $28, 칠리핫도그 $17
WEB natenal.com

브라질리언 고기 뷔페
포고 데 차오 Fogo de Chão

전 세계에 체인을 둔 슈하스코(브라질식 바비큐) 전문점이다. 웨이터가 소·돼지·닭·양고기 등 익힌 고깃덩어리를 들고 다니다가 빈 집시가 보이면 바로 썰어준다. 데이를 위에 초록과 빨간색 마크가 있는데, 그만 먹거나 쉬고 싶을 때는 빨간색으로 돌려두면 된다. 고기와 곁들여 먹기 좋은 샐러드바도 있다. 가게 이름의 실제 발음은 '포고 데 샤오'에 가깝다.

MAP 286p

ADD 133 N La Cienega Blvd
OPEN 11:30~14:00, 17:00~22:00
MENU 런치 $53.5, 디너 $74
WEB fogodechao.com

탑 모델의 런치 플레이스
스위트그린 Sweetgreen

신선한 채소로 맛있는 한 끼를 즐길 수 있는 샐러드 전문점. 패션모델 켄달 제너가 매일 먹는다고 알려지며 유명해졌다. 베이스가 되는 채소, 단백질과 드레싱을 취향 따라 선택해도 되고, 완성형 인기 메뉴를 골라도 된다. 베벌리힐스를 비롯해 미국 전역에 체인이 있다. 스마트폰 앱으로 미리 주문 후 픽업. **MAP 286p**

ADD 251 N Beverly Dr
OPEN 10:00~20:00
MENU 샐러드볼 $15~19
WEB sweetgreen.com

#Zone 3

LA 유행 따라잡기
웨스트 할리우드 & 라 브레아
West Hollywood & La Brea

멜로즈 애비뉴의 핑크 월과 LACMA 미술관의 어번 라이트, 그로브 몰의 트롤리! SNS 핫플과 감각적인 쇼핑가로 가득한 웨스트 할리우드(줄여서 WEHO)는 상상 이상으로 광활하다. 지도에 핑크색으로 표시된 쇼핑가 중 한두 곳만 골라 구경하고 카페에서 여유를 즐기는 일정을 추천. 짧은 거리를 이동할 때는 낮에 큰길로만 다니는 버스를 타거나, 우버를 이용하자. 매장 앞 거리 주차(대부분 유료)도 가능하다.

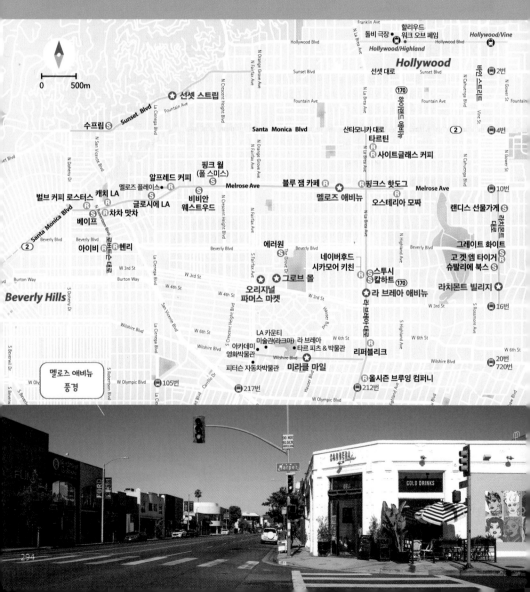

① LA 하면 핫핑크!
멜로즈 애비뉴 Melrose Avenue

'럭셔리 스트리트웨어의 메카'라고 불려온 멜로즈 애비뉴는 동서로 10km에 달하는 긴 거리다. 핑크 월을 중심으로 동쪽에는 독특한 스트리트 브랜드가, 그 반대편에는 디자이너 브랜드가 모여있는데, 도로폭이 넓고 건물도 커서 걸어 다니는 사람은 많지 않다. 로버트슨 대로와 연결된 서쪽으로 갈수록 걷기 좋은 거리가 나오고, 트렌디한 맛집과 카페도 많아진다. MAP 294p

ACCESS 멜로즈 애비뉴 동서로 10번 버스가 운행한다.

Spot ① 핑크 월

Pink Wall

LA의 파란 하늘과 버블검 핑크가 조화로운 폴 스미스 매장. 오로지 이 분홍색 벽에서 사진을 찍기 위해 많은 관광객이 이곳을 찾아온다. 매장이 문을 닫은 시간에도 기념 촬영은 가능하고, 건너편에는 카페도 있다. 우버를 타고 왔다면 글로시에 LA까지 1km가량 걸으며 다른 매장들을 구경해볼 수 있다.

ADD 8221 Melrose Ave   OPEN 11:00~18:00
WEB paulsmith.com/us

Spot ② 글로시에 LA

Glossier LA

멜로즈 애비뉴의 또 다른 핑크빛 명소. '미국 MZ세대의 인싸템'이라고 알려진 화장품 브랜드 글로시에의 쇼룸이다. 매장 안팎이 온통 핑크라서 입구부터 기분이 들뜬다. 립밤 하나만 구매해도 예쁜 분홍 상자에 담아주기 때문에 기념품으로 제격이다. 매장 옆 골목에는 핑크 음료를 맛볼 수 있는 알프레드 커피 글로시에점이 있다.

ADD 8523 Melrose Ave
OPEN 10:00~19:00
WEB glossier.com

Spot ③ 멜로즈 플레이스
Melrose Place

멜로즈 애비뉴 안쪽의 사랑스러운 쇼핑 골목. 알프레드 커피를 손에 든 로컬들이 주말을 즐기러 나오는 거리다. 큰길에서 보던 대형 매장과는 다르게 아기자기한 일반 주택에 이자벨 마랑, 보테가 베네타, 발망 등 고급 부티크가 늘어선 곳으로, 일요일마다 열리는 파머스 마켓의 친근한 분위기도 매력. 여기서부터 글로시에 LA, 어스 카페까지 걷기 좋은 쇼핑가가 펼쳐진다.

ADD 8428 Melrose Pl
OPEN 파머스 마켓 일요일 08:00~14:00

여기가 브런치 천국!

멜로즈 애비뉴 & 로버트슨 대로 맛집

주말에 LA 현지인들이 브런치를 즐기고, 저녁에는 드레스를 차려입고 모이는 장소가 궁금하다면?
웨스트 할리우드로 가자. 멜로즈 애비뉴와 연결된 로버트슨 대로에는
앤티크 가구나 인테리어 매장 사이 사이에 고급 브런치 맛집과 카페가 많다.

Pick! 1 멜로즈 애비뉴의 원조 핫핑크
핑크스 핫도그 Pinks Hotdog

1939년부터 '핑크(Pink)' 가족이 대를 이어 운영하는 핫도
그 전문점. 핫도그 종류만 해도 수십 가지인 데다 햄버거
와 어니언링 같은 메뉴도 푸짐하다. 교통이 불편한 곳에
있는데도 줄을 서야 하는 불멸의 맛집. 매장 안에도 자리
가 있으며, 벽면을 가득 메운 스타들의 사인이 '할리우드
레전드'임을 입증한다. **MAP 294p**

ADD 709 N La Brea Ave, Los Angeles
OPEN 09:30~24:00(금·토요일 ~02:00)
MENU 칠리독 $7.5, 라라랜드독 $9, 더블 베이컨 칠리버거 $13.5
WEB pinkshollywood.com

Pick! 2 꽃으로 가득한 루프톱
캐치 LA Catch LA

화려한 인테리어로 LA, 뉴욕, 라스
베이거스의 핫플로 등극한 레스토
랑. 엘리베이터에서 내리자마자 꽃
길이 펼쳐진다. 해산물에 익숙지
않은 사람도 맛있게 즐길 수 있도
록 조리한 해산물 요리가 메인이
며, 주말에만 맛볼 수 있는 달콤한
브런치와 시그니처 칵테일도 인기
다. **MAP 294p**

ADD 8715 Melrose Ave
OPEN 18:00~23:00(주말 브런치 11:30~
14:30)
MENU 샥슈카 $26, 프렌치토스트 $21,
굴 $31, 농어 요리 $47~54
WEB catchrestaurants.com

Pick! 3 로맨틱한 컬러의 향연
아이비 The Ivy

1983년부터 셀럽들이 즐겨 찾았다
는 클래식한 맛집. 다이닝홀과 정
원을 가득 채운 알록달록한 꽃장식
이 미국 할머니의 가정집처럼 정겹
다. 두툼한 프렌치토스트, 큼직한
스콘 등 푸짐한 음식도 마찬가지.
캐주얼한 분위기와 다르게 가격대
는 꽤 높은 편이지만, 그만큼 맛은
보장된다. **MAP 294p**

ADD 113 N Robertson Blvd
OPEN 08:00~21:00/월요일 휴무
MENU 브런치 $35~45
WEB theivyrestaurants.com
ACCESS 로버트슨 대로 중심가

Pick! 4 낸시 실버턴의 파스타
오스테리아 모짜
Osteria Mozza

넷플릭스 <셰프의 테이블>에 소개
된 낸시 실버턴은 미세한 촉감에 반
응하는 발효빵에 심혈을 기울이다
가 모짜렐라와 파스타, 피자까지 범
위를 넓힌 반죽 장인이다. 미슐랭
원스타 레스토랑에서 식감과 재료
에 충실한 고급 파스타와 와인 페어
링을 즐기거나, 병설된 피제리아에
서 피자를 맛보자. **MAP 294p**

ADD 6602 Melrose Ave
OPEN 17:00~21:00(금·토요일 ~22:00)
MENU 나폴리탄 피자 $27
WEB osteriamozza.com

But first, Coffee

알프레드 커피 Alfred Coffee

아이스 바닐라 라테와 특이한 차 음료, 포틀랜드의 스텀프
타운 원두를 블렌딩한 시그니처 원두로 모두의 마음을 사
로잡았다. 사슴뿔 로고가 새겨진 스타일리시한 패키징과 매장별로 특색있
는 인테리어도 매력. 담쟁이가 벽을 장식한 멜로즈 플레이스의 예쁜 집이
알프레드를 탄생시킨 장소다. **MAP 294p**

ADD 8428 Melrose Pl **OPEN** 06:30~19:00 **MENU** 커피 $5~7.5 **WEB** alfred.la

현대적 다이닝

헨리 The Henry

시간대별로 메뉴와 컨셉을 달리하
는 모던한 아메리칸 레스토랑이다.
평일과 저녁에는 와인 페어링과 어
울리는 다양한 요리, 주말에는 가
벼운 브런치 메뉴가 인기. 그 외 시
간에는 디저트와 커피도 주문할 수
있다. 공간이 넓고 쾌적하다.
MAP 294p

ADD 120 N Robertson Blvd
OPEN 11:00~22:00(주말 09:00~)
MENU 와규버거 $25, 생선요리 $38
WEB thehenryrestaurant.com

캘리포니아 감성 카페

벌브 커피 로스터스 Verve Coffee Roasters

산타크루즈에서 온 유기농 커피 로
스터리. 햇살 쏟아지는 실내와 우
드톤 인테리어가 잡지 속 웨스트
할리우드 그 자체다. 시그니처 메
뉴인 미사일(Missile)은 커피 농축
액에 우유와 시럽을 추가한 달콤한
라테. 멜로즈점 외에도 LA에 매장
이 여럿 있다. **MAP 294p**

ADD 8925 Melrose Ave
OPEN 07:00~18:00
MENU 커피 $5~6
WEB vervecoffee.com

컬러풀한 비주얼 카페

차차 맛차 Cha Cha Matcha

뉴욕에서 온 말차 전문점. 휴양지
느낌으로 꾸민 발코니와 분홍색 패
키징, 오묘한 컬러 조합의 음료수가
인스타 감성으로 가득한 카페다. 찻
잎을 갈아 만든 말차에 분홍색, 보
라색으로 비비드한 색감을 더했다.
과연 비주얼만큼 맛도 있을지 직접
도전해보기! **MAP 294p**

ADD 510 N Robertson Blvd
OPEN 08:00~20:00
MENU 라테 $6~7
WEB chachamatcha.com

바삭바삭한 프렌치토스트

블루 잼 카페 Blu Jam Café

촉촉한 토스트를 겉만 살짝 튀겨 바
삭한 식감을 살린 후 달콤한 소스와
각종 베리를 듬뿍 얹은 프렌치토스
트, 홀랜다이즈 소스가 미각을 자극
하는 블루 잼 베네딕트가 시그니처
메뉴다. 예약 불가에 웨이팅이 정말
긴 곳이지만, 근처에서 옐프(yelp, 온
라인 예약·주문 사이트)를 통해 원격대
기를 할 수 있다. **MAP 294p**

ADD 7371 Melrose Ave
OPEN 09:00~14:00(주말 ~15:00)
MENU 프렌치토스트 $19, 오믈렛 $19
WEB blujamcafe.com

그로브 몰과 파머스 마켓을 오가는 트롤리

② 트롤리가 다니는 예쁜 쇼핑몰
그로브 몰 The Grove

깔끔하고 즐길거리 많은 쇼핑 스폿을 찾는다면
여기가 정답! 백화점과 영화관, 반스앤노블 서
점, 애플스토어, 인기 레스토랑과 팬시한 상점이
가득한 복합 쇼핑몰이다. 춤추는 음악 분수는 라
스베이거스의 벨라지오 분수를 제작한 WET 디
자인사의 작품. 노천카페가 있는 잔디 광장에서
는 콘서트를 비롯해 다양한 이벤트가 펼쳐진다.
1950년대 보스턴 스트리트카를 개조한 트롤리
를 타고 2층에서 거리를 내려다보는 것도 그로
브 몰의 큰 재미. 탑승은 무료이며, 오후 1시부
터 저녁까지 잔디광장과 파머스 마켓의 시계탑
사이를 오간다. **MAP 294p**

ADD 189 The Grove Dr
OPEN 쇼핑몰 10:00~22:00,
  트롤리 13:00~20:45(15:45~17:00 휴식)
WEB thegrovela.com
ACCESS 대형 주차타워(유료) 있음. 대중교통 이용 시
메트로 버스 217번 Fairfax/3rd 하차

[지도: 페어팩스 애비뉴 Fairfax Ave / 시계탑 / 오리지널 파머스 마켓 / 그로브 몰 / 써드 스트리트 3rd St]

중앙의 음악 분수

잔디 광장의 여유로움

③ LA 맛집 천국
오리지널 파머스 마켓
The Original Farmers Market

CA

LA에 왔다면 꼭 들러야 할 장소! 페어팩스 애비뉴와 써드 스트리트가 만나는 코너에는 세련된 쇼핑몰과 소박한 매력의 재래시장이 공존한다. 1934년부터 농부들이 직접 기른 농작물을 팔던 파머스 마켓이 상설 시장으로 자리 잡았다. 식재료 외에도 다양한 먹거리를 파는데, 각 매장에서 계산 후 테이블에 앉아 먹는다. **MAP 294p**

ADD 6333 W 3rd St
OPEN 09:00~21:00
(토요일 10:00~, 일요일 10:00~19:00)
WEB farmersmarketla.com
ACCESS 그로브 몰에서 도보 5분

팜파스 그릴 Pampas Grill
예능 프로그램 <나 혼자 산다>에 등장해 더 유명해진 브라질리언 BBQ 맛집. 직접 사이드 메뉴를 접시에 담고 고기를 고르면 그자리에서 카빙해준다. 맨 마지막에 무게를 재서 계산한다.

사이드카 도넛 Sidecar Doughnuts
예능 프로그램 <뜻밖의 여성>에 소개된 폭신하고 큼직한 도넛. 튀김 온도를 유지하기 위해 소량씩 계속 튀겨내는 것이 맛의 비결이다.

매기스 Magee's
빵에 머스터드를 바르고 파스트라미와 콘비프를 듬뿍 얹어주는 즉석 샌드위치 전문점. 1917년부터 운영해온 집이라 단골도 많다.

밥스 커피 앤 도넛 Bob's Coffee & Doughnuts
매일 새벽 만드는 전통 도넛과 캐러멜 글레이즈를 두툼하게 장착한 애플프리터, 이탈리안 에스프레소로 수십년 째 인기다.

④ 미술관의 거리
미라클 마일 Miracle Mile

페어팩스 애비뉴와 라 브레아 애비뉴 사이에는 미술관
과 공예박물관, 자동차 박물관 등 초대형 박물관이 여
럿 들어서 있다. 전시관의 규모도, 컬렉션의 퀄리티도
미국 서부 최고 수준을 자랑한다. 1940년대에 급속도
로 성장한 상업 지구로, 놀라울 정도의 부를 축적했다
하여 '미라클 마일'이라고 불렸다. **MAP 294p**

ACCESS 대부분 개별 주차장을 갖추고 있다. 할리우드에서 출발
하는 217번 버스가 LACMA 앞에 정차한다.

Spot ① ## LA 카운티 미술관(라크마)
LA County Museum of Art
(LACMA)

1961년 설립, 고대에서 현대에 이르기까
지 15만 점을 소장한 미국 서부 최대의 미
술관이다. 새로운 전시관 건립을 위한 대규
모 공사(2025년 완공 목표)로 인해 기존 작품
은 렌조 피아노가 설계한 브로드 컨템퍼러
리 미술관(BCAM) 건물과 파빌리온에 분산
하여 순환 전시 중이다. 주요 소장품으로는
파블로 피카소의 <손수건을 쥐고 우는 여
인>(1937), 데이비드 호크니의 <멀홀랜드
드라이브: 스튜디오로 가는 길>(1980), 디에
로 리베라의 <플라워 데이>(1925), 앙리 마
티스의 <한 다발>(1953) 등이 있으며, 한국
미술작품도 폭넓게 소장하고 있다.

<어번 라이트>

사람들이 라크마를 방문하는 목적 중 하
나는 미술관 정문 입구에 있는 크리스 버
든의 작품 <어번 라이트>(2008) 때문이다.
1920~1930년에 사용된 가로등을 수거하
여 만든 설치미술품으로, 불이 들어오는 저
녁 시간에 더욱 아름답다.

ADD 5905 Wilshire Blvd
OPEN 11:00~18:00(금요일 ~20:00, 토·일요일 10:00~
19:00), 어번라이트 24시간/수요일 휴무
PRICE $28(매월 둘째 화요일 무료)
WEB lacma.org

여름철 야외공연
Jazz at LACMA

스피어

사반 빌딩

Spot 2

아카데미 영화박물관
Academy Museum of Motion Pictures

아카데미 시상식을 주관하는 영화예술과학아카데미(AMPAS)가 설립, 2021년 9월 개관한 미국 최대 영화 전문 박물관이다. 무성 영화 태동기부터 현재까지 영화 제작 전반을 아우르는 과정과 각종 영화 장비를 구경할 수 있고, 몰입형 시뮬레이션을 통해 아카데미 시상식을 체험할 수 있는 최첨단 상영관까지 갖췄다. 퐁피두 센터, 런던의 샤드를 설계한 건축가 렌조 피아노의 건물도 관람 포인트. 기존의 사반(Saban) 빌딩을 리모델링하고 새로운 빌딩 스피어(Sphere)를 추가하여 두 건물 사이를 유리 테라스로 연결했다. 신관에서 바라다보이는 할리우드의 풍경이 하나의 작품이 되는 곳이다.

ADD 6067 Wilshire Blvd
OPEN 10:00~18:00/화요일 휴무
PRICE $25(17세 이하 무료)/
오스카® 체험 $10 추가
WEB academymuseum.org

신관 전망대

Spot 3 라 브레아 타르 피츠 & 박물관
La Brea Tar Pits & Museum

지하에 엄청난 양의 타르가 매장된 라 브레아 지역에 세워진 자연사 박물관. '라 브레아'란 스페인어로 천연 아스팔트(타르)를 뜻한다. 1913~1915년에 이곳의 타르 구덩이(피츠)에서 75만여 개의 화석이 발굴되자, 자선가 조지 C. 페이지가 부지를 개발하는 대신 박물관 설립을 결정했다. 전시관에는 실제로 이곳에서 발굴된 빙하기 시대의 동물 화석이 전시돼 있다. 어린이들에게 특히 인기 높은 것은 날카로운 송곳니를 가진 스밀로돈(Saber-toothed Cat)의 모형과 화석이다. 시커먼 구덩이에서 매캐한 가스와 함께 타르가 분출되는 박물관 정원도 흥미진진한 구경거리다. 화석 발굴 작업은 아직도 진행 중으로, 실험실에서 연구원들이 뼈를 추려내는 작업 과정도 볼 수 있다.

ADD 5801 Wilshire Blvd
OPEN 09:30~17:00/매월 첫째 화요일 휴무
PRICE 성인 $18, 학생 $14, 어린이 $7
WEB tarpits.org

타르가 솟아오르는 정원

스밀로돈의 모형

거대한 컬럼비아 매머드 화석

Spot 4 피터슨 자동차박물관
Petersen Automotive Museum

자동차의 도시 LA와 완벽하게 어울리는 박물관. 어린이는 물론 어른들에게도 무척 인기가 높다. 영화에 등장한 클래식카부터 할리우드 스타들이 소장한 스포츠카를 볼 수 있다. 지하에는 희귀 자동차 컬렉션(Vault Tour, 요금 별도)이 있다.

ADD 6060 Wilshire Blvd
OPEN 10:00~18:00
PRICE $21(희귀 컬렉션 추가 요금 $28)
WEB petersen.org

⑤ LA의 가로수길
라치몬트 빌리지 Larchmont Village

오랜 역사를 가진 주택가 주변에 형성된 쇼핑가. 동글동글하게 손질된 나무들은 야자수와 함께 LA의 가로수로 많이 심어진 인디언 로럴 피그(Indian Laurel Fig, 대만고무나무)다. 할리우드 사인이 정면으로 보이는 라치몬트 대로를 따라서 세련된 부티크와 골동품숍, 맛집이 모여 있으니 브런치를 즐기고 산책하며 거리를 구경해보자. 매주 일요일 10:00~14:00, 수요일 13:00~17:00에는 파머스 마켓이 열린다. **MAP 294p**

ACCESS 138 N Larchmont Blvd 14/37번 버스 Beverly/Larchmont 하차

재기발랄한 문구숍
랜디스 선물가게
Landis Gifts & Stationery

아기자기한 선물용 소품과 귀여운 카드, 문구류를 판매한다.

ADD 584 N Larchmont Blvd Suite B
OPEN 10:30~17:00/일·월요일 휴무
WEB landisstationery.com

LA에서 가장 오래된 독립서점
슈발리에스 북스 Chevalier's Books

개인 서재처럼 프라이빗한 분위기로 로컬들이 사랑하는 독립서점. 예쁜 디자인 서적도 엿볼 수 있다.

ADD 133 N Larchmont Blvd **OPEN** 10:00~18:00
WEB chevaliersbooks.com

최고의 바리스타 카페
고 겟 엠 타이거 Go get em Tiger

그랜드 센트럴 마켓에 위치한 G & B 커피의 공동 창업자들이 만든 카페. 기본에 충실한 커피뿐 아니라 아몬드 마카다미아 라테, 강황 라테(Tumeric Latte) 등이 인기다. 그래놀라, 와플, 팬케이크 등 브런치와 함께 유명 바리스타들이 내린 커피를 맛보자.

ADD 230 N Larchmont Blvd
OPEN 07:00~18:00 **WEB** ggetla.com

호주식 카페 무드
그레이트 화이트
Great White

여유로운 호주식 카페 문화와 캘리포니안 레시피가 어우러진 캐주얼 레스토랑. 둥근 아치 벽과 라탄 전등이 아늑함을 자아내는 핫플레이스.

ADD 244 N Larchmont Blvd
OPEN 08:00~22:00
WEB greatwhite.cafe

❻ 현지인 맛집 거리
라 브레아 애비뉴 La Brea Ave

미라클 마일의 박물관을 방문했을 때 들르기 좋은 쇼핑가. 트레이더 조와 랄프스 같은 마트도 가깝다. 윌셔 대로 사거리부터 북쪽으로 멜로즈 애비뉴까지 맛집, 앤티크 소품점 및 칼하트, 스투시, 아크테릭스 등 트렌디한 패션숍이 모여 있다. 한낮과 식사 때는 붐비지만, 해가 지면 인적이 드물어진다.

MAP 294p

ACCESS 버스 212·312번 La Brea/6th 하차 /
타르 피츠 박물관에서 도보 10분

Spot ① 웨스트 할리우드의 브런치 명소
리퍼블리크 Republique

1929년 찰리 채플린이 지은 성채 같은 건물에서 꿈의 요리를 맛보는 시간! 미슐랭 원스타 레스토랑 '맨즈키'의 오너 월터 맨즈키와 페이스트리 셰프 마지 맨즈키 부부의 프렌치 레스토랑 겸 베이커리 카페다. 분위기와 맛이 모두 뛰어나 매년 베스트 레스토랑으로 선정되는 곳. 브런치 시간대에는 입구에서 메뉴를 주문하면 자리로 음식을 내온다.

ADD 624 S La Brea Ave
OPEN 베이커리 카페 08:00~14:00, 레스토랑 화~토요일 17:30~22:00
MENU 브런치 $19~28, 디너 $50~60
WEB republiquela.com

Spot 2 인스타그램 속 그곳
네이버후드
Neighborhood

고풍스러운 골목에 숨은 아지트 같은 스페셜티 커피숍. 하얀 벽돌 아치 아래 놓인 테이블석이 SNS 포토존이다. 쌀쌀한 아침, 파티오에서 따뜻한 플랫화이트나 코르타도를 마셔보자.

ADD 133 S La Brea Ave
OPEN 07:00~17:00
WEB neighborhoodcoffeeshop.com

Spot 3 할리우드 플래그십 매장
사이트글래스 커피
Sightglass Coffee

샌프란시스코의 인기 카페가 LA에도 문을 열었다. 웅장한 도서관을 연상시키는 내부는 강렬한 컬러가 돋보이며, 커피 바와 개방형 주방, 로스팅룸, 과실나무가 자라는 파티오, 고급스러운 그로서리 마켓까지 명성에 걸맞은 면모를 보여준다.

ADD 7051 Willoughby Ave
OPEN 07:00~19:00
WEB sightglasscoffee.com

Spot 4 소박하고도 세련된
시카모어 키친 The Sycamore Kitchen

스파고 할리우드에서 함께 일한 부부 셰프가 차린 베이커리 & 브런치 카페. 캘리포니아 바이브 가득한 전원적인 정원에서 신선한 제철 로컬 식재료로 만든 건강한 맛을 추구한다.

ADD 143 S La Brea Ave   **OPEN** 10:00~16:00   **WEB** thesycamorekitchen.com

Spot 5 미라클 마일의 펍
올시즌 브루잉 컴퍼니 All Season Brewing Company

타이어 가게 건물이 떠들썩한 2021년 형 대형 펍으로 재탄생했다. 다양한 맥주 라인업에 칵테일, 와인도 갖춘 풀 바와 게임, 오락기까지 미국스러움을 한껏 뿜어내는 곳.

ADD 800 S La Brea Ave   **OPEN** 15:00~24:00(금~일요일 12:00~)
WEB allseasonbrewing.com

7 <셀링 선셋>의 그곳
선셋 스트립
Sunset Strip

LA 북쪽을 동서로 가로지르는 선셋 대로 중 도헤니 드라이브와 크레센트 하이츠 대로 사이의 구간을 선셋 스트립이라고 부른다. 넷플릭스 리얼리티쇼 <셀링 선셋>의 오펜하임 그룹 부동산이 여기에 있다. 화려한 밤문화로 유명하던 1960~1970년대의 명소로, 당대의 라이브클럽에서는 요즘도 공연이 펼쳐진다. 다소 오래된 느낌은 있으나, 할리우드힐스와 베벌리힐스 사이에 있다는 최적의 입지 조건 덕분에 루프톱 바와 호텔이 많은 이곳의 명성은 여전하다. **MAP 294p**

ACCESS Hollywood/Highland역까지 4.4km

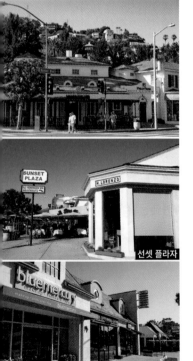
선셋 플라자
오펜하임 부동산

Spot **1** 선셋 스트립의 터줏대감
위스키 어 고 고 Whiskey a Go Go

1964년에 문을 연 선셋 스트립의 대표 라이브 클럽. 전설적인 록밴드 도어스, 레드 제플린과 재니스 조플린 등 수많은 뮤지션이 이 무대를 거쳐 갔다.

ADD 8901 Sunset Blvd **WEB** whiskyagogo.com

Spot **2** 할리우드 록신의 산증인
록시 시어터 The Roxy Theatre

1973년에 오픈한 라이브 클럽. 스티비 원더, 건즈앤로지즈, 아델, 마룬5 같은 스타의 공연이 열렸다. 바로 옆 레인보 바앤그릴은 존 레논의 단골 레스토랑이었다고.

ADD 9009 Sunset Blvd **WEB** theroxy.com

Spot **3** 클래식한 미국 다이너
멜스 드라이브인 Mel's Drive In

1947년부터 명맥을 이어온 캘리포니아의 다이너 체인점. 세계 각지의 유니버설 스튜디오에 입점한 레스토랑으로도 친숙하다. LA에서는 자정까지 오픈하는 선셋 대로 지점이 인기 있다. 식사 후엔 어쩐지 차를 몰고 멀리 여행을 떠나야 할 듯한 기분!

ADD 8585 Sunset Blvd **OPEN** 07:00~24:00
MENU 멜버거 $19.5, 버팔로윙 $16.5 **WEB** melsdrive-in.com

(Spot 4) 언덕 위 작은 성
샤토 마몽 Chateau Marmont

영화 <라라랜드>의 주인공 미아가 성공
후 거주하는 저택으로 사용된 장소. 빈티
지풍 객실과 방갈로를 갖춘 프랑스 중세
스타일의 최고급 호텔 안에 테라스가 멋진
레스토랑이 있다.

ADD 8221 Sunset Blvd
MENU 샤토버거 $42, 생선요리 $46
WEB chateaumarmont.com

(Spot 5) 놀라운 크기의 팬케이크
그리들 카페 Griddle Café

브런치 맛집으로 유명한 그리들 카페는 자체 굿즈를 판매할 정도로
큰 인기를 누린다. 납작한 무쇠팬(그리들)에 담긴 오버사이즈 버터밀
크 팬케이크가 시그니처 메뉴. 여러 장을 겹친 팬케이크는 캐러멜
과 슈트로이젤, 월넛을 섞어서 구운 뒤 그 위에
휘핑크림과 버몬트 메이플 시럽을 뿌린다.

ADD 7916 Sunset Blvd
OPEN 08:00~15:00/월·화요일 휴무
MENU 팬케이크 $16~19 **WEB** thegriddlecafe.com

(Spot 6) 인스타그래머블한 라테아트
비비씨엠
The Butcher, The Baker, The Cappuccino Maker
(BBCM)

놀랍도록 긴 이름처럼 음식도 독특하다. 직접 도축한 고기로 요
리하고, 매장에서 갓 만든 빵과 커피를 맛볼 수 있는 브런치 맛
집. 화려한 라테아트까지 선보여 파티오에 앉아 기분 좋게 식사
할 수 있다.

ADD 8653 Sunset Blvd **OPEN** 08:00~17:00
MENU 에그베네딕트 $26, 시그니처 라테 $14
WEB bbcmcafe.com

+ **MORE** +

선셋에 가야 하는 이유!
수프림 Supreme

스케이트보드, 힙합 문화를 기반으로 뉴욕
에서 성장한 스트리트 패션 브랜드. 미국
현지에서만 구할 수 있는 아이템이 있어
꾸준한 인기 방문지다. 신제품이 입고되는
매주 목요일에는 오픈런이 이어진다.

ADD 8801 Sunset Blvd
OPEN 11:00~19:00(일요일 12:00~18:00)
WEB supreme.com

고층빌딩이 모인 상업지구
다운타운 LA Downtown LA

역사적인 건축물과 대형 미술관, 콘서트홀, 경기장, 고층 빌딩이 공존하는 LA의 상업 지구다. 최근 몇 년 사이 아트 디스트릭트의 변화 또한 놀라운 수준! 퍼싱 스퀘어에서부터 그랜드 센트럴 마켓, 뮤직 센터 사이는 걸어서 구경할 만한 거리이며, 아트 디스트릭트로 이동할 때는 우버를 타는 게 좋다.

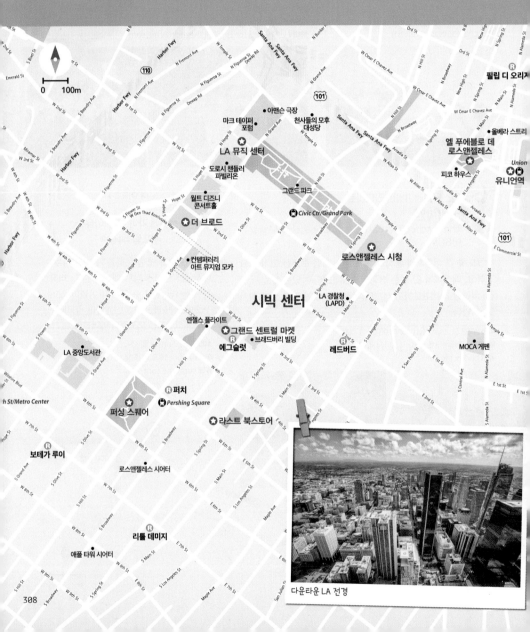

다운타운 LA 전경

308

① 다운타운의 대표 광장
퍼싱 스퀘어 Pershing Square

1866년 문을 연 LA의 상징적인 광장. 제1차 세계대전 당시 유럽 총사령관이었던 존 J 퍼싱 장군에게 헌정된 광장은 캘리포니아의 농업을 상징하는 오렌지 나무로 둘러싸여 있다. 여름에는 6주간의 콘서트가 열리고, 겨울에는 아이스링크로 활용되는 곳. 퍼싱 스퀘어 주변으로 유서 깊은 건물도 많다. MAP 308p

HISTORIC DOWNTOWN
← Fashion Dist
South Park →

ADD 532 S Olive St
WEB laparks.org/pershingsquare
ACCESS 메트로 B·D라인 Pershing Square역 하차

Spot 1 브래드버리 빌딩
Bradbury Building(1893)

영화 <500일의 서머>, <블레이드 러너>의 촬영지. 천장 아트리움과 화려한 철제계단 등을 공상과학 소설에서 영감을 받아 디자인한 빌딩이다. 여행자는 로비와 1층까지만 관람 가능.

ADD 304 S Broadway
OPEN 09:00~17:00(주말 10:00~14:00) PRICE 무료
WEB laconservancy.org

Spot 2 LA 중앙도서관
Los Angeles Central Library(1926)

미국에서 3번째로 큰 도서관. 260만여 권의 장서와 1만여 종의 정기간행물을 보유했다. 1986년 방화로 소실된 이후 시민들이 모금해 1993년 재개관했다.

ADD 630 W 5th St OPEN 10:00~20:00(금·토요일 09:30~17:30, 일요일 13:00~17:00) WEB lapl.org

Spot 3 로스앤젤레스 시어터
Los Angeles Theatre(1931)

역사 지구 브로드웨이 거리에는 유서 깊은 극장들이 자리한다. 그중 금빛 바로크풍 궁전인 로스앤젤레스 시어터의 빨간 간판이 도시의 랜드마크로, 디즈니랜드에 있는 하이페리온 극장의 원형이다. BTS의 '블랙스완', ITZY의 'ICY' 등 다수의 뮤직비디오에 등장했다.

ADD 615 S Broadway
WEB losangelestheatre.com

Spot 4 애플 타워 시어터
Apple Tower Theatre(1927)

LA 최초의 유성영화관을 개조한 애플 스토어. 높은 돔 천장과 2층 발코니, 스테인드글라스에 둘러싸인 전시홀이 유니크하다.

ADD 802 S Broadway
OPEN 10:00~20:00(일요일 ~19:00)
WEB apple.com

② 책으로 쌓은 터널
라스트 북스토어
The Last book Store

'세계에서 가장 아름다운 서점 20'으로 선정된 중고 서점. 책을 모티브로 한 공간 미술을 보는 듯하다. 1층 별관에선 다양한 예술 서적과 희귀 화보 등을 전시·판매하고, 2층은 미스터리 스릴러의 방, 모든 책이 $1인 방 등 테마별로 꾸몄다. 책으로 쌓은 터널에서 인증샷은 필수! MAP 308p

ADD 453 S Spring
OPEN 11:00~20:00
WEB lastbookstorela.com
ACCESS 퍼싱 스퀘어에서 동쪽으로 도보 5분

③ 전통과 트렌드가 만난 재래시장
그랜드 센트럴 마켓 Grand Central Market

1917년에 문을 연 이래 100년이 넘는 세월 동안 LA의 다양한 음식문화를 대표해온 재래시장. 값싸고 신선한 농산물도 팔지만, 트렌디한 맛집, 카페까지 들어서며 꾸준히 진화 중이다. 주변 직장인들이 점심을 먹으러 오기도 하고, 여행자들이 에그슬럿 본점을 찾아 줄을 서기도 하는 핫플레이스. 서쪽 입구 건너편에 앤젤스 플라이트 케이블카가 보인다. MAP 308p

ADD 317 S Broadway **OPEN** 08:00~21:00
WEB grandcentralmarket.com **ACCESS** 퍼싱 스퀘어 북동쪽

+MORE+

LA의 낭만, 앤젤스 플라이트 Angels Flight

가파른 언덕을 쉴 새 없이 오르내리는 2대의 푸니쿨라는 원래 1901년 아래쪽 힐 스트리트와 위쪽 올리브 스트리트를 연결하기 위해 만들어진 교통수단이었다. <라라랜드>의 주인공들이 이 푸니쿨라를 타고 데이트하는 모습이 영화에 나오자 2017년부터 운행을 재개해 관광용으로 사용되고 있다. 꼭대기에서 타고 내릴 때 검표원에게 요금을 지불하는 방식. 왕복 $2를 내면 기념품용 티켓을 준다. MAP 308p

ADD 351 S Hill St **OPEN** 06:45~22:00
PRICE 편도 $1(TAP 카드 50¢)
WEB angelsflight.org

④ 벌집을 닮은 현대미술관
더 브로드 The Broad

억만장자 엘리 브로드와 이디스 브로드 부부가 건립한 현대미술관. 벌집무늬 창문을 통해 자연 채광이 들어오도록 설계된 대형 미술관에 2000여 점의 작품이 순환 전시된다. 제2차 세계대전 이후의 컨템퍼러리 아트가 주요 소장품으로, 재스퍼 존스, 장 미셸 바스키아, 제프 쿤스, 앤디 워홀, 키스 해링을 비롯해 신예 작가들의 작품도 전시한다. 더 브로드의 상징처럼 여겨지는 쿠사마 야요이의 '인피니티 미러룸 (무한 거울의 방)'은 어두운 방에서 일정 시간 동안 작품을 감상하는 설치미술이다. **MAP 308p**

ADD 221 S Grand Ave
OPEN 예매 시각에 맞춰 입장/월요일 휴무
PRICE 무료
WEB thebroad.org
ACCESS 그랜드 센트럴 마켓에서 400m

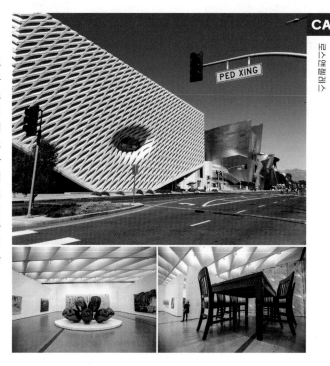

: WRITER'S PICK :
더 브로드 예약 정보

- 기본 입장(General Admission)은 무료. 단, 하루 입장 인원이 제한돼 있어 현장 대기를 피하려면 예매는 필수다.

- 매달 마지막 주 수요일 오전 10시(LA 현지 시각)에 다음 달 입장권이 풀린다. 이때 <인피니티 미러룸+입장권> 통합 티켓을 선택해야만 해당 작품을 감상할 수 있다.

- 사전 예약에 실패한 경우, 매일 풀리는 일정 수량의 당일 티켓 예매에 도전해보자.

- 미술관 예약 정책이 계속 바뀌고 있으니 홈페이지에서 최신 정보를 확인한다.

+MORE+

우리 시대의 미술관
컨템퍼러리 아트 뮤지엄 모카
MOCA(The Museum of Contemporary Art)

LA에는 1940년대부터 현재에 이르는 컨템퍼러리 아트를 전시하는 미술관이 따로 있다. 회화·사진·설치미술·비디오 아트 등 다양한 매체를 아우르며, 소장품만 7000여 점에 달한다. 본관인 MOCA 그랜드, 별관인 MOCA 게펜으로 구분하여 지역 특색에 걸맞은 전시를 진행하니, 현대 미술에 관심이 있다면 기억해두자.

WEB moca.org

월트 디즈니 콘서트홀

시청 앞 광장

⑤ 클래식 예술의 전당
LA 뮤직 센터
LA Music Center

브로드 미술관을 관람했다면 길 건너편, 건축가 프랭크 게리가 설계한 월트 디즈니 콘서트홀로 발걸음을 옮겨 보자. 월트 디즈니의 부인 릴리안 디즈니가 5천만 달러를 기부해 지은 월트 디즈니 콘서트홀은 LA 필하모닉과 로저 와그너 합창단의 상주 공연장. 그 옆에 있는 LA 뮤직 센터는 아맨스 극장·마크 테이퍼 포럼·도로시 챈들러 파빌리온 등이 포진한 예술의 전당이다. 공연이 없는 낮에 일부러 여기까지 걸어오는 이유는 중앙 광장에서 정면으로 LA 시청이 보이기 때문. 여기서 우버를 타고 아트 디스트릭트로 이동해도 좋다. **MAP 308p**

ADD 135 N Grand Ave
WEB musiccenter.org
ACCESS 더 브로드에서 도보 5분

⑥ LA 시빅 센터와 분수 광장
로스앤젤레스 시청
Los Angeles City Hall

TV 시리즈 속 슈퍼맨이 근무했던 신문사 건물(Daily Planet Building)이 LA 시청이다. 높이 138m로 1928년 건축 당시에는 LA에서 가장 높은 빌딩이었다고. 27층에는 신분증을 제시하면 올라갈 수 있는 무료 전망대(Main St 출구 이용)가 있으며, 시청 앞 분수 광장 주변에는 관공서와 로스앤젤레스 대성당이 있다. 대성당의 정식 명칭은 천사들의 모후 대성당(Cathedral of Our Lady of the Angels). 어도비 하우스 색감으로 지은 건물은 프리츠커상을 받은 호세 라파엘 모네오가 설계했다. 유니언역 쪽으로는 노숙자 캠프가 있으니 주의하자. **MAP 308p**

ADD 200 N Spring St
OPEN 전망대 월~금요일 10:00~17:00(방문 전 개방 여부 확인)
WEB lacity.org
ACCESS 퍼싱 스퀘어에서 도보 20분

⑦ 교통의 중심지
유니언역 Union Station

앰트랙과 메트로 레일, 버스가 통과하는 LA 교통의 중심지. 1939년 문을 연 미국의 유서 깊은 철도역 건물로, 웅장한 중앙 홀의 대리석 바닥, 고풍스러운 샹들리에와 장식, 아름다운 정원이 잘 보존돼 있다. LAX 공항을 오가는 버스(Flyaway)와 그레이하운드 버스가 역 앞에 정차하는데, 주변 치안이 좋지 않으므로 심야 이용 시 안전에 유의하자. **MAP 308p**

ADD 800 N Alameda St
ACCESS 메트로 B·D·L라인 Union Station역 하차

⑧ LA 역사의 시작
엘 푸에블로 데 로스앤젤레스
El Pueblo de Los Angeles

1781년 9월 4일, 스페인 국왕 카를로스 3세의 명으로 멕시코 북서쪽에서 사막을 건너온 44명의 스페인 정착민이 최초의 마을(푸에블로)을 형성한 장소다. 1821~1848년에는 멕시코 영토였다가 1848년 미국령으로 편입됐고, 1953년 주립 역사공원으로 지정됐다. 엘 푸에블로 플라자를 중심으로 LA에서 가장 오래된 집 아빌라 어도비, 최초의 호텔 피코 하우스 등 27채의 옛 건물이 모여 있다. 5월 5일에는 멕시코 문화 거리인 올베라 스트리트를 따라 신코 데 마요(Cinco de Mayo; 1862년 프랑스와의 전쟁에서 멕시코가 이긴 것을 기념하는 축제)가 열린다. **MAP 308p**

ADD 845 Alameda St
WEB elpueblo.lacity.or
ACCESS 유니언역에서 도보 3분

아빌라 어도비

피코 하우스

다운타운 LA 맛집

아트 디스트릭트와 스모가스버그 덕분에 다운타운은 예전과 다르게 주말마다 활기로 가득하다.
고층빌딩 루프톱 vs 퍼싱 스퀘어 주변의 직장인 맛집, 당신의 취향은 어느 쪽?

폭신한 달걀 샌드위치
에그슬럿 Eggslut

우리나라까지 진출한 샌드위치 가게의
본점이 그랜드 센트럴 마켓에 있다. 스
크램블드에그를 넣은 페어팩스 샌드위
치, 오버미디엄을 넣은 베이컨 에그 치
즈 샌드위치가 인기 메뉴. 유리병에 든
감자 퓌레에 수란을 얹어주는 슬럿은
꽤 짭짤하다. 아침부터 웨이팅이 시작
되고 점심시간이 지나면 문을 닫는다.
MAP 308p

ADD 317 S Broadway
OPEN 08:00~14:00
MENU 페어팩스 샌드위치 $10
WEB eggslut.com

페어팩스 샌드위치

로맨틱한 루프톱 바
퍼치 Perch

다운타운 심장부의 멋진 전망이 내려다보이는 루프톱 레스토랑. 스탠딩으로
칵테일을 즐기는 16층과 15층의 레스토랑으로 나뉜다. 주말 브런치 타임에는
캘리포니아식 프렌치토스트와 멕시코식 달걀 요리 우에보스 란체로스 등을
맛볼 수 있다. LA 최고의 핫플레이스 중 한 곳이므로 예약 후 방문할 것. 라스
트 북스토어 서점과 가깝다. **MAP 308p**

ADD 448 Hill St
OPEN 16:00~01:00(주말 10:00~)
MENU 브런치 $17~25, 디너 4코스 $65
WEB perchla.com

아늑한 정원에서의 식사
레드버드 Redbird

19세기 성당 사제관으로 쓰였던 건물이 천장이 오픈된 세련된 레스토랑으로 재탄생했다. 멕시칸 칠라킬스, 프렌치 콩피, 싱가포르 카야토스트 같은 세계 각지의 레시피를 결합한 수준 높은 퓨전 아메리칸 퀴진을 선보인다. **MAP 308p**

ADD 114 E 2nd St
OPEN 브런치 주말 10:00~14:00, 디너 17:00~22:00/월요일 휴무/예약 권장
MENU 콩피 $26, 토스트 $18, 폭찹 $54
WEB redbird.la

LA 스타 셰프의 고메 마켓
보테가 루이 Bottega Louie

깔끔한 대형 매장은 디저트 섹션과 풀 서비스 바, 카페 및 레스토랑 섹션으로 나뉜다. 메인 메뉴는 이탈리안, 디저트류는 프렌치, 주말의 브런치 메뉴는 아메리칸 스타일이다. **MAP 308p**

ADD 700 S Grand Ave
OPEN 레스토랑 08:00~23:00(주말 09:00~), 카페 08:00~22:00
MENU $30~36, 파스타 $28~32
WEB bottegalouie.com

온통 까만 아이스크림
리틀 데미지 Little Damage

검정 아이스크림에 검정 와플 콘 조합으로 각종 미디어에서 화제를 부른 SNS 맛집. 유기농 목장의 로컬 식재료만 매일 소량 공급하는 것을 원칙으로 한다. **MAP 308p**

ADD 700 S Spring St
OPEN 15:00~22:00(금~일요일 12:00~)
MENU 한 스쿱 $8.5~10
WEB littledamage.com

100년 전통의 샌드위치
필립 디 오리지널 Philippe The Original

1908년부터 차이나타운 근처에서 푸짐한 고기 샌드위치를 만들어온 곳. 가게 주인이 실수로 육수에 빠드린 빵에서 아이디어를 얻은 프렌치딥 샌드위치가 대표 메뉴. 프렌치롤 한쪽만 육수에 적시는 싱글딥과 양쪽을 적시는 더블딥 중 하나를 선택한 다음 속 재료를 고른다. 이외에도 달걀 요리와 프렌치토스트, 수프 등 미국식 메뉴를 다양하게 맛볼 수 있다. **MAP 308p**

ADD 1001 N Alameda St
OPEN 06:00~22:00
MENU 파스트라미딥 $15.5, 포크딥 $14
WEB philippes.com

과거와 현재가 만나는 곳
아트 디스트릭트
Art District

최근 몇 년간 LA에서 가장 빠르게 변화한 지역이 있다면 아트 디스트릭트일 것이다. 20세기 초 공장, 창고, 철도 기지로 쓰다가 버려지다시피 했던 동네가 완벽하게 변신에 성공했다. 일요일마다 열리는 푸드트럭 축제 스모가스버그, 목요일 저녁의 아트 워크가 대표적인 볼거리고, 복합 쇼핑몰 로 DTLA를 비롯해 3번가와 트랙션 애비뉴, 마테오 스트리트, 산타페 애비뉴를 중심으로 의류 및 향수 부티크, 펍, 레스토랑, 갤러리가 수도 없이 생겨났다. 각종 미디어를 장식하는 LA 대표 그라피티 벽화와 재생 건축도 만나볼 수 있다.

주의 퍼싱 스퀘어가 있는 히스토릭 다운타운과 아트 디스트릭트 사이는 슬럼화된 지역이므로, LA 방문이 처음이라면 걷지 말고 우버로 목적지까지 이동하자. 지도에 표시된 장소들은 도보로 충분히 다닐만한 거리지만, 한적한 골목으로 들어가거나 늦은 시간에 걸어 다니는 것은 피해야 한다.

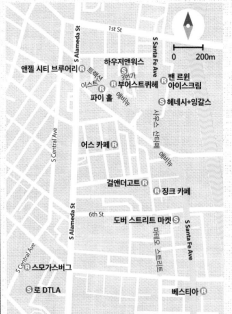

LA 힙스터가
사랑하는

**아트 디스트릭트
맛집**

즐거운 푸드트럭 축제
스모가스버그 Smorgasburg

매주 일요일, 사람들의 웃음소리와 원색의 천막이 옛 공장부지의 삭막함을 완전히 지워버리는 축제의 장. 여러 차례 미디어에 소개되면서 LA의 대표 축제로 유명해졌다. 그릴에서 바로 구워주는 랍스터다무스(Lobsterdamus)는 수년째 식지 않는 인기를 자랑하는 터줏대감. 그 밖에도 다채로운 토핑을 얹은 아이스크림, 붕어빵과 바비큐, 타코와 한국 스낵 등 LA 대표 맛집을 꿈꾸는 수많은 푸드트럭이 줄지어 늘어선다. 입장료는 따로 없다.

ADD ROW DTLA 안뜰
OPEN 일요일 10:00~16:00
MENU 메뉴당 $10~20
WEB smorgasburg.com

맥주 매니아라면 여기
앤젤 시티 브루어리 Angel City Brewery

전통 수제방식을 표방하는 LA 대표 양조장. 오크통, 둔탁한 테이블, 피아노, 간이 게임기 등으로 꾸며진 인테리어가 분위기를 더한다. 보편적인 라거는 물론 마릴린 블론드(Marilyn Blonde), 캘리포니아 커먼(California Common) 등 특색있는 맥주도 맛볼 수 있다. 브루어리 앞에는 푸드트럭이 찾아와 안주를 판다. 예능 프로그램 <현지에서 먹힐까>의 푸드트럭도 그중의 하나였다.

ADD 216 Alameda St
OPEN 16:00~23:00(금요일 ~02:00, 토요일 12:00~02:00, 일요일 12:00~23:00)
WEB angelcitybrewery.com

이색 소시지 전문점
부어스트퀴헤
Wurstküche

독일어로 'Wurst 소시지 + Küche 부엌'이라는 뜻의 이름을 가진 독일식 소시지 전문점. 브라트부어스트(돼지고기), 복부어스트(송아지·돼지고기) 같은 클래식 메뉴에 더해 토끼·버팔로·방울뱀·비둘기 등 다양한 재료를 활용한 소시지와 핫도그가 있다. 아트 디스트릭트의 꽤 오랜 터줏대감으로, 우리나라에는 예능 프로그램 <짠내 투어 미국편>에 등장해서 이름을 알렸다.

ADD 800 E 3rd St
OPEN 11:30~24:00
MENU 소시지 1개 $10~12.5
WEB wurstkuche.com

비법 레시피로 만드는
파이 홀
The Pie Hole

아트 디스트릭트의 작은 파이집에서 시작해 캘리포니아의 여러 명소와 도쿄까지 진출한 파이와 커피 전문점. 집안 대대로 내려오는 레시피의 얼그레이 티 파이와 셰퍼드 파이가 대표 메뉴. 체리·초콜릿 크림 등 10가지의 파이는 추수감사절이나 명절용 홀파이 주문도 받지만, 평소엔 조각 파이로 판매해 가볍게 맛보기 좋다.

ADD 714 Traction Ave
OPEN 2025년 2월 현재 휴업 중
MENU 파이 1조각 $9
WEB thepieholela.com

담백한 아이스크림 한 스쿱!
밴 르윈 아이스크림
Van Leeuwen Ice Cream

아이스크림 트럭으로 뉴욕을 누비면서 인기를 끌어온 밴 르윈이 미국 서부에도 진출했다. 핫플이 많은 곳이라면 어김없이 눈에 띄는 가게로, 우유·크림·설탕·달걀노른자 등 재료는 전부 유기농만 사용한다. 그윽한 홍차 향이 풍기는 얼그레이, 달콤한 꿀이 들어간 허니콤브가 특히 맛있다.

ADD 300 S Santa Fe Ave
OPEN 13:00~24:00
MENU 아이스크림 $7~10
WEB vanleeuwenicecream.com

화원 속 테이블
걸앤더고트 Girl & The Goat

2021년 시카고에서 온 인기 맛집. 글로벌 레시피를 접목한 모던 아메리칸 퀴진을 선보이는데, 분위기 좋기로 유명하다. 커다란 창과 벽돌, 화분들로 예쁜 화원을 연상시킨다.

ADD 555-3 Mateo St   **OPEN** 17:00~21:30
MENU 포케 $28, 스테이크 $39   **WEB** girlandthegoat.com

아트 디스트릭트의

세련된 쇼핑 스폿

아트 디스트릭트의 혁신

로 DTLA ROW DTLA

1920년대에 사용된 약 12만m²의 물류창고 부지에 만들어진 대단지 복합 문화공간. 아트 디스트릭트의 변화를 견인한 일등 공신이다. 스모가스버그를 통해 사람들을 다운타운으로 불러 모았고, 편집숍, 카페, 갤러리, 스타트업 기업의 사무실이 꾸준히 들어서면서 LA 명소로 완벽하게 자리 잡았다. 대형 주차타워를 갖춰서 아트 디스트릭트를 방문할 때 여러모로 편리하다.

ADD 777 Alameda St **OPEN** 10:00~22:00 **WEB** rowdtla.com

컨템퍼러리 갤러리

하우저앤워스
Hauser & Wirth

2016년 오픈한 국제적인 컨템퍼러리 모던아트 갤러리. 100년 전 제분소로 쓰던 건물을 지역 분위기에 맞춰 개조했다. 미술관 내부의 야외 레스토랑인 마누엘라(Manuela)가 브런치 맛집으로 사랑받으며, 아트 서적을 갖춘 서점 아트북(ARTBOOK) 역시 인기다.

ADD 901 E 3rd St
OPEN 11:00~18:00/월요일 휴무
WEB hauserwirth.com

아트북 전문 서점

헤네시+잉갈스
Hennessey+Ingalls

서던 캘리포니아 건축연구소(싸이아크 SCI-Arc), USC Roski 디자인 대학원 등 아트스쿨과 갤러리로 둘러싸인 지역답게 예술·디자인·사진·건축·인테리어 서적을 집대성한 전문 서점이다.

ADD 300 S Santa Fe Ave M
OPEN 11:00~19:00
WEB hennesseyingalls.com

패셔너블한 편집숍

도버 스트리트 마켓
Dover Street Market LA

꼼데가르송의 디자이너 레이 카와구보가 런던에 처음 오픈한 글로벌 편집숍. 2018년 LA에도 문을 열었다. 럭셔리 고급 브랜드 공방부터 신진 디자이너의 핫한 스트리트웨어까지 두루두루 엿볼 수 있다.

ADD 608 Imperial St
OPEN 11:00~18:00(일요일 12:00~)
WEB losangeles.doverstreetmarket.com

원하는 곳만 골라서 가볼까?
다운타운 외곽 & 코리아타운
Outer Downtown & Korea Town

특별한 공연이나 경기가 있거나 한국 음식이 그리운 날, LA 근교 도시의 일상이 궁금할 때 가볼 만한 장소들이 있다. 주요 관광지와는 거리가 있지만, 메트로 레일을 이용해 방문 가능하다는 것이 장점. 특히 코리아타운(K-타운)은 다운타운과 할리우드의 중간 지점에 있고, 한국 여행자를 위한 편의시설이 많아서 숙박지로도 인기다.

엑스포지션 파크

 장미의 공원
엑스포지션 파크 Exposition Park

1872년 농업 공원으로 설립되었다가 1910년대 엑스포지션 파크로 명명되었다. 정원에는 200종 이상의 장미 2만여 그루가 자라며, 3개의 박물관(캘리포니아 아프리칸 아메리칸 박물관, 캘리포니아 사이언스 센터, LA 카운티 자연사박물관)과 LA 메모리얼 콜리세움, 뱅크 오브 캘리포니아 스타디움을 포함한다. 일몰 이후 방문은 피하자. **MAP 275p**

ADD 700 Exposition Blvd
OPEN 06:00~22:00
WEB expositionpark.org
ACCESS 메트로 E라인 Expo Park/USC역

(Spot 1) ## 캘리포니아 사이언스 센터
California Science Center

우주선 인데버호를 전시 중이며, IMAX 상영관에서 다양한 주제의 영상을 상영한다. 공중 자전거 타기, 암벽등반 등 체험형 전시관이 인기.

ADD 700 Exposition Park Dr
OPEN 10:00~17:00
PRICE 상설전 무료
WEB california sciencecenter.org

Spot 2 LA 카운티 자연사 박물관
Natural History Museum of Los Angeles Country

1913년 개관한 미국 서부 최대 규모의 자연사 박물관이다. 45억 년 지구의 역사를 아우르는 3500만 종의 동식물과 광물 등 방대한 전시물을 자랑한다. 박물관 내 연구실에서는 공룡 화석 복원 작업 현장이 공개되기도 한다. 자연사 외에도 캘리포니아 골드러시의 역사 기록이 충실히 정리돼 있으며 영화 <바람과 함께 사라지다>에서 비비안 리가 입었던 드레스 등 흥미로운 볼거리도 많다.

ADD 900 Exposition Blvd   **OPEN** 09:30~17:00/매월 첫째 화요일 휴무
PRICE 성인 $18, 학생 $14, 어린이 $7/예약 권장   **WEB** nhm.org

<바람과 함께 사라지다>
드레스

2 생동감 넘치는 문화 복합 단지
LA 라이브 LA Live

LA의 다양한 스포츠 이벤트와 엔터테인먼트, TV 및 라디오 스튜디오가 모인 복합 문화 단지. 프라임타임 에미상, 아메리칸 뮤직 어워드 같은 시상식이 열리는 피콕 극장, 크립토닷컴 아레나, LA 컨벤션 센터가 주요 건물이다. 크립토닷컴 아레나는 272p 참고. **MAP 275p**

Spot 1 미국 음악사의 한 장면
그래미 박물관 Grammy Museum

그래미 50주년을 기념하며 2008년 오픈한 박물관. 총 4층 규모에 그래미의 역사는 물론 힙합·록·재즈·오페라 등 장르별로 방문객이 참여할 수 있는 양방향 전시와 체험 부스, 영상 자료 등이 알차게 구성돼 있다. 마이클 잭슨이 뮤직비디오에서 입었던 재킷, 페도라, 장갑부터 수많은 스타가 사용한 소품도 볼 수 있어 음악 팬이라면 꼭 가봐야 할 곳이다.

ADD 800 W Olympic Blvd
OPEN 11:00~17:00(토요일 10:00~ 18:00)/화요일 휴무
PRICE $22.5   **ACCESS** 메트로 A·E라인 Pico역
WEB grammymuseum.org

Spot 2 프라임타임 에미상의 무대
피콕 극장 Peacock Theater

원래 마이크로소프트 극장으로 불리던 곳. 약 7100석 규모로 프라임타임 에미상, 아메리칸 뮤직 어워드 등 각종 시상식이 개최된다. 2007년 그룹 이글스의 공연과 함께 개장한 이래 <헝거 게임>, <트와일라잇> 같은 인기 영화의 프리미어 상영으로 해마다 수많은 미디어의 조명을 받는다. 닐 영, 존 레전드, 카니예 웨스트 등 세계적인 스타들의 공연도 이곳에서 펼쳐진다.

ADD 777 Chick Hearn Ct   **WEB** peacocktheater.com

로즈볼

③ 칼텍과 헌팅턴 도서관이 있는
패서디나 Pasadena

샌가브리엘산맥 아래, 당일치기로 방문하기 좋은 아름다운 소도시다. 콜로라도 대로(Colorado Blvd)와 페어 오크스 애비뉴(Fair Oaks Ave)가 만나는 지점이 올드 패서디나의 번화가이며, 동쪽으로 걷다 보면 영화 <미션 임파서블>에 등장했던 시청사의 붉은 돔이 보인다. 브룩사이드 공원 한가운데에 위치한 로즈 볼 스타디움에서는 매년 1월 1일 로즈 볼 대학 풋볼 경기가 열리고, 전국에서 10만 명 이상의 관중이 몰린다. 미드 <빅뱅 이론>의 실제 무대인 칼텍 대학 정보는 088p 참고. **MAP 275p**

ADD 23 E Colorado Blvd, Pasadena
WEB visitpasadena.com
ACCESS LA 다운타운에서 20km/메트로 레일 골드라인 Memorial Park역 또는 Del Mar역 하차

Spot 1 헌팅턴 도서관
Huntington Library

1919년 철도 재벌 헨리 E 헌팅턴이 샌마리노 지역을 개발하면서 도서관, 미술관, 정원을 조성한 대형 복합문화단지. 양피지에 인쇄된 구텐베르크 성서, <캔터베리 이야기> 15세기 필사본, 링컨 대통령의 편지 등 중세부터 현대에 이르는 문학·역사·과학·의학 분야에 걸친 42만 권의 희귀본과 700만 건 이상의 원고를 소장한다. 16개 테마로 조성된 정원이 하이라이트.

ADD 1151 Oxford Rd, San Marino **OPEN** 10:00~17:00/화요일 휴무
PRICE $29(금~일요일 예약 필수)/매월 첫째 목요일 무료(예약 필수)
WEB huntington.org **ACCESS** 올드 패서디나에서 5km

Spot 2 노턴 사이먼 미술관
Norton Simon Museum

르네상스 시대부터 20세기의 회화 및 조각 작품을 소장한 미술관. 에드가 드가의 컬렉션이 특히 돋보이며, 로댕과 헨리 무어의 작품으로 야외 조각 공원을 조성했다.

ADD 411 W Colorado Blvd, Pasadena
OPEN 12:00~17:00(금·토요일 ~19:00)/화·수요일 휴무
PRICE $20
WEB nortonsimon.org
ACCESS 올드 패서디나에서 도보 10분

미국 속의 한국
④ 코리아타운 Korea Town

LA의 한인 타운은 1960년대에 본격적으로 발달하기 시작하여 미국 내에서 가장 큰 한인 커뮤니티를 형성했다. 공식 'KOREA TOWN' 입간판은 1981년 올림픽 대로/버몬트 거리에 세워졌으며, 주 LA 대한민국 총영사관도 이 부근에 있다. LA시에서는 초대 이민자 도산 안창호 선생의 업적을 기려 코리아타운의 우체국을 '도산 안창호 우체국'으로, CA-10/CA-110 도로 교차로를 '도산 안창호 인터체인지'로 명명하기도 했다. 매년 9~10월 한인 축제(LA Korean Festival) 기간에는 공연과 먹거리 장터 등 대규모 축제가 열린다. **MAP 275p**

도산 안창호 우체국

Dosan Ahn Chang Ho Square

ADD Wilshire Blvd & Vermont Ave
ACCESS 다운타운 서쪽, 메트로 레일 퍼플라인 Wilshire-Vermont역 하차

+MORE+

LA 총영사관도 K-타운에!

여행 중 여권 및 비자 문제나 긴급 상황이 발생하면 LA 총영사관에 문의하면 된다. **MAP 275p**

ADD 3243 Wilshire Blvd
OPEN 09:00~16:00/주말 휴무
TEL 업무시간 213-385-9300, 업무시간 외 213-700-1147
WEB usa-losangeles.mofa.go.kr
ACCESS 다운타운 서쪽, 메트로 B·D라인 Wilshire-Vermont역 하차

여행 전 든든하게, 한인 마트 방문하기

올림픽 대로와 윌셔 대로를 중심으로 한식 레스토랑, 병원, 미용실 등 다양한 상업시설이 모여 있다. 웬만한 한국산 제품과 식재료는 대형 한인 마트에서 구매 가능하다. 김밥과 떡볶이를 파는 푸드코트와 밥솥, 전기장판까지 없는 것이 없는 한국인의 필수 코스.

마당몰 MaDang Courtyard
ADD 621 S Western Ave **OPEN** 08:00~23:00

갤러리아 마켓
Galleria Market
ADD 3250 W Olympic Blvd
OPEN 07:00~21:45

가주 마켓 California Market
ADD 450 S Western Ave #1
OPEN 07:00~24:00

한국인이라면 안 갈 수 없지!
K-타운 맛집

K팝의 인기에 힘입은 K-푸드 열풍은 LA에서도 예외가 아니다.
반가운 한국 음식으로 맛있는 식사를 하고,
본격적인 서부 여행을 떠나기 전 한인 마트에서 갖가지 식재료도 구매하자.

한국에 역수출된 순두부 맛집
북창동 순두부
BCD Tofu House

1986년 오픈해 한국에 역수출된 한식 레스토랑. 미국에만 12개 지점을 둘 정도로 현지인에게도 사랑받는다. 순두부찌개 단품 또는 갈비, 생선구이가 함께 나오는 정식 메뉴가 있으며, 다양한 반찬과 누룽지가 푸짐하게 곁들여진다. 2인 방문 시 정식 1개와 단품 1개를 주문하면 합리적이다.

ADD 3575 Wilshire Blvd
OPEN 07:00~03:00
WEB bcdtofu.com

무한리필 BBQ 맛집
해장촌
Hae Jang Chon Korean BBQ

오랫동안 자리를 지켜온 AYCE(All you can eat) 코리안 BBQ 전문점. USDA 초이스 갈비, 프라임 스테이크 등 20여 가지 육류, 해산물에 김치볶음밥, 샐러드, 계란찜, 된장국도 제공한다. 식사시간은 2시간이며, 2인 이상 주문 가능.

ADD 3821 W 6th St
OPEN 11:00~24:00/일요일 휴무
WEB haejangchon.com

봉준호 감독도 다녀간
소반
Soban

LA 타임즈와 미슐랭 가이드가 추천한 맛집. 메로와 비슷한 은대구 조림이 대표 메뉴. 봉준호 감독과 윤여정 배우가 오스카 시상식 후 식사를 한 장소로 더 유명해졌다.

ADD 4001 W Olympic Blvd
OPEN 11:00~20:30/화요일 휴무
WEB sobanla.com

고기는 여행의 에너지

웨스턴 선농단

Sun Nong Dan Western Ave.

설렁탕과 함께 국밥, 수육, 우거지
갈비탕이 인기인 힌식 레스토랑.
고기를 주재료로 사용하는 미국식
한식은 언제나 높은 퀄리티를 자
랑한다. 국립공원으로 출발하기 전
뜨끈한 설렁탕 한 그릇으로 에너지
를 충전하자.

ADD 710 S Western Ave
OPEN 24시간
WEB sunnongdan.net

루이지애나 스타일 시푸드

보일링 크랩 The Boiling Crab

우리 입맛에 아주 잘 맞는 미국식 해물찜을 맛볼 수 있다. 매콤하게 양념한
던지니스 크랩·킹크랩·랍스터·새우·홍합 등을 무게 단위로 주문하고, 각각
의 재료에 사용할 양념과 맵기를 선택할 수 있다. 생각보다 훨씬 맵고 짜기
때문에 마일드 또는 미디엄이 적당하고, 소스는 오리지널 케이준과 갈릭
소스를 추천. 인기 사이드 메뉴인 옥수수를 비롯해 검보(루이지애나식 스튜),
소시지, 감자, 핫윙도 추가할 수 있다. 해산물은 시가로 판매하며, 1lb(약
450g) 혹은 1/2lb 단위로 주문 가능하다.

ADD 3377 Wilshire Blvd #115
OPEN 15:00~22:00(주말 12:00~)
WEB theboilingcrab.com

오랜 전통을 자랑하는

테일러스 스테이크 하우스 Taylor's Steak House

1953년 개점 이래 매년 LA 지역 Top 5 레스토랑으로 선정되는 정통 스테
이크 하우스. 스테이크 외에 피시앤칩스, 랍스터, 새우 등 해산물 메뉴도 판
매한다. 런치 타임에는 할인 메뉴를 고를 수 있고, 요일별로 특별 메뉴가 있
다. 실내는 어둡고 조용한 분위기다.

ADD 3361 W 8th St
OPEN 16:00~22:00/월요일 휴무
MENU 스테이크 $39~45
WEB taylorssteakhouse.com

로스앤젤레스 근교 여행

도심에서 30분~1시간가량 떨어진 해변 도시는 LA의 대표적인 근교 여행지다. 당일치기로 다녀올 만한 장소는 메트로 레일이 연결된 산타모니카(E라인), 레돈도(리돈도) 비치(C라인), 롱비치(A라인)이고, 풍경이 더 좋은 오렌지 카운티의 해변은 하루 이상의 일정으로 방문해야 여유롭다. 그 밖에도 LA와 샌디에이고 중간 지점에 있는 디즈니랜드, 식스 플래그 매직 마운틴, 시월드 등 다양한 놀이공원의 인기가 높다. 캘리포니아 내륙을 체험하고 싶다면 조슈아 트리 국립공원을 다녀오거나 데스밸리 국립공원으로 본격적인 자동차 여행을 떠나보자.

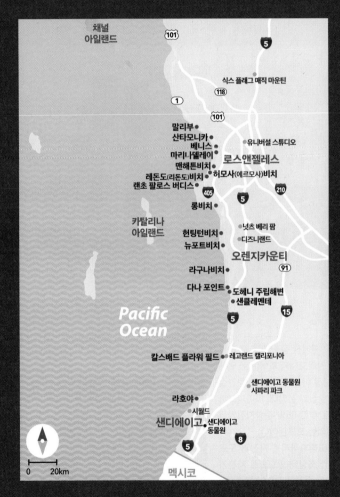

LA 해변

■ LA 3대 해변
산타모니카 328p
베니스 330p
마리나델레이 334p

■ 고급 휴양지 분위기 해변
말리부 335p
맨해튼비치 336p
허모사(에르모사)비치 337p
라구나비치 342p
카탈리나 아일랜드 341p

■ 고래 투어로 유명한 항구도시
롱비치 339p
뉴포트비치 340p
다나 포인트 340p
채널 아일랜드 340p

■ 드라이브 코스 & 관광 명소
허모사(에르모사)비치 337p
랜초 팔로스 버디스 338p
샌클레멘테 343p
레돈도(리돈도)비치 337p

■ 서핑하기 좋은 해변
헌팅턴비치 341p
말리부 라군 주립해변 335p

서던 캘리포니아 테마파크

유니버설 스튜디오 080p
디즈니랜드 캘리포니아 084p
레고랜드 캘리포니아 344p
식스 플래그 매직 마운틴 345p

넛츠 베리 팜 345p
시월드 346p
샌디에이고 동물원 사파리 파크 347p

샌디에이고와 근교 국립공원

샌디에이고 348p
조슈아 트리 국립공원 & 팜스프링스 366p
데스밸리 국립공원 372p
LA 근교 아웃렛(시타델, 온타리오 밀스) 074p

캘리포니아의 야자수와 노을!
LA 해변 도시 LA Beach Cities

LA에서 샌디에이고까지 해안선을 따라 계속되는 소도시와 마을은 저마다 특색과 분위기가 다르다. 사계절 인파로 북적이는 LA의 대표 해변을 보려면 산타모니카와 베니스 해변을, 수영하기 좋은 휴양지 느낌의 깔끔한 해변을 찾는다면 말리부, 맨해튼비치, 라구나비치를 추천. <라라랜드> 촬영지인 허모사(에르모사)비치와 <인셉션> 촬영지인 랜초 팔로스버디스는 롱비치와 묶어서 당일치기가 가능한 드라이브 코스다.

① 바다 위 테마파크
산타모니카 Santa Monica

LA 해변 중에서 가장 즐길거리가 많고 활기찬 장소. 메트로 레일 종점에서 해변으로 10분만 걸어가면 산타모니카 피어(Pier) 위에 서게 되는데, 주말에는 그 혼잡도가 상상 이상이다. 1909년 건설된 거대한 목재 부두 위에 여러 곳의 맛집과 전망대, 테마파크까지 빼곡하게 들어섰다. 대륙횡단 도로 루트 66의 종착지점임을 알리는 이정표는 줄 서서 인증샷을 남기는 포토존이다.
산타모니카에서 35km 남쪽의 레돈도비치까지는 자전거 도로 스트랜드(The Strand)가 해안선을 따라 조성돼 있으므로 자전거를 빌려 베니스 해변까지 다녀오는 것도 즐거운 경험이 될 것. 경사가 거의 없어 경치를 만끽하며 여유롭게 라이딩을 즐길 수 있다. MAP 329p

ADD 200 Santa Monica Pier, Santa Monica, CA 90401
OPEN 24시간(일부 구간 통제) PRICE 무료 WEB santamonicapier.org
ACCESS LA에서 24km(자동차 30~40분)/메트로 E라인 Downtown Santa Monica역(종점)에서 도보 10분

자전거도로 스트랜드
써드 스트리트
루트 66의 종착지점

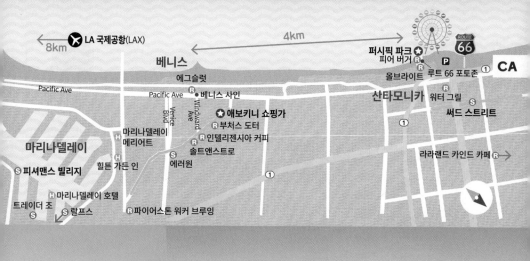

+MORE+

산타모니카에 주차하기

해변 바로 앞의 대형 주차장은 입구 매표소에서 요금을 받는다. 산타모니카의 메인 쇼핑가인 써드 스트리트 프로미네이드 쪽 백화점이나 공영 주차 빌딩을 이용하면 거리가 먼 대신 주차료가 저렴하다.

❶ 해변주차장 Santa Monica Beach Parking
ADD 1550 Appian Way, Santa Monica, CA 90401
PRICE $15(현금)/11~3월 $7(주말 $10)

❷ 공영주차장 Parking Structure **1~8번**
ADD 1431 2nd St, Santa Monica, CA 90401
PRICE 2시간 무료, 2시간부터 $2~20(주말 ~$25)

퍼시픽 파크
Pacific Park

낡은 롤러코스터가 덜컹대며 정점에서 내리꽂히는 순간, 공중에 흩날리는 웃음소리와 즐거운 비명! 산타모니카를 상징하는 옛 놀이공원의 규모는 최신 테마파크에 비할 바가 못 되지만, 경치만큼은 단연 최고다. 광활한 LA의 해변을 한눈에 담고 싶다면 대관람차 퍼시픽 휠(Pacific Wheel)을 탑승해보자. 입구는 개방돼 있으며, 12개의 놀이기구 개별 탑승권만 매표소에서 구매하면 된다.

ADD 380 Santa Monica Pier
OPEN 11:00~22:00(시즌별 변동, 홈페이지 확인)
PRICE 무료입장, 놀이기구 개당 $8~20, 자유이용권 $50
WEB pacpark.com

② 베니스 Venice
힙한 해변과 인공운하

베니스를 상징하는 'V' 조형물 앞이 베니스 해변의 중심. 산타모니카가 관광객을 위한 장소라면, 이곳은 스포츠 마니아의 성지라고 할 수 있다. 아놀드 슈왈제네거의 훈련 장소였다는 머슬 해변(Muscle Beach)에는 보디빌더들이, 스케이트파크에는 묘기를 뽐내는 보더와 롤러스케이터로 가득하다. 보드워크를 따라 늘어선 해변의 카페와 기념품점 외벽마다 그려진 컬러풀한 그라피티도 관광 포인트. 노을 명소인 해변은 저녁까지 붐비지만, 심야에는 안전에 유의해야 한다. **MAP 329p**

ADD 1800 Ocean Front Walk, Venice, CA 90291
OPEN 24시간　**WEB** laparks.org/venice
ACCESS 산타모니카에서 4km/버스 1번·33번 Main/Venice 하차

베니스 해변 입구의 포토존 '베니스 사인'

애보키니 쇼핑가
Abbot Kinney Boulevard

베니스를 방문해야 할 진짜 이유!
걷기 좋은 베니스의 쇼핑가는 LA
에서도 손꼽히는 명소다. 블루보
틀, 인텔리젠시아, 차차 맛차 등 미
국 대표 카페가 다 들어와 있고, 유
행을 이끄는 의류와 화장품 부티크
도 이곳에 플래그십 매장을 연다.
해변에서 찾아갈 때는 베니스 사인
(Venice Sign)이 걸린 윈워드 애비뉴
(Winward Ave)에서 도보 15분 거리.
거리 주차는 2시간까지만 가능하
므로 한 블록 안쪽에 있는 공영 주
차장 이용을 추천한다.

ADD 주차장 입구 Santa Clara Ave &
S Irving Tabor Ct
WEB abbotkinneyblvd.com

애보키니 쇼핑가의 부티크 매장들

머슬 해변

베니스 해변의 스케이트 파크

저녁에는 즐거움이 두 배!
산타모니카 해변 맛집

떠들썩한 버거조인트

Point 1 피어 버거 Pier Burger

루트 66 종착지 표지판 옆, 커다란 간판이 눈에 띄는 버거 맛집. 아침부터 저녁 늦게까지 산타모니카를 찾는 사람들에게 맛있는 버거를 만들어준다. 전형적인 미국식 버거 가게 스타일의 인테리어도 볼거리다.

ADD 330 Santa Monica Pier
OPEN 09:00~22:00(금~일요일 08:00~)
MENU 피어 버거 $8.5, 치즈독 $7.5
WEB pierburger.com

캐주얼한 시푸드 맛집

Point 2 올브라이트 The Albright

산타모니카 피어 위 시푸드 맛집. 카운터에서 주문하고 직접 픽업하는 방식이라서 팁이 필요 없다. 따끈한 수프와 피시앤칩스 같은 간단한 메뉴부터 크랩까지, 푸짐하고 맛있는 해산물을 판매한다. 테라스를 포함해 좌석도 넉넉한 편.

ADD 258 Santa Monica Pier　**OPEN** 11:30~20:00(토·일요일 11:00~)　**MENU** 칼라마리 튀김 $15.5, 피시앤칩스 $17.5, 랍스터롤 $24　**WEB** thealbright.com

바닷가 전망 레스토랑

Point 3 워터 그릴 Water Grill

야자수가 보이는 전망 좋은 자리에서 1987년부터 영업해온 레스토랑. 종류별 굴과 생선, 갑각류 등 해산물이 주력 메뉴지만, 캘리포니아롤이나 버거도 있다. 공간이 넉넉한 대형 레스토랑이라 여러 명이 방문하기에 좋다.

ADD 1401 Ocean Ave　**OPEN** 11:00~22:00
MENU 캘리포니아롤 $18~33, 피시앤칩스 $35
WEB watergrill.com

인기 급상승 중!

Point 4 라라랜드 카인드 카페
La La Land Kind Cafe

산뜻한 노란색과 꿈을 상징하는 '라라랜드'라는 이름이 잘 어울려 LA 인증샷 명소로 떠오른 곳. 선한 영향력을 강조하는 문구를 매장 곳곳에서 볼 수 있다. 에스프레소 또는 말차라테 위에 하얀 거품을 얹어주는 라라 라테(la la latte), 알록달록한 색상의 버터플라이 라테나 라벤더 블룸 라테가 인기 메뉴다. 산타모니카에 이어 더 그로브에도 문을 열었다.

ADD 1426 Montana Ave #1　**OPEN** 06:30~19:00
MENU 라테(La La Latte) $6~7　**WEB** lalalandkindcafe.com

Point 1 미국 3대 스페셜티 커피
인텔리젠시아 커피
Intelligentsia Coffee

항상 붐비는 애보키니의 대표 카페. 벽화가 그려진 좁은 입구로 들어가면 카페 내부가 나온다. 미국 3대 스페셜티 커피 전문점인 만큼 원두나 기념품의 인기가 높다. 매장 뒷문이 공영 주차장과 연결된다.

ADD 1331 Abbot Kinney Blvd
OPEN 06:00~18:00 **MENU** 라테 $7
WEB intelligentsia.com

Point 2 미국인이 사랑하는 아이스크림
솔트앤스트로
Salt & Straw

줄 서서 먹는 애보키니 코너의 아이스크림 맛집. 우유가 듬뿍 들어간 진하고 달콤한 아이스크림으로 미국인의 입맛을 사로잡은 유명 체인점이다.

ADD 1357 Abbot Kinney Blvd
OPEN 11:00~23:00
MENU 싱글 스쿱 $7.5
WEB saltandstraw.com

Point 3 베니스에도 있어요!
에그슬럿 Eggslut

그랜드 센트럴 마켓의 유명 맛집 에그슬럿이 베니스에도 있다. 스크램블드 에그가 든 페어팩스 샌드위치가 시그니처 메뉴. 철판 가득 달걀과 베이컨을 굽고 있다가 주문 즉시 만들어준다. 매장 안에 테이블이 있지만, 테이크아웃 후 해변에서 먹어도 별미다.

ADD 1611 Pacific Ave **OPEN** 08:00~14:00
MENU 페어팩스 샌드위치 $10 **WEB** eggslut.com

Point 4 임파서블 버거가 궁금하다면
부처스 도터 The Butcher's Daughter

캘리포니아의 신선한 재료를 듬뿍 넣은 샐러드와 대체육 채식 메뉴로 유명한 비건 레스토랑. 주말 브런치 장소로 인기가 높다.

ADD 1205 Abbot Kinney Blvd **OPEN** 08:00~21:00(금·토요일 ~22:00)
MENU 아보카도 토스트 $18, 임파서블 버거 $23
WEB thebutchersdaughter.com

③ 세계 최대의 요트 항구
마리나델레이 Marina Del Rey

스페인어로 '왕의 바다'라는 뜻의 마리나델레이는 6000척이
넘는 요트와 보트가 정박한 세계 최대의 인공 항구다. 입구에
쌓아 올린 방파제 덕분에 패들링 보드와 카약을 즐기기에 안
성맞춤이고, 아이들이 수영하기 좋은 인공 해변도 조성돼 있
다. 뉴잉글랜드 어촌 마을 스타일로 꾸민 메인 쇼핑가, 피셔
맨스 빌리지에는 항구가 내다보이는 전망 좋은 레스토랑이
많다. **MAP 329p**

ADD 13755 Fiji Way, Marina Del Rey, CA 90292
WEB visitmarinadelrey.com
ACCESS LA에서 26km(자동차 30분)/로스앤젤레스 국제공항에서 10km
(자동차 15분)

피셔맨스 빌리지의 등대 / 마더스 비치(Mothers Beach)

+MORE+
마리나델레이 편의시설

선착장 주변을 둘러싼 어드미럴티 웨이를 따
라 깔끔한 호텔과 대형 마트 등의 편의시설이
모여 있다. 로스앤젤레스 국제공항과 가깝고
치안이 좋은 지역이라서 LA 여행 첫날 또는
마지막 날 숙소로 적당한 위치다.

■호텔
마리나델레이 메리어트 Marina del Rey Marriott
ADD 4100 Admiralty Way
힐튼 가든 인 Hilton Garden Inn Los Angeles
ADD 4200 Admiralty Way
마리나델레이 호텔 Marina Del Rey Hotel
ADD 13534 Bali Way

■마트
랄프스 Ralphs
ADD 4700 Admiralty Way
트레이더 조 Trader Joe's
ADD 4675 Admiralty Way

④ 셀러브리티의 해변
말리부 Malibu

LA 북서쪽, 태평양 연안 51km의 해변에 걸친 휴양도시 말리부는 해변이 내려다보이는 절벽 위에는 할리우드 셀러브리티 소유의 프라이빗한 별장이 많기로 유명하다. 2025년 초 지역 전체가 대형 산불로 큰 피해를 당하면서, 게티 빌라(271p) 미술관이 잠정 폐쇄되는 아픔을 겪었다.

말리부를 상징하는 긴 나무 부두는 그대로 남아 있으며, 모래톱으로 둘러싸여 물살이 잔잔한 말리부 라군 주립해변, 곶 지형의 해안 절벽 아래 포인트 듐 주립해변, 하절기 안전 요원이 근무하는 주마 해변(Zuma Beach) 등 서핑과 수영하기 좋은 해변도 그대로다. 말리부 빌리지 몰(Malibu Village Mall) 일대의 쇼핑센터와 레스토랑 또한 정상 영업 중이다. 다만, 전반적인 복구 공사가 진행 중이며, 산타모니카와 말리부를 연결하는 캘리포니아 1번 도로 역시 구간 통제 중이다. 방문 전 구글 맵에서 도로 현황을 확인하고 101번 도로를 이용해 우회해야 한다. **MAP 327p**

ADD Malibu Lagoon State Beach, California 90265
PRICE 주립공원 차량 1대 1일 $12/3시간 $9, 그 외 해변은 무료
ACCESS 산타모니카에서 30km(자동차 30분)

말리부 피어 Malibu Pier

말리부 라군의 시원시원한 파도를 감상하는 전망 포인트. 부두 바깥쪽으로 나갈수록 풍경이 더 좋아진다. 맨 끝에는 캘리포니아식 브런치와 음료를 부담 없는 가격에 즐길 수 있는 말리부 팜 피어 카페가 있다. 목재 부두는 주정부 소유라서 카페를 이용하지 않아도 자유롭게 전망을 감상할 수 있다.

ADD 23000 Malibu Pier, Malibu, CA 90265
OPEN 06:00~21:00 **WEB** malibupier.com

말리부 피어

말리부캐니언(Malibu Canyon)

곶 지형의 해안 절벽 아래, 아늑한 분위기의
포인트 듐 주립해변(Point Dume State Beach)

⑤ 휴양지 분위기 물씬!
맨해튼비치 Manhattan Beach

비치발리볼의 탄생지인 아름다운 해변 도시. 허모사비치, 레돈도비치와 함께 LA의 '비치 시티'로 불린다. 1920년대 후반 이곳의 모래언덕을 평탄화하면서 긁어낸 엄청난 양의 모래는 하와이로 운송되어 와이키키 해변을 만드는 데 사용됐다고 한다. 여전히 고운 모래가 넓게 깔린 메인 해변에서는 매년 여름 비치발리볼 대회(맨해튼비치 오픈)가 열린다. 크고 일정한 너울이 밀려오는 해변은 최적의 서핑 장소.

맨해튼비치 피어에서부터 직선으로 뻗어 올라간 메인 쇼핑가는 LA 휴양지다운 분위기를 한껏 풍기고, 걸으면서 볼만한 깔끔한 부티크 매장과 카페가 많다. 특히 맨해튼비치 크리머리(Manhattan Beach Creamery)의 아이스크림을 꼭 맛볼 것. 피어 맨 끝에 있는 주황색 '라운드하우스'는 무료 수족관이다. **MAP 327p**

ADD 2 Manhattan Beach Blvd, Manhattan Beach, CA 90266
OPEN 24시간
WEB manhattanbeach.gov
ACCESS LA에서 41km(자동차 40분)/로스앤젤레스 국제공항에서 8km(자동차 15분)

맨해튼비치 크리머리

LA 남쪽 해변 하루 코스

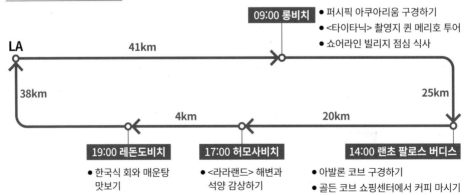

LA

41km

09:00 롱비치
● 퍼시픽 아쿠아리움 구경하기
● <타이타닉> 촬영지 퀸 메리호 투어
● 쇼어라인 빌리지 점심 식사

38km

25km

4km

20km

19:00 레돈도비치
● 한국식 회와 매운탕 맛보기

17:00 허모사비치
● <라라랜드> 해변과 석양 감상하기

14:00 랜초 팔로스 버디스
● 아발론 코브 구경하기
● 골든 코브 쇼핑센터에서 커피 마시기

6 라라랜드의 아름다운 해변
허모사(에르모사)비치
Hermosa Beach

가로등을 밝힌 피어 위에서 라이언 고슬링이 'City of Stars'를 부르던 쓸쓸한 장소. 다른 해변에 비해 한산한 이곳까지 영화팬들을 불러 모은 것은 오로지 <라라랜드>의 힘이다. 비치 이름인 '에르모사(현지 발음은 허모사)'는 스페인어로 아름답다는 뜻. 낚시꾼들이 자리를 지키는 피어 끝에서 뒤를 돌아보면 해안선이 한눈에 들어오고, 화려한 놀이공원이나 초대형 리조트 대신 소박한 주택가를 배경으로 한 평화로운 풍경이 펼쳐진다. 낮에는 비치발리볼을 즐기거나 서핑, 해수욕을 하러 찾아오는 사람이 많지만, 치안이 그리 좋은 편은 아니니 늦은 시간 방문은 피하자. **MAP 327p**

ADD 1 Pier Ave, Hermosa Beach, CA 90254
WEB hermosabeach.gov
ACCESS LA에서 35km(자동차 40분)

7 회와 매운탕이 있는 해변
레돈도(리돈도)비치
Redondo Beach

주변의 다른 해변에 설치된 일자형 피어와는 달리, 레돈도비치 피어는 서로 연결된 독특한 구조로 돼 있다. 피어 위에서 영업하는 레스토랑 중에는 회, 매운탕, 게찜을 파는 한국식 횟집이 있어 한국인도 즐겨 찾는다. 싱싱한 해산물을 즉석에서 골라 먹는 어시장도 인기.
MAP 327p

ADD Redondo Beach Pier, Fishermans Wharf, Redondo Beach, CA 90277
OPEN 24시간
WEB redondopier.com
ACCESS 산타모니카에서 25km(자동차 40분)

퀄리티 시푸드(어시장) Quality Seafood
ADD 130 International Boardwalk

크랩 하우스(한국식 해변 횟집) Crab House
ADD 100 Fisherman's Wharf

아발론 코브

⑧ 광활한 해안 절벽
랜초 팔로스 버디스 Rancho Palos Verdes

할리우드 근처에 이런 곳이? 라는 생각이 들 정도로 와일드한 자연경관이 펼쳐지는 LA 남서쪽의 해안 절벽 지대. 남쪽으로는 경치 좋은 골프장으로 유명한 트럼프 내셔널 골프클럽이 있고, 그 주변은 오션 트레일스 보호구역(Ocean Trails Reserve)이다. 영화 <인셉션> 촬영지인 아발론 코브에서 포인트 비센테 등대(Point Vicente)에 이르기까지 구불구불 이어진 해안 도로가 인상적인 드라이브 코스다. 등대 주변에는 주차 후 걷기 좋은 산책로와 함께, 12~4월 사이에 LA 앞바다를 지나가는 쇠고래(Pacific Gray Whale) 관찰 센터가 마련돼 있다. **MAP 327p**

ADD 31501 Palos Verdes Dr W, Rancho Palos Verdes, CA 90275
PRICE 무료
WEB palosverdes.com
ACCESS LA에서 50km
(자동차 1시간)

Spot 1 **웨이퍼러스 예배당** Wayfarers Chapel

지금은 없어진 언덕 위 작은 예배당으로, 캘리포니아의 레드우드 숲에서 영감을 받은 건축가 프랭크 로이드 라이트 부자가 설계했다. 거대한 나무에 둘러싸인 기분이 들게 하는 장소라 SNS 핫플로 인기가 많았다. 하지만 산사태 위험이 높아짐에 따라 2024년 6월 건물을 해체해 보존해둔 상태다. 언제 다시 개방될 지는 아직 알 수 없으니, 사진만 보고 방문하는 일이 없도록 주의하자.

ADD 5755 Palos Verdes Dr
WEB wayfarerschapel.org

Spot 2 **골든 코브 센터** Golden Cove Center

팔로스 버디스 드라이브와 호손 대로가 만나는 곳에 자리한 쇼핑센터다. 피자 가게와 아시안 누들 가게, 마트 등 식당과 편의시설이 입점했는데, 그중 스타벅스가 태평양이 보이는 뷰 맛집으로 유명하다. 카페 앞 테라스석은 해 질 녘이면 인파로 북적인다.

ADD 31202 Palos Verdes Dr **OPEN** 06:00~20:30
WEB shopgoldencove.com

쇼어라인 빌리지

9 거대한 항구도시
롱비치 Long Beach

퀸 메리호

LA 카운티의 남동쪽 끝, 오렌지 카운티 경계에 자리한 롱비치는 미국에서 물류량이 가장 많은 항만 도시 중 하나다. 대표 관광 명소는 영화 <타이타닉>과 <진주만>의 촬영지인 퀸 메리호(The Queen Mary). 1936년 첫 항해 이후 대서양을 1001번이나 횡단한 길이 340m, 무게 8만t의 초호화 여객선으로, 수명을 다한 뒤로는 호텔과 레스토랑으로 활용 중이다. 엔진실과 선실 등 내부 시설도 관람할 수 있으며, 갑판에서 보이는 풍경 또한 멋지다. 퀸 메리호 건너편, 해안이 한눈에 보이는 쇼어라인 빌리지(Shoreline Village) 쪽 메인 쇼핑가에는 다양한 맛집과 편의시설이 모여 있다. 단, 메트로 레일이 있긴 해도 도보로 여행할 환경은 아니므로, LA 해변이 처음인 여행자라면 롱비치보다 산타모니카를 추천한다. MAP 339p

ADD 301 E Ocean Blvd, Long Beach, CA 90802
WEB visitlongbeach.com
ACCESS LA에서 41km(자동차 50분)/메트로 A라인 Downtown Long Beach역 하차

퍼시픽 아쿠아리움
Aquarium of the Pacific

남부 캘리포니아에서 가장 큰 수족관. 멕시코부터 미국 오리건 주에 이르는 캘리포니아 해양 생태계를 다룬 서던 캘리포니아, 알래스카를 비롯한 차가운 북쪽 바다 생물을 볼 수 있는 노던 퍼시픽, 팔라우 등지의 따뜻한 해양 생물이 있는 트로피컬 퍼시픽 등의 테마로 나누어 500여 종, 1만1000여 마리의 바다 생물을 전시한다. 150마리의 상어가 모인 샤크 라군과 다이버가 수조 안에서 퍼포먼스를 하는 블루 캐번 탱크가 인기다.

ADD 100 Aquarium Way
OPEN 09:00~18:00
PRICE $44.95(어린이 $29.95)
WEB aquariumofpacific.org

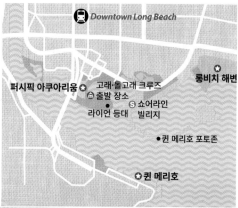

339

고래와 돌고래 투어
어디서 하면 좋을까?

LA 앞바다는 연중 고래 관찰 투어가 가능한 곳이다. 지구상에서 가장 큰 포유류인 대왕고래를 비롯해
알래스카 베링해에서 멕시코의 스캠몬스 라군까지 이동하는 회색고래, 혹등고래와 돌고래 등
다양한 고래가 시기별로 출몰한다. 이동 경로와 근접한 해안 도시마다 고래 관찰 크루즈를 운영 중이다.

태평양 배경 속 혹등고래

대표적인 출발 장소

대중교통 방문은 롱비치가 가장 편하고, 뉴포트비치나 다나 포인트는
자동차 여행 중 샌디에이고를 오가는 길에 들르기 좋은 위치. 총 8개
의 섬으로 이루어진 채널 아일랜드 국립공원은 벤투라 또는 롱비치에서
경비행기나 배를 타고 입도해야 해서 방문이 어려운 대신, 돌고래와 고
래를 쉽게 관찰할 수 있다.

■대표 투어

롱비치 Long Beach	뉴포트비치 Newport Beach	다나 포인트 Dana Point	채널 아일랜드 Channel Island
LA 카운티	오렌지카운티	오렌지카운티	국립공원
LA에서 41km	LA에서 72km	LA에서 100km	LA에서 110km

배를 따라다니는 돌고래 무리

■고래 출몰 시기와 이동경로

시기	출몰 고래
겨울철(12~4월)	쇠고래(Pacific Gray Whale)
여름철(5~11월)	대왕고래(Blue Whale)
연중	혹등고래(Humpback Whales) 긴수염고래(Fin Whales) 밍크고래(Minke Whales) 범고래(Orca) 돌고래(Dolphin)

발보아 반도 안쪽에 자리 잡은
아름다운 항구, 뉴포트비치

매년 3월 고래 축제가 열리는
항구도시, 다나 포인트

⑩ 보석처럼 아름다운 휴양섬
카탈리나 아일랜드
Catalina Island

푸른 바다 위에 새하얀 요트가 정박한 아발
론 항구는 캘리포니아의 낭만을 상징하는 최
고급 휴양지다. 섬의 정식 명칭은 산타 카탈
리나 아일랜드. 채널 아일랜드 국립공원을
이루는 8개 섬 중에서 가장 개발이 잘 된 관
광지다. 국내에선 예능 프로그램 <나 혼자
산다> 멤버들이 방문하면서 화제를 모으기
도 했는데, 1시간가량 페리를 타고 들어가야
하는 번거로움을 감수할 만큼 멋진 풍경이
기다린다. 섬 안에서 일반 자동차를 운행할
수 없는 규정 때문에 골프 카트를 타고 이동
하는 것도 특별한 재미. 당일치기 여행도 좋
고, 럭셔리 리조트에서 머무르며 스노클링,
카약, 집라인 등 액티비티를 즐기는 것도 여
유롭다. 롱비치, 뉴포트비치, 다나 포인트 등
에서 아발론행 페리가 출발한다. **MAP 327p**

언덕 위 대표 포토존 부에나 비스타
포인트까지는 골프 카트로 10분 거리

채널 아일랜드 국립공원

카탈리나 익스프레스 Catalina Express
ADD 320 Golden Shore, Long Beach, CA 90802
PRICE 롱비치 기준 왕복 $92 **WEB** catalinaexpress.com

 ## ⑪ 서프 시티 U.S.A
헌팅턴비치
Huntington Beach

서핑 하면 생각나는 대표적인 도시, 매년
7~8월이면 세계에서 가장 큰 서핑 대회인 미
국 오픈 서핑(US Open of Surfing)이 열린다.
헌팅턴비치의 서핑 명소인 볼사치카 주립해
변과 서쪽의 클리프(도그 해변)는 겨울철 롱
보드에 적합하고, 거칠고 빠른 파도가 몰아
치는 피어 주변은 숏보드에 적합하다. 헌팅
턴비치의 매력으로는 16km에 달하는 백사
장을 빼놓을 수 없다. 타임지 선정 미국 최고
의 해변, USA 투데이 선정 캘리포니아 최고
의 해변 등의 타이틀을 자랑한다. 할리우드
를 본떠 보도블록에 유명 서퍼들의 이름과
손도장을 찍어놓은 서핑 명예의 거리(Surfing
Walk of Fame)도 구경해보자. **MAP 327p**

ADD 325 Pacific Coast Highway, Huntington
Beach, CA 92648
WEB surfcityusa.com
ACCESS LA에서 60km(자동차 1시간 30분)

⑫ 예술가의 해변
라구나비치 Laguna Beach

북쪽으로 크리스털 코브 주립공원(Crystal Cove State Park), 남쪽으로 다나 포인트(Dana Point)와 맞닿은 11km의 해변. 남다른 경치에 매료된 예술가들이 모여 살기 시작하면서 아트 갤러리와 미술관이 밀집한 지역으로 발전했다. 라구나비치의 하이라이트는 메인 해변(Main Beach)에서 하이슬러 파크(Heisler Park)까지 조성된 산책길. 언덕 위에서 해변 전체가 내려다보이고, 도로를 따라 라구나 미술관을 비롯한 100여 개의 크고 작은 갤러리가 늘어선다. 여름철 아트 페스티벌이 열릴 때면 관광객이 몇 배로 급증하는 곳. 중심가뿐 아니라 인근 주택가와 상점가까지 깔끔하게 정비된 고급 휴양지여서 치안도 좋다. 오렌지 카운티의 해변 중에서 하루쯤 쉴 곳을 고른다면 단연 이곳이다. **MAP 327p**

ADD Laguna Art Museum
OPEN 10:00~17:00/월요일 휴무
WEB lagunaartmuseum.org
ACCESS LA에서 98km(자동차 2시간)

하이슬러 공원 산책로

메인 해변 풍경

휴양지 분위기 가득! 라구나비치 맛집

■닉스 라구나비치 Nick's Laguna Beach
메인 도로에서 가장 인기 많은 캘리포니안 레스토랑. 자리가 없다면 근처의 사우스 오브 닉을 방문해도 된다.
ADD 440 S Coast Hwy   **OPEN** 11:00~23:00(주말 08:30~)
WEB nicksrestaurants.com

■브로드웨이 바이 아말 산타나 Broadway by Amar Santana

요리 서바이벌 쇼 <한식대첩>에 출연했던 산타나 셰프의 레스토랑. 캐주얼과 파인다이닝의 장점이 결합된 캘리포니아 퀴진을 선보인다.
ADD 328 Glenneyre St   **OPEN** 17:00~21:00
WEB broadwaybyamarsantana.com

■라스 브리사스 Las Brisas
라구나 미술관 옆, 환상적인 전망을 자랑하는 멕시칸 레스토랑. 밤에 더욱 분위기가 좋아진다.
ADD 361 Cliff Dr   **OPEN** 08:00~21:00
WEB lasbrisaslagunabeach.com

■어스 카페 Urth Café

어느 시간대에 방문해도 편안한 분위기의 카페. 음료, 페이스트리, 간단한 식사를 즐길 수 있다. 갤러리 거리에 있다.
ADD 308 N Pacific Coast Hwy
OPEN 07:00~20:00
(금·토요일 ~22:00)
WEB urthcaffe.com

⑬ 캘리포니아의 정동진
샌클레멘테
San Clemente

오렌지 카운티의 남쪽 끝에 자리한 지중해풍 휴양 도시. 샌디에이고와 LA를 연결하는 기차(퍼시픽 서프라이너)가 해변 바로 옆을 지나는 풍경이 정동진을 연상케 한다. 연평균 20°C의 기온으로 연중 서퍼들이 즐겨 찾는다. 언덕 위 문화센터로 개방 중인 카사 로만티카(Casa Romantica)에서 바닷가 전경을 내려다볼 수 있고, 기찻길을 따라 산책로를 걷는 것도 재밌다. **MAP 327p**
ADD 415 Avenida Granada, San Clemente, CA 92672
OPEN 10:00~16:00(금~일요일 ~14:00)/월요일 휴무
WEB casaromantica.org
ACCESS LA에서 101km(자동차 1시간 30분)

⑭ 레고랜드와 함께 보면 좋아요!
칼스배드 플라워 필드
Carlsbad Flower Fields

꽃밭의 규모가 무려 6만1200평에 달하는 대형 원예 단지. 매년 3~5월이면 칼스배드 해안가에 알록달록한 러넌큘러스가 지평선 가득 탐스럽게 피어난다. 웨딩 촬영과 영화 촬영지로 인기가 높고, 각종 포토존이 설치되는 봄 사진 명소. 꽃씨와 정원용품을 판매하는 가드닝숍을 둘러보거나, 트랙터를 타고 꽃밭 사이를 지나볼 수도 있다. 레고랜드 및 칼스배드 아웃렛과 가까우니 같은 날 일정으로 추천. 참고로 유네스코 세계유산 칼즈배드 동굴과는 전혀 다른 곳이다. **MAP 327p**
ADD 플라워 필드 5704 Paseo Del Norte/아웃렛 5620 Paseo Del Norte
WEB premiumoutlets.com/outlet/Carlsbad
ACCESS 샌디에이고에서 60km(자동차 1시간)

343

끝없는 즐거움
서던 캘리포니아 테마파크
Southern California Theme Parks

서던 캘리포니아(SoCal)는 연령과 취향에 따라 선택의 폭이 넓은 테마파크 천국이다. 넛츠 베리 팜과 식스 플래그는 LA에서 당일로 왕복할 수 있고, 레고랜드·시월드·사파리는 샌디에이고에서 더 가깝다. 할인 패스(079p)를 활용하면 저렴하게 이용할 수 있지만, 놀이공원 간 거리가 먼데다 하루에 한 곳씩 방문하더라도 며칠 연속으로 테마파크를 방문해야 본전을 뽑을 수 있다는 점을 감안하자. 또한, 책에서 제시한 각 테마파크의 요금은 현장 결제 기준으로, 온라인 예매 시 훨씬 저렴하다. 입장 예약이 필요한 장소도 있고, 요일 및 계절별로 운영 시간이 크게 달라지니 방문 전 홈페이지를 확인하자. 아울러 시월드와 샌디에이고 동물원을 제외한 나머지 테마파크는 버스 노선이 없다.

레고랜드 입구의 포토존

뉴욕의 고층 빌딩 옆으로 배를 타고 지나가는 코스트 크루즈

워싱턴D.C.의 국회의사당

라스베이거스의 화려한 호텔 거리

레고로 만든 잠수함 타고 한 바퀴

① 레고로 만든 세상
레고랜드 캘리포니아 LEGOLAND California Resort

전 세계의 명소를 레고 블록으로 정교하게 재현한 테마파크. 입구 양옆에 호텔을 갖춘 대형 리조트로, 크게 놀이공원(Legoland) 영역과 수족관(Sea Life) 영역으로 구분된다. 미국의 주요 도시를 재현한 미니랜드 USA(Miniland USA)가 한복판에 자리한 레고랜드, 레고로 만든 동물을 볼 수 있는 익스플로러 아일랜드(Explorer Island), 수중 잠수함 딥 시 어드벤처(Deep Sea Adventure), 워터파크의 인기가 높다. 평일에는 비교적 한산하지만, 성수기와 주말에는 대기 시간을 25·50·90%까지 줄여주는 원격 대기 시스템을 이용하는 것이 좋다. 단, 당일 판매량이 정해져 있으므로 함께 예매해두자. $10 정도 추가하면 수족관까지 입장 가능한 티켓으로 업그레이드 가능. **MAP 327p**

ADD 1 Legoland Dr, Carlsbad, CA 92008
OPEN 10:00~19:00(계절별 변동)
PRICE 기본 $129(온라인 예약 할인), 원격 대기 시스템(Reserve 'N' Ride) $35~100, 주차 $34/예약 권장
WEB legoland.com
ACCESS 샌디에이고에서 55km (자동차 40분)

② 익스트림 롤러코스터의 대명사
식스 플래그 매직 마운틴
Six Flags Magic Mountain

롤러코스터를 무려 19개나 보유한 놀이공원. 입장하는 순간부터 나갈 때까지 쉴 틈 없이 스릴이 넘친다. 화이트 우드로 만든 구조물 위로 2대의 열차가 교차하며 달리는 트위스티드 콜로서스(Twisted Colossus), 갑자기 후진하는 풀 스로틀(Full Throttle), 발을 허공에 띄운 채 수직 낙하하는 타츠(Tatsu), 좌석이 360° 회전하는 X2 등 상상을 초월하는 속도와 경사로 달리는 롤러코스터를 경험할 수 있다. **MAP 327p**

ADD 26101 Magic Mountain Pkwy, Valencia, CA 91355
OPEN 10:30~18:00(계절·요일별 변동, 방문 전 휴무일 확인 필수)
PRICE $119(온라인 예약 시 큰 폭 할인) **WEB** sixflags.com
ACCESS LA에서 60km(자동차 40분)

③ 프라이드치킨으로 유명한 클래식 테마파크
넛츠 베리 팜
Knott's Berry Farm

100년 역사를 자랑하는 가족 놀이공원. 1920년대 월터 너트 가족이 고속도로 가판대에서 과일 파이를 판매하면서 미시즈 너트의 음식 솜씨가 널리 알려졌는데, 손님들이 몰려들면서 프라이드치킨 레스토랑으로 확장했고, 이후 서부 개척 시대의 고스트 타운을 재현한 거리를 만들면서 테마파크로까지 성장했다. 찰스 M 슐츠와 독점계약을 맺어 만화 피너츠의 스누피를 주제로 한 다양한 어트랙션을 선보인다. **MAP 327p**

ADD 8039 Beach Blvd, Buena Park, CA 90620
OPEN 10:00~18:00(계절·요일별 변동)
PRICE $100(온라인 예약 시 큰 폭 할인) **WEB** knotts.com
ACCESS LA에서 40km(자동차 1시간)

+**MORE**+

진짜 미국식 프라이드치킨 맛보기

넛츠 베리 팜 테마파크 입구 쪽 레스토랑에서는 초창기 농장의 인기를 견인한 보이젠베리 파이와 바삭한 프라이드치킨을 맛볼 수 있다. 미국의 옛 가정집 분위기가 물씬 풍기는 맛집으로, 놀이공원에 입장하지 않아도 식사나 테이크아웃이 가능하다.

Mrs. Knott's Chicken Dinner Restaurant
OPEN 11:00~21:00 **MENU** 파이 $7.25, 치킨 $26.5

④ 초대형 해양 테마파크
시월드
SeaWorld San Diego

1964년 개장한 해양 테마파크. 대표적인 볼거리는 범고래의 생태와 습성을 살펴볼 수 있는 '범고래와의 만남(Orca Encounter)' 으로, 시작 전부터 줄을 서야 좋은 자리를 잡을 수 있다. 그 외 유리 터널 아래를 걸으며 상어 떼를 관찰하는 '상어와의 만남(Shark Encounter)' 등 다양한 프로그램을 진행한다. 잠수복을 입고 돌고래와 벨루가를 만나는 특별 프로그램은 추가 요금을 내고 사전 예약 후 참여 가능. 테마파크 외 해양생물 보호 연구소도 겸하고 있다.
MAP 327p

ADD 500 Sea World Dr., San Diego, CA 92109
PRICE 입장료 $123(온라인 예약 할인), 주차 $32
OPEN 10:00~ 17:00(성수기 및 주말 ~22:00)
WEB seaworld.com
ACCESS 샌디에이고 다운타운에서 11km(자동차 15분)/올드타운에서 버스 9번으로 환승해 SeaWorld 하차

: WRITER'S PICK :
시월드 관람 어드바이스

❶ **시월드 앱 Sea World App** 모바일 앱을 이용해 어트랙션 대기 시간과 쇼 타임을 체크하자.

❷ **물벼락 구역 Soak Zone** 쇼 도중에 물벼락을 맞을 가능성이 높은 구역은 별도 표시돼 있으니 원하지 않는다면 다른 자리로 이동할 것.

❸ **빠른 줄 Quick Queue** 소정의 추가 요금으로 빠른 대기 줄을 선택할 수 있다.

범고래를 만나는 시간, 오르카 인카운터

십여 마리의 돌고래가 참여하는 돌핀 어드벤처

롤러코스터 일렉트릭 일앤만타

미션베이를 건너는 스카이라이드

⑤ 아프리카 초원의 재현
샌디에이고 동물원 사파리 파크 San Diego Zoo Safari Park

광활한 초원에서 뛰노는 동물들을 볼 수 있는 사파리 공원. 스티븐 스필버그가 <쥬라기 공원>의 영감을 받은 장소로, 사파리 출입 게이트가 실제 영화의 모델이 되기도 했다. 대륙별로 구분된 여러 서식 공간 중 가장 인기가 높은 이프리카 평원과 아시안 사바나부터 관람하면 효율적이다. 무료 트램(09:15부터 운행)은 초식동물이 있는 대평원 외곽을 순회하고, 트럭을 타고 평원으로 들어가는 와일드라이프 사파리 체험은 입장권 외 추가 요금이 있다. 그 밖에 캥거루, 웜뱃, 화식조 등 호주 야생동물 서식지인 호주 워커바웃, 호랑이 서식지 타이거 트레일 등이 있으며, 최대 시속 110km로 달리는 치타 관찰 이벤트(더운 날에는 휴무)도 볼만하다. 샌디에이고 발보아 파크의 도심 동물원과 운영 업체가 같기 때문에 2곳 모두 방문 시 2일권 구매를 추천. 도심에서 1시간 정도 떨어진 내륙 지역이라서 여름에는 매우 더울 수 있음을 참고하자. **MAP 327p**

ADD 15500 San Pasqual Valley Rd, Escondido, CA 92027
PRICE 입장권 1일권 $74, 2일권 $126, 사파리 체험 1인당 $92~115(온라인 예약 가능), 주차 $20
WEB sandiegozoowildlifealliance.org
ACCESS 샌디에이고에서 북쪽으로 48km(자동차 1시간)

동물을 코앞에서 관찰하는
와일드라이프 사파리

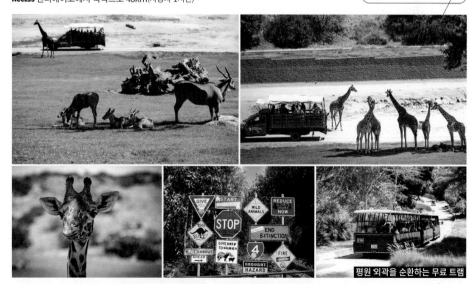

평원 외곽을 순환하는 무료 트램

San Diego

샌디에이고

영화 <탑건>의 촬영지 샌디에이고는 멕시코 국경과 인접한 캘리포니아주 최남단의 항구 도시다. 해군기지와 항만 시설이 중심부에 자리 잡은 가운데, 풍부한 관광 자원을 보유하고 있다. 교량으로 연결된 코로나도 아일랜드에선 다운타운의 스카이라인이 보이고, 자연 그대로의 아름다움을 간직한 북쪽 해안 지역 라호야는 샌디에이고의 보석으로 불린다. 샌디에이고를 베이스캠프 삼아 시월드, 레고랜드, 샌디에이고 사파리와 동물원 등을 방문하면 효율적으로 여행할 수 있다.

샌디에이고 BEST 9

1 <키스> 동상　　356p

2 발보아 파크　　359p

3 가스램프 쿼터　　358p

4 올드타운　　360p

5 호텔 델 코로나도　　359p

6 카브리요 국립기념물　　361p

7 라호야 코브　　362p

8 시월드　　346p

9 조슈아 트리 국립공원　　366p

SUMMARY

공식 명칭 San Diego
소속 주 캘리포니아(CA)
표준시 PT(서머타임 있음)

ⓘ **공식 비지터 센터** San Diego Visitor Information Center

ADD 996 N Harbor Dr, San Diego, CA 92101
OPEN 10:00~16:00
WEB sandiegovisit.org
ACCESS 다운타운 USS 미드웨이 앞

WEATHER

연평균 기온 22°C를 유지해 일 년 내내 아웃도어 활동이 가능하고, 여름에도 LA보다 시원해서 살기 좋은 환경을 갖췄다. 겨울과 봄에는 비가 자주 내리는 편. 한여름에도 일몰 이후에는 쌀쌀하니 겉옷을 챙기자.

샌디에이고 한눈에 보기 & 추천 일정

캘리포니아 남쪽 연안에 자리한 해안 도시다. 포인트 로마 반도와 코로나도 아일랜드가 도심을 감싸 안은 지형이고, 내륙 쪽으로는 쿠야마카산맥과 라구나산맥이 사막으로부터 도시를 보호한다. 해수욕과 서핑을 즐기기 좋은 깨끗한 해변이 많은 것은 물론, 문화적인 볼거리도 풍성하다. LA에서 샌디에이고까지는 약 200km 거리로 하루 만에 충분히 왕복할 수 있지만, 제대로 구경하려면 1박 2일로도 부족하다. 주요 명소는 다운타운, 올드타운, 발보아 파크에 집중돼 있지만, 도시를 에워싼 섬과 해변 풍경도 아름다워 오래 머물수록 샌디에이고의 매력에 흠뻑 빠져들게 된다.

다운타운

거대한 군함 앞에 세워진 <키스> 동상 앞 인증샷은 필수! 워터프런트를 산책하고, 저녁에는 가스램프 쿼터에서 낭만 즐기기. 356p

올드타운

캘리포니아의 역사가 시작된 곳! 남부 캘리포니아의 정취가 가득한 옛 마을에서 오리지널 멕시코 음식을 맛보자. 360p

라호야

샌디에이고의 보석으로 불리는 해변 휴양지. 바다사자와 물개가 일광욕을 즐기는 지상 낙원이다. 동물을 좋아한다면 필수! 362p

코로나도 아일랜드

다운타운과 다리로 연결된 아름다운 휴양 섬. 샌디에이고 스카이라인을 배경으로 유람선과 군함이 유유히 떠다닌다. 359p

포인트 로마

길게 뻗은 반도의 끝, 카브리요 국립기념물은 환상적인 전망 포인트다. 좀 더 북쪽에 있는 선셋클리프 또한 샌디에이고의 일몰 명소로 사랑받고 있다. 361p

발보아 파크

박물관과 미술관, 공연장으로 가득한 문화 공원. 드라마 <상속자들>의 촬영지인 온실식물원이 있다. 359p

	Day 1	Day 2	Day 3
오전	❶ 발보아 파크 - 식물원, 미술관, 동물원 등 구경	❶ 라호야 코브 - 바다사자 구경 - 해안 절벽 트레킹	하루 일정 • 시월드 🍴 필스 BBQ - 미션베이 해변 *또는 LA로 돌아가는 길에 방문 • 샌디에이고 사파리 • 레고랜드 • 라구나비치 • 헌팅턴비치
오후	🚗 자동차 10분	🚗 자동차 30분 또는 🚌 버스 1시간	
	❷ 엠바카데로 🍴 포트사이드 피어 - USS 미드웨이 & <키스> 동상 - 시포트 빌리지 - 컨벤션 센터 앞 페리터미널	❷ 올드타운 🍴 올드타운 멕시칸 카페 - 샌디에이고 역사공원	
	⛴ 페리 10분	🚗 자동차 20분 또는 🚌 버스 1시간	
	❸ 코로나도 아일랜드 - 센테니얼 파크 전망 - 호텔 델 코로나도 앞 해변	❸ 카브리요 국립기념물 - 비지터 센터 앞 카브리요 동상 - 선셋클리프 일몰 감상	
저녁	🚗 자동차 15분	🚗 자동차 15분	
	❹ 가스램프 쿼터 🍴 펍, 야외 레스토랑 - 밤거리 분위기 즐기기	❹ 해변 전망 레스토랑 🍴 톰 햄스 라이트하우스	

해시 하우스 어 고 고

발보아 파크

샌디에이고 동물원

샌디에이고 미술관

캘리포니아 타워
샌디에이고 인류 박물관

샌디에이고 식물원

발보아 파크 비지터 센터

항공우주 박물관

Washington St

San Diego Fwy

샌디에이고 국제공항

리틀 이탈리아

San Diego Fwy

샌디에이고 해양박물관
포트사이드 피어

Little Italy

산타페 디포
다운타운

타코 스탠드

Broadway Pier
비지터 센터
USS 미드웨이 박물관
<키스 동상>

Santa Fe Depot
Courthouse
Broadway

엠바카데로

Seaport Village

리처드 워커스
펜케이크 하우스

가스램프 쿼터

시포트 빌리지

Convention Center

샌디에이고 컨벤션 센터
레이디 쉘

펫코 파크

그레이하운드 터미널

Gaslamp Quarter
12th & Imperial

Fifth Avenue Landing

코로나도 아일랜드

Coronado Landing
센테니얼 공원

0   500m

라호야 코브
브룩턴 빌라
라호야 칠드런스 풀

타코스탠드

라호야

미션베이
Vacation Isle
미션 비치
파라다이스 포인트 리조트 & 스파

오션 비치

선셋 클리프

올드타운 트랜짓 센터
필스 비비큐
Old Town
피에스타 데 레이에스
올드타운 멕시칸 카페

올드타운

Washington St

샌디에이고 국제공항

톰 햄스 라이트하우스

코로나도 아일랜드

포인트 로마

해시 하우스 어 고 고

발보아 파크

리틀 이탈리아
산타페 디포
다운타운

엠바카데로
가스램프 쿼터
Gaslamp Quarter
Fifth Avenue Landing
센테니얼 공원
Coronado Landing

그레이하운드 터미널

올드 포인트 로마 등대

카브리요 국립기념물

호텔 델 코로나도

0   2km

샌디에이고 IN & OUT

LA에서 샌디에이고로 갈 때는 대부분 자동차나 기차를 이용한다. 걸어 다니기는 어려운 규모의 도시지만, 주요 관광지로 한정하면 트롤리를 활용한 도보 여행도 가능하다.

주요 지점과의 거리

출발지	거리(km)	자동차 소요 시간
레고랜드	55km	50분
로스앤젤레스	200km	3시간
라스베이거스	534km	6시간
피닉스	571km	5.5시간

공항에서 시내 가기

샌디에이고 국제공항(San Diego International Airport, SAN)까지는 국내 항공사 직항편이 없으므로 LA 또는 샌프란시스코 경유 항공편을 이용해야 한다. 공항에서 다운타운까지는 5km 거리라서 택시를 타도 요금 부담이 크지 않다. 참고로 2028년 말까지 예정된 공항 확장 공사로 공항 주변 교통이 매우 혼잡하다.

샌디에이고 국제공항
San Diego International Airport
ADD 3225 N Harbor Dr
WEB san.org

기차로 샌디에이고 가기

LA 유니언역에서 앰트랙 퍼시픽 서프라이너 노선을 타면 3시간 만에 샌디에이고 다운타운의 산타페 디포에 도착한다. 중심 관광지 및 주요 호텔까지 도보 5~10분 거리라서 차 없이도 샌디에이고를 여행할 수 있다. LA에서 샌디에이고 편도 요금은 $35~40.

산타페 디포 Santa Fe Depot

ADD 700 W Broadway
WEB pacificsurfliner.com

샌디에이고 시내 교통

샌디에이고에는 2종류의 트롤리가 있다. 일반 트롤리는 경전철 같은 대중교통수단이며, 올드타운 트롤리는 관광버스다. 요금은 일반 트롤리가 저렴하지만, 관광명소 바로 앞에 내려준다는 점에서 올드타운 트롤리도 꽤 유용하다.

🚈 일반 트롤리 San Diego Trolley

다운타운을 중심으로 4개 노선이 근교 지역을 연결한다. 관광객에게는 올드타운과 다운타운 해안을 오가는 그린라인이 편리하다. 요금은 교통 패스인 프론토 카드(카드 발급비 $2) 또는 모바일 앱(PRONTO, 바코드를 스캔하는 방식)으로 결제한다. 현금 탑승 시 트롤리 티켓 자동판매기에서 패스 구매 필수.

PRICE 1회 $2.5(2시간 유효), 1일권 $6
WEB sdmts.com/fares/pronto

블루 라인
그린 라인
오렌지 라인
코퍼 라인

El Cajon
Mission Valley Center
Hazard Center
Fashion Valley
Morena/Linda Vista
Old Town / 올드타운 / 샌디에이고 / Washington Street
Middletown
County Center/ Little Italy
Santa Fe Depot / 기차역 및 공항 교통편
America Plaza
Courthouse
Civic Center
Fifth Avenue
City College
Park & Market
25th & Commercial
12th & Imperial
Barrio Logan
Harborside
Pacific Fleet
USS 미드웨이 박물관/ 시포트 빌리지
Seaport Village
Convention Center / 컨벤션 센터
Gaslamp Quarter / 가스램프 쿼터/ 펫코 파크

*다운타운의 주요 역만 표시함

🚈 올드타운 트롤리 Old Town Trolley

약 20분 간격으로 주요 관광명소를 순회하는 클래식한 스트리트카. 원하는 장소에 내렸다가 타는 Hop-On-Hop-Off 티켓만 판매하며, 자리에 앉아서 도시를 한 바퀴 돌아보는 것도 가능하다. 겨울철에는 운행 시간이 짧아지므로 추천하지 않는다.

HOUR 09:00~18:00 **PRICE** 1일권 $51.3~57, 2일권 $93~99
WEB trolleytours.com/san-diego
ROUTE A 올드타운 - B 해양박물관 - C 엠바카데로(USS 미드웨이) - D 더 헤드쿼터스 - E 시포트 빌리지 - F 메리어트 호텔 - G 가스램프 쿼터 - H 펫코 파크(야구장) - I 바리오 로건 - J 호텔 델 코로나도(해변) - K 발보아 파크(동물원) - L 리틀 이탈리아

: WRITER'S PICK :
올드타운 트롤리 타고 알차게 즐기는 시티투어

올드타운의 아기자기한 멕시코 상점가를 둘러보고 이른 점심으로 토르티야를 맛보자. 시계탑 앞에서 트롤리를 타면 15분 만에 다운타운 USS 미드웨이 앞에 내려준다. 유명한 <키스> 동상을 구경한 뒤 유람선을 타거나, 해안산책로를 따라 시포트 빌리지로 걸어가 간단한 식사를 해도 된다. 코로나도 아일랜드에서는 도시의 스카이라인을 감상하거나, 해변에서 휴양지 분위기를 만끽할 수 있다. 다시 트롤리를 타고 발보아 파크 외부를 구경한 다음 리틀 이탈리아에 하차하는 것으로 하루 일정을 마무리한다.

🚢 유람선 & 페리

항구도시답게 선박을 교통 및 관광 수단으로
활용하며, 도시 곳곳에 선착장이 있다. 관광객
이 가장 많이 이용하는 항구는 USS 미드웨이
항공모함 근처의 브로드웨이 피어. 코로나도
아일랜드까지는 컨벤션 센터 앞에서 출발하는
것이 제일 가깝다.

❶ 코로나도 페리 Coronado Ferry

엠바카데로의 선착장 2곳(Broadway Pier, 5th Avenue Landing)과 코로나도 아일
랜드를 왕복하는 페리 업체. 버스로 40분가량 걸리는 이동 시간이 10~15분으
로 단축된다. 코로나도 아일랜드의 선착장은 샌디에이고 도심 스카이라인이 보
이는 전망 포인트다.

PRICE 편도 $9
WEB coronadoferrylanding.com

❷ 혼블로워 크루즈 Hornblower

가장 대중적인 투어 프로그램을 보유한 유람선 업체.
샌디에이고베이의 전경을 감상하는 유람선 투어, 고래
관찰 투어 등을 다양하게 운영하며, 대형 선박을 이용
한다.

PRICE 90분 $37   **WEB** cityexperiences.com

❸ 플래그십 크루즈 Flagship Cruises

일반 유람선 투어 및 제트 보트, 디너 크루즈, 고래 관
찰 투어 등을 운영한다. 코로나도 베이브리지를 관람하
는 남쪽(1시간), 카브리요 국립기념물을 관람하는 북쪽
(1시간) 코스로 나뉘며, 2시간 코스도 선택 가능.

PRICE 1시간 $35, 2시간 $40   **WEB** flagshipsd.com

샌디에이고에서 숙소 정하기

CA

해군기지가 있는 샌디에이고는 치안이 좋고 깨끗한 편이다. 숙소로 적합한 위치는 메이저급 호텔이 많은 해안산책로 엠바카데로 앞. 교통이 편리하고 경치가 훌륭한 만큼 가격은 다소 비싸다. 다운타운에는 저가형 호텔부터 고급 호텔까지 선택지가 다양한데, 가스램프 쿼터와 가까울수록 야간에 시끄럽다. 자동차 여행 중이라면 미션베이나 코로나도 아일랜드에서 휴양지 분위기를 즐기는 것도 추천. 참고로 매년 7월경 개최되는 코믹콘 기간에는 숙박비가 몇 배로 인상된다.

샌디에이고 추천 숙소 리스트

US 그랜트 The US Grant ★★★★★

1910년 오픈한 다운타운 중심부의 럭셔리 호텔. 아인슈타인과 역대 미국 대통령이 머물렀다.

ADD 326 Broadway　**TEL** 619-232-3121
PRICE $575-750　**WEB** usgrant.net

샌디에이고 메리어트 마퀴스 & 마리나
San Diego Marriott Marquis & Marina ★★★★

시포트 빌리지와 가깝고, 올드타운 트롤리 및 다양한 교통수단이 연결된 최적의 입지를 자랑하는 고급 호텔.

ADD 333 W Harbor Dr, San Diego　**TEL** 619-234-1500
PRICE $300~600　**WEB** marriott.com

윈햄 샌디에이고 베이사이드
Wyndham San Diego Bayside ★★★

산타페 디포와 가깝고, 전망 좋은 방을 갖췄다. 위치 대비 저렴한 가격에서 알 수 있듯 시설은 낡은 편. 룸 크기도 작다.

ADD 1355 N Harbor Dr　**TEL** 619-232-3861
PRICE $230~260　**WEB** wyndhamhotels.com

호텔 마리솔 코로나도
Hotel Marisol Coronado ★★★

코로나도 아일랜드에 자리한 최고급 리조트. 가격이 비싸서 부담된다면 주변의 부티크 호텔에 머물면서 해변 휴양시 분위기를 즐기는 방법도 좋다.

ADD 1017 Park Pl　**TEL** 619-365-4677
PRICE $378~430　**WEB** marisolcoronado.com

파라다이스 포인트 리조트 & 스파
Paradise Point Resort & Spa ★★★★

시월드에서 가까운 미션베이에 열대 휴양지 분위기로 꾸민 리조트. 비슷한 가격대의 도심 호텔보다 넓은 공간과 다양한 부대시설을 갖췄다. 미션베이의 다른 최고급 리조트와 같은 최신 시설은 아니다.

ADD 1404 Vacation Rd　**TEL** 858-240-4913
PRICE $470~520　**WEB** paradisepoint.com

코트야드 바이 메리어트 소렌토밸리
Courtyard by Marriott San Diego Sorrento Valley ★★★

차가 있다면 북쪽 고속도로 주변의 3성급 호텔 및 모텔급 숙소를 저렴하게 이용할 수 있다. 거리가 멀어질수록 가격대도 내려간다.

ADD 9650 Scranton Rd, San Diego, CA 92121
TEL 858-558-9600　**PRICE** $200~315
WEB marriott.com

355

1 엠바카데로
샌디에이고 관광의 시작과 끝
Embarcadero

샌디에이고의 명소가 모인 다운타운의 해변 공원. 해양박물관에서 컨벤션 센터까지 2.5km가량 이어지는 산책로 곳곳에 전망 레스토랑과 쇼핑가를 갖추고 있어서 천천히 구경하면서 걷기 좋다. 가장 큰 볼거리는 1945년 뉴욕 타임스퀘어에서 촬영된 사진 속 주인공을 모델로 만든 초대형 <키스> 동상. 종전(終戰)의 환희를 표현한 이 작품의 정식 명칭은 <언컨디셔널 서렌더(Unconditional Surrender, 무조건적인 항복)>으로, 바로 옆 퇴역 항공모함 USS 미드웨이와 절묘하게 어우러진다. 옛 범선과 대형 군함이 정박한 항만시설 사이로 요트와 유람선이 떠다니는 샌디에이고베이의 여유로운 풍경을 만끽하자. **MAP 351p**

ADD The Kissing Statue, Tuna Park
OPEN 24시간
ACCESS 산타페 디포 Santa Fe Depot역에서 도보 15분

Spot 1 USS 미드웨이 박물관
USS Midway Museum

USS 미드웨이호는 1945년부터 1992년까지 한국전·베트남전·걸프전에 참전하며 미국 역사상 가장 오랜 기간 활약을 펼친 항공모함이다. 2004년부터 박물관으로 개조하여 군함의 내·외부 시설을 공개했다. 영화 <탑건: 매버릭>의 프리미어 시사회 당시 톰 크루즈가 헬리콥터를 타고 도착한 장소가 바로 이 항공모함 위 활주로였다. 전투기·폭격기·헬리콥터 등 26대의 항공기가 도열한 갑판에 서면 해군 도시 샌디에이고의 위용이 생생하게 느껴진다. 현장에서 별도 요금을 내면 시뮬레이터 등 가상 조종 체험을 즐길 수 있다.

ADD 910 North Harbor Dr
OPEN 10:00~17:00(입장 1시간 전 마감)
PRICE $32(현장 구매 $34)
WEB midway.org

USS 미드웨이호(군함 내부에는 가파른 계단이 많으니 편한 복장으로 방문)

Spot 2 샌디에이고 해양박물관
Maritime Museum of San Diego

1948년 설립된 해양박물관이다. 영국과 인도의 무역 항로를 오가던 상선 인도의 별(Star of India, 1863), 페리보트 버클리호(Berkeley, 1898), USS 돌핀호(USS Dolphin, 1968), 영화 <캐리비안의 해적>에 등장한 영국 해군 호위함 서프라이즈호(HMS Surprise, 1970)의 래플리카 등 역사적인 선박 10여 척을 복원 및 재현하여 전시 중. 선박 내부를 둘러보면서 19세기 항해 기술의 역사, 유물, 어업 현장 기록물, 샌디에이고 해군 역사를 살펴볼 수 있다.

ADD 1492 North Harbor Dr
OPEN 10:00~16:00(여름철 연장 운영) **PRICE** $24
WEB sdmaritime.org

Spot 3 레이디 쉘
The Rady Shell

2021년 여름 제이콥 파크에 만들어진 야외 공연장. 샌디에이고 심포니의 클래식 공연과 대중음악 라이브 공연장 등으로 사용된다. 저녁 공연을 감상하다 보면 소라껍데기 모양을 한 공연장 지붕이 오렌지빛 석양으로 물드는 모습이 아름답다. 한낮의 잔디밭에서 펼쳐지는 단체 요가(Bootcamp Yoga)도 인기 만점. 컨벤션 센터와 가깝다.

ADD 222 Marina Park Way
WEB theshell.org

Spot 4 시포트 빌리지
Seaport Village

엠바카데로 산책로 안쪽에 70개의 상점과 레스토랑이 입점한 대형 쇼핑센터. 멕시코풍 광장을 중심으로 수십 채의 건물이 모여 마을을 형성하고 있다. 치즈케이크 팩토리, 스타벅스, 벤앤제리스 등 프랜차이즈 맛집과 빅토리아풍의 해변 레스토랑까지 쉬어갈 곳도 많다. 입점 업체 영수증 제시 시 주차금 할인.

ADD 849 West Harbor Dr
OPEN 10:00~21:00(매장별로 다름)
WEB seaportvillage.com

② 낭만의 거리
가스램프 쿼터 Gaslamp Quarter

엠바카데로에서 아치형 게이트를 통과하면 5th 애비뉴를 중심으로 레스토랑, 펍, 클럽이 즐비한 번화가가 시작된다. 배가 항구에 정박하는 동안 선원들이 드나들던 1850년대 형성되었던 유흥가를 재개발하면서 빅토리아 양식의 건물 90여 채를 복원해 국가 사적지로 등록했다. 가장 오래된 건물(Davis-Horton House)은 박물관으로 활용 중이며, 문화 유적 설명과 함께 19세기의 가정집을 엿볼 수 있다. 해 질 무렵 옛 가스램프를 본떠 만든 가로등에 불이 들어오면 분위기가 한층 무르익는 낭만의 거리다. **MAP 351p**

ADD Gaslamp Quarter Sign, 199 Fifth Ave
OPEN 24시간(박물관 수~토요일 10:00~16:00)
WEB gaslamp.org
ACCESS USS 미드웨이호에서 도보 20분/
트롤리 그린라인 Gaslamp Quarter역 하차

+MORE+

샌디에이고 파드리스의 홈구장, 펫코 파크 Petco Park

국내 야구팬들에게도 잘 알려진 샌디에이고 파드리스의 홈구장이 엠바카데로 남쪽에 있다. 관중들의 관전 매너가 좋기로 손꼽히며, 여행 중 방문하기 쉬운 곳에 있어서 메이저리그 경기 시즌이라면 부담 없이 구경할 것을 추천한다. 저렴한 3층석 중에는 섹션 306~309의 전망이 좋다. MLB 관람 방법은 090p 참고. **MAP 351p**

③ 샌디에이고 스카이라인 촬영 포인트
코로나도 아일랜드 Coronado Island

서쪽의 해군기지와 최고급 레저타운으로 이뤄진 섬. 다운타운에서 자동차로 코로나도브리지를 건너거나 페리를 타고 갈 수 있다. 얇은 모래톱이 육지와 연결된 육계사주(Tombolo) 지형으로 샌디에이고 도심과 내해를 공유하고 있어서, 페리 선착장 앞에서 다운타운의 스카이라인을 완벽하게 볼 수 있다.

태평양과 맞닿은 반대편에는 코로나도 해변과 더불어 마릴린 먼로의 <뜨거운 것이 좋아> 촬영지로 유명한 호텔 델 코로나도가 있다. 빅토리아 양식의 메인 건물과 해변의 카바나, 빌라 등으로 이루어진 최고급 리조트로, 정원과 주변 해변이 개방돼 있어 샌디에이고 여행자라면 누구나 들어가 보는 장소. 간 김에 호텔 레스토랑이나 칵테일 바를 이용해도 좋다. **MAP 351p**

샌디에이고 스카이라인이 보이는 선착장 앞 센테니얼 공원

호텔 델 코로나도 전경

코로나도 해변

페리 신착장
ADD Coronado Ferry Landing
WEB coronadoferrylanding.com

호텔 델 코로나도 Hotel Del Coronado
ADD 1500 Orange Ave
WEB hoteldel.com
ACCESS 다운타운에서 10km(자동차 15분)/페리로 10분. 페리 선착장에서 호텔까지 904번 버스 이용(15분 소요)

식물원 앞 수련 연못

샌디에이고 동물원

④ 숲속 문화 공원
발보아 파크 Balboa Park

미국 최대 규모의 도심 속 공원. 16개의 박물관과 각기 다른 테마로 꾸며진 19개의 정원과 9개의 공연장을 보유해 '서부의 스미소니언'으로 불린다. 여의도의 2배(4.9km²)에 가까운 방대한 면적이라서 하루 종일 돌아봐도 모자랄 만큼 볼거리가 많다. 영화 <탑건>의 전투기가 전시된 항공우주 박물관, 샌디에이고 동물원, 샌디에이고 미술관 등이 대표 시설. 잠시 들러 인증샷만 찍고 싶다면 비지터 센터와 가까운 연못(Lily Pond)을 찾아가자. 1915년 박람회를 위해 만들어진 아름다운 식물원은 드라마 <상속자들>에서 주인공이 커피 데이트를 하던 장소다. **MAP 351p**

캘리포니아 타워

발보아 파크 비지터 센터
Balboa Park Visitors Center
ADD 1549 El Prado **OPEN** 24시간
PRICE 무료입장, 박물관 통합 입장권 $72(7일간 유효), 개별 입장권은 별도
WEB balboapark.org
ACCESS 산타페 디포에서 3.2km(자동차 10분)/버스 215번으로 15분

⑤ 캘리포니아의 발상지
올드타운 Old Town

캘리포니아 최초의 유럽인 정착지를 보존한 주립역사공원(State Historic Park). 스페인 선교사 후니페로 세라 신부가 1769년 설립한 최초의 미션 산 디에고 데 알칼라(Mission San Diego de Alcalá)와 12km 떨어진 위치에 마을이 형성됐으며, 원주민과 스페인 개척자, 멕시코 정착민과 이민자의 역사가 혼재하는 장소로 남았다. 미국이 캘리포니아를 점령한 1850년 당시 샌디에이고 카운티의 중심 소재지였던 탓에 현재의 중심가인 다운타운과 구분하여 올드타운이라고 부른다. 어도비 양식의 건물에 입점한 상점들에선 저마다 고전 의상을 차려입은 직원들이 손님을 맞이하고, 멕시코 전통 레스토랑에선 맛있는 식사를 할 수 있다. 히스토릭 플라자를 중심으로 멕시코 전통 음악 밴드 마리아치의 흥겨운 공연도 펼쳐진다. **MAP 351p**

ADD 4002 Wallace St
OPEN 10:00~17:00
PRICE 무료(일부 박물관 유료)
WEB oldtownsandiego.org
ACCESS 산타페 디포에서 6km(자동차 10분)/ 트롤리 블루/그린라인 Old Town Transit Center역 하차

❶ **카사 데 에스투디요** La Casa de Estudillo(1827년) 보존 상태가 좋은 스페인-멕시코풍의 타운하우스
❷ **콜로라도 하우스** Colorado House(1851년) 서부 개척 시대 모습을 한 옛 호텔 건물
❸ **라신앤라라미 토바코** Racine & Laramie Tobacconist 프리미엄 시가와 파이프를 파는 담배 가게
❹ **피에스타 데 레이예스** Fiesta de Reyes 전통 공연이 펼쳐지는 멕시코풍 쇼핑몰
❺ **커즌 캔디 숍** Cousin's Candy Shop 태피, 젤리 등을 파는 귀여운 사탕 가게
❻ **로빈슨 로즈 하우스** Robinson Rose House(1853년) 역사공원 비지터 센터와 박물관
❼ **웨일리 하우스 박물관** Whaley House Museum(1857년) 유령이 나오는 장소로 유명해져 야간 투어도 진행하는 박물관

6 카브리요 국립기념물
샌디에이고베이의 풍경을 한눈에
Cabrillo National Monument

미션베이의 서남쪽으로 길게 뻗은 포인트 로마
(Point Loma) 반도는 1542년 포르투갈 탐험가
후안 로드리게스 카브리요가 유럽인 최초로 캘
리포니아에 상륙한 장소. 비지터 센터 옆 카
브리요 기념비가 세워진 자리는 최고의 전망
포인트. 다운타운과 코로나도 아일랜드 등 샌
디에이고베이 전경이 바라다보이고, 1~3월에
는 해안을 이동하는 고래 떼가 관측되기도 한
다. 언덕 위 올드 포인트 로마 등대를 중심으로
해안 절벽을 따라 걷는 트레킹 코스가 시작된
다. 외딴곳이라서 대중교통 이용은 어려우며,
국립공원 연간 패스가 없다면 별도의 입장료를
내야 한다. MAP 351p

ADD 1800 Cabrillo Memorial Dr
PRICE 차량 1대 $20
OPEN 09:00~17:00
ACCESS 다운타운에서 15km(자동차 25분)

7 미션베이 Mission Bay
환상적인 레저타운

거대한 습지를 인공 해변과 섬으로 변모시킨
수상 공원. 태평양과 직접 맞닿은 미션 해변
과 오션 해변에서는 서핑을 즐기고, 물살이 잔
잔한 미션베이에서는 카누, 패들보드를 즐기
는 현지인의 모습에서 여유가 느껴진다. 중앙
에 자리 잡은 섬(Vacation Isle)의 절반은 파라다
이스 포인트 리조트, 나머지는 해변으로 이뤄
졌다. 피크닉 테이블을 갖추고 있어 주말 나들
이 장소로 사랑받는 곳. 해양 테마파크 시월드
에서 케이블카(스카이라이드)를 타고 중앙 전망
대에 오르면 미션베이의 전경이 내려다보인다.
MAP 351p

ADD Ski 1600
Vacation Rd
OPEN 24시간

파라다이스 포인트 리조트

⑧ 샌디에이고의 보석
라호야 코브 La Jolla Cove

라호야 코브를 대표하는 인기 스타는 바다사자와 물개 무리! 해안 절벽과 해식 동굴로 이뤄진 해변에 연중 수십에서 수백 마리의 동물들이 일광욕을 즐긴다. 원래는 어린이 수영장이었다가 바다사자 무리가 모여들면서 명소로 변한 라호야 칠드런스 풀과 라호야 코브 사이에 집단으로 서식 중. 한여름에는 개체수가 줄어들고, 햇볕이 뜨거운 낮에는 몇 마리 안 보이지만, 늦은 오후에 방문하면 어김없이 해변을 차지한 바다사자와 물개를 만날 수 있다. 온순해 보여도 엄연히 야생동물이므로 가까이 접근하는 것은 금물. 간혹 흥분하면 사람을 뒤쫓기도 한다. 라호야는 미국에서 손꼽히는 고급 주거지이자 휴양지라서 레스토랑과 고급 리조트도 많다. **MAP 351p**

ADD Coast Blvd S, La Jolla, CA 92037

: WRITER'S PICK :

**바다사자와 물개를
구분하는 방법**

캘리포니아 바다사자 California Sea Lions 가장 쉬운 구분 방법은 외부로 돌출된 귀를 확인하는 것. 우렁찬 소리로 짖어대고, 몸집이 큰 편이다.

물개 Pacific Harbor Seals 귀가 보이지 않고 몸집과 지느러미가 작은 편. 회색이거나 점박이 무늬도 있다.

라호야 코브의
전망 레스토랑과 상점가

캘리포니아와 멕시코의 하모니
샌디에이고 맛집

멋진 바닷가 뷰 맛집에서 즐기는 신선한 시푸드와 푸짐한 BBQ!
육류와 해산물을 넘나드는 샌디에이고의 푸짐한 음식을 마음껏 즐겨보자.

살살 녹는 훈연 비비큐
필스 비비큐
Phil's BBQ

샌디에이고에서 꼭 가봐야 할 BBQ 전문점 체인. 가격
대비 양이 푸짐하고, 특제 바비큐 소스가 일품이다. 새
끼돼지갈비로 만든 베이비백립, 소갈비로 만든 비프립,
두툼한 어니언링도 추천. 카운터에서 주문·결제하면 테
이블로 음식을 가져다준다. 시월드와 가까운 곳에 손님
이 가장 많고, 다운타운 및 주변에도 지점이 있다. 예약
은 불가능. 웨이팅은 기본이다. **MAP 351p**

ADD 3750 Sports Arena Blvd
OPEN 11:00~22:00
MENU 베이비백립 $30, 비프립 $32.5(반반 주문 가능)
WEB philsbbq.net

할머니의 손맛
올드타운 멕시칸 카페
Old Town Mexican Cafe

멕시코 국경과 인접한 남부 캘리포니아에는 멕시코 정
취가 물씬 풍기는 전문점이 많다. 그중 샌디에이고 올
드타운에서 할머니들이 직접 손으로 빚는 토르티야가
인기. 바로 옆 코요테 카페와 더불어 올드타운 최고의
맛집이다. 고기는 조금 퍽퍽해서 살사 소스를 넉넉히
뿌려야 한다. **MAP 351p**

ADD 2489 San Diego Ave
OPEN 08:00~21:00
MENU 까르니따스 플레이트 2인분 $35, 마리스카다(새우와 생선)
$28
WEB oldtownmexcafe.com

유리돔에서 바라본 항구 전망

포트사이드 피어
Portside Pier

항구 전망의 뷰 맛집 6곳이 입점한 엠바카데로의 새로운 해안 명소. 캐주얼한 펍 느낌의 케치 그릴앤탭 (Ketch Grill & Taps), 멕시칸 레스토랑 미겔 코치나(Miguel's Cocina), 오이스터 바를 갖춘 시푸드 전문점 브리건타인(Brigantine) 등 특징과 가격대가 각기 다르니 취향껏 골라보자. **MAP 351p**

ADD 1360 N Harbor Dr
OPEN 06:00~22:00
WEB portsidepier.com

커다란 명물 팬케이크

리처드 워커스 팬케이크 하우스
Richard Walker's Pancake House

라호야 코브와 다운타운에도 지점이 있는 브런치 전문점. 슈가파우더와 메이플 시럽을 듬뿍 뿌린 다음, 손으로 돌돌 말아서 잘라먹는 커다란 더치 베이비 팬케이크를 비롯해 10여 가지의 팬케이크 메뉴를 갖췄다. 푸짐한 미국식 브런치를 맛보고 싶다면 추천. **MAP 351p**

ADD 520 Front St, San Diego
OPEN 06:30~14:30
MENU 에그베네딕트 $19, 더치 베이비 $18
WEB richardwalkers.com

간단하면서도 든든한 한 끼

타코 스탠드 The Taco Stand

멕시코 출신의 오너가 운영하는 타케리아(타코 및 부리토 전문점). 주문할 때 고기 종류를 골라야 한다. 추천 메뉴는 직화구이 소고기 까르네 아사다 (Carne Asada), 꼬치에 구워낸 돼지고기 알 파스토르(Al Pastor), 향신료를 뿌려 직화에 구운 닭고기 뽀요 아사도(Pollo Asado)다. 샌디에이고 최고의 타코라는 입소문을 타고 라스베이거스와 마이애미에도 매장을 열었다. 라호야가 첫 번째 매장이다. **MAP 351p**

ADD 621 Pearl St **OPEN** 09:00~21:00
MENU 타코 $4~5, 부리토 $10~11
WEB letstaco.com

낭만적인 식사를 원한다면
톰 햄스 라이트하우스 Tom Ham's Lighthouse

신선한 해산물과 멋진 뷰로 꾸준한 인기를 유지하는 레스
토랑. 야외 테라스석에 앉으면 샌디에이고 베이의 스카이라
인과 코로나도 아일랜드의 스펙터클한 뷰가 펼쳐진다. 디너
가격이 부담된다면, 평일 해피 아워(15:00~17:00)에 방문해
칵테일과 안주류를 즐기면서 전망을 감상하는 방법도 있다.
MAP 351p

ADD 2150 Harbor Island Dr, San Diego
OPEN 11:30~21:00
MENU 파에야(해산물 볶음밥) $30, 부야베스(해산물 스튜) $40
WEB tomhamslighthouse.com

해안가 뷰 맛집
브록턴 빌라 Brockton Villa

바다사자와 물개가 서식하는 라호야 코브 바로 앞이라서 접
근성이 좋다. 라호야 지역 특유의 해안 별장을 개조한 장소
라서 편안한 분위기. 오전부터 오후까지 브런치 메뉴를 주
문할 수 있다. **MAP 351p**

ADD 1235 Coast Blvd
OPEN 09:00~20:00(일·월요일 ~15:00)
MENU 토스트·오믈렛 $19~30
WEB brocktonvilla.com

양으로 승부하는 미국식 브런치
해시 하우스 어 고 고 Hash House A Go Go

프라이드치킨, 비스킷, 와플을 층층이 쌓아 올린 엄청난 비
주얼로 유명해진 브런치 전문점. '해시(hash)'란 잘게 썬 고
기와 감자, 각종 채소를 빠르게 볶아낸 음식을 뜻하는데, 미
국에서는 이처럼 저렴한 음식을 파는 가게를 해시 하우스라
고 부른다. 샌디에이고 본점은 도심과 거리가 꽤 있는데도
일부러 찾아오는 손님이 많다. 라스베이거스 등 여러
곳에 지점이 있다. **MAP 351p**

ADD 3628 Fifth Ave
OPEN 07:30~14:00(주말 ~15:00)
MENU 치킨 와플 타워 $28, 해시 $22
WEB hashhouseagogo.com

하늘바라기 나무를 만나다
조슈아 트리 국립공원
Joshua Tree National Park

모하비 사막 북서쪽, 고도가 높고 기후가 서늘한 지대에 기묘하게 뒤틀린 가지를
하늘로 뻗어 올린 조슈아 트리가 거대한 군락을 이룬 풍경은 어디서도 볼 수 없는 진귀한 장면.
고도가 낮은 국립공원의 동쪽과 남쪽은 키 작은 유카와 초야 선인장, 오코티요 선인장 등
콜로라도 사막지대 식물의 자생 지역으로 전혀 다른 분위기를 연출한다.
LA 및 팜스프링스와 가까워 늘 방문자가 많다.

SUMMARY
공식 명칭 Joshua Tree National Park
소속 주 캘리포니아
면적 3217km²
오픈 24시간
요금 차량 1대 $30(7일간 유효)

ⓘ 조슈아 트리 비지터 센터
Joshua Tree Visitor Center

ADD 6554 Park Blvd, Joshua Tree, CA 92256
OPEN 07:30~17:00
TEL 760-367-5500
WEB nps.gov/jotr

WEATHER

지역별로 기온은 조금씩 다르지만, 대체로 일교차가 크고 건조한 사막지대다. 봄과 가을이 가장 쾌적하고, 겨울에는 영하권으로 떨어지기도 한다. 여름철 체감기온은 실제보다 훨씬 높은 편이라서 자칫 트레킹 도중 탈수 증세가 나타날 수 있다. 사막의 밤은 춥기 때문에 어느 계절이든 겉옷은 필수. 안전을 위해서 반드시 운동화를 신자.

기온	봄	여름	가을	겨울
최고 평균	29°C	38°C	29°C	15°C
최저 평균	10°C	24°C	10°C	0°C

조슈아 트리 국립공원 IN & OUT

조슈아 트리 국립공원은 대부분 자동차 또는 투어를 이용해 여행한다. 비지터 센터를 제외하면 편의시설은 전무하며, 통신이 두절된다.

주요 지점과의 거리(조슈아 트리 비지터 센터 기준)

출발지	거리	자동차 소요 시간
팜스프링스	54km	50분
로스앤젤레스	207km	2시간
샌디에이고	258km	2.5시간
라스베이거스	319km	3.5시간

자동차로 가기

팜스프링스를 기점으로 국립공원을 한 바퀴 도는 거리는 총 230km. 주요 명소를 들르다 보면 반나절 이상 걸리기 때문에 최소 하루치 물과 식량을 준비하고, 국립공원에 진입하기 전 마지막 마을인 '29 팜스'에서 주유소에 들르자. 국립공원을 관통하는 메인 도로(Park Blvd)는 잘 포장돼 있지만, 무더운 날씨에는 자동차 점검이 필요하다. 가까운 휴양도시 팜스프링스 또는 데저트 핫스프링스에서 하루 숙박하고, 라스베이거스 등으로 여행을 이어 나가기를 추천한다.

+MORE+

조슈아 트리 국립공원 숙소, 어디로 정할까?

국립공원 북쪽 입구인 29 팜스(Twentynine Palms)와 유카밸리(Yuca Valley)에는 모텔급 숙소를 포함해 사막 힐링 여행을 테마로 운영하는 독채형 리조트(Vacation Rental로 검색)가 많다. 무난한 리조트 타운을 원한다면 팜스프링스(Palm Springs)가 정답. 다운타운 남동쪽으로 사구아로(The Saguaro), 에이스(Ace), 파커(Parker) 등 인기 풀사이드 리조트와 호텔이 자리한다. 팜스프링스보다 조금 가까운 데저트 핫스프링스(Desert Hot Springs) 쪽 리조트는 조금 더 저렴하다.

추천 경로

247 트웬티나인 팜스
Mt. San Gorgonio
유카밸리
62
조슈아 트리 비지터 센터(메인)
조슈아 트리 국립공원
데저트 핫스프링스
2 히든밸리
10
데저트힐스 프리미엄 아웃렛
팜스프링스 에어리얼 트램웨이
3
키스 뷰
초야 선인장 정원 4
1 팜스프링스 다운타운
팜스프링스
Mt. San Jacinto
111
코튼우드 비지터 센터
10
74
코첼라밸리

DAY TRIP ❶ **팜스프링스**에서 출발해 조슈아 트리가 많이 자라는 국립공원 북쪽의 메인 비지터 센터를 통해 진입하는 것이 가장 무난하다. ❷ **히든밸리**의 조슈아 트리 군락을 구경하고 ❸ **키스 뷰** 정상으로 이동해 전망을 감상하자. 날씨나 도로 사정이 좋지 않은 시기에는 이쯤에서 되돌아나가는 것이 바람직하다.

공원 중간 지점을 넘어서면 남쪽 출구까지 약 100km를 이동하는 동안 북쪽과는 전혀 다른 콜로라도 사막의 풍경이 펼쳐진다. ❹ **초야 선인장 정원**의 키 작은 관목을 구경하고 코튼우드 비지터 센터를 통과해 나오면 국립공원의 주요 명소를 하루 만에 돌아보는 셈이다.

① 조슈아 트리가 지키는 사막의 밤
히든밸리 Hidden Valley

비지터 센터를 지나면 본격적인 조슈아 트리 군락지가 시작된다. 첫 번째 캠핑장인 히든밸리 주변은 자전거와 하이킹, 암벽 등반을 즐기는 사람이 많다. 가장 무난한 트레킹 코스는 둥글둥글한 바위산과 조슈아 트리로 둘러싸인 사막지대를 걷는 히든밸리 네이처 트레일이다. 은하수 사진을 찍으려면 일찌감치 도착해 마음에 드는 나무를 정해놓고 기다리는 것이 좋다. 공원 안에는 조명이나 보안요원이 없으니 밤에는 히든밸리까지만 진입하는 것이 안전하다. **MAP 368p**

ADD Hidden Valley Campground, 74485 National Park Dr
ACCESS 비지터 센터에서 23km(자동차 30분). 국립공원의 메인 도로 Park Boulevard에서 'Hidden Valley' 사인을 보고 진입

히든밸리 네이처 트레일 Hidden Valley Nature Trail
TREKKING 왕복 1.6km/30분/난이도 하

: WRITER'S PICK :

모험심이 강한 유카, 조슈아 트리 "The Adventurous Yucca"

조슈아 트리 국립공원에는 셀 수 없이 많은 조슈아 트리가 자란다. 19세기 중반, 모하비 사막을 지나던 모르몬 교도들이 마치 하늘을 향해 팔을 뻗고 기도하는 여호수아(Joshua) 같다고 하여 조슈아 트리로 부르게 됐는데, 실제로는 나무가 아닌 용설란과 비슷한 유카 속의 관목(학명: Yucca brevifolia)이다. 척박한 사막에서 수분을 유지하기 위해 날카롭고 곧은 잎이 줄기를 뒤덮으면서 자란다. 특정한 방향성 없이 제멋대로 가지를 뻗는다고 해서 '모험심이 강한 유카(The Adventurous Yucca)'라는 별명까지 붙었는데, 독특하다 못해 괴이한 형상을 띄는 것이 바로 조슈아 트리의 매력이다. 평균 수명은 150년 정도이나, 수령 300~500년으로 추정되는 조슈아 트리가 발견된 적도 있다.

② 사막의 전망을 한눈에
키스 뷰 Keys View

국립공원에서 가장 높은 지점인 키스 뷰 룩아웃에 서면 해수면보다 72m 낮은 솔튼 호수(Salton Sea, 바다였다가 선사시대에 호수가 된 함수호)부터 3291m 높이의 샌허신토 봉우리(San Jacinto Peak)까지, 팜스프링스와 코첼라밸리(Coachella Valley) 일대의 장관이 펼쳐진다. 시계가 좋은 날에는 멀리 멕시코까지 보인다고. 메인 도로에서 언덕길을 따라 15분 정도 올라가면 주차장 바로 앞이 전망 포인트다. **MAP 368p**

키스 뷰 전망대

ADD Keys View Road
ACCESS 히든밸리에서 12km
(자동차 20분)

③ 귀여운 선인장 왕국
초야 선인장 정원 Cholla Cactus Garden

국립공원의 안쪽, 산세가 험하고 환경이 척박해 조슈아 트리가 더 이상 자라지 않는 콜로라도 사막지대는 귀여운 선인장 초야의 왕국이다. 키가 작은 선인장 군락 사이를 걸어볼 수 있도록 짤막한 트레일이 만들어져 있는데, 걸을 때 가시에 찔리지 않도록 조심해야 한다. 여기에서 제일 가까운 편의시설은 코튼우드 비지터 센터이며, 남쪽 출구까지는 40km 거리다. **MAP 368p**

ADD Pinto Basin Road
ACCESS 조슈아 트리 비지터 센터에서 55km(자동차 1시간 30분)
TREKKING 주차장에서 400m/10분/난이도 하

④ 사막 위 휴양도시
팜스프링스 Palm Springs

온화한 기후로 한겨울에도 다양한 야외 액티비티를 즐길 수 있는 휴양도시. 조슈아 트리 국립공원 관광 및 코첼라 밸리 음악축제 기간 베이스캠프로 삼기 좋은 샌허신토 산기슭에 있다. LA에서 가까워 '2시간 이내에 LA로 복귀할 수 있어야 한다'는 할리우드의 '2 Hours Rule' 조건을 충족해 1920년대부터 슈퍼스타들이 즐겨 찾았다. 제2차 세계대전 이후 미국을 중심으로 인테리어·건축·생활양식 전반에 걸쳐 불었던 디자인 운동 미드센추리 모던(Mid-Century Modern)의 메카였다. 디자인 도시답게 수준 높은 컬렉션을 보유한 팜스프링스 미술관도 가볼 만하고, 도시 곳곳에서 당대 최고의 건축가들이 만든 실험적인 집들을 찾아볼 수 있는데, 비지터 센터에서 관련 정보와 투어 프로그램을 제공한다. 팜캐니언 드라이브(Palm Canyon Dr) 도로를 중심으로 식당과 편의시설, 볼거리가 모인 다운타운이 형성돼 있다. **MAP 368p**

ⓘ **팜스프링스 비지터 센터**
Palm Springs Visitors Center
ADD 2901 N Palm Canyon Dr, Palm Springs, CA 92262 **TEL** 800-347-7746
WEB visitpalmsprings.com
ACCESS LA에서 181km(자동차 2시간)

영화 속 마릴린 먼로의 모습을 재현한 포에버 마릴린(Forever Marilyn) 조각상

팜스프링스 다운타운

⑤ 사막이 내려다 보이는 케이블카
팜스프링스 에어리얼 트램웨이 Palm Springs Aerial Tramway

다운타운 북쪽의 치노캐니언(Chino Canyon) 정상까지 올라가는 케이블카에서 팜스프링스 사막 일대와 협곡 경치를 감상할 수 있다. 케이블카 탑승 지점(사막지대, 해발 805m)과 산 정상(고산지대, 해발 2595m)은 20℃ 이상 기온 차가 나니 참고. 주말 및 성수기에는 예매하고 가는 게 좋다. **MAP 368p**

ADD 1 Tram Way, Palm Springs, CA 92262
OPEN 10:00~20:00(주말 08:00~)
PRICE $34.95, 주차 $15
WEB pstramway.com
ACCESS 팜스프링스 다운타운에서 6km(자동차 10분)

우주 행성을 닮은

데스밸리 국립공원
Death Valley National Park

캘리포니아와 네바다주의 경계, 로스앤젤레스 면적의 10배에 달하는 광활한 국립공원이다. 해발 3366 m의 고지대와 해수면보다 낮은 −85m의 저지대가 공존하는 극한의 환경. 1913년 7월 10일의 기온이 57℃를 기록하며 세계에서 가장 더운 지대로 기록된 바 있다. 물도 그늘도 없는 척박한 땅이라서 죽음의 계곡으로 불리지만, 영화 <스타워즈>가 촬영된 데스밸리의 매력은 그 너비만큼이나 무한하다. 라스베이거스와 가까워서 하루 만에 다녀갈 수 있지만, 2~3일 일정으로 둘러본다면 더욱 좋은 곳이다.

SUMMARY
공식 명칭 Death Valley National Park
소속 주 캘리포니아 & 네바다
면적 13,650km²
오픈 24시간
요금 차량 1대 $30(7일간 유효)

ⓘ 퍼니스 크리크 비지터 센터
Furnace Creek Visitor Center

ADD 328 Greenland Blvd. Death Valley, CA 92328
OPEN 08:00~17:00
TEL 760-786-3200
WEB nps.gov/deva

WEATHER

사막에 꽃이 피는 2~3월과 기후 변화가 크지 않은 10월이 여행 적기다. 4월부터 본격적인 더위가 시작되고, 여름 내내 40~50℃의 고온이 지속돼 안전사고의 위험이 현저히 커진다. 늦여름이나 겨울에는 폭우로 홍수가 나기도 하므로 이 시기에는 해수면보다 낮아서 침수 위험이 있는 퍼니스 크리크 남쪽 저지대에 진입하면 안 된다.

기온	3월	7월	10월	1월
최고 평균	27.8℃	46.9℃	33.8℃	19.4℃
최저 평균	12.7℃	31.1℃	16.4℃	4.4℃

373

데스밸리 국립공원 IN & OUT

여행이 가능한 지역은 국립공원 전체 면적의 5%에 불과하다. 국립공원 내 편의시설과 명소 간 거리가 먼데다 숙박 장소도 제한적이니 여행 계획은 미리 세워둬야 한다. 비지터 센터 외에는 통신이 완전히 두절된다.

주요 지점과의 거리(퍼니스 크리크 기준)

출발지	거리	자동차 소요 시간
라스베이거스	200km	2시간
로스앤젤레스	450km	4.5시간
샌프란시스코	820km	8.5시간

해수면 아래임을 알리는 표지판

자동차로 가기

국립공원을 동서로 관통하는 주요 도로인 루트 190(U. S. Route 190)의 도로 사정은 좋은 편이다. 길 찾기는 어렵지 않으나, 구글맵보다 실제 이동에는 더 오랜 시간이 소요된다는 점을 감안하자. SUV가 아닌 일반 차량으로 비포장도로에 진입하는 것은 위험할 수 있으며, 렌터카 약관도 확인할 필요가 있다. 오프로드를 즐기려면 높이가 15인치(38cm) 이상인 하이클리어런스 차량을 별도 대여하는 것이 좋다. 기상 상황에 따라 폐쇄되는 도로가 있을 수 있다.

+MORE+

데스밸리 국립공원 숙소, 어디로 정할까?

퍼니스 크리크의 고급 리조트(오아시스) 외에는 서부영화에서 볼 법한 산장이나 모텔급 숙소가 대부분이다. 2~3월은 성수기에 해당하며, 국립공원 안에는 숙소가 충분하지 않아 사전 계획은 필수다.

국립공원 내부

■ The Oasis(Inn & Ranch)
PRICE $320~460
WEB oasisatdeathvalley.com

■ Stovepipe Wells Village
PRICE $200~230
WEB deathvalleyhotels.com

■ Panamint Springs
PRICE $114~184
WEB panamintsprings.com

국립공원 외부

■ Armagosa Opera House
ADD 608 Death Valley Jct, Death Valley, CA 92328
PRICE $99~110
WEB amargosa-opera-house.com
ACCESS 퍼니스 크리크까지 50km

■ Longstreet Inn
PRICE $109~120
ADD 4400 NV-373, Amargosa Valley, NV 89020
WEB longstreetcasino.com
ACCESS 퍼니스 크리크까지 61km

■ Best Western Frontier Motel
ADD 1008 S Main St, Lone Pine, CA 93545
PRICE $158~200
WEB bestwestern.com
ACCESS 퍼니스 크리크까지 167km

Stovepipe Wells Village

여행자의 오아시스, 제너럴 스토어

The Oasis

추천 경로

DAY 1 가장 가까운 대도시 라스베이거스에서 당일로 다녀간다면 ❶~❹번 정도를 돌아보는 것이 무난한 경로다. 메인 비지터 센터는 국립공원 동쪽 깊숙한 곳에 있으므로, 들어오는 길에 먼저 ❶ <u>단테스 뷰</u>와 ❷ <u>자브리스키 포인트</u>를 보면 된다. 퍼니스 크리크에서 국립공원 입장료를 지불하고(연간 패스가 있다면 차량 대시보드에 보이도록 둘 것) 도로 상황을 파악한 다음 해수면 아래 저지대인 ❸ 배드워터 분지를 다녀오자. ❹ 메스키트 플랫 샌드 듄은 석양 감상 명소지만, 이동 시간을 고려해 동선을 짜야 한다.

DAY 2 퍼니스 크리크 또는 스토브파이프 웰스에서 하룻밤 잔 다음 ❺ <u>유비히비 크레이터</u>를 방문한다. 여기서부터 ❻ 레이스트랙까지는 비포장도로라서 생각보다 시간이 오래 걸린다. 편의시설이 전무한 구간이니 하루치 이상의 물과 식량을 준비하자. 190번 도로를 따라 서쪽의 ❼ <u>파더 크로울리 비스타 포인트</u>를 지나 국립공원 서쪽으로 진출하면 베이커스필드(CA)까지 3~4시간 소요된다.

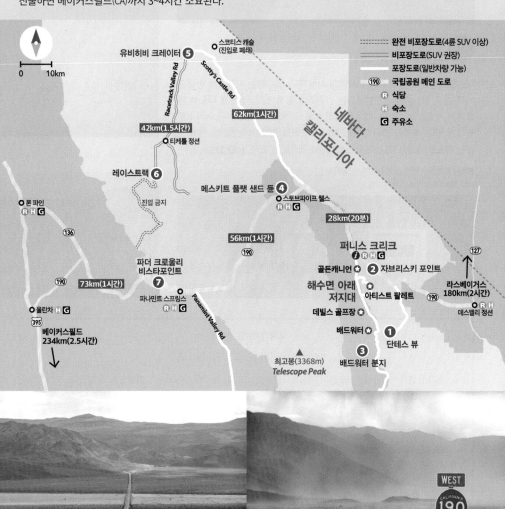

1 사막의 오아시스
퍼니스 크리크 Furnace Creek

데스밸리 정션부터 본격적인 사막이 시작된다. 입구에는 매표소나 안내센터가 없고, 국립공원에 진입했다는 간판과 자율적으로 입장료를 내도록 만들어둔 키오스크가 전부. 퍼니스 크리크에 도착해야 비로소 푸른 야자수를 만나게 된다. 비지터 센터 옆에는 퍼니스 크리크 캠핑장이 있으며, 랜치 쪽에는 리조트와 골프장, 제너럴 스토어(작은 잡화점)가 있다. **MAP 375p**

ADD 데스밸리의 메인 도로 Highway 190
WEB oasisatdeathvalley.com

비지터 센터에 설치된 온도계   사막의 리조트   자브리스키 포인트

: WRITER'S PICK :

<스타워즈> 마니아의 성지! 데스밸리

데스밸리는 영화 <스타워즈>의 전체 에피소드를 아우르는 배경 타투인(Tatooine) 행성으로 등장했다. 2개의 태양이 뜨며 온통 사막으로 이뤄진 세상. 아나킨 스카이워커와 루크 스카이워커의 고향을 표현하기에 데스밸리만큼 적당한 곳이 또 있을까? 스타워즈 팬들에게는 필수 방문지가 된 촬영 로케이션은 주로 <에피소드 4: 새로운 희망>과 <에피소드 6: 제다이의 귀환>에 등장한다.

- **단테스 뷰** 루크 스카이워커와 오비완이 모스 에이슬리 기지를 내려다보는 장면
- **트웬티 뮬 팀 캐니언** R2-D2와 C-3PO가 자바의 궁전을 향해 걸어가는 장면
- **골든 캐니언** R2-D2가 드로이드 사냥꾼 자와족에게 납치된 장면
- **아티스트 팔레트** 거대한 샌드크롤러(Sandcrawler)가 등장하는 장면 및 R2-D2가 납치된 장면
- **메스키트 모래사막** C-3PO와 R2-D2가 타투인 사막에서 헤매는 장면

② 세상의 끝
단테스 뷰 Dante's View

데스밸리의 광활한 저지대가 내려다보이는 최고의 전망 포인트. <스타워즈> 팬들은 이곳을 '모스 에이슬리 오버룩(Mos Eisley Overlook)'이라고 부른다. 해발 1669m 산정상에 서면 배드워터 분지가 내려다보이고, 염수가 증발해 하얗게 소금만 남은 솔트 플랫(과거에 바다였던 곳) 사이로 가느다란 도로의 윤곽이 드러난다. 190번 도로에서 벗어나 산 위로 21km를 올라가면 주차장 앞 전망 포인트가 나온다. 길이 잘 정비돼 있어 원점으로 복귀하기까지 왕복 1시간이면 충분하다. 동쪽에서 서쪽을 바라보는 전망이므로 오전에 방문해야 순광이다.

MAP 375p

ACCESS 퍼니스 크리크에서 40km
TREKKING 전망포인트까지 100~200m/왕복 10분/난이도 하

③ 화성의 지표면을 닮은
자브리스키 포인트
Zabriskie Point

데스밸리의 뜨거운 열기를 온몸으로 느끼며 언덕 위 전망 포인트까지 걸어 올라가면 500만 년 전 완전히 증발해버린 퍼니스 크리크 호수의 퇴적층이 내려다보인다. 깊은 주름처럼 골이 파인 거친 지표면이 외계 행성을 연상시켜 영화 <화성의 로빈슨 크루소>(1964)에서 가상의 화성으로 등장했다. 라스베이거스에서 퍼니스 크리크로 가는 길에 있어 쉽게 찾을 수 있으며, 가는 길에 잠시 우회해 트웬티-뮬팀캐니언(Twenty-Mule Team Canyon)을 지나도 된다. 1883~1889년에 18마리 노새와 2마리의 말이 끄는 마차가 광물을 운반하던 옛길을 일컫는 이름이다. **MAP 375p**

ACCESS 퍼니스 크리크에서 7.7km
TREKKING 주차장에서 400m/왕복 20분/난이도 하

자브리스키 포인트 전경

강렬한 열기가 느껴지는 언덕길

골든캐니언과 연결되는 트레킹 코스

④ 북미에서 가장 낮은 지대
배드워터 분지 Badwater Basin

퍼니스 크리크에서 남쪽으로 내려가면 해수면보다 낮은 지대가 시작
된다는 표지판(Below Sea Level)이 나타난다. 염수가 증발해 소금만 남
은 말라붙은 해저면을 여행하는 셈. 길 끝은 북미에서 가장 낮은 표고
-86m 지점이다. 지표면으로 샘솟는 미량의 지하수는 소금 퇴적층에서
섞여 든 염분으로 인해 마실 수 없는 물이라고 하여 '배드 워터'로 불린
다. 적은 강수량(연간 48mm)과 지하수의 양에 비해 증발 속도가 훨씬 빨
라 겨우내 형성된 물웅덩이는 여름이 지나면 완전히 말라버린다. 사람
들이 바닥을 보며 걷는 이유는 용해된 소금 결정이 벌집 모양의 얇은 띠
를 형성하는 솔트 폴리곤(Salt Polygons)을 찾기 위해서다. **MAP 375p**

ACCESS 퍼니스 크리크에서 25km(자동차 최소 45분)
TREKKING 개인 선택에 따라 200m~1.5km/왕복 10분/난이도 하

배드워터의 용해된 소금 결정

해발 고도를 표시한 팻말

⑤ Spot 1 데빌스 골프장
Devil's Golf Course

배드워터보다 더 건조한 환경으로 소
금 결정이 날카로운 암염 형태로 퇴적
되는 과정에서 수많은 구덩이를 형성
해 '악마의 골프장'이라는 별명이 붙었
다. 가장 깊은 구멍은 최대 9.1m에 달
한다고.

Spot 2 아티스트 팔레트
Artist's Palette

암석에 섞인 여러 종류의 광물이 각각 다른 색으로 산화되어 마치 물감을 칠해놓은 것처럼 보인다. 붉은색과 분홍색, 노란색은 철분(Iron), 녹색은 규산염광물 운모(Mica), 보라색은 망간(Manganese) 성분이다. 부채꼴로 펼쳐진 선상지(Alluvi Fan)를 따라 드라이브 코스가 있다.

5 사막의 노을 명소
메스키트 플랫 샌드 듄
Mesquite Flat Sand Dunes

퍼니스 크리크에서 북쪽으로 운전해 올라가다 보면 수십 미터 높이로 솟아오른 사구가 나타난다. 붉게 물드는 석양을 감상하는 명소로, 한번 발을 들여놓으면 좀처럼 벗어나기 힘든 사막의 매력을 느낄 수 있다. 스토브파이프 웰스 리조트와 가깝고, 다른 사구 지역인 유레카 듄, 샌드 듄에 비해 접근성도 좋은 편. 하지만 모래 언덕을 계속 넘어가다 보면 생각보다 먼 거리까지 가게 되니 뒤를 돌아보며 걸어야 한다. 물과 비상식량, 플래시를 반드시 휴대하자. **MAP 375p**

ACCESS 퍼니스 크리크에서 36km, 스토브파이프 웰스에서 3km
TREKKING 선택에 따라 200m~1km/왕복 30분~1시간/난이도 중

⑥ 죽음의 분화구
유비히비 크레이터
Ubehebe Crater

레이스트랙으로 접어드는 길 초입에 있는 유비히비 분화구는 단 한 번의 폭발로 생성된 거대한 분화구(마르, Maar)다. 고압의 수증기가 지층의 돌과 마그마를 분출시키며 만들어 수력 화산(Hydrovolcanic) 또는 침윤층 분출(Phreatic Eruption)이라고도 한다. 너비 1km, 깊이 237m의 분화구가 생성된 시기는 2000~7000년 전으로 추정되는데, 검은 화산재로 뒤덮인 지표면에 용암이 흘러내린 흔적이 고스란히 남았다. 단단해 보이는 지반은 사실 약하고 푸석푸석해 살짝이라도 발을 잘못 디디면 무너져 내리므로 가장자리 보행자도로에서 벗어나지 않도록 주의해야 한다. **MAP 375p**

ACCESS 퍼니스 크리크에서 91km
TREKKING 개인 선택에 따라 200m~1km/왕복 30분~1시간/난이도 중

⑦ 움직이는 돌의 미스터리
레이스트랙
The Racetrack

정말 돌이 움직이고 있을까? 호기심 하나로 이곳까지 찾아온 사람들은 거북이 등껍질처럼 갈라진 건조한 땅 위에 육중한 바위가 남긴 긴 궤적을 마주하게 된다. 미국의 한 연구팀이 밝혀낸 바에 의하면 추운 계절에 내린 비가 살얼음이 되고, 매끄러운 진흙 위로 강한 바람이 불면서 돌이 분당 2~5m의 속도로 미끄러져 움직인 것이라고. 호수였던 곳이 완전히 말라 바닥을 드러낸 저지대(Playa)라서 바닥의 흙이 굉장히 곱기 때문에 가능한 일이다. 물론, 맨눈으로는 전혀 확인할 수 없는 속도다. 레이스트랙까지는 비포장도로를 지나게 되며, 중간의 티케틀 정션(Teakettle Junction)에서 히든밸리(Hidden Valley)가 아닌 레이스트랙밸리(Racetrack Valley) 쪽으로 가야 한다. 땅이 물에 젖으면 발자국이 남을 수 있으니 들어가지 말아야 하며, 외진 지역이라 조난사고가 가끔 발생하니 기상 상황에 주의하자. **MAP 375p**

ADD Racetrack Playa, Racetrack Valley Rd
ACCESS 퍼니스 크리크에서 134km(자동차 3시간)
TREKKING 주차장 바로 앞/10분/난이도 하

커다란 돌이 만들어낸 궤적

+MORE+

데스밸리 여행 전 필수 준비 사항

광활하고 인적이 드문 지역을 여행할 때는 사소한 것 하나에 안전이 좌우된다. 미리 계획한 일정이 있더라도 기상 조건 및 상황에 따라 유연하게 대처하자.

■방문 전 국립공원 홈페이지의 공지사항 확인하기

한겨울을 제외하면 데스밸리는 언제나 더운 사막이며, 그늘이 없어 체감온도가 훨씬 높다. 한여름에는 차량이 과열될 위험이 커지고, 집중 호우 시에는 도로 침수와 홍수가 발생하기도 한다.

■국립공원 진입 전 식수와 연료, 비상식량 확보하기

국립공원에 진입하기 전 마을에서 주유를 마치고 차량 상태를 짐김하사. 퍼니스 크리크와 스토브파이프 웰스, 파나민트스프링스 등에 있는 마트에서 비상식량과 물을 충분히 사서 차에 실어둬야 한다.

■오프라인 지도 준비하기

통신 불가 지역이 대부분이고, GPS가 제대로 작동하지 않기 때문에 내비게이션보다는 다녀도 되는 길이 명확히 표시된 오프라인 지도에 의존해야 한다. 방문 전 최신 정보가 담긴 PDF를 다운받아 두고, 비

일반 차량으로 진입할 수 없는 오프로드

지터 센터에서 대형 종이 지도를 확보하자(국립공원 WEB nps.gov/deva 에서 MAPS 클릭 → Visitor Guide 클릭 → PDF파일 다운로드).

■이동 시간은 넉넉하게 잡기

구글맵으로 검색해서 나오는 소요 시간은 실제 이동 시간과는 차이가 크다. 하루 만에 전역을 둘러볼 수 있는 크기가 아니므로, 여러 가지 변수를 염두에 두고 일정을 계획하자.

티케틀 정션에는 여행자들이 기념으로 남겨둔 진짜 주전자가 주렁주렁 걸려 있다.

GRAND CIRCLE

2

그랜드 서클

NV 네바다
State of Nevada

네바다는 '눈으로 덮였다(snow-covered)'는 뜻의 스페인어 지명과는 대조적으로, 연간 강수량이 180mm 정도인 건조한 사막지대다. 척박한 환경 탓에 인구의 대부분은 라스베이거스가 속한 클락 카운티에 거주한다. 실버 스테이트라는 별명이 붙을 만큼 다량의 은을 생산했으나 20세기 들어 광산업은 쇠락했고, 1931년 카지노 합법화 법안에 따라 라스베이거스라는 거대 관광 도시가 탄생했다. 오늘날 네바다주 경제력의 상당 부분은 관광업과 카지노 산업에 집중돼 있다.

주도	카슨시티
대도시	라스베이거스
별칭	Silver State(은광의 주)
연방 가입	1864년 10월 31일(36번째 주)
면적	286,380km²(미국 7위)
홈페이지	travelnevada.com(네바다주 관광청)

오리건 OREGON
아이다호 IDAHO

NV

래슨화산
국립공원
Susanville

피라미드
호수

네바다
NEVADA

Wells
West Wendover
솔트레이크시티 →

Reno
카슨시티
타호 레이크
South Lake
Tahoe

새크라멘토

인요 국유림

Eureka

Ely

휠러
피크

그레이트베이슨
국립공원

유타
UTAH

요세미티
국립공원

Tonopah

시에라네바다

Bishop

캘리포니아
CALIFORNIA

킹스캐니언
국립공원

휘트니산
세쿼이아
국립공원

Lone Pine

Olancha

데스밸리
국립공원

Crystal Springs

St George

자이언
국립공원

애리조나
ARIZONA

Gilroy

피너클스
국립공원

라스베이거스
후버댐

미드호수

그랜드캐니언
웨스트 림

세븐 매직 마운틴

모로베이

San Luis Obispo

Bakersfield

로스앤젤레스
↙

Barstow

모하비 사막

Needles

그랜드캐니언 →
국립공원

0   50km

Time Zone

표준시 태평양 표준시(PT)
시차 −17시간(서머타임 있음)

한국 09:00 → 네바다 전 날 16:00

Weather

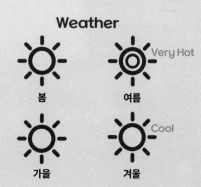

Very Hot

봄   여름

Cool

가을   겨울

Las Vegas
라스베이거스

로스앤젤레스에서 고속도로를 타고 동쪽으로 달리다 보면 모하비 사막 한복판에 거대한 도시가 모습을 드러낸다. 흔히 라스베이거스 하면 떠오르는 카지노는 이 도시의 수많은 즐길거리 중 하나일 뿐! 대관람차 위에서 도시를 조망하고, 스타 셰프의 레스토랑에서 식사를 하고, 럭셔리 수영장에서 느긋한 오후를 보내고 나면, 이제부턴 본격적으로 라스베이거스를 즐길 차례다. 화려한 분수쇼, 버라이어티한 공연, 월드클래스 클럽까지! 세상의 모든 엔터테인먼트가 총집합한 라스베이거스는 미국을 대표하는 관광도시다.

"Welcome to Fabulous Las Vegas!"

라스베이거스 BEST 9

1 라스베이거스 사인   402p

2 하이롤러   396p

3 공연 관람   398p

4 벨라지오 분수   403p

5 에펠탑   404p

6 뉴욕 뉴욕   410p

7 프리몬트 스트리트   420p

8 후버댐   425p

9 세븐 매직 마운틴   423p

SUMMARY

공식 명칭 City of Las Vegas
소속 주 네바다(NV)
표준시 PT(서머타임 있음)

ⓘ **공식 비지터 센터** Las Vegas Convention and Visitors Authority

ADD 3150 Paradise Rd, Las Vegas, NV 89109
OPEN 08:00~17:00
WEB visitlasvegas.com/ko
ACCESS 라스베이거스 컨벤션 센터

WEATHER

사막 기후의 특성에 따라 4~11월은 비가 거의 오지 않는다. 봄부터 더워지기 시작해 여름에는 야외 대신 실내 활동이 주를 이룬다. 겨울철 일교차를 극복하려면 밤에는 코트가 필요하다. 간편한 옷차림이 일반적이지만, 클럽과 고급 레스토랑을 방문할 때는 드레스코드를 미리 확인하자.

라스베이거스 추천 일정

라스베이거스의 관광지는 초대형 호텔이 모인 메인 스트립과 빈티지한 감성의 다운타운으로 나뉜다. 낮에는 볼거리로 가득한 호텔 2~3곳을 구경하고, 밤에는 공연을 보거나 클럽을 즐기는 것이 라스베이거스를 제대로 여행하는 방법! 호텔 안에서도 많이 걸어야 하므로 이동 거리를 고려해서 일정을 계획한다.

	Day 1	Day 2	Day 3
오전	❶ 베네시안	❶ 패리스	반나절 일정
	🥐 부숑 베이커리	🍴 모나미 가비 브런치	
	- 그랜드 커낼 쇼핑가		*투어 또는 자동차
			❶ 그랜드캐니언 헬리콥터
	🚶 도보 10분	🚶 도보 20분	❷ 세븐 매직 마운틴
	❷ 링크 프로미네이드	❷ MGM 그랜드 앞 광장	❸ 후버댐
	- 하이롤러/집라인	- 코카콜라 스토어	
	🍴 인앤아웃 버거	- 엠앤엠 스토어	
		- 허쉬 초콜릿 월드	
오후	🚶 도보 5분	🚶 도보 또는 🚌 듀스	
	❸ 시저스 팰리스	옵션 1	
	🍴 바카날 뷔페	❸ 아리아 캠퍼스	
	- 포럼 숍, 트레비 분수	- 숍 앳 크리스털 쇼핑	
		옵션 2	
		❸ 스트립 남쪽	
		- 만달레이 베이, 룩소,	
		'웰컴 투 라스베이거스' 사인	
	🚶 도보 10분	🚌 듀스 또는 🚈 모노레일 40분	돌아오는 길
	❹ 벨라지오	❹ 스트랫 호텔	옵션 1
	- 벨라지오 수영장	- 전망대와 스카이팟 놀이기구	❹ 에어리어 15(AREA15)
	- 분수쇼 구경		🍴 윈 & 앙코르 뷔페
저녁	–	🚌 듀스 20분	- 패션쇼 몰
		❺ 다운타운	옵션 2
	나이트라이프 즐기기	- 프리몬트 스트리트 집라인	❹ 프리미엄 아웃렛 노스
	- 공연 관람, 카지노, 클럽	- 프리몬트 스트리트 전구쇼	- 쇼핑

베네시안

DAY 4 자동차 여행

하루 일정 • 밸리 오브 파이어 주립공원 • 그랜드캐니언 스카이워크

1박 2일 이상 • 데스밸리 국립공원 • 그레이트베이슨 국립공원 • 그랜드캐니언 국립공원

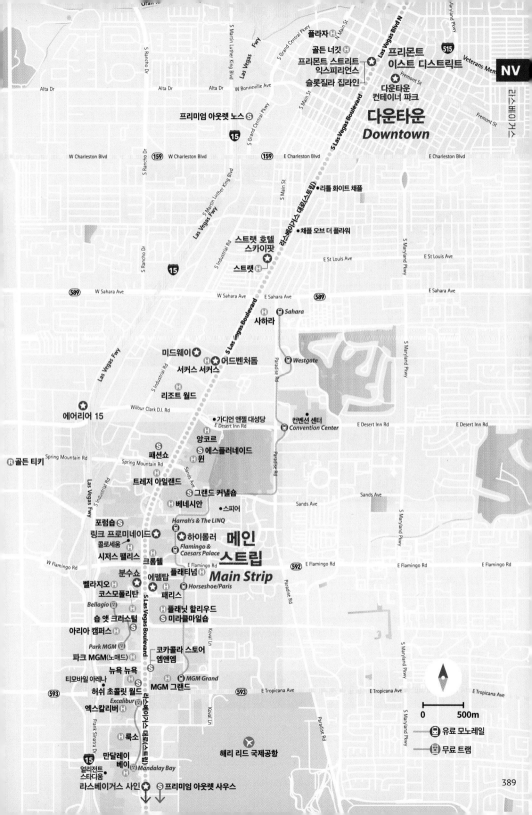

플라자
골든 너깃
프리몬트 스트리트
익스피리언스
슬롯질라 집라인

Las Vegas Blvd N
515
Veterans Mem

프리몬트
이스트 디스트릭트

다운타운
컨테이너 파크

다운타운
Downtown

프리미엄 아웃렛 노스 S

W Charleston Blvd   159   W Charleston Blvd   159   E Charleston Blvd   E Charleston Blvd   E Charleston Blvd

리틀 화이트 채플

채플 오브 더 플라워

스트랫 호텔
스카이팟

스트랫

E St Louis Ave   E St Louis Ave

589   W Sahara Ave   W Sahara Ave   E Sahara Ave   589   E Sahara Ave

H Sahara
사하라

미드웨이
H 어드벤처돔
서커스 서커스

리조트 월드

Westgate

컨벤션 센터
Convention Center

에어리어 15

가디언 앤젤 대성당
E Desert Inn Rd

앙코르

골든 티키 R   Spring Mountain Rd

패션쇼 S

트레저 아일랜드

에스플러네이드
윈 H

그랜드 커낼숍 S

베네시안

스피어

포럼숍 S
링크 프로미네이드
콜로세움
시저스 팰리스

Harrah's & The LINQ

하이롤러

Flamingo &
Caesars Palace

메인
스트립
Main Strip

벨라지오 H
코스모폴리탄
Bellagio

숍 앳 크리스털

아리아 캠퍼스

Park MGM
파크 MGM(노매드)

크롬웰

분수쇼

에펠탑

플래티넘
Horseshoe/Paris

파리스

플래닛 할리우드
미라클마일숍 S

뉴욕 뉴욕
티모바일 아레나
허쉬 초콜릿 월드
Excalibur
엑스칼리버

코카콜라 스토어
엠앤엠

MGM Grand
MGM 그랜드

룩소

만달레이
베이

얼리전트
스타디움
라스베이거스 사인

Mandalay Bay

프리미엄 아웃렛 사우스 S

해리 리드 국제공항

0   500m

유료 모노레일

무료 트램

라스베이거스 IN & OUT

라스베이거스는 국내 직항편이 운항하는 네바다주 최대의 관광 도시이며, 그랜드 서클의 관문이다. 스트립에서는 숙소에 차를 세워두고 대중교통을 적절히 활용하는 것이 효율적이다.

주요 지점과의 거리

출발지	거리(km)	교통수단별 소요 시간			
		자동차	항공	버스	기차
그랜드캐니언	445km	4.5시간	상세 정보 390p		
피닉스	478km	4.5시간	1시간	8.5시간	
로스앤젤레스	435km	4시간	55분	5시간	직행 없음
샌디에이고	534km	5시간	1시간	7.5시간(경유)	
샌프란시스코	917km	9시간	1.5시간	15시간(경유)	

공항에서 시내 가기

스트립 남쪽의 해리 리드 국제공항(LAS)에서 라스베이거스 주요 호텔이 밀집한 메인 스트립까지 5km, 북쪽 다운 타운까지 10km 거리다. 한국-라스베이거스 직항편은 대한항공이 유일하며, 아시아나항공과 에어프레미아는 샌프란시스코 등을 경유해 라스베이거스로 향한다. 국내선은 터미널 1, 국제선은 터미널 3에 도착하고, 터미널 사이는 무료 트램이 순환한다. 주로 도시 외곽을 연결하는 공항버스(WAX, CX)가 스트립의 남쪽과 북쪽 일부 지역에 정차하지만, 버스 정류장에서 호텔까지 거리가 멀기 때문에 로비 앞에 정차하는 셔틀밴이나 우버, 택시를 이용하는 것이 편리하다. 공항에서 메인 스트립까지는 15~20분이 소요된다.

해리 리드 국제공항 Harry Reid International Airport
ADD 5757 Wayne Newton Blvd, Las Vegas, NV 89119 **WEB** harryreidairport.com

◎ 공항에서 시내까지 교통편

교통수단	탑승 장소	
	터미널 1(국내선)	터미널 3(국제선)
셔틀밴	Door 8번 앞	Door 52번 앞 입국장(Level Zero) 서쪽
택시	Door 1~4번 앞	
공유 차량(리프트, 우버)	Level 2로 올라가 주차 타워 Level 2	Level 1로 올라가 주차 타워 Valet Level

🚐 셔틀밴

1인당 $15에 호텔까지 이동할 수 있다. 같은 숙소에 묵는 사람끼리 그룹으로 탑승하게 되며, 3~5개 호텔에 정차한다. 소요 시간은 30~45분. 티켓은 사전 예약 또는 터미널의 티켓 부스에서 구매한다.

WEB airportshuttlelasvegas.com

🚕 택시·공유 차량

일반 택시는 구간별 정액제로 운행하며, 공항에서 픽업할 때 $2.4가 추가된다. 팁은 요금의 10~15%. 우버나 리프트는 별도로 마련된 공유 차량 탑승 장소(Ride Share Pickup)에서 호출한다.

택시 요금(정액제)
스트립 남쪽(룩소, 만달레이 베이, MGM 그랜드) $22
스트립 중심(아리아, 벨라지오, 패리스 등) $26
스트립 북쪽(윈, 리조트 월드, 링크 등) $30

장거리 버스로 가기

라스베이거스에서는 그레이하운드와 플릭스 버스가 앰트랙 노선을 대체한다. 버스 정류장은 스트립 남쪽 환승 터미널(Las Vegas South Strip Transfer Terminal)과 다운타운에 있으며, 여기서 시내 교통수단인 듀스를 이용해 스트립까지 이동한다.

그레이하운드 정류장
ADD 6675 Gilespie St

플릭스 버스 정류장
ADD S 1st St

+MORE+

라스베이거스 투어 상품 고르기

■일반 투어

그랜드 서클 여행의 기점이 되는 도시인만큼 투어 상품이 다양하다. 가깝게는 후버댐, 멀게는 그랜드캐니언, 앤털로프캐니언, 데스밸리 국립공원까지 다녀오는 버스 투어나 헬리콥터 투어의 인기가 높다. 투어 상품 선택 시 그랜드캐니언 웨스트(또는 스카이워크)라고 소개되는 곳은 그랜드캐니언 국립공원과 다른 장소라는 점에 유의할 것.

➡ 헬리콥터 투어 397p/그랜드캐니언 웨스트 림 427p/그랜드캐니언 국립공원 490p/앤털로프캐니언 484p

WEB 예약 사이트: 클룩 klook.com/ko, 마이리얼트립 myrealtrip.com

■관광 패스

All-Inclusive Pass 3~5일간 해당 시설을 모두 방문할 수 있는 패스. 많이 방문할수록 경제적이다. 단, 태양의 서커스 관람권이나 헬리콥터 투어 등 프리미엄 상품은 1가지만 포함할 수 있다.
Explorer Pass 어트랙션 개수를 먼저 정하고, 사용 개시일로부터 30일 안에 원하는 장소를 차례로 방문하는 방식. 하이롤러(주간), 스카이팟, 집라인 등을 적당한 할인가에 이용할 수 있다.

WEB gocity.com/las-vegas

라스베이거스 시내 교통

라스베이거스 남북을 관통하는 라스베이거스 대로(Las Vegas Blvd)를 일명 '스트립(Strip)'이라고 부른다. 기온이 40℃에 육박하는 여름에는 호텔 2~3개 이상을 도보로 이동하기 어려우니 버스와 모노레일, 무료 트램을 적절하게 활용하자.

🚌 버스 Bus

남쪽 라스베이거스 사인부터 호텔 밀집 지역인 스트립을 통과해 북쪽의 다운타운과 프리미엄 아웃렛 노스까지 듀스와 SDX가 왕복한다. 듀스는 대부분의 호텔 정류장에 정차하는 2층 버스고, SDX는 주요 정류장에만 정차하는 급행버스다. 승차권은 탑승 전, 주요 정류장 자동판매기 또는 모바일 앱(rideRTC)으로 구매한다.

PRICE 1회권 $4, 2시간권 $6, 24시간권 $8, 3일권 $20
WEB 네바다 지역 교통국 rtcsnv.com

■ 듀스 Deuce
스트립 남쪽의 만달레이 베이 호텔을 시작으로 MGM, 패리스, 윈, 스트랫 등 주요 호텔을 경유해 다운타운 프리몬트 스트리트까지 운행한다. 모든 정류장에 정차하기 때문에 이동 시간이 긴 편이다.

HOUR 24시간/15~20분 간격

듀스

■ 다운타운 루프 Downtown Loop
스트립 북쪽의 스트랫 호텔과 다운타운 사이를 오가는 무료 셔틀. 한 방향으로 운행하고 배차 간격은 길지만, 스트랫 호텔에서 프리미엄 아웃렛 노스, 프리몬트 스트리트 익스피리언스, 몹 뮤지움을 무료로 갈 수 있으니 듀스 버스와 연계해 이용을 고려해본다.

HOUR 11:00~18:00(금·토요일 15:00~22:00)

버스 패스

🚝 모노레일 Monorail

메인 스트립의 동쪽에 있는 명소들을 연결한다. 교통 체증이 없는 대신 스트립 서쪽으로의 접근성이 떨어진다. MGM 그랜드에서 컨벤션 센터, 사하라 호텔 등 먼 곳으로 이동할 때 탑승한다.

PRICE 1회권 $6, 24시간권 $15, 2일권 $26(온라인 예매 시 할인)
HOUR 07:00~02:00(월요일 ~24:00, 금~일요일 ~03:00)/4~8분 간격 운행
WEB lvmonorail.com

모노레일 티켓

◎ 모노레일 정류장

MGM 그랜드 (스트립 남쪽) → 호스슈/패리스 → 플라밍고/시저스 팰리스

사하라 (스트립 북쪽) → 웨스트 게이트 → 컨벤션 센터 → 하라스/LINQ (하이롤러)

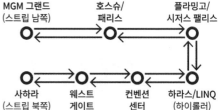

🚉 무료 트램 Free Tram

메인 스트립의 서쪽에 있는 명소들을 연결하며, 3개 구간으로 분리 운행한다. 벨라지오 호텔에서 아리아 쪽으로 쇼핑하러 가거나, 파크 MGM의 돌비 라이브 공연장으로 갈 때 이용하면 편리하다.

무료 트램 정류장

◎ **스트립 중심 : ARIA Express Tram**
HOUR 08:00~02:00

아리아 &   아리아 캠퍼스   벨라지오
파크 MGM   (숍 앳 크리스털)

◎ **스트립 남쪽 : Mandalay Bay Tram**
HOUR 10:00~24:00

만달레이 베이   룩소   엑스칼리버
              (남쪽 방향은 무정차 통과)

◎ **스트립 북쪽 : Mirage - Treasure Island Tram**
HOUR 미라지 호텔 폐업으로 잠정 운영 중단

미라지   트레저
                              아일랜드

🚗 베이거스 루프 Vegas Loop

일론 머스크가 설립한 보링 컴퍼니에서 개발한 미래형 터널. 테슬라 전기차가 자율주행으로 승객을 실어 나른다. CES 기간 중 시험 운행 구간을 무료 운행하면서 라스베이거스의 교통 체증을 해결할 대안이라고 평가받았다. 지금은 리조트 월드와 컨벤션 센터 사이만을 오가는데, 점차 정차역과 거리를 늘려 정식 운행한다는 목표다.

STOP Resort World ⇌ Riviera Station ⇌ LVCC West Station
HOUR 비정기적으로 운행(현장 확인)
WEB lvcva.com/loop

🚗 자동차

라스베이거스의 호텔 주차료가 점차 유료로 전환되는 추세다. 금액은 보통 4시간에 $5~8(주말 ~$20). 노상 주차는 매우 어렵고, 주차장에서 다시 스트립으로 나오는 거리도 멀기 때문에 숙소에 차를 두고 대중교통으로 움직이는 편이 효율적이다. 에어리어 15나 오프스트립 또는 근교 레드록캐

니언, 후버댐처럼 교외 지역을 방문할 때는 자동차가 편리하다.

라스베이거스에서 숙소 정하기

카지노 고객 유치가 주된 목적인 라스베이거스의 고급 호텔은 다른 대도시에 비해 저렴한 가격과 다양한 부대 시설을 제공한다. 따라서 숙소 선택 시 수영장, 공연장, 클럽, 스파, 레스토랑 중 어떤 시설을 이용하길 원하는지, 전망은 좋아도 소음이 심하진 않은지, 차가 없어도 걸어 다닐 만한 거리인지, 호텔 주차료가 발생하는지, 난방이 되는지 등 체크해야 할 사항이 많다. 오랫동안 인기를 누려온 대표 호텔과 최신 호텔은 시설 면에서 다소 차이가 날 수 있다.

숙소 정할 때 고려할 사항

평일 vs 주말

라스베이거스 호텔 가격은 성수기와 비수기뿐 아니라 요일별로도 다르다. 먼저 연휴가 아닌 기간을 기준으로 검색한 결과 중에서 가장 저렴한 요일을 선택하는 것이 유리하다. 매년 1월 초 열리는 가전 및 전자제품 박람회 CES 기간에는 숙소 비용이 2배 이상 치솟는다.

리조트 서비스료 RESORT FEE

라스베이거스 호텔 숙박비에 추가되는 수영장, 피트니스클럽, 무선 인터넷 등의 부대시설 요금(대략 $32~50)이다. 표시된 숙박료와 별도로 매일 부과되며, 현지에서 결제하는 금액이므로 예산에 반영할 것.

MGM vs 시저스

라스베이거스의 주요 호텔은 시저스 또는 MGM 계열로 나뉜다. 같은 계열이라면 주차료를 면제 또는 할인 받거나, 리워드 적립이 가능하다. 숙소를 옮길 때 이 점을 고려하자.

- **MGM** 노마드, 만달레이 베이, 벨라지오, 아리아, 코스모폴리탄, 파크 MGM, 포시즌스, MGM 그랜드 등
WEB mgmresorts.com

- **시저스** 노부, 링크, 시저스 팰리스, 패리스, 플래밍고, 플래닛 할리우드, 하라스 등
WEB caesars.com

TYPE 1. 뛰어난 전망과 로케이션으로 인기인 대표 호텔

초대형 공연장과 클럽, 수영장 등을 갖춘 아래 호텔들은 메인 스트립에 위치해 접근성은 기본이고 전망까지 뛰어나다.

호텔	오픈	위치	특징
벨라지오 Bellagio	1998년	스트립 중심	객실에서 정면으로 보이는 에펠탑과 분수, 전망 레스토랑과 수영장이 인기 많은 대표 호텔
시저스 팰리스 Caesars Palace	1966년	스트립 북쪽	콜로세움 공연장과 바카날 뷔페, 최고의 레스토랑과 쇼핑몰을 갖춘 전통 호텔
코스모폴리탄 Cosmopolitan	2010년	스트립 중심	벨라지오 분수와 패리스 에펠탑을 동시 조망 가능한 위치
패리스 Paris	1999년	스트립 중심	파리에서 눈을 뜬 것처럼 낭만적인 분위기로 가득한 호텔

MGM

시저스

벨라지오

TYPE 2. 카지노가 없거나, 비흡연 호텔

라스베이거스 호텔 1층의 카지노는 대부분 실내 흡연을 허용하고 있어 공기가 나쁘고, 소음도 심한 편이다. 어린이를 동반한 가족 여행자는 카지노가 없는 호텔을 선택하는 것도 좋은 방법이다.

호텔	오픈	위치	특징
브이다라 호텔 & 스파 Vdara Hotel & Spa	1999년	스트립 중심	아리아 캠퍼스에 있어 접근성이 좋고 깔끔하다. 카지노 없음
파크 MGM Park MGM	1996년	스트립 중심	부티크 호텔 노매드와 일반실로 나뉘며, 카지노는 있지만 금연 호텔이다. 스트립 중심부와 남쪽까지 도보권
월도프 아스토리아 Waldorf Astoria	2009년	스트립 중심	시티 센터와 가깝고 깔끔한 고층 호텔(구 만다린 오리엔탈)
만달레이 베이 Mandalay Bay	2000년	스트립 남쪽	황금빛 건물 안에 최고급 포시즌스(카지노 없음)와 델라노 호텔이 있다. 인공 해변과 상어 터널을 갖춘 수영장이 인기
시그니처 The Signature	2006년	스트립 남쪽	카지노가 없고 금연인 호텔. 단, 카지노가 있는 MGM 그랜드를 통과한다.
힐튼 그랜드 배케이션 Hilton Grand Vacations	2004년	스트립 북쪽	비교적 조용한 곳에 자리 잡은 체인형 호텔

TYPE 3. 무료 주차 가능한 호텔

라스베이거스에서는 투숙객이 아니어도 무료로 주차할 수 있는 호텔을 알아두면 여러모로 편리하다. 정책은 바뀔 수 있으니 입차 시 현장 안내를 따르자.

호텔	오픈	위치	특징
윈 라스베이거스 Wynn Las Vegas	2005년	스트립 북쪽	골프장과 스파 등 최신 시설을 갖춘 고급 호텔. 투숙객은 전일, 방문객은 3시간 무료 주차가 가능하다.
트레저 아일랜드 Treasure Island	1993년	스트립 북쪽	가장 저렴한 숙소 중 하나. 누구나 무료 주차 가능
사하라 Sahara	1952년	스트립 북쪽	2021년에 리노베이션을 마쳤으며, 유료 모노레일을 타고 스트립까지 갈 수 있다. 투숙객은 무료 주차 가능
서커스 서커스 Circus Circus	1968년	스트립 북쪽	투숙객이 아니어도 무료 주차가 가능해 스트립 북쪽 관광 시 유용하다.
플래티넘 The Platinum	2006년	스트립 중심	메인 도로와는 거리가 있지만 투숙객 무료 주차와 비흡연 호텔로 꾸준히 인기

: WRITER'S PICK :

**도박은 No!
재미로만 즐겨요,
카지노**

라스베이거스에서는 호텔 로비에 발을 들이자마자 카지노를 만나게 된다. 호기심으로 한두 게임 해볼 수는 있겠지만, 호텔 분위기만 즐기는 수준에서 살짝 경험만 해보고 미련 없이 퇴장하자. 카지노 이용 가능 연령은 만 21세 이상이며, 신분증을 요구할 때도 있다.

하늘에서 본 사막의 도시 풍경
라스베이거스 전망 포인트

끝없이 펼쳐진 지평선을 배경으로 한 라스베이거스의 스카이라인은
높은 곳에서 내려다보기 전에는 좀처럼 체감하기 어렵다.
다양한 즐길거리와 특별한 경치를 자랑하는 라스베이거스의 전망 포인트를 모았다.

스피어가 보여요!
하이롤러 High Roller

링크(LINQ) 프로미네이드에 위치해 접근성이 좋고, 메인 스트립의 경치와 스피어까지 볼 수 있는 회전 대관람차다. 가장 높은 지점이 167m로, 2021년까지만 해도 세계에서 가장 큰 대관람차로 기네스북에 기록됐다. 한 바퀴 회전하는 데 소요 시간은 30분. 유리 캐빈 안에서 요가 레슨이나 칵테일 파티 등 이색적인 프로그램도 진행된다. 좀 더 액티브한 즐거움을 원한다면 하이롤러까지 줄을 타고 날아가는 링크 집라인을 추천. 조명을 밝히는 저녁 시간 티켓이 더 비싸고, 온라인으로 시간 지정 후 예매하면 할인받을 수 있다. **MAP 389p**

OPEN 12:00~24:00
PRICE $29~43(시간 지정 할인)
WEB highrollerlv.com
ACCESS 링크 프로미네이드/모노레일
Harrah's & The Linq역

에펠탑에서 보는 벨라지오 분수쇼
에펠탑 Eiffel Tower

라스베이거스의 야경을 완성하는 2가지 하이라이트는 벨라지오 분수쇼와 그 앞을 밝히는 에펠탑이다. 실물 사이즈의 절반인 165.6m로 지은 에펠탑 11층에는 라스베가스 최고의 뷰 맛집으로 사랑받아온 '에펠타워 레스토랑'이 있다. 특별한 기념일에 맞춰 방문하는 사람이 많으니 오픈테이블에서 'Eiffel tower'로 검색하고 예약할 것. 패리스 호텔과 46층의 전망대 정보는 404p. **MAP 389p**

PRICE 1인 $150~(창가석 요금 추가)/브런치 1인 $59~
OPEN 17:00~22:00(브런치 금~일 10:00~14:00)
WEB eiffeltowerrestaurant.com
ACCESS 패리스 호텔/메인 스트립 중심

타워 가장자리에서 빠르게 회전하는 Insanity

시소처럼 각도가 기울어지면서 허공에 매달리게 되는 X-Scream

350m 전망대에 테마파크가?

스트랫 호텔 스카이팟

STRAT Hotel SkyPod

라스베이거스 어디서나 눈에 띄는 고층 타워, 스트랫 호텔(The STRAT Hotel, 구 스트라토스피어)에 자리한 전망대. 108층 높이에서 도시 전체를 360°로 내려다보는 아찔함은 물론, 놀이기구와 번지점프 등 고공 익스트림 액티비티까지 즐길 수 있다. 타워 106층의 탑 오브 더 월드는 정장 차림이 요구되는 회전 레스토랑이며, 예약자는 입장권을 구매하지 않고 이용할 수 있다.

MAP 389p

OPEN 전망대 10:00~24:30, 놀이기구 14:00~22:00
PRICE 입장권(기본) $20~30,
입장권+놀이기구 1개 $21~31
(개별 놀이기구 현장 구매도 가능)
WEB theatrat.com
ACCESS 스트랫 호텔/모노레일 Sahara역에서 도보 15분/듀스 Strat 하차

그랜드캐니언까지 꿈의 비행

헬리콥터 투어 Helicopters

동틀 무렵엔 헬리콥터를 타고 그랜드캐니언으로 날아가 보자. 하늘 위에서 바라본 일출과 붉은 사막, 후버댐과 미드 호수, 협곡 아래에서 가깝게 보이는 콜로라도강의 풍경은 감동 그 자체! 돌아오는 길에는 라스베이거스의 설레는 항공 뷰까지 볼 수 있어 여정 내내 황홀한 기분이다. 저녁에 라스베이거스 상공을 한 바퀴 선회하는 선셋 투어도 인기다.

PRICE 라스베이거스 투어 $134~239,
그랜드캐니언 투어 $499~699
WEB maverickhelicopter.com
5starhelicoptertours.com
ACCESS 매캐런 공항(메인 스트립 근처 호텔에서 픽업)

헬리콥터에서 본 전망.
사진 속 타워는 스트랫 호텔

놀라운 곡예, 태양의 서커스
라스베이거스 대표 공연 한눈에 보기

세계적인 스타들의 라이브 공연과 서커스, 마술쇼, 성인쇼, 코미디 등 다채로운 쇼를 관람하는 것은 라스베이거스 여행자의 특권이다. 보고 싶은 공연이 열리는 호텔에 투숙하는 것도 탁월한 선택.

라스베이거스 대표 정기 공연

■ 공연 있음 ■ 휴무일 ★인기 공연

주요 공연	월	화	수	목	금	토	일	공연장 위치
오 ★								벨라지오
카 ★								MGM 그랜드
마이클 잭슨 원								만달레이 베이
매드 애플 Mad Apple								뉴욕 뉴욕
미스테르 Mystère								트레저 아일랜드
어웨이크닝 Awakening								윈
데이비드 커퍼필드								MGM 그랜드
압생트(성인용)								시저스 팰리스
블루 맨 그룹								룩소

* 공연은 통상 하루 2회 진행하며, 좌석 등급 및 시즌별로 요금이 다르다. 기본 휴무일 외 일정 변동이 있을 수 있으므로 상세 정보는 호텔 홈페이지를 참고하자.

예매 방법

❶ 온라인 예매 – 티켓마스터 Ticketmaster

대표적인 티켓 예매 사이트. 검색창에 Las Vegas와 방문일을 입력하면 대부분의 공연 정보를 확인할 수 있다. 좌석은 선택할 수 있으며, 예매 수수료가 추가된다.

WEB ticketmaster.com

❷ 할인 부스 – 틱스포베가스 Tix4Vegas

현장에서 당일 티켓을 할인가로 판매한다. 문 열기 전에 줄을 서야 좋은 티켓을 구할 확률이 높아진다. 티켓 부스는 코카콜라 스토어, 베네시안 호텔, 그랜드바자 쪽에 있다.

WEB tix4tonight.com

❸ 호텔 현장 매표소 – 박스오피스 Box Office

호텔별로 투숙객에게 할인 혜택을 제공하거나, 패키지 상품을 판매하기도 한다. 공연 직전 매표소에서 현장 구매 할인이 될 때도 있는데, 인기 공연일수록 할인 티켓을 구할 가능성은 작다.

Photo courtesy of Cirque du Soleil®

라스베이거스 대표 공연
태양의 서커스 Cirque du Soleil

캐나다 퀘벡에서 탄생해 세계적인 인기를 얻은 서커스. 경이로운 곡예, 최고의 연출진, 환상적인 무대미술로 서커스에 대한 기존의 고정관념을 완전히 깨고 새로운 지평을 열었다. 라스베이거스의 호텔 곳곳에 전용 극장을 갖추고 여러 작품을 상연한다.

WEB cirquedusoleil.com

❶ 환상적인 물의 세계, "오" O

프랑스어로 물을 뜻하는 'eau'에서 작품명을 따온 인기 공연. 맞춤 설계한 대형 수조에서 아찔한 수중쇼를 펼친다.

❷ 아찔한 와이어액션, 카 KÀ

360°로 회전하는 수직 절벽 무대장치와 최첨단 무대미술을 사용한 박진감 넘치는 퍼포먼스가 이어진다. 배우들이 입장하는 모습을 가까이에서 볼 수 있는 통로 좌석의 인기가 높다.

❸ 불멸의 팝의 황제, 마이클 잭슨 원 Michael Jackson ONE

마이클 잭슨의 메가 히트곡에 댄스와 서커스, 특수효과까지 조합해 강렬한 무대를 선보인다.

❶ "오"(벨라지오 호텔)

❷ 카(MGM 그랜드 호텔)

❸ 마이클 잭슨 원(만달레이 베이 호텔)

라이브 콘서트가 열리는 대형 공연장

수년째 계속되는 정기 공연과는 별개로, 도시 곳곳의 대형 공연장에선 슈퍼스타의 콘서트도 자주 열린다. 특히 세계에서 가장 큰 구체 공연장, 스피어가 2023년 9월 오픈과 동시에 라스베이거스 스트립의 풍경을 바꿔 놓았다. 높이 111m, 가로 157m의 거대한 건축물 외관을 LED 디스플레이로 감싸 화성 표면, 눈동자 등 인터랙티브 이미지를 선보인다. 최고의 감상 포인트는 윈 호텔과 팔라조 호텔을 잇는 다리 위이며, 주변 베네시안, 팔라조 호텔의 스피어 뷰 룸 숙박도 덩달아 인기다. 1만8000명을 수용할 수 있는 공연장 내부 역시 혁신적인 곡면 LED 스크린으로 덮어 공간의 경계를 허물고 기존 IMAX를 뛰어넘는 극강의 몰입감을 선사한다. 세계적인 록밴드 U2의 레지던시 공연을 시작으로, 밴드 피시(Phish), 대런 아로노프스키 감독의 영화 상영 등 초대형 아티스트 공연이 예정되어 있으니 여행 일정에 맞춰 스케줄을 확인해 보자.

공연장	역대 주요 퍼포머	공연장 위치
스피어 The Sphere	U2, 피시	윈 호텔 근처
돌비 라이브 Dolby Live	레이디 가가, 브루노 마스, 어셔, 마룬 5	파크 MGM
콜로세움 The Colosseum	아델, 스팅	시저스 팰리스
MGM 그랜드 가든 아레나 MGM Grand Garden Arena	그래미 어워드, 레슬링 챔피언십	MGM 그랜드
티모바일 아레나 T-Mobile Arena	뮤즈, BTS	뉴욕 뉴욕 뒤쪽
얼리전트 스타디움 Allegiant Stadium	비욘세, 위켄드, BTS, 블랙핑크	만달레이 베이 근처

스피어

콜로세움

돌비 라이브

티모바일 아레나

21세기형 성인용 서커스
압생트
ABSINTHE

'녹색 요정(Green Fairy)'이라는 증류주의 별칭에서 이름을 따온 성인용 공연. 시저스 팰리스 앞 야외 천막을 19세기 유럽 카바레 분위기로 꾸몄다. 무대와 객석이 가까워 연기자의 숨소리와 땀방울, 미세한 근육의 움직임까지 관객에게 생생하게 전달되는 것이 매력. 사회자가 객석의 분위기를 띄우기 위해 자극적이고 원색적인 농담을 던진다.

WEB spiegelworld.com/absinthe

재치 만점 퍼포먼스
블루 맨 그룹
Blue Man Group

얼굴과 몸을 파란색으로 칠한 3명의 배우가 다양한 소품을 활용해 연기하는 코미디 쇼. 대사 없이 갖가지 색상의 물감과 다이내믹한 퍼커션 퍼포먼스로 흥을 더한다.

WEB blueman.com/las-vegas

클러버라면 주목!
라스베이거스 주요 클럽 한눈에 보기

밤낮을 가리지 않고 열리는 풀 파티와 초대형 댄스 플로어를 갖춘 라스베이거스의 클럽은 세계적인 DJ의 활동 무대다. 이곳에서라면 한 번쯤, 환상적인 나이트 라이프를 즐겨보자.

라스베이거스 대표 클럽

■ 오픈일 ■ 휴무일 ★ 인기 클럽

클럽(@호텔)	월	화	수	목	금	토	일	주요 DJ 및 분위기
엑스에스 XS★ @윈(앙코르)								**Chainsmokers, Diplo, Marshmello/EDM** 실내 라운지, 야외 수영장의 풀 파티로 언제나 뜨거운 초대형 클럽
주크 Zouk @리조트 월드								**Tiesto, Zedd, Calvin Harris/EDM, Deep House** 탑클래스 DJ를 레지던시로 확보한 최신 나이트클럽
웻 리퍼블릭 Wet Republic★ @MGM 그랜드								**Martin Garrix, Kaskade/EDM** 1500평 규모의 해수풀, 파티 카바나를 갖춘 대표적인 데이클럽(겨울철 휴무)
옴니아 Omnia @시저스 팰리스								**Burns/EDM** 대형 샹들리에로 유명한 대표 나이트클럽
마퀴 Marquee★ @코스모폴리탄								**DJ Pauly D, Mustard/EDM** 유일한 실내 풀장 마퀴 돔 데이클럽과 초대형 나이트클럽
드레이 Drai @크롬웰								**Tory Lanez, Wiz Kahlifa/Hiphop, EDM** 스트립 중심부 루프톱에 새로 오픈한 비치클럽과 나이트클럽(겨울철 단축)
앙코르 EBC @앙코르								**Diplo, DJ Snake/EDM** 밤낮으로 풀 파티를 진행하는 앙코르 비치클럽(겨울철 휴무)
하카산 Hakkasan @MGM 그랜드								**Martin Garrix/EDM** 초대형 댄스플로어를 보유한 대표 나이트클럽
주얼 Jewel @아리아								**Tyga, Ja Rule/EDM, Hip Hop** 리본과 360° 회전 조명, 열광적인 분위기의 나이트클럽

클럽 입장을 위해 줄을 선 사람들

클럽 입장 요령

● **Check ID** 모든 클럽은 21세 이상 입장 가능하며, 입장 시 신분증을 확인하므로 여권을 반드시 지참한다.

● **Waiting Line** 클럽별로 오픈 요일이 다르며, 보통 22:00부터 입구에서 대기해야 한다. 대기시간은 짧게는 45분부터 길게는 몇 시간까지 걸린다.

● **Dress Code** 남성은 단추와 칼라가 있는 단정한 셔츠와 긴 바지, 정장 구두, 여성은 원피스 등 단정한 차림을 권장. 헐렁한 청바지·샌들·스니커즈·모자 착용 시 입장이 거절될 수 있다. 짐은 별도 보관료를 내야 한다.

● **Cover Charge** 커버 차지는 대개 남성 $30~60, 여성 $20~40부터 시작하며, 유명 DJ가 방문하면 가격이 훨씬 올라간다.

● **Guest List** 일부 클럽은 고객 명단에 이름을 올려두면 무료 또는 할인가에 입장하는 제도를 운영한다.

WEB nocovernightclubs.com | lasvegasnightclubs.com

● **Party Pass** 옴니아·하카산·주얼·마퀴·웻 리퍼블릭 등 타오 그룹에서 운영하는 대표 클럽을 연계하여 방문할 수 있는 파티 패스를 발급한다. 정해진 시간에 손목 밴드를 픽업해야 하는 등 규칙이 있다.

WEB taogroup.com/las-vegas-party-pass

클럽 옴니아

클럽 하카산

풀 파티

거리 전체가 테마파크
메인 스트립 Main Strip

라스베이거스의 주요 호텔은 남북으로 6.8km에 달하는 메인 스트립에 밀집해 있다. 파리의 에펠탑, 베네치아의 운하, 로마의 트레비 분수, 뉴욕 자유의 여신상 등 유명 관광지를 정교하게 옮겨 놓았기 때문에 호텔 투어만 다녀도 시간이 부족하다. 전 세계에서 모여든 관광객과 어울리는 재미가 상당하지만, 호텔 간 거리가 멀어 전체를 다 걷는 것은 불가능하다. 목적지를 한 곳 정해서 구경한 뒤, 모노레일이나 택시(우버)를 이용해 다음 장소로 이동하자.

MGM 그랜드　벨라지오　베네시안　윈　앙코르　리조트 월드　스트랫 (구)스트라토스피어

아리아 캠퍼스　링크

1 일단 인증샷부터 찍고 시작!
라스베이거스 사인
Welcome to Fabulous Las Vegas

라스베이거스를 종단하는 메인 도로(Las Vegas Boulevard) 스트립 중간에 설치된 높이 7.6m의 대형 간판. 도시로 진입하자마자 눈에 띄는 인증샷 명소다. 라스베이거스를 상징하는 간판이 처음 만들어진 것은 1959년. 간판 디자인을 고안한 비주얼 아티스트 베티 윌리스가 누구든지 자유롭게 사용할 수 있기를 바란다며 저작권을 행사하지 않은 덕분에 시내 기념품 가게마다 간판 모양을 활용한 다양한 소품을 팔고 있다. SNS 인증샷 열풍 이후 방문자가 급격히 증가하자 네바다주에서 무료 주차장까지 설치했다.

MAP 389p

ADD 5100 Las Vegas Blvd S
OPEN 24시간(심야에는 치안 주의)
PRICE 무료
ACCESS 스트립 남쪽/벨라지오에서 4km/
듀스 Las Vegas Sign 하차

벨라지오 분수쇼

벨라지오에서 본 패리스

호텔 로비 천장의 유리공예품
<Fiori di Como>

온실 정원

여름에는 벨라지오 풀에
칵테일 한 잔

② 라스베이거스를 상징하는 분수쇼
벨라지오 호텔
Bellagio

음악에 맞춰 춤을 추는 벨라지오 분수는 라스베이거스의 상징이다. 매일 오후부터 자정까지 15~30분 간격으로 최대 140m 높이까지 인공 호수의 물줄기가 솟아오른다. 호수 주변에서 무료로 관람할 수 있지만, 더욱 아름다운 장면을 감상하고 싶다면 건너편 에펠탑 레스토랑이나 벨라지오 호텔 레스토랑을 찾아가자. 호텔 로비 천장을 가득 채운 수천 개의 유리 공예품은 시애틀 출신 치훌리의 작품. 시즌별로 인테리어를 바꾸는 온실 정원과 명품 매장만 입점한 쇼핑가도 볼거리다. 라스베이거스의 수영장 중에서 독보적인 벨라지오 풀은 선베드 및 카바나를 예약(투숙객이 아니어도 가능)하거나, 수영장 노천카페에 앉아 구경할 수 있다. 무료 트램이 벨라지오 호텔과 아리아 시티 센터를 연결한다. **MAP 389p**

ADD 3600 S Las Vegas Blvd
WEB bellagio.com
ACCESS 트램 Bellagio역

주요 시설
■ **공연장** 태양의 서커스 "오" 전용극장
■ **쇼핑몰** Via Bellagio
■ **레스토랑** 장조지 스테이크하우스, 스파고, 하베스트, 르 써크, 새들스, 옐로테일

+MORE+

라스베이거스의 또 다른 무료 공연
서커스 서커스 Circus Circus

호텔 카지노 층의 카니발 미드웨이(Carnival Midway)에서 약 1시간 간격으로 무료 서커스 공연을 한다. 서커스 천막처럼 생긴 실내 놀이공원(유료) 어드벤처 돔(Adventuredome)에서 롤러코스터를 비롯한 25가지 라이드와 암벽 등반, 미니 골프 등의 오락시설도 즐길 수 있다.

OPEN 월~목요일 13:30, 금~일요일 11:30
(여름철에는 추가편성)
WEB circuscircus.com

③ 파리의 낭만을 그대로
패리스 호텔 Paris Las Vegas

에펠탑, 개선문, 루브르 박물관, 오페라 하우스까지, 본관 건물 전체를 파리 콘셉트로 꾸몄다. 카지노 중심부에서 엘리베이터를 타면 에펠탑 전망대와 레스토랑으로 올라갈 수 있다. 1층 야외 테라스에서 벨라지오 분수를 바라보며 즐기는 모나미 가비의 브런치를 비롯해 프렌치 베이커리와 고급 레스토랑이 입점했다. 에펠탑 광장을 기준으로 정면에는 벨라지오 호텔과 코스모폴리탄 호텔, 남쪽에는 플래닛 할리우드의 대형 쇼핑몰 미라클 마일 숍(Miracle Mile Shops), 대각선으로는 시저스 팰리스 호텔이 있어서 어느 방향으로 걸어도 메인 스트립의 핵심적인 장소를 구경할 수 있는 최적의 로케이션. **MAP 389p**

ADD 3655 S Las Vegas Blvd   **ACCESS** 벨라지오 분수 맞은편

주요 시설
- **전망대** Eiffel Tower Viewing Deck(46층)
  OPEN 12:00~24:00   **PRICE** $25
- **쇼핑몰** Le Boulevard
- **레스토랑** 고든 램지 스테이크, 밴더펌프 패리스, 에펠탑 레스토랑, 모나미 가비

패리스 호텔 사거리의 육교 위는
멋진 포토존

24시간 내내 즐거움으로 가득한
링크 프로미네이드

스트립 최초의 카지노 호텔(1946년),
플라밍고의 간판

④ 하이롤러 앞 라스베이거스 놀이터
링크 프로미네이드 LINQ Promenade

링크 호텔과 플라밍고 호텔 사이에 조성된 상가 골목. 관광객들이 집라인을 타고 하이롤러 대관람차 바로 앞까지 날아가는 장면이 인상적이다. 슬러시에 럼을 섞은 다이키리 한 잔을 들고 분수대에 앉아 구경만 해도 라스베이거스의 매력에 흠뻑 빠져드는 핫플레이스. 샌프란시스코 명물 기라델리 초콜릿, 서부를 대표하는 버거 체인 인앤아웃, 고든 램지의 피시앤칩스 같은 맛집이 한곳에 모여 있고, 짜릿한 VR 체험관, 더위를 식혀주는 아이스바 등 즐길거리가 무궁무진하다. **MAP 389p**

ADD 3545 S Las Vegas Blvd
ACCESS 벨라지오 분수 대각선 방향

트레비 분수는 라스베이거스에서도 포토 스폿

⑤ 고대 로마 제국의 재현
시저스 팰리스 호텔 Caesar's Palace

1960년대 개장 이래 증축과 업그레이드를 거듭한 초대형 호텔. 고대 로마 제국을 테마로 시저의 동상과 승리의 여신 니케 같은 조각상이 호텔을 둘러싸고 있는데, 조명을 받으면 진품과 구분이 불가능할 정도로 퀄리티가 높다. 시저스 계열의 대표 호텔인 만큼 입점한 레스토랑과 클럽도 최고 수준. 트레비 분수가 설치된 입구를 통과하면 현대적인 명품숍과 그리스 로마 풍의 거리가 공존하는 포럼 숍(Forum Shops) 쇼핑몰이 나온다. 외부에는 한때 셀린 디온, 엘튼 존이 매일 밤 공연했던 콜로세움과 압생트 무대가 열리는 서커스 천막이 있다. **MAP 389p**

포럼 숍 내부 전경

호텔 내부

ADD 3570 S Las Vegas Blvd
ACCESS 벨라지오 호텔 옆

주요 시설
- **공연장** 콜로세움, 서커스 천막
- **쇼핑몰** 포럼 숍
- **스파** 쿠아 배스앤스파
- **레스토랑** 바카날 뷔페, 고든 램지 헬스 키친, 도미니크 앙셀 베이커리, 피터 루거 스테이크, 밴 더펌프 칵테일 가든

리알토 다리까지 재현한 인공 운하

6 물의 도시 베네치아로
베네시안 호텔 The Venetian

베네치아를 모티브로 한 대형 호텔. 산마르코 광장과 실물 크기 종탑은 물론, 회랑까지 그대로 재현했다. 프레스코화 천장이 시선을 사로잡는 호텔 입구에는 밀랍 인형 박물관 마담 투소가 있다. 인공 운하를 따라 160개의 매장이 입점한 그랜드 커낼 쇼핑가는 최고의 인기 쇼핑몰. 기념품으로 베네치아의 가면과 장신구를 판매하며, 베네치아의 노천 레스토랑에서 식사하는 기분도 낼 수 있다. 오페라 가수로 분장한 모델과 무용수가 거리를 돌아다니며 기념 촬영을 해준다. 베네시안과 연결된 호텔 팔라조는 그랜드 아트리움의 폭포 벽으로 유명한 곳. 최근 리노베이션을 마친 야외 수영장이 깔끔하다. **MAP 389p**

ADD 3355 S Las Vegas Blvd
ACCESS 벨라지오까지 도보 20분

주요 시설
- **곤돌라** $39(팁 별도)
- **쇼핑몰** 그랜드 커낼 숍(Grand Canal Shoppes)
- **수영장** 베네시안 풀 데크(The Venetian Pool Deck)
- **레스토랑** 부숑 비스트로, 부숑 베이커리, 블랙 탭, 델모니코 스테이크하우스

> 곤돌리에가 불러주는
> 노래를 들으며 한 바퀴

7 호텔왕 스티브 윈의 이름이 새겨진
윈 & 앙코르 호텔 Wynn & Encore

벨라지오, 미라지, 트레저 아일랜드를 만든 호텔왕 스티브 윈의 또 다른 걸작. 나란히 자리한 두 건물은 서로 조화를 이루도록 설계됐으며, 외벽이 석양빛에 반사될 때 더욱 아름답다. 꽃의 정원, 인공 호수와 분수, 폭포 절벽 등으로 내부를 장식했다. 쇼핑몰에는 까르띠에, 샤넬, 롤렉스, 에르메스, IWC, 몽클레르 등 명품 브랜드가 입점해 있다. 실내 라운지와 야외 수영장의 풀 파티로 유명한 XS 나이트클럽은 손꼽히는 핫플레이스. 자체 골프장과 럭셔리 스파를 갖추고 있어 라운딩을 즐기고 느긋한 하루를 보내기에 좋은 최고급 리조트다.

MAP 389p

ADD 3131 S Las Vegas Blvd
ACCESS 스트립 북쪽, 벨라지오까지 2.8km

주요 시설
- **골프장** 윈 골프 클럽
- **쇼핑몰** 윈 & 앙코르 에스플러네이드(Wynn & Encore Esplanade)
- **레스토랑** 윈 뷔페, 어스 카페, 치프리아니

+MORE+

자투리 시간도 알차게!
윈 & 앙코르 주변 볼거리

패션쇼 몰

■ **패션쇼 Fashion Show**
삭스 피프스 애비뉴 등 대형 백화점과 250여 개의 스토어로 구성된, 네바다주 최대 규모의 복합 쇼핑몰. 윈 에스플러네이드에서 다리를 건너면 보인다.

MAP 389p

WEB thefashionshow.com

■ **에어리어 15 Area15**
미국의 비밀 군사기지 51구역을 테마로 한 벙커형 체험 전시관. 기괴한 아이디어로 가득한 오메가 마트, 블루 맨 그룹의 사이키델릭한 쇼 윙크 월드, 도끼 던지기 오락 공간(Dueling Axes), 실내 집라인이 설치된 놀이터까지 즐길거리가 다채롭다. 고속도로 건너편에 있어서 차량 또는 우버로 방문해야 한다.

MAP 389p

OPEN 12:00~21:00
(금·토요일 ~24:00)
PRICE 입장권(Entry Pass) 예약 후 방문하면 21:00까지 무료/내부 전시 요금 별도
WEB area15.com

8 도시 속 미래 도시
아리아 캠퍼스 ARIA Campus

미래 도시를 연상케 하는 현대적인 복합 단지이다. 스트립의 기존 호텔들이 세계 유명 도시를 콘셉트로 지어졌다면, 이곳은 21세기에 걸맞는 스타일과 감성을 극대화했다. 아리아(ARIA), 브다라(Vdara), 월도프 아스토리아(Waldorf Astoria)로 구성된 호텔 리조트와 최고급 쇼핑몰 크리스털이 모여 있으며, 세련된 건축물 중간중간 전시된 프랭크 스텔라, 헨리 무어, 제임스 터렐 등 저명한 작가의 미술품을 찾아다니는 재미도 있다. 월도프 아스토리아 23층의 스카이 바에서는 칵테일을 마시며 스트립 전망을 감상할 수 있고, 고급 스파와 피트니스 시설도 갖췄다. **MAP 389p**

ADD 3720 S Las Vegas Blvd
ACCESS 스트립 남쪽, 벨라지오까지 1km

제임스 터렐의 공간예술
<Shards of Color>와 쇼핑센터

주요 시설
- **쇼핑몰** 숍 앳 크리스털(The Shops at Crystals)
- **레스토랑** 캐치, 카본, 장조지 스테이크하우스

아리아 호텔 로비

9 레이디 가가의 아지트
파크 MGM Park MGM

구 몬테카를로 호텔을 리모델링하여 일반실과 고급 부티크 호텔 노매드로 분리 운영한다. 1층에는 푸드홀 이탈리가 입점했고, 메인 스트립의 카지노 중 유일하게 금연 구역인 것도 장점. 최신 음향 설비를 갖춘 돌비 라이브 극장은 레이디 가가의 상설 공연으로 화제를 모으며 완벽한 변신에 성공했다. 레이디 가가의 베르사체 가운, 보디슈트 등 코스튬과 패션 히스토리를 전시한 하우스 오브 가가(Haus of Gaga)도 볼거리. 만달레이 베이, 뉴욕 뉴욕, 시티 센터까지 전부 도보권이어서 스트립 남쪽을 탐방하기에 좋다. **MAP 389p**

ADD 3772 S Las Vegas Blvd
ACCESS 스트립 남쪽, 벨라지오에서 도보 15분

푸드홀 이탈리

주요 시설
- **전시관** 하우스 오브 가가
  OPEN 12:00~20:00(월~수요일 휴무)/무료입장
- **공연장** 돌비 라이브
- **레스토랑** 노매드 라이브러리, 노매드 바, 바베트 스테이크하우스, 이탈리

하우스 오브 가가

⑩ 위풍당당 사자상이 서 있는
MGM 그랜드 MGM Grand

1993년에 건축된 30층 건물로, 약 6800개의 객실을
보유한 초대형 호텔이다. 입구와 로비에 MGM 영화사
의 상징인 사자상이 설치돼 있다. 태양의 서커스 중 가
장 박진감 넘치는 공연인 카(KÀ) 전용 극장, 세기의 마
술사 데이비드 카퍼필드의 마술쇼 공연장과 콘서트홀
인 MGM 그랜드 가든 등으로 구성된 건물은 전체를 다
돌아보기 어려울 정도로 방대한 규모. 드넓은 댄스 플
로어로 유명한 클럽 하카산도 이곳에 있다. **MAP 389p**

ADD 3799 S Las Vegas Blvd
ACCESS 스트립 남쪽, 벨라지오에서 도보 15분

주요 시설
- **공연장** 태양의 서커스 카 전용극장, 그랜드 가든 아레나
- **수영장** MGM Grand Pool Complex
- **레스토랑** 모리모토, 조엘 로부숑, 하카산 레스토랑, MGM
그랜드 뷔페

+MORE+

이것이 미국 맛! 라스베이거스 인기 기념품점

허쉬 소콜릿과 엠앤엠, 코카콜라의 기념품 매장은 라스베이거스 스트립 남쪽의 뉴욕뉴욕 오텔과 MGM 그랜드 호
텔 사이에 모여 있어서 걸어서 구경하기 좋다. 초콜릿으로 만든 자유의 여신상과 인증샷도 찍고, 코카콜라 스토어
에서는 색다른 맛의 콜라를 시음해 보자.

- **코카콜라 스토어**
Coca-Cola-Store

OPEN 10:00~22:00

- **엠앤엠**
M&M'S

OPEN 09:00~24:00

- **허쉬 초콜릿 월드**
Hershey's Chocolate World

OPEN 09:00~24:00

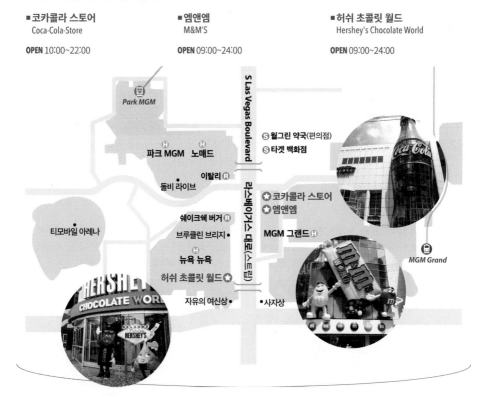

SPECIAL PAGE ★

테마파크 같은
스트립 남쪽 호텔 BEST 4

MGM 그랜드 건너편에는 테마파크처럼
아기자기하게 꾸민 호텔들이 있다.
어린이를 동반했다면 즐길거리가 2배!
뉴욕 뉴욕은 육교로 건너가면 되고,
만달레이 베이·룩소·엑스칼리버 사이는
무료 트램이 왕복 운행한다.

뉴욕 뉴욕과 빅애플 코스터

뉴욕 뉴욕 New York New York

자유의 여신상, 엠파이어스테이트
빌딩으로 뉴욕의 스카이라인을 재현
하고, 광장 앞에는 브루클린 브리지
까지 만들었다. 최대 108km/h의 속
력으로 건물 사이를 달리는 빅애플
코스터($25)가 대표 어트랙션. MGM
그랜드와 육교로 연결된다.

룩소 Luxor

이집트 기자 피라미드의
75% 사이즈인 30층 높이의
유리 피라미드가 시선을 압
도한다. 피라미드 꼭대기에
서 쏘아 올리는 강렬한 레이
저는 지구 밖에서도 관측된
다고. 투탕카멘의 무덤, 이집트 조각상, 타이타닉 유물 전시관($39), 인체의 신
비전 등 흥미로운 볼거리로 가득하다.

만달레이 베이 Mandalay Bay

라스베이거스에 들어서는 순간 가장 먼저 눈에 띄는 황
금색 건물 안에는 대형 아쿠아리움(Shark Reef Aquarium
$36)이 있다. 상어, 가오리, 바다거북 등 다양한 해양생물
이 노니는 장면은
수영장(포시즌스 호텔
또는 카바나 예약 후 이
용)에서도 볼 수 있
도록 설계됐다.

엑스칼리버 Excalibur

호텔 지하에 중세 시대 성처럼 꾸며놓은 오락실 펀 던전
(무료)은 어른과 아이 모두에게 즐거운 공간. 저녁에는 중
세 기사들의 마장마술쇼가 열리기도 한다.

합리적인 가격으로 마음껏 먹자!
라스베이거스 호텔 뷔페

라스베이거스에서는 호텔마다 뷔페를 운영한다. 퀄리티는 대부분 비슷하니 지나친 기대는 금물.
동선이 편한 호텔을 선택하자. 평일과 주말, 점심과 저녁에 따라 요금이 달라지는데,
보통 조식 $35~40, 점심(브런치) $47~65, 오후 3시 이후 $60~100다.

뷔페 중에서 인기 최고
바카날 Bacchanal

라스베이거스 최고의 뷔페로 알려져 언제나 사람이 많다. 월~목요일에는 크랩(게) 요리가 나오는 오후 1시 이후에 방문할 것. 금~토요일에는 하루 종일 푸짐한 메뉴를 맛볼 수 있다. 저녁 기준 1인당 $85(세금·팁 별도)로 가장 비싼 편이다. 오픈테이블을 통해 예약하고 방문하자.

ACCESS 시저스 팰리스

브런치 전문 뷔페
위키드 스푼 Wicked Spoon

팬케이크와 오믈렛 등의 브런치 메뉴와 젤라토 아이스크림 바, 다양한 디저트에 포커스를 맞춘 뷔페. 깔끔하고 세련된 분위기이며, 칵테일을 곁들이기 좋은 곳. 오전과 오후 사이에만 영업한다.

ACCESS 코스모폴리탄

알록달록 온실 정원에서의 식사
윈 뷔페 The Buffet at Wynn

음식의 퀄리티뿐 아니라 호화로운 인테리어로도 사랑받는 곳이다. 꽃장식으로 가득한 돔 아래 좌석에 앉아보자. 16개의 쿠킹 코너에서는 립아이 스테이크와 팬케이크, 태국과 인도 등 아시안 음식도 즉석에서 만들어준다. 주말에는 해산물 뷔페의 스케일이 커진다.

ACCESS 윈

위치 하나는 최고
벨라지오 뷔페 The Buffet at Bellagio

태양의 서커스 "O" 공연장 옆에 있고, 가격대도 무난해서 부담 없이 방문하기 좋은 뷔페. 오전 8시부터 오후 3시까지 운영하지만, 메뉴 구성이 다양한 편이다. 주말 오전 11시부터는 해산물 뷔페라서 가격이 $77까지 올라간다.

ACCESS 벨라지오

별들의 경쟁!
스타 셰프의 파인 다이닝

라스베이거스의 호텔은 세계적인 스타 셰프의 레스토랑을 유치하는 데 많은 노력을 기울인다.
대부분 예약 필수이며, 고급 레스토랑인 만큼 드레스코드도 어느 정도 지켜야 한다.

미국식 파인 다이닝의 대가
울프강 퍽 Wolfgang Puck

라스베이거스에 스타 셰프 열풍을 불러일으
킨 장본인. 캘리포니아 퀴진을 널리 알린 공
로로 할리우드 스타의 거리에도 이름을 올
렸다. LA에 본점을 둔 플래그십 레스토랑 스
파고의 창가 테이블이나 테라스석에서 벨라
지오 분수쇼를 감상하며 파인 다이닝을 즐
겨보자. 컷 바이 울프강 퍽은 전 세계에 지점
을 둔 스테이크 전문점이다.

WEB wolfgangpuck.com

Brand
스파고 Spago 뉴아메리칸 @벨라지오
컷 CUT 스테이크 @팔라조
바 앤 그릴 Wolfgang Puck Bar & Grill 아메리칸
펍 @MGM 그랜드

자연주의 퀴진의 대가
로이 엘라머 Roy Ellamar

하와이 출신의 셰프가 직접 키친을 총괄하며 해산
물과 육류, 디저트까지 훌륭한 퀄리티를 유지하는
파인 다이닝 레스토랑. 엄선된 로컬 재료를 식탁에
올리는 팜 투 테이블(Farm-to-Table) 콘셉트에 따라
네바다주에서 재배한 유기농 식재료를 사용한다.
신선한 채소가 다채로운 디핑 소스를 만나 식욕을
자극할 때쯤 본격적인 메인 요리가 등장한다.

WEB bellagio.mgmresorts.com

Brand
하베스트 Harvest 뉴아메리칸 @벨라지오

고든 램지 버거

서바이벌 요리 프로그램의 멘토

고든 램지 Gordon Ramsay

영국의 스타 셰프 고든 램지는 호텔마다 콘셉트와 가격대를
달리한 레스토랑을 여러 곳 운영하고 있다. 가격이 가장 높은
곳은 고든 램지 스테이크, 가장 저렴한 피시앤칩스는 테이크
아웃 전문점이다. 오락 프로그램의 이름을 그대로 딴 플래그
십 레스토랑 헬스 키친에서는 페이스트리 생지로 감싸 식감
을 부드럽게 한 비프웰링턴을 맛볼 수 있다. 우리나라에 진출
해 화제가 된 버거 전문점도 방문해보자. 벨라지오 분수 주변
에 몰려 있다.

고든 램지 피시앤칩스

WEB gordonramsayrestaurants.com

Brand

헬스 키친 Hell's Kitchen 글로벌 요리 @시저스 팰리스
스테이크 Gordon Ramsay Steak 스테이크 @패리스
버거 Gordon Ramsay Burger 버거 @플래닛 할리우드
피시앤칩스 Gordon Ramsay Fish & Chips 피시앤칩스 @링크 프로
미네이드
펍 앤 그릴 Gordon Ramsay Pub & Grill 캐주얼 펍 @시저스 팰리스

고든 램지 스테이크

헬스 키친

미슐랭 스타 셰프의 브런치

토마스 켈러 Thomas Keller

미국인 최초로 프랑스 레지옹 도뇌르 훈장을 받은 토머스 켈러
는 미슐랭 3스타 레스토랑 퍼세(Per Se)와 프렌치 론드리(French
Laundry)의 오너 셰프다. 2004년에 오픈한 베네시안 10층의 부
숑에서는 포크로인에 달걀을 얹어 서빙하는 에그 베네딕트(Œufs
Benedicte), 크로크 마담(Croque Madame) 등의 브런치 메뉴를 적
당한 가격에 맛볼 수 있다. 보다 캐주얼한 아침 식사를 원한다면
베네시안 광장의 부숑 베이커리 페이스트리와 커피를 추천.

부숑

WEB www.thomaskeller.com

Brand

부숑 Bouchon 프렌치 비스트로 @베네시안
부숑 베이커리 Bouchon Bakery 베이커리 @베네시안

부숑 베이커리

It's Vegas Baby!
비주얼까지 완벽한 추천 맛집

똑같은 메뉴라도 다른 도시보다 더 예쁘고 화려하게!
먹는 것도 중요하지만 인증샷도 놓칠 수 없는 라스베이거스의 특별한 음식문화를 소개한다.

입구부터 시선을 잡아끄는
캐치 CATCH

뉴욕에서 얻은 인기를 바탕으로 LA와 라스베이거스까지 진출한 퓨전 시푸드 레스토랑. 영화 <트와일라잇>의 결혼식 장면이 연상되는 꽃장식 앞에서의 인증샷은 필수다. 날생선 등 해산물 요리가 주를 이루는데, 부드러운 농어 살에 시트러스한 소스를 뿌린 브란지노(Branzino)는 2~3인이 나눠 먹을 수 있을 정도로 푸짐하다. 망치로 깨서 먹는 초콜릿 디저트 힛 미(Hit Me), 귀엽게 장식된 도넛도 인기 메뉴다.

OPEN 17:00~22:30(주말 브런치 10:00~14:00)
MENU 캐치롤 $25, 농어(Branzino) $99(2~3인용), 디저트 $20
WEB catchrestaurants.com **ACCESS** 아리아 캠퍼스

근사한 도서관에서 식사를
노매드 라이브러리 NoMad Library

수만 권의 장서가 꽂힌 노매드 뉴욕 본점의 도서관 분위기를 그대로 재현한 레스토랑. 2인 셰어가 가능한 캐비어나 참치 타르타르 등을 애피타이저로 선택하고, 메인 요리는 관자·생선·뉴욕 스트립 스테이크 중에 고르자. 레이디 가가의 게릴라 공연 덕분에 예약 필수인 명소가 됐으며, 레이디 가가가 노매드 호텔에 머무를 때 즐겨 찾는 프라이빗 바가 있다.

OPEN 수~일요일 17:00~22:00/예약 필수
MENU 캐비어 30g $165, 스테이크 $74
WEB nomadlasvegas.
mgmresorts.com
ACCESS 파크 MGM
(노매드 호텔)

캐비어

베벌리힐스의 슈퍼스타
리사 밴더펌프 Lisa Vanderpump

리사 밴더펌프는 미국 리얼리티 쇼에 출연하여 이름을 알린 영국계 배우다. 런던과 캘리포니아 등에서 30여 개의 레스토랑을 운영해 왔으며, 2019년 시저스 팰리스의 칵테일 가든을 시작으로 2022년 패리스 호텔에 레스토랑 아 패리스를 오픈하면서 스타성을 재확인했다. 인테리어뿐만 아니라 음식과 음료, 디저트까지 하나하나 직접 관리한다. 예쁘게 옷을 차려 입은 사람들 틈에서 입장을 기다리다 보면 셀럽의 일상을 살짝 체험하는 기분!

WEB lisavanderpump.com
아 파리 Vanderpump à Paris
OPEN 15:00~24:00(금·토요일 ~02:00) **ACCESS** 패리스
칵테일 가든 Vanderpump Cocktail Garden
OPEN 12:00~24:00(월~수요일 16:00~) **ACCESS** 시저스 팰리스

파리의 아침
모나미 가비 Mon Ami Gabi

에펠탑 아래, 벨라지오 분수가 정면으로 보이는 낭만적인 프렌치 비스트로. 오전 11시 이전 또는 주말 브런치 시간에 방문하면 카푸치노와 바게트, 와플과 함께 파리의 아침을 느껴 볼 수 있다. 빨간 캐노피가 덮인 발코니 자리에 앉으려면 줄을 서야 하지만, 실내 좌석은 예약이 가능하다. 오전 10시가 넘으면 햇볕이 따갑기 때문에 실내 파빌리온 석을 선택하는 것도 괜찮은 방법.

OPEN 07:00~22:00, 주말 브런치 11:00~14:00
MENU 에그 베네딕트 $27.95, 프렌치토스트 $24.95 **WEB** monamigabi.com **ACCESS** 패리스

남부 농장 스타일
해시 하우스 어 고 고
Hash House A Go Go

퓨전 농장 음식(Twisted Farm Food)을 콘셉트로 한 브런치 레스토랑. 잘게 썬 고기와 감자, 각종 채소를 빠르게 볶아내는 해시, 프라이드치킨과 와플 등으로 메뉴를 구성했다. 수북하게 쌓아 올린 1인분 비주얼 덕분에 미국인에게 특히 인기가 많아서 샌디에이고 본점은 1시간 이상 줄을 서기도 한다. 라스베이거스에서도 좋은 반응을 얻으며 점점 매장 수를 늘려가고 있다.

OPEN 07:30~15:00(금·토요일 ~21:00)
MENU 치킨 와플 타워 $29.99, 해시 $22
WEB hashhouseagogo.com
ACCESS 링크, 플라자

칼로리 대폭발!
블랙 탭 Black Tap Craft Burgers & Beer

뉴욕 스타일의 런처네트(카운터 너머로 식사를 주문하는 작은 식당)를 모던하게 재해석한 버거 맛집. 묵직한 소고기 패티를 넣은 전통 버거부터 채식주의자를 위한 임파서블 버거까지 종류도 다양하다. 손바닥보다 큰 어니언링, 감자칩, 고구마칩까지 곁들이면 푸짐한 한 접시가 완성된다. 조각 케이크나 솜사탕, 휘핑크림을 통째로 올려서 SNS 인기 스타가 된 밀크셰이크도 추천! 디즈니랜드에도 매장이 있다.

OPEN 11:00~23:00
MENU 올드패션버거 $22.5, 크레이지셰이크 $16~19.5
WEB blacktap.com
ACCESS 베네시안

사막의 더위를 날려줄
칵테일 한잔

시원한 알코올 슬러시를 마시며 길거리를 걷는 즐거움은 오직 라스베이거스 스트립에서만 가능하다.
재밌는 아이디어가 듬뿍 담긴 다양한 칵테일, 어디서 맛볼까?

시원 달콤한 다이키리
팻 투즈데이 Fat Tuesday

쉽게 눈에 띄는 팻 투즈데이의 커다란 플라스틱병에는 다이키리(Daiquiri)가 담겨 있다. 럼이나 보드카를 얼음 슬러시와 섞어 맛을 낸 칵테일이 더위를 잠시나마 날려준다. 크기별로 주문할 수 있도록 용기가 전시돼 있다. 190 옥테인(190 Octane)은 알코올 도수가 높은 오리지널 메뉴. 팻 투즈데이 외에도 다이키리 바 등 여러 업체가 비슷한 칵테일 음료를 판매한다.

OPEN 10:00~02:00
MENU 24oz(약 700ml) $12~(다양한 크기)
WEB fattuesday.com
ACCESS 시저스 팰리스 포럼 숍, 미라클 마일 숍, 패션쇼 몰 등 다수

오프스트립 최고의 핫플
골든 티키 The Golden Tiki

문을 열자마자 느껴지는 열대의 향기!
독특한 해골 장식으로 가득한 티키 바
는 1930년대 미국에서 유행한 남태평
양 콘셉트의 칵테일 바다. 인기 음료는
네이비 그로그(Navy Grog), 블루 라군
(Blue Lagoon), 헤밍웨이 루인(Hemingway
Ruin), 바나나 바티다(Banana Batida). 추
가 요금을 내면 불꽃을 만들어 준다.

ADD 3939 W Spring Mountain Rd
OPEN 24시간
MENU $14~16(불 붙이기 $1)
WEB thegoldentiki.com
ACCESS 벨라지오 호텔에서 4.1km(자동차 15분)

바르셀로나 느낌 한 잔
에도 가스트로 타파스앤와인
EDO Gastro Tapas & Wine

스페인 카탈루냐풍의 '카탈루냐' 등 시그니처
칵테일과 스몰 디시를 즐기기 좋고, 와인 리스
트도 충실하게 갖췄다. 바르셀로나 출신 셰프
가 선보이는 퓨전 타파스 맛도 굿! 골든 티키와
마찬가지로 라스베이거스 대로에서 서쪽으로
10분가량 차를 타고 이동하는 오프스트립(Off
Strip) 쪽에 있다.

ADD 3400 South Jones Boulevard Suite
OPEN 17:00~21:00
MENU 타파스 $18~24, 칵테일 $14~16
WEB edotapas.com

부담없고 편안하게
캐주얼한 맛집

라스베이거스라고 해서 예약과 웨이팅이 필수는 아니다.
길거리 음식을 모아 놓은 푸드홀이나 편하게 들어갈 수 있는 식당도 많다.

에펠탑 근처 길거리 음식
그랜드 바자
Grand Bazaar

저렴한 길거리 음식을 모아놓은 아
웃도어 쇼핑몰. 피자 한 조각부터
라멘, 케밥, 버거, 핫도그, 아이스크
림까지 부담 없이 골라보자. 벨라
지오 호텔과 패리스 호텔이 위치한
메인 스트립에 자리한다.

OPEN 10:00~22:00
ACCESS 에펠탑 북쪽

미국 속 이탈리아 푸드홀
이탈리
Eataly

한 장소에서 식료품 쇼핑과 식사,
디저트까지 원스톱으로 즐길 수 있
는 그로서란트(Grocerant) 푸드홀.
Eat과 Italy를 조합한 이름처럼 판
매 제품과 식재료의 대부분을 이탈
리아에서 들여온다. 카페는 물론 피
자와 파스타 코너도 있고, 예약하고
방문하는 일반 레스토랑도 있다.

OPEN 07:00~23:00(금·토요일 ~02:00)
WEB eataly.com
ACCESS 파크 MGM

동남아 먹거리 시장
페이머스 푸드
Famous Food Street Eats

싱가포르 대표 맛집 분통키의 치킨
라이스, 베트남 쌀국수와 딤섬 등
아시아 길거리 음식을 테마로 하는
푸드홀. 아시아 음식을 먹고 싶을
때 가볼 만하다.

OPEN 11:00~22:00(금·토요일 ~23:00)
WEB zoukgrouplv.com/famousfoods
ACCESS 리조트 월드(Zouk)

뉴올리언스식 해물찜
핫앤쥬시 Hot N Juicy

케이준 소스에 버무린 뉴올리언스 스타일의 해산물 요리를 미국 전역에 유행시킨 레스토랑. 민물 가재 크로피시(Crawfish), 던지니스 크랩, 랍스터, 새우, 조개 등을 자극적인 소스에 버무려 봉지째 서빙한다. 먹으면서 사방에 소스가 묻기 때문에 앞치마, 비닐장갑, 휴지를 무제한 제공한다. 양념 단계(Spice Level) 중에서 가장 높은 4단계는 한국인 입맛에도 맵고 짜기 때문에 1단계나 2단계 정도를 추천. 소스는 매콤한 케이준, 고소한 갈릭버터, 상큼한 레몬페퍼, 핫앤쥬시 스페셜(앞의 3가지를 섞은 것) 중에서 선택한다. 라이스를 추가해서 소스에 비벼 먹으면 한식에 대한 그리움도 달랠 수 있다.

OPEN 11:00~23:00(금·토요일 ~24:00)
MENU 던지니스 그랩 $37, 쉬림프 $17
WEB hotnjuicycrawfish.com
ACCESS 플래닛 할리우드

따뜻하고 든든한
얼 오브 샌드위치 Earl of Sandwich

2004년 플로리다에 오픈한 이후 미국 전역으로 퍼진 샌드위치 전문점. 라스베이거스의 여러 호텔에서 쉽게 찾을 수 있고, 후버댐, 그랜드캐니언으로 여행 갈 때 포장하면 든든한 한 끼가 된다. 로스트비프가 들어가는 오리지널 1762, 칠면조를 추가한 몬태규가 인기 메뉴. 따뜻하게 먹으려면 핫 샌드위치를 선택하자.

OPEN 24시간
MENU 샌드위치 $10~11
WEB earlofsandwichusa.com
ACCESS 플래닛 할리우드 외 다수

빈티지한 라스베이거스의 매력
다운타운 Downtown

카지노를 합법화한 1931년부터 호황을 누려온 다운타운은 1990년대 스트립 지역에 럭셔리 호텔들이 개장하면서 잠시 위기를 겪기도 했으나, 올드 라스베이거스의 빈티지한 분위기 덕분에 제2의 전성기를 맞았다. 저녁에 시작되는 프리몬트 스트리트 전구쇼를 비롯해 박물관, 놀이기구 등 즐길거리가 다양하다. 스트립에서는 버스 또는 자동차로 방문하고, 프리몬트 스트리트 주변은 걸어서 구경하면 된다.

① 화려한 전구쇼와 함께
프리몬트 스트리트 익스피리언스 Fremont Street Experience

하늘엔 집라인을 탄 사람들이 날아다니고, 거리엔 퍼포먼스가 펼쳐지는 프리몬트 스트리트에서는 화려한 전구쇼도 놓칠 수 없다. 5블록을 캐노피 천장으로 덮고 길이 420m, 너비 27m의 전광판을 설치한 거리에서, 1640만 개의 픽셀과 4930만 개의 LED, 60만 와트의 사운드 시스템을 이용한 비바 비전 전구쇼(Viva Vision Light Show)를 볼 수 있다. 전구쇼는 해 질 무렵부터 자정까지, 매시 정각에 6~8분가량 진행된다. **MAP 389p**

ADD 425 E Fremont St
OPEN 24시간(전구쇼 18:00~02:00)
PRICE 무료
ACCESS 메인 스트립에서 9km/
듀스·SDX Fremont Street Experience 하차

② 슈퍼 히어로처럼 하늘을 날아보자!
슬롯질라 집라인 SlotZilla Zip Line

슬롯머신을 형상화한 12층 건물에서 집라인을 타고 프리몬트 스트리트의 캐노피 아래를 날아가는 액티비티. 앉아서 타는 코스는 35m 높이에서 2블록을 날아가고, 슈퍼맨 자세로 타는 코스는 높이 25m에서 5블록 전체를 날아간다. 일몰 이후 조명이 화려하게 밝혀진 시간에 타면 더욱 짜릿하다. **MAP 389p**

PRICE Fly Zip-Zilla $49, Fly Super-Hero Zoom $69/예약 권장
WEB vegasexperience.com/slotzilla-zip-line

<신념의 손>

③ 커다란 금덩이를 보려면
골든 너깃 호텔 Golden Nugget Hotel

1946년 오픈한 카지노 호텔. 빈티지한 네온사인이 눈에 띄는 프리몬트 스트리트의 터줏대감이다. 수족관 안의 상어가 들여다보이는 야외 수영장 더 탱크(The Tank)와 로비에 전시된 2.7kg짜리 금덩어리 <신념의 손(The Hand of Faith)>이 유명하다. 본관과 별관에 등급별 객실을 보유하고 있어서 저렴한 숙소를 찾을 때 고려해 볼 만하다. **MAP 389p**

ADD 129 E Fremont St **WEB** goldennugget.com/lasvegas

④ 옛 영광의 중심지
프리몬트 이스트 디스트릭트
Fremont East District

슬롯질라 맞은편은 옛 호텔거리인 프리몬트 이스트 디스트릭트가 시작되는 지점이다. 낮에는 한적한 분위기였다가 관광객이 몰려드는 저녁 시간에 띠들썩해진다. 회물 운반용 컨테이너를 쌓아올려 레스토랑, 바, 로컬숍 등을 입점시킨 다운타운 컨테이너 파크, 빈티지한 칵테일바 등 볼거리가 다양하다. **MAP 389p**

ADD E Fremont St & Las Vegas Blvd 교차지점

컨테이너 파크

⑥ 사막 위의 쇼핑 타임
라스베이거스 프리미엄 아웃렛
Las Vegas Premium Outlet

스트립 북쪽에 위치한 야외 아웃렛에는 180개 이상의 브랜드가 입점해 있다. 돌체앤가바나, 케이트 스페이드, 브룩스 브라더스, 코치 등이 주요 매장이다. 더운 여름철에는 남쪽의 실내 아웃렛이 쾌적하다. 홈페이지에서 회원가입 시 할인 쿠폰을 다운받을 수 있다. **MAP 389p**

WEB premiumoutlets.com

북쪽 아웃렛 Premium Outlet North
ADD 875 S Grand Central Pkwy

남쪽 아웃렛 Premium Outlet South
ADD 7400 Las Vegas Blvd South

⑤ Will you marry me?
웨딩 채플
Wedding Chapel

메인 스트립과 다운타운 사이에는 작은 교회가 모여 있다. 영화 속 단골 배경, 라스베이거스의 폭삭 결혼식을 기행하는 웨딩 채플이다. 1950년대 문을 연 이래 무려 80만 쌍의 커플을 탄생시킨 리틀 화이트 채플에서는 프랭크 시나트라, 브리트니 스피어스, 마이클 조던 등이 결혼식을 올렸고, 비슷한 시기에 세워진 채플 오브 더 플라워도 TV 쇼에 자주 등장했다. 리마인드 웨딩이나 신혼부부의 웨딩 스냅 촬영지로도 인기가 높다. **MAP 389p**

리틀 화이트 채플 Little White Chapel
ADD 1301 S Las Vegas Blvd
WEB alittlewhitechapel.com

채플 오브 더 플라워 Chapel of the Flowers
ADD 1717 S Las Vegas Blvd
WEB littlechapel.com

LAS
VEGAS

DAY TRIPS

라스베이거스 근교 여행

대자연을 체험하는 것이야말로 라스베이거스 여행의 진수다. 도심을 벗어나면 곧바로 광활한 사막지대가 시작된다. 반나절이면 세븐 매직 마운틴, 후버댐, 불의 계곡, 레드록캐니언 등을 각각 다녀올 수 있다. 그랜드캐니언 국립공원을 방문할 시간이 없다면 가까운 스카이워크나 헬리콥터 투어를 대안으로 삼을 수 있다.

1 알록달록하고 거대한 돌탑
세븐 매직 마운틴 Seven Magic Mountains

15번 고속도로를 따라 30분 달리면 스위스 예술가 우고 론디노네의 공공미술 작품이 나타난다. 황량한 사막과 대비되는 형형색색의 거대한 돌탑 7개는 대지미술과 팝아트가 어우러진 걸작으로 평가받는다.
MAP 423p

ADD S Las Vegas Blvd, Las Vegas, NV 89054
OPEN 24시간
PRICE 무료
WEB sevenmagicmountains.com
ACCESS 스트립에서 33km(자동차 30분)

② 불의 계곡
밸리 오브 파이어 주립공원 Valley of Fire State Park

네바다주 최초의 주립공원. 지구가 아닌 다른 행성에 와 있는 듯한 풍경 덕분에 영화 <스타쉽 트루퍼스>, <트랜스포머>의 촬영지로도 등장했다. 거대한 바위가 빛의 방향에 따라 보라색, 주황색, 붉은색 등 다채로운 색상으로 변한다. 천연 아치, 암각화 등 볼거리도 다양해서 그랜드 서클을 여행할 시간이 없는 사람에게 추천한다. **MAP 423p**

ADD 29450 Valley of Fire Hwy, Overton, NV 89040
OPEN 일출~일몰
PRICE 차량 1대 $15
WEB parks.nv.gov/parks/valley-of-fire
ACCESS 라스베이거스에서 동북쪽으로 84km(자동차 1시간)

③ 모하비 사막으로 들어가보자
모하비 사막과 레드록캐니언 Redrock Canyon

모하비 사막 한가운데 자리 잡은 강렬한 색채의 붉은 대지는 네바다주 최초의 국립보존지구(National Conservation Area)로 지정됐다. 공원 내부에서 하이킹, 암벽 등반, 피크닉, 자전거 라이딩 등을 즐길 수 있다. 20km의 시닉 드라이브 코스로 진입하려면 방문 전 예약해야 한다. **MAP 423p**

ADD 1000 Scenic Loop Dr, Las Vegas, NV 89161
OPEN 06:00~20:00(겨울철 ~17:00)/비지터 센터 08:00~16:30
PRICE 차량 1대 $20
WEB redrockcanyonlv.org
ACCESS 라스베이거스에서 서쪽으로 27km(자동차 30분)

④ 대역사의 창조
후버댐 Hoover Dam

콜로라도강 블랙캐니언 위에 건설된 높이 221.4m, 길이 379m의 다목적 댐. 샌프란시스코의 골든게이트브리지, 뉴욕의 엠파이어스테이트 빌딩과 함께 20세기 10대 건축물 중 하나로 손꼽힌다. 후버 대통령 집권 시기에 착공하여 1935년 루스벨트 대통령 임기중에 준공되었고, 네바다주와 연방 정부의 물 부족 갈등을 25년 만에 해결한 후버 대통령을 기념하기 위해 후버댐이라는 명칭을 부여했다. 댐 완공의 결과로 총저수량 320억t(소양호의 11배)의 인공 호수인 미드 호수(Lake Mead)가 생성됐고, 황무지였던 인근 지역에 관련 종사자가 이주하면서 볼더시티(Boulder City)가 형성되고 라스베이거스가 발전하는 계기가 됐기에, 대공황 시절 추진한 토목 공사의 대표적인 업적으로 평가받는다. <샌 안드레아스>, <트랜스포머> 등 할리우드 영화에도 자주 등장했다. **MAP 423p**

ⓘ **후버댐 비지터 센터** Hoover Dam Visitor Center
ADD 81 Hoover Dam Access Rd, Boulder City, NV 89005
OPEN 05:00~21:00(비지터 센터 09:00~16:15)
PRICE 차량 1대 $10(비지터 센터 건너편 주차장 이용)
ACCESS 라스베이거스에서 56km(자동차 50분). US-93에서 NV-172 도로로 접어들어 검문소를 지난다. 댐 양쪽의 유료 주차장에 주차 후 댐 위를 걸어보자.

미드 호수

← 그랜드캐니언 방향

애리조나주

메모리얼브리지

라스베이거스 방향 →

다리 주차장 ○

비지터 센터/
유료 주차장

주 경계선

콜로라도강

네바다주

후버댐을 관광하는
3가지 특별한 방법

❶ 시간 경계선 위를 걸어서 건너기

댐의 중간 지점에는 네바다주와 애리조나주의 경계선을
표시한 기념비가, 양쪽 취수탑에는 서로 다른 표준시를
사용하는 두 주의 시계가 각각 설치돼 있다. 댐을 사이에
두고 걷다 보면 1시간의 시차를 경험하는 셈이 된다. 참
고로, 애리조나주는 서머타임을 적용하지 않아 여름철에
는 시차가 없다.

❷ 후버댐 투어에 참여하기

비지터 센터에서는 2종류의 투어를 제공한다. 파워플랜트 투어는 160m(530ft) 아래,
댐의 하부 기반암까지 엘리베이터를 타고 내려가 수력발전소의 기계실과 진입 통로
를 관람하는 약 1시간의 가이드 투어다. 후버댐 투어는 파워플랜트 투어와 댐 내부
관람을 통합한 상품으로, 건설 초기의 시설과 내
부 통로까지 폭넓게 둘러볼 수 있다. 터빈을 통과
한 물이 방류되는 수로 구역의 대형 파이프에서
는 콜로라도강의 거센 진동이 느껴진다.

PRICE 비지터 센터 전시 관람 $10 또는 파워플랜트 투
어 $15(온라인 예매 가능), 댐 투어 $30(현장 선착순 입장)
WEB usbr.gov/lc/hooverdam

❸ 메모리얼브리지 위에서 후버댐 바라보기

2010년에 완공한 길이 580m, 높이 267m의 콘크리트 아치교(정식 명칭: Mike O'Callaghan-Pat Tillman Memorial Bridge) 위
에 서면 후버댐과 블랙캐니언의 단단한 암벽이 눈에 들어온다. 다리가 생기기 전에는 헬리콥터에서만 볼 수 있었던 풍
경. 다리 위에서의 정차는 불가능하고, 후버댐 진입로 초반에 전용 주차장이 있다. 계단을 따라 다리 위로 올라가면 웰
컴 투 네바다 사인도 보인다.

ADD Boulder Dam Bridge Parking, NV-172, Boulder City, NV 89005

⑤ 그랜드캐니언 웨스트 림
국립공원이 아닌 원주민의 땅!
Grand Canyon West Rim

아메리카 원주민 왈라파이(Hualapai)족이 관리하는 지역. 흔히 생각하는 그랜드캐니언 국립공원(488p)과 전혀 다른 장소다. 국립공원보다 훨씬 서쪽에 자리한 이곳은 협곡의 깊이가 얕은 대신 라스베이거스에서 가까워서 일정이 촉박한 여행자에게 적합한 관광지다. 반원형의 유리 바닥 전망대 스카이워크와 집라인이 설치돼 있으며, 콜로라도강과 인접한 절벽에는 헬리콥터 착륙장도 있다. 투어 버스 이용 시 7시간, 헬리콥터 이용 시 왕복 3시간 정도 걸린다. 국립공원에 비해 상대적으로 가까울 뿐 비용과 시간을 고려한다면 가벼운 마음으로 다녀올 만한 곳은 아니다. MAP 423p

ADD Eagle Point Rd, Peach Springs, AZ 86434
OPEN 08:00~18:00(11~3월 마지막 입장 17:00)
PRICE 입장권+스카이워크 $68~74/집라인 요금 별도
WEB grandcanyonwest.com
ACCESS 라스베이거스에서 200km(자동차 2시간 30분, 헬리콥터 45분)

그랜드캐니언 웨스트 스카이워크

콜로라도강의 흐름이 가깝게 보이는 협곡 중간 지점은 헬리콥터로 가야 한다.

⑥ 그레이트베이슨 국립공원 Great Basin National Park
브리슬콘 파인의 고장

네바다주 깊숙한 곳, 인적이 드문 산악지대에 자리 잡은 국립공원. 다른 명소와 동떨어져 있어서 좀처럼 가보기 어렵지만, 지구상에서 가장 오래 사는 식물인 브리슬콘 소나무(Bristlecone Pine)의 자생지로 유명하다. 높이 3982m의 휠러 피크(Wheeler Peak) 기슭에는 길이 2.4km의 천연 동굴인 리먼 동굴(Lehman Cave)이 있다.

ⓘ 리먼 동굴 비지터 센터 Lehman Caves Visitor Center
ADD 5500 W Hwy 488, Baker, NV 89311
OPEN 08:00~17:00(겨울철 09:00~15:00)
PRICE 공원 입장 무료/리먼 동굴 투어 $15(어린이 $8)/예약 필수
WEB nps.gov/grba
ACCESS 라스베이거스 북쪽으로 476km(자동차 5시간)

평균 수명 5천 년인 브리슬콘 소나무가 서식한다.

UT 유타
State of Utah

유타는 원주민 유트(Ute)족의 언어로 '산에 사는 사람'을 뜻한다. 실제로 북부 고산지대인 로건캐니언과 워새치
산맥, 남쪽의 레드록캐니언 지대에 이르기까지 유타주 면적의 60% 이상은 공유지(Public Lands)가 차지한다.
이 중 가장 경이로운 풍경을 자랑하는 5곳의 국립공원은 마이티 파이브(Mighty Five)라는 별명으로 잘 알려져 있다.
암벽과 계곡이 조화로운 자이언, 자연이 빚은 원형 극장 브라이스캐니언, 세계에서 가장 많은 샌드스톤 아치를
보유한 아치스, 태고의 자연 그대로인 캐니언랜즈, '바다의 암초'라 불리는 캐피톨리프가 그 주인공으로,
모두 그랜드 서클의 핵심 루트다.

주도	솔트레이크시티
대도시	솔트레이크시티
별칭	Beehive State(꿀벌처럼 근면한 사람들의 주)
연방 가입	1896년 1월 4일(45번째 주)
면적	219,653km²(미국 13위)
홈페이지	visitutah.com(유타주 관광청)

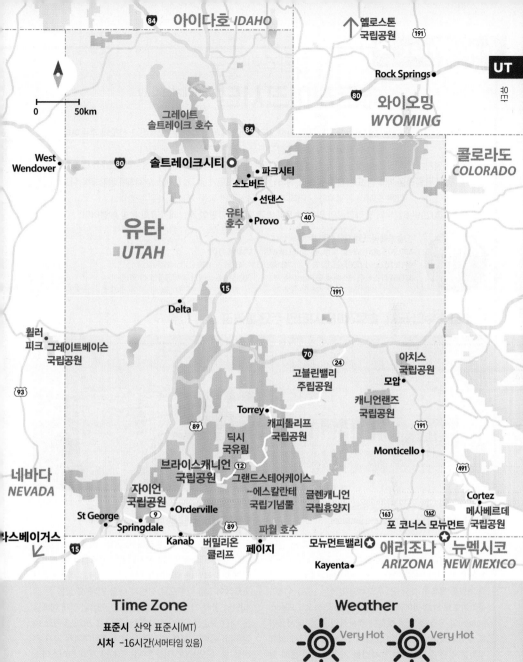

아이다호 IDAHO

옐로스톤
국립공원 191

Rock Springs

UT
유타

80

와이오밍
WYOMING

그레이트
솔트레이크 호수

84

80

West
Wendover

솔트레이크시티

파크시티

콜로라도
COLORADO

스노버드

선댄스

유타
호수 Provo

40

유타
UTAH

15

Delta

191

휠러
피크 그레이트베이슨
국립공원

70

고블린밸리
주립공원 24

아치스
국립공원

모압

93

Torrey

캐피톨리프
국립공원

캐니언랜즈
국립공원

딕시
국유림

191

네바다
NEVADA

89

브라이스캐니언
국립공원

12

그랜드스테어케이스
-에스칼란테
국립기념물

글렌캐니언
국립휴양지

Monticello

491

자이언
국립공원

Orderville

Cortez
메사베르데
국립공원

9

파월 호수

163 162

St George

Springdale

89

포 코너스 모뉴먼트

가스베이거스

15

Kanab

버밀리언
클리프

페이지

모뉴먼트밸리

애리조나
ARIZONA

뉴멕시코
NEW MEXICO

Kayenta

Time Zone

표준시 산악 표준시(MT)
시차 -16시간(서머타임 있음)

한국 09:00 → 유타 전 날 17:00

Weather

Very Hot   Very Hot

봄   여름

Very Cold

가을   겨울

유타주의 주도

솔트레이크시티 Salt Lake City

유타 인구의 60%는 1847년 종교 박해를 피해 일리노이주에서 이주해 온 모르몬교 신도의 후손이다.
유타주 지명의 상당수가 성경에서 유래한 연유가 여기에 있다.
워새치산맥(Wasatch Range)과 거대한 소금 호수 사이의 분지에 자리 잡은 솔트레이크시티는
동계 올림픽을 개최한 도시답게 설질이 뛰어난 스키 리조트가 많고, 선댄스 영화제(1월)가 열린다.
다른 도시나 관광지와는 거리가 멀어 독립적인 방문 계획을 세워야 한다.
2025년 6월부터 델타항공의 인천-솔트레이크시티 직항편이 개설돼 주 7회 운항 예정이다.

ⓘ **솔트레이크 비지터 센터** Visit Salt Lake
ADD 90 South West Temple Salt Lake City, Utah 84101
OPEN 10:00~17:00/일요일 휴무 **TEL** 801-534-4900   **WEB** visitsaltlake.com
ACCESS 라스베이거스에서 658km(자동차 6시간 30분)/솔트레이크 국제공항(SLC) 있음

¤ 소금 호수의 도시, 솔트레이크시티의 주요 볼거리

아름다운 경치를 가진 시민 공원
유타 주의사당 Utah State Capitol

템플 스퀘어에서 완만한 경사를 따라 1km 거리의 언덕
에 자리 잡은 주의사당은 워싱턴 D.C.의 국회의사당 건물
과 비슷한 디자인이다. 주변 경관이 아름다워 시민 공원
의 역할을 톡톡히 하는 곳. 주의사당 앞에는 1620년 메이
플라워호를 타고 아메리카 대륙에 온 영국 청교도(Pilgrim
Fathers)와 우호 조약을 체결한 역사적인 인물, 매서소이
트 추장(Chief Massasoit)의 동상이 있다. 당시 그가 식량
부족을 겪던 청교도에게 농사법을 가르치고, 이듬해 청
교도들이 수확물을 함께 나눈 일에서 미국 추수감사절이
유래했다.

ADD 320 E Capitol St
OPEN 비지터 센터 09:00~17:00, 무료 가이드 투어 월~금요일
10:00~15:00
WEB utahstatecapitol.utah.gov

모르몬교의 성전
솔트레이크 템플 Salt Lake Temple

철저한 계획도시인 솔트레이크시티는 예배당이 자리한
템플 스퀘어를 중심으로 동서남북이 정해진다. 6개의 첨
탑이 인상적인 솔트레이크 템플은 모르몬교 이주자들이
솔트레이크를 터전으로 정한지 나흘 만에 첫 삽을 뜬 뒤
40년의 공사 기간을 거쳐 1893년 완공됐다. 현재 예배당
은 내진 보강을 위한 레노베이션 중으로 2026년 완료 예
정이다. 예배당 북쪽 컨퍼런스 센터 전망대에서 공사 과
정을 볼 수 있으며, 겨울철에는 100만 개의 크리스마스

전구 장식으로 매일 밤
10시까지 불을 밝히는
장관이 연출된다.

ADD 50 N West Temple
WEB lds.org

초대형 파이프오르간을 가진 예배당
솔트레이크 태버나클 Salt Lake Tabernacle

태버나클은 유대인들이 이집트에서 탈출해 가나안에 정착할 때까지 이동하면서 예배를 올리던 임시 성전(성막, 聖幕)을 뜻한다. 약 8000명을 수용할 수 있는 대형 예배당으로 1875년 완공했으며, 내부에 기둥이 없는 돔 형태로 지어져, 바늘 하나만 떨어뜨려도 소리가 울려 퍼질 만큼 음향 효과가 뛰어나다. 1만1623개의 파이프로 이뤄진 파이프오르간 연주와 합창은 리허설 시간에만 방청이 허용된다.

ADD N West Temple   **OPEN** 09:00~21:00   **WEB** templesquare.com/explore/tabernacle

동계올림픽 개최지
파크 시티 Park City

풍부한 강설량과 파우더 스노, 온화한 겨울 날씨를 자랑하는 솔트레이크는 덴버, 잭슨 홀, 타호와 함께 스키로 유명한 4대 도시. 2002년 제19회 동계 올림픽을 개최한 파크 시티의 경기장과 빌리지는 봅슬레이 체험, 스키 점프대를 따라 하강하는 집라인을 갖춘 레저 테마파크로 리모델링했다. 솔트레이크 공항에서 리조트까지는 불과 30분 거리로, 겨울과 여름휴가를 즐기는 방문자가 많다.

ADD Utah Olympic Park, 3419 Olympic Pkwy
WEB utaholympiclegacy.org

거대한 소금 호수
그레이트 솔트레이크 Great Salt Lake

염분 함량이 이스라엘의 사해보다 많고, 태평양보다 7배나 짠 소금 호수. 어류는 살 수 없으나, 동물성 플랑크톤인 브라인 쉬림프(Brine shrimp)가 많아 새들이 모여드는 세계적인 철새 도래지다. 호수 남동쪽의 앤털로프 아일랜드 주립공원은 야생동물 보호구역이다. 솔트레이크 주립공원 내의 보트 선착장에서 호수를 감상할 수 있다.

ADD Great Salt Lake Marina, 1075 South 13312 West, Magna, UT 84044
PRICE 마리나 차량 1대 $10, 앤털로프 $15
WEB gslmarina.com

+ MORE +

최초의 KFC가
솔트레이크시티에 있다고?

켄터키의 명물 KFC 1호점이 머나먼 솔트레이크시티에 문을 열게 된 사연은 특별하다. 솔트레이크시티에서 대형 음식점을 운영하던 피트 하먼은 어느 날 자신의 집으로 초대한 샌더스 대령(켄터키 프라이드 할아버지)의 치킨 요리에 감동해 그의 레시피를 사게 된다. 그러고나서 1952년 최초의 KFC 1호점 간판을 달고 치킨을 판매한 것이 오늘날 KFC의 시작이다. 1호점 주차장에는 두 사람의 동상이 나란히 세워져 있고, 하먼 카페의 간판도 함께 보존돼 있다.

ADD 3890 S State St, Salt Lake City, UT 84115
OPEN 10:00~23:00

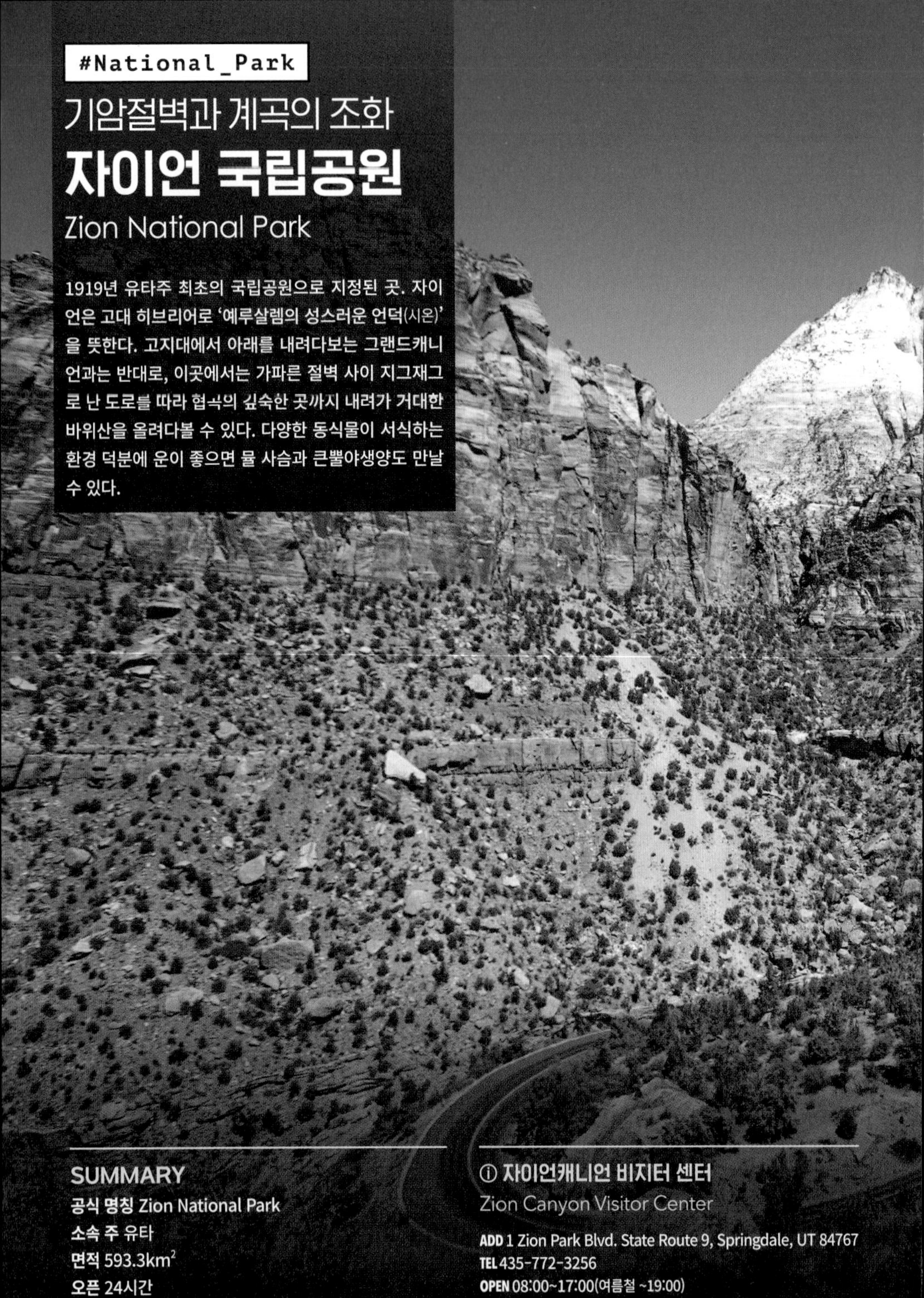

#National_Park

기암절벽과 계곡의 조화

자이언 국립공원

Zion National Park

1919년 유타주 최초의 국립공원으로 지정된 곳. 자이언은 고대 히브리어로 '예루살렘의 성스러운 언덕(시온)'을 뜻한다. 고지대에서 아래를 내려다보는 그랜드캐니언과는 반대로, 이곳에서는 가파른 절벽 사이 지그재그로 난 도로를 따라 협곡의 깊숙한 곳까지 내려가 거대한 바위산을 올려다볼 수 있다. 다양한 동식물이 서식하는 환경 덕분에 운이 좋으면 뮬 사슴과 큰뿔야생양도 만날 수 있다.

SUMMARY

공식 명칭 Zion National Park
소속 주 유타
면적 593.3km^2
오픈 24시간

ⓘ 자이언캐니언 비지터 센터

Zion Canyon Visitor Center

ADD 1 Zion Park Blvd. State Route 9, Springdale, UT 84767
TEL 435-772-3256
OPEN 08:00~17:00(여름철 ~19:00)

자이언 국립공원

WEATHER

계곡이 흐르고 나무가 자라는 풍요로운 국립공원은 사계절 내내 방문객을 맞
이한다. 강수량은 12~3월에 집중되고, 눈이 녹는 초봄과 몬순성 폭우가 내리
는 7월 중순~9월은 계곡물이 급격하게 불어날 수 있어 각별히 주의해야 한다.
협곡 위쪽과 아래쪽 일교차가 크므로, 이를 감안한 옷차림으로 방문하자.

기온(℃)	7월	1월
최고 평균	39℃	12℃
최저 평균	21℃	-2℃

자이언 국립공원 IN & OUT

자이언 국립공원을 여행하는 가장 보편적인 방법은 자동차로 도착해서 간단한 트레킹을 즐기는 것이다. 라스베이거스와 가까운 편이라 자이언캐니언만 잠깐 구경하고 떠나는 경우도 많지만, 명소를 알차게 구경하려면 반나절로는 부족하다.

주요 지점과의 거리(자이언캐니언 기준)

출발지	거리	육로 이동 소요 시간
브라이스캐니언	141km	2시간
라스베이거스	250km	3시간
솔트레이크시티	500km	5시간

국립공원 입구

자동차로 가기

라스베이거스에서 15번 고속도로(I-15)를 따라 2시간 정도 달려왔다면, 이제부터는 고속도로가 아닌 국도로 여행할 차례. 유타주 9번 도로(UT-9)가 자이언 국립공원을 관통하며 브라이스캐니언 국립공원 쪽으로 인도한다. 국립공원 내 주요 도로는 대부분 잘 정비된 포장도로지만, 저지대와 고지대를 오가기 때문에 고도 차가 심하다. 도로 폭이 좁은 구간에서는 자전거 여행자 및 다른 차량에 주의하며 운전해야 한다. 여름철 성수기에는 터널 구간에서 교통 정체가 발생할 수 있음을 감안하여 이동 계획을 세운다.

대중교통으로 가기

국립공원에서 70km 떨어진 세인트 조지(St. George)의 그레이하운드 터미널이나 국내선 공항(SGU)에서 예약제 밴을 타고 스프링데일까지 들어간 다음 셔틀버스로 환승한다.

세인트 조지 셔틀밴 St. George Shuttle
WEB stgshuttle.com
레드록 셔틀 서비스 Red Rock Shuttle
WEB redrockshuttle.com

국립공원 셔틀버스

국립공원에서 운영하는 무료 버스. 예약 없이 자유롭게 타고 내릴 수 있으며, 스프링데일과 자이언캐니언의 주요 명소를 순환한다. 교통 정체가 심한 여름철 성수기에는 국립공원 내에 주차가 어려우니, 스프링데일의 숙소에 주차한 다음 셔틀버스를 타고 이동하는 것도 좋은 방법이다. 정류장은 437p 참고.

파크 셔틀 Park Shuttle
PRICE 무료
HOUR 봄~가을 오전 8시경부터 저녁까지
/10~15분 간격

DAY 1 국립공원의 핵심 관광지는 협곡 아래쪽 ❶ **자이언캐니언**이다. 시닉 드라이브의 비지터 센터에서 셔틀버스를 타고 종점인 템플 오브 시나와바에 내려 폭포와 계곡을 감상한다. 에메랄드 풀의 짧은 트레킹을 즐겨도 좋다. 구경을 마친 후 ❷ **자이언마운트 카멜 터널**로 올라가며 깎아지른 바위산을 감상하고 ❸ **체커보드 메사**와 동쪽 출구를 통해 브라이스캐니언으로 향한다.

DAY 2 시간 여유가 있다면 국립공원 내부 산장이나 입구 마을인 스프링데일 투숙 후, 앤젤스 랜딩이나 내로스의 초반부 트레킹에 도전해보자. ❹ **콜롭캐니언** 구역은 스프링데일에서 북쪽으로 1시간 거리다.

+ MORE +

자이언 국립공원 숙소, 어디로 정할까?

■ 국립공원 내부

1920년대에 건축된 자이언 로지는 국립공원 내부의 유일한 숙소이자 쉼터다. 레스토랑 및 편의시설은 누구나 자유롭게 이용할 수 있고, 숙소는 13개월 전부터 예약 가능. 로지 투숙객은 개인 차량으로 자이언캐니언에 진입할 수 있다.

자이언 로지 Zion Lodge ★★★
ADD 1 Zion Canyon Scenic Dr, Springdale, UT 84767
PRICE 일반 객실 $257, 캐빈 $265, 스위트 $339
WEB zionlodge.com

■ 국립공원 남쪽 입구

전형적인 레저 타운 스프링데일은 비지터 센터까지 차로 5분 거리이며, 무료 셔틀버스가 다녀 편리하다. 수영장까지 갖춘 고급 리조트형 숙소가 많아서 가격대가 높은 편이다.

클리프로즈 스프링데일
Cliffrose Springdale ★★★★
ADD 281 Zion Park Blvd, Springdale, UT 84767
PRICE $500~600
WEB cliffroselodge.com

데저트 펄 인 Desert Pearl Inn ★★★
ADD 707 Zion Park Blvd, Springdale, UT 84767
PRICE $400~450
WEB www.desertpearl.com

레드 클리프 로지 자이언
The Red Cliffs Lodge Zion ★★★
ADD 792 Zion Park Blvd, Springdale, UT 8476
PRICE $250~400
WEB marriott.com

■ 국립공원 동쪽 입구

국립공원 동쪽 입구인 마운트 카멜(Mt Carmel)에는 글램핑이나 산장 같은 숙소들이 있다. 1시간 거리의 오더빌(Orderville) 마을은 숙박료가 스프링데일보다 저렴한 데다, 브라이스캐니언과 연결된 89번 도로(US-89) 선상에 있기 때문에 국립공원에 진입하기 전날이나 관광을 마치고 돌아갈 때 투숙하면 편리하다.

자이언 폰데로사 랜치
Zion Ponderosa Ranch
ADD Twin Knolls Road, Mt Carmel, UT 84755
PRICE 글램핑 $150~200, 캐빈 $200~300
WEB zionponderosa.com

자이언마운틴 랜치
Zion Mountain Ranch
ADD 9065 West Highway 9, Mt Carmel, UT 84755
PRICE $250~350
WEB zmr.com

자이언 로지

클리프로즈 스프링데일

435

① 협곡 사이로 떠나는 탐험
자이언캐니언 Zion Canyon

기암절벽 아래로 버진강(Virgin River)이 흐르는 자이언캐니언은 셔틀버스로만 진입할 수 있다(겨울 한정 개인 차량 가능). 출발 장소는 자이언캐니언 비지터 센터이며, 주차장이 만차일 땐 스프링데일에 유료 주차를 해야 한다. 셔틀버스는 자유롭게 타고 내릴 수 있지만, 일단 종점인 템플 오브 시나와바까지 들어갔다가 구경하고 나오는 길에 다른 장소를 들르는 것이 효율적이다. 계곡과 암벽의 조화를 제대로 감상하려면 약간의 트레킹이 필수다. 높은 곳에서 아래를 내려다보는 앤젤스 랜딩(Angels Landing), 깊은 협곡을 따라 올라가는 내로스(The Narrows)가 자이언의 대표적인 트레킹 코스이며, 방문 전 철저한 준비가 필요하다. 표를 참고해서 본인에게 맞는 코스를 선택하자.

MAP 435p

ADD 1 Zion Park Blvd, Springdale, UT 84767

비지터 센터

자이언캐니언의 대표적인 트레킹 코스

난이도	명칭	왕복 거리	소요 시간	셔틀버스 정류장	정보
하	로어 에메랄드 풀 Lower Emerald Pool	1.9 km	1시간	❺	일부 경사진 구간이 있으나, 부담없는 코스
	그로토 트레일 The Grotto Trail	1.6 km	30분	❻	자이언 로지와 그로토를 연결하는 트레일
	위핑 록 트레일 Weeping Rock Trail	0.6 km	30분	❼	움푹 패인 암벽을 따라 잘 정비된 길 *2025년 2월 현재 낙석으로 인해 정류장/트레일 폐쇄 (현장 정보 확인)
	리버사이드 워크 Riverside Walk	3.5 km	1.5시간	❾	시나와바에서 계곡을 따라 걷는 평탄한 산책로
중	어퍼 에메랄드 풀 Upper Emerald Pool	1.6 km	1 시간	❺	일부 급경사 구간이 있으며, 신발이 젖을 수 있다.
	카옌타 트레일 Kayenta Trail	3.2 km	2 시간	❻	로어 에메랄드 풀과 연결되며, 급경사가 지속된다.
상	앤젤스 랜딩 Angels Landing	8.7 km	4 시간	❻	가파른 절벽을 따라 올라야 하므로 고도감이 상당하다. 등산 허가 필수
	내로스 The Narrows	15.1 km	8 시간	❾	계곡물을 헤시고 좁은 협곡으로 들어가는 대표 트레킹 코스. 일부 구간 등산 허가 필수

템플 오브 시나와바
Temple of Sinawava

시나와바는 아메리카 원주민 파이투(Paitue) 부족이 섬기는 코요테 신을 뜻한다. 버스 종점에서부터 버진강의 물줄기를 따라 리버사이드 워크를 산책하듯 걷다가 되돌아 나온다.

ACCESS 버스 정류장 ❾

트레킹 코스 입구

셔틀버스 종점

내로스 · 리버사이드 워크
템플 오브 시나와바 (셔틀버스 종점)
Observation Point
빅 벤드 Big Bend
West Rim Trail
East Rim Trail
❽
❼ 위핑 록 트레일
위핑 록 Weeping Rock
앤젤스 랜딩 (1765m)
카옌타 트레일
어퍼 에메랄드 풀
로어 에메랄드 풀
❻ 그로토 The Grotto
그로토 트레일
❺ 자이언 로지 Zion Lodge
Ⓗ Ⓡ Ⓟ
❹ 아브라함, 이삭, 야곱 바위
Court of the Patriarchs
Sand Bench Trail
Zion Canyon Scenic Drive
East Entrance ❾
캐니언 정션 ❸ Zion-Mt. Carmel Highway
Canyon Junction
자이언마운트 카멜 터널
체커보드 메사
뮤지엄 ❷ Museum
Ⓟ
Watchman Trail
자이언캐니언 비지터 센터
❶ (셔틀버스 기점)
Ⓘ Ⓡ Ⓟ
South Entrance ●
Ⓗ Cable Mountain Lodge
Ⓗ Cliffrose Lodge
✚
La Quinta Inn | Ⓗ Desert Pearl Inn
Ⓗ Bumbleberry Inn
ⓘ 비지터 센터
Ⓗ Holiday Inn
Quality Inn
Ⓗ Ⓖ 버진강
스프링데일
❾ Ⓟ

② 내로스
The Narrows

리버사이드 워크의 끝은 내로스와 연결된다. 시나와바를 기점으로 2.4km 정도부터 협곡의 벽이 급격하게 좁아지는 월 스트리트(Wall Street)가 나온다. 발목에서 무릎 높이로 흐르는 강물을 헤치고 걸어야 하기에 장화, 방수복, 등산 스틱 등의 장비가 필수다.

ACCESS 버스 정류장 ❾

③ 에메랄드 풀
Emerald Pool

단계별로 난이도가 높아지는 3개의 트레일로 구성된 코스. 이 중 자이언을 처음 방문한 사람에게는 로어 에메랄드 풀 코스가 적합하다. 폭포수의 침식작용으로 움푹 팬 암벽 공간에 난 길을 따라 걷는 재미가 있다.

ACCESS 버스 정류장 ❺

④ 자이언 로지
Zion Lodge

국립공원의 유일한 쉼터이자 다양한 트레킹 루트의 출발점이다. 레스토랑 레드록 그릴, 간단한 스낵과 음료가 준비된 카페가 있다.

ACCESS 버스 정류장 ❺

가장 위에서 내려다본 자이언마운트 카멜 하이웨이의 전경

1930년 완공된 터널. 안에서 절대 정차 금지

붉은색과 흰색이 뒤섞인 사암산, 체커보드 메사

② 스펙터클한 산간 도로
자이언마운트 카멜 터널
Zion–Mt. Carmel Tunnel

자이언 국립공원의 또 다른 하이라이트는 협곡 맨 아래부터 사암 절벽의 꼭대기까지 이어지는 구불구불한 자동차 도로를 올라가 보는 것이다. 유타주 9번 도로(UT-9)의 일부인 산간 도로는 자이언마운트 카멜 터널을 통과하는 동안 숨 막히는 경치를 선보이는데, 올라가는 중간중간 전망 포인트가 있어서 차를 멈추고 구경할 수 있다. 예능 프로그램 <뭉쳐야 뜬다>에서도 화제가 된 곳. 브라이스캐니언으로 오갈 때 꼭 지나가게 되지만, 정상 고도가 해발 1626m에 달하고 외길인 탓에 성수기엔 교통 정체가 심하다. 터널을 지나면 체커보드 메사(Checkerboard Mesa) 지대를 지나 동쪽으로 국립공원을 벗어날 수 있다. **MAP 437p**

ACCESS 국립공원 입구에서 10km(자동차 30분 이상)

③ 인간의 발길이 미치지 않는 곳
콜롭캐니언 Kolob Canyons

국립공원 북서쪽의 콜롭캐니언 구역은 지대가 높고 험준해서 캠핑이나 트레킹을 즐기려면 별도의 입산 허가를 받아야 한다. 차로 방문한다면 비지터 센터 근처의 콜롭캐니언 뷰포인트까지 가볼 수 있다. **MAP 435p**

ACCESS 국립공원 입구에서 62km(자동차 1시간)

ⓘ **콜롭캐니언 비지터 센터** Kolob Canyons Visitor Center
ADD 3752 E Kolob Canyon Rd, New Harmony, UT 84757
OPEN 08:00~17:00

자연이 빚은 정교한 조각품
브라이스캐니언
국립공원
Bryce Canyon National Park

브라이스캐니언의 중심 지대인 앰피시어터(Amphi-theater, 원형극장)에는 뾰족한 돌기둥인 후두(Hoodoos)가 가파른 경사면을 따라 반원형으로 층층이 늘어서 있다. 이른 아침, 수천 개의 후두에 햇빛이 비치면서 일제히 빛나는 순간은 황홀함 그 자체. 능선길인 림 트레일에서 아래를 내려다보는 풍경도 아름답고, 더 아래쪽으로 걸어 내려가면 매우 정교한 후두의 형상을 감상할 수 있다.

SUMMARY
공식 명칭 Bryce Canyon National Park
소속 주 유타
면적 145km^2
오픈 24시간
요금 차량 1대 $35(7일간 유효)

---

① 브라이스캐니언 비지터 센터
Bryce Canyon Visitor Center

ADD Highway 63, Bryce Canyon City, UT 84764
TEL 435-834-5322
OPEN 여름철 08:00~20:00(계절별 단축 운영)
WEB nps.gov/brca

WEATHER
고도가 높아 일교차가 매우 크다. 여름에는 몬순성 폭우가 쏟아지고, 겨울에는 눈이 많이 내린다. 후두는 습기를 머금은 상태에서 햇빛을 받으면 색이 더 선명해지기 때문에 비가 내린 직후와 눈이 녹는 계절에 더욱 예쁘다. 국립공원 전망 포인트와 비지터 센터는 사계절 개방하지만, 지반이 약해지는 겨울철에는 트레일 루트가 폐쇄된다.

기온(℃)	7월	1월
최고 평균	26℃	2℃
최저 평균	9℃	-13℃

브라이스캐니언 국립공원 IN & OUT

브라이스캐니언 국립공원은 그랜드 서클의 다른 국립공원보다 규모가 작은 편이지만, 가장 인상 깊은 장소라고 평가받는 곳이다. 차만 세우면 전망 포인트가 나오기 때문에 많이 걸을 필요가 없다는 것도 장점. 빠르면 반나절만으로도 둘러볼 수 있지만, 시간이 허락한다면 근처에서 하룻밤을 보내고 일출까지 맞이해보자.

주요 지점과의 거리[브라이스캐니언시티 기준]

출발지	거리	자동차 소요 시간
자이언 국립공원	140km	2시간
캐피톨리프 국립공원	184km	3시간
모압(아치스 국립공원)	403km	4.5시간
라스베이거스	425km	5시간

자동차로 가기

라스베이거스에서 15번 고속도로(I-15)를 타고 간다면 5시간 정도면 도착할 수 있다. 하지만 대개 자이언 국립공원과 연계해 방문하기 때문에 89번 도로(US-89)를 통해서 가는 것이 일반적이다. 국립공원 입구에서 각각의 전망 포인트까지 가는 길은 완만한 경사로라서 운전에는 별다른 어려움이 없다. 단, 늦가을부터 초봄 사이에는 많은 눈이 내리면서 메인 도로를 제외한 정상 쪽 일부 도로가 폐쇄되기도 한다. 방문 전 국립공원 공식 홈페이지를 통해 도로 개방 상황을 확인하자.

국립공원 셔틀버스

4월 중순~10월 중순에는 무료 셔틀버스가 국립공원 입구의 브라이스캐니언시티(작은 리조트 타운)와 비지터 센터, 주요 전망 포인트를 연결한다. 개인 차량으로 이동해도 제약은 없으며, 앰피시어터의 주요 구간은 걸어서 구경할 수 있다.

브라이스캐니언 파크 셔틀 Bryce Canyon Shuttle
PRICE 무료
HOUR 봄~가을 사이 08:00~18:00(한여름 ~20:00)/15분 간격

추천 경로

브라이스캐니언시티
(루비스 인)
비지터 센터 ⓘ
퀸 빅토리아
선라이즈 포인트 ❶
0.85km
브라이스캐니언 로지
선셋 포인트 ❷
퀸스 가든 트레일 2.7km
1km 월 스트리트
협곡 위
1.1km 나바호 루프
1.2km
인스피레이션 포인트
협곡 아래 (앰피시어터)
림 트레일 2.4km
브라이스 포인트 ❸

0　　1km

공원 입구

DAY TRIP 이른 새벽 ❶ 선라이즈 포인트 또는 인스피레이션 포인트에서 일출을 감상한 다음, 자동차로 ❷ 선셋 포인트로 이동하자. 협곡 아래쪽 트레킹은 선선한 오전 시간에 하는 것이 좋다. 트레킹을 마치면 자동차로 ❸ 브라이스 포인트를 다녀온 다음, 시닉 바이웨이 12를 따라 캐피톨리프 국립공원으로 향하자.

브라이스캐니언의 일출

① 눈부신 해를 맞이하는 곳
선라이즈 포인트
Sunrise Point

정면으로 동쪽을 바라보는 일출 명소
다. 공원 입구에서 가장 가까운 위치의
전망 포인트며, 이곳에서 림 트레일(Rim
Trail, 능선길)을 따라 다른 전망 포인트
로 이동하면 된다. 협곡 아래쪽으로 걸
어 내려가면 빅토리아 여왕의 이름을
붙인 바위 아래로 거대한 후두가 줄지
어 선 퀸스 가든(Queen's Garden)이 나온
다. 또 다른 일출 명소로는 폰서간트고
원(Paunsaugunt Plateau)과 앰피시어터
가 동시에 보이는 인스피레이션 포인트
가 있다. **MAP 442p**

ACCESS 브라이스캐니언시티에서 6.5km(자동
차 10분)

퀸스 가든 트레일의 시작점

선라이즈 포인트에서
출발하는 말타기 투어

반대편 인스피레이션 포인트에서 본 앰피시어터

: WRITER'S PICK :
브라이스캐니언 후두Hoodoos의 형성 과정

강력한 강줄기가 지층을 깎으면서 만들어진
캐니언과 풍화작용으로 형성된 아치와 달리,
브라이스캐니언의 침식작용은 위에서부터 아
래로 서서히 진행된다. 낮에는 기온이 영상으
로 올랐다가 밤에는 영하로 떨어지는 날이 연
중 200일 이상 지속되는데, 낮에 바위틈으로
흘러내린 물이 밤사이 얼어붙는 과정이 반복
되면서 지반에 균열이 생기고, 결국 무너지게
된다. 후두는 가장 약한 부분에 윈도(Window)
가 뚫리고 점점 넓어지는 침식과정을 견딘 끝
에 남은 단단한 돌기둥이다. 브라이스캐니언

얇은 벽   윈도   후두

국립공원은 사람 키에서 10층 빌딩 높이까지 다양한 크기의 후두가 전 세계에서 가장 많은 지역이다.

② 선셋 포인트 Sunset Point

나바호 루프와 퀸스 가든 트레일을 한 번에!

망치 모양의 후두를 가깝게 볼 수 있는 장소. 주차
장에서 선셋 포인트까지 5분 정도 걸어가다가 내
려가면 나바호 루프 트레일이 시작되고, 바위가 장
벽을 이룬 월 스트리트에 도착하면 위에서는 상상
할 수 없는 절경이 기다린다. 비가 내린 후 흙이 쓸
려가면서 더글러스 전나무(Douglas-fir)가 뿌리를
드러낸 모습은 브라이스캐니언의 침식이 빠르게
진행되고 있음을 보여주는 증거다.

이왕 월 스트리트까지 내려갔다면 협곡 아래 저지
대를 연결하는 퀸스 가든 트레일을 걸어서 선라이
즈 포인트까지 올라가는 경로를 추천한다. 갈림길
마다 표지판이 있어 길을 잃을 염려는 없으나, 그
늘이 없는 사막지대인 데다 고도 차이가 심하기 때
문에 한여름에는 권장하지 않는다. 겨울에는 낙석
과 지반 침하의 위험 때문에 트레킹 코스가 폐쇄된
다. **MAP 442p**

바위의 장벽, 월 스트리트

퀸스 가든 트레일

ACCESS 선라이즈 포인트까지 0.85km(능선을 따라 도보 또는 차로 이동)

나바호 루프-퀸스 가든 트레일 Navajo Loop-Queen's Garden Trail
TREKKING 전체 3.4km/1시간 30분~2시간 소요/난이도 중

선라이즈 포인트

선셋 포인트

2408m

2256m

퀸 빅토리아

월스트리트

1km　2km　3km　4km

3 브라이스캐니언에서 가장 높은 곳
브라이스 포인트 Bryce Point

앰피시어터에서 가장 높은 해발 2539m의 전망 포인트. 셔틀버스의 종점으로 바로 앞에 주차장이 있다. 고저 차가 심하기 때문에 협곡 아래는 카우보이의 안내를 받으며 말을 타고 돌아보는 투어 코스만 허용된다. 2시간 코스는 7세 이상, 3시간 코스는 10세 이상 참가할 수 있는 난이도다. **MAP 442p**

ACCESS 인스피레이션 포인트에서 2.4km
PRICE 투어 2시간 $85(09:00·14:00 출발), 3시간 $120(08:00·13:00 출발)/예약 필수
WEB canyonrides.com

+MORE+

브라이스캐니언 국립공원 숙소, 어디로 정할까?

■**국립공원 내부**
보통 4~11월에 운영하는 브라이스캐니언 로지는 선라이즈 포인트에서 도보 10분 거리다. 일출을 보기에는 최적의 입지라서 예약이 빠르게 마감된다. 모텔 형태의 일반 객실과 벽난로까지 설치된 캐빈 형태로 나뉜다.

브라이스캐니언 로지 Dryce Canyon Lodge ★★★
ADD Bryce Canyon National Park **PRICE** $240~280 **WEB** brycecanyonforever.com

■**국립공원 외부**
국립공원 입구에서 불과 3km 거리에 브라이스캐니언시티가 있다. 브라이스캐니언을 처음 발견한 루번 시렛(Reuben Syreet)과 애베니저 브라이스가 정부의 허가를 받아 개발한 리조트 타운이다. 그중 중심이 되는 루비스 인은 본관(메인 산장)과 모텔형 숙소, 캠핑장, 옛 마을을 재현한 올드 브라이스 타운까지 포함해 상당히 규모가 크다. 말타기, 마운틴 바이크 투어, ATV 투어 등 브라이스캐니언 지역의 여행상품 대부분을 운영하며, 편의시설까지 갖추고 있어 알아두면 좋은 장소. 전통 미국식 레스토랑 에베니저 반앤그릴에서는 저녁마다 컨트리 뮤직 공연도 보고 BBQ를 즐길 수 있다. 산장 안에는 식사 시간에 맞춰 운영하는 소박한 뷔페도 있고, 기본적인 식료품을 구매할 수 있는 제너럴 스토어가 있다.

루비스 인 Ruby's Inn(Best Western)
PRICE $180~220 **ADD** 26 S Main St **WEB** rubysinn.com
애베니저 반앤그릴 Ebenezer's Barn & Grill
OPEN 19:30~(4월 중순~10월 중순)
PRICE 저녁 식사 및 공연 감상 $48(BBQ 기준), 공연만 감상(예약) $25
WEB ebenezersbarnandgrill.com
카우보이 뷔페 Cowboy's Buffet
OPEN 06:30~21:00 **PRICE** 점심 $17, 저녁 $26 **WEB** rubysinn.com

브라이스에서 캐피톨리프까지
시닉 바이웨이 12
Scenic Byway 12

정식 명칭인 유타주 12번 도로(UT-12)보다 '시닉 바이웨이 12'라는 이름으로 더 잘 알려진 도로. 브라이스캐니언 국립공원과 캐피톨리프 국립공원을 연결하는 아름다운 도로로, 올 아메리칸 로드로 선정됐다. 122.8마일(약 198km)을 여행하는 동안 남쪽으로는 광활한 그랜드스테어케이스-에스칼란테 국립기념물을, 북쪽으로는 딕시 국유림의 울창한 숲을 넘나든다. 세월의 흐름 속에 점차 잊혀 가는 작은 마을을 탐방하는 힐링 여행지다.

+MORE+

시닉 바이웨이 12 운전 시 주의사항

고즈넉한 옛 국도를 달리려면 내비게이션이 아닌 지도를 따라가야 한다. 비지터 센터는 문을 닫는 날도 많고, 여행 정보가 매우 부족한 것이 단점이다. 산간 도로가 포함돼 있으니, 일기예보를 확인한 뒤 진입 여부를 결정하자. 브라이스캐니언 국립공원에서 캐피톨리프 국립공원까지는 2~3시간 거리지만, 자연을 감상하다 보면 예상보다 시간이 오래 걸린다. 1박 2일 일정이 아니라면 저녁 전에 모압에 도착할 수 있도록 서두르자.

추천 경로

출발 브라이스캐니언 국립공원 440p
↓ 82km, 1.5시간
에스칼란테시티
↓ 46km, 1시간
볼더
↓ 60km, 1시간
토리
↓ 32km, 30분
캐피톨리프 국립공원
↓ 220km, 2.5시간
모압(아치스 국립공원) 458p

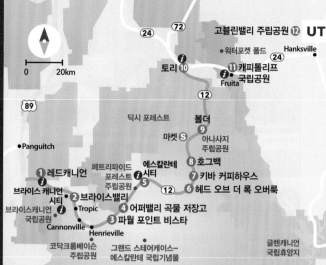

레드캐니언 터널

붉은 석회암 지대
레드캐니언 Red Canyon

레드캐니언의 바위는 브라이스캐니언처럼 주황색에 가까운 버밀리언(Vermilion) 색으로 빛난다. 폰서간트고원의 석회암에 산화철 성분이 섞이고, 햇빛과 빗물에 노출되면서 다양한 색으로 변한 것이다. 터렛, 후두 등으로 불리는 기괴한 형태의 돌기둥은 도로변에서도 잘 보인다. 근처의 코다크롬베이슨 주립공원(Kodachrome Basin State Park)에는 모래 파이프(Sand Pipe)라 불리는 원통형의 굴뚝 같은 바위가 즐비하다. **MAP 447p**

ⓘ **레드캐니언 비지터 센터**
Red Canyon Visitor Center
ADD 5375 UT-12, Panguitch,
UT 84759
OPEN 09:00~18:00(화~목요일
10:00~15:00)
ACCESS 브라이스캐니언시티에서 서쪽 방향, 12번 도로 선상

447

② 개척자의 마을을 찾아서
브라이스밸리 Bryce Valley

브라이스 계곡에 위치한 3개의 마을 트로픽(Tropic), 캐넌빌(Cannon-
ville), 헨리빌(Henrieville)의 인구는 각각 150~200명 내외. 브라이스캐
니언 국립공원 방문자들이 이용하는 숙박 및 편의시설을 제외하면 매우
조용한 곳이다. 트로픽에는 브라이스캐니언으로 향하는 최초의 도로를
만든 개척자 애베니저 브라이스의 오두막과 마을의 역사를 전시한 박물
관이 있다. **MAP 447p**

트로픽 박물관 Tropic Museum
ADD 20 N Main, Tropic, UT 84776
OPEN 08:00~16:00/토·일요일 휴무
ACCESS 브라이스캐니언시티에서 20km
WEB townoftropicut.gov

③ 핑크색 바위의 이름은?
파월 포인트 비스타
Powell Point Vista

헨리빌을 지나 20km쯤 가면 경치가
바뀌면서 특이한 모습의 절벽이 이어
진다. 8천만 년 전 이 지대가 바다였
을 때 생성된 퇴적암 셰일층이 블루스
(The Blues), 그 위로 솟아오른 분홍색
석회암이 파월 포인트(Powell Point)다.
1800년대에 이 지역을 탐험한 존 웨
슬리 파월의 이름에서 유래한 지명이
다. **MAP 447p**

ACCESS 브라이스밸리의 트로픽에서 32km

④ 원주민 생활의 지혜
어퍼밸리 곡물 저장고 Upper Valley Granaries

갑자기 나타난 표지판을 보고 차를 세운
사람들이 두리번거리게 되는 지점. 이 지
역에서 추수한 곡식이나 식량을 저장하기
위해 고대 푸에블로족이 건축했다는 식량
창고다. 절벽 위 움푹 팬 지점에 돌과 진흙
구조물이 숨어 있으니 휴대폰 카메라로 확
대해 찾아보자. **MAP 447p**

ACCESS 파월 포인트 비스타에서 17km

⑤ 시닉 바이웨이 12의 심장
에스칼란테시티 Escalante City

카이파로위츠고원과 에스칼란테캐니언이 만나는 중심에 1875년 모르몬교 개척자들이 세운 소도시. 현재 인구는 700명 정도로, 시닉 바이웨이의 다른 마을에 비해 큰 편이다. 식당과 숙소, 캠핑장, 주유소, 주립공원까지 갖추고 있으니, 날이 어둑해졌다면 이곳에서 하루 묵는 것도 고려해보자. 에스칼란테시티를 벗어나면서부터 본격적인 산간 도로가 시작되는데, 내비게이션이 지름길로 안내하더라도 시닉 바이웨이 12를 벗어나지 않도록 하자. 예를 들어, 홀인더록 시닉 바이웨이(Hole-in-the-Rock Scenic Byway)를 따라 남쪽으로 내려가면 글렌캐니언에 도착하는 것처럼 착각할 수 있으나, 이 도로는 편의시설이 전혀 없는 비포장도로다. **MAP 447p**

ⓘ **에스칼란테 비지터 센터** Escalante Interagency Visitors Center
ADD 755 W Main St. Escalante, UT 84726
WEB escalantecity-utah.com
ACCESS 브라이스캐니언 국립공원에서 77km

: WRITER'S PICK :
그랜드스테어케이스-에스칼란테 국립기념물이란?

캐피톨리프 국립공원과 글렌캐니언 국립휴양지 사이의 보호 구역이다. 전체 면적이 충청남도와 맞먹는 7610km²에 달하며, 카이로파위츠고원(Kaiparowits Plateau), 그랜드스테어케이스(Grand Staircase), 에스칼란테캐니언(Escalante Canyon) 등 3개 구역으로 나뉜다. 그랜드스테어케이스라는 이름처럼, 브라이스캐니언부터 애리조나주의 그랜드캐니언 방향으로 뻗어 내려가는 거대한 계단 형태의 지형이다. 대부분 지역은 사람이 접근할 수 없으나, 에스칼란테캐니언의 사암 협곡만큼은 시닉 바이웨이 12의 전망 푸인트에서 볼 수 있다.

1890년대 지어진 오두막

문 닫은 옛 번화가

옛 이발소(Barber Shop)

도로변 버거 맛집, 네모스(NEMO's)

에스칼란테 페트리파이드 포레스트 주립공원

449

6 에스칼란테캐니언의 웅장함을 한눈에
헤드 오브 더 록 오버룩
Head of the Rocks Overlook

크림색과 회색, 붉은색이 뒤섞인 줄무늬 사암은
약 1억6800만 년 전까지 모래 언덕이었다가 그
대로 굳어버린 것. 반들반들하게 풍화된 바위
사이로 난 외길이 앞으로 달려야 할 자동차 도
로다. 자연도 멋지지만 이곳에 길을 낸 개척자
들의 집념이 느껴지는 장소. 언덕 위에 전망대
가 마련돼 있다. **MAP 447p**

ACCESS 에스칼란테시티에서 17km

7 황량한 협곡의 오아시스
키바 커피하우스 Kiva Koffeehouse

큰길에서는 잘 안 보이지만, 에스칼란테강과 협곡이 내려다보이는
보인턴 오버룩(Boynton Overlook)을 지나자마자 왼쪽에 카페 간판과
주차장이 나온다. 여기에 차를 세우고 조금만 걸어 내려가면, 아나
사지 원주민 특유의 원형 건물을 현대적으로 재해석한 건축물이 등
장한다. 따끈한 커피를 마시며 멋진 경치를 바라보기 좋은 곳. 카페
바로 옆 오두막은 렌트가 가능한 숙소다. **MAP 447p**

ADD 7386 Hwy 12 Mile Marker, Escalante, UT 84726
OPEN 4~10월 08:00~16:00/월·화요일 휴무
WEB kivakoffeehouse.com
ACCESS 에스칼란테시티에서 24km

8 고원을 달리다
호그백 The Hogback

'가파른 산등성이'라는 뜻의 호그백은 면도
날처럼 날카롭고 좁은 지형에 2차선 도로
가 나 있고, 도로 양쪽이 가파른 경사면으
로 이뤄졌다. 양옆으로 에스칼란테캐니언
과 딕시 국유림의 환상적인 경치가 펼쳐지
는 곳. 강풍이 부는 구간이므로 천천히 통
과하는 것이 좋다. **MAP 447p**

ACCESS 키바 커피하우스에서 10km

9 유타의 마지막 개척지
볼더 Boulder

산간 도로에 접어들기 직전, '유타의 마지막 개척지'라 불렸을 만큼 고립된 마을이 나온다. 1935년까지도 우편물과 식료품을 노새로 운반했으며, 1985년 도로가 건설된 후에야 마을의 존재가 알려지기 시작했다. 마을 중심부에 자리한 아나사지 주립공원 박물관에는 고대 푸에블로인의 공동주택 터와 출토 유물이 전시돼 있으며, 마을 어귀의 슈퍼마켓 힐스앤할로스는 ▪▪▪의 ▪▪▪▪ ▪▪▪▪▪ 건다. MAP 117p

아나사지 주립공원 박물관
Anasazi State Park Museum
ADD 460 UT-12, Boulder, UT 84716
OPEN 09:00~17:00/겨울철 휴무
PRICE 성인 $5, 가족 $10
WEB boulderutah.com

힐스앤할로스 Hills & Hollows
ADD 840 W Hwy 12, Boulder, UT 84716
OPEN 09:00~19:00(겨울철 10:30~17:30)
WEB boulderfoodmarket.com

아나사지 주립공원 박물관

힐스앤할로스

+MORE+

180도 바뀌는 풍경, 딕시 국유림 Dixie National Forest

시닉 바이웨이 12를 달리다 보면, 바위만 가득했던 캐니언 지대를 벗어나 풍요로운 삼림지대인 딕시 국유림으로 접어든다. 시닉 바이웨이 12는 최고봉인 볼더산(3451m)을 완전히 넘지 않고 삼림한계선에 가까운 2926m(9600ft)의 초원지대를 지나가는데, 사시나무, 소나무, 가문비나무가 자라고, 크고 작은 호수와 송어낚시가 가능한 계곡으로 이루어진 광활한 숲은 270km에 걸쳐 동서로 뻗어 있다. 면적은 충청북도보다 넓은 8000km². 홈스테드 오버룩(Homestead Overlook)에서는 캐피톨리프 국립공원의 워터포켓 폴드 지형을 희미하게나마 관찰할 수 있다.

10 시닉 바이웨이 12의 종점
토리 Torrey

인구 180명의 작은 마을 토리는 시닉 바이웨이 12의 종점이다. 초기 모르몬교 개척자의 유적지가 남아 있어 유타주 역사지구로 지정됐으며, 1898년에 지어진 이후 학교와 교회로 사용된 목조건물과 약간의 편의시설이 있는 조용한 마을이다. 유타주 24번 도로(UT-24)와 만나는 지점에 주유소(675 UT-24, Torrey)가 있으니 연료량을 확인하자. **MAP 447p**

ACCESS 캐피톨리프 국립공원에서 17km
ADD 89 E Main St, Torrey, UT 84775

⑪ 미국 국회의사당을 닮은
캐피톨리프 국립공원 Capitol Reef National Park

시닉 바이웨이 12에서 모압으로 이동할 때 반드시 통과하는 국립공원이다. 메인 도로인 유타주 24번 도로(UT-24)를 제외하면 국립공원의 나머지 지역은 접근이 어려운 험지다. 특히 거대한 암벽 워터포켓 폴드(Waterpocket Fold)를 보러 가는 길인 캐서드럴밸리 루프(Cathedral Valley Loop)는 오프로드 전용 하이클리어런스 차량만 통행 가능한 비포장도로다. 따라서 따라서 일반 여행자는 시닉 드라이브(Scenic Drive, 12.7km, 90분 소요 /2025년 현재 일부 구간 복원 공사 중)를 한 바퀴 돌아보거나, 프루타 역사지구의 암각화 정도만 구경하고 떠나는 것이 일반적이다. **MAP 447p**

ⓘ **캐피톨리프 비지터 센터** Capitol Reef Visitor Center
ADD 52 West Headquarters Drive, Torrey UT 84775
PRICE 국립공원 입장료 차량 1대 $20
WEB nps.gov/care
ACCESS 브라이스캐니언시티에서 189km(12번 도로 이용 시 자동차 최소 3시간)

캐피톨리프의 독특한 지형

국립공원의 중심부를 지나는 워터포켓 폴드는 5000~7000만 년 전 라라미드 조산 운동으로 생성된 단사 구조다. 160km에 걸쳐 일정한 경사각이 계속 이어지는데, 동서의 고저 차가 무려 2314m에 달한다. 수직으로 솟아오른 거대한 암벽이 워싱턴 D.C.에 있는 국회의사당(캐피톨)을 닮아서 캐피톨리프라고 불리게 됐다.

오프로드를 거쳐야 볼 수 있는 워터포켓 폴드

캐피톨리프 비지터 센터

+MORE+

오아시스 같은
프루타 Fruita 마을

캐피톨리프 비지터 센터 부근에는 옛 과수원 마을 프루타의 흔적이 남아 있다. 센터에서 관리 중인 복숭아, 자두, 배, 사과 등 약 2700그루의 과일나무는 수확기에 열매를 자유롭게 따먹을 수 있고, 폐교된 학교와 모르몬교 개척자의 집 등 19세기 유타의 생활양식을 볼 수 있다. 힉맨 브리지 트레일 입구에 있는 프리몬트 암각화(Fremont Petroglyphs)는 4~14세기 이곳에 살았던 프리몬트 부족이 절벽에 새긴 것이다.

ADD Scenic Dr, Teasdale, UT 84773
ACCESS 비지터 센터에서 1.8km

프루타 캠핑장

옛 학교 건물
(Fruita Schoolhouse)

프리몬트 암각화

프루타 과수원

12 앙증맞은 후두의 계곡
고블린밸리 주립공원
Goblin Valley State Park

절벽이 병풍처럼 주위를 둘러싼 고블린 계곡은 무수히 많은 버섯 모양의 바위 때문에 다른 캐니언과는 달리 친근한 느낌이다. 후두의 일종인 고블린은 황무지에 비가 내릴 때마다 사암이 쓸려 가면서 둥그스름하게 침식된 바위로, 사람보다 키가 작아서 고블린이란 이름이 무척 잘 어울린다. 차를 세우고 계곡으로 내려가 걸어볼 수 있다. **MAP 447p**

ADD Goblin Valley Rd, Green River, UT 84525
OPEN 06:00~22:00
PRICE 차량 1대 $20, 주말·공휴일 $25(캠핑비 $45 별도)
WEB stateparks.utah.gov/parks/goblin-valley
ACCESS 캐피톨리프 국립공원에서 111km(24번 도로에서 20분가량 우회)

바람의 계곡

아치스 국립공원

Arches National Park

그랜드 서클의 가장 동쪽 지점의 관광 타운 모압까지 사람들이 찾아오는 가장 큰 이유는 유타주 자동차 번호판에도 새겨진 랜드마크인 델리케이트 아치를 만나기 위해서고, 두 번째 이유는 갈라진 땅덩어리 사이로 콜로라도강과 그린강이 흐르는 풍경을 볼 수 있는 캐니언랜즈 국립공원 때문이다. 두 국립공원에는 편의시설이 전무하고 통신 사정도 열악하기 때문에, 가까운 모압에 숙소를 정하고 다녀오는 것이 보편적인 여행 방법. 물론, 차를 타고 드라이브만 해도 멋진 풍경을 감상할 수 있다.

ⓘ 모압 인포메이션 센터

Moab Information Center

ADD 25 E Center St, Moab, UT 84532
OPEN 08:00~17:00(겨울철 09:00~16:00)
WEB discovermoab.com
ACCESS Main Street와 Center Street 교차 지점

WEATHER

여행 적기는 봄과 가을이다. 여름철 온도가 38℃ 이상으로 올라가는 날이 연중 41일 이상이며, 그늘이 없고 건조한 캐니언 지대의 체감 온도는 훨씬 높기 때문에 야외활동 시 각별한 주의가 필요하다. 지역 특성상 강풍이 자주 발생하므로 기상 상황이 좋지 않다면 비지터 센터에서 당일 방문 가능한 장소를 안내받자.

기온	7월	1월
최고 평균	38℃	5℃
최저 평균	18℃	-8℃

454

아치스 국립공원 IN & OUT

모압에서 아치스 국립공원까지는 자동차로 10~15분, 캐니언랜즈 국립공원까지는 40분 거리이며, 대중교통은 없다. 국립공원에 들어갈 때는 모압에서 충분한 물과 하루치 이상의 식량을 준비하자.

주요 지점과의 거리(모압 기준)

출발지	거리	자동차 소요 시간
모뉴먼트밸리	240km	3시간
브라이스캐니언	400km	4.5시간
덴버	570km	6시간
라스베이거스	750km	7시간

자동차로 가기

라스베이거스에서 모압 사이는 15번 고속도로(I-15)와 70번 고속도로(I-70)로 연결돼 있다. 이 길을 하루 만에 주파하는 경우는 드물고, 그랜드 서클을 따라 한 바퀴 돌아보면서 들르는 경우가 대부분이다. 평평한 고원지대이기 때문에 도로 사정은 매우 좋은 편이다.

추천 경로

아치스국립공원으로 가는 길

캐니언랜즈 국립공원

❶ **모압**에 숙소를 정하고, 가까운 두 국립공원을 하루에 1곳씩 둘러보면 편리하다.

DAY 1 ❷ **아치스 국립공원**은 다른 국립공원보다 규모가 작고 진입로가 외길이라 정체가 발생하므로 이른 아침에 방문하는 것이 좋다. 자동차로 메인 도로를 따라 한 바퀴 돌아보는데 2시간, 트레킹을 해야 볼 수 있는 델리케이트 아치까지 다녀오려면 3시간이 추가되어 최소 반나절 이상 소요된다. 저녁에는 모압에서 석양을 감상하고 휴식한다.

DAY 2 ❸ **캐니언랜즈 국립공원**은 규모가 너무 커서 전체를 다 둘러보는 것이 불가능하다. 둘째날 새벽, 일출 명소인 메사 아치를 방문하고 일부 명소를 둘러본 다음 길을 떠나면 된다.

+MORE+

모압 편의시설 및 숙소 정보

루트 191(US-191) 선상의 메인 스트리트에 여행자를 위한 저가형 모텔부터 리조트형 숙소, 레스토랑과 마트까지 다양한 편의시설을 갖췄다. 숙박비가 비싼 성수기는 4~5월, 9~10월이다.

선셋 그릴 Sunset Grill
높은 곳에 있어 일몰을 감상하며 식사하기 좋은 스테이크하우스. 주차장이 좁은 편이라 모압 숙소에서 무료 픽업 서비스를 제공한다.

ADD 900 N Main Street   **OPEN** 17:00~21:00/일요일 휴무
WEB moabsunsetgrill.com

빌리지 마켓 The Village Market
생수, 식료품, 약품 등 서부 여행에 필요한 다양한 물품을 구매할 수 있는 대형 슈퍼마켓. 간단한 먹거리를 파는 델리 코너도 있다.

ADD 702 S Main St   **OPEN** 07:00~22:00
WEB thevillagemarkets.com

캐니언랜즈 인 Canyonlands Inn(BEST WESTERN Plus) ★★★
타운 중심부에 있으며, 깔끔한 수영장과 시설을 갖춘 체인형 숙소다.

ADD 16 S Main St   **PRICE** $300~360
WEB canyonlandsinn.com

하얏트 플레이스 모압 Hyatt Place Moab ★★★
환상적인 경관에 둘러싸인 리조트형 숙소. 수영장에서 바라보는 전망이 뛰어나다.

ADD 890 N Main St   **PRICE** $380~450   **WEB** hyatt.com

어드벤처 인 모압 Adventure Inn Moab
기본적인 시설을 갖춘 타운 어귀의 모텔급 숙소나.

ADD 512 N Main St   **PRICE** $160~200   **WEB** hyatt.com

선셋 그릴

빌리지 마켓

■ **국립공원 내부 캠핑장**(예약: recreation.gov)

위치	사이트	샤워	RV	정보
아치스 국립공원 Devils Garden Campground	51개	X	X	예약 필수(3~10월) 당일 아침 비지터 센터 등록
캐니언랜즈 국립공원 Willow Flat Campground	12개	X	X	예약 불가
데드호스 포인트 주립공원 Dead Horse Point State Park	21개	X	O	예약 권장

모압 시내 전경

세상의 모든 아치
아치스 국립공원
Arches Naitional Park

부드러운 곡선의 아치형 바위가 2000여 개나 생성된, 세계 최대의 천연 아치 밀집 지역이다. 언제 무너질지 모르는 위태로운 아치를 보호하고자 인공 구조물을 설치하려는 시도도 있었으나, 자연 그대로 남겨둔다는 원칙을 고수하고 있다. 국립공원 입구는 모압에서 루트 191(US-191)을 따라 북쪽으로 6km 지점에 있다.

성수기인 4~10월의 피크 아워(07:00~16:00)에는 방문 4개월 전부터 홈페이지(recreation. gov)를 통해 방문 시간 예약(Timed Entry)을 해야 한다. 매일 저녁 7시에는 다음 날 잔여분이 일부 풀린다. 미처 예약하지 못했다면 오전 7시 이전이나 오후 4시 이후에만 입장할 수 있다. 단, 비수기인 7월 7일~8월 27일(2025년 기준)은 예약하지 않아도 된다.

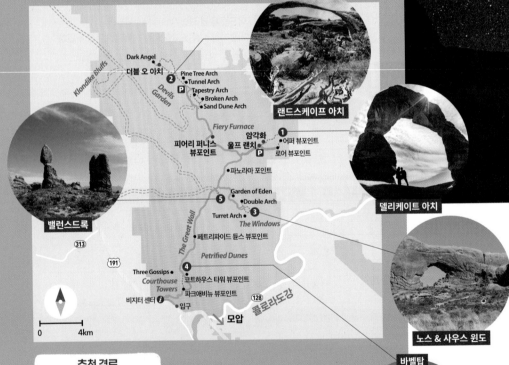

추천 경로

DAY TRIP 이른 아침부터 일정을 시작하는 것이 좋다. 제일 먼저 ❶ **델리케이트 아치**를 다녀온 다음, 국립공원 가장 깊숙한 곳인 데빌스 가든 구역의 ❷ **랜드스케이프 아치**까지 트레킹하고, 돌아오는 길에 ❸ **윈도스 구역**과 ❹ **바벨탑**이 있는 코트하우스 타워 구역에 들리는 것이 효율적이다. 국립공원 중간 지점의 ❺ **밸런스드록**을 이정표로 삼자.

1 신과 인간 세상의 경계를 지키는 문
델리케이트 아치 Delicate Arch

델리케이트 아치의 모습을 제대로 감상하기 위해서는 2~3시간가량 등반이 필수다. 장벽 같은 바위로 가로막혀 있어 트레일 맨 마지막 구간까지 전혀 보이지 않다가, 가파른 계단을 올라서고 나서야 갑자기 정체를 드러낸다. 절벽 끝에 홀로 위태로이 우뚝 선 높이 16m, 너비 10m 규모의 천연 아치가 더없이 웅장하다. 아치의 기저부는 엔트라다 사암층, 다리 부분은 커티스층으로 이뤄졌다. **MAP 458p**

ACCESS Wolfe Ranch turnoff에 주차 후 Delicate Arch Trailhead 쪽으로 이동

SUMMARY
공식 명칭 Arches National Park
소속 주 유타
면적 310km^2
오픈 24시간(4~10월 피크 아워 입장 예약 필수)
요금 차량 1대 $30(7일간 유효), 예약비(Timed Entry Ticket) $2

ⓘ 아치스 비지터 센터
Arches Visitor Center

ADD 2180 US-191, Moab, UT 84532
TEL 435-719-2299
OPEN 08:00~18:00(겨울철 ~16:00)
WEB nps.gov/arch

델리케이트 아치 주변 볼거리 3

Point 1 델리케이트 아치 트레일

초반 난이도는 높지 않으나 미끄러운 바위를 걸어야 하는 중간 구간과 델리케이트 아치가 시야에 들어오기 직전인 마지막 구간의 경사가 제법 가파르다. 걷는 동안 그늘이나 쉼터, 안전장치가 전혀 없으므로 반드시 등산화, 모자, 장갑을 착용하고, 비상식량과 식수도 준비한다. 화창한 날에는 어린이를 동반한 가족 단위 관광객도 즐겨 찾지만, 무더운 여름과 강풍이 심한 날에는 추천하지 않는다. 특히 바위에 살얼음이 생기는 겨울철엔 더욱 주의해야 한다. 등산로에는 조명이 전혀 없으므로 해가 지기 전에 주차장으로 복귀할 것.

델리케이트 아치 Delicate Arch
TREKKING 왕복 4.8km/3시간 소요/난이도 중상

트레일 초반

트레일 중반

마지막 지점

Point 2 암각화와 옛 목장 터

1888년 이곳에 정착한 존 웨슬리 울프의 주택과 목장 터가 남아 있고, 근처 절벽에서 고대 아메리카 원주민 유트족이 새긴 암각화를 볼 수 있다. 당시 아치스 국립공원 지역에 서식했던 큰뿔산양, 말, 개 등의 형상이 선명하다.

울프 랜치와 유트 암각화 Wolfe Ranch & Ute Rock Art
TREKKING 주차장에서 150m/15분/난이도 하

암각화

옛 목장 터

Point 3 델리케이트 아치 뷰포인트

트레킹이 여의찮다면 뷰포인트라도 방문해보자. 주차장에서 90m 거리의 로어 뷰포인트(Lower Viewpoint)와 주차장에서 800m 거리의 어퍼 뷰포인트(Upper Viewpoint)에서 위쪽으로 올려다보면 작게나마 델리케이트 아치가 보인다.

델리케이트 아치 뷰포인트
Delicate Arch Viewpoint
TREKKING 왕복 800m/30분/난이도 하

: WRITER'S PICK :

천연 아치의 형성 과정

아치스 국립공원의 지층은 약 3억 년 전, 해수가 유입되었다가 서서히 증발하며 남겨진 소금층 위에 퇴적물이 겹겹이 쌓이며 형성된 중생대(2억2500만년~6500만년 전)층이다. 표면의 퇴적층은 거의 사라지고, 쥐라기 중기(1억7500만~1억5400만 년 전)에 형성된 엔트라다 사암(Entrada Sandstone)이 아치의 대부분을 구성한다. 바로 위의 커티스층(Curtis Formation)과 아래의 카멜층도 쥐라기 중기에 형성된 것. 아치스 국립공원 전역은 바람이 매우 강하고 척박하기 때문에 풍화작용이 계속 진행 중이다. 따라서 아치가 언제 무너질지 모르는 위험이 도사리고 있어 아치를 타고 올라가거나 힘을 가하는 행위는 금지한다.

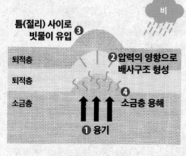

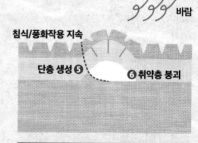

② 세계에서 5번째로 긴 천연 아치
랜드스케이프 아치 Landscape Arch

데빌스 가든에 있는 7개의 트레일 중 가장 유명한 것은 무려 89m 길이에 달하는 랜드스케이프 아치다. 중국에 있는 4개의 아치에 이어 세계에서 5번째로 가장 긴 아치로, 오랜 시간 풍화가 진행되어 중간 부분이 곧 부러질 것처럼 얇은 것이 특징. 실제로 1991년 아치의 중심부가 무너져 내린 이후 아치 위에 올라가거나 가까이 다가가는 것이 금지됐다. 랜드스케이프 아치까지 가는 길은 평탄하나, 위아래로 2개의 아치가 층을 이루는 더블 오 아치까지는 경사가 심해 만만치 않다.

MAP 458p

랜드스케이프 아치 Landscape Arch
TREKKING 왕복 2.6km/1시간/난이도 하

더블 오 아치 Double O Arch
TREKKING 왕복 6.8km/2~3시간/난이도 중상

③ 기암괴석의 미로
피어리 퍼니스 Fiery Furnace

'불타는 용광로(불가마)'란 독특한 지명을 가진 지역. 뾰족한 형상의 샌드스톤캐니언은 정해진 등산로가 없어서 암벽 사이사이를 미로처럼 통과해야 한다. 따라서 비지터 센터에서 허가를 받거나 레인저의 안내를 받아야 진입이 가능하다. 하이킹이 가능한 기간은 봄부터 가을까지로 제한된다.

MAP 458p

피어리 퍼니스 Fiery Furnace
TREKKING 투어 3시간(별도 등록 필수)/난이도 상

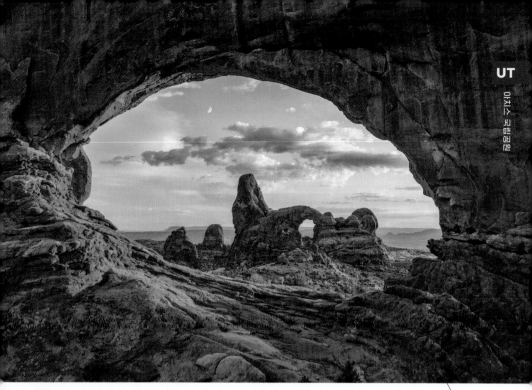

노스 윈도 사이로 보이는
터렛 아치

④ 아치가 되기 전 단계
윈도스 The Windows

풍화작용으로 생성된 아치와 윈도가 밀집한 구역. 거대한 암벽 한가운데 창문처 **윈도스** The Windows
럼 구멍이 뻥 뚫린 사우스 윈도와 노스 윈도가 나란히 서 있다. 노스 윈도 사이로 **TREKKING** 왕복 1.6km/40~60분/
터렛 아치가 보이는 명장면을 촬영하려면 노스 윈도 동쪽의 바위산에서 망원으로 난이도 하
찍어야 하므로 무리하지 말 것. 조금만 걸어도 충분히 멋진 풍경을 만날 수 있다.
MAP 458p

⑤ 재미있는 모양을 가진 수직 절벽
코트하우스 타워 Courthouse Towers

비지터 센터를 지나 첫 번째 주차장이 있는 코트하우스 타워 구역에
는 거대한 판 형태의 수직 절벽이 우뚝 솟아 있다. 나란히 붙은 3개
의 기둥은 사람 셋이 수다를 떨고 있는 모습 같다고 하여 쓰리 가십
(Three Gossips), 거대한 덩어리의 바위는 바벨탑(Tower of Babel), 교회
의 오르간을 닮은 바위는 파이프 오르간(Pipe Organ) 등으로 불린다.
트레일 주차장 초입에서 100m 정도 들어가면 파크 애비뉴 포인트가
나타난다. 양쪽으로 고층 빌딩이 즐비한 뉴욕의 왕복 8차선 대로에서
이름을 딴 곳으로, 발걸음을 옮길 때마다 엔트라다 샌드스톤으로 이
루어진 천연 절벽의 웅장함을 체감할 수 있다. **MAP 458p**

파크 애비뉴 Park Avenue
TREKKING 편도 1.6km/30분~1시간/난이도 하

태고의 골짜기
캐니언랜즈 국립공원
Canyonlands National Park

그랜드캐니언, 브라이스캐니언, 자이언캐니언과 함께 콜로라도고원의 광활한 국립공원이다. 캐니언랜즈는 강물의 흐름에 따라 3개의 구역(아일랜드 인 더 스카이, 니들스, 메이즈)으로 완전히 분리되며 각각 진입로가 다르다. 일반 차량으로 방문 가능한 유일한 구역은 모압에서 50km 떨어진 아일랜드 인 더 스카이 쪽이다. 국립공원 내에서는 휴대폰·GPS 내비게이션이 작동하지 않지만, 길이 매우 단순하고 전망 포인트가 서로 가까워서 반나절이면 충분히 볼 수 있다.

아일랜드 인 더 스카이

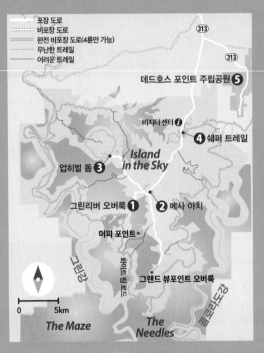

포장 도로
비포장 도로
완전 비포장 도로(4륜만 가능)
무난한 트레일
어려운 트레일

313
313
데드호스 포인트 주립공원 **5**
비지터 센터 ℹ
4 쉐퍼 트레일
Island in the Sky
업히벌 돔 **3**
그린리버 오버룩 **1**   **2** 메사 아치
머피 포인트·
그랜드 뷰포인트 오버룩
0   5km
The Maze
The Needles

: WRITER'S PICK :

오프로드에 도전하려면 백컨트리 허가는 필수!

캐니언랜즈 국립공원은 아치스 국립공원에 비해 지명도가 덜하지만, 오프로드 동호인 사이에서는 최고의 여행지로 손꼽힌다. 남동쪽 코너의 니들스, 서쪽의 메이즈 구역을 포함해 아일랜드 인 더 스카이의 오프로드(White Rim, Elephant Hill, Lavender Canyon, Horse Canyon)로 진입하거나 백컨트리(오지)에서 숙박할 계획이라면 반드시 방문 기간과 인원을 신고한 뒤 백컨트리 허가증(Backcountry Permit)을 발급받아야 한다. 허가 종류에 따라 규정이 다르니 방문 전 관련 내용을 숙지하자. 홈페이지(recreation.gov) 접속 후 'Permit > Cayonlands National Park'에서 확인한다.

추천 경로

HALF DAY TRIP 콜로라도강과 그린강이 만나는 Y자 형태의 꼭짓점에 위치한 고원지대다. 길이 평평하고 전망 포인트마다 차를 세울 수 있어 구경하기 쉬운 편이다. 먼저 **1** 그린 리버 오버룩에서 캐니언랜즈의 전체 풍경을 조망하고, 캐니언랜즈에서 가장 유명한 **2** 메사 아치 트레일 또는 **3** 크레이터 트레일 등을 즐긴다. 미국 서부의 대표적인 오프로드 **4** 쉐퍼 트레일의 진입로를 위에서 내려다보는 것도 잊지 말자. 나오는 길에 모압 방향의 **5** 데드호스 포인트 주립공원을 방문하면, 콜로라도강의 굴곡을 다른 각도에서 내려다보게 된다.

그린 리버 오버룩에서 본 그린강

① 천공의 섬에서 바라본 협곡
그린 리버 오버룩 Green River Overlook

와이오밍에서 시작된 그린 리버 강줄기는 캐니언랜즈에서 콜
로라도강과 합류한다. 태고의 땅덩이가 갈라지며 만들어진 천
길만길의 낭떠러지, 구불구불한 사행천이 흐르는 캐니언랜
즈 대부분의 지역은 접근 불가능한 오지다. 대신 고도 차이가
1800m 이상인 절벽 위에서 광활한 평야를 내려다볼 수 있도록
곳곳에 전망 포인트를 만들어뒀다. 그중 그린 리버 오버룩은 트
레킹을 하지 않아도 주차장에서 곧바로 멋진 풍경을 볼 수 있다.
절벽 끝의 그랜드 뷰포인트 오버룩에서는 니들스 구역까지 희
미하게 보일 때도 있다. 이 지역이 '천공의 섬'이라고 불리게 된
이유를 알 수 있는 장면이다. **MAP 464p**

그린 리버 오버룩 Green River Overlook
TREKKING 주차장 앞/10분/난이도 최하

그랜드 뷰포인트 오버룩 Grand View Point Overlook
TREKKING 왕복 2.9km/1.5시간/난이도 하

오프로드 차량으로만 갈 수 있는 화이트 림 로드

그랜드 뷰포인트에서 오버룩으로 걸어가는 길

SUMMARY
공식 명칭 Canyonlands National Park
소속 주 유타
면적 1366km^2
오픈 24시간
요금 차량 1대 $30(7일간 유효)

① 아일랜드 인 더 스카이 비지터 센터
Island in the Sky Visitor Center

ADD Grand View Point Rd, Moab, UT 84532
TEL 435-259-4712
OPEN 08:00~17:00(11~2월 09:00~16:00)
WEB nps.gov/cany

② 바탕화면에서 본 것 같은데?
메사 아치 Mesa Arch

MS 윈도우 바탕화면으로 익숙한 캐니언랜즈의 랜드마크. 붉은빛으로 반짝이는 사암과 아치 사이로 햇빛이 비쳐 들어오는 광경을 촬영하기 위해 이른 아침부터 사진가들이 모여드는 명소다. 눈 덮인 라살산맥(La Sal Mountains)과 저지대인 화이트 림이 아치 너머로 보인다. 정오까지는 역광이므로 일출 시간이 아니라면 오후에 방문하는 것이 좋다. 아치가 위치한 지점까지는 조금만 걸으면 도착한다. **MAP 464p**

메사 아치 트레일 Mesa Arch Trail
TREKKING 왕복 1km/30분/난이도 하

메사 아치 가는 길

③ 미스터리 크레이터
업히벌 돔 Upheaval Dome

형성 과정이 미스터리인 거대한 분화구. 운석의 충돌로 생성됐거나, 지하 심부에 퇴적된 암염(Salt Dome)이 상승해 만들어진 것으로 추정된다. 날씨만 받쳐준다면 첫 번째 오버룩까지는 큰 어려움 없이 다녀올 수 있다. 약간의 경사가 있으나, 분화구 가장자리에서 전혀 다른 색상의 암염을 관찰할 수 있어 흥미로운 트레킹 코스다. **MAP 464p**

첫 번째 오버룩 First Overlook
TREKKING 왕복 1km/1시간/난이도 중

두 번째 오버룩 Second Overlook
TREKKING 첫 지점에서 왕복 1.9km/1.5시간/난이도 중

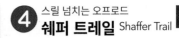

④ 스릴 넘치는 오프로드
쉐퍼 트레일 Shaffer Trail

아찔한 고도감이 느껴지는 쉐퍼 트레일은 절벽을 따라 지그재그로 내려가는 길이 29km의 자동차 도로다. 아일랜드 인 더 스카이 상층부와 저지대의 고저 차는 600m, 맨 아랫길은 콜로라도강과 그린강 유역을 2박 3일간 지나는 화이트 림 로드(161km의 오프로드)와 연결된다. 참고로 쉐퍼 트레일은 사륜구동 하이클리어런스 차량만 통행 가능한 비포장도로다. 위쪽 전망 포인트(Shaffer Trail Viewpoint)에 서면, 오프로드 차량이나 오토바이가 멀리서부터 흙먼지를 날리며 달려오는 모습이 보인다. **MAP 464p**

ACCESS 비지터 센터에서 1.5km(주차장 바로 앞이 전망대)

⑤ 콜로라도강과 캐니언랜즈를 한눈에
데드호스 포인트 주립공원 Dead Horse Point State Park

굽이치는 콜로라도강과 캐니언랜즈 국립공원의 풍경을 절벽에서 내려다보는 뷰포인트. 도로 맨 끝에 주차장과 전망대가 마련돼 있다. 절벽을 향해 차를 타고 가다 보면 도로 폭이 병목처럼 좁아진다. 1800년대 야생마 무리를 포획하려다가 추락 사고가 자주 발생하던 절벽이었던 탓에 데드호스 포인트라는 지명이 붙여졌다. 별도의 입장료를 받는 주립공원으로, 매표소 미운영 시 셀프 요금소에 납부한다. 전망은 특별하지만 다녀오려면 1시간 이상 걸리니, 다른 장소로 이동 예정이라면 생략해도 좋다. **MAP 464p**

ADD Dead Horse Point, Moab, UT 84532
OPEN 06:00~22:00
PRICE 차량 1대 $20
WEB stateparks.utah.gov
ACCESS 캐니언랜즈 국립공원에서 20km(자동차 30분)

대자연이 세운 기념비
모뉴먼트밸리
Monument Valley

태양과 바람이 지배하는 땅, 모뉴먼트밸리는 클린트 이스트
우드와 존 웨인이 등장하는 서부 영화를 비롯해 <포레스트
검프>, <2001 스페이스 오디세이> 등 수많은 영화 속 배경
으로 등장한 명소다. 원주민 자치 구역 나바호 네이션에 속한
부족공원으로 관리되며, 나바호족의 언어로는 '바위의 계곡
(Tsé Bii' Ndzisgaii)'이라고 불린다. 모뉴먼트밸리는 유타주와
동일한 시간대를 사용하므로, 4~10월엔 애리조나 주보다 1
시간 빠르다.

SUMMARY
공식 명칭 Monument Valley Navajo Tribal Park
소속 주 유타/애리조나
면적 371km²
오픈 06:00~19:00(10~3월 ~16:30)/1시간 전 입장 마감
요금 1인당 $8(국립공원 패스 사용 불가, 성수기에는 온라인 예약 권장)

① 모뉴먼트밸리 부족공원 비지터 센터
Monument Valley Tribal Park Visitor Center

ADD U.S. 163 Scenic, Oljato-Monument Valley, AZ 84536(대표)
TEL 435-727-5870
WEB navajonationparks.org

WEATHER
맑은 날이 대부분인 건조한 사막기후다. 낮에는 체감온도가
상당히 높고, 밤에는 일교차가 크다. 겨울에는 눈이 내리기도
하지만 한파가 발생하는 경우는 드물다. 여름철 폭우가 쏟아
질 때는 돌발 홍수(Flash Flood)의 위험이 있어 저지대는 무조
건 피해야 한다. 여행 최적기는 4~5월, 9~10월이다.

기온	7월	1월
최고 평균	34℃	6℃
최저 평균	20℃	-4℃

모뉴먼트밸리 IN & OUT

가이드 없이 구경할 수 있는 범위가 제한적이라서 실제 관람에 걸리는 시간은 2~3시간 내외다. 24시간 개방되는 국립공원과는 달리 입장 마감 시각을 지켜야 한다.

주요 지점과의 거리(모뉴먼트밸리 기준)

출발지	거리	자동차 소요 시간
페이지	196km	2시간
모압(아치스 국립공원)	240km	3시간
그랜드캐니언 국립공원 (사우스 림)	286km	3시간

자동차로 가기

위치상으로 고립됐다는 점을 제외하면 운전에 별다른 어려움은 없다. 관광 명소를 오가는 차량이 많아서 주유소도 자주 눈에 띈다. 부족공원 내부도 사륜구동 SUV라면 직접 운전해도 되는 수준의 비포장도로다. 저지대라서 비가 많이 내리면 간혹 도로가 침수될 수 있으니 일기예보를 반드시 확인한다.

OPTION 1 페이지에서 당일 여행으로 방문한다면, 제일 먼저 ❶ **모뉴먼트밸리** 17마일 루프를 드라이브하고 비지터 센터 전망대에서 경치를 감상하자. 그다음 ❷ **주변 볼거리**를 구경하고 돌아간다.

OPTION 2 모압(아치스 국립공원)에서 포 코너스 등을 구경하고 내려오면 오후 늦게 도착한다. 일몰과 다음날 일출을 감상하려면 부족공원에서 투숙하는 것이 가장 좋다. 모뉴먼트밸리 주변에는 편의시설이 매우 부족하니 어두워지기 전 숙소에 도착할 수 있도록 일정을 조정하자.

루프 드라이브의 비포장도로

투어 정보

나바호 부족이 동행하는 가이드 투어는 일반적인 드라이브 코스에서 벗어나 백컨트리 지역(특수 구역인 태양의 눈과 미스터리 밸리는 별도)까지 안내한다. 원주민의 주거 공간 호건(Hogan) 체험, 승마 체험, 일몰과 일출, 별 보기 체험 등 구성 프로그램과 방문 지역에 따라 소요 시간과 요금이 크게 달라지니 꼼꼼하게 확인하자. 트럭 뒤에 탄 채 흙먼지로 가득한 비포장도로를 다녀오기 때문에 여벌 옷을 준비하면 좋다.

나바호 스피릿 투어 Navajo Spirit Tours
WEB navajospirittours.com

모뉴먼트밸리 투어 Monument Valley Tours
WEB monumentvalleytours.net

말타기 투어 Sacred Monument
WEB toursacred.com

말타기 투어

지프차 투어

+MORE+

모뉴먼트밸리 숙소, 어디로 정할까?

나바호 네이션 안에는 큰 도시나 타운이 없어서 철저한 숙식 준비가 필수다. 기본적인 먹거리를 미리 챙겨야 한다. 부족공원 내 호텔은 예약이 빠르게 마감되며, 보다 저렴한 숙소를 찾는다면 40km 거리의 카옌타가 대안이다.

뷰 호텔 The View Hotel ★★★
환상적인 뷰를 자랑하는 모뉴먼트밸리 내 호텔. 발코니가 있는 일반 객실과 독채형 프리미엄 캐빈으로 구분되며, 전망이 없는 방(Full Driver Room)은 저렴하다. RV 파크 및 캠핑장도 예약제로 운영한다.
PRICE $350~500
WEB monumentvalleyview.com

굴딩 로지 Goulding's Lodge ★★★
과거 여행자 편의시설(Trading Post)로 운영되던 곳을 개조한 리조트형 숙소. 부족공원 길 건너편에 있으며, 자체 투어 프로그램도 진행한다.
ADD 1000 Gouldings Trading Post Rd
PRICE $270~350
WEB gouldings.com

햄튼 인 카옌타
Hampton Inn Kayenta ★★★
기본적인 시설을 갖춘 힐튼의 체인형 리조트. 모뉴먼트밸리까지 30분 거리라 추천할 만하다.
ADD U.S. Hwy. 160, Kayenta, AZ 86033
PRICE $130~210
WEB Hilton.com

웨스트 미튼
이스트 미튼
메릭 뷰트

ZONE 1
모뉴먼트밸리 내부

1 최고의 포토존
더 뷰 The View

매표소를 통과하면 바로 보이는 유일한 건물. 호텔은 물론, 레스토랑, 카페, 비지터 센터까지 모든 편의시설이 모였다. 모뉴먼트밸리의 전망을 파노라마로 감상할 수 있는데, 특히 2층 발코니에서 보는 전망이 매우 멋지다. 날씨와 시간에 따라 빛의 각도와 구름의 그림자가 시시각각 바뀌면서 다양한 장면을 연출한다. 주차장 바로 앞의 모뉴먼트밸리의 대표 포토존이다. 엄지손가락만 톡 튀어나온 벙어리장갑을 닮았다고 해서 2개는 '미튼(The Mittens)'이라 부르고, 나머지 1개는 메릭 뷰트(Merrick Butte, 은광을 찾아 나섰던 광부의 이름)로 불린다. 장엄한 붉은 땅 위에 대자연이 세운 거대한 기념비, 뷰트에 관한 설명은 477p를 참고하자. **MAP 473p**

: WRITER'S PICK :
나바호 네이션이란?

나바호족이 자치하는 구역으로, 유타주 남부와 애리조나주 북부, 뉴멕시코주까지 뻗어 있다. 남한 면적의 70% 정도인 7만1000km²의 영토에 약 20만 명의 나바호족이 농업과 목축업에 종사하며 거주한다. 현대 문물도 많이 도입했으나, 대부분은 전통적인 생활양식을 고수한다. 수도는 애리조나주의 윈도록(Window Rock)에 있으며, 포 코너스 모뉴먼트와 앤털로프캐니언 또한 나바호 네이션의 일부다. "야떼헤(Yá'át'ééh)"라는 말로 반가운 인사를 건네보자.

② 상상력을 극대화하는 여정
17마일 루프 드라이브 17 Miles Loop Drive

모뉴먼트밸리의 뷰트를 더욱 가까이에서 보려면 27km의 비포장 드라이브 코스로 진입해야 한다. 기암괴석마다 재미난 이름을 붙여두고 갈림길마다 표지판도 설치했다. 비포장도로라도 정비가 잘 돼 있어서 사륜구동 SUV라면 직접 운전하는 것이 허용된다. 단, 정해진 경로를 벗어날 수 없고, 유명 포인트 빅 호건 아치와 태양의 눈은 가이드 투어로만 갈 수 있다. **MAP 473p**

: WRITER'S PICK :
주의사항

- 비포장도로를 달리는 내내 미세한 흙먼지가 날리므로 마스크를 준비한다. 렌즈 교체형 카메라의 경우 야외에서의 렌즈 교체는 금물.
- 개인 차량으로 입장 가능한 시간이 정해져 있다. 간단하게 한 바퀴 돌아보는데 2시간 정도가 소요된다.
- 땅이 젖어 있을 때 진입하면 위험하니, 비지터 센터의 안내에 따르자.

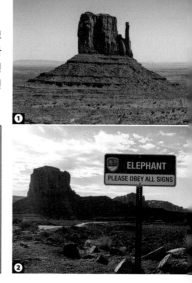

모뉴먼트밸리 공항 · 포레스트 검프 포인트 · 센티널 메사

유타
애리조나

Monument Valley Rd · 진입로 · 더 뷰 · 웨스트 미튼 · 이스트 미튼

뷰 호텔 & 비지터 센터 · 메릭 뷰트 ❷

카옌타

미첼 메사 · 엘리펀트 뷰트

❸
❹ · ❿
❺ · ⓫

쓰리 시스터즈 · 스피어헤드 메사

17마일 루프 드라이브 · 레인갓 메사

❻ · ❼ · ❽ 토템 폴
❾

선더버드 메사

허브 · 예이 비 체이
Yei Bi Chei

UT
AZ

모뉴먼트밸리

━━━ 포장도로
┈┈┈ 비포장도로
─·─·─ 주 경계선

❶ **이스트 & 웨스트 미튼** East & West Mitten 벙어리장갑 형상을 한 2개의 대표 뷰트
❷ **엘레펀트 뷰트** Elephant Butte 코끼리 모습을 한 거대한 뷰트
❸ **쓰리 시스터즈 뷰포인트** Three Sisters Viewpoint 가톨릭 수녀 자매를 닮은 세 바위가 보이는 곳
❹ **존 포드 포인트** John Ford's Point 서부영화 감독 존 포드가 좋아했다는 포인트
❺ **캐멀 뷰트** Camel Butte 낙타를 닮은 거대한 뷰트
❻ **허브** The Hub 마차 바퀴의 중심부를 상징하는 허브. 나바호 부족들은 이곳을 불을 피우는 중심 장소로 여겼다.
❼ **버드 스프링** Bird Spring 광활한 모래언덕이 펼쳐지는 곳
❽ **토템 폴** Totem Pole 침식작용으로 뾰족한 첨탑이 형성된 곳
❾ **아티스트 포인트** Artist's Point 스케치하기 좋은 경치
❿ **노스 윈도** North Window 밸리 아래에서 북쪽을 바라보는 전망 포인트
⓫ **썸** The Thumb 엄지손가락 모양의 바위

③ 영화에 나온 그곳
포레스트 검프 포인트 Forrest Gump Point

모뉴먼트밸리의 또 다른 포토존은 콜로라도와 유타를 연결하는 루트 163 (U.S. Route 163) 위에 있다. 영화에서 포레스트 검프가 3년간의 달리기를 멈추고 집으로 돌아가는 장면을 촬영한 곳이다. 모뉴먼트밸리의 거대한 바위가 일렬로 보이는 지점이라 쉽게 찾을 수 있고, 차량 통행도 뜸해서 인증샷 찍을 시간이 충분하다. 정확한 주소나 주차장이 없으니 구글맵에서 'highway from forrest gump movie'로 검색한다. 주 경계선에서 13마일 떨어진 곳이라는 표지판(Mile Markers) 부근이다. **MAP 471p**

ACCESS 모뉴먼트밸리 동쪽으로 20km(자동차 20분)

④ 귀여운 이정표
멕시칸 햇 Mexican Hat

가느다란 돌기둥 위에 삐딱하게 얹힌 너럭바위가 멕시코 전통 모자를 쓴 사람처럼 보인다. 멕시칸 햇을 기준으로 유타주 261번 도로(UT-261)로 접어들면 왼쪽에는 구즈넥스 주립공원이, 오른쪽에는 신들의 계곡이 펼쳐진다. **MAP 471p**

ACCESS 모뉴먼트밸리에서 39km(자동차 40분)

⑤ 강의 흐름이 만든 신기한 지형
구즈넥스 주립공원 Gooseknecks State Park

산후안(San Juan)강을 따라 물과 바람, 서리, 중력이 3억 년의 세월에 걸쳐 만든 구불구불한 협곡이다. 루트 163(US-163)에서 조금만 우회하면 주립공원이 나온다. 24시간 개방된 주차장 바로 앞 야외 전망대에서 거위 목처럼 구부러진 지형을 내려다볼 수 있다. 구즈넥스의 전체 모습은 모키 더그웨이(Moki Dugway) 정상의 고원지대 쪽에서도 관찰된다. **MAP 471p**

PRICE 차량 1대 $5
ACCESS 포레스트 검프 포인트에서 26km(자동차 20분)

모뉴먼트밸리

구즈넥스 주립공원

멀리 포인트 로드

475

6 자연이 빚은 신의 형상
신들의 계곡 Valley of the Gods

루트 163(US-163)을 달리다 보면 우뚝 솟은 돌기둥지대가 눈에 띈다. 다양한 형상의 사암 기둥은 모뉴먼트밸리의 뷰트보다는 크기가 작아도 경외감을 느끼기에는 충분한 높이. 돌기둥 사이로 난 27km의 드라이브 코스가 유타주 261번 도로(UT-261)와 연결된다. 평소에는 단단하게 굳은 흙길이지만 비가 내릴 때는 침수 위험이 있으니 가급적 밖에서만 바라보자. **MAP 471p**

ACCESS 모뉴먼트밸리에서 54km(자동차 1시간)

7 미국 3대 오프로드
모키 더그웨이 Moki Dugway

모뉴먼트밸리 쪽 저지대와 고원지대를 연결하기 위해 절벽을 깎아 만든 자동차 도로. 지그재그로 난 산길을 따라 높이 335m의 절벽 위로 올라가면 비로소 협곡 위의 평평한 시더 메사(Cedar Mesa) 고원 지대가 시작된다. 여기서 40km 거리에 내추럴브리지스(Natural Bridges) 국립기념물이, 160km 거리에 베어스 이어스(Bears Ears) 국립기념물이 있다. 간혹 모압과 모뉴먼트밸리를 왕복하는 지름길이라고 추측해서 유타주 261번 도로(UT-261)를 선택하는 여행자도 있는데, 모키 더그웨이는 오프로드 구간이므로 시간 단축은 불가능하다. **MAP 471p**

모키 더그웨이 입구

ACCESS 구즈넥스 주립공원에서 18km(자동차로 15분이면 절벽 아래 진입로 도착)

미국 4개 주가 만나는 유일한 포인트
포 코너스 모뉴먼트 Four Corners Monument

포 코너스 모뉴먼트는 콜로라도, 유타, 뉴멕시코, 애리조나 4개 주의 경계가 만나는 지점을 표시하는 기념물이다. 황량한 벌판 위에 표지판과 출입문을 설치하고, 미국 국기가 휘날리는 곳에 4개 주의 경계를 표시한 동판이 있다. 인위적으로 그어놓은 선에 불과하지만, 사람들이 갖가지 포즈를 취하며 기념사진을 찍는 명소다. 일몰 이후에는 접근이 완전히 통제되고, 월별, 계절별로 폐장 시간이 다르다. 주소는 애리조나주로 돼 있으나, 나바호 부족공원이라서 서머타임이 적용된다. 포 코너스에서 콜로라도로 여정을 이어가려면 572p 자동차 여행을 참고할 것.

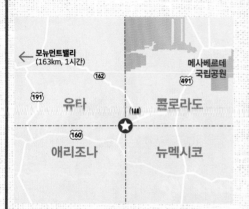

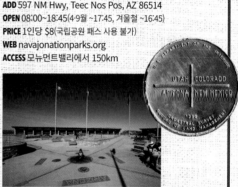

ADD 597 NM Hwy, Teec Nos Pos, AZ 86514
OPEN 08:00~18:45(4·9월 ~17:45, 겨울철 ~16:45)
PRICE 1인당 $8(국립공원 패스 사용 불가)
WEB navajonationparks.org
ACCESS 모뉴먼트밸리에서 150km

¤ 콜로라도고원의 독특한 지형지물 알아보기

4개의 주가 만나는 포 코너스를 중심으로 33만7000km² 면적에 걸쳐진 콜로라도고원(Colorado Plateau)은 미국에서 가장 넓은 고원지대다. 해발고도 약 1500~3350m를 넘나드는 깊은 협곡 한가운데를 2334km의 콜로라도강(Colorado River)이 관통하고, 그 주변에 국립공원과 국립기념물이 집중적으로 분포한다. 그랜드 서클 여행이 곧 콜로라도고원 여행인 셈. 독특한 지형지물의 명칭을 알아두면 지명이나 랜드마크를 구분할 때 유용하다.

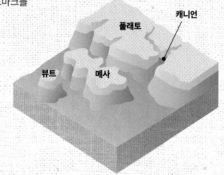

- **플래토(고원) Plateau** 넓은 면적의 지형이 동시에 융기하여 주변 지역보다 고도가 높아진 지대

- **캐니언(협곡) Canyon** 단층운동에 의해 나타나는 급경사면(Escarpment) 또는 절벽(Cliff) 틈. 고지(Gorge)와 동의어로 쓰이기도 하는데, 통상적으로 캐니언의 규모가 더 크다. ➡ 그랜드캐니언 국립공원

- **메사 Mesa** 경암층이 침식되어 꼭대기는 평탄하고, 주변부는 급격한 낭떠러지로 이뤄진 지형. 스페인어로 메사란 탁자를 뜻하고, 영어로는 테이블 탑 마운틴(Table Top Mountain)이라고 한다. ➡ 메사베르데 국립공원

- **뷰트 Butte** 침식이 계속 진행되고 무너지면서 생긴 규모가 작은 메사를 뜻한다. ➡ 모뉴먼트밸리 부족공원

- **피너클 Pinnacle** 뷰트보다 더 작은 규모의 돌기둥은 첨탑이라는 뜻의 피너클 또는 스파이어(Spire)로 부른다. 지형에 따라서 굵기가 불규칙한 후두가 생기기도 한다. ➡ 브라이스캐니언 국립공원

AZ 애리조나
State of Arizona

애리조나를 여행하는 기간이 길어질수록, 사막에도 다양한 생명과 화려한 색채가 존재한다는 사실을 알게 된다. 눈앞에 두고도 믿기지 않는 그랜드캐니언, 지구의 에너지를 발산하는 세도나의 붉은 땅, 높다란 선인장이 꽃을 피우는 사막지대까지, 다양한 지형이 관찰되는 지질학의 보고, 애리조나. 주도인 피닉스는 미국에서 6번째로 큰 도시이며, 겨울에도 따뜻한 날씨 덕분에 휴양지로 주목받는다.

주도	피닉스
대도시	피닉스
별칭	Grand Canyon State(그랜드캐니언을 보유한 주)
연방 가입	1912년 2월 14일(49번째 주)
면적	295,234km2(미국 6위)
홈페이지	visitarizona.com(애리조나주 관광청)

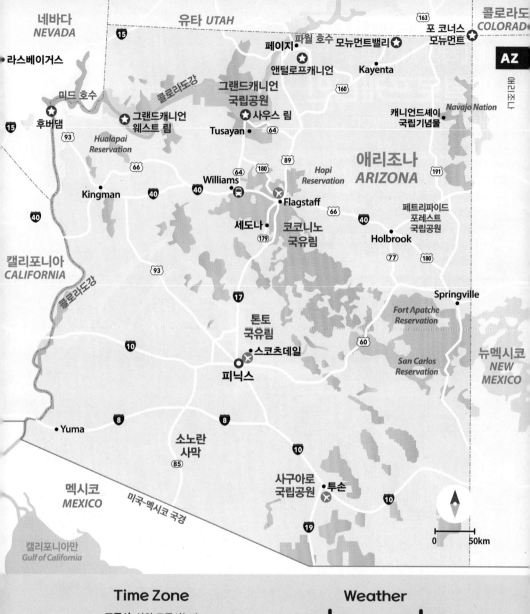

네바다
NEVADA

유타 *UTAH*

콜로라도
COLORAD

163
포 코너스
모뉴먼트

AZ

애리조나

라스베이거스

페이지 •
파월 호수 모뉴먼트밸리
★
앤털로프캐니언
160
Kayenta

미드 호수

후버댐 ★

그랜드캐니언
국립공원
★ 사우스 림

Navajo Nation

콜로라도강

그랜드캐니언
웨스트 림 ★

93

15

Hualapai
Reservation

66

Kingman •

Tusayan •
64

캐니언드셰이
국립기념물

애리조나
ARIZONA

191

Williams
64
180
89

Hopi
Reservation

40

40

Flagstaff •

세도나 •
179

코코니노
국유림

66
40

페트리파이드
포레스트
국립공원

40

Holbrook •

캘리포니아
CALIFORNIA

콜로라도강

93

77
180

17

Springville •

톤토
국유림

Fort Apache
Reservation

스코츠데일 •

60

피닉스

San Carlos
Reservation

뉴멕시코
NEW
MEXICO

10

8

8

Yuma •

소노란
사막

85

10

사구아로
국립공원
투손

멕시코
MEXICO

미국-멕시코 국경

19

10

N

0   50km

캘리포니아만
Gulf of California

Time Zone

표준시 산악 표준시(MT)
시차 -16시간(서머타임 없음)

한국 09:00 → 애리조나 전 날 17:00

Weather

봄

Very Hot
여름

가을

Warm
겨울

세계적인 사진 명소
앤털로프캐니언
Antelope Canyon

신비로운 협곡으로 유명한 앤털로프캐니언은 레이크 파월 나바호 부족공원에 소속된 협곡 지대다. 원주민 동행 가이드 투어만 허용되며, 어퍼 앤털로프캐니언과 로어 앤털로프캐니언으로 나뉜다. 원래 이 지역은 사람이 살지 못하는 그레이트베이슨 사막(Great Basin Desert)지대였으나, 1957년 글렌캐니언댐 건설을 계기로 페이지라는 도시가 탄생하면서 그랜드 서클의 핵심 루트가 되었다. 글렌캐니언 국립휴양지 일대의 호스슈벤드와 글렌캐니언댐, 파월 호수 등 주변 볼거리가 풍성하다.

앤털로프캐니언 IN & OUT

대중교통이 없으므로 자동차 여행이 유일한 방법이다. 그레이하운드나 앰트랙으로 여행한다면 플래그스태프 (Flagstaff)가 가장 가깝고, 라스베이거스에서 투어로 방문하는 경우도 많다.

주요 지점과의 거리(페이지 기준)

출발지	거리	자동차 소요 시간
모뉴먼트밸리	196km	2시간
그랜드캐니언	214km	2.5시간
라스베이거스	446km	4.5시간
피닉스	440km	4.5시간

자동차로 가기

앤털로프캐니언의 입구에는 아무것도 없기 때문에, 자동차 여행을 할 때는 목적지를 페이지로 설정하는 것이 기본이다. 그랜드캐니언 국립공원이나 모뉴먼트밸리와 가까운 편이지만, 오가는 길에는 편의시설이 거의 없으니 무리한 일정은 피하자.

SUMMARY

공식 명칭 Lake Powell Navajo Tribal Park(Upper Antelope Canyon)

소속 주 애리조나

면적 길이 200m의 협곡

오픈 사계절(투어 이용 필수)

ⓘ 페이지 파월 호수 허브
Page Lake Powell Hub

ADD 48 S Lake Powell Blvd, Page, AZ 86040
TEL 928-608-5749
OPEN 08:00~16:00
WEB pagelakepowellhub.com

추천 경로

DAY TRIP ❶ **앤털로프캐니언**은 햇빛이 강렬한 11:00~13:00에 방문하는 것이 좋다. 따라서 하루 전 페이지에 도착해 ❷ **호스슈벤드**의 일몰을 감상하고 다음 날 일정을 준비하자.

오후에는 ❸ **글렌캐니언 국립휴양지**로 이동, 콜로라도강과 글렌캐니언댐을 관람(1시간 소요)하고 ❹ **레이크 파월 리조트**에서 미로 같은 캐니언 사이를 누비는 보트 투어(3시간 소요)를 즐긴다.

WEATHER

극심한 더위와 건조한 날이 계속되며, 일교차가 큰 사막지대다. 밝은색의 가벼운 옷차림과 햇빛을 가릴 수 있는 챙 넓은 모자, 모래 먼지를 막아줄 마스크는 필수. 비가 내리면 저지대 쪽으로 돌발 홍수(Flash Flood)가 발생해 관광이 어려울 수 있으니, 강수량이 집중되는 10월에는 일기예보를 주시하자. 여행 적기는 4~5월이지만, 사진 찍기 좋은 시기는 일조량이 풍부한 5월 이후부터다.

기온	7월	1월
최고 평균	38°C	5°C
최저 평균	18°C	-8°C

페이지 편의시설 및 숙소 정보

페이지는 장거리 여행에 필요한 식료품을 마련하기 좋은 월마트와 세이프웨이, 무난한 가격대의 패밀리 레스토랑 등 편의시설이 있으며, 중심부에 체인형 숙소가 모여있다. 글렌캐니언 국립휴양지 안에는 레이크 파월 리조트가 있다. 숙박비는 4~5월을 기점으로 대폭 인상된다.

■ Where to EAT

빅 존스 텍사스 바비큐 Big John's Texas BBQ

남서부 스타일 바비큐를 잘게 찢어 샌드위치, 나초 등과 함께 낸다. 달콤 짭짤한 소스의 포크 립도 추천.

ADD 153 S Lake Powell Blvd
OPEN 11:00~21:00
MENU BBQ샌드위치, 립플레이트
WEB bigjohnstexasbbq.com

버드 하우스 BirdHouse

프라이드치킨 전문점. 부위별로 선택해 1박스씩 구매인디.

ADD 707 N Navajo Dr, Page, AZ 86040
OPEN 11:00~21:00
MENU Chicken Box
WEB birdhouseaz.com

피에스타 멕시카나 Fiesta Mexicana

푸짐하고 저렴한 멕시코 음식을 파는 체인형 패밀리 레스토랑. 오후 3시 이후에는 저녁 메뉴로 바뀐다.

ADD 125 S Lake Powell Blvd
OPEN 11:00~21:00(금·토요일·22:00)
MENU The Traditional(소고기와 핀토 콩, 치즈)
WEB fiestamexrest.com

■ Where to SLEEP

라 퀸타 인 La Quinta Inn ★★

시내 중심부의 체인형 모텔. 편리한 위치가 장점이다.

ADD 70 Kaibob Rd
PRICE $150~280
WEB lq.com

뷰 오브 레이크 파월
View Of Lake Powell(Best Western) ★★★

파월댐이 보이는 곳에 자리해 전망이 뛰어난 체인 호텔이다.

ADD 716 Rimview Dr
PRICE $260~300
WEB bestwestern.com

레이크 파월 리조트 Lake Powell Resort ★★★

파월 호수 전체에 5곳의 선착장을 운영하는 대형 리조트. 이 중 와윕 마리나가 시내에서 가장 가깝다.

ADD Whaweap Marina, 100 Lakeshore Dr
PRICE $160~200
WEB lakepowell.com

시내 숙소

페이지 시내

레이크 파월 리조트

캠핑장

① 앤털로프캐니언
자연이 만드는 스포트라이트!

Antelope Canyon

사암이 홍수에 휩쓸려 생성된 슬롯캐니언(Slot Canyon) 지대다. 시시각각 바뀌는 빛의 방향에 따라 나바호 사암(Navajo Sandstone) 벽이 오묘한 색으로 빛나고, 물결치듯 부드러운 곡선이 아름답다. 지역은 어퍼 앤털로프캐니언과 로어 앤털로프캐니언으로 나뉘는데, 둘 중 어퍼 캐니언의 인기가 절대적이다. 협곡의 바닥보다 위가 좁은 ∧자 형태라서, 어두운 협곡 안으로 강렬한 빛줄기가 들어오기 때문. 마치 스포트라이트 같은 이 장면을 촬영한 피터 릭의 작품 <팬텀>(2014)은 세계에서 가장 비싸게 팔린 사진으로 유명하다. 그러나 이런 현상은 날씨가 맑은 여름철 정오 무렵으로 한정되며, 길어야 1분 정도만 목격할 수 있다. 반면 협곡이 V자 형태인 로어 캐니언은 빛줄기 현상이 거의 나타나지 않는다. **MAP 482p**

: WRITER'S PICK :

사진 촬영 팁

❶ 하루 중 빛이 가장 잘 드는 시간대인 11:00~13:00를 프라임 타임이라고 한다.

❷ 캐니언 내부 촬영은 광각 렌즈가 유리하다.

❸ 자동 플래시 기능은 반드시 꺼두고, ISO 감도와 셔터스피드를 높이자.

❹ 고운 모래가 흩날리는 장소이므로 현장에서 렌즈 교체는 금물!

❺ 카메라 바디에 커버를 씌우고 사용하는 것이 좋다.

❻ 삼각대를 사용하려면 포토그래퍼 투어(유료)에 참가해야 한다.

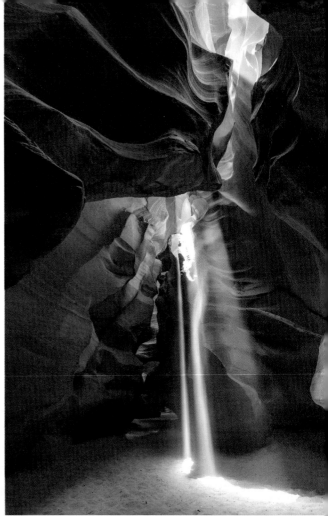

앤털로프캐니언 입구

어떻게 준비할까?
앤털로프캐니언 투어

앤털로프캐니언은 투어로만 방문할 수 있다. 요금은 방문 시기와 장소에 따라 다른데,
가장 인기가 많은 어퍼 앤털로프캐니언의 프라임 타임(빛이 좋은 시간) 투어는 예약이 빠르게 마감된다.
삼각대나 셀카봉을 비롯해 배낭 등 가방류는 지참할 수 없고, 계단과 사다리를 올라가야 하므로
편한 복장과 운동화가 필수. 캐니언 내부 온도가 바깥보다 약간 낮기 때문에 겉옷도 필요하다.
애리조나주(페이지, 피닉스)에는 서머타임이 없으므로 여름철 유타주에서 방문할 때는 시차에 주의할 것.

투어 순서	**STEP 1** 페이지 시내 또는 협곡 근처에 모여서 차를 타고 입구로 이동한다.
	STEP 2 캐니언 입구는 한 사람이 겨우 통과할 만큼 좁다.
	STEP 3 실제 투어 시간은 20~30분이며, 내부가 매우 혼잡하다.
	STEP 4 동행하는 가이드가 앞뒤 그룹의 간격을 조절하며 사진을 찍어 주기도 한다.

투어업체

투어 요금
레귤러(일반) $108~112
프라임 타임 $119~120

■ **앤털로프 슬롯캐니언 투어**
Antelope Slot Canyon Tours

어퍼 앤털로프캐니언과 캐서드럴캐니언 투어를 운영하는 대형 업체. 페이지 시내에 모여서 출발한다.

ADD 55 S. Lake Powell Blvd,
Page, AZ 86040

■ **어드벤처러스 투어**
Adventurous Antelope Canyon Tours

어퍼 앤털로프캐니언 외에도 래틀 스네이크(방울뱀)캐니언, 오울(부엉이)캐니언의 접근 허가를 받은 업체. 시내 외곽의 주차장에 출발 1시간 전까지 집결해야 한다.

ADD Highway 98 Road & Milepost 302, Page, AZ 86040
WEB adventurousantelopecanyon.com
ACCESS 페이지 시내에서 AZ-98을 따라 동쪽으로 10km, 302 마일 표지판 근처

❷ 물길이 만든 말발굽 모양
호스슈벤드 Horseshoe Bend

콜로라도강이 사암 절벽을 휩쓸며 급격하게 휘어진 풍경을 볼 수 있는 지점. 주차장에서 완만한 경사의 모래 언덕 아래로 15분쯤 걸어 내려가면 절벽 위 전망 포인트가 나온다. 약 500만 년 전 콜로라도고원이 융기하자 강물이 자연적으로 새로운 물길을 만든 흔적으로, U자형 말굽처럼 굽었다고 해서 호스슈벤드라는 이름이 붙었다. 정서향을 바라보고 있어 늦은 오후부터 역광이 지속되다가 태양이 지평선과 만나는 순간, 진녹색의 강물과 붉은색의 캐니언이 대비되는 장엄한 광경을 목격할 수 있다. 세계적인 포토 스폿이어서 석양 무렵 삼각대를 세우고 기다리는 관광객이 많은데, 주차장에 빈자리가 없으면 재방문해야 한다. 편의시설이 없으므로 물과 간식은 미리 준비할 것. **MAP 482p**

ADD Horseshoe Bend Parking, Page, AZ 86040
OPEN 일출~일몰
PRICE 차량 1대 $10(국립공원 패스 사용 불가)
홈피 nps.gov/glca
ACCESS 페이지 시내에서 8km(자동차 10분)

호스슈벤드 트레일
Horseshoe Bend Trail
TREKKING 왕복 2.4km/1시간/난이도 하

+MORE+

MS 윈도우 바탕화면 촬영지
더 웨이브 The Wave

파도처럼 물결치는 나바호 샌드스톤은 버밀리온 클리프(Vermilion Cliffs) 국립기념물 깊숙한 곳에 숨겨진 명소다. 페이지에서 120km 떨어져 있어 찾아갈 만한 거리지만, 추첨제로만 관광 허가를 발급하기 때문에 단기 여행자는 방문이 어렵다. 세부 사항은 홈페이지(Recreation.gov)에서 확인할 것.

③ 사막 위 호수의 탄생
글렌캐니언댐 Glen Canyon Dam

콜로라도강 상류에 건설된 아치형 중력 댐. 1956년 착공하여 10년 공사 끝에 완공됐다. 기반암으로부터 높이 220m, 길이 480m, 저수량 330억t의 댐은 미국 남서부 주에 물을 공급하는 급수원이자 전력 생산을 담당한다. 이 공사로 인해 사막의 일부는 파월 호수로 변했고, 페이지 주변은 수상 레포츠를 즐기는 국립 휴양지로 거듭났다. 그러나 23년간 지속된 극심한 가뭄 때문에 콜로라도강과 호수의 수위가 낮아지면서 큰 어려움을 겪는 중. 비지터 센터에 들르면 댐의 역사를 살펴볼 수 있다. 페이지 시내에서 댐으로 건너가기 전에 나오는 전망 포인트(오버룩)에서는 댐 하류와 콜로라도강의 물길이 보인다. **MAP 482p**

ⓘ **칼 헤이든 비지터 센터** Carl Hayden Visitor Center
ADD Hwy 89 North, Page, Arizona 86040
OPEN 09:00~16:00(여름철 ~17:00) **PRICE** 무료

글렌캐니언댐 오버룩 Glen Canyon Dam Overlook
ADD Scenic View Rd, Page, AZ 86040
OPEN 24시간 **PRICE** 차량 1대 $30(국립공원 패스 사용 가능)

④ 좁고 깊은 협곡지대
글렌캐니언 국립휴양지
Glen Canyon National Recreational Area

그랜드캐니언처럼 콜로라도강의 침식작용으로 생성된 협곡이다. 존 파월이 남긴 기록에도 '깎아지른 듯한 절벽, 우아한 천연 아치와 좁고 깊은(Glen) 협곡이 펼쳐진 지대'라고 적혀 있다. 제주도의 3배에 달하는 5076km²의 광활한 면적 중에서 파월 호수가 차지하는 부분은 10%에 불과하고, 나머지는 인간의 발길이 닿지 않는 오지다.
국립휴양지 안에 있는 레이크 파월 리조트(Lake Powell Resort)를 방문하면 파월 호수를 보트로 돌아볼 수 있다. 미로 같은 절벽 틈을 배를 타고 지나가는 2시간짜리 앤털로프캐니언 크루즈가 무난한 선택. 한 때 세계에서 가장 큰 천연 아치였던 레인보브리지(88m)를 탐험하는 7시간짜리 투어도 있다. 배는 리조트 옆의 와윕 마리나(Wahweap Marina)에서 떠난다. **MAP 482p**

ADD 100 Lakeshore Drive, Page, AZ 86040
PRICE 차량 1대 $30(국립공원 패스 사용 가능), 캐니언 크루즈 $71~95, 레인보브리지 보트투어 $167/예약 필수
WEB lakepowell.com

파란 하늘 아래 더욱 푸른 빛을 발산하는 인공 호수

: WRITER'S PICK :
그랜드 서클의 탐험가, 존 웨슬리 파월

미국의 지질학자이자 탐험가 존 웨슬리 파월(1834-1902)은 글렌캐니언을 발견하고 이름을 붙인 인물이다. 1867년부터 본격적인 서부 탐험에 나섰고, 미지의 영역이었던 콜로라도강과 그린강 유역을 따라 1600km 거리를 탐험하며 많은 사진과 지도, 자료를 남겼다. 그랜드캐니언의 파월 포인트, 시닉바이웨이 12의 파월 오버룩, 콜로라도의 파월 피크와 페이지의 파월 호수 등 파월의 흔적은 서부 곳곳에서 발견할 수 있다.

미로 같은 절벽 사이를 지나는 보트 투어

레이크 파월 리조트

상상을 초월하는 거대함

그랜드캐니언 국립공원

Grand Canyon National Park

애리조나주 북서부, 콜로라도강 유역에 자리 잡은 그랜드캐니언은 세계 7대 자연경관 중 하나로 손꼽힌다. 절벽 가장자리에 서면, 까마득한 심연에서 솟구친 돌풍이 온몸을 휘감고, 눈앞에는 보면서도 믿기지 않는 대자연이 펼쳐진다. 선캄브리아대부터 겹겹이 쌓인 지층이 그대로 드러난 암벽은 햇빛의 방향에 따라 매번 다른 색으로 반짝인다. 1908년 국립기념물이었다가 1919년 국립공원으로 승격됐으며, 1979년 유네스코 세계유산으로 지정됐다.

SUMMARY

공식 명칭 Grand Canyon National Park
소속 주 애리조나
면적 4927km²
오픈 사우스 림 24시간/노스 림 5월 중순~10월 중순
요금 차량 1대 $35(7일간 유효)

ⓘ 그랜드캐니언 비지터 센터(사우스 림)
Grand Canyon Visitor Center(South Rim)

ADD S Entrance Rd, Grand Canyon Village, AZ 86023
TEL 928-638-7888
OPEN 08:00~17:00(11~2월 10:00~16:00)
WEB nps.gov/grca

ⓘ 노스 림 비지터 센터
North Rim Visitor Center

ADD AZ-67, North Rim, AZ 86023
TEL 928-638-7888
OPEN 5월 중순~10월 중순 09:00~17:00
WEB nps.gov/grca

WEATHER

여행 최적기는 봄과 가을이지만, 사계절 내내 관광객이 찾아온다. 해발 2100m에 위치한 사우스 림의 여름은 온화한 편이나, 일교차가 10℃를 넘는다. 협곡 아래는 매우 뜨겁고 건조하다. 춥고 습한 겨울에는 사우스 림 지역에 눈이 내리면서 도로 일부가 폐쇄되기도 한다. 초봄에는 안개 때문에 협곡 아래가 보이지 않을 때가 많다.

기온	고지대(사우스 림)		저지대(콜로라도강)	
	7월	1월	7월	1월
최고 평균	29℃	4.4℃	41.7℃	13℃
최저 평균	12℃	-7.8℃	25℃	2.2℃

주요 지점과의 거리(사우스 림 기준)

출발지	거리	육로 이동 소요 시간
플래그스태프	130km	1.5시간
피닉스	368km	3.5시간
라스베이거스	447km	4.5시간
로스앤젤레스	795km	8시간

그랜드캐니언 국립공원 IN & OUT

그랜드캐니언 국립공원을 여행하는 방법은 무척 다양하다. 개인 차량이 가장 편하고 보편적인 방법이지만, 인기 관광지인 만큼 투어로 방문하는 방법도 있다.

자동차로 가기

그랜드캐니언 국립공원 방문객의 90%는 사우스 림을 목적지로 정한다. 사우스 림의 출입구는 2곳이다. 라스베이거스에서 방문할 경우 투사얀(Tusayan) 마을이 있는 남쪽 입구(South Entrance), 모뉴먼트밸리에서 오는 경로라면 데저트 뷰(Desert View) 방향의 동쪽 입구(East Entrance)로 진입하는 것이 일반적이다. 사우스 림과 노스 림을 협곡 위로 건널 방법은 없기 때문에 두 지역을 모두 보려면 국립공원 밖으로 나갔다가 다시 안으로 들어와야 한다. 이동 거리만 해도 341km, 편도 5시간 이상 걸리는 먼 길이다. 방문 전 국립공원 홈페이지에서 기상 상황에 따른 도로 폐쇄 공지를 체크하자.

버스·기차로 가기

그레이하운드나 앰트랙을 이용해 인근 도시 플래그스태프(127km) 또는 윌리엄스(95km)에 도착한 다음 셔틀밴으로 갈아타고 그랜드캐니언 빌리지(사우스 림)까지 들어갈 수 있다. 계절 또는 요일에 따라 운행 일정이 달라지니, 숙소까지 고려해서 예약하는 것이 좋다.

앰트랙 배케이션 Amtrak Vacation
2박 3일 일정으로 국립공원 버스와 호텔까지 연계하는 패키지 상품을 판매한다.
WEB amtrakvacations.com

그룸 셔틀 Groome Shuttle
플래그스태프의 앰트랙 기차역과 그랜드캐니언 빌리지(마스윅 로지)를 연결하는 셔틀밴 업체다.
PRICE 편도 $44~/예약 필수
WEB groometransportation.com

그랜드캐니언 국립공원 기차역

투어로 가기

개인 차량을 이용하지 않는 경우 라스베이거스에서 그랜드캐니언을 왕복하는 투어 상품이 가장 편리하다. 투어 상품을 고를 때는 그랜드캐니언 내셔널 파크 또는 그랜드캐니언 사우스 림으로 표기된 것을 확인해야 한다. 그랜드캐니언 웨스트 림으로 홍보하는 상품은 국립공원과 관련 없는 스카이워크 관광을 의미한다.

캐니언 투어(버스, 헬리콥터) Canyon Tour
WEB canyontours.com

시닉항공(경비행기) Scenic Airlines
WEB scenic.com

파피용(헬리콥터) Papillon
WEB papillon.com

매버릭(헬리콥터) Maverick
WEB maverickhelicopter.com

항공 투어용 헬기들

❶ 라스베이거스 버스 투어
라스베이거스에서 새벽에 출발했다가 저녁 늦게 돌아오는 14시간짜리 패키지 버스 투어는 이동 시간이 대부분인 빡빡한 일정이다. 가능하다면 호텔과 연계한 1박 2일짜리 상품을 선택하자.

PRICE $85~100

❷ 라스베이거스 항공 투어
라스베이거스에서 출발하는 항공 투어는 가격이 비싼 대신 시간을 절약할 수 있다. 하늘에서 후버댐과 글렌캐니언 국립휴양지, 그랜드캐니언 협곡을 보게 되는 것도 장점. 상품을 선택할 때는 국립공원에 착륙하는지, 상공에서 한 바퀴 돌고 돌아오는지 여부를 정확하게 확인하자. 경비행기로 1시간 30분 정도를 날아가 버스나 허머(지프의 일종)로 갈아타고 3시간가량 국립공원을 구경하는 10시간짜리 패키지 상품도 있다.

PRICE $800~850

그랜드캐니언 국립공원은 협곡을 사이에 두고 남쪽의 사우스 림과 북쪽의 노스 림으로 나뉜다. 그랜드캐니언 웨스트 림은 국립공원과 거리가 먼 다른 지역이므로 혼동하지 말 것.

DAY TRIP ❶ 사우스 림은 일 년 내내 관광객으로 붐비지만, 고도가 높고 험준한 ❷ **노스 림**은 10월 중순부터 5월 중순까지 접근이 통제된다. 따라서 투어 상품도 많고 편의시설도 갖춰진 사우스 림을 1박 2일 일정으로 방문하는 것이 일반적이다. 사우스 림 입구의 마을 ❸ **투사얀**에서 헬리콥터나 경비행기에 탑승하면 하늘에서 그랜드캐니언의 전경을 내려다볼 수 있다.

→ 내게 맞는 그랜드캐니언 여행 방법 알아보기

넓어도 너무 넓은 그랜드캐니언 국립공원에서 어디부터 가야 할지 도저히 모르겠다면? 내게 어울리는 여행 방법을 한 번 찾아보자. 다양한 볼거리가 많아서 일정 따라 취향 따라 여행 난이도를 조절할 수 있다.

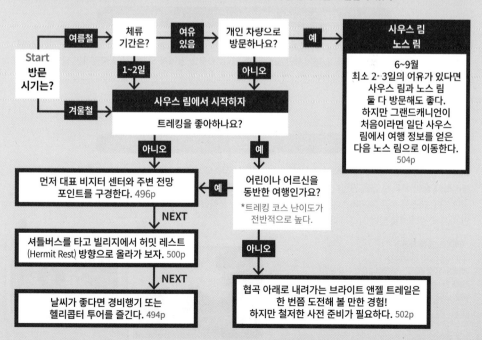

그랜드캐니언 국립공원 내 교통수단

국립공원 주요 지점마다 주차장이 있어서 차를 세우고 구경하면 된다. 교통이 혼잡한 사우스 림에서는 셔틀버스를 이용하는 것도 효율적인 방법이다.

무료 셔틀버스 (사우스 림)

사우스 림 그랜드캐니언 비지터 센터에 주차하면 블루·오렌지·퍼플 노선을 이용해 원하는 방향으로 이동할 수 있다. 허밋 레스트 지역은 셔틀버스 운행 기간에 일반 차량의 진입을 통제한다. 셔틀버스가 끊기면 주차장까지 걸어가야 하니 시즌별로 달라지는 막차 시간을 반드시 체크하자.

- **빌리지 루트(블루) Village Route** : 편의시설이 모인 그랜드캐니언 빌리지와 마켓 플라자, 허밋 로드를 사계절 순환하는 노선
- **카이밥 림 루트(오렌지) Kaibab Rim Route** : 그랜드캐니언 비지터 센터 주변 전망 포인트를 사계절 왕복하는 노선
- **투사얀 루트(퍼플) Tusayan Route** : 5월 말~9월 초 국립공원 남쪽 입구의 마을과 국립공원 비지터 센터를 연결하는 노선
- **허밋 로드(레드) Hermit Road** : 3~11월 국립공원 서쪽의 고지대 허밋 레스트까지 연결하는 노선
- **하이커 익스프레스 셔틀(그린) Hiker's Express Shuttle** : 사우스 카이밥 트레일을 걷는 사람을 위해 사계절 운행하는 특수 노선

트랜스캐니언 셔틀버스 (사우스 림 ⇄ 노스 림)

노스 림을 드나드는 도로가 개방되는 5~11월 중순에는 사우스 림과 노스 림을 왕복하는 셔틀버스를 운행한다. 트레킹하려는 사람들이 주로 이용하며, 예약자만 탑승할 수 있다. 사우스 림에서 오전 8시에 출발하면 낮 12시 30분쯤 노스 림에 도착한다.

WEB trans-canyonshuttle.com

자전거

절벽 가장자리의 림 트레일을 제외하면 국립공원 대부분의 장소에서 자전거를 탈 수 있다. 고도가 높은 지역이라 평지보다 숨이 차다는 점을 감안하자. 사우스 림 빌리지와 마켓 사이의 길은 평탄해서 쉽게 달릴 수 있고, 경사가 심한 허밋 레스트 쪽은 셔틀버스에 자전거를 싣고 종점까지 올라갔다가 내려올 때만 타는 것이 좋다. 그랜드캐니언 비지터 센터 바로 옆에 자전거 대여소가 있다.

브라이트 앤젤 자전거
ADD 10 South Entrance Rd
OPEN 3~10월 08:00~17:00(겨울철 단축 운영)
PRICE 2시간 $30, 5시간 $35, 1일 $55
WEB bikegrandcanyon.com

그랜드캐니언 국립공원 숙소, 어디로 정할까?

▪국립공원 내부(사우스 림)
광활한 국립공원에서는 내부 숙소를 구하는 것이 최선이다. 숙소 예약은 언제나 빠르게 마감된다. 숙소 건물마다 레스토랑이나 카페가 있으며, 일반 방문객도 이용할 수 있다.

그랜드캐니언 빌리지 Grand Canyon Village
관광의 중심지이자 편의시설이 밀집한 사우스 림의 타운. 절벽 가장자리에 있어 완벽한 경치를 자랑하는 120여 년 역사의 엘 토바(El Tovar) 호텔, 1935년에 지어진 캐빈형 숙소 브라이트 앤젤 로지(Bright Angel Lodge)를 비롯해 모던하게 리모델링한 숙소(선더버드, 카치나, 마스윅)가 있다. 빌리지 쪽 숙소는 통합 관리한다.

WEB grandcanyonlodges.com

캠프그라운드 Campgrounds
국립공원 내의 캠핑장은 공식 홈페이지를 통해 예약한다. 마켓 플라자와 가까운 매더 캠프그라운드(Mather Campground)는 샤워 시설을 갖춘 공식 캠핑장이고, 그 외에는 노지 캠핑이다. 협곡 아래에서 야영하려면 사전에 백컨트리 허가증을 발급받아야 한다.

WEB recreation.gov

마켓 플라자 Market Plaza
그랜드캐니언 비지터 센터와 빌리지 중간 지점으로 숲 속의 산장 야바파이 로지(Yavapai Lodge)가 있다. 냉난방 설비가 완벽한 야바파이 이스트와, 다소 시설이 낡은 야바파이 웨스트로 나뉜다. 협곡의 절경을 볼 순 없지만 빌리지보다 가격이 저렴하고, 식료품 마트인 캐니언 빌리지 마켓과 우체국까지 있어 편리하다. 대형 트레일러 주차가 가능한 RV 캠핑장도 운영한다.

WEB visitgrandcanyon.com

팬텀 랜치 Phantom Ranch
사우스 카이밥 트레일과 브라이트 앤젤 트레일을 걷는다면 꼭 알아둬야 할 협곡 아래 유일한 편의시설이다. 1박 2일 동안 노새를 타고 이곳까지 내려오는 투어 상품도 운영한다. 단, 미리 식사나 숙소 예약에 성공하지 못하면 협곡 트레킹을 포기해야 할 수도 있다. 통상 15개월 전에 추첨으로 숙소를 배정하고, 매년 1월경 예약을 오픈한다.

WEB grandcanyonlodges.com/lodging/phantom-ranch

엘 토바 호텔 | 엘 토바 호텔 객실 | 브라이트 앤젤 로지 | 선더버드 로지

마스윅 로지 객실 | 야바파이 로지 객실 | 빌리지 마켓 플라자 | 캠프그라운드

▪국립공원 외부
국립공원 내부에서 숙소를 구하지 못했다면, 빌리지에서 10km 떨어진 투사얀이 대안이다. 단, 야간에 투사얀으로 나가려면 가로등 없는 산간 도로를 15분 정도 운전해야 한다.

스콰이어 리조트(베스트 웨스턴)
Squire Resort at the Grand Canyon ★★★★

ADD 74 AZ-64, Grand Canyon Village
PRICE $260~400　**WEB** grandcanyonsquire.com

그랜드 호텔 The Grand Hotel ★★★

ADD 149 AZ 64, Tusayan
PRICE $320~450
WEB grandcanyongrandhotel.com

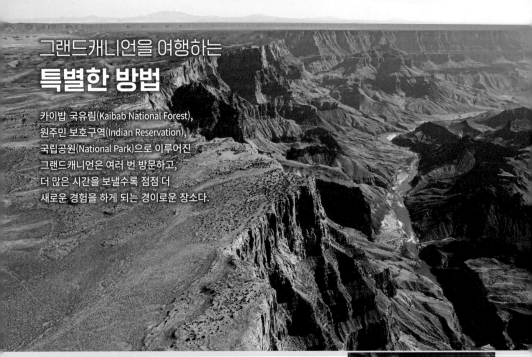

그랜드캐니언을 여행하는
특별한 방법

카이밥 국유림(Kaibab National Forest),
원주민 보호구역(Indian Reservation),
국립공원(National Park)으로 이루어진
그랜드캐니언은 여러 번 방문하고,
더 많은 시간을 보낼수록 점점 더
새로운 경험을 하게 되는 경이로운 장소다.

협곡 위를 나는 헬리콥터 & 경비행기 투어

그랜드캐니언의 엄청난 규모를 지상의 어느 한 지점에서 파악하기란 불가능
하다. 따라서 미국 여행 중 헬리콥터나 경비행기를 타 볼 기회가 딱 한 번뿐이
라면 바로 이곳이어야 할 것이다. 국립공원 남쪽 입구 투사얀 마을의 그랜드캐
니언 공항(GCN)에서 이륙하는 1시간짜리 헬리콥터 및 경비행기 투어는 차원이
다른 장면을 보여준다. 햇빛에 반짝이며 흘러가는 녹색의 콜로라도강과 고원
지대의 카이밥 삼림을 하늘에서 내려다보
는 순간은 영원히 잊지 못할 최고의 감동
을 전해준다. 반드시 여권을 소지해야 하
고, 성수기에는 예약이 필수다. 기상 여건
에 따라 비행이 취소될 수 있다.

그랜드캐니언의 일출과 일몰

절벽의 방향이 바뀌면 풍경도 달라지는 사우스 림에서
는 나만의 감상 포인트를 찾아다니는 것도 특별한 재미.
서쪽에 있는 허밋 레스트의 호피 포인트와 피마 포인트
는 캐니언 뒤로 해가 저무는 노을 명소다. 매더 포인트
와 야키 포인트는 일출 명소로 알려져 있으나, 접근성이
뛰어나 아침과 저녁 모두 인기가 높다. 사람이 많은 저
녁에는 일몰 30분 전 자리를 선점하는 것이 좋다.

별이 빛나는 밤

국립공원 안에서 하룻밤을 보낸다면, 낮과는 전혀 다른 풍경을 보게 된다. 주차장과 산책로의 가로등을 제외하면 인공의 빛이 거의 없어서 암흑처럼 느껴지다가, 달빛에 적응한 순간 협곡의 검푸른 실루엣이 서서히 시야에 들어온다. 협곡 위로 반짝이는 무수히 많은 별은 오직 이곳에서만 볼 수 있는 엄청난 숫자다. 안전을 고려해 그랜드캐니언 비지터 센터와 가까운 매디 포인트를 방문하자.

증기기관차를 타고 떠나는 시간 여행

1906년 만들어진 GCR No.29를 리모델링한 증기기관차가 시속 64km의 느린 속도로 달리며 인근의 소도시 윌리엄스와 그랜드캐니언 빌리지를 연결한다. 석탄 대신 경유를 사용하지만, 클래식한 외관은 당시 모습 그대로. 기차 종류와 좌석 등급별로 요금이 다르고, 숙박이 포함된 패키지 상품도 있다.

ADD 233 N Grand Canyon Blvd, Williams, AZ 86046
HOUR 성수기 09:30 출발, 비수기 08:30 출발/편도 2시간 15분 소요
PRICE 편도 $41, 왕복 $82 **WEB** thetrain.com

여행의 목적지이자 출발지
그랜드캐니언 사우스 림
Grand Canyon South Rim

전망 포인트와 가까운 곳에 주차하면 많이 걷지 않아도 협곡 아래를 내려다볼 수 있다. 단, 허밋 레스트 쪽은 셔틀 버스로 갈아타고 올라가야 한다. 주요 건물을 벗어나면 통신이 끊어진다는 점은 다른 국립공원과 마찬가지다. 두 갈래 진입로(South Entrance Rd & Desert View Dr)가 만나는 그랜드캐니언 비지터 센터를 찾아서 종이 지도를 챙기고, 기본적인 정보와 주의 사항을 숙지할 것.

콜로라도강

호피 포인트
파월 포인트
마리코파 포인트
Hermits Rest
트레일 오버룩
브라이트 앤젤 트레일 시작지점

인디언 가든
팬텀 랜치(768m)
야바파이 포인트
매더 포인트(2170m)

림 트레일

야키 포인트

베르캄프
비지터 센터
그랜드캐니언 기차역

브라이트 앤젤 로지
마스윅 로지
백컨트리
인포메이션
선더버드 로지
엘 토바 호텔
카치나 로지

마켓 플라자
(은행, 우체국, 마트)
야바파이 로지
그랜드캐니언
비지터 센터
트레일러
빌리지

Grand Canyon Village

Center Rd

매더 캠핑장

South Entrance Rd

Desert View Dr
(64)

데저트 뷰

Market Pl. Rd

① 사우스 림의 중심 타운
그랜드캐니언 빌리지 Grand Canyon Village

개척 초기에 돌, 나무, 진흙 등 자연 친화적인 재료로 집을 지은 역사 마을 구역(Historic Village District)이다. 국립공원에서 가장 좋은 숙소인 엘 토바 호텔은 1905년, 브라이트 앤젤 로지는 1935년, 박물관을 겸하는 베르캄프 비지터 센터는 1905년에 건축됐다. 그 밖에도 절벽 끝 전망대를 겸하는 콜브 스튜디오와 룩아웃 스튜디오, 원주민 기념품점 호피하우스 등 볼거리를 갖췄다. 윌리엄스에서 출발하는 관광 열차가 그랜드캐니언 빌리지 기차역에 도착한다. 베르캄프 비지터 센터 옆에 주차하면 걸어서 마을을 둘러볼 수 있다. **MAP 496p**

베르캄프 비지터 센터

ADD 100 S Entrance Rd,
Grand Canyon Village, AZ 86023
ACCESS 그랜드캐니언 비지터 센터에서 3.5km

콜브 스튜디오

엘 토바 호텔

호피하우스

497

❷ 아찔한 절벽 길 따라 걸어보자
림 트레일 Rim Trail

그랜드캐니언 여행의 기본은 림(Rim, 절벽 가장자리)에서 협곡 아래를 내려다보는 것이다. 경치가 특별히 좋은 장소는 전망 포인트로 지정돼 있고, 그 사이를 걷는 림 트레일이 20km 정도 이어진다. 중요한 포인트마다 셔틀버스 정류장 또는 무료 주차장이 있어 걷는 거리를 최소화할 수 있다. 따라서 모든 포인트에 다 들르기보다는 시야 각도가 다른 장소 한두 곳을 각각 공략하자. 협곡 아래쪽에서 갑작스러운 돌풍이 불어올 때가 있으므로 스스로 안전에 주의한다. 해발 2100~2400m의 고원지대에서는 호흡이 곤란할 수 있으니 시간 여유를 두고 움직이자.

Spot 1 매더 포인트 Mather Point

그랜드캐니언 비지터 센터 바로 옆이라 국립공원에서 가장 먼저 방문하게 되는 장소다. 북동쪽으로는 오닐 뷰트(O'Neill Butte)가 보인다. 절벽 위에 있지만, 안전망이 설치되어 일출이나 일몰을 감상하기에 좋다.

ACCESS 그랜드캐니언 비지터 센터에서 도보 5분

Spot 2 야키 포인트 Yaki Point

그랜드캐니언의 동쪽 지역인 이스트 림과 오닐 뷰트가 가깝게 보이는 지점. 일반 차량은 진입할 수 없고 셔틀버스(오렌지)를 이용하다 중간에 사우스 카이밥 트레일의 입구(South Kaibab Trailhead)를 지나게 되는데, 여기서부터 아름다운 경치에 저절로 탄성이 나온다는 우! 아! 포인트(Ooh Aah Point)까지만 다녀와도 왕복 2시간이 걸린다.

ACCESS 매더 포인트에서 4.7km(셔틀버스로 40분)

Spot 3 야바파이 포인트 Yavapai Point

협곡 건너편 노스 림과 일직선상에 놓여 있다. 브라이트 앤젤캐니언이 정면으로 보이는 탁 트인 시야가 인상적이다. 전망대를 겸하는 야바파이 지질학 박물관(무료)에서는 그랜드캐니언의 지형과 역사에 관한 자료를 전시한다. 매더 포인트에서 걸어가도 되고, 주차장과 셔틀버스 정류장도 있다.

ACCESS 매더 포인트에서 1.1km(도보 20분)

Spot 4 베르캄프 비지터 센터 Verkamp's Visitor Center

사우스 림의 또 다른 비지터 센터. 건물과 가까운 전망 포인트에 돌담을 쌓아두어 아이들과 함께라면 가장 안전하게 관람할 수 있는 위치다. 그랜드캐니언 빌리지의 중심 지점이므로 주차하고 걸어서 호피하우스, 엘 토바 호텔 등을 구경해도 좋다.

ACCESS 야바파이 포인트에서 2.3km(자동차로 이동)

야바파이 포인트에서 본 브라이트 앤젤캐니언

❷ 마리코파 포인트

❸ 야생동물의 천국 속으로
허밋 레스트 Hermit's Rest

사우스 림의 서쪽은 해발 2400m가 넘는 고지대다. 3~11월에는 일반 차량의 진입이 완전히 통제되며, 뮬 사슴 등 야생동물도 흔하게 목격된다. 그랜드캐니언 빌리지에서 허밋 로드 셔틀버스(레드)를 타고 원하는 포인트에 하차해 구경하고, 다시 셔틀버스를 타고 내려오면 된다. 종점까지는 11km이며, 버스로 편도 20분 거리다. **MAP 491p**

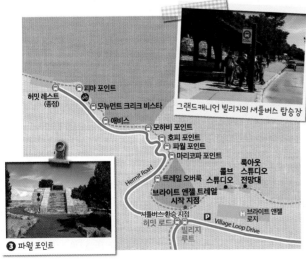

그랜드캐니언 빌리지의 셔틀버스 탑승장

❸ 파월 포인트

❶ **트레일 오버룩 Trail Overlook** 셔틀버스 첫 번째 정류장. 그랜드캐니언 빌리지의 전경과 브라이트 앤젤 트레일이 고스란히 내려다보인다.

❷ **마리코파 포인트 Maricopa Point** 뾰족하게 돌출된 지대에 있어 180° 전망을 보여준다. 톤토 트레일의 일부와 혼 크리크, 다나 뷰트가 바라다보인다.

❸ **파월 포인트 Powell Point** 1869년과 1871년 두 번에 걸쳐 그랜드캐니언 지역을 탐험한 존 파월의 기념비가 있다.

❹ **호피 포인트 Hopi Point** 시야가 탁 트여 있어 일몰 감상지로 인기가 높다.

❺ **모하비 포인트 Mohave Point** 아주 깊은 곳, 심연을 뜻하는 수직 절벽 어비스(Abyss)를 내려다볼 수 있는 지점.

❻ **피마 포인트 Pima Point** 동쪽과 서쪽의 협곡을 모두 촬영할 수 있는 지점. 협곡 아래로 콜로라도강이 보인다.

❼ **허밋 레스트 Hermits Rest** 셔틀버스의 종점이자 허밋 트레일의 시작 지점. 정상에 식수와 화장실 등 편의시설이 있다.

⑤ 모하비 포인트

❶ 트레일 오버룩

⑥ 피마 포인트

❹ 호피 포인트

❼ 허밋 레스트

④ 팬텀 랜치로 내려가는 험난한 여정
브라이트 앤젤 트레일
Bright Angel Trailhead

고원 위의 사우스 림과 그랜드캐니언 협곡 맨 밑바닥을 연결하는 대표적인 코스. 허밋 레스트로 향하는 셔틀버스 정류장 앞 입구부터 7.2km 지점의 인디언 가든(Indian Garden)까지는 2~3시간, 맨 아래의 팬텀 랜치(Phantom Ranch)까지는 6시간가량 걸린다. 경사가 매우 심해서 다시 위로 올라오려면 1.5배 이상의 시간이 필요하다. 고도 차이가 무려 1300m에 달하므로 사우스 카이밥 트레일로 내려갔다가 하룻밤 자고, 브라이트 앤젤 트레일로 올라오는 1박 2일 코스를 권장한다. 하지만 저지대의 숙박 시설은 팬텀 랜치가 유일하고, 예약에 실패하면 비박을 해야 하기 때문에 일반 관광객은 도전하기 어려운 것이 현실이다. 접근이 쉬운 탓에 초입 부분만 걸어보겠다고 시도하는 사람이 많은데, 첫 번째 터널(왕복 600m)이나 두 번째 터널(왕복 2.4km) 정도에서 되돌아오는 것이 안전하다. **MAP 496p**

ADD 15 Bright Angel Trail, Grand Canyon Village, AZ 86023
TREKKING 편도 16km/7~9시간/난이도 최상

고지대라서 예상보다 체력 소모가 훨씬 크다는 점을 명심할 것

절벽을 따라 내려가는 등산로

두 번째 터널 이후부터 경사가 급격히 심해진다.

⑤ 아메리카 원주민의 유적지
데저트 뷰 Desert View

국립공원 동쪽 입구(East Entrance Station)를 통과하자마자 나오는 전망 포인트. 고대 푸에블로족의 건축양식을 본떠 1932년 건축한 데저트 뷰 망루(Watchtower)를 배경으로 멋진 사진을 남길 수 있다. 협곡이 크게 휘어진 지점에 있어 콜로라도강의 흐름이 잘 보인다. 여기서부터 동쪽으로 보이는 협곡은 아메리카 원주민 나바호족과 호피족의 영토다. 그랜드캐니언 빌리지에서 데저트 뷰 드라이브를 따라 37km 거리(자동차 30분)이며, 셔틀버스 노선은 없다. 주차장에서 데저트 뷰 망루까지는 10분만 걸어가면 된다. **MAP 491p**

ADD Desert View Watchtower, Grand Canyon Village, AZ 86023
OPEN 09:00~17:00

: WRITER'S PICK :
그랜드캐니언은 지구과학 교과서!

그랜드캐니언의 전체 길이는 446km, 가장 넓은 협곡의 너비가 29km에 달한다. 캐니언의 생성 과정이 정확하게 규명되지는 않았으나, 약 500~600만 년 전부터 고원지대를 흐르던 콜로라도강과 지류의 침식작용에 의해 형성됐다는 설이 유력하다. 협곡 절벽에는 지구의 역사를 증명하는 암석층이 고스란히 드러나 있다. 기저부의 비쉬누 기반암과 그랜드캐니언 슈퍼 지층군은 20억~7.5억년 전 사이에, 상층부까지 3분의 2 정도는 고생대에 형성된 것이다. 림 트레일 곳곳에 지층의 생성 시기를 표시한 둥근 동판 'The Trail of Time'이 바닥에 깔려 있다.

THE TRAIL OF TIME
3660 MILLION A YEARS AGO
GEOLOGY TIMELINE

이스트 림 풍경 | 데저트 뷰 망루

여름에만 갈 수 있다!
그랜드캐니언 노스 림
Grand Canyon North Rim

노스 림 입구
(Jacob Lake, 70km)

(67)

Arizona Trail

Ken Patrick Trail

Widfforss Trail

Uncle Jim Trail

Uncle Jim Point

그랜드캐니언 로지
(2516m)
노스 림
비지터 센터
브라이트 엔젤 포인트

Wildforss Point

Roaring Springs
(1537m)

North Kaibab Trail

팬텀 랜치

0   1km

카이밥 고원지대 끝자락을 차지한 노스 림은 지형이 험준한 탓에 사우스 림이 발견된 지 236년 후인 1776년이 돼서야 개척자의 발길이 닿았다. 접근이 어려운 만큼 다양한 야생동물이 서식하는 곳. 도로 및 비지터 센터는 눈이 녹는 5월 중순부터 첫눈이 내리기 전인 10월 중순까지만 개방한다. 사우스 림과 마찬가지로 절벽 끝 전망 포인트를 방문하는 것이 일반적인 여행 방법이다. 해발고도 2438m가 넘는 고지대라서 호흡 곤란 등의 고산증세를 느낄 수 있으니 주의하자.

1 노스 림의 오아시스
그랜드캐니언 로지
Grand Canyon Lodge

겨우내 눈에 파묻혀 있다가 5월 말~6월 초쯤 문을 여는 그랜드캐니언 로지는 노스 림 여행자의 안식처다. 기념품점과 레스토랑, 간단한 스낵바를 갖췄고, 1층 라운지 대형 유리창을 통해 보이는 협곡의 경치도 멋지다. 숙소는 일반적인 산장과 캐빈형으로 나뉜다. 새벽에 트레킹 떠나는 사람을 위한 하이커 셔틀버스는 최소 24시간 전 로비에서 예약해야 한다. 그랜드캐니언 로지에서 케이프 로열 전망 포인트까지는 편도 30km 이상 걸린다. 날씨에 따라 도로가 폐쇄될 수 있으므로 방문 전 도로 상태를 문의하자. **MAP 504p**

ADD AZ-67, North Rim, AZ 86052
OPEN 08:00~18:00
WEB grandcanyonforever.com

② 브라이트 앤젤 포인트 Bright Angel Point

능선길따라 절벽 끝까지

노스 림 비지터 센터에 주차하고 400m 정도 걸어가면 브라이트 앤젤 포인트에 도착한다. 오솔길처럼 평탄한 산책로를 지나 맨 마지막 구간은 트랜셉트(Transept, 십자형 성당에서 좌우로 돌출된 부분) 협곡 위를 걷는 가파른 능선길이다. 해발 2487m의 전망 포인트에 서면 브라이트 앤젤캐니언(Bright Angel Canyon)이 겹겹이 늘어선 모습을 볼 수 있다. 협곡의 끝이 가리키는 지점은 사우스 림의 야바파이 포인트. 그 아래로 노스 카이밥 트레일(22.9km)과 사우스 카이밥 트레일(10.1km)이 연결된다. 협곡의 거대한 봉우리마다 브라흐마(힌두교에 나오는 창조의 신) 사원, 조로아스터(자라투스트라라고도 불리는 고대 페르시아의 현자) 사원 등의 이름이 붙어 있다. 적막함미지 이름디움으로 다가오는 장소라서 마냥 바라보게 되는 곳. 강풍이 심하니 안전에 주의하자. **MAP 504p**

브라이트 앤젤 포인트 트레일 Bright Angel Point Trail
TREKKING 왕복 800m/30분/난이도 중

: WRITER'S PICK :

혼동하면 안 돼요!

같은 국립공원 안에 있지만 위치상으로는 전혀 다른 사우스 림과 노스 림의 지명과 장소명은 서로 겹치는 경우가 많아 혼동하기 쉽다. 복수형인 그랜드캐니언 로지스(Lodges)는 사우스 림의 숙박시설을 통칭하고, 단수형인 그랜드캐니언 로지(Lodge)는 노스 림에 있는 숙박시설이다. 브라이트 앤젤 트레일은 사우스 림 트레킹 코스의 명칭이며, 브라이트 앤젤 포인트는 노스 림의 전망 포인트를 가리킨다.

노스 림을 연결하는 자동차도로

Phoenix
피닉스

피닉스는 애리조나의 주도이자 미국에서 5번째로 인구가 많은 대도시다. 북동쪽에는 솔트 강이 흐르고, 소노란 사막이 북쪽 경계를 이룬다. 사막지대지만 관개 시설이 잘돼 있는 덕분에 목화, 감귤, 건초 등 농작물을 재배하며 도시가 번성했다. 보텍스로 유명한 세도나와 애리조나 선인장이 자라는 사구아로 국립공원 등 볼거리가 많고, 겨울에도 기후가 온화해 골프 휴양지나 스포츠팀의 전지훈련지로 사랑받는다.

피닉스 한눈에 보기

피닉스를 중심으로 한 태양의 계곡(Valley of the Sun) 도시들은 사막으로 둘러싸여 있다. 특별한 명소를 방문하기보다는 고급 리조트에서 골프와 스파를 즐기며 휴양하는 여행자가 대부분이다. 그랜드 서클 자동차 여행 중 비교적 쉽게 가볼 만한 곳으로는 세도나가 있다.

다운타운 피닉스

현지인들의 삶의 터전인 애리조나 정치·행정·경제의 중심지. 주의사당과 정부 건물, 박물관이 모인 중심가를 둘러보자. 510p

스코츠데일

'가장 서부다운 타운'이라는 별명을 가진 올드타운 스코츠데일은 사계절 날씨가 화창한 대표적인 휴양지다. 512p

세도나

지구의 에너지가 모이는 곳으로 알려진 힐링의 땅. 웅장한 붉은 바위 사이로 드라이브를 즐겨보자. 그랜드캐니언 국립공원과 비교적 가깝다. 514p

---

SUMMARY

공식 명칭 City of Phoenix
소속 주 애리조나(AZ)
표준시 MT(서머타임 없음)

ⓘ **공식 비지터 센터** Visit Phoenix

ADD 400 E Van Buren St Suite 600, Phoenix, AZ 85004
OPEN 10:00~16:00/겨울철 주말 휴무
WEB visitphoenix.com
ACCESS 다운타운 피닉스

WEATHER

연중 맑은 날이 300일 이상 지속되는 건조한 사막 기후. 사계절 따뜻한 날씨 덕분에 휴양 리조트와 실버타운이 발달했다. 여행 성수기는 덥지 않고 따뜻한 늦가을부터 초봄까지. 파머스 마켓조차 겨울에 열린다는 점이 특이하다. 사막에 꽃이 피는 2~3월에 방문하면 멋진 장면을 만날 수 있다.

피닉스 IN & OUT

자동차로 그랜드 서클을 여행할 때 일부러 피닉스까지 우회하는 경우는 거의 없다. 그러나 국내선 비행기를 타고 피닉스 공항에 내려 렌터카를 이용하면 전체 운전 거리를 대폭 줄일 수 있어 여행의 관문 도시로 적당하다.

주요 지점과의 거리

출발지	거리(km)	교통수단별 소요 시간			
		자동차	항공	버스	기차
세도나	186km	2시간	-	2시간	
그랜드캐니언	368km	3.5시간	-	6시간	직행 없음
라스베이거스	478km	4.5시간	1.5시간(직항)	8시간(경유)	
로스앤젤레스	600km	6시간	1시간(직항)	7시간	

공항에서 시내 가기

피닉스 스카이 하버 국제공항(PHX)은 미국 주요 항공사가 운항하는 국제공항이다. 한국-피닉스 직항편은 없다. 공항에서 피닉스 다운타운까지는 5km 거리로, 대중교통으로 시내로 나오려면 공항 터미널을 연결하는 스카이트레인(무료)을 타고 경전철역으로 이동한다. 피닉스 주변의 대형 리조트에서는 투숙객을 위한 셔틀버스를 운행하니 숙소에 이동 방법을 문의하자.

스카이 하버 국제공항 Sky Harbor International Airport
ADD 3400 E Sky Harbor Blvd **WEB** skyharbor.com

시내 교통수단

생활권이 넓은 피닉스에서는 자동차가 주요 교통수단이다. 관광 명소 또한 다운타운에 몰려 있지 않고 근교에 흩어져 있어 렌터카를 이용하는 것이 편리하다. 피닉스 메트로폴리탄 지역 전체 대중교통은 밸리 메트로(Valley Metro)에서 통합 운영한다. 2024년 11월부터 모바일 앱(Valley Metro), 선불식 충전 카드(Copper Card, 카드 발급비 $4) 결제 방식을 도입했다. 현금 사용 시 환승 및 1일권 구매가 불가능하다.

PRICE 1회 $2, 1일 $4
WEB valleymetro.org

❶ 로컬 버스 Local Bus
피닉스 다운타운의 경전철역과 버스 노선을 연결하는 시내버스. 탑승 시 정확한 금액의 현금을 준비한다.

❷ 경전철 Light Rail
피닉스 북쪽 19th Ave/Dunlap에서부터 남쪽의 다운타운 피닉스, 동쪽의 템피와 메사를 연결하며, 피닉스 공항에도 정차하는 경전철이다. 역에 설치된 자판기에서 1회권을 구매해 탑승한다.

❸ 대시 DASH
4개 노선으로 운행하는 무료 셔틀버스. 관광하기 편리한 노선은 피닉스 다운타운을 연결하는 거번먼트 루프(Government Loop)다.

피닉스에서 숙소 정하기

피닉스 인근에는 450여 개의 호텔과 40개의 리조트, 200여 개의 골프장이 들어서 있다. 피닉스를 가장 완벽하게 즐기는 방법은 세계 최고 수준의 리조트를 경험하는 것! 성수기인 겨울과 4~5월보다는 여름철 요금이 저렴하다.

■ 태양의 계곡 리조트

피닉스의 애리조나 빌트모어 리조트는 제31대 허버트 후버 대통령이 다녀간 이래 역대 대통령들의 휴가지로 애용되었다. 피닉스 오픈이 개최되는 골프장 TPC 스코츠데일은 페어몬트 리조트와 연계하여 운영된다. 남쪽의 캐멀백산(Camelback Mt)과 북쪽의 머미산(Mummy Mt)으로 둘러싸인 파라다이스밸리에도 멋진 경치를 자랑하는 리조트가 많다.

■ 피닉스 공항과 고속도로 주변

단순히 하룻밤 숙박하고 다음 목적지로 떠나려면 공항이나 고속도로 주변의 체인형 숙소를 알아보자. 같은 이름을 가진 체인이라 해도 스코츠데일이나 리조트 타운과 가까울수록 환경이 좋다. 코스트코나 월마트 등 대형 마트 근처로 정하면 자동차 여행을 준비할 때도 편하다.

■ 세도나

피닉스에서 2시간 거리인 세도나는 그랜드캐니언 국립공원이나 뉴멕시코 쪽으로 여정을 이어가기 좋은 위치다. 관광자원도 풍부하고, 휴양지다운 리조트형 숙소가 많다. 같은 등급이라 해도 오크크리크 마을이나 웨스트 세도나 쪽으로 갈수록 가격이 낮아진다.

애리조나 빌트모어
Arizona Biltmore ★★★★

ADD 2400 East Missouri Ave, Phoenix
PRICE $700~900
WEB arizonabiltmore.com

페어몬트 스코츠데일 프린세스
Fairmont Scottsdale Princess ★★★★★

ADD 7575 E Princess Dr, Scottsdale
PRICE $500~800
WEB fairmont.com/scottsdale

허모사(에르모사) 인
Hermosa Inn ★★★★

ADD 5532 N Palo Cristi Rd, Paradise Valley
PRICE $400~600
WEB hermosainn.com

옴니 스코츠데일
Omni Scottsdale ★★★★★

ADD 4949 E Lincoln Dr, Scottsdale
PRICE $500~700
WEB omnihotels.com

라 퀸타 인 스코츠데일
La Quinta Inn Phoenix Scottsdale

ADD 8888 E Shea Blvd, Scottsdale
PRICE $150~220
WEB wyndhamhotels.com

베스트 웨스턴 인스위츠 피닉스 호텔
Best Western Innsuites Phoenix Hotel

ADD 1615 E Northern Ave, Phoenix
PRICE $120~150
WEB bestwestern.com

하얏트 피논 포인테
Hyatt Pinon Pointe ★★★

ADD 1 North Highway 89a, Sedona
PRICE $300~450
WEB hyattpinonpointe.hyatt.com

아로요 로블 호텔 Arroyo Roble Hotel(Best Western Plus) ★★★

ADD 400 North State Route 89A, Sedona
PRICE $370~450
WEB bestwesternsedona.com

인 어보브 오크크리크
The Inn above Oak Creek ★★★

ADD 556 AZ-179, Sedona
PRICE $200~350
WEB innaboveoakcreek.com

피닉스 시내

#Zone 1

피닉스와 주변 지역
태양의 계곡 Valley of the Sun

피닉스와 스코츠데일, 글렌데일, 템피, 메사 등 주변 도시를 모두 합쳐 태양의 계곡(Valley of the Sun)으로 부른다. 피닉스 여행은 시내를 벗어나 자연을 즐기고 골프장과 리조트 등을 방문하는 것이 일반적이다. 뜨거운 날씨와 8차선에 달하는 넓은 도로, 널찍한 건물 간 간격 때문에 도보로 다니는 것은 불가능하다. 다운타운 피닉스의 주의사당 부근은 무료 셔틀버스를 운행한다.

① 애리조나의 심장
다운타운 피닉스 Downtown Phoenix

관공서와 공공 기관이 밀집한 다운타운 피닉스는 애리조나 주의사당, 헤리티지 스퀘어, 다양한 미술관과 박물관을 중심으로 둘러보자. 1901년 건축된 캐피톨 박물관은 과거 주의사당으로 사용됐던 건물을 개조한 것으로, 애리조나주의 역사 및 진주만에서 침몰한 USS 애리조나호 관련 기록물 등을 전시하고 있다. 주의사당에서 4km 떨어진 헤리티지 스퀘어에는 피닉스의 초창기 건축물이 보존돼 있다. 1895년 빅토리아 양식으로 지어진 로손 하우스(Rosson House)는 19세기 말 남부 생활양식을 보여주는 박물관이다. 이 밖에도 아메리카 원주민의 역사와 문화예술품 4만여 점을 전시한 허드 미술관, 엘비스 프레슬리의 소장품을 비롯해 세계 각국의 악기 6500점을 전시한 악기 박물관(다운타운 북쪽에 위치) 등이 있다. **MAP 510p**

애리조나 주의사당

캐피톨 박물관

헤리티지 스퀘어 로손하우스

허드 미술관

▪ 캐피톨 박물관
Arizona Capitol Museum

ADD 1700 W Washington St
OPEN 09:00~16:00/주말 휴무
PRICE 무료
WEB azcapitolmuseum.gov

▪ 헤리티지 스퀘어
Heritage Square

ADD 113 N Sixth St
OPEN 가이드 투어/예약 필수
PRICE $15
WEB heritagesquarephx.org

▪ 허드 미술관
Heard Museum

ADD 2301 N Central Ave
OPEN 10:00~16:00/월요일 휴무
PRICE $26
WEB heard.org

▪ 악기 박물관
Musical Instrument Museum

ADD 4725 E. Mayo Blvd
OPEN 09:00~17:00
PRICE $20
WEB mim.org

---

② 사막의 봄과 겨울의 불빛
사막 식물원 Desert Botanical Garden

세계 최대 규모의 사막 식물원. 희귀한 사막 식물 온실
은 물론, 바로 옆 동물원까지 둘러볼 수 있다. 겨울에
는 1978년부터 이어진 불빛 축제 'Las Noches de las
Luminarias'가 펼쳐지는데, 21일간 8000개의 초롱이
불을 밝히는 루미나리에를 보려고 일부러 피닉스를 찾
는 여행객도 많다. 봄에는 꽃이 만발한 사막 풍경을 만
날 수 있다. 한낮과 여름에는 햇빛 차단용 모자와 개인
물병을 꼭 챙겨야 한다. **MAP** 510p

ADD 1201 N. Galvin Parkway
OPEN 08:00~20:00
PRICE $24.95~34.95(특별전 요금 별도, 예약 권장)
WEB dbg.org
ACCESS 다운타운 피닉스에서 15km(자동차 15분)

③ 피닉스 전망 명소
파파고 파크 Papago Park

산색토와 식물원, 동물원, 클프칭이 모인 도심 공원에
서 가장 붐비는 곳은 피닉스 스카이라인이 내려다보이
는 홀 인 더 록(Hole in the Rock)이다. 주차장에서 붉은
사암 언덕 뒤편으로 300m의 트레일을 올라가면 바위
구멍 사이로 야자수와 어우러진 도시 풍경이 환상적인
포토 스폿. **MAP** 510p

ADD 625 N Galvin Pkwy
PRICE 무료
ACCESS 다운타운 피닉스에서 15km(자동차 15분)

스코츠데일에서 문화예술 즐기기

■ 스코츠데일 현대미술관 Scottsdale Museum of Contemporary Art
빛의 예술가 제임스 터렐의 <스카이스페이스>를 보유한 현대미술관. 1950년대부터 현재에 이르기까지 로컬 아티스트의 디자인, 건축, 회화 작품을 전시한다.
ADD 7374 E 2nd St **OPEN** 11:00~17:00(목요일 ~19:00)/월·화요일 휴무
PRICE $16(온라인 $13), 18세 미만 무료 **WEB** smoca.org

④ 가장 서부다운 마을
올드타운 스코츠데일
Oldtown Scottsdale

예스러운 올드타운과 고급스러운 다운타운이 공존하는 작은 도시 스코츠데일은 '옛 서부가 새로운 서부를 만나는 곳'이라는 슬로건에 완벽하게 부합하는 곳이다. 낮에는 다운타운의 미술관을 둘러보고, 더위가 가신 늦은 오후에는 올드타운에서 서부영화에 나올 법한 복고풍 건물과 레스토랑, 갤러리, 기념품점 등을 구경하다 보면, 이곳이 왜 미국 서부에서도 가장 서부다운 타운으로 인정받는지 알게 될 것이다. 스코츠데일의 주요 관광 포인트를 순환하는 무료 트롤리가 월~금요일 05:45~19:45, 20분 간격으로 운행한다. **MAP 510p**

ADD N Scottsdale Rd & E Main St, Scottsdale
WEB oldtownscottsdaleaz.com
ACCESS 다운타운 피닉스에서 20km(자동차 20분)

■ 웨스턴 스피릿 Western Spirit
미국 서부뿐 아니라 캐나다 서부와 멕시코의 예술과 문화, 역사 관련 유물을 전시한다. 스미스소니언 계열로 미국 최고의 웨스턴 박물관으로 평가받는다.

ADD 3830 N Marshall Way
OPEN 09:30~17:00(일요일 11:00~)/
11~4월 목요일 ~21:00
PRICE 성인 $28, 6세~대학생 $12
WEB scottsdalemuseumwest.org

■ 스코츠데일 예술 산책 Scottsdale ArtWalk
아트 디스트릭트의 갤러리를 일반에 개방하는 50년 전통의 행사. 한낮의 열기가 식어가는 저녁 하늘 아래, 거리를 오가는 마차를 피해 천천히 걸으면서 예술가의 작업실도 구경하고, 푸드 트럭에서 간식도 맛보며 남서부 특유의 낭만을 만끽하자.

OPEN 목요일 저녁
WEB scottsdalegalleries.com
ACCESS Main Street & Marshall Way

⑤ 프랭크 로이드의 겨울 별장
탈리에신 웨스트 Taliesin West

건축가 프랭크 로이드 라이트가 1937년부터 20여 년간 겨울마다 머무르며 작업하던 곳. 현재는 탈리에신 건축 학교와 프랭크 로이드 라이트 재단 본부로 사용 중이며, 유네스코 세계유산과 국립 역사 랜드마크로 지정돼 있다. 주변 맥도웰산맥과 소노란 사막의 경관이 녹아든 건축 기법은 이 지역 돌덩이로 만든 벽, 붉은 토양을 연상시키는 목재, 사막의 풍부한 빛을 통과시키는 캔버스 덮개가 특징이다. 실내 스튜디오와 생활 공간, 야외를 돌아볼 수 있는 오디오 투어(60분 소요, 마지막 투어 16:00, 개인 스마트폰과 헤드폰 준비)와 그룹 가이드 투어(90분 소요, 마지막 투어 13:40, 예약 권장)를 제공한다. 그늘이 없고 햇살이 뜨거우므로 모자와 자외선 차단제는 필수. MAP 507p

ADD 12621 N Frank Lloyd Wright Blvd
OPEN 10:00~17:00/6~9월 휴무
PRICE 오디오 투어 $39~44/가이드 투어 $60
WEB franklloydwright.org
ACCESS 다운타운 피닉스에서 45km(자동차 40분)

⑥ 남서부의 명문
애리조나 주립대학교
Arizona State University

1885년 개교하여 졸업생이 56만 명에 이르는 주립대학이다. 템피의 메인 캠퍼스를 포함, 다운타운 피닉스 등에도 캠퍼스가 있다. 미술관(ASU Art Museum), 공연장(ASU Gammage), 풋볼 경기장(Sun Devil Football Stadium)이 주요 시설이다. MAP 168p

WEB asu.edu
ACCESS 다운타운 피닉스에서 18km(자동차 15분)

⑦ 넓고 쾌적한 쇼핑
피닉스 프리미엄 아웃렛
Phoenix Premium Outlets

미국의 대표적인 아웃렛 체인인 프리미엄 아웃렛의 피닉스점. 방문 전 홈페이지에서 회원 가입을 하고 쿠폰북 교환권을 다운로드하면 할인 폭이 커진다. 미국의 아웃렛에 관한 정보는 074p 참고. MAP 507p

ADD 4976 Premium Outlets Way, Chandler, AZ 85226
OPEN 10:00~20:00(주말 연장 운영)
WEB premiumoutlets.com
ACCESS 다운타운 피닉스에서 30km(자동차 30분)

#Zone 2

지구의 에너지가 흐르는 붉은 땅
세도나 Sedona

강렬한 주황색과 붉은색의 바위가 도시를 보호하듯 감싸는 세도나는 여러모로 신비로운 도시다. 사막 지대임에도 시원한 계곡이 흐르고, 녹색 관목이 자라는 지상낙원! 수천 년 전부터 아메리카 원주민의 성지로 여겨졌다. 영적 에너지를 발산한다고 알려진 보텍스가 발견되면서 명상, 요가, 기 치료를 위해 일부러 찾아오는 사람도 많다. 그랜드캐니언 국립공원과 피닉스의 중간 지점이며, 179번 주도와 89번 주도가 만나는 Y자형 교차로가 세도나의 중심이다.

추천 경로

DAY TRIP ❶ 레드록 비지터 센터와 Y자형 교차로 사이는 올 아메리칸 로드로 지정된 시닉 바이웨이다. 드라이브를 즐기다가 ❷ 홀리 크로스 채플에 올라가서 경치를 감상하자. 날씨가 덥지 않다면 벨록과 캐서드럴록 주변을 트레킹해도 좋다. 오후에는 아트 갤러리와 편집숍, 맛집이 모인 ❸ 틀라케파케 또는 업타운 세도나에서 점심을 먹고 ❹ 세도나 아트 센터를 둘러본다. 일몰 전에 ❺ 에어포트 메사로 올라가 보인턴캐니언 너머로 지는 석양을 감상하자.

슬라이드록 주립공원
오크크리크 캐니언
0 2km
보인턴캐니언
업타운 세도나
89A
웨스트 세도나
숍 앳 피논 포인테
S
❹ 세도나 아트 센터
● 마을의 중심교차로 'The Y'
에어포트 오버룩 ❺
89A
❸
틀라케파케
에어포트 메사
179
레드록 시닉 바이웨이
❷ 홀리 크로스 채플
오크 크리크 빌리지
레드록 주립공원
레드록 비지터 센터 ❶
캐서드럴록
벨록

보텍스 포인트의 나무

: WRITER'S PICK :

세도나의 4대 보텍스 포인트란?

보텍스(Vortex)의 사전적 의미는 '유체(流體: 기체 또는 액체)가 소용돌이치는 상태'를 말한다. 세도나에서는 토네이도처럼 강력하게 회전하면서 모든 것을 끌어당기는 지구의 에너지를 체감하는 보텍스 포인트가 다수 발견됐다. 특히 4대 보텍스 포인트인 벨록·캐서드럴록·에어포트 보텍스·보인턴캐니언에서는 지구 자기장의 영향을 받아 나무들이 휘어진 형태로 생장한 것을 목격할 수 있다.

세도나 트롤리 Sedona Trolley

세도나의 주요 명소를 돌아보는 관광용 트롤리. A 코스는 업타운 세도나의 갤러리 지역과 홀리 크로스 채플 사이, B 코스는 시내를 벗어나 페이캐니언 쪽으로 향한다.

PRICE $26
WEB sedonatrolley.com

① 세도나의 핵심 드라이브 코스
레드록 시닉 바이웨이
Red Rock Scenic Byway

애리조나주 179번 도로(AZ-179)에 속한 11km의 구간은 달리는 내내 신비로운 바위산이 절경을 이루어 '벽 없는 박물관'이라는 별명을 얻었다. 붉은 바위 위에 조화롭게 지어진 작은 예배당 홀리 크로스 채플은 꼭 가봐야 할 명소. 이곳에서 보이는 세도나 특유의 사암층과 기저암은 그랜드캐니언 쪽에서 흘러온 퇴적물이 굳어진 것이다. 철분 때문에 붉은색과 주황색이 강하게 나타나는데, 햇빛을 받으면 더욱 도드라진다. 세도나의 랜드마크 벨록과 캐서드럴록의 파노라마 뷰를 감상할 수 있는 포인트까지 주차장에서 5분 거리다. **MAP 514p**

홀리 크로스 채플

ADD 780 Chapel Rd, Sedona, AZ 86336
WEB chapeloftheholycross.com
ACCESS Y 교차로에서 AZ-179를 따라 6km

벨록
Bell Rock

하단부가 넓게 펼쳐진 종 모양의 바위(높이 1499m). 아메리카 원주민들은 이곳이 남성적인 에너지가 발산되는 신성한 장소이며, 북서쪽 보인턴캐니언의 여성적인 에너지와 조화를 이룬다고 믿어 왔다. 바위 근처까지 걸어가는 트레일이 있다.

ADD Bell Rock Parking, Sedona, AZ 86336

벨록 트레일 Bell Rock Trail
TREKKING 왕복 1.5km/30분/난이도 하

캐서드럴록
Cathedral Rock

여러 개로 쪼개져 첨탑처럼 보이는 거대한 암체(높이 1514m). 벨록과 더불어 중요한 보텍스 지점으로, 지구상에서 가장 신성한 장소라고 여겨진다. 주차장에서 새들 포인트까지의 트레일은 짧지만 꽤 가파르다.

ADD Bell Rock Parking, Sedona, AZ 86336

캐서드럴록 트레일 Cathedral Rock Trail
TREKKING 왕복 2.5km/1시간/난이도 중

② 세도나 에어포트 시닉 룩아웃 Sedona Airport Scenic Lookout

완벽한 일몰 감상 포인트

헬리콥터와 경비행기가 이착륙하는 세도나 공항은 메사(탁자형으로 침식된 고원지대)에 있다. 공항 방면 도로에서 보이는 전망이 뛰어나 사람들이 계속 찾아오다 보니 주차장과 전망대까지 만들어졌다. 4대 보텍스 에너지 포인트인 에어포트 메사로 향하는 트레일도 같은 길목에 있다. 전망대에서는 바위 사이에 아늑하게 자리 잡은 웨스트 세도나 마을의 전경과 멀리 보인턴캐니언(Boynton Canyon)까지 관측된다. 해 질 무렵 세도나를 둘러싼 붉은 사암의 색채가 점점 강렬해지기 시작하면, 이곳이 왜 영적인 장소로 여겨지는지 단번에 이해가 된다.

ADD 538 Airport Rd, Sedona, AZ 86336
OPEN 24시간
ACCESS Y 교차로 AZ-89 도로 서쪽 2km 지점에서 Airport Road로 진입

③ 지프를 타고 오프로드 체험
세도나캐니언 Sedona Canyons

세도나의 자연환경을 자세하게 관찰하고 싶다면 주변의 캐니언 지대를 방문해보자. 세도나 전체 면적의 51%는 코코니노 국유림의 일부이며, 오크크리크라는 강물이 흘러 과일나무가 자랄 정도로 풍요로운 오아시스다. 남쪽으로 뻗은 AZ-179도로와 북쪽으로 뻗은 AZ-89A 도로 일대는 레드록 주립공원과 슬라이드록 주립공원 등 경치가 특별한 캐니언 지대로 둘러싸여 있다. 방문하기 어려운 장소까지 모두 보려면 전문가가 운전하는 오프로드 투어를 선택하는 편이 낫다. 지프 랭글러를 타고 경사가 심한 바윗길을 2시간 내내 종횡무진 넘나드는 익스트림 투어다. **MAP 514p**

세도나 시내 곳곳에서 눈에 띄는 핑크 지프 투어 차량

핑크 지프 투어 Pink® Jeep® Tours
ADD 204 N AZ-89A
PRICE $152(Broken Arrow)
WEB pinkjeeptourssedona.com

슬라이드록 주립공원 Slide Rock State Park
ADD 6871 Junipine Circle
OPEN 08:00~18:00(겨울철 09:00~17:00)/폐장 1시간 전까지 입장
PRICE 차량 1대 비수기 $10~20, 성수기 및 주말 $30
WEB azstateparks.com/slide-rock
ACCESS Y 교차로 북쪽으로 11km

계곡에서 물놀이를 즐길 수 있는 슬라이드록 주립공원

레드록 주립공원 Red Rock State Park
ADD 4050 Red Rock Loop Rd
OPEN 08:00~18:30(겨울철 08:00~17:00)/폐장 30분 전까지 입장
PRICE 1인당 $7
WEB azstateparks.com/red-rock
ACCESS Y 교차로 동쪽으로 15km

바닥의 흙까지 온통 붉은 레드록 주립공원

+MORE+

화석이 된 숲이 궁금하다면?
페트리파이드 포레스트 국립공원 Petrified Forest National Park

세도나에서 뉴멕시코로 가는 길(I-40)은 역사적인 루트 66 도로와 겹치는데, 그 선상에 석화림(石化林)으로 이루어진 국립공원이 있다. 광물질이 배어 나와 알록달록한 물감을 칠한 것처럼 보이는 통나무들은 약 2억2500만 년 전의 삼림이 화산재 퇴적물에 급격하게 매몰되면서 바위로 변한 규화목(硅化木)이다. 나무 조직 사이로 스며든 이산화규소(Silicon Dioxide)의 침전 작용으로 원래의 목재 성분은 완전히 사라지고, 형태와 구조만 남은 화석이 된 것이다. 국립공원 북쪽의 페인티드 데저트 비지터 센터와 남쪽 레인보 포레스트 뮤지엄을 사이의 트레일을 걸으면, 기묘한 구릉지대와 화석이 된 통나무를 관찰할 수 있다.

ADD Painted Dessert Visitor Center, 1 Park Road, Petrified Forest, AZ 86028
OPEN 08:00~17:00 **PRICE** 차량 1대 $25 **WEB** nps.gov/pefo

④ 멕시코풍 공예마을
틀라케파케 Tlaquepaque

멕시코 중서부의 공예마을을 미국에 재현한 예술촌 겸 쇼핑센터. 두꺼운 점토와 석재 등 천연 소재로 지어져 오래된 마을처럼 보이지만 1970년대에 조성됐다. 당시 담당 건축가가 직접 멕시코를 여행하며 재료와 구조까지 본떠 마을 전체를 디자인했다고 한다. 스페인풍 안뜰(파티오, Patio), 모자이크 타일이 붙은 벽, 골목의 작은 상점들, 마을 사람들이 모이는 광장, 명상 공간인 채플까지 세세하게 배치했다. 겨울에는 수천 개의 불빛으로 장식하는 루미나리에가 열린다. 아트 갤러리와 기념품점, 카페, 수십 개의 레스토랑이 영업 중이라 구석구석 볼거리가 많다. **MAP 514p**

ADD 336 AZ-179　**OPEN** 10:00~18:00(일부 레스토랑 연장 운영)
WEB tlaq.com　**ACCESS** Y 교차로 남쪽으로 400m

⑤ 놓칠 수 없는 전망
숍 앳 피논 포인테 The Shops at Pinon Pointe

하얏트 리조트에서 운영하는 쇼핑센터. 지대가 약간 높은 Y 교차로 위쪽 코너에 있어서 오크크리크와 그 너머의 베어 월로우캐니언이 내려다보인다. 오픈형 구조여서 누구나 쉽게 방문할 수 있고, 전망 카페를 비롯한 다양한 매장이 입점해 구경하는 재미가 있다. **MAP 514p**

ADD The Shops at Hyatt Piñon Pointe
OPEN 06:00~21:00
WEB hyattresidenceclub.com

⑥ 아기자기한 갤러리 골목
세도나 아트 센터 Sedona Arts Center

마법 같은 풍경으로 둘러싸인 세도나에서 수많은 예술작품이 탄생하는 것은 당연한 일! 세도나의 로컬 예술가 지원 단체에서 운영하는 아트센터와 주변의 갤러리 골목을 구경해보자. 꼭 작품을 구매하지 않아도 소소한 기념품을 파는 곳도 있으니 자유롭게 둘러볼 수 있다. 10월에는 아트 페스티벌을 주관하고, 매달 첫 번째 금요일은 밤늦게까지 문을 연다. **MAP 514p**

ADD 15 Art Barn Rd
OPEN 10:00~17:00(일요일 12:00~)
WEB sedonaartscenter.org
ACCESS Y 교차로 AZ-89 도로 북쪽으로 1km

환상적인 전망과 함께 즐기자
세도나의 특별한 맛집

사계절 내내 방문객을 맞이하는 고급 휴양도시 세도나에서 맛있는 음식을 먹으며 하루쯤 충분한 휴식을 취해보자.
기나긴 여행으로 지쳤던 몸과 마음이 따뜻한 기운으로 가득 채워질 것!

레드록을 바라보며 맛보는 아침식사
와일드플라워
Wildflower

피논 포인테 쇼핑센터 내 레스토랑이다. 파티오에서 믿기 힘든 장관을 마주하며 아침 식사를 할 수 있다. 직접 반죽해 만든 빵과 신선한 재료로 만든 샌드위치 맛에 또 한 번 놀라게 될 것. 따뜻한 감자 크림스프, 갓 구운 팬케익도 인기 메뉴다.

ADD 101 AZ-89A
OPEN 08:00~20:00
MENU 브리오슈 롤 $9~10, 샌드위치 $11~15
WEB wildflowerbread.com

아침 식사는 여기서!
커피 팟 레스토랑
Coffee Pot Restaurant

1950년대부터 자리를 지켜온 로컬 맛집. 에그 베네딕트, 토르티야, 우에보스 란체로스 등 푸짐한 브런치를 저렴한 가격에 제공해 인기가 높다. 취향껏 주문할 수 있는 101가지 조합의 오믈렛 메뉴는 보기만 해도 즐겁다.

ADD 2050 W AZ-89A **OPEN** 06:00~14:00
MENU 오믈렛 $12~18
WEB coffeepotsedona.com

서부영화의 전설과 함께
카우보이 클럽 Cowboy Club Grille & Spirits

1946년 문을 열고 오랫동안 동네 사랑방 역할을 해온 선술집을 개조한 레스토랑 겸 펍. 1950~60년대 세도니에서 수많은 서부영화를 촬영하던 시절, 존 웨인, 버트 랭커스터, 록 허드슨 등의 전설적인 영화배우들이 이곳을 즐겨 찾았다. 푸짐한 스테이크로 배를 채우기 좋은 곳.

ADD 241 N State Rte 89A **OPEN** 11:00~21:00
MENU 베이비백립 $34.95, 버거 $23, 카우보이 립아이 $46
WEB cowboyclub.com

애리조나 선인장의 천국

사구아로(사와로) 국립공원

Saguaro National Park

서부영화에 자주 등장하는 사구아로는 멕시코 북부와 미국 남서부에 걸친 소노란 사막(Sonoran Dessert)에 자생하는 선인장과의 식물이다. 봄에 피는 사구아로 꽃은 애리조나주를 상징하는 주화(州花)이며, 꽃에서 추출한 선인장꿀은 애리조나주의 특산품이다. 선인장 군락지인 사구아로 국립공원은 애리조나 제2의 도시 투손을 중심으로 동쪽과 서쪽 지역으로 나뉜다.

SUMMARY

공식 명칭 Saguaro National Park
소속 주 애리조나
면적 370km^2
오픈 24시간
요금 차량 1대 $25(7일간 유효)
홈페이지 nps.gov/sagu

WEATHER

사막지대라서 일교차가 크다. 낮에는 체감온도가 훨씬 높아지니 탈수 증상에 주의해야 한다. 여행 적기는 사막 식물이 꽃을 피우는 3월부터. 선인장꽃은 4월 말 이후에 개화한다. 겨울철인 11~3월은 레인저가 안내하는 투어 프로그램에 참여하기에 적당한 날씨다. 7~8월 사이에는 몬순성 폭우가 내린다. 비가 내린 후에는 바짝 말라 죽어 있는 것처럼 보이던 가시투성이의 관목들이 일제히 녹색으로 변하는 신기한 광경을 볼 수 있다.

기온	7월	1월
최고 평균	43°C	19°C
최저 평균	22°C	5°C

사구아로 국립공원 IN & OUT

미국과 멕시코의 국경에서 불과 100km 거리의 투손까지 찾아가는 이유는 사구아로 군락지를 보기 위해서다. 피닉스에서 당일로 다녀가도 괜찮은 거리지만, 사구아로 국립공원에서 일몰을 볼 계획이거나, 뉴멕시코로 이동할 예정이라면 투손에 숙소를 정해도 좋다.

주요 지점과의 거리[투손 기준]

출발지	거리	육로 이동 소요 시간
피닉스	186km	2시간
엘패소	508km	4.5시간
로스앤젤레스	785km	7시간

자동차로 가기

투손에서 국립공원까지 가는 대중교통수단이 없기 때문에 개인 차량으로 방문해야 한다. 메인 도로는 잘 정비돼 있고 길도 험하지 않아 쾌적한 드라이브를 즐길 수 있다. 단, 비가 내린 후에는 저지대가 침수될 우려가 있으니 국립공원 홈페이지의 공지사항을 확인하자.

추천 경로

HALF DAY TRIP 동쪽의 링콘산 위로 해가 뜨고 서쪽의 투싼 마운틴 방향으로 해가 지므로, 이른 아침과 낮에는 ❶ **동쪽 국립공원**을, 해 질 녘에는 ❷ **서쪽 국립공원**을 방문하는 코스가 정석이다. 트레킹은 불가능하고, 자동차로 드라이브 코스를 한 바퀴 돌아보는 데 각각 2시간 정도 소요된다. 국립공원 내에는 숙소나 식당이 전혀 없으며, 공원의 생태계를 안내하는 비지터 센터가 유일한 편의시설이다. 낮에는 투손의 ❸ **피마 항공 우주 박물관**을 방문해보자.

투손 숙소와 편의시설

애리조나주 제2의 도시인 투손에는 애리조나 대학(University of Arizona)과 수천 대의 퇴역 항공기가 보관된 공군기지 등 굵직한 시설이 자리 잡고 있다. 인구가 많은 만큼 숙소와 레스토랑, 대형 마트, 한인 마트 등 편의시설이 다양해서 자동차 여행에 필요한 생필품을 구매하기에도 좋다.

■리조트형 숙소

옴니 투손 내셔널 리조트
Omni Tucson National Resort ★★★★

ADD 2727 West Club Dr
PRICE $380~450
WEB omnihotels.com

애리조나 인 Arizona Inn ★★★★

ADD 2200 E Elm St
PRICE $380~400
WEB arizonainn.com

■체인형 숙소

골드 포피 인 Gold Poppy Inn(Best Western Plus) ★★

ADD 4930 West Ina Rd
PRICE $115~150
WEB bestwestern.com

라 퀸타 인 투손 마라나
La Quinta Inn Tucson Marana ★★

ADD 6020 West Hospitality Rd
PRICE $170~200
WEB lq.com

■마트

김포 오리엔탈 마켓(한국 마트) Kimpo Oriental Market

ADD 5595 E 5th St **TEL** 520-750-9009
OPEN 09:30~19:00(일요일 13:00~18:00)

리리 인터내셔널 슈퍼마켓(아시안 식료품점)
Lee Lee International Supermarket

ADD 1990 W Orange Grove Rd
OPEN 09:00~20:00 **WEB** leeleesupermarket.com

■슈퍼마켓 체인

코스트코 Costco Tucson Warehousee

ADD 1650 E Tucson Marketplace Blvd. Tucson, AZ 85713
OPEN 10:00~20:30(주말 ~18:00)
WEB costco.com

트레이더 조 Trader Joe's(총 4곳)

ADD 4766 E Grant Rd, Tucson, AZ 85712
OPEN 08:00~21:00 **WEB** traderjoes.com

홀푸드 마켓(총 3곳)

ADD 3360 E Speedway Blvd, Tucson, AZ 85716
OPEN 07:00~21:00
WEB wholefoodsmarket.com

① 국립공원 동쪽
링콘산 지역 Rincon Mountain District

1933년에 조성된 국립공원으로 약 1200종의 사막 식물이 자란다. 고지대에 있어 위에서 아래를 내려다보는 전망이 멋지다. 비지터 센터를 지나 8마일(12.8km)의 드라이브 코스 캑터스 포레스트 루프(Cactus Forest Loop)를 따라서 한 바퀴 돌아보는 코스. 언덕 간을 연결하는 구불구불한 도로를 따라가는 동안, 수많은 사구아로 선인장이 자라서 숲을 이룬 듯한 풍경을 볼 수 있다. 도로 폭은 다소 좁지만, 포장도로라서 일반 승용차로 방문하기에 무난한 코스다. 중간에 잠시 차를 멈추고 피크닉을 즐겨도 좋고, 산책로도 정비돼 있다. **MAP 521p**

ⓘ **링콘산 비지터 센터** Rincon Mountain Visitor Center
ADD 3693 S. Old Spanish Trail, Tucson, Arizona 85730
OPEN 09:00~17:00
TEL 520-733-5153
ACCESS 투싼에서 22km(자동차 30분)

동쪽 입구

❷ 국립공원 서쪽
투손산 지역 Tuscon Mountain District

1964년에 조성된 서쪽 국립공원. 동쪽 국립공원보다 고도가 낮고 평탄한 지대지만, 외진 곳이라서 야생의 느낌이 강하다. 사구아로 선인장도 훨씬 더 빽빽하게 자라고 있으며, 수령이 높은 선인장이 많아서 매력적이다. 늦은 오후 사막 너머로 지는 해와 선인장의 실루엣이 인상적인 곳. 6마일(9.7km)의 바자다 루프(Bajada Loop) 드라이브 코스는 비포장도로인 흙길이므로, SUV 차량이 아닌 경우 진입 전 도로 상황을 체크하는 것이 좋다. **MAP 521p**

ⓘ **레드 힐스 비지터 센터** Red Hills Visitor Center
ADD 2700 N. Kinney Road, Tucson, Arizona 85743
OPEN 09:00~17:00
TEL 520-733-5158
ACCESS 투싼에서 30km(자동차 40분)

: WRITER'S PICK :
미국 서부의 아이콘, 사구아로의 일생

거대한 사구아로(Saguaro, Carnegia Gigantean)의 수명은 150~200년으로 매우 긴 편이다. 첫 번째 가지를 뻗기까지 75~100년 정도 걸리고, 그 후 계속해서 가지를 뻗어 나간다. 선인장의 평균 높이는 3m 정도지만, 가장 큰 것은 24m까지 자랄 정도로 크기가 다양하다. 수명이 다할 무렵, 몸통에 새와 곤충이 구멍을 뚫어 서식하면서 수분이 서서히 빠져나가는데, 구멍이 숭숭 뚫린 채 마른 나뭇가지처럼 변한 선인장이 땅바닥으로 넘어지면 흰개미 떼가 먹어 치운다. 사막 동물들의 먹이가 되는 꽃을 피우고 열매를 맺다가 마지막까지 생태계의 일부가 되는 사구아로는 '사막의 수호자'로 불린다. 현지 발음으로 사와로라고 부르기도 한다.

곁가지 없이 비죽 솟은 선인장은 스피어(Spear)라고 부른다.

키가 작고 귀여운 초야 선인장

웅장한 가지를 자랑하는 나무처럼 자란 사구아로

기둥만 남은 사구아로

열매를 맺은 애리조나 펜슬 초야 선인장

③ 항공기 매니아라면 놓칠 수 없지!
피마 항공 우주 박물관
Pima Air & Space Museum

투손에는 '항공기의 무덤(Aircraft Boneyard)'으로 알려진 데이비스 몬탄 공군기지(Davis-Monthan Air Force Base)가 있다. 활주로를 정비할 필요가 없을 만큼 지형이 평탄한 데다, 비가 거의 내리지 않아 기체가 부식할 확률이 낮아서 퇴역 항공기의 보관 장소로 투손이 채택된 것이다. 309 항공 우주 정비 및 재생 전대(309th AMARG)에는 F-14 톰캣(Tomcat) 전투기, 제2차 세계대전 당시의 대형 화물 수송기, B-52 폭격기 등 다양한 군용기를 포함해 4400대의 항공기가 보관돼 있다. 단, 현재 투어는 완전히 중단된 상태로, 투손 외곽 고속도로를 지나가다가 담장 너머로만 어렴풋이 볼 수 있다.

하지만 투어가 중단됐다고 아쉬워할 필요는 없다. 세계 최대 규모인 피마 항공 우주 박물관에서 400대 이상의 항공기를 관람할 수 있기 때문. 정찰기 SR-71 블랙버드, 공격기 A-10 워스호그, 폭격기 보잉 B-17G 등이 4개의 격납고와 야외에 전시 중이다. 하루에 다 돌아보기 어려울 정도로 규모가 커서 실외 전시는 트램을 타고 관람하는 것이 좋다. **MAP 521p**

ADD 6000 E Valencia Rd
OPEN 10~5월 09:00~17:00(마지막 입장 15:00), 6~9월 09:00~15:00(마지막 입장 13:30)
PRICE 박물관 $22.5, 트램 $10(선착순 탑승)
WEB pimaair.org
ACCESS 투싼 시내에서 15km(자동차 20분)

항공기의 무덤

NM 뉴멕시코
State of New Mexico

뉴멕시코는 1821년 스페인에서 독립한 이후 1850년 미국령이 되기까지 멕시코의 일부였다. 미국에서 5번째로 큰 면적이지만 인구 밀도가 매우 낮아서 미개발된 지역이 많고, 지명의 대부분이 스페인어 또는 푸에블로 원주민의 언어일 정도로 향토색이 짙다. 미국 서부 주요 관광지와 거리가 멀어 방문하기 어렵지만, 산타페, 타오스, 앨버커키 등 특색 있는 소도시와 3개의 유네스코 세계유산, 청정한 자연은 먼 길을 달려온 여행자의 노고에 충분히 보답한다.

주도	산타페
대도시	앨버커키
별칭	Land of Enchantment(마법의 땅)
연방 가입	1912년 1월 6일(47번째 주)
면적	315,194km²(미국 5위)
홈페이지	newmexico.org(뉴멕시코 관광청)

유타
UTAH

포 코너스
모뉴먼트

콜로라도
COLORADO

그레이트 샌드 듄
국립공원

550

두랑고

아즈텍 유적
국립기념물

Farmington

Jicarilla
Apache
Nation

285

NM

오클라호
OKLAHOM

491

371

550

84

카슨 국유림

타오스 푸에블로

타오스

애리조나
ARIZONA

40

Navajo Nation

차코 문화
국립역사공원

산타페 국유림

상그레 데
크리스토
산맥

25

Thoreau

산타페

Zuni
Reservation

40

알바라도 교통 센터

산타페 기차역

285

Las Vegas

앨버커키

84

맥콜
펌킨패치

40

앨버커키
국제공항

60

25

뉴멕시코
NEW MEXICO

285

텍사스
TEXAS

380

70

길라 국유림

Mescalero
Reservation

70

로즈웰

국제 외계인
UFO 박물관

82

82

화이트샌드
국립공원

82

285

62

10

25

70

54

Carlsbad

Deming

10

Las Cruces

칼스배드 동굴
국립공원

10

미국-멕시코 국경

El Paso

엘패소 공항

62

멕시코 MEXICO

0   50km

527

Time Zone

표준시 산악 표준시(MT)

시차 -16시간(서머타임 있음)

한국 09:00 → 뉴멕시코 전 날 17:00

Weather

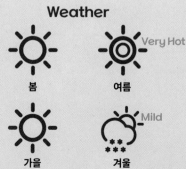

Very Hot

봄   여름

Mild

가을   겨울

Santa Fe

산타페

산타페는 '성스러운 믿음(Holy Faith)'이라는 뜻을 가진 스페인어다. 오랜 세월 푸에블로 부족의 터전이었으나, 1610년 스페인 정복자에 의해 첫 번째 도시가 탄생했고, 1851년부터 뉴멕시코주의 주도(州都) 지위를 누려왔다. 건축·음식·예술 분야 등 여러 방면에서 히스패닉과 앵글로색슨, 아메리카 원주민의 문화가 뒤섞인 오늘날의 산타페는 예술가에게 영감을 주는 감성 도시다. 어도비 하우스의 부드러운 곡선이 푸른 하늘과 어우러지고, 집집마다 멕시코 고추를 주렁주렁 매달아 놓은 모습이 정겹다.

산타페 한눈에 보기

로키산맥의 일부인 상그레 데 크리스토(Sangre de Cristo) 산자락에 자리한 산타페는 뉴멕시코의 여행 거점으로 삼기에 완벽한 도시다. 흔히 사막일 것이라고 오해하기도 하지만, 산타페강이 흐르는 풍요로운 환경과 쾌적한 기후 덕분에 관광객을 연중 맞이한다.

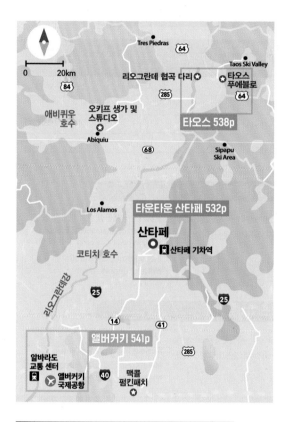

다운타운 산타페

산타페의 주요 볼거리가 모여 있는 곳. 중심 광장인 플라자에서 출발해 조지아 오키프 갤러리와 산 미겔 교회, 갤러리 거리 캐니언 로드나 뮤지엄 힐을 둘러보는 데 반나절이면 충분하다. 타운 플라자에서 열리는 축제를 구경하고 멕시코 음식을 먹으며 힐링하다 보면 산타페의 밤이 깊어진다. 532p

타오스

산타페에서 1시간 30분 거리의 예술마을 타오스와 유네스코 세계유산 타오스 푸에블로를 방문하고, 돌아오는 길에는 리오그란데강에 아찔하게 걸쳐진 다리를 건너 아비큐의 조지아 오키프 하우스를 둘러본다. 538p

앨버커키

10월의 열기구 축제 기간이라면 새벽에 열기구 숙제 공원을 찾아 오전을 즐긴다. 기상 여건이 허락한다면 평상시에도 열기구 투어를 할 수 있다. 오후에는 주요 볼거리가 모인 앨버커키 올드타운을 걸어서 둘러본다. 도시 전역에 흩어진 <브레이킹 배드> 촬영지를 찾아보는 것도 특별한 재미다. 541p

SUMMARY

공식 명칭 City of Santa Fe
소속 주 뉴멕시코(NM)
표준시 MT(서머타임 없음)

① 공식 비지터 센터

Tourism Santa Fe Visitor Information Center

ADD 201 W Marcy St, Santa Fe, NM 87501
OPEN 08:30~16:30/주말 휴무
WEB santafe.org
ACCESS 다운타운 산타페 컨벤션 센터

WEATHER

연중 맑은 날이 320일 이상으로, 완벽한 날씨를 자랑한다. 사계절이 비교적 뚜렷한 편. 햇빛은 강하지만 건조해서 여름에도 쾌적하고, 겨울에는 스키 여행지로 유명한만큼 많은 눈이 내린다. 고도(해발 2133m)가 높아서 빨리 걷거나 뛰면 호흡이 가빠질 수 있으니 주의하자.

산타페 IN & OUT

걷기 좋은 산타페 다운타운을 제외하면 대중교통을 이용해 여행하기 어렵다. 서부 대도시에서 경유 항공편으로 방문해 렌터카를 빌리거나, 콜로라도와 애리주나 쪽에서 자동차로 방문하는 것이 일반적이다.

주요 지점과의 거리

출발지	거리(km)	교통수단별 소요 시간			
		자동차	항공	버스	기차
앨버커키	104km	1시간	-	1시간	1.5시간(NMRX)
화이트샌드 국립공원	374km	4시간	-	-	-
덴버	577km	6시간	1.5시간	-	-
로스앤젤레스	1400km	14시간	2시간	-	-

비행기로 가기

미국 국내선 항공편으로 뉴멕시코에서 가장 큰 앨버커키 국제공항(ABQ)에 착륙해 산타페와 뉴멕시코를 돌아보고 콜로라도까지 여행을 이어가는 경로를 계획할 수 있다. 산타페에는 이보다 작은 규모의 산타페 지역 공항(SAF)이 있다.

앨버커키 국제공항
Albuquerque International Sunport
ADD 2200 Sunport Blvd, Albuquerque, NM 87106
WEB abqsunport.com

버스·기차로 가기

통근이 가능한 앨버커키까지는 뉴멕시코 철도(NMRX)와 셔틀밴, 타오스 및 인근 마을까지 직행 시외버스를 운행한다. 산타페 중심부의 알바라도 교통센터가 버스 터미널과 기차역을 겸한다.

알바라도 교통 센터
Alvarado Transportation Center
ADD 100 First St. S.W. Albuquerque, NM 87102

■ 산타페 ↔ 앨버커키
뉴멕시코 레일 러너 익스프레스
NM Rail Runner Express
PRICE 편도 $10 1일권 $11
WEB www.nmrailrunner.com

그룹 트랜스포테이션
Groome Transportation
PRICE 편도 $46, 왕복 $92
WEB sandiashuttle.com

■ 산타페 ↔ 타오스
RTD 블루 버스
PRICE 무료(주말 편도 $5)
WEB ncrtd.org

산타페로 가는 길

산타페에서 숙소 정하기

비교적 규모가 큰 도시라서 산타페와 앨버커키의 숙소 옵션은 다양하다. 충분히 왕복할 수 있는 거리이므로 한 곳에 숙소를 정해도 되고, 도시별로 하루나 이틀씩 체류하는 것도 괜찮다.

■다운타운 산타페

다양한 이벤트가 열리는 산타페 플라자 주변에는 깔끔한 숙소가 많다. 걸어 다니는 재미가 있고 편의시설도 다양해서 어느 곳을 선택하든 만족도가 높은 편이다. 산타페의 여행 성수기는 사계절 내내지만, 피에스타 축제가 열리고 단풍이 드는 9~10월에 특히 숙박비가 비싸다.

■타오스

조용한 분위기의 타오스에서는 전반적으로 저렴한 가격대에 좋은 숙소를 찾을 수 있다. 원주민이 운영하는 민박집(B&B)은 특별한 경험을 원한다면 추천. 다음 날 아침에 타오스 푸에블로를 방문하기에 좋은 위치다.

■ 앨버커키

큰 도시답게 선택지가 많다. 열기구 축제가 열리는 10월에는 가격이 몇 배로 높아지지만, 새벽에 도착해야 하므로 앨버커키에서 숙박해야 한다.

라 폰다 온 더 플라자
La Fonda on the Plaza ★★★★

ADD 100 E San Francisco St
PRICE $370~500/예약 권장

힐튼 산타페 히스토릭 플라자
Hilton Santa Fe Historic Plaza ★★★★

ADD 100 Sandoval St
PRICE $290~450
WEB hilton.com

인 오브 더 거버너스
Inn of the Governors ★★★

ADD 101 West Alameda
PRICE $250~350
WEB innofthegovernors.com

올드 산타페 인
Old Santa Fe Inn ★★★

ADD 201 Montezuma Ave
PRICE $250~380
WEB oldsantafeinn.com

라 폰다 데 타오스
La Fonda de Taos ★★★

ADD 108 S Plaza
PRICE $220~250
WEB lafondataos.com

라 도냐 루스 인 La Doña Luz Inn

ADD 114 Kit Carson Rd
PRICE $190~210
WEB stayintaos.com

홀리데이 인 앨버커키 미드타운
Holiday Inn Albuquerque Midtown ★★

ADD 2500 Menaul Boulevard NE
PRICE $150~180
WEB ihg.com

보트거 맨션 올드타운
Bottger Mansion of Old Town ★★★

ADD 110 San Felipe St NW
PRICE $180~200
WEB bottger.com

라 폰다 온 더 플라자

라 도냐 루스 인

앨버커키 시내 숙소

#Zone 1

산타페 역사의 시작
다운타운 산타페
Downtown Santa Fe

조지아 오키프 미술관 ⊛

뉴멕시코 미술관 ● W. Palace Ave.

총독
궁전

현대 향토예술
박물관

산타페 플라자 ⊛

E San Jose Francisco St.

성 프란시스
대성당

라 폰다 ⊛

E. Alameda St. 로레토 예배당 ⊛

올디스트 하우스 박물관 ⊛

캐니언
로드

산 미겔 예배당 ⊛

산타페 기차역

뉴멕시코 주의사당 ●

0   200m

산타페의 역사가 시작된 옛 중심가에 관광 명소가 모여 있다. 붉은 흙으로 지어진 모든 장소는 아트 갤러리처럼 깔끔하게 정비돼 있으며, 길목마다 예쁜 수공예품을 파는 가게가 눈길을 사로잡는다. 플라자 주변을 관광한다면 숙소나 성 프란시스 대성당 부근에 주차한 뒤 걸어서 돌아보는 편이 낫다. 캐니언 로드 쪽은 도보 20분 이상 거리이니 차로 방문하자. 다운타운의 노상 주차료는 시간당 $2.

1 400년 역사의 중심 광장
산타페 플라자 Santa Fe Plaza

과거 스페인 식민지였던 영향으로 산타페에는 스페인식 광장인 플라자가 남아 있다. 1610년경 이곳을 중심으로 첫 번째 요새가 세워진 후, 점차 벽을 허물면서 지금의 모습이 됐다. 1821~1880년에 산타페와 미주리를 잇던 19세기 무역로 올드 산타페 트레일(Old Santa Fe Trail)의 종점이자, 국가 사적지에 등재된 역사적인 장소다. 플라자에서는 매일같이 크고 작은 축제가 개최되는데, 1712년 시작된 피에스타 데 산타페의 명맥을 이은 스페인 축제가 가장 유명하고, 7~8월에는 밤마다 야외 콘서트를 관람할 수 있다. **MAP 532p**

ADD 100 Old Santa Fe Trail
OPEN 24시간
ACCESS 산타페 중심

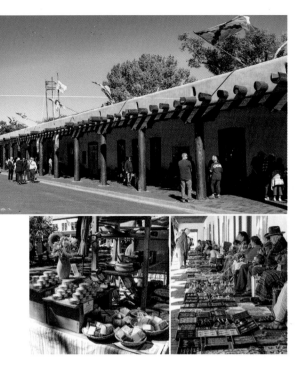

2 역사박물관과 공예품 마켓
총독 궁전
Palace of the Governors

1610년 지어져 수 세기에 동안 뉴멕시코의 총독 관저 및 정부 기관으로 사용된 건물. 1909년 역사박물관으로 용도가 변경됐고, 1960년 국립역사기념물로 지정되면서 기념우표가 발매되기도 했다. 뉴멕시코의 역사와 원주민에 관한 전시물을 관람할 수 있으며, 냉난방조차 함부로 하지 못하는 건물 자체가 볼거리다. 관저 앞 광장 건너편에 있는 아케이드에는 아메리카 원주민들이 좌판을 펴고 수제 공예품을 판매하는 장터(Native American Market)가 열린다. 박물관은 한 블록 안쪽의 링컨 애비뉴로 입장한다. **MAP 532p**

ADD 113 Lincoln Ave
OPEN 10:00~17:00/11~4월 월요일 휴무
PRICE $12
WEB nmhistorymuseum.org
ACCESS 플라자 북쪽으로 도보 3분

: WRITER'S PICK :

산타페의 어도비 하우스란?

어도비 하우스란 신흙 벽돌을 쌓아 올리고, 그 위에 다시 흙 반죽을 둥글둥글하게 발라시 짓는 푸에블로 원주민의 전통 가옥이다. 흙이 마르면서 단단해진 표면이 집안을 따뜻하고 건조히게 유지해 고원 사막지대의 혹독한 기후를 견디기에 적합하다. 미국 전역에 고층 빌딩이 세워지던 1900년대 초, 산타페시 정부는 어도비 하우스로 도시의 건축양식을 통일했다. 모나지 않고 편안한 곡선으로 이뤄진 산타페의 건물 사이를 걷고 있으면 동화 속 마을에 온 듯한 기분!

진흙 반죽과 건초로 만든 벽돌

부드러운 곡선이 인상적인 어도비 하우스

③ 산타페에서 가장 높은 건물
성 프란시스 대성당 St. Francis Cathedral

'가난한 자들의 성인'으로 불리는 이탈리아 아시시 출신의 수도
사, 성 프란체스코에게 봉헌된 성당. 1869년 옛 성당 터에 로마네
스크 복고주의 양식으로 지어졌다. 2개의 첨탑이 미완성으로 남
아 있어 끝부분이 잘려 나간 듯 뭉툭하다. 정면의 둥근 스테인드
글라스와 측면 신도석의 12사도 장식은 프랑스 중부의 클레르몽
페랑(Clermont-Ferrand)에서 가져온 것이다. 안뜰에는 새들이 날아
와 물을 마실 수 있도록 작은 샘물을 만들어 놓았고, 그 앞에 새들
을 축복하는 성 프란체스코의 기도문이 적혀 있다. **MAP 532p**

ADD 131 Cathedral Pl
OPEN 09:30~16:00(토요일 ~15:00)/월요일 휴무
PRICE 무료(기부금 입장)
WEB cbsfa.org
ACCESS 플라자 동쪽으로 300m

④ 기적의 계단이 있는
로레토 예배당 Loretto Chapel

프랑스 파리의 생트샤펠(Sainte-Chapelle) 성당을 본떠 1878년에 건축한 고딕 양
식의 교회. 이곳이 유명해진 것은 2층의 성가대석을 연결한 나선형 계단 덕분이
다. 계단을 미처 완성하지 못한 채 기도하고 있던 수녀들 앞에 어느 허름한 목수
가 나타나, 3개월간 홀로 묵묵히 계단을 다 만들고는 홀연히 사라졌다는 일화가
전해진다. 당시 산타페에서 구할 수 없었던 목재로 만들어졌으며, 중심 기둥 없
이 나선형으로 지어진 까닭에 '기적의 계단'으로 불린다. 현재는 박물관 및 예식
장으로 사용 중이다. **MAP 532p**

ADD 207 Old Santa Fe Trail
OPEN 09:00~17:00
WEB lorettochapel.com
ACCESS 플라자 남쪽으로 300m

5 미국에서 가장 오래된 예배당
산 미겔 예배당 San Miguel Chapel

미국에서 가장 오래된 교회로 기록된 가톨릭 산타페 대교구 소속의 교회다. 1610~1628년에 지어져 스페인 군대의 예배당으로 사용됐고, 1680년 푸에블로족의 저항(Pueblo Revolt) 등 역사의 질곡 속에서 파손과 복원이 거듭됐으나, 어도비 양식으로 지어진 건물의 원형은 그대로 남아 있다. 스페인풍의 종교화와 제단에 깔린 원주민의 퀼트가 뉴멕시코의 복합적인 문화를 상징한다. 매달 첫째 일요일 오후 3시에 미사를 봉헌한다. **MAP 532p**

ADD 401 Old Santa Fe Trail
OPEN 10:00~15:00(월요일 13:00~ , 일요일 12:00~)
WEB sanmiguelchapel.org
ACCESS 플라자 남쪽으로 600m

6 미국에서 가장 오래된 집
올디스트 하우스 박물관
Oldest House Museum

산미겔 미션 바로 옆 골목에 자리한 기념품숍 겸 박물관. '미국에서 가장 오래된 집'이라는 흥미로운 간판이 걸려 있다. 1200년대까지 거슬러 올라가는 역사를 지녔을 것이라는 가설도 있으나, 어도비 벽에 박힌 나무 기둥의 연대(1740~1767년)로 볼 때 대략 1646년경 지어진 것으로 추정된다. **MAP 532p**

ADD 215 E De Vargas St
OPEN 10:00~17:00
PRICE 무료
ACCESS 플라자 남쪽으로 600m

어도비 양식으로 지은 호텔
7 # 라 폰다 La Fonda

플라자 주변의 유일한 호텔로, 전통적인 어도비 양식에 세련미를 더한 인테리어가 인상적이다. 중앙 안뜰은 라 플라주엘라 레스토랑이 자리하며, 원주민들이 손으로 일일이 그린 스테인드글라스를 통해 햇빛이 비쳐 드는 공간에서 옛 스페인과 멕시코 스타일이 혼합된 뉴멕시칸 퀴진을 맛볼 수 있다. 투숙하거나 레스토랑을 이용하지 않더라도 로비만 살짝 구경해보자. **MAP 532p**

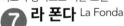

ADD 100 E San Francisco St
WEB lafondasantafe.com
ACCESS 플라자 남쪽

8 원주민 예술의 현재와 미래
현대 향토예술 박물관 Museum of Contemporary Native Arts(MoCNA)

산타페는 국제 민속예술 박물관, 뉴멕시코 미술관 등 수많은 기관을 유
치한 문화예술 타운이다. 그중 MoCNA는 아메리카 원주민의 문화와 전
통을 계승하고 발전시키기 위해 설립된 미술관이자 연구 기관이다. 영
화 감상을 비롯한 다양한 문화 체험이 가능하며, 상설 전시관에서는 원
주민 예술이 어떻게 발전돼 가고 있는지 살펴볼 수 있다. **MAP 532p**

ADD 108 Cathedral Pl
OPEN 10:00~17:00(일요일 11:00~16:00)/화요
일 휴무
PRICE $10
WEB iaia.edu
ACCESS 성 프란시스 대성당 맞은편

9 뉴멕시코를 사랑했던 화가
조지아 오키프 미술관 Georgia O'Keeffe Museum

20세기 미국 모더니즘을 대표하는 화가 조지아 오키프(1887~1986)를 주
인공으로 한 미술관. 뉴욕을 주 무대로 활동하던 그녀는 1929년 우연한
기회에 뉴멕시코를 여행하면서 붉은 바위와 광활한 대지가 펼쳐진 풍경
에 매료됐고, 1949년 산타페 북쪽의 작은 마을 아비큐(Abiquiu)에 정착
해 생을 마감할 때까지 뉴멕시코의 자연을 소재로 많은 작품을 남겼다.
산타페에 왔다면 꼭 들러야 할 상징적인 장소이며, 아비큐의 주택과 스
튜디오는 3~11월에 예약제로만 방문할 수 있다. **MAP 532p**

WEB okeeffemuseum.org

오키프 미술관 Museum Galleries
ADD 217 Johnson St
OPEN 10:00~17:00(예약 권장)
PRICE $22(18세 미만 무료)
ACCESS 산타페 플라자에서 도보 10분

오키프 생가 및 스튜디오
The O'Keeffe Home & Studio
ADD 21120 US-84, Abiquiu(웰컴 센터)
OPEN 예약제 운영
ACCESS 산타페에서 77km(자동차 1시간)

⑩ 예술가의 거리
캐니언 로드 Canyon Road

유네스코 공예 & 민속예술 창의 도시로 지정된 산타페의 예술 시장은 미국에서 3번째로 큰 규모이며, 주민의 80% 이상이 아티스트로 등록된 놀라운 기록을 보유하고 있다. 캐니언 로드는 산타페에 정착한 예술가들이 창작 활동을 이어 가는 삶의 현장으로, 약 1km 거리 안에 100여 개의 갤러리와 부티크숍, 레스토랑이 모여 있어 산책하듯 구경하기 좋다. 자잘한 소품 하나, 화단의 꽃 한 송이까지 소홀히 하지 않는 탁월한 감각이 여행자의 마음을 설레게 한다. **MAP 532p**

ADD 225 Canyon Rd
OPEN 10:00~17:00
WEB visitcanyonroad.com
ACCESS 플라자에서 1km

타오스 푸에블로로 향하는 관문
타오스 Taos

산타페에서 북쪽으로 116km, 뉴멕시코주 북부의 고원지대 윌러 피크(Wheeler Peak) 산기슭에 소도시 타오스가 자리한다. 유네스코 세계유산 타오스 푸에블로로 향하는 길목이자, 스키장과 가까운 리조트 타운이라서 여행자에게 필요한 편의시설이 충분한 곳. 산타페에서 타오스까지는 매일 통근 버스를 운행할 정도로 왕래가 활발하다. 마을의 볼거리는 올드 타운이라 불리는 타오스 플라자 주변에 모여 있다.

① **타오스 비지터 센터**
Taos Visitor Center
ADD 1139 Paseo del Pueblo Sur, Taos, NM 87571
OPEN 10:00~17:00/토~월요일 휴무
TEL 800-732-8267
WEB taos.org/visitor-center
ACCESS 산타페에서 타오스로 진입하는 뉴멕시코주 68번 도로(NM-68)변

① 타오스의 중심 광장
타오스 플라자
Don Fernando de Taos Plaza

원주민의 언어로 '붉은 버드나무'란 뜻을 지닌 타오스에 스페인 정착촌이 형성된 시기는 1615년경이다. 이후 1796년 주지사 돈 페르난도 차콘에 의해 스페인으로 귀속됐는데, 이 때문에 마을에는 당시의 원형을 간직한 플라자가 여전히 남아 있다. 1899년부터 20세기 초까지 인근 타오스 푸에블로 원주민의 전통 생활방식에서 영감을 받은 예술가들이 이곳에 정착하면서 현재의 타운이 형성됐다. 타운 전체가 산타페와 같은 어도비 하우스로 지어졌으며, 상업화된 산타페보다 규모는 작지만 특유의 소박한 매력에 끌리는 사람이 많다. 플라자를 중심으로 5개의 블록 안에 아트 갤러리와 스튜디오, 기념품점, 레스토랑 등이 모여 있다.

❷ 절벽 사이를 걸어볼까
리오그란데 협곡 다리 Rio Grande Gorge Bridge

미국 로키산맥에서 발원하여 멕시코까지 흐르는 장장 3034km의 리오그란데강은 뉴멕시코의 젖줄이다. 산타페와 타오스 사이, 강폭이 좁아지는 지점에 놓인 낡은 철교 리오그란데 협곡 다리는 1963년 지어졌으며, 건설 당시 미국에서 7번째 높은 다리(172m)로 등재됐다. 별도의 입장료나 시설이 있는 것은 아니며, 뉴멕시코주 64번 도로(NM-64)를 달리다가 잠시 차를 세우고 다리 위에서 협곡 아래를 내려다볼 수 있다. 현지인들은 타오스에서부터 협곡까지 마운틴 바이크 등의 액티비티를 즐긴다. **MAP 529p**

ADD El Prado, NM 87529
ACCESS 타오스에서 16km(대중교통 없음)

+MORE+

뉴멕시코의 또다른 세계문화유산
차코캐니언Chaco Canyon의 아즈텍 유적

뉴멕시코주 북서쪽 차코캐니언 일대는 850~1250년 고대 푸에블로인의 유적이 대량 발굴되면서 유네스코 세계유산으로 지정됐다. 그중 가장 유명한 아즈텍 유적 국립기념물은 푸에블로인들이 200년간 거주한 집터로, 900년 넘은 나무 지붕과 유적의 벽돌로 복원한 종교 제례 공간 그레이트 키바(Great Kiva) 등에서 과거의 정교한 석공 기술을 엿볼 수 있다. 비지터 센터에서 간단한 오리엔테이션을 받은 뒤 600m가량 걸어서 유적을 둘러볼 수 있는데, 유적은 현재도 꾸준히 발굴 중이다. 참고로 아즈텍 유적이란 이름은 스페인 정복자들이 착각해서 잘못 붙인 것일 뿐, 실제 아즈텍 문명과 아무런 관련이 없다.

아즈텍 유적 국립기념물 Aztec Ruins National Monument
ADD 725 Ruins Rd, Aztec, NM 87410
OPEN 08:00~18:00(겨울철 단축 운영)
PRICE 무료
WEB nps.gov/azru
ACCESS 산타페에서 320km(자동차 4시간)

③ 천 년의 역사를 지닌 원주민 마을

타오스 푸에블로 Taos Pueblo

고대 푸에블로 원주민의 생활상을 그대로 보존하고 있는 마을. 150명가량의 타오스 부족민들이 전기와 수도 시설 없이 전통적인 생활방식으로 살아가고 있는 곳으로, 유네스코 세계유산 및 국립역사기념물로 등재됐다. 1000~1450년경 건축된 어도비 하우스는 공동체 생활이 가능하도록 설계된 복층 구조의 다세대 거주지다. 원래 적의 침략에 대비해 출입문이나 창문 없이 지붕에 조그만 구멍만 내서 사다리를 타고 드나들었는데, 편의상 현관문을 설치했다는 점을 제외하면 당시 주택 원형에서 크게 달라지지 않았다. 마을 중앙 지하에는 푸에블로 원주민의 종교의식 공간인 키바(Kiva)도 남아 있으나, 오늘날 부족의 90%는 가톨릭 신자여서 1850년 건축된 산제로니모(San Geronimo) 성당 미사에 참여한다. 마을 규모는 크지 않아 1시간이면 충분히 돌아볼 수 있다. **MAP 529p**

: WRITER'S PICK :

주의사항

원주민이 거주하는 공간과 식수원, 묘역 등 제한 구역(Restricted Area)은 절대 출입 금지다. 매년 2월에서 4월 중순 사이, 종교의식이 열리는 날에는 관람이 제한되므로, 방문 전 홈페이지 확인은 필수. 그 밖의 촬영금지 표지판 등 안내를 준수하자.

ADD 120 Veterans Highway, Taos, NM 87571
OPEN 09:00~16:00
PRICE $25 **WEB** taospueblo.com
ACCESS 타오스 플라자 북쪽으로 5km(자동차 10분)

사다리를 이용해 출입하는 전통적인 어도비 하우스

#Zone 3

미드 <브레이킹 배드>
촬영지
앨버커키
Albuquerque

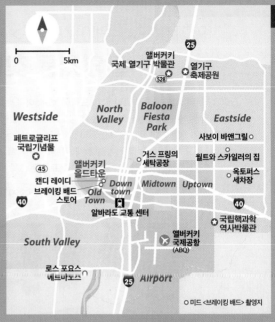

○ 미드 <브레이킹 배드> 촬영지

앨버커키는 뉴멕시코주에서 가장 큰 도시로, 주변 위성도시까지 포함하면 주 전체 인구의 절반 가까이가 거주한다. 드라마 <브레이킹 배드>의 주요 촬영지로 전 세계에 이름이 알려졌으며, 매년 10월 초에는 세계 최대 열기구 축제를 보려는 인파가 몰려든다. 같은 시기, 주변 농가에서는 핼러윈 준비도 한창이라 볼거리는 더욱 풍성해진다. 올드타운은 걸어서 구경할 수 있고, 그 외 장소는 투어에 참여하거나 개인 차량으로 방문해야 한다.

: WRITER'S PICK :
복잡한 앨버커키, 이렇게 보면 좋아요!

주요 고속도로 I-25와 I-40이 앨버커키 시내에서 교차하는 지점을 중심으로 도심을 동서남북으로 구분한다. 이에 따라 도시 전세 주소에도 NE(북동쪽), SW(남서쪽) 등의 기호가 붙는다. 도시 규모가 크기 때문에 투어를 적절하게 활용하면 효율적이다.

■ **앨버커키 트롤리 투어** ABQ Trolley Tours 올드타운과 미국 동서 횡단 도로인 루트 66번, 다운타운 등 앨버커키의 주요 관광지를 돌아보는 관광 트롤리. 출발 장소는 올드타운 플라자다.

WEB abqtrolley.com

■ **고스트 투어** Ghost Tours 저녁에 올드타운을 걸으며 도시의 역사를 듣는 유령 투어. 가족 단위 관광객들에게 인기다.

WEB toursofoldtown.com

■ **브레이킹 배드 RV 투어** Breaking Bad RV Tours 차를 타고 드라마 촬영지를 다녀오는 3시간짜리 투어. 출발 장소는 앨버커키 올드타운이다.

WEB breakingbadluigistours.com

인기 미드 <브레이킹 배드>, <베터 콜 사울>의

촬영지를 찾아서

2008년부터 2013년까지 방영된 TV 드라마 <브레이킹 배드>는 암에 걸린 고등학교 화학 교사가
마약 범죄를 저지르며 겪는 사건을 정교하게 다룬 걸작이다. 16개의 에미상을 수상했고,
엄청난 인기 덕분에 제작된 프리퀄 시리즈 <베터 콜 사울>, 영화 <엘 카미노> 또한 성공을 거뒀다.
주요 무대인 앨버커키에 팬들의 방문이 이어지자, 다양한 여행 상품도 생겨났다.
홈페이지에서 드라마 촬영지를 표시한 상세 지도를 제공하니 참고하자.

WEB 상세 지도 visitalbuquerque.org/about-abq/film-tourism/breaking-bad

¤ 주요 촬영 장소

■ **월트와 스카일러의 집** Walt & Skyler's House
일반 주택가여서 특별한 볼거리는 없지만, 차를 타고 일
부러 지나가는 드라마 팬이 많다.

ADD 3828 Piermont Dr NE   **ACCESS** 이스트사이드

■ **옥토퍼스 세차장** Octopus Car Wash
주인공 월트가 운영하던 세차장. 드라마 관련 기념품도
판매한다. 실제 장소명은 Mister Car Wash.

ADD 9516 Snow Heights Cir NE   **ACCESS** 이스트사이드

■ **사보이 바앤그릴** Savoy Bar & Grill
시즌 2 도입부에서 월터가 옛 연인을 만나던 장소.

ADD 10601 Montgomery Blvd NE   **ACCESS** 이스트사이드

■ **거스 프링의 세탁공장** Gus's Laundry Business
월트와 제시가 마약을 제조하던 지하 공장. 실제 장소명
은 Delta Uniform and Linens.

ADD 1617 Candelaria Rd NE
ACCESS 올드타운에서 열기구 공원 방면

옥토퍼스 세차장

캔디 레이디

♨ 드라마팬이 아니라도 재미난 장소

■ 브레이킹 배드 스토어 The Breaking Bad Store ABQ

올드타운에 오픈한 드라마 관련 공식 기념품점. 투어가 출발하는 지점이기도 하다.

ADD 2047 S Plaza St NW   **OPEN** 10:00~17:00   **WEB** breakingbadstoreabq.com

■ 캔디 레이디 Candy Lady

올드타운에서 1980년대부터 영업 중인 사탕 가게. <브레이킹 배드>의 주요 소품인 블루 크리스털을 본뜬 사탕과 기념품을 판매하며 인기가 치솟았다. 멕시코의 빨간색과 초록색 고추를 넣어 만든 이색 캔디와 초콜릿, 퍼지 브라우니 케이크도 있다.

ADD 424 San Felipe St NW   **OPEN** 11:00~17:00(금·토요일 10:00~18:00)   **WEB** thecandylady.com

■ 로스 포요스 에르마노스 Los Pollos Hermanos

거스 프링이 운영하는 치킨 프랜차이즈 매장은 드라마 전체를 아우르는 핵심적인 장소. 실제 장소는 트위스터스라는 멕시칸 패스트푸드 체인점으로 음식평도 좋은 편이다. 다른 체인점도 있으니, 주소를 잘 보고 방문하자.

ADD 4275 Isleta Blvd SW   **WEB** mytwisters.com

1 앨버커키 여행의 중심지
앨버커키 올드타운
Albuquerque Old Town

원주민의 문화와 스페인 식민지 시대의 흔적이 공존하는 곳. 1706년 스페인 정착민이 세운 올드 타운 플라자를 중심으로 북쪽의 가톨릭 성당 산 펠리페 데 네리(San Felipe de Neri)까지, 대부분의 건물이 어도비 양식으로 지어졌다. 지금은 다운 타운으로 이전한 옛 관공서나 가정집 건물에 갤러리, 레스토랑, 전통 공예점 등이 들어서 있어 걸으며 구경하는 재미가 쏠쏠하다. 지역의 역사를 전시한 앨버커키 박물관도 가볼 만하다. 주말에는 흥겨운 마리아치 공연과 이벤트가 펼쳐지며, 10월 열기구 축제 시즌에는 더욱 활기를 띤다. **MAP 541p**

올드타운 비지터 센터 Old Town Visitor Information
ADD 303 Romero St NW, Albuquerque, NM 87104
TEL 505-222-4304
WEB albuquerqueoldtown.com
ACCESS 다운타운에서 2km

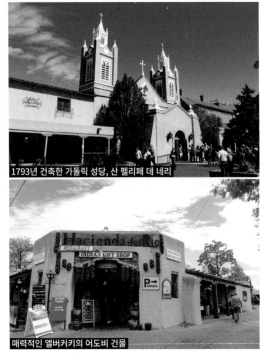
1793년 건축한 가톨릭 성당, 산 펠리페 데 네리

매력적인 앨버커키의 어도비 건물

2 핵무기의 역사가 담긴
국립핵과학역사박물관
National Museum of Nuclear Science & History

뉴멕시코는 1940년대 미국 핵무기 개발 프로젝트의 주요 거점이었다. 국립핵과학역사박물관에서는 맨해튼 프로젝트라고 불리던 인류 최초의 핵무기 개발 과정, 제2차 세계대전에서의 핵무기 활용 및 사고 사례 등을 볼 수 있다. 제2차 세계대전 당시 히로시마에 투하된 리틀 보이(Little boy)와 나가사키에 투하된 팻 맨(Fat man)의 모형이 전시돼 있으며, 핵무기 실험 영상을 통해 그 위력을 실감할 수 있다. 핵발전, 의료 분야 응용 등 다양한 분야도 소개하며 핵의 양면성을 체험할 수 있는 박물관으로 평가받는 곳. 야외 전시장에는 전투기, 미사일, 핵 잠수함 일부 등을 전시한다. **MAP 541p**

ADD 601 Eubank Blvd SE
OPEN 09:00~17:00
PRICE $22
WEB nuclearmuseum.org
ACCESS 다운타운 동쪽으로 15km(자동차 20분)

③ 바위 위에 그려진 그림
페트로글리프 국립기념물
Petroglyph National Monument

④ 외계인의 흔적을 찾아서
국제 외계인 UFO 박물관
International UFO Museum And Research Center

아메리카 원주민과 스페인 정복자들이 400~700년 전 화산암에 남긴 문양, 페트로글리프를 볼 수 있는 장소. 당시 페트로글리프는 문자를 대신하는 일종의 커뮤니케이션 수단으로 활용됐는데, 앨버커키 도심 서쪽에는 동물·사람·사물·기호 등 약 2만5000여 개의 페트로글리프 유적이 발견되어 지역 전체가 국립기념물로 지정됐다. 비지터 센터는 트레일 시작점과는 다른 곳에 있으므로, 실제 유적을 보려면 차를 타고 원하는 트레일 헤드까지 이동한 다음 걸어서 봐야 한다. 가장 무난한 관람 코스는 화장실 등 편의시설이 잘 조성된 보카 네그라캐니언 트레일이다. **MAP 541p**

뉴멕시코 동쪽의 외딴 도시 로즈웰을 방문하는 목적은 단 한 가지, UFO 추락으로 유명해진 로즈웰 사건의 흔적을 찾아보기 위해서다. 1947년 UFO가 추락했다는 소문이 퍼지면서 세계적으로 주목받은 로즈웰은 UFO의 성지처럼 여겨지는 곳. 가로등과 벽화, 상가, 숙박시설, 레스토랑, 심지어 맥도날드까지 외계인 콘셉트로 꾸며두었다. UFO 박물관에서는 로즈웰 사건 관련 보도자료와 UFO 목격담, 외계인 납치 증언 등의 전시를 구경할 수 있다. 외계인 부검 장면도 빼놓지 않고 재현했는데, 명칭은 거창하지만 허술한 B급 감성이 매력. 근처에 갔다면 재미 삼아 방문하기 좋다. **MAP 527p**

ADD Atrisco Dr NW
OPEN 08:30~16:30
PRICE 무료입장, 주차료 $2
WEB nps.gov/petr
ACCESS 다운타운 서쪽으로
16km(자동차 20분)

보카 네그라캐니언 트레일
Boca Negra Canyon Trail
TREKKING 왕복 1km/소요 시간
30분/난이도 하

ADD 114 N Main St, Roswell, NM 88203
OPEN 09:00~17:00
PRICE $7
WEB roswellufo
museum.com
ACCESS 앨버커키에서
320km(자동차 3시간)

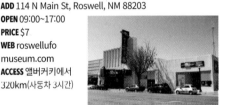

: WRITER'S PICK :
흥미로운 미스터리, 로즈웰 사건 Roswell Incident

1947년 7월 4일 밤 11시 40분경 목장 주인과 주민 몇몇은 비행기가 충돌한 듯한 굉음을 들었다. 뒤이어 7월 5~6일 들판에서 알 수 없는 잔해를 발견해 보안관에게 신고했고, 7일에는 미국 공군이 현장에서 물체를 수거했다. 7월 8일, 공군은 UFO가 불시착했다며 공식 발표했고, 이는 언론에도 대대적으로 보도됐다. 그러나 바로 다음 날인 9일, 공군은 기상 관측 기구의 불시착이었으며 특이 사항은 없다고 번복한다. 일부에서는 뉴멕시코 인근 화이트샌드 국립공원이 핵실험 장소로 이용됐던 과거 사례에 비춰볼 때 비밀 군사 실험이 진행됐을 것이란 주장도 제기됐다. 이후 수십 년간 로즈웰 사건이 논란의 대상이 되자 공군은 공식 수사 보고서까지 제출하며 사건 종결을 선언했으나, 여전히 로즈웰에는 UFO와 외계인 신봉자들의 방문이 끊이지 않는다.

하늘 위로 날아오르는 꿈
앨버커키 열기구 축제
Albuquerque International Balloon Fiesta

매년 10월 초, 앨버커키에서 세계 최대 규모의
열기구 축제가 열린다. 다양한 캐릭터 모양의
열기구가 펼치는 경연대회는 이곳에서만 볼 수 있는
특별한 광경. 어둠 속에서 열기구에 불을 밝히면
구경하는 관중의 얼굴도 환하게 빛난다.

OPEN 약 9일간(10월 초 첫째 주말부터 그다음 주말까지)
PRICE 1회 입장료 $15/셔틀버스 포함 $25(주차비 별도)
WEB balloonfiesta.com
ACCESS 앨버커키 북쪽 공원(Balloon Fiesta Park), 다운타운에서 18km(자동차 20분)

앨버커키는 왜 열기구로 유명해졌을까?

거대한 풍선에 바구니를 달고 공기를 가열해 하늘로 날아오르는 열기구는 상승과 하강만을 컨트롤하는 비행체다. 앨버커키의 10월 아침은 지표면과 상공의 바람이 반대 방향으로 부는 대기 현상(Albuquerque Box)이 발생하여 열기구가 다시 이륙 지점에 착륙할 수 있다고. 1972년 지역 방송국 설립 50주년을 기념하기 위해 13개의 열기구를 띄운 것을 계기로, 1988년에는 600여 개, 2000년에는 1000개 이상의 열기구가 참여하는 대기록을 수립했다. 수백 개의 열기구가 동시에 날아오르는 장관을 보기 위해 매년 100만 명의 인파가 이곳을 방문한다.

축제는 어떻게 진행될까?

열기구는 공기가 차가운 새벽부터 아침까지만 띄울 수 있다. 승천 행사는 오전에 끝나고, 오후에는 콘서트, 지역 축제, 먹거리 장터가 열린다. 낮에는 가까운 올드타운이나 산타페 등을 구경하고 돌아와 저녁 이벤트에 참여하면 되는데, 현장에서 벗어나면 입장권을 재구매해야 한다.

■ **새벽 순찰 Dawn Patrol**
새벽 6시경 어둠 속에서 선발대로 뽑힌 그룹이 이륙을 준비하며 하늘과 대기 상태를 점검하는 행사. 풍선에 열기를 불어 넣으면서 화려한 축제의 시작을 알린다.

■ **대승천 Mass Ascension**
수백 개의 열기구가 드넓은 평원에서 동시에 날아오르는 축제의 하이라이트.

■ **특별 모양 경연대회 Special Shape Rodeo**
각종 동물, 영화 캐릭터 등 기발한 모형의 열기구가 경쟁하듯 떠오른다.

■ **열기구 글로 Balloon Glow**
열기구를 땅에 고정하고 열기를 주입해 조명을 밝히는 저녁 행사. 불꽃놀이, 레이저쇼와 함께 환상적인 분위기를 연출한다.

특별 모양 경연대회 | 대승천

가기 전 꼭 알아둬야 할 내용은?

■**기상 상태 확인하기** 바람이 조금만 심하게 불거나 비가 내리면 행사가 취소
될 수 있다. 여유 있게 2일 이상의 일정을 계획하는 것이 좋다.

■**주차 서두르기** 이벤트가 많은 첫 주 주말과 마지막 목~토요일에는 수많은
인파가 몰려든다. 본 행사 시작은 새벽 6시지만, 최소 1~2시간 전에 도착해야
주차할 수 있다.

■**추위에 대비하기** 10월의 앨버커키는 상당히 춥다. 따뜻한 옷과 방한용품을
준비하자.

축제 기간이 아니라도 괜찮아! 열기구를 즐기는 또 다른 방법

■**열기구 체험**
축제 기간이 아니더라도 앨버커키 열기구 축제의 공식 협력 업체인 레인보 라이더스
를 통해 열기구 체험을 할 수 있다. 실제 비행은 1시간 남짓이며, 준비까지 포함해 3시
간 정도 소요된다. 예약 필수.

레인보 라이더스 Rainbow Ryders
PRICE $150~225 **WEB** rainbowryders.com

열기구 박물관

■**앨버커키 국제 열기구 박물관**
  Anderson Abruzzo Albuquerque International Balloon Museum
열기구와 관련된 과학적 이론과 역사, 실제 영국해협을 횡단한 열기구 등 다채로운 볼
거리가 있는 박물관. 4D상영관에서 열기구 탑승을 간접 체험해볼 수 있다. **MAP 541p**

ADD 9201 Balloon Museum Dr **OPEN** 09:00~17:00/월요일 휴무
PRICE 성인 $6(매월 첫째 금요일 09:00~13:00 무료) **WEB** balloonmuseum.com

열기구 글로

처음 만나는
신비로운 자연

뉴멕시코
남부 국립공원

세상의 흐름과 동떨어진 뉴멕시코 남부로 넘어가면
지금까지 본 것과 전혀 다른 풍경에 넋을 잃게 된다.
가장 가까운 공항은 텍사스의 엘패소이며, 여기서
부터 1~2시간 거리에 아주 특별한 국립공원 2곳이
있다.

① 눈처럼 새하얀 사막
화이트샌드 국립공원 White Sands National Park

2019년 국립공원으로 지정된 화이트샌
드는 멕시코와 미국의 텍사스주, 뉴멕시
코주, 애리조나주의 경계에 걸쳐진 치와
완 사막(Chihuahuan Dessert)의 일부인 툴
라로사 분지(Tularosa Basin)에 있다. 비
지터 센터에서부터 메인 도로를 따라 15
분 정도 운전해 들어가면 온 세상이 하얗
게 변하기 시작한다. 바닥의 도로조차 흰
색이라서 마치 눈길을 달리는 기분! 언덕
을 걸어 올라가며 발자국을 남겨 본 뒤에
야 비로소 이곳이 곱고 흰 모래로 이루어
진 진짜 사막이라는 것을 체감하게 된다.
원래 얕은 바다였던 이곳은 약 7000만 년
전부터 융기와 침강을 반복하며 분지가
됐고, 약 2만4000~1만2000년 전에는 석

고질(Gypsum)이 섞인 물이 유입되며 호수가 생성됐다. 1만여 년 전, 기후 변화로 물이 모두 증발하고 난 후, 건조한
바람이 석고와 소금 성분을 미세한 입자로 분해해 흰 사막이 탄생한 것이다.
거센 바람에 흩날리며 시시각각 무늬가 바뀌는 모래언덕에서 해가 지기를 기다려 보자. 주황색으로, 다시 어슴푸
레한 푸른색으로 물들어 가는 사막은 그 자체로 완벽한 예술 작품이다. 일몰 1~2시간 전에 맞춰 방문하는 것이 좋
고, 해가 진 후에는 1시간 안에 공원에서 퇴장해야 한다. **MAP 527p**

ⓘ 화이트샌드 국립공원 비지터 센터
White Sands National Park Visitor Center
ADD 19955 US-70, Alamogordo, NM88310
OPEN 07:00 도로 개방, 일몰 직후 폐쇄/날씨 또는 군사 목적에
따라 변동(홈페이지 확인 필수)
PRICE 차량 1대 $25 또는 1인 $15
TEL 575-479-6124
WEB nps.gov/whsa
ACCESS 앨버커키에서 360km, 텍사스 엘패소(가장 가까운 공항)
에서 156km

: WRITER'S PICK :
화이트샌드 국립공원 주의사항

❶ 흰 모래에 반사되는 햇빛으로부터 눈을 보호
하기 위해 선글라스와 모자는 필수다.

❷ 국립공원과 주변 지역에서는 통신이 거의 두
절되며, 편의시설도 없다.

❸ 방문 전 충분한 물과 음식, 방한용품을 준비하
고, 숙박 장소는 미리 정해두자.

❹ 평상시에는 당일 선착순 10팀에 한해 비지
터 센터에서 공원 내 캠핑 허가(Backcountry
Primitive Camping·Backpacking)를 발급한다.

---

❷ 박쥐 떼가 날아오르는 동굴
칼스배드 동굴 국립공원
Carlsbad Caverns National Park

과달루페(Guadalupe) 산맥에 위치한 칼스배드 동굴 국립
공원은 바닷속 암초가 융기해 육지가 된 독특한 환경으로
유네스코 세계유산에 등재된 거대한 동굴지대다. 박쥐 서
식처로도 유명해, 여름철 어두워질 무렵 수백 마리의 박
쥐 떼가 먹이를 찾아 동굴 밖으로 날아오른다. 수천만 년
동안 석회암이 지하수에 의해 녹아내리면서 기이하고 복
잡한 종유석과 석순이 만들어졌는데, 아름답고 화려한 왕
의 궁전(King's Palace), 여왕의 방(Queen's Chamber) 등 다
양한 특색을 가진 동굴이 무려 120개나 발견됐다. 엄청
난 규모의 빅 룸(Big Room)을 보려면 비지터 센터에서 약
228m 아래로 내려가는 엘리베이터에 탑승해야 한다. 동
굴마다 투어 요금이 다르며 홈페이지(Recreation.gov)를
통해 시간별 입장 예약(예약 수수료 $1)과 투어별 사진 예
약(예약 수수료 각 $1)이 필요하다. **MAP 527p**

ⓘ 칼스배드 동굴 국립공원 비지터 센터
Carlsbad Caverns National Park Visitor Center
ADD 727 Carlsbad Caverns Highway Carlsbad, NM 88220
OPEN 08:00~17:00(마지막 입장 14:30)
PRICE 예약 수수료 $1 + 입장료 $15 + 투어별 요금
TEL 575-785-2232 **WEB** nps.gov/cave
ACCESS 앨버커키에서 490km, 텍사스 엘패소(가장 가까운 공항)에
서 235km

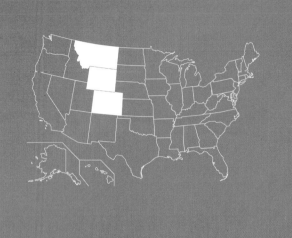

ROCKY MOUNTAINS

3

로키산맥

CO 콜로라도
State of Colorado

웅장한 로키산맥이 남북으로 관통하는 콜로라도주는 고도 1만4000ft(4267m) 이상의 고산인 포티너(Fourteener) 가 53개나 모인 산악지대에 자리한다. 울창한 아스펜 숲에 둘러싸인 풍요로운 마을과 소도시는 최적의 여름 휴양 지이며, 가을에는 온 세상이 황금빛으로 물든다. 콜로라도스프링스의 온천, 로키산맥의 최고봉 파이크스피크, 아찔한 절벽을 지나는 산악 열차도 자랑거리다.

주도	덴버
대도시	덴버
별칭	Centennial State(독립 100주년)
연방 가입	1876년 8월 1일(38번째 주)
면적	269,837km²(미국 8위)
홈페이지	colorado.com(콜로라도 관광청)

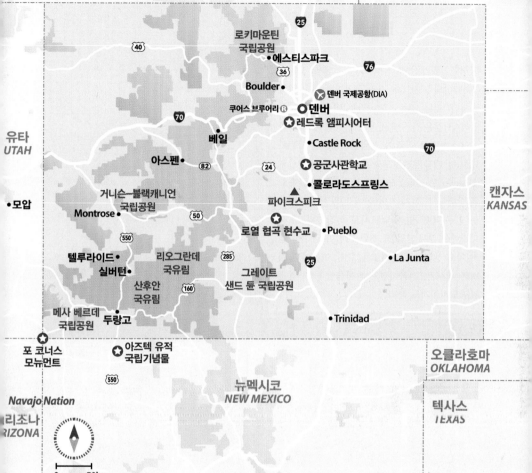

와이오밍
WYOMING

네브래스카
NEBRASKA

• 샤이엔

⑤ 25

로키마운틴
국립공원

• 에스티스파크

⑥ 36

⑦ 76

유타
UTAH

④ 40

⑦ 70

Boulder •

✈ 덴버 국제공항(DIA)

쿠어스 브루어리 Ⓡ ○ 덴버

★ 레드록 앰피시어터

베일

⑧ 82

아스펜 •

• Castle Rock

⑦ 70

캔자스
KANSAS

⑤ 24

★ 공군사관학교

거니슨–블랙캐니언
국립공원

▲ • 콜로라도스프링스
파이크스피크

Montrose •

⑤ 50

• 모압

⑤ 550

텔루라이드 •

실버턴

리오그란데
국유림

② 285

산후안
국유림

⑤ 160

• 로열 협곡 현수교

⑤ 25

• Pueblo

• La Junta

그레이트
샌드 듄 국립공원

메사 베르데
국립공원

두랑고

• Trinidad

포 코너스
모뉴먼트

★ 아즈텍 유적
국립기념물

⑤ 550

오클라호마
OKLAHOMA

Navajo Nation

뉴멕시코
NEW MEXICO

텍사스
TEXAS

리조나
RIZONA

0   50km

Time Zone

표준시 산악 표준시(MT)
시차 −16시간(서머타임 있음)

한국 09:00 → 콜로라도 전 날 17:00

Weather

 Cold   Mild

봄   여름

 Best   Very Cold

가을   겨울

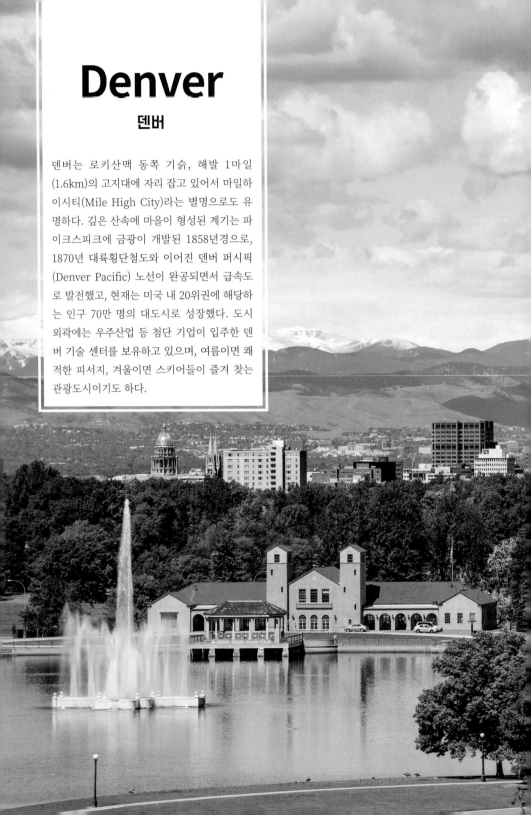

Denver

덴버

덴버는 로키산맥 동쪽 기슭, 해발 1마일 (1.6km)의 고지대에 자리 잡고 있어서 마일하 이시티(Mile High City)라는 별명으로도 유명하다. 깊은 산속에 마을이 형성된 계기는 파이크스피크에 금광이 개발된 1858년경으로, 1870년 대륙횡단철도와 이어진 덴버 퍼시픽 (Denver Pacific) 노선이 완공되면서 급속도로 발전했고, 현재는 미국 내 20위권에 해당하는 인구 70만 명의 대도시로 성장했다. 도시 외곽에는 우주산업 등 첨단 기업이 입주한 덴버 기술 센터를 보유하고 있으며, 여름이면 쾌적한 피서지, 겨울이면 스키어들이 즐겨 찾는 관광도시이기도 하다.

덴버 & 콜로라도스프링스 한눈에 보기

덴버는 서쪽의 험준한 로키산맥, 동쪽의 그레이트 플레인스 평야 사이에 자리 잡고 있다. 지형적으로는 서부의 다른 지역으로부터 고립돼 있음에도, 아웃도어 액티비티를 즐기기에 최적의 환경과 풍부한 관광자원 덕분에 사계절 관광객이 찾아온다.

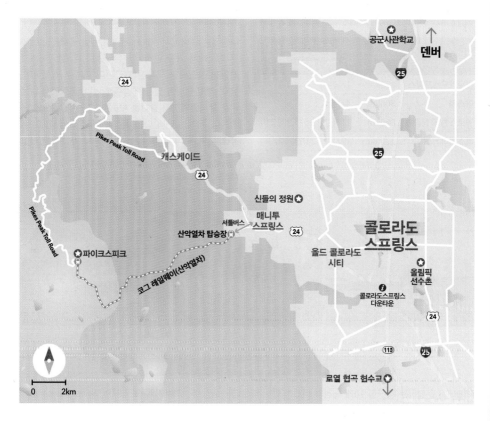

다운타운 덴버 ZONE 1

콜로라도에서 가장 도회적인 풍경을 볼 수 있는 덴버의 심장. 콜로라도 주의사당과 유니언 기차역 사이를 무료 셔틀버스가 오간다. 558p

콜로라도스프링스 ZONE 2

미국에서 가장 유명한 산인 파이크스피크와 신들의 정원을 품은 휴양 타운이다. 덴버에서 당일로 다녀올 수 있지만, 온천을 즐기며 하루쯤 머무르는 것도 괜찮다. 562p

SUMMARY

공식 명칭 City and County of Denver
소속 주 콜로라도(CO)
표준시 MT(서머타임 있음)

ⓘ 공식 비지터 센터 Visit Denver

ADD 700 14th St, Denver, CO 80202
OPEN 08:00~17:00/주말 휴무(운영시간 불규칙)
WEB denver.org
ACCESS 다운타운 컨벤션 센터 입구

덴버 IN & OUT

국제공항이 있어 로키마운틴 국립공원과 콜로라도스프링스, 로키산맥의 휴양 리조트로 떠나는 거점 역할을 한다. 관광지 간 거리가 멀어서 자동차 여행이 일반적이다. 폭설이 잦은 지역이라서 한여름을 제외하면 스노체인이 필수다.

주요 지점과의 거리

출발지	거리	교통수단별 소요 시간	
		자동차	항공
콜로라도스프링스	129km	1시간	-
아스펜	300km	4시간	-
옐로스톤 국립공원	890km	11시간	1.5시간(여름철)
라스베이거스	1200km	12시간	2시간(직항)

공항에서 시내 가기

다운타운 덴버에서 40km 거리의 덴버 국제공항(DEN)은 미국에서 가장 면적이 넓은 공항이다. 한국에서의 직항편은 없으나 국내선 항공편이 대부분 취항하며, 10여 개의 렌터카 업체가 입주해 있다. 공항에서 다운타운 유니언역까지 경전철 A노선이 15분 간격으로 운행한다. 택시는 덴버 다운타운까지 고정요금($72.04+세금+팁)이며, 우버 등 공유 차량은 이보다 약간 저렴하다.

덴버 국제공항 Denver International Airport
ADD 8500 Peña Blvd, Denver, CO 80249
WEB flydenver.com

덴버 국제공항

유니언 기차역

경전철

시내 교통수단

RTD에서 운행하는 경전철 10개 노선과 버스가 덴버 다운타운 중심부와 근교를 연결한다. 그 외 지역에서는 자동차가 주요 교통수단이다.

덴버 지역교통국 RTD(Regional Transportation District)
WEB rtd-denver.com

🚈 경전철 Light Rail

덴버 다운타운 유니언역을 포함해 50여 개 역에 정차한다. 2024년 시내 중심부와 외곽을 2개 구역(시내/공항)으로 단순화하고 요금을 인하해 요금 체계의 편의성을 높였다.

PRICE 3시간 패스 $2.75, 1일권 $5.5, 공항 포함 $10
WEB www.rtd-denver.com

🚌 고속버스 Express Bus

덴버 근교의 스키 리조트 베일(167km)까지 가는 고속버스는 예약제로 운행한다. 인원이 많을 땐 개인 밴 서비스를 이용하는 것도 방법이다.

에픽 마운틴 익스프레스 Epic Mountain Express
PRICE 1인당 $99~169
WEB epicmountainexpress.com

마운틴 스타 트랜스포테이션 Mountain Star Transportation
PRICE 5~6인승 $583
WEB mountaincars.com

덴버에서 숙소 정하기

휴양지인 콜로라도스프링스와 매니투스프링스 쪽에는 스파 시설을 갖춘 리조트나 미국 서부 가정집 분위기를 느낄 수 있는 B&B, 산장 등 특별한 숙소가 많다. 비즈니스호텔은 다운타운 덴버, 무난한 체인 숙소는 다운타운 콜로라도 스프링스 및 고속도로 주변에 있다.

로키마운틴 로지 Rocky Mountain Lodge(산장)

ADD 4680 Hagerman Rd, Cascade   **PRICE** $250~
WEB rockymountainlodge.com

홀든 하우스 1902 B&B Holden House 1902 B&B

ADD 1102 W Pikes Peak Ave, Colorado Springs
PRICE $215~(아침식사 포함)   **WEB** holdenhouse.com

홀리데이 인 익스프레스 Holiday Inn Express ★★

ADD 105 N Spruce St, Colorado Springs   **PRICE** $240~270
WEB hiexpress.com

클리프 하우스 The Cliff House at Pikes Peak ★★★★

ADD 306 Cañon Ave, Manitou Springs   **PRICE** $150~300
WEB thecliffhouse.com

엠버시 스위트 바이 힐튼 Embassy Suites by Hilton
(Denver Downtown Convention Center) ★★★★

ADD 1420 Stout St, Denver   **PRICE** $310~380
WEB Hilton.com

WEATHER

연간 300일 이상의 쾌청한 날씨가 지속되는 산간 지대. 여행 성수기는 5월 말부터 단풍철인 9월 중순까지 계속된다. 다른 지역보다 훨씬 이른 9월 말~10월 초부터 눈이 내리기 시작해 로키마운틴 국립공원을 비롯한 고지대의 도로는 통제되었다가 5월 중순 이후 개방된다. 국립공원을 여행할 계획이라면 7·8월에도 겉옷을, 그 외 계절에는 두툼한 방한복이 필요하다.

해발고도 1마일(1.6km)에 자리해 '마일하이시티'라는 애칭으로 불리는 덴버

덴버 시내 풍경

덴버 시내 풍경

콜로라도스프링스 동네 풍경

덴버의 중심지
다운타운 덴버 Downtown Denver

다운타운 덴버는 여행자들이 꼭 가봐야 할 지역은 아니다. 마일하이시티의 랜드마크인 주의사당을 구경하고, 컨벤션 센터의 파란 곰과 인증샷을 남기고 싶다면 살짝 들르자. 중심가인 16번 스트리트 몰(16th Street Mall) 서쪽 끝에는 유니언 기차역이, 동쪽 끝에는 콜로라도 주의사당이 있다. 몰 양쪽을 왕복하는 무료 셔틀버스(Free Mall Ride)를 타면 두 장소를 편하게 왕복할 수 있다. 다운타운의 주차료는 시간당 $3~5 정도다.

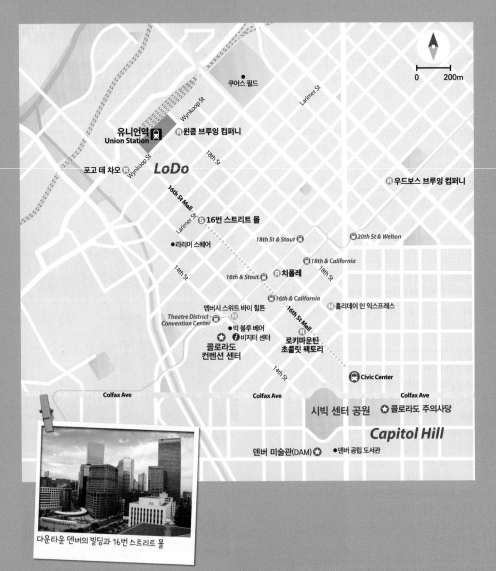

다운타운 덴버의 빌딩과 16번 스트리트 몰

1 파란 곰과 함께 사진을!
콜로라도 컨벤션 센터
Colorado Convention Center

컨벤션 센터 안을 들여다보는 거대한 곰 조형물, 빅 블루 베어(Big Blue Bear)는 익살 맞은 포즈로 사람들에게 사랑받는 덴버의 상징! 2005년 조각가 로렌스 아르젠트가 콜로라도의 원주민 유트(Ute) 부족의 영물 흑곰에서 영감을 얻어 제작했다. 16번 스트리트 몰에서 한 블록 안쪽으로 걸어 들어가면 보인다. 컨벤션 센터 입구에 덴버의 공식 비지터 센터를 운영하니, 맨 처음 방문하기에 적당한 장소다. MAP 558p

ADD 700 14th St
WEB denverconvention.com
ACCESS 16번 몰에서 도보 5분

2 진짜 1마일은 몇 번째 계단일까?
콜로라도 주의사당
Colorado State Capitol

해발고도 1마일(1600m)에 위치한 덴버의 기준점은 1901년 완공된 콜로라도 주의사당의 서쪽 계단이다. 최초의 1마일 표시는 15번째 계단에 새겨졌으나, 1969년 다시 측정했을 땐 18번째 계단이, 2003년 마지막 측정에서는 13번째 계단이 정확하게 1마일 높이라고 밝혀졌다. 광산업자들이 기증한 5.6kg의 황금으로 채색된 돔 위에 올라가면 눈 덮인 로키산맥의 파노라마가 펼쳐지는데, 덴버시에서는 이 경관을 보존하기 위해 건축물의 고도를 제한하고 있다. 콜로라도주 상하원·주지사·재무부 등 공공 기관이 사용 중이며, 관광객을 위한 투어도 진행한다. MAP 558p

ADD 200 E Colfax Ave
OPEN 07:30~17:00(돔 투어 10:00~14:00/매시 정각에 진행)/주말 휴무
WEB leg.colorado.gov
ACCESS 컨벤션 센터에서 1.2km/무료 셔틀버스 Civic Center Station 하차

16번 스트리트 몰을 오가는 무료 셔틀버스

돔에서 바라본 덴버 전경
1마일 표시가 새겨진 계단
붉은 계열로 장식된 상원 의사당
청록색 계열로 장식된 하원 의사당

③ 로키산맥을 본뜬 건축물
덴버 미술관 Denver Art Museum(DAM)

주의사당 앞 공원인 시빅 센터 파크 남서쪽 끝에 자리한 미술관. 현대적인 구조물이 고풍스러운 주의사당 건물과 완벽한 대비를 이룬다. 티타늄 크리스털의 뾰족한 조각을 닮은 해밀턴 빌딩은 덴마크 건축가 다니엘 리베스킨트의 작품. 바로 옆 7층짜리 건물인 마틴 빌딩은 이탈리아 건축가 지오 폰티가 1971년 설계한 것으로, 2021년에 완공 50주년 기념 개보수를 마쳤다. 두 건물에 아메리카 원주민의 역사와 문화가 담긴 공예품과 각종 회화 작품 6만8000점을 전시하고 있다. **MAP 558p**

ADD 100 W 14th Ave Pkwy
OPEN 10:00~17:00(화요일 ~20:00)
PRICE $30
WEB denverartmuseum.org
ACCESS 주의사당에서 도보 10분

④ 덴버의 기차역
유니언역 Union Station

앰트랙과 공항철도가 연결된 덴버의 중앙역. 이 지점에서부터 콜로라도 로키스 프로야구팀의 홈구장 쿠어스 필드 일대를 로도(LoDo, Lower Downtown District)라고 한다. 1881년 완공했다가 1894년 화재로 소실된 건물을 복원하여 국립역사기념물로 관리 중이다. 리모델링한 역사 안에는 마켓과 레스토랑들이 입점해 있다. 야구 경기가 열리는 날이면 기차역 주변이 축제 분위기로 떠들썩해진다. **MAP 558p**

ADD 1701 Wynkoop St
WEB unionstationindenver.com

+ **MORE** +

쿠어스의 도시 덴버에서 시원한 맥주 한 잔!

덴버는 로키산맥의 청정수로 빚어낸 맥주의 도시다. 연간 1000만 배럴의 맥주를 생산하는 쿠어스 브루어리의 초대형 양조장이 유명하지만, 수제 맥주를 생산하는 마이크로 브루어리도 매우 다양하다. 덴버 시내 최초의 브루잉 펍 윈쿱 브루잉 컴퍼니도 있고, 로도의 여러 브루어리를 방문하는 시음 투어도 운영한다. 브루어리 방문 시에는 21세 이상임을 증명하는 신분증을 반드시 지참해야 한다.

쿠어스 브루어리
Coors Brewery
ADD 13th St. & Ford St., Golden
WEB millercoors.com

윈쿱 브루잉 컴퍼니
Wynkoop Brewing Company
ADD 1634 18th St
OPEN 11:00~24:00
WEB wynkoop.com

마이크로브루 투어 Microbrew Tour
OPEN 투어 금·일요일 15:15, 토요일 12:00·15:15
PRICE $55/예약 필수
WEB denvermicrobrewtour.com

⑤ 레드록 앰피시어터 Red Rocks Amphitheatre
붉은 바위가 만든 천연 야외극장

거대한 수직 바위가 병풍처럼 주변을 감싸고 있어 자연적인 음
향 효과를 내는 야외 공연장. 1906년부터 콘서트장으로 활용되
다가, 1941년 9525명의 관람객을 수용하는 공연장으로 정식 개
관했다. 1964년 비틀스, 1970~1980년대 존 덴버를 포함해 U2
와 콜드플레이 등 전설적인 가수들이 이곳에서 공연을 펼쳤고,
매년 <레드록 라이브(Live at Red Rocks)>라는 타이틀의 실황 앨범
두 녹음된다. 공연장 옆 비지터 센터와 콜로라도 음악 명예의 전
당을 방문하면 관련 전시를 확인할 수 있다. 별빛 반짝이는 밤하
늘의 아래에서 공연을 감상하는 환상적인 경험을 하고 싶다면 공
연 스케줄을 확인해보자. 공연이 없는 날에는 석양을 감상하려는
방문자를 위해 일몰 1시간 전 오픈했다가 일몰 이후 문을 닫는다.
MAP 555p

ADD 18300 W Alameda Pkwy, Morrison, CO 80465
WEB redrocksonline.com
ACCESS 다운타운에서 25km(자동차 30분)

레드록 비지터 센터 Red Rock Visitor Center
OPEN 07:00~19:00(11~3월 08:00~16:00)

박물관 입구

파이크스피크를
만나러 가는 길
콜로라도스프링스
Colorado Springs

파이크스피크 산기슭, 해발 1839m의 고지대에 자리 잡은 콜로라도스프링스는 로키산맥 지하에서 샘솟는 온천수 덕분에 1871년 마을이 형성됐을 때부터 미국 최초의 휴양지라는 명성을 얻었다. 덴버에서 방문할 때는 굳이 다운타운까지 들어갈 필요 없이, 신들의 정원과 파이크스피크 쪽으로 올라가면 된다. 매니투스프링스나 콜로라도스프링스에 숙소를 정했다면, 남쪽으로 100km 거리의 로열 협곡 현수교를 다녀와도 좋다.

+MORE+

파이크스피크의 명물,
빨간색 코그 레일웨이

가파른 경사를 견디도록 톱니(Cog)바퀴와 레일(Rail)이 맞물려 움직이는 협궤열차는 1891년부터 매니투스프링스의 휴양객을 산 정상까지 실어 나른 명물이다. 노후화로 인한 보수공사 끝에 선로와 기차를 교체했고, 130주년을 맞이한 2021년부터 운행을 재개했다. 기차역에 주차하고 다녀오는 데 3시간 정도 소요된다.

PRICE $72/예약 권장 **WEB** cograilway.com

도로 초입의 크리스털 호수

정상 기념비

① 미국에서 가장 유명한 산
파이크스피크
Pikes Peak

"O beautiful, for spacious skies,
For amber waves of grain,
For purple mountain majesties."

"오 아름다워라, 드넓은 하늘과 황금 물
결치는 들판, 보랏빛 산의 장엄함"으로
시작되는 미국인의 애창곡, <아름다운
아메리카(America the Beautiful)>의 배경
이 된 산이다. 해발 4302m 정상까지는
코그 레일웨이를 타거나 유료 도로 파
이크스피크 하이웨이를 이용한다. 매표
소를 통해 31km의 산길을 따라 올라
가면, 그레이트 플레인스 대평원이 내
려다보이는 신비한 포인트에 도달한다.
고도 1만4000ft의 포티너(Fourteener)임
을 증명하는 표지판과 <아름다운 아메
리카>를 지은 캐서린 리 베이츠의 시비
앞에서 사진을 찍고, 비지터 센터에서
따끈한 커피 한 잔을 즐겨보자. 고도가
높아서 두통이나 메스꺼움이 있을 수
있으니 상비약을 준비할 것. **MAP 555p**

ADD 5089 Pikes Peak Hwy, Cascade,
CO 80809
OPEN 07:30~19:00(겨울철 09:00~ 17:00)/기상
상황에 따라 폐쇄(5월 말~ 9월 입장 예약 후 방문
$2)
PRICE 1인 $15 또는 차량 1대 $50(5인까지)/
겨울철 1인 $10, 차량 1대 $35
ACCESS 콜로라도스프링스에서 50km
(자동차 1시간 30분)
WEB coloradosprings.gov

수목 한계선 글렌 코브(Glen Cove)를
지나면 바뀌는 풍경

높은 산길에는 여름까지
눈이 쌓여 있다.

자동차도로 입구

자동차 패스

② 자연이 빚은 거대 조각상
신들의 정원 Garden of the Gods

콜로라도의 풍요로운 숲과 완전히 대비되는, 붉은색과 분홍색의 사암으로 이루어진 협곡 지대다. 고대 유트 부족의 암각화가 다수 발견됐으며, 증기선을 닮았다는 스팀보트록(Steamboat Rock), 세 갈래로 쪼개진 바위(the Three Graces), 밸런스드록(Balanced Rock) 등 독특한 모양의 뷰트와 돌기둥이 여기저기 솟아 있다. 덴버 및 콜로라도스프링스와 가까워 주말이면 승마와 암벽 등반, 트레킹 장소로 사랑받는다. 자동차로 잠깐 돌아봐도 되고, 트롤리나 세그웨이, 지프 투어 등을 이용해 깊숙한 협곡까지 다녀오는 방법도 있다. **MAP 555p**

ADD 1805 N. 30th St, Colorado Springs, CO 80904
OPEN 05:00~21:00, 트롤리 투어 09:00~17:00(겨울철 10:00~16:00)/매시 정각 출발
PRICE 무료입장, 트롤리 $21
WEB gardenofgods.com
ACCESS 콜로라도스프링스에서 10km(자동차 15분)

③ 로키산맥의 온천마을
매니투스프링스 Manitou Springs

로키산맥의 심층수로 온천을 즐길 수 있는 휴양지. 뉴욕주의 유명 온천 사라토가스프링스(Saratoga Springs)와 종종 비견되어 '서부의 사라토가'라고도 불린다. 지층 깊은 곳의 대수층을 둘러싼 석회암의 영향으로 기포가 발생하는 탄산수가 샘솟았는데, 이 때문에 고대 원주민들은 물에 북미 아메리카 원주민의 신인 매니투가 스며든 것이라고 믿었다. 1820년 파이크스피크를 탐험한 지블런 파이크 일행이 온천을 발견해 휴양지로 개발했다. 파이스크피크까지 올라가는 코그 레일웨이의 출발 장소다. **MAP 555p**

ADD 354 Manitou Ave, Manitou Springs, CO 80829
WEB manitousprings.org
ACCESS 콜로라도스프링스에서 10km(자동차 15분)

④ 미국 3대 사관학교
공군사관학교 US Airforce Academy

1954년 개교한 공군사관학교는 웨스트포인트 육군사관학교(USMA, 뉴욕), 아나폴리스 해군사관학교(USNA, 메릴랜드)와 더불어 미국 3대 사관학교에 해당한다. 북문 쪽에 전시된 보잉 B-52를 비롯해 모던한 디자인의 생도 예배당(Cadet Chapel), 아널드 홀(Arnold Hall) 등을 관람할 수 있다. 학기 중(8월 중순~5월 중순/월·수·금 오전 11시 35분)에는 생도들이 줄을 맞춰 식당까지 행진(Noon Meal Formation)하는 모습을 공개한다. 외국인은 남문에 있는 통행 등록 센터(Pass & Registration Center)에서 여권을 제시하고 통행증을 발급받아야 입장할 수 있다. **MAP 555p**

ACCESS 콜로라도스프링스에서 30km, I-25에서 Exit 150 방향의 남문(South Gate)으로 진입

배리 골드워터 비지터 센터
Barry Goldwater Visitor Center
ADD 2346 Academy Dr, Air Force Academy
OPEN 09:00~17:00(겨울철 ~15:00)
WEB www.usafa.af.mil

통행 등록 센터
ADD South Gate Blvd, Air Force Academy, CO 80840
OPEN 평일 07:30~15:45

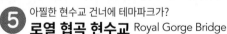

⑤ 아찔한 현수교 건너에 테마파크가?
로열 협곡 현수교 Royal Gorge Bridge

로키산맥에서 발원한 아칸소강(Arkansas River)이 흐르는 협곡 위 291m 높이에 걸쳐진 현수교다. 1929년 개통 이후 무려 72년간 '세계에서 가장 높은 다리'라는 타이틀을 보유하였다. 주차장 옆 전망대와 비지터 센터에서 바라보는 것만으로도 충분히 아찔하지만, 입장권을 구매하면 다리를 건너거나 곤돌라에 탑승할 수 있다. 협곡의 높이를 활용한 집라인, 스카이코스터 등 익스트림 액티비티 시설 이용료는 별도. 기상 상황에 따라 운영이 중단될 수 있으니 예매는 신중하게 할 것.

ADD 4218 County Rd 3A, Cañon City, CO 81212
OPEN 현수교 09:00~, 비지터 센터 10:00~(폐장 시간은 시즌별로 다름)
PRICE $35(온라인 예매 시 할인)
WEB RoyalGorgeBridge.com
ACCESS 콜로라도스프링스에서 93km (자동차 1시간)

#National_Park

알파인 툰드라와 만년설

로키마운틴 국립공원

Rocky Mountain National Park

로키마운틴으로 상징되는 콜로라도의 대표적인 국립공원이다. 사슴이 풀을 뜯는 초원과 울창한 삼림, 150여 개의 호수, 최고봉인 롱스피크를 비롯해 만년설의 고산으로 둘러싸인 그림 같은 풍경을 자랑한다. 산간 도로인 트레일 리지 로드를 드라이브하다 보면, 고산 툰드라지대와 대륙 분수계를 지나 해발 3713m까지 올라갈 수 있다. 대표 비지터 센터는 국립공원 동쪽 에스티스 파크 쪽에 있으며, 산간 도로는 눈이 녹고 5월 말이나 6월초가 돼야 개방된다.

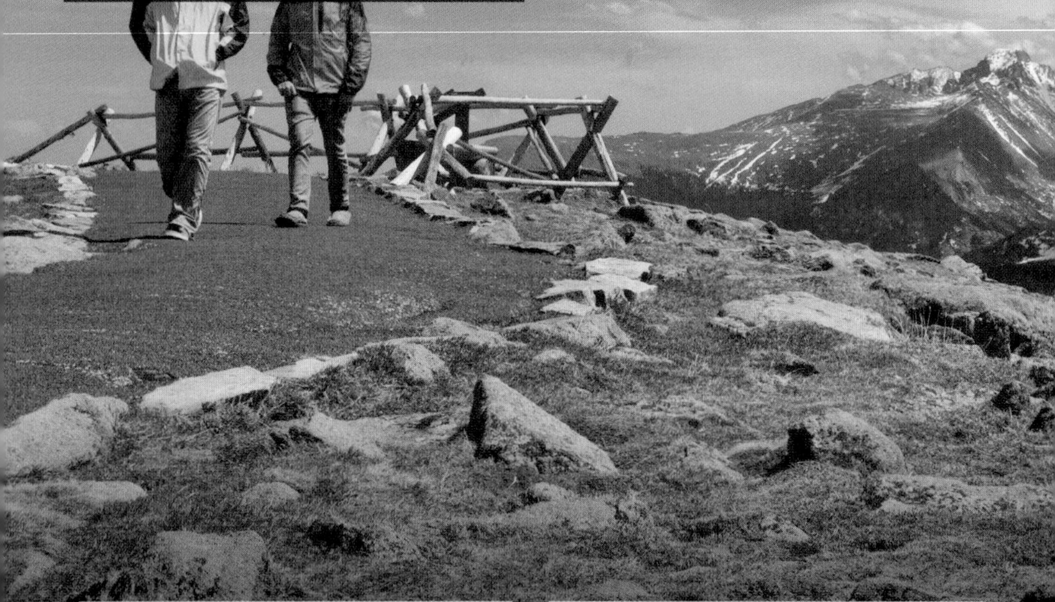

SUMMARY

공식 명칭 Rocky Mountain National Park

소속 주 콜로라도

면적 1074km^2

오픈 24시간(5~10월 입장 예약 필수)

요금 차량 1대 하루 $30, 일주일 $35

ⓘ 비버 메도 비지터 센터

Beaver Meadows Visitor Center

ADD 1000 US-36, Estes Park, CO 80517

TEL 970-586-1206

OPEN 09:00~16:30

WEB nps.gov/romo

WEATHER

동쪽 입구 주변을 제외한 국립공원 대부분의 지역은 보통 4월 중순~5월 말은 되어야 접근할 수 있다. 여행 적기는 눈이 완전히 녹고 초원에 풀이 자라는 6월부터 꽃이 피는 7~8월, 아스펜 숲이 노랗게 물드는 9월 중순까지. 9월 말부터는 다시 눈이 내리기 시작한다. 고도 차가 큰 산간 지역에서는 언제나 급격한 일교차에 대비해야 한다. 여름철 에스티스 파크나 호수 산책로는 반팔을 입어도 될 정도로 덥지만, 강풍이 부는 트레일 리지 로드 쪽에서는 여름이어도 경량 패딩이 필요할 수 있다.

기온	7월	1월
최고 평균	20°C	-3°C
최저 평균	7°C	-11°C

로키마운틴 국립공원 IN & OUT

덴버에서 당일 방문할 수 있는 거리이지만, 넓은 국립공원을 둘러보려면 근처에서 하룻밤 숙박하는 것이 좋다. 셔틀버스가 운행하는 지역은 방문자가 많은 입구 쪽 극히 일부 영역이며, 나머지 장소는 자동차로 방문해야 한다.

주요 지점과의 거리(에스티스 파크 기준)

출발지	거리	자동차 소요 시간
그랜드레이크	70km(겨울철 240km)	2시간(겨울철 4시간)
아스펜	319km	4시간
덴버	122km	1시간

추천 경로

DAY 1 덴버에서 방문할 때는 보통 국립공원 동쪽 입구 ❶ **에스티스 파크** 방향으로 진입한다. 당일 일정이라면 기상 조건을 확인한 뒤 트레일 리지 로드를 따라 ❷ **밀너 패스**까지 다녀오자. 남는 시간에는 ❸ **베어 호수** 등 동쪽 호숫가에서 가벼운 하이킹을 즐기면 된다.

DAY 2 아스펜이나 베일에서 방문하는 길이거나, 계속 여정을 이어갈 계획이라면 카운니치 초원을 지나 국립공원 서쪽의 ❹ **그랜드레이크** 마을에서 투숙해도 좋다. 중간에 통신이 두절되니 숙소는 미리 찾아두자.

자동차로 가기

국립공원 동쪽과 서쪽을 연결하는 유일한 산간 도로 트레일 리지 로드(U.S. Route 34)가 개방되는 시기는 보통 5월 말, 메모리얼 데이 이후다. 로키마운틴 국립공원을 비롯한 콜로라도의 산간 도로는 기후 변화에 따른 갑작스러운 도로 폐쇄를 염두에 두어야 한다. 통신이 끊어지는 지역이 많으니 방문 전 미리 도로 상태를 체크하고, 국립공원에 도착하면 가장 먼저 비지터 센터를 방문해 종이 지도를 챙기자. 도로에 관련된 긴급 공지사항은 콜로라도 트립 홈페이지와 국립공원 홈페이지에서 확인할 수 있다.

CoTrip
WEB www.cotrip.org
국립공원
WEB nps.gov/romo

알파인 비지터 센터 (3595m)

❷ 밀너 패스 대륙분수계(3279m)

트레일 리지 로드 (77km/2시간)

폴 리버 비지터 센터

에스티스 파크 (동쪽 입구)

❶

34 36

비버 메도 비지터 센터 (2390m)

셔틀버스 구역

베어 호수 ❸

⑦

❹ 그랜드레이크 (2550m)
카운니치 비지터 센터
34 Shadow Mountain Lake / Grand Lake

롱스피크 ▲ (4346m)

0 3km

5~10월에는 시간별 예약제(Timed Entry Permit)를 실시한다. 방문 약 1달 전부터 공식 홈페이지(recreation.gov)에서 예약 가능하며, 차량 1대 기준 예약비($2, 환불 불가)를 받는다. 예약 내역을 프린트해 신분증과 함께 제시한다.

베어 호수 셔틀 Bear Lake Shuttle
모레인 파크 셔틀 Moraine Park Shuttle
하이커 셔틀 Hiker Shuttle(예약 필수)

Moraine Park Campground
Fern Lake Bus Stop
Cub Lake Trailhead / C Loop
Tuxedo Park
Hollowell Park
파크앤라이드 (메인 주차장)
Glacier Basin Campground
Bierstadt Lake Trailhead
베어 호수 (트레킹 코스 시작 지점)
Sprague Lake
Glacier Gorge Trailhead
에스티스 파크 비지터 센터

■예약권 ❶ 베어 호수 주변
Park Access + Bear Lake Road

예약이 필요한 시간: 05:00~18:00

국립공원 동쪽 호수 지역은 트레킹을 하려는 사람이 많아 수요가 높다. 예약 시간에 맞춰 방문한 다음, 메인 주차장(Park & Ride)에 주차하고 무료 셔틀버스를 이용하면 된다. 베어 호수 예약권만 있다면 국립공원 나머지 지역도 방문할 수 있다.

■예약권 ❷ 국립공원 나머지 지역
Park Access(Rest of Park)

예약이 필요한 시간: 09:00~14:00

베어 호수를 제외한 지역(트레일 리지 로드 등)을 방문하려면 필요하다. 미처 예약을 하지 못한 경우 오전 9시 이전에 게이트를 통과하면 되는데, 한여름에는 길이 밀릴 수 있으니 이른 새벽부터 움직여야 한다.

■예약권 ❸ 하이커 셔틀
Hiker Shuttle

국립공원 내부를 순환하는 오렌지·그린 노선은 예약 없이 무료로 탈 수 있지만, 국립공원 밖 에스티스 파크 비지터 센터에서 파크앤라이드까지 직행하는 보행자 전용 셔틀은 예약이 필수다. 추가로 국립공원 보행자 입장권도 구매해야 한다.

+ MORE +

로키마운틴 국립공원 숙소, 어디로 정할까?

■국립공원 동쪽(에스티스 파크 리조트 타운)

스톤브룩 리조트 StoneBrook Resort
ADD 1710 Fall River Rd, Estes Park TEL 970-586-4629
PRICE $$ WEB www.stonebrookresort.com

실버 문 인 Silver Moon Inn
ADD 175 Spruce Dr, Estes Park TEL 970-586-6006
PRICE $$$ WEB silvermooninn.com

키닉키닉 모터 로지 Kinnikinnik Motor Lodge
ADD 760 S St Vrain Ave, Estes Park TEL 720-910-3276
PRICE $$(최소 2박) WEB kinnikinnik.com

■국립공원 서쪽

그랜드레이크 산장 Grand Lake Lodge
ADD 15500 US-34, Grand Lake TEL 970-627-3967
PRICE $$$ WEB www.grandlakelodge.com

웨스턴 리비에라 레이크사이드 Western Riviera Lakeside
ADD 419 Garfield St, Grand Lake TEL 970-627-3580
PRICE $$$ WEB www.westernriv.com

게이트웨이 인 Gateway Inn
ADD 200 W Portal Rd, Grand Lake TEL 970-627-2400
PRICE $$$ WEB www.gatewayinn.com

무료 셔틀버스

로키의 가을과 여름

① 로키마운틴의 진수
트레일 리지 로드
Trail Ridge Road

국립공원의 동쪽과 서쪽을 연결하는 루트 34(US-34)는 고산 툰드라지대와 대륙 분수계를 통과하며 펼쳐지는 다채로운 풍경 덕분에 올 아메리칸 로드로 지정됐다. 아스펜 숲과 폰데로사 소나무 군락을 지나면 전나무와 가문비나무가 나타나고, 고도 3500m에서는 극지 환경인 고산 툰드라지대(Alpine Tundra)가 11km가량 이어진다. 200여 종의 알파인 식물이 자라며, 작은 토끼인 피카, 다람쥣과에 속하는 마멋, 큰뿔야생양 등 야생동물이 서식한다.

트레일 리지 로드의 최고점은 알파인 비지터 센터 부근의 폴 리버 패스(Fall River Pass, 3713m)다. 이곳을 지나 밀너 패스(Milner Pass, 3279m)에 도달하면, 대륙 분수계 표지판이 나온다. 대서양과 태평양으로 물길이 갈라지는 지점인 대륙 분수계는 컨티넨털 디바이드(Continental Divide) 또는 그레이트 디바이드(Great Divide)라고 한다.

미국 국립공원 비지터 센터 중에서 가장 높은 위치라는 해발 3595m의 알파인 비지터 센터도 잊지 말고 방문해보자. 트레일 리지 로드는 한여름에도 눈이 녹지 않아 통상 5월 말 메모리얼 데이 이후에 개방된다. 길이 험해서 전 구간을 왕복하려면 최소 3시간은 걸린다.

MAP 568p

ⓘ **알파인 비지터 센터** Alpine Visitor Center
ADD Trail Ridge Rd, Grand Lake, CO 80447
ACCESS 동쪽 입구에서 35km

알파인 비지터 센터

대륙 분수계 표지판

② 야생화가 피는 호숫가 산책
베어 호수 Bear Lake

빙하기에 생성된 해발 2880m의 고산 호수다. 호숫가를 한 바퀴 도는 네이처 트레일에서 로키마운틴 국립공원의 최고봉 롱스피크가 바라다보인다. 코스 자체는 매우 무난하지만, 로키마운틴 지역의 높은 고도를 감안해 시간 여유를 갖고 천천히 걸어야 한다. 베어 호수는 좀 더 높은 지대에 위치한 님프 호수, 드림 호수, 에메랄드 호수로 향하는 트레일 루트의 시작점이기도 하다. 걷기 편하고 접근성이 좋아서 항상 방문객이 많다. 파크앤라이드에 주차하고 셔틀버스로 올라가면 된다.

MAP 568p

베어 호수 네이처 트레일 Bear Lake Nature Trail
TREKKING 난이도 하/1바퀴 1.2km/30분

님프 호수 트레일 Nymph Lake Trail
TREKKING 난이도 하/왕복 1.7km/1시간

드림 호수 Dream Lake
TREKKING 난이도 중하, 왕복 4km, 1.5시간

에메랄드 호수 Emerald Lake
TREKKING 난이도 중/왕복 5.6km/2시간

드림 호수

베어 호수에서 드림 호수로 올라가는 길

에메랄드 호수

카원니치 초원

③ 국립공원 서쪽의 호수마을
그랜드레이크 Grand Lake

트레일 리지 로드 끝에 자리한, 콜로라도에서 가장 깊고 큰 호수다. 호수 북쪽의 마을은 로키마운틴 국립공원에서 하루 묵어가기 좋다. 호수로 가는 길에 보이는 카원니치(Kawuneeche)는 원주민 아라파호(Arapaho)족의 언어로 '코요테의 계곡'이라는 뜻. 대륙 분수계로부터 발원한 물길이 초원 지대를 흐르고 있어 코요테를 포함하여 엘크, 뮬 사슴, 무스 등 야생동물이 다수 서식하는 지상낙원이다. **MAP 568p**

ⓘ **카원니치 비지터 센터**
  Kawuneeche Visitor Center
ADD 16018 US Highway 34, Grand Lake, CO 80447
TEL 970-627-3471
OPEN 08:00~18:00(겨울철 09:00~16:30)
ACCESS 동쪽 입구에서 70km

그랜드 서클에서 덴버로 가는 길
두랑고 & 아스펜
Durango & Aspen

산간 도로에 눈이 녹는 6~9월에는 그랜드 서클에서 덴버 방향으로 발길을 돌려도 좋다. 시간이 부족하다면 적어도 두랑고까지는 방문해보자. 포 코너스 모뉴먼트에서 로키산맥의 작은 마을을 지나 덴버까지 가는 동안 콜로라도 최고의 풍경을 만나게 된다. 단, 밀리언달러 하이웨이와 인디펜던스 패스 등 험난한 산간 도로는 9월 말부터 눈이 내리기 시작하니, 운전 실력과 현지 날씨, 도로 상황을 고려해 여행 동선을 결정해야 한다.

추천 경로[최소 3박 4일]

출발 포 코너스 모뉴먼트 477p

↓ 80km, 1시간

메사 베르데 국립공원

↓ 58km, 1시간

두랑고(1~2박)

↓ 390km, 6시간

아스펜(1박)

↓ 276km, 4시간

콜로라도스프링스(1~2박)

↓ 114km, 1.5시간

덴버 554p

❶ 미국 최초의 유네스코 세계유산
메사 베르데 국립공원
Mesa Verde National Park

해발 1800~2600m 높이의 고원 지대. 정상은 넓고 평평한 초원이지만 주변부는 깎아지른 듯한 절벽인 메사 지형이라서 메사 베르데(스페인어로 녹색 테이블)란 이름이 붙여졌다. 고대 푸에블로 원주민들의 천연 요새이자 삶의 터전이었던 이곳은 최소 700여 년 전(AD 600~1300)에 만들어진 유적지가 4000여 개나 발굴되면서 옐로스톤 국립공원과 함께 미국 최초의 유네스코 세계유산으로 지정됐다. 유적 중 가장 규모가 큰 클리프 팰리스(Cliff Palace)는 벼랑 끝 바위를 지붕 삼아 100여 명이 거주하던 공동 주택. 돌과 나무로 지어진 식량 저장고, 개인용과 공용으로 나뉜 수백 개의 방이 아찔한 절벽 옆에 지어졌다. 유적은 멀리서도 볼 수 있지만, 미리 국립공원 레인저와 동행하는 투어를 신청(recreation.gov)하면 유적지 입장도 가능하다. 평지에 자리한 공식 비지터 센터에서 고원까지는 10km 거리로 약 2시간이면 둘러볼 수 있으나, 도로 상황을 확인한 후 올라가야 한다. 겨울에는 기상 상황에 따라 국립공원 전체가 폐쇄되기도 한다. MAP 572p

절벽을 깎아 만든 클리프 팰리스

ⓘ 메사 베르데 비지터 센터 Mesa Verde Visitor and Research Center
ADD 35853 Rd H.5, Mancos, CO 81328
OPEN 08:30~16:00(도로 개방 08:00~일몰)
PRICE $30(11~4월 $20)
WEB nps.gov/meve
ACCESS 두랑고까지 58km(자동차 최소 1시간)

② 서부 개척 시대로 떠나는 증기기관차
두랑고 Durango

'과거로 떠나는 여행(A Trip to Yesterday)'이라는 낭만적인 문구가 적힌 기차
에 몸을 싣고 깊은 산속으로 여행을 떠나보자. 덴버 & 리오그란데 지역 철도
건설을 계기로 1880년 만들어진 두랑고 마을에는 광물을 실어 나르던 증기
기관차를 개조한 빈티지 관광열차가 있다. 희뿌연 연기와 석탄가루를 토해
내는 기차를 타고 절벽과 계곡 길을 따라 73km를 달린 후, 옛 광산마을 실
버턴에 도착해 서부 개척 시대 분위기를 간직한 거리를 구경하고 두랑고로
되돌아오는 코스다. 해가 짧은 로키에서는 하루에 여러 장소를 돌아다니기
가 어려우므로, 기차 투어 예약 시 전날 두랑고에 도착해서 여행 당일을 포
함해 이틀을 숙박하고 그다음 날 떠나는 것이 안전하다. **MAP 572p**

ADD 479 Main Ave, Durango,
CO 81301
OPEN 07:00~18:30
WEB durangotrain.com

: WRITER'S PICK :

두랑고 & 실버턴 협궤열차 Durango & Silverton Narrow Gauge Railroad

기관차와 객차 종류에 따라서 출발 시간과 가격이 다르다. 기온 변화가 급격한 산중을 지나기
때문에 여닫이 창문이 달린 일반 객차에 탑승하는 것이 좀 더 편안할 수 있다. 일반석 기준으
로 출발 직후부터 중반부까지는 오른쪽 좌석, 후반부는 왼쪽 좌석에서 경치가 더 잘 보인다.

운행 시기 5~10월/예약 필수
소요 시간 총 9시간 30분(편도 3시간, 실버턴 체류 2시간 포함)

■**기관차 종류**
증기 기관차(Steam)
디젤 기관차(Diesel Train)

■**객차 종류**
오픈 객차(Open-Air Gondola) $115
일반 객차(Coach Seating) $105

■**티켓 종류**
기차 왕복(Silverton Train Round Trip)
기차+버스(Skyway Tour, 편도 1시간 30분 단축)

③ 하늘로 향하는 길
밀리언달러 하이웨이
Million Dollar Highway

콜로라도주 남서쪽 산간지대를 넘나드는 산후안 스카이웨이(San Juan Skyway)는 368km 구간 전체가 올 아메리칸 로드로 선정된 절경 도로다. 전 구간을 완주하기는 어렵지만, 메사 베르데 국립공원에서 북쪽의 로키산맥으로 올라가다 보면 자연스럽게 지나게 된다. 그중 루트 550(U.S. Route 550) 선상의 옛 광산마을 실버턴과 우레이를 연결하는 40km 구간은 백만 불짜리 풍경을 볼 수 있다고 해서 밀리언달러 하이웨이라고 불린다. 가드레일을 세울 수도 없을 만큼 폭이 좁은 2차선 산길이 계속되는 것이 유일한 단점. 따라서 직접 운전한다면 화창한 날 낮에 지나는 것이 좋다. **MAP 572p**

ADD Red Mountain Overlook, US-550, Silverton, CO 81433
ACCESS 두랑고에서 우레이까지 113km (자동차 3시간)

실버턴 마을 풍경

④ 빛이 들지 않는 검은 협곡
거니슨-블랙캐니언 국립공원 Black Canyon of the Gunnison National Park

거니슨강 유역의 깊고 가파른 협곡 지대. 햇빛이 닿지 않는 그늘진 곳이라 하여 블랙캐니언이라는 이름이 붙었다.

극단적인 경사 탓에 하루 일조시간이 33분에 불과한 지점도 있어 원주민인 유트 부족조차 이곳을 피해 다녔다고 한다. 인간은 범접할 수 없는 수직 절벽은 송골매를 비롯한 야생동물의 서식지다. 산후안 스카이웨이를 지나가는 길이라면, 몬트로즈와 가까운 거니슨 포인트(Gunnison Point Overlook)에서 협곡을 내려다보는 것이 가장 무난한 방법. 반대편 노스 림은 더욱 고립된 지역인 데다 개방 시기가 짧아서 방문하기 어렵다. **MAP 572p**

ADD 10346 CO-347, Montrose, CO 81401
OPEN 24시간(거니슨 포인트 외 지역은 겨울철 폐쇄)
PRICE 차량 1대 $30(일주일)   **WEB** nps.gov/blca
ACCESS 몬트로즈에서 24km(자동차 30분)

⑤ 존 덴버가 사랑한 마을
아스펜(애스펀) Aspen

아스펜 나무(은사시나무)의 이름을 딴 리조트 타운. 존 덴버의 노래 <로키마운틴 하이>에 등장하는 웅장한 산과 은빛 구름, 숲과 시냇물, 맑고 푸른 산중 호수를 만나려면 셔틀버스를 타고 마을에서 20분쯤 들어가야 한다. 마룬 벨(Maroon Bells)이라는 2개의 산봉우리가 정면으로 보이는 호숫가 주변 트레일을 걸으며, 아스펜의 아름다움에 흠뻑 빠져보자. 콜로라도의 가을은 빠른 편이라서 9월 중순이면 찬란한 황금색으로 물결치는 아스펜 숲을 볼 수 있다. 겨울이 되면 베일, 텔루라이드와 함께 덴버 3대 스키장으로 손꼽히는 스노매스(Snowmass)가 개장한다. **MAP 572p**

ADD 601 E Dean St, Aspen, CO 81611
ACCESS 덴버에서 320km(I-70) 또는 255km(CO-82)

마룬 벨 시닉 에어리어 Maroon Bells Scenic Area
OPEN 5월 중순~10월 도로 개방(겨울철 폐쇄)
ACCESS 여름철 08:00~15:00에는 아스펜 시내 유료 주차 후 셔틀버스(1인당 $16) 이용 필수. 그 외 시간에는 예약 후 개인 차량(1대 $10)으로 방문
WEB aspenchamber.org

스노매스 스키 리조트

+MORE+

아스펜에서 만나는 존 덴버

미국의 싱어송라이터 존 덴버(본명 Henry John Deutschendorf Jr. 1943~1997)는 자신의 예명을 덴버에서 따왔을 정도로 콜로라도의 자연을 사랑했다. 포크송 <Take me Home, Country Road>, <Rocky Mountain High>을 연달아 히트시키며 최고의 인기를 얻은 그는 아스펜으로 거처를 옮기고 경비행기 추락 사고로 세상을 떠날 때까지 이곳에 살았다. 아스펜에 조성된 존 덴버 추모 공원을 방문하면, 가사가 새겨진 시비를 보면서 조용히 산책을 즐길 수 있다.

ADD John Denver Sanctuary, 470 Rio Grande Pl, Aspen, CO 81611
OPEN 07:00~19:00

존 덴버 추모 공원 입구

노래 가사를 새긴 시비

해발 3686m에 놓인 대륙 분수계 사인

도로 개방 상황 안내 표지판

6 골드러시 시절의 옛 도로
인디펜던스 패스 Independence Pass

산이자벨(San Isabel) 국유림과 화이트리버(White River) 국유림의 멋진 경치를 볼 수 있는 도로. 물길이 갈라지는 지점인 대륙 분수계와 한때는 금광촌으로 번성했으나 지금은 폐허로 남은 인디펜던스 마을도 지나간다. 아스펜과 덴버를 연결하는 지름길이지만, 좁고 구불거리는 산간 도로를 운전해야 해서 시간 단축 효과는 기대하기 어렵다. 보통 5월 말의 메모리얼 데이부터 10월 말 사이에 도로가 개방되는데, 출발 전 도로 상황을 체크하고 떠나자. **MAP 572p**

ADD Continental Divide, Colorado 81210
ACCESS 아스펜에서 최고 지점까지 32km, 전체 51km(총 1시간 30분 소요)
WEB 도로 상황 안내 www.cotrip.org

+MORE+

콜로라도에 모래사막이 있다?
그레이트 샌드 듄 국립공원 Great Sand Dune National Park

북미에서 가장 높은 모래언덕 스타 듄(Star Dune)이 있는 국립공원이다. 모래가 흩날림에 따라 끊임없이 형태가 변하는 일반적인 사막과 달리, 초원과 늪지, 침엽수림과 툰드라지대가 공존하는 이곳에서는 습기를 머금은 모래언덕의 형태가 일정하게 유지되는 것이 특징이다. 샌드 보딩이나 샌드 슬라이딩 장소로 사랑받는다. **MAP 572p**

ADD 11999 State Highway 150, Mosca, CO 81146
OPEN 24시간 **PRICE** 차량 1대 $25(일주일)
WEB nps.gov/grsa **ACCESS** 덴버에서 400km

WY & MT

와이오밍 & 몬태나
State of Wyoming & Montana

옐로스톤, 그랜드티턴, 글레이셔 국립공원이 한데 어우러진 와이오밍과 몬태나는 미국에서 알래스카 다음으로 인구밀도가 가장 낮은(2.3~3명/km^2) 청정 지역이다. 영화 <늑대와 함께 춤을>, 미드 <옐로스톤>의 배경이 된 오지인 만큼 자동차로 달리는 내내 야생동물과 마주치게 된다. 캐나다 쪽으로 올라갈수록 주요 관광지의 간격이 점점 멀어지고, 카우보이 목장과 마을이 드문드문 나타난다. 운전 시간이 상당히 소요되는 지역이니, 효율적인 여행 계획을 세우는 것이 중요하다.

와이오밍
주도   샤이엔
대도시   샤이엔
별칭   Equality State(평등의 주)
연방 가입 1890년 7월 10일(44번째 주)
면적   253,600km^2(미국 10위)
홈페이지 travelwyoming.com(와이오밍 관광청)

몬태나
주도   헬레나
대도시   빌링스
별칭   Big Sky Country(큰 하늘의 주)
연방 가입 1889년 11월 8일(41번째)
면적   380,800km^2(미국 4위)
홈페이지 visitmt.com(몬태나 관광청)

캐나다 CANADA

워터톤 국립공원

글레이셔 국립공원 Waterton-Glacier International Peace Park

15

Fort Peck Indian Reservation

WY MT

Flathead Reservation

Spokane

• Great Falls

몬태나 MONTANA

노스 다코타 NORTH DAKOTA

워싱턴 WASHINGTON

90

◉ 헬레나

94

오리건 OREGON

아이다호 IDAHO

• Bozeman

• Billings Crow Reservation

사우스 다코타 SOUTH DAKOTA

15

West Yellowstone

옐로스톤 국립공원 • 코디

데빌스 타워 국립기념물

14 버펄로

• Sheridan

선댄스 90

Rapid City

러시모어산 국립기념물

20

그랜드티턴 국립공원

보이지

선밸리 리조트

잭슨

와이오밍 WYOMING

Boysen Reservoir

Casper

85

84

Idaho Falls

25

네브래스카 NEBRASKA

애리조나 ARIZONA

189 191 287

26

80

유타 UTAH

Rock Springs

Rawlins

샤이엔

그레이트베이슨 국립공원

솔트레이크시티

콜로라도 COLORADO

로키마운틴 국립공원

25

0 100km

Uintah and Ouray Reservation

15

글렌우드 스프링스 • 베일

덴버

70 모압 • 아치스 국립공원

아스펜

캐피톨리프 국립공원

579

Time Zone

표준시 산악 표준시(MT)
시차 -16시간(서머타임 있음)

한국 09:00 →
와이오밍 & 몬태나 전 날 17:00

Weather

봄   여름 Cool

가을   겨울 Very Cold

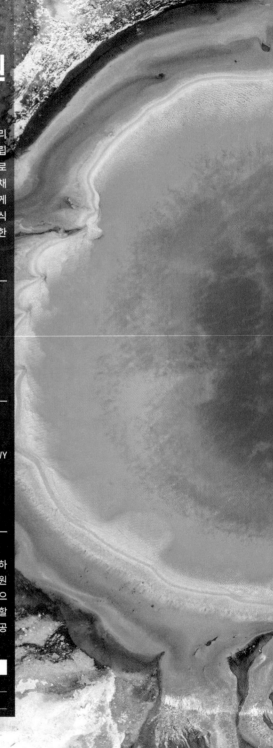

세계 최대 간헐천 지대

옐로스톤 국립공원
Yellowstone National Park

전 세계에서 가장 규모가 큰 슈퍼 볼케이노 지대에 자리 잡은 국립공원이다. 1872년 3월 1일 미국 최초의 국립공원으로 선포됐고, 1978년에 유네스코 세계유산으로 등재됐다. 물기둥이 하늘 높이 솟구치는 간헐천과 다채로운 색으로 빛나는 온천 등 지구의 에너지가 다양하게 표출되는 장관을 볼 수 있으며, 수많은 야생동물이 서식하는 생태계의 보고다. 올드 페이스풀 가이저를 비롯한 대표적인 간헐천 지대는 11~4월까지 접근이 어렵다.

SUMMARY
공식 명칭 Yellowstone National Park
소속 주 와이오밍(96%), 몬태나(3%), 아이다호(1%)
면적 8991km^2
오픈 북쪽 입구 사계절, 남쪽 입구 늦봄~초가을
요금 차량 1대 $35(7일간 유효)

① 올브라이트 비지터 센터
Albright Visitor Center

ADD Grand Loop Rd, Yellowstone National Park, WY 82190(대표)
OPEN 09:00~17:00(6~9월 08:00~19:00)
TEL 307-344-2263
WEB nps.gov/yell

WEATHER
여행 적기는 6~9월이다. 한여름에도 밤에는 기온이 영하까지 떨어지므로 따뜻한 옷이 필수다. 겨울에는 국립공원 대부분의 지역이 폐쇄됐다가 4월 중순~5월 말에 단계적으로 개방된다. 눈이 녹는 시기에는 홍수나 산사태가 발생할 우려가 있으니, 방문 전 국립공원 홈페이지에서 실시간 공지사항을 체크하자.

기온	7월	1월
최고 평균	22°C	-4°C
최저 평균	4°C	-17°C

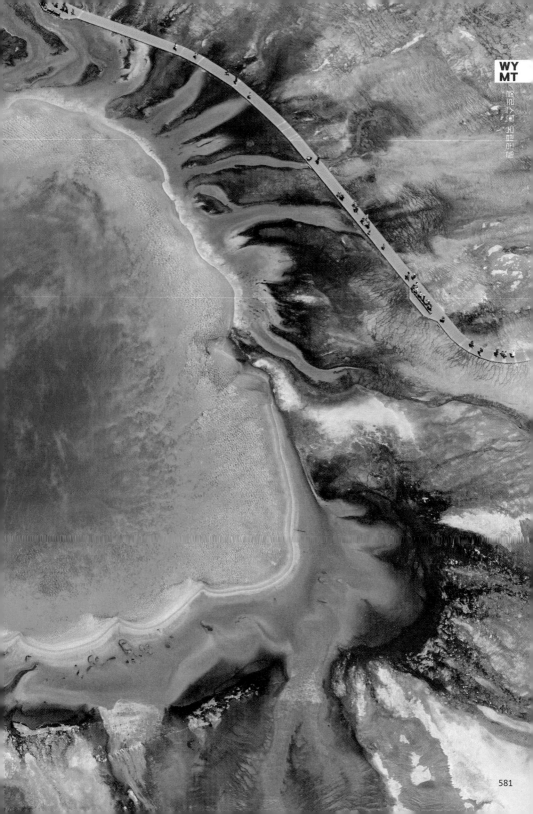

옐로스톤 국립공원 IN & OUT

남쪽의 잭슨에서 옐로스톤 국립공원 북쪽 입구까지는 229km로, 가는 도중에 그랜드티턴 국립공원이 있다. 볼거리가 많은 두 국립공원을 여행하려면 최소 이틀 이상의 시간이 필요하다. 장거리 자동차 여행이라면, 캐나다 로키와 연계해 여행하는 방법도 있다(자세한 내용은 592p 참고).

주요 지점과의 거리 (북쪽 입구 기준)

출발지	거리	교통수단별 소요 시간	
		자동차	항공
솔트레이크	600km	7시간	-
밴프	1098km	12시간	-
덴버	890km	11h	1.5시간(여름철)
시애틀	1215km	14h	2시간

옐로스톤 공원 입구

공항에서 시내 가기

대도시와 거리가 멀다 보니 비행기로 도착 후 공항에서 렌트하는 경우도 많다. 국립공원 주변의 여러 공항 중 일 년 내내 오픈하는 곳은 보즈먼 옐로스톤 국제공항(BZN)이 유일하며, 규모도 가장 크다.

보즈먼(북쪽, 몬태나주) Bozeman Yellowstone International Airport
ADD 850 Gallatin Field Rd, Belgrade, MT 59714
WEB bozemanairport.com

잭슨(남쪽, 와이오밍주) Jackson Hole Airport
ADD 1250 E Airport Rd, Jackson, WY 83001
WEB jacksonholeairport.com

코디(동쪽, 와이오밍주) Yellowstone Regional Airport
ADD 2101 Roger Sedam Drive, Cody, WY 82414
WEB flyyra.com

자동차로 가기

국립공원에는 대중교통이 없으므로 자동차가 필수다. 국립공원 대부분의 지역에서는 통신이 두절되고 구글맵도 정확하지 않으므로, 오프라인 상태에서 정보 확인이 가능하도록 제작된 국립공원 공식 모바일 앱(NPS)을 설치하자. 덴버·샤이엔에서 방문할 땐 그랜드티턴 국립공원을 거쳐 남쪽 입구로, 솔트레이크시티에서 방문할 땐 서쪽의 웨스트 옐로스톤 입구로 진입한다. 연중 개방되는 북쪽 입구와 다르게, 그랜드티턴 국립공원과 맞닿은 남쪽 입구는 개방 시기가 가장 늦다.

국립공원 입구
남쪽 South Entrance(그랜드티턴, 잭슨 방향)
ADD S Entrance Rd, WY 82190
동쪽 East Entrance(코디 방향)
ADD N Fork Hwy, WY 82190
서쪽 West Entrance(웨스트 옐로스톤 방향)
ADD 3305 Targhee Pass Hwy, West Yellowstone, MT 59758
북쪽 North Entrance(가디너/보즈먼 방향)
ADD Gardiner, MT 59030

느릿느릿 차도를 지나는 바이슨(Bison) 무리

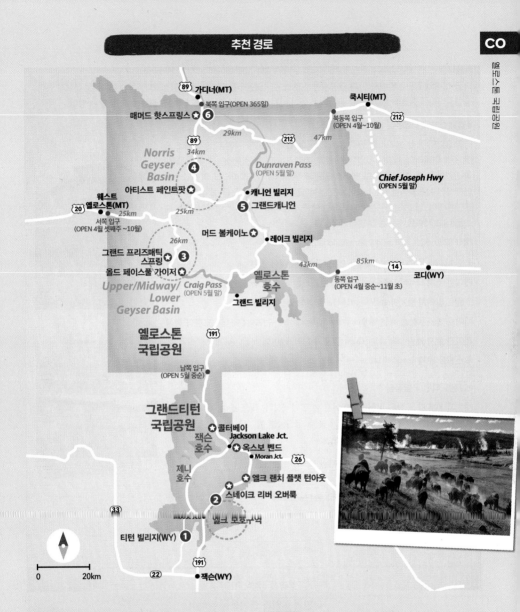

89 가디너(MT)

북쪽 입구(OPEN 365일)

매머드 핫스프링스 ★ 6

쿡시티(MT)

북동쪽 입구
(OPEN 4월~10월)

212

29km

212

47km

89

34km

Norris Geyser Basin

4

Dunraven Pass
(OPEN 5월 말)

Chief Joseph Hwy
(OPEN 5월 말)

아티스트 페인트팟 ★

★ 캐니언 빌리지

웨스트
옐로스톤(MT)

5 그랜드캐니언

20

25km

25km

서쪽 입구
(OPEN 4월 셋째주 ~10월)

26km

머드 볼케이노 ★

★ 레이크 빌리지

그랜드 프리즈매틱
스프링 ★ 3

올드 페이스풀 가이저 ★

Upper/Midway/ Lower Geyser Basin

옐로스톤 호수

Craig Pass
(OPEN 5월 말)

43km

85km

14

동쪽 입구
(OPEN 4월 중순~11월 초)

코디(WY)

★ 그랜드 빌리지

옐로스톤 국립공원

191

남쪽 입구
(OPEN 5월 중순)

그랜드티턴 국립공원

★ 콜터베이
Jackson Lake Jct.

잭슨 호수

★ 옥스보 벤드
● Moran Jct.

26

제니 호수

★ 엘크 랜치 플랫 턴아웃

2 스네이크 리버 오버룩

33

엘크 보호구역

티턴 빌리지(WY) 1

191

22

● 잭슨(WY)

0   20km

DAY 1 이른 아침 **1** **잭슨**에서 출발해 그랜드티턴 국립공원의 엘크 보호구역에서 야생 동물을 관찰하고 **2** **US-191도로**(Outer Road)의 전망 포인트를 하나씩 감상하며 올라간다. 옐로스톤 국립공원 남쪽 입구에서 주요 간헐천이 모인 **3** **어퍼 가이저 베이슨, 미드웨이, 로어 가이저 베이슨**까지는 70km 거리다. 간헐천과 온천 지대를 제대로 보려면 캐니언 빌리지 또는 올드 페이스풀 가이저 쪽에 미리 숙소를 정해두는 것이 좋다.

DAY 2 **4** **노리스 가이저 베이슨**에서 아티스트 페인트팟(진흙 구덩이)을 구경하고 캐니언빌리지 쪽으로 이동해 옐로스톤의 **5** **그랜드캐니언**이라 불리는 협곡과 폭포를 감상한다. 여름철이라면 던레이븐 패스를 통과해 **6** **매머드 핫스프링스**로 올라갈 수 있다.
이렇게 보고 나면, 중심부를 8자로 연결한 그랜드 루프의 핵심 코스를 전부 돌아본 셈이다.

옐로스톤 국립공원 숙소, 어디로 정할까?

미국 최초의 국립공원이자 인기 관광지인 옐로스톤 국립공원은 다른 국립공원들보다 편의시설이 잘 갖춰져 있다. 갈림길마다 주유소가 있고, 주요 장소의 호텔과 비지터 센터에서도 카페나 레스토랑을 쉽게 찾을 수 있다.

■ 옐로스톤 국립공원

국립공원의 핵심 볼거리가 남쪽 깊숙한 곳에 있기 때문에 공원 내 9개 숙소 중한 곳에 머물러야 시간을 절약할 수 있다. 가장 인기가 높은 숙소는 각각 1904년과 1920년대에 지어진 올드 페이스풀 인과 루스벨트 로지이며, 그 외 숙소들은 현대적인 시설을 갖췄다. 가격이나 조건보다는 일정에 맞는 곳을 예약하는 것이 포인트이며, 옐로스톤은 전역에서 유황 냄새가 심하다는 점을 감안해야 한다. 숙소는 대표 사이트에서 통합 관리한다.

매머드 핫스프링스 호텔

올드 페이스풀 인

PRICE $280~600 **WEB** yellowstonenationalparklodges.com

올드 페이스풀 인 Old Faithful Inn 옛 스타일의 호텔형 객실

캐니언 로지 Canyon Lodge and Cabins 호텔/캐빈형 객실 500개

그랜트 빌리지 로지 Grant Village Lodge 호텔형 객실 300개

매머드 핫스프링스 호텔 Mammoth Hot Springs Hotel 규모가 큰 산장. 호텔형 객실

레이크 로지 캐빈 Lake Lodge Cabin 호숫가 전망. 캐빈형 객실 186개

루스벨트 로지 Roosevelt Lodge 옛 스타일의 캐빈형 객실

■ 그랜드티턴 국립공원

초원지대에 자리 잡은 국립공원이어서 넓고 쾌적하다. 잭슨 호수, 제니 호수 등 호숫가에 있는 산장형 숙소의 인기가 높다. 국립공원 밖 스키 리조트 타운인 잭슨(일명 잭슨 홀) 쪽은 선택의 폭이 훨씬 넓다.

그랜드티턴 로지 Grand Teton Lodge Company
WEB gtlc.com/lodges

잭슨 홀 상공회의소 Jackson Hole Chamber of Commerce
WEB jacksonholechamber.com/lodging

: WRITER'S PICK :

국민의 이익과 즐거움을 위하여

1903년 옐로스톤 북쪽 입구에 세워진 루스벨트 아치에는 미국 제26대 대통령 시어도어 루스벨트가 기념사에서 강조한 '국민의 이익과 즐거움을 위하여(For the Benefit and Enjoyment of the People)'라는 글귀가 새겨져 있다. 이는 1872년 3월 1일, 옐로스톤 국립공원을 미국 최초의 국립공원으로 선포한 법안 Organic Act에서 발췌한 것이다. 그때까지 이러한 자연보호구역 지정은 전 세계적으로도 유례가 없는 일이었으며, 이후 국립공원 관리청(NPS)이 신설되어 귀중한 자연유산을 보존하는 계기가 됐다.

옐로스톤의
신기한 화산 지형

지난 210만 년 동안 세 차례의 분화를 거치며 생성된 화산 분지 옐로스톤 칼데라의 지하에는
길이 60km, 폭 29km에 달하는 거대한 마그마 챔버(Magma Chamber)가 존재한다.
60만 년 주기로 분화해온 옐로스톤 화산이 폭발할 위험도 있으나, 신비로운 자연현상을 보려는
방문객의 발길은 끊이지 않는다. 국립공원 전역에서 관찰되는 자연현상은 다음과 같다.

방문 시 주의 사항
- 온천에 이물질을 투입하는 행위는 금지
- 화상을 입을 위험이 있으므로 접근 주의
- 지반이 취약하니 산책로(Boardwalk)를 벗어나지 말 것

간헐천 Geyser
지하의 압력으로 인해 주기적으로 뜨거운 물기둥이 솟구
치는 간헐 온천. 수증기와 유황 가스를 함께 분출한다.

대표 장소 ➡ Old Faithful, Steamboat

온천 Hot Springs
압력이 어느 정도 해소된 간헐천은 지하에서 뜨거운 물
이 꾸준히 샘솟는 온천으로 바뀐다. 옐로스톤에서 가장
흔한 유형

대표 장소 ➡ Grand Prismatic Spring

진흙 구덩이 Mudpots
황산(Sulfuric Acid) 성분이 주변 암석을 점토 형태로 변환
시키고, 지열로 인해 부글부글 끓어오르는 진흙 구덩이를
형성한다. 계란 썩는 냄새와 비슷한 악취가 나기도 한다.

대표 장소 ➡ Artist's Paintpots,
　　　　　　 Dragon's Mouth Spring

분기공 Fumarole
138℃에 달하는 고온의 화산가스 또는 수증기를 분출하
는 구멍. 소음을 내며 분출하는 경우도 있다.

대표 장소 ➡ Old Faithful 외 전역

미국 최초의 국립공원
옐로스톤 국립공원
Yellowstone National Park

옐로스톤 국립공원의 핵심 루트는 국립공원 중심부를 8자 모양으로 연결하는 총 길이 225km의 자동차 도로 그랜드 루프(Grand Loop)를 한 바퀴 돌아보는 것이다. 그랜드캐니언 위쪽이 포함된 동그라미를 노던 루프(Northern Loop), 아래쪽을 서던 루프(Southern Loop)라고 한다. 간헐천과 온천은 국립공원 전역에 분포돼 있으므로, 몇 군데를 들를지는 각자의 선택. 가장 유명한 올드 페이스풀 가이저를 방문하고 나서 범위를 넓혀 나가는 것이 좋다.

❶ 옐로스톤 국립공원 최고의 스타
올드 페이스풀
Old Faithful

옐로스톤에는 전 세계의 2/3에 해당하는 1200여 개의 간헐천과 1만여 개의 온천이 밀집해 있다. 실제로 분출 활동 중인 간헐천(Geyser)은 500개 정도로, 상당수는 올드 페이스풀이 있는 어퍼 가이저 베이슨 지역에 분포한다. 올드 페이스풀은 1870년 워시번 탐험대가 최초로 발견한 간헐천으로, 언제나 변함없는 모습을 보여준다는 의미에서 붙여진 명칭이다. 이제껏 100만 번 이상 일정한 빈도로 분출한 기록이 있기 때문에 분출을 목격할 확률이 상당히 높다. 반면, 91m까지 치솟는 세계 최대 높이의 간헐천 스팀보트는 짧게는 4일, 길게는 50년까지 분출이 중단된 전례가 있다. 비지터 센터에서 공지하는 분출 예상 시간을 확인한 뒤 주변 지역을 걸어서 구경하면 된다. 올드 페이스풀에서 가장 먼 모닝글로리 풀까지는 2.5km 거리다. **MAP 583p**

ⓘ **올드 페이스풀 비지터 센터**
Old Faithful Visitor Center
OPEN 4월 말~10월 초 09:00~17:00(여름철 연장 운영)
편의시설 전시관, 주유소, 레스토랑, 숙소
ACCESS Upper Geyser Basin

규칙적으로 분출하는 올드 페이스풀 가이저

올드 페이스풀 가이저의 분출을 기다리는 사람들

가이저 분출 시간을 알려주는 비지터 센터의 표지판

Scene 1 올드 페이스풀 가이저
Old Faithful Geyser

1시간~1시간 50분 간격으로 32~56m 높이의 물기둥을 3~10분간 분출한다.

Scene 2 캐슬 가이저
Castle Geyser

침전물이 주위에 쌓여 성처럼 보이는 것이 특징. 9~11시간 간격으로 기차 경적 같은 소리를 내며 대량의 수증기를 방출한다.

Scene 3 리버사이드 가이저
Riverside Geyser

6시간 간격으로 약 20분간 수증기를 높이 방출한다. 강 옆에 있어 분출량이 더욱 많다.

Scene 4 블루스타 스프링
Blue Star Spring

맑고 투명해 '파란 별'로 불리지만, 온천수의 온도는 끓는점에 가까울 만큼 뜨겁다.

Scene 5 모닝글로리 풀
Morning Glory Pool

중심부의 깊은 구멍과 짙푸른 색으로 유명했으나, 사람들이 동전과 쓰레기를 던져 넣으면서 빛을 잃었다.

② 무지개색으로 빛나는 온천
그랜드 프리즈매틱 스프링 Grand Prismatic Spring

세계에서 3번째로 큰 대형 온천. 미네랄 성분이 풍부한 온천 주변에 서식하는 미생물로 인해 색이 제각각인 것이 특징으로, 수온이 낮은 가장자리는 짙은 오렌지색과 녹색, 70℃의 고온으로 미생물이 살지 못하는 중심부는 짙은 파란색을 띤다. 1890년까지는 간헐천이었다가 압력이 어느 정도 해소되면서 온천이 됐으며, 분당 약 2100L의 온천수가 바로 옆의 파이어홀강(Firehole River)으로 흘러간다. 북쪽으로 올라가면 파이어홀강에서 수영이 가능한 지점을 찾을 수 있는데, 예상보다 수온이 미지근해서 실망하는 사람이 많다. 주변의 터키석 풀(Turquoise Pool), 오팔 풀(Opal Pool), 엑셀시어 가이저 크레이터(Excelsior Geyser Crater)도 구경해보자. **MAP 583p**

ACCESS Midway Geyser Basin, 올드 페이스풀에서 11km

송어 낚시가 가능한 파이어홀강

③ 얼음장처럼 차가운 고산 호수
옐로스톤 호수 Yellowstone Lake

온통 화산 지대인 국립공원에서 야생동물과 사람에게 안식처를 제공해주는 해발 2357m 지점의 고산 호수다. 겨우내 얼어붙었던 호수가 5월 말~6월 초에 녹기 시작하면, 물을 마시러 온 바이슨이나 뮬 사슴 같은 야생동물과 낚시를 즐기는 사람들이 자연스레 어우러진다. 호수 북쪽 레이크 빌리지 위쪽, 진흙이 부글부글 끓어오르는 머드 볼케이노 구역과는 180도 다른 평화로운 풍경이다. **MAP 583p**

ACCESS Lake Village

머드 볼케이노

④ 3단 폭포와 기암절벽
옐로스톤의 그랜드캐니언
Grand Canyon of the Yellowstone

거세게 굽이치며 흐르는 옐로스톤강의 침식작용이 만들어 낸 39km 길이의 협곡. 그랜드 루프 로드를 따라 가면서 이곳이 왜 옐로스톤의 그랜드캐니언이라 불리는지 깨닫게 해주는 장면이다. 특유의 분홍색과 노란색 암벽은 화산활동 당시 고온의 화산수가 닿으면서 변색한 것. 3곳의 폭포 중 93m 높이의 로어 폭포(Lower Falls)가 압권으로, 아티스트 포인트(Artist's Point) 전망대에서 전경을 감상할 수 있다. **MAP 583p**

ⓘ **캐니언 비지터 교육 센터**
  Canyon Visitor Education Center
PRICE 4~11월 09:00~17:00(겨울철 폐쇄)
편의시설 숙소, 레스토랑, 주유소, 우체국
ACCESS Canyon Village

여름철에만 개방되는 산간 도로, 던레이브 패스(Dunraven Pass)

⑤ 석회수가 빚어낸 천연 계단
매머드 핫스프링스 Mammoth Hot Springs

국립공원의 북동쪽, 하루 약 2만7000t의 온천수가 흘러내리는 따뜻한 온천 지대. 추운 겨울에는 야생동물이 몸을 덥히기 위해 찾아오는 곳으로, 옐로스톤에서 유일하게 사계절 개방되는 지역이다. 흰색과 노란색 바위가 뒤섞인 미네르바 테라스(Minerva Terrace)가 이 지역 특유의 석회화단구(Travertine Terrace) 지형을 잘 보여준다. 지하의 단층을 통과하며 물에 용해된 석회(탄산칼슘) 성분이 침전물로 변하면서 계단식 폭포가 만들어졌는데, 계단의 색과 지형은 계속해서 변화한다. 수백 년 간 한자리에서 온천수가 흘러나와 무려 11미터 높이로 퇴적물이 쌓인 리버티 캡(Liberty Cap)을 찾아보자. **MAP 583p**

ⓘ **올브라이트 비지터 센터** Albright Visitor Center
OPEN 08:00~19:00(10~5월 09:00~17:00)
편의시설 전시관, 주유소, 레스토랑, 숙소, 우체국
ACCESS 올드 페이스풀에서 82km

퇴적암으로 굳어진 리버티 캡

미네르바 테라스의 계단

옥스보 벤드

엘크 랜치 플랫 턴아웃

잭슨 포인트 오버룩

바이슨 무리

#Zone 2

잔잔한 호수와
설산이 빚어낸 절경
그랜드티턴
국립공원

Grand Teton
National Park

옐로스톤과 비슷한 풍경일 것으로 생각해
서 그냥 지나치는 경우도 많지만, 그랜드
티턴이야말로 와이오밍의 아름다움을 제
대로 보여주는 국립공원이다. 평야 지대
는 운전도 쉽고, 잭슨과 가까워 편의시설
도 충분하다. 국립공원은 24시간 개방돼
있으나, 저지대의 강이 범람할 우려가 있
기 때문에 눈이 완전히 녹는 5~9월에 방
문하는 것이 좋다.

: WRITER'S PICK :

그랜드티턴에서 꼭 가봐야 할
전망 포인트

❶ **스네이크 리버 오버룩** Snake River
   Overlook 굽이치는 강과 티턴의
   전경
❷ **엘크 랜치 플랫 턴아웃** Elk Ranch
   Flats Turnout 탁 트인 초원과 산맥
❸ **옥스보 벤드** Oxbow Bend 호수 위
   마운트 모란(Mt.Moran)의 반영
❹ **쿨터베이 비지터 센터** Colter Bay
   Visitor Center 잭슨 호수의 전경
❺ **잭슨 포인트 오버룩** Jackson Point
   Overlook 그랜드티턴밸리의 전경

① 아우터 로드 Outer Road
그랜드티턴 전망 포인트 다 모였다!

국립공원에 진입하자마자 만나는 갈림길에서 오른쪽으로 난 191번 도로(US-191)를 아우터 로드라고 한다. 다소 높은 지대를 지나가는 이 도로에는 티턴산맥이 에워싼 초지 위로 스네이크강의 경치를 감상할 수 있는 전망 포인트가 많다. 계속 차를 달리면 그랜드티턴 국립공원의 멋진 풍광을 보면서 자연스럽게 옐로스톤 국립공원의 남쪽 입구(South Entrance)로 진입할 수 있다. 잭슨에서 잭슨 호수의 콜터베이 비지터 센터까지는 50km 거리다.

ⓘ **콜터베이 비지터 센터** Colter Bay Visitor Center
ADD 640 Cottonwood Way, Moran, WY 83013
TEL 307-739-3594 **OPEN** 5~10월 08:00~17:00
PRICE 차량 1대 $35(일주일) **WEB** nps.gov/grte

② 이너 로드 Inner Road
호수에서 바라본 웅장한 산맥

이너 로드란 진입로 갈림길에서 호수와 가까운 방향으로 연결된 티턴 파크 로드(Teton Park Road)를 말한다. 그랜드티턴의 풍요로운 초원과 호수는 야생동물에게 최적의 환경. 가을에는 번식기를 맞은 수컷 무스들이 거친 몸싸움을 벌이고, 겨울에는 수천 마리의 엘크가 무리 지어 이동한다. 그 외 평소에도 초원에서 풀을 뜯는 야생동물을 쉽게 관찰할 수 있다. 크고 작은 호수 중에선 티턴산맥이 아주 가깝게 보이는 제니 호수의 인기가 높다. 국립공원의 공식 사진작가 해리슨 크랜달이 1920년대에 지은 오두막이 비지터 센터와 박물관을 겸한다. 여기서부터 눈부신 설산을 배경으로 호숫가 경치를 담아 보자.

제니 호수

ⓘ **제니 호수 비지터 센터** Jenny Lake
Visitor Center(The Crandall Studio)
ADD 403 South Jenny Lake Dr, Moose,
WY 83012
OPEN 5~9월 09:00~17:00

1930년대 지어진 예배당

제니 호수 트레일 입구

③ 잭슨 Jackson
옐로스톤과 그랜드티턴의 관문

국립공원 입구에 있는 잭슨 마을은 스키, 낚시, 래프팅 등 사계절 레저 활동을 즐길 수 있는 인기 리조트 타운이다. 관광객을 위한 편의시설을 다양하게 갖추고 있어서 옐로스톤 국립공원에 숙소를 구하기 어려울 때 대안으로 삼기 좋다. 티턴산맥과 그로반트산맥 일대에는 잭슨 홀 마운틴 리조트를 포함해 3개의 스키장이 모여 있다.

MAP 579p

ⓘ **비지터 센터**
Greater Yellowstone Visitor Center
ADD 532 North Cache, Jackson, WY 83001
WEB jacksonholechamber.com
ACCESS 옐로스톤 남쪽 입구까지 92km/
잭슨 홀 공항에서 15km

SPECIAL PAGE ★

미국 로키에서 캐나다 로키까지

시애틀 IN - 밴쿠버 OUT

시애틀에서 출발해 옐로스톤과 글레이셔 국립공원을 구경하고, 국경을 넘으면 곧바로 캐나다의 워터톤 국립공원이다. 여기서 캐나다 로키의 핵심인 밴프를 경유해 밴쿠버나 캘거리에서 출국하는 것도 가능하다. 단, 렌터카는 다른 국가에서 차량을 반납하는 것이 어렵기 때문에, 캐나다를 다녀온 다음, 다시 시애틀로 돌아가 차를 반납하고 출국하는 방법을 택해야 한다.

¤ 자동차로 미국-캐나다 국경 넘어가기

육로로 국경을 통과할 때도 입국 심사는 철저하게 진행된다. 여권 유효기간을 확인하고 필요한 여행 서류를 사전에 준비해야 한다. 글레이셔 국립공원과 가까운 국경(Border Crossing) 3곳 중에서 1·2번이 캐나다 워터톤레이크스 국립공원과 가깝다. 24시간 개방되는 지점은 미국 유레카에서 캐나다 루스빌로 넘어가는 3번뿐이므로 1·2번의 국경 개방 시간을 미리 체크하자.

	국경 위치	미국측 국경	캐나다측 국경	운영 시간
1	국립공원 동쪽 Piegan/Carway	Piegan Port of Entry(US-89)	Canada Border Services Agency Carway(AB-2)	07:00~23:00
2	국립공원 북동쪽 Chief Mountain	Chief Mountain Summer Station (MT-17)	CBSA Chief Mountain Port of Entry(AB-6)	5월 15~31일·9월 5~30일 09:00~18:00 / 6월 1일~9월 4일 07:00~22:00
3	국립공원 서쪽 Eureka/Roosville	Eureka Customs & Border Protection (US-93)	Roosville Border Crossing(BC-93)	24시간

만년설과 빙하로 뒤덮인

글레이셔 국립공원

Glacier National Park

몬태나주 북부, 미국 로키산맥의 끝자락을 장식하는 총
면적 4100km²의 국립공원. 캐나다와 가까워지면서 풍
광이 더욱 장대해지며, 자동차로 올라갈 수 있는 가장 높
은 지점은 해발 2025m의 로건 패스(Logan Pass)다. 정상
에는 태평양과 멕시코만으로 물길이 갈라지는 대륙 분수
계 표지판이 세워져 있다. 내리막길을 따라 레이크 맥도
널드밸리(Lake McDonald Valley)로 내려오면, 청정한 빙하
호수와 1913년 건축된 레이크 맥도널드 로지가 장거리
여행에 지친 여행자를 따뜻하게 맞이한다. 로건 패스로
올라가는 길인 고잉투더선로드(Going-to-the-Sun Road)와
노스 포크(North Fork), 매니 글레이셔(Many Glacier)를 통
과하려면 차량 예약(Vehicle Reservations)이 필수다. 예약
을 하지 못했거나 눈이 녹기 전이라면 맥도널드 호수 쪽
으로 우회한다.

ⓘ **아프가 비지터 센터** Apgar Visitor Center
ADD Lake View Dr, West Glacier, MT 59936
TEL 406-888-7800
PRICE 차량 1대 $35(일주일)
OPEN 국립공원 24시간, 비지터 센터 5월 말~9월 08:00~17:00
WEB www.nps.gov/glac

또 다른 모험의 시작

워터톤 레이크 국립공원 캐나다

Waterton Lakes National Park of Canada

국경을 사이에 두고 산맥을 공유하는 미국 글레이셔 국립
공원과 캐나다 워터톤 레이크 국립공원은 워터톤-글레이
셔 국제 평화공원(Waterton-Glacier International Peace Park)
이라는 명칭으로 유네스코 세계유산에 동시 등재돼 있다.
워터톤 호수들을 거쳐 밴프 쪽으로 올라가며 캐나다의 주
요 국립공원(밴프·재스퍼·마운트 레벨스톡·글레이셔 등)을 탐방
하며 캐나다 로키의 신비로운 풍경을 만끽해보자. 국립공
원 입장권은 소속 국가에 따라 각각 구매해야 한다.

ADD 404 Cameron Falls Dr, Waterton Park, AB T0K 2M0,
Canada
OPEN 국립공원 24시간, 비지디 센더 08:30~16:30
PRICE 1인당 $11, 연간 가족 패스 $151.25
ACCESS 밴프까지 360km

워터톤-글레이셔
국제평화공원

미국쪽 도로

캐나다 국경

옐로스톤으로 향하는 두 갈래 길
와이오밍 일주

덴버에서 옐로스톤까지는 최단 거리(약 800km)로 촉박한 여행을 하기보다는
일정에 여유를 두고 와이오밍 일대를 돌아보는 2개의 드라이브 코스를 추천한다.
헤밍웨이가 사랑한 와이오밍의 대자연과 카우보이 왕국을 체험하고,
책으로만 접했던 '큰 바위 얼굴' 마운트 러시모어의 실물을 확인하는
멋진 시간이 될 것이다.

몬태나

셰리든
데빌스 타워
사우스 다코타

옐로스톤
코디
러시모어산 국립기념물

아이다호
잭슨
와이오밍
루트 2

네브래스카

유타
루트 1

록스프링스
롤린스
샤이엔
콜로라도

덴버

추천 경로

루트 1 덴버-옐로스톤 남쪽 입구
[총 920km]

출발 덴버
↓ 163km, 1.5시간
샤이엔
↓ 240km, 2.5시간
롤린스
↓ 173km, 1.5시간
록스프링스
↓ 288km, 3시간
잭슨
↓ 92km, 1.5시간
옐로스톤 남쪽 입구

루트 2 샤이엔-러시모어산-옐로스톤
동쪽 입구 [총 1,140km]

출발 샤이엔
↓ 430km, 4.5시간
러시모어산
↓ 217km, 2.5시간
질레트(Devils Tower)
↓ 111km, 1.5시간
버팔로
↓ 60km, 1시간
셰리든
↓ 237km, 3시간
코디
↓ 85km, 1.5시간
옐로스톤 동쪽 입구

① 와이오밍의 주도
샤이엔 Cheyenne

1880년대 미국 최초의 대륙횡단철도 유니언 퍼시픽 철도가 건설되면서 번성했던 와이오밍의 주도. 미식축구팀 이름을 '와이오밍 카우보이'로 명명할 정도로 카우보이 문화가 깊숙하게 자리 잡은 도시다. 7월 마지막 주에 열리는 로데오 대회인 샤이엔 프론티어 데이즈(Cheyenne Frontier Days)는 1897년부터 이어져 온 지역 축제로 매년 20만 명의 관람객이 몰린다. 철도박물관 샤이엔 디포에서 출발하는 무료 트롤리를 타고 올드 다운타운의 옛 건물과 와이오밍 주의사당, 박물관이 된 주지사 관저를 둘러볼 수 있다. **MAP 595p**

ADD Cheyenne Depot, 121 W 15th St, Cheyenne, WY 82001
WEB cheyenne.org
ACCESS 와이오밍 남부

와이오밍 주의사당

©Wyoming Office of Tourism

©Wyoming Office of Tourism

② 누구나 아는 그 이름 '큰 바위 얼굴'
러시모어산 국립기념물 Mount Rushmore National Memorial

미국의 역사를 거대한 바위산에 새겨 놓은, 전 세계에서 가장 큰 조각품(높이 18m)이
나. 1927년부터 14년 동안 난난한 화강암을 나이너바이트로 쪽파해 가면서 미국 역사
를 상징하는 4명의 대통령을 정교하게 조각했다. 왼쪽부터 차례대로 독립과 민주주의
를 확립한 제1대 조지 워싱턴(1732~1799), 독립 선언문을 작성한 제3대 토머스 제퍼슨
(1743~1826), 미국의 번영을 주도한 제26대 시어도어 루스벨트(1858~1919), 노예 해방을
선언한 제16대 에이브러햄 링컨(1809~1865)이 그 주인공. 각각의 얼굴은 탄생(Birth), 성
장(Growth), 발전(Development), 보존(Preservation)을 상징한다. 러시모어산 국립기념물은
사우스다코타주에 있지만, 시간대는 와이오밍과 동일하게 산악 표준시(MT)를 사용한다.

MAP 595p

ADD Lincoln Borglum Visitor Center, Keystone, SD 57751
OPEN 05:00~23:00(10~3월 초 ~21:00)
PRICE 무료입장, 주차 $10(국립공원 패스 사용 불가)
WEB nps.gov/moru
ACCESS 샤이엔에서 430km(자동차 5시간 이상)

링컨 보글럼 비지터 센터
(Lincoln Borglum Visitor Center)에서
바라본 모습

③ 전설이 담긴 미국 최초의 국립기념물
데빌스 타워
Devils Tower National Monument

와이오밍 북동부에 자리한 독특한 자연 지형. 기둥처럼 우뚝 솟은 높이 260m, 바닥 지름 510m의 거대한 뷰트는 1906년 지정된 미국 최초의 국립기념물이다. 정확한 생성 과정은 알려지지 않았으나, 수천만 년 전 화산 폭발로 분출된 마그마가 식으면서 만들어진 것으로 추정된다. 표면에는 세로로 길게 쪼개진 절리가 발견되는데, 아메리카 원주민의 전설에 의하면, 곰에 쫓기던 소녀들을 구하기 위해 대지가 융기했고, 소녀를 뒤쫓아 기어오르던 곰들이 할퀸 발자국이 깊게 파인 것이라고 한다. **MAP 595p**

ADD WY-110, Devils Tower, WY 82714
PRICE $25(현금 사용 불가)
WEB nps.gov/deto
ACCESS 선댄스에서 US-14E로 진입

©Wyoming Office of Tourism

코디 와이오밍의 올드타운

④ 서부개척 시대의 명암, 버펄로 빌의 고장
코디 Cody

버펄로 빌(Buffalo Bill)은 서부 개척 시대를 상징하는 사냥꾼 겸 쇼맨, 윌리엄 프레더릭 코디의 별명이다. 그는 "보는 것으로 역사를 가르친다"는 명분으로 카우보이와 인디언을 출연시킨 공연 '와일드 웨스트 쇼'를 기획했고, 캔자스 퍼시픽 철도를 건설하던 18개월 동안 무려 4280마리의 바이슨 (아메리카들소)을 사냥했다고 알려진 인물. 코디의 이름을 딴 마을에는 버펄로 빌 센터가 있으며, 서부 개척 시대 물건과 연구 자료, 사진 등이 전시돼 있다. **MAP 595p**

ADD 720 Sheridan Ave, Cody, WY 82414
OPEN 08:00~17:00(겨울철 10:00~)/12~2월 월~수요일 휴무 **PRICE** $23
WEB centerofthewest.org
ACCESS 엘로스톤 국립공원 동쪽 입구에서 85km

와이오밍 곳곳에 남은
헤밍웨이의 발자취

여행과 음식을 사랑한 대문호, 헤밍웨이의 발자취를 따라
특별한 문학 여행을 떠나보자. 1928년 처음 와이오밍을
방문한 그는 이곳에서 여러 편의 소설을 집필했으며,
주도 샤이엔에서 3번째 결혼식을 올렸을 만큼 와이오밍에
많은 흔적을 남겼다.
"내가 사랑하는 두 장소는 아프리카와 와이오밍이다"라는
인터뷰와 함께 금주령 시대 밀주 판매자와의 잔잔한 이야기를
담은 단편소설 <와이오밍의 와인>을 발표하기도 했다.
훗날 헤밍웨이는 바로 옆 주인 아이다호의 작은 마을
선밸리(Sun Valley)에서 생을 마감했다.

"그는 모든 계절 중 가을을 사랑했다.
미루나무의 노랗게 물들어 가는 잎사귀, 송어가 헤엄치는 계곡에 흘러가는 잎사귀,
그리고 높고 푸르른 하늘 위의 언덕. 이제 그 일부가 되었다"

– 헤밍웨이 기념비(선밸리 리조트)에 새겨진 글귀

체임벌린 인 Chamberlin Inn

소설 <오후의 죽음>의 산실 상소. 헤밍웨
이가 투숙했던 방과 방명록을 볼 수 있다.

ADD 1032 12th St, Cody, WY 82414
WEB chamberlininn.com

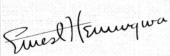

©Chamberlin Inn

헤밍웨이의 서명이 담긴
체임벌린 인의 방명록

©Chamberlin Inn

©Chamberlin Inn

셰리든 인 Sheridan Inn

소설 <무기여 잘 있거라>의 집필 장소. 1893년에 버펄로
빌이 오픈한 여관이기도 하다.

ADD 856 Broadway St, Sheridan, WY 82801
WEB sheridaninn.com

선밸리 리조트 Sun Valley Resort

에세이 <파리는 날마다 축제>, <에덴의 정원>의 집필 장
소. 근처의 케첨(Ketchum)에는 헤밍웨이의 묘지와 기념
비가 있다.

ADD 1 Sun Valley Rd., Sun Valley, ID 83353
WEB sunvalley.com

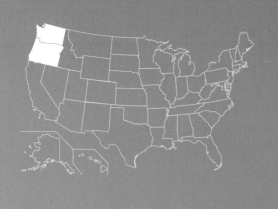

SEATTLE & PORTLAND

4

시애틀 & 포틀랜드

WA & OR

워싱턴 & 오리건
State of Washington & Oregon

태평양 연안 북서부에 있는 워싱턴주와 오리건주는 동서로 흐르는 컬럼비아강을 경계로 나뉘어 있다. 서쪽으로는 캐스케이드산맥이, 동쪽으로는 워싱턴·오리건·아이다호 3개 주에 걸친 광활한 면적(21만 km²)의 컬럼비아고원(Columbia Plateau)이 로키산맥과 맞닿아 있다. 워싱턴주의 시애틀은 세계적인 IT 기업을 보유한 첨단도시고, 오리건주의 포틀랜드는 스페셜티 커피와 브루어리 문화가 발달한 슬로시티다. 두 곳 모두 깨끗한 생활환경 덕분에 미국에서 가장 살기 좋은 곳에 속한다. 소비세가 0%인 오리건주에서는 쇼핑의 즐거움을 놓치지 말자.

워싱턴
주도   올림피아
대도시   시애틀
별칭   Evergreen State(늘푸른 주)
연방 가입 1889년 11월 11일(42번째 주)
면적   184,827km2(미국 18위)
홈페이지 experiencewa.com(워싱턴 관광청)

오리건
주도   세일럼
대도시   포틀랜드
별칭   Beaver State(비버 스테이트)
연방 가입 1859년 2월 14일(33번째 주)
면적   254,806km²(미국 9위)
홈페이지 traveloregon.com(오리건 관광청)

캐나다
CANADA

WA
OR

밴쿠버

빅토리아

노스 캐스케이드
국립공원

{20}
{395}

올림픽
국립공원

시애틀
우딘빌 와인마을

베인브리지섬

{97}

{2}

올림피아
타코마

{7}

워싱턴
WASHINGTON

{90}

{90}

아이다호
IDAHO

{5}

마운트 레이니어
국립공원

{706}

{12}

컬럼비아강

{504}

세인트헬렌스

{97}

{515}

{12}

스네이크강

포트 스티븐스

아스토리아

태평양
Pacific
Ocean

캐넌비치

{26}

비스타
하우스

컬럼비아강 협곡
국립 경관지역

후드강 라벤더 팜

{84}

포틀랜드

오리건 코스트 하이웨이 {101}

마운트 후드

세일럼

클랙커미스강
라벤더 축제

뉴포트

{20}

윌래밋밸리

{26}

{395}

토르의 우물

플로렌스

{126}

유진

벤드

{84}

오리건 듄스
국립휴양지

{97}

{20}

{26}

다이아몬드
호수

보이시

{101}

크레이터 호수
국립공원

오리건
OREGON

{95}

{395}

메드포드

{199}

크레센트 시티

레드우드
국립공원

{5}

0   50km

캘리포니아
CALIFORNIA

네바다
NEVADA

Time Zone

표준시 태평양 표준시(PT)
시차 -17시간(서머타임 있음)

한국 09:00 → 시애틀 전 날 16:00

Weather

Mild

봄   여름

Cold

가을   겨울

Seattle
시애틀

비행접시처럼 생긴 스페이스 니들 밑으로 모노레일이
달리는 미래 도시! 마이크로소프트, 아마존, 스타벅스
같은 글로벌 기업의 탄생지 시애틀의 첫인상은 다소
차갑게 느껴질 수 있다. 그러나 인정 넘치는 파이크 플
레이스 마켓을 방문하고, 산뜻한 크루즈 위에서 탁 트
인 전망을 보게 된다면, 낭만적인 시애틀의 매력에 흠
뻑 빠져들 것이다.

시애틀 BEST 9

1 스타벅스 1호점 620p

2 케리 파크 614p

3 워터프런트 161p

4 스페이스 니들 615p

5 치훌리 가든앤글래스 631p

6 아마존 캠퍼스 627p

7 개스웍스 파크 635p

8 워싱턴 대학교 633p

9 빅토리아(캐나다) 642p

SUMMARY

공식 명칭 Seattle
소속 주 Washington(WA)
표준시 PT(서머타임 있음)

ⓘ **공식 비지터 센터** Visit Seattle

ADD 701 Pike St, Seattle, WA 98101
OPEN 09:00~16:30/주말 휴무
WEB visitseattle.org
ACCESS 다운타운 컨벤션 센터 입구

WEATHER

미국 서부에서 강수량이 가장 많은 지역으로 우산을 휴대해야 한다. 겨울철 평균 기온은 영상을 유지하지만 흐린 날이 많아 체감 온도는 훨씬 낮고, 이런 날씨가 늦은 봄까지 계속된다. 여름으로 접어드는 6~9월은 화창하고 습도가 낮아 최적의 여행 시즌. 호숫가에 꽃이 만개하는 봄, 컬러풀한 단풍으로 물드는 가을도 아름답다.

시애틀 한눈에 보기

시애틀은 퓨젓사운드(Puget Sound)의 내해, 엘리엇베이(Elliott Bay)와 워싱턴 호수 사이에 형성된 잘록한 육지에 자리 잡은 항만 도시다. 도시 전체가 바다와 호수로 둘러싸여 페리가 주요 교통수단 중 하나. 배를 타면 시애틀의 아름다운 경관을 더욱 생생하게 체험할 수 있다. 핵심 어트랙션은 다운타운과 시애틀 센터 인근에 모여 있으며, 지역 간 대중교통이 유기적으로 연계되어 여행하기 편리하다.

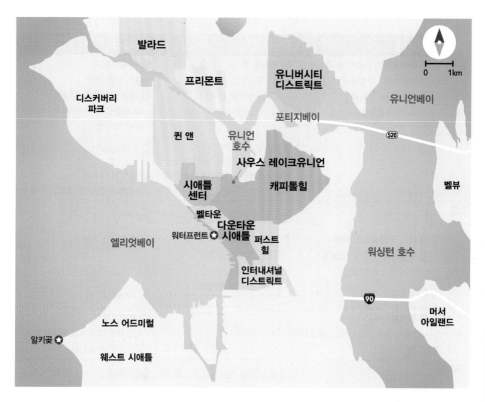

다운타운 시애틀 ZONE 1

시애틀에서 단 하루를 보내야 한다면 여기! 파이크 플레이스 마켓에서 스타벅스 1호점을 방문하고, 워터 프런트에서 푸짐한 시푸드 맛보기 616p

시애틀 센터 ZONE 2

다운타운과 모노레일로 연결된 문화와 예술의 메카. 스페이스 니들 전망대와 치훌리 가든까지 한 번에 즐기기 629p

사우스 레이크 유니언 ZONE 2

<시애틀의 잠 못 이루는 밤> 촬영지가 이곳에! 거대한 호수 주변으로 시애틀의 낭만이 가득하다. 629p

프리몬트 ZONE 3

파격적인 거리 예술과 톡톡 튀는 퍼레이드, 일요일의 파머스 마켓까지, 남다른 지역 문화가 돋보인다. 634p

시애틀 추천 일정

시애틀의 주요 볼거리는 스타벅스 1호점이 있는 파이크 플레이스 마켓, 쇼핑몰이 밀집한 웨스트레이크역 주변, 시애틀의 역사가 시작된 파이어니어 스퀘어, 엘리엇베이를 따라 조성된 워터프런트 등 다운타운에 모여 있다. 다운타운에서 스페이스 니들이 있는 시애틀 센터까지는 모노레일로 연결된다. 도심 관광지는 2~3일이면 충분히 소화할 수 있고, 남는 시간에는 바다·호수·운하가 어우러진 퓨젓사운드나 근교 여행을 떠나보자. 캐나다 국경까지의 거리가 불과 160km라서 밴쿠버섬의 빅토리아를 다녀오는 당일 여행도 인기다.

	Day 1	Day 2	Day 3
오전	**❶ 파이어니어 스퀘어 & 다운타운** - 파이어니어 스퀘어와 거리 산책 - 시애틀 공립도서관 - 시애틀 미술관(SAM)	**❶ 캐피톨 힐** - 지미 헨드릭스 동상 - 엘리엇베이 북 컴퍼니	**❶ 아마존 본사** - 주변 공원 구경 **❷ 사우스 레이크 유니언** - <시애틀의 잠 못 이루는 밤> 선상 가옥 찾아보기
		🚶 도보 8분	🚆 기차 LINK U of Washington역
		❷ 🖐 스타벅스 리저브 로스터리	**❸ 워싱턴 대학교** - 드럼헬러 분수 및 대학가 구경
오후	🚶 도보 15분	🚈 모노레일 3분 + 🚶 도보 10분	🚗 자동차 5분
	❷ 파이크 플레이스 마켓 🍴 명물 클램 차우더 맛보기 - 스타벅스 1호점 방문	**❸ 시애틀 센터** - 치훌리 가든앤글래스 - 팝 컬처 박물관 - 스페이스 니들 전망대	**❹ 개스웍스 파크**
	🚶 도보 8분		🚶 도보 15분
	❸ 워터프런트 - 시애틀 아쿠아리움 또는 아고시 크루즈		**❺ 프리몬트** - 프리몬트 공공미술 찾아보기 - 프리몬트 일요시장
저녁		🚌 버스 20분 또는 🚗 자동차 5분	🚗 자동차 10분
	❹ 시애틀 대관람차 - 노을 감상 - 워터프런트의 시푸드 레스토랑	**❹ 퀸 앤의 케리 파크** - 야경 감상	**❻ 발라드** 🍴 호숫가 레스토랑

DAY 4 근교 여행

하루 일정 • 캐나다 빅토리아 • 우딘빌 와인 산지 • 마운트 레이니어 국립공원

1박 2일 이상 • 올림픽 국립공원 • 포틀랜드로 이동

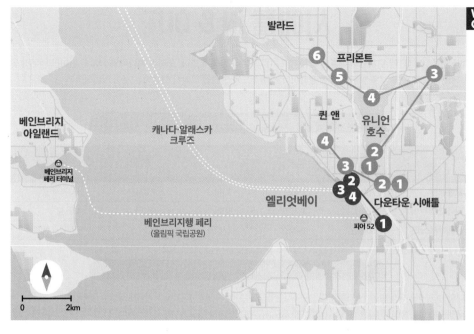

발라드

6 프리몬트

5

3

4

퀸 앤

유니언
호수

베인브리지
아일랜드

캐나다·알래스카
크루즈

4

2
1

베인브리지
페리 터미널

3

2
1

엘리엇베이

3
3
2
4

2 1

다운타운 시애틀

베인브리지행 페리
(올림픽 국립공원)

피어 52

1

0   2km

+MORE+

기념품으로도 좋아요! 시애틀 특산품 TOP 5

시애틀은 여행지 한정판 아이템을 찾는 사람에게 반가운 도시다. 먹거리부터 스타벅스
굿즈까지, 시애틀에 왔다면 놓치지 말아야 할 5가지 특산품!

스타벅스 굿즈 오리지널 로고가 새겨진 머그, 텀블러, 뭔누 능 스타벅스 1호섬에서
만 구매할 수 있는 한정판. 지인들 선물용으로 최고! **파이크 플레이스 마켓** 618p

유리공예품 세계적인 유리 공예 아티스트 데일 치훌리의 박물관 기념품숍에서 정교
한 유리공예품을 살 수 있다. **시애틀 센터** 630p

클램 차우더 신선한 해산물과 조갯살이 풍부하게 들어간 클램 차우더는 시애틀의
대표 먹거리. 파이크 플레이스 마켓에서 맛본 다음 통조림으로 구매해도 좋다. **파이
크 플레이스 마켓** 618p

훈제 연어 연어의 고장 알래스카와 가까워 가공 연어 제품이 다양하다. 훈제연어 통
조림은 국내 반입도 OK. **웨스트레이크 센터** 626p

와인 워싱턴주는 미국 와인 생산량 2위를 차지하는 와인 산
지! 시애틀에서 40분 거리인 우딘빌(Woodinville)의 다양한 로
컬 와인을 비롯해 도시 곳곳에서 와인셀러를 발견할 수 있다.
웨스트레이크 센터 626p

시애틀 IN & OUT

미국 서부 최북단에 위치한 시애틀은 다른 대도시들과 멀리 떨어져 있다. 오히려 캐나다와 가까운 편이라 밴쿠버 및 로키산맥으로 향할 때 출발 지점으로 정하거나, 포틀랜드와 일정을 묶어서 여행하는 것이 일반적이다.

주요 지점과의 거리

출발지	거리	교통수단별 소요 시간			
		자동차	항공	버스	기차
포틀랜드	270km	3시간	50분	3.5시간	4시간
캐나다 밴쿠버	230km	3시간	50분	4시간	4.5시간
샌프란시스코	1300km	14시간	2시간	22시간	1일(버스 환승)

공항에서 시내 가기

대한항공, 아시아나항공, 델타항공의 인천-시애틀 직항편이 시애틀-타코마 국제공항(SEA-TAC: 시택 공항)으로 취항한다. 소요 시간은 약 10시간. 공항 터미널은 그리 크지 않아서 메인 터미널과 주차장(Parking Garage)까지 걸어서 이동할 수 있다. 시택 공항에서 다운타운 시애틀까지는 22km 거리.

시애틀-타코마 국제공항
Seattle-Tacoma International Airport
ADD 17801 International Blvd
WEB portseattle.org/Sea-Tac

🚈 링크 경전철 LINK Light Rail

다운타운 시애틀로 갈 때는 경전철 링크(LINK)가 가장 빠르고 편리하다. 교통 정체를 피할 수 있어 현지인들도 많이 이용한다. 소요 시간은 다운타운 시애틀의 파이어니어 스퀘어(Pioneer Square) 및 웨스트레이크(Westlake)역 기준으로 40분. 메인 터미널에서 스카이브리지 6번을 통해 경전철 역으로 이동한다. 탑승 전 공항에서 오르카(ORCA) 카드를 구매하면 편리하다.

PRICE 공항에서 다운타운까지 $3

🚌 버스 Bus

포틀랜드나 캐나다 밴쿠버까지 직행버스를 이용하는 것도 방법. 미국 주요 도시로 연결되는 장거리 버스는 다운타운 남쪽의 그레이하운드 버스 센터에서 출발한다. 좀 더 저렴한 플릭스버스는 정식 터미널이 아닌 길거리에서 출발하는 경우가 많으니 주소를 잘 확인한다. 포틀랜드 및 밴쿠버까지 버스 요금은 $30~50.

그레이하운드 버스 센터 Greyhound Bus Center
ADD 503 S Royal Brougham Way **WEB** greyhound.com
플릭스버스 Flixbus USA
WEB flixbus.com

🚕 택시 & 공유 차량 Taxi & RideShare

일반 택시는 공항 주차장 3층에서 바로 탑승 가능하다. 번호판이 3자리 숫자인 단색 택시는 미터 요금으로 운행하는 일반 택시, 번호판이 4자리 숫자인 2가지 색 택시는 목적지까지 정액제로 운행하는 공항 택시다. 다운타운 시애틀 기준으로 정액요금은 $55이며, 여기에 10~15%가량의 팁이 추가되면 요금은 $70 이상이다. 우버와 리프트는 일반 택시보다 약간 저렴하며, 지정된 호출 장소는 주차장 3층 1~34번 중 오렌지·퍼플 섹션이다.

시애틀은 미국 서부 해변을 따라 운행하는 앰트랙 노선 코스트 스타라이트(Coast Starlight)의 시작점이다. 시애틀-포틀랜드-새크라멘토-LA로 이어지는 2216km 를 35시간에 걸쳐 달린다. 또한 캐나다 밴쿠버-시애틀-포틀랜드-유진을 잇는 앰 트랙 캐스케이드(Amtrak Cascades)도 매일 운행한다. 가까운 포틀랜드까지 요금은 $37~66이며, 다운타운 남쪽의 앰트랙 기차역까지 링크 노선이 연결돼 편리하다.

킹스트리트역 Kings Street Station
ADD 303 S Jackson St
WEB amtrak.com

시애틀 시내 교통

시애틀 도심은 차 없이도 충분히 다닐 수 있을 만큼 대중교통이 촘촘하다. 운영 주체별로 요금 체계가 조금씩 다른 대신, 통합 교통카드로 대부분의 교통수단을 이용할 수 있다.

| 구분 | 경전철 | 버스 | | 스트리트카 | 워터택시 | 모노레일 |
		Metro BUS	ST Express			
요금(성인 기준)	$3	$2.75	$3(2025년 3월부터)	$2.25	$5.75~6.75	$4
1일권	오르카 데이 패스 $6(사용 시점부터 다음 날 새벽 3시까지 유효)					

교통카드 오르카 ORCA

통합 교통카드인 오르카는 카드 구매비 $3를 지불하고 일정 금액을 충전하면 탑승할 때마다 요금이 차감되는 방식으로, 2~3일 이상 체류 시 편리하다. 홈페이지에 카드와 결제 수단을 등록해두면 온라인 충전도 가능하지만, 계좌에 반영되기까지 시간이 지연될 수 있어 경전철역 자판기에서 충전하는 것이 좋다. 버스를 탈 때는 현금을 내도 거스름돈을 주지 않으니, 1회권·1일권을 선호한다면 모바일 앱(Transit GO Ticket)을 설치하자.

+MORE+

시애틀 시티패스

연속 9일간 도심 명소 5곳을 저렴하게 방문할 수 있는 할인 패스. 기본 구성은 스페이스 니들과 시애틀 아쿠아리움이고, 그 외 아고시 크루즈 하버 투어와 팝 컬처 박물관(MoPOP), 우드랜드 파크 동물원, 치훌리 유리 공예 가든, 퍼시픽 사이언스 센터 중 3곳을 선택 가능.

PRICE $127 **WEB** citypass.com/seattle

❶ 사운드 트랜짓 SoundTransit

공항과 도심, 주변 지역을 연결하는 경전철 링크(LINK), 기차(Sounder Train), 고속버스(ST Express)를 운영한다.

WEB soundtransit.org

❷ 킹 카운티 메트로 King County Metro

다운타운과 시애틀 근교 전역을 오가는 메트로 버스, 섬을 연결하는 워터택시, 지상 스트리트카를 운영한다.

WEB kingcounty.gov/metro
스트리트카 seattle.gov/transportation/getting-around/transit/streetcar

주요 스트리트카 노선

- **사우스 레이크 유니언 노선** South Lake Union Line 웨스트레이크 센터 ⇄ 유니언 호수 남쪽
- **퍼스트 힐 노선** First Hill Line 파이어니어 스퀘어 ⇄ 캐피톨 힐

메트로 버스 / 스트리트카

시애틀 경전철LINK 노선도

- Northgate
- Roosevelt
- U District
- University of Washington (워싱턴 대학교)
- Capitol Hill (캐피톨 힐)
- Westlake(모노레일역)
- Symphony (시애틀 미술관)
- Pioneer Square (파이어니어 스퀘어)
- International District/ Chinatown & King Street (기차역)
- Stadium(T-모바일 파크)
- SODO
- Beacon Hill
- Mount Baker
- Columbia City
- Othello
- Rainier Beach
- Tukwila/ International Blvd
- SeaTac/Airport (시애틀-타코마 국제공항)
- Angle Lake

❸ 모노레일 Monorail

시애틀 센터와 웨스트레이크 센터 사이(약 1.6km)를 왕복한다. 주행 시간은 2~3분으로 짧지만, 관광객에게 매우 유용한 노선이다.

WEB seattlemonorail.com

❹ 자전거

평지가 많은 시애틀은 자전거 친화적인 도시다. 해안가와 호숫가를 따라 자전거 도로가 잘 정비돼 있어 여행자도 어렵지 않게 자전거를 탈 수 있다. 헬멧 착용과 전조등(앞·뒤)은 필수. 자전거 공유시스템 라임(Lime) 앱을 다운받아 사용한다.

❺ 워싱턴 스테이트 페리 Washington State Ferries

차를 싣고 섬과 육지를 오가는 페리는 시애틀의 중요한 교통수단
이다. 워싱턴주 정부가 직영하는 워싱턴 스테이트 페리가 퓨젓사
운드 주변 주요 노선을 운행한다. 티켓은 현장에서 구매하거나,
온라인으로 구매한 모바일 티켓을 제시하면 된다. 관광객이 가장
많이 이용하는 베인브리지행 페리를 비롯해 대부분의 노선은 예
약 없이 선착순 탑승이 기본. 티켓이 있더라도 다음 페리 탑승이
보장되는 것은 아니므로, 교통 정체가 심한 아침 출근 시간은 피
한다. 홈페이지에서 현장 대기 상황을 안내해준다. 페리 탑승 방
법은 648p 참고.

WEB wsdot.wa.gov/ferries

시애틀에서 숙소 정하기

미국의 여느 대도시와 마찬가지로 시애틀에도 노숙자가 많다. 특히 파이어니어 스퀘어 주변과 다운타운 깊숙한 곳
은 저녁에 다소 불편한 분위기가 형성된다. 가장 무난한 위치는 관광객이 주로 다니는 파이크 플레이스 마켓과 시애
틀 센터 주변. 호텔 가격이 상당히 높은 편이어서 깔끔한 주택가의 에어비앤비가 대안이 될 수 있다.

포시즌스 호텔 시애틀
Four Seasons Hotel Seattle ★★★★★

파이크 플레이스 마켓 인근에 있어
엘리엇베이 뷰를 자랑한다. 스파,
아웃도어 풀, 피트니스 센터를 보
유한 럭셔리 호텔.

ADD 99 Union St
TEL 206-749-7000
PRICE $980~1200
WEB fourseasons.com/seattle

그랜드 하얏트 시애틀
Grand Hyatt Seattle ★★★★

다운타운 웨스트레이크역에서 5분
거리. 도심의 대형 쇼핑몰과 가깝
고 시애틀 센터까지 모노레일로 쉽
게 갈 수 있다. 객실은 14층부터이
며, 다운타운 뷰가 아름답다.

ADD 721 Pine St **TEL** 206-774-1234
PRICE $450~500
WEB seattle.grand.hyatt.com

에이스 호텔 Ace Hotel ★★

힙한 부티크 호텔의 대명사인 에이
스 호텔 1호점. 방마다 조금씩 다
른 콘셉트와 디자인으로 설계했다.
일부 룸은 공용 욕실을 사용하므로
예약 시 확인 필수. 파이크 플레이
스 마켓과 스페이스 니들 사이, 벨
타운에 있다.

ADD 2423 1st Ave **TEL** 206-448-4721
PRICE $200~260 **WEB** acehotel.com

맥스웰 호텔 The Maxwell Hotel ★★★

시애틀 센터에서 도보 10분 거리의
부티크 호텔. 창밖으로 스페이스
니들이 보인다. 로비에서 애프터눈
간식을 제공하고 자전거를 대여해
주는 등 타 호텔과 차별화한 것이
장점. 시설 대비 가격은 다소 높다.

ADD 300 Roy St **TEL** 206-286-0629
PRICE $270~320
WEB themaxwellhotel.com

호텔 시어도어 Hotel Theodore ★★★★

다운타운 중심에 있어 접근성이 뛰
어나다. 시애틀 역사 산업 박물관
과 제휴하여 호텔 안에 다양한 아
트 컬렉션을 전시한다.

ADD 1531 7th Ave **TEL** 206-621-1200
PRICE $380~400
WEB provenancehotels.com/hotel-
theodore

비현실적인 도시 풍경
시애틀 최고의 전망 포인트

흐린 날이 많아 '레인 시티(Rain City)'라고 불리는 시애틀. 운이 좋으면 마운트 레이니어를 볼 수 있다. 도시 너머로
거대한 설산이 신기루처럼 드러나는 순간은 쉽게 경험할 수 없는 최고의 장면!

시애틀 최고의 전망대
케리 파크 Kerry Park

스페이스 니들과 도심의 스카이라인, 거기에 우뚝 솟아오른 레이니
어산까지! 비현실적인 시애틀 전경이 한 화면에 담기는 최고의 포토
존이다. 퀸 앤(Queen Anne) 지역 주택가 공원 앞에는 불편한 교통편
을 무릅쓰고 찾아온 관광객으로 늘 붐빈다. **MAP 629p**

ADD 211 W Highland Dr　**PRICE** 무료　**OPEN** 06:00~22:00
ACCESS 우버 이용(시애틀 센터에서 자동차로 5분)

바다에서 바라본 시애틀
아고시 크루즈 Argosy Cruises

워터프런트에서 배를 타고 나가는 순간, 시애
틀이 이렇게 예쁜 도시였나? 하는 생각이 든
다. 해안선을 따라 오가는 관광 크루즈와 올
림픽반도로 향하는 베인브리지 페리에서 도
시의 스카이라인과 바다가 어우러지는 최고
의 풍경을 카메라에 담아보자. **MAP 617p**

ADD 1101 Alaskan Way
PRICE 1시간 투어 $45.38
WEB argosycruises.com
ACCESS 워터프런트 피어 55

UFO를 닮은 전망 타워
스페이스 니틀 Space Needle

시애틀을 대표하는 랜드마크이자 184m 높이의 전망 타워. 엘리엇베이, 올림픽산맥, 마운트 레이니어, 유니언 호수, 다운타운 스카이라인이 360° 파노라마로 펼쳐진다. **MAP 629p**

ADD 400 Broad St
OPEN 09:00~23:00(금~일요일 08:00~24:00, 겨울철 ~19:00)/폐장 1시간 전 입장 마감
PRICE $35~46.5 **WEB** spaceneedle.com **ACCESS** 시애틀 센터

워터프런트의 아이콘
시애틀 대관람차 Seattle Great Wheel

천천히 외선하는 내관람차 위에서 실부든 바나를 내려다보는 깃은 시애틀의 또 다른 즐거움이다. 대관람차는 2012년 엘리엇베이에 설치되자마자 워터프런트의 대표 명소가 되었다. 한 바퀴 회전하는데 평균 12~20분 걸리는데, 대기 인원에 따라서 속도를 조절한다. **MAP 617p**

ADD 1301 Alaskan Way **OPEN** 11:00~22:00(주말 10:00~) **PRICE** $20
WEB seattlegreatwheel.com **ACCESS** 워터프런트 Pier 57

시애틀 빌딩 숲을 한눈에
컬럼비아 센터 Columbia Center

시애틀에서 가장 높은 284m 높이의 빌딩 73층에는 전망대(Sky View Observatory)가 있다. 다른 전망대에 비해 방문자는 적은 편이나, 다운타운의 빌딩 숲과 워터프런트가 가깝게 보인다. **MAP 617p**

ADD 701 5th Ave **WEB** columbiacenterseattle.com **ACCESS** 워터프런트에서 도보 15분

시애틀 여행의 중심

다운타운 시애틀 Downtown Seattle

다운타운은 파이어니어 스퀘어, 파이크 플레이스 마켓, 엘리엇베이를 따라 조성된 워터프런트, 교통과 쇼핑몰이 밀집한 웨스트레이크역 부근을 포함한다. 핵심 지역은 걸어서 돌아볼 수 있는 규모이며, 주요 지점에는 경전철 링크(LINK) 역이 있다. 스트리트카와 모노레일을 적절히 활용하면 더욱 쉽게 다닐 수 있다. 다운타운 동쪽에는 시애틀 인디문화의 상징, 캐피톨 힐(Capitol Hill)이 자리 잡고 있다.

모험이 시작되는 바다

① 워터프런트 파크 Waterfront Park

시원하게 펼쳐진 태평양을 바라보며 항구도시 시애틀을 체감할 수 있다. 부둣가의 여객선에서 뱃고동 소리가 들려오면 덩달아 마음이 설렌다. 베인브리지행 페리가 떠나는 시애틀 페리 터미널, 캐나다 빅토리아섬과 알래스카 크루즈 터미널 모두 워터프런트에 있다. 알래스칸 웨이를 따라 조성된 산책로에는 시애틀 대관람차 같은 전망 포인트와 시푸드 레스토랑이 밀집해 있다. 해안가를 산책해도 좋고, 1시간짜리 크루즈 항해를 즐겨도 좋은 곳. 파이크 플레이스 마켓과는 계단으로 연결돼 있다. MAP 617p

파이크 플레이스 마켓과 연결된 계단

워터프런트

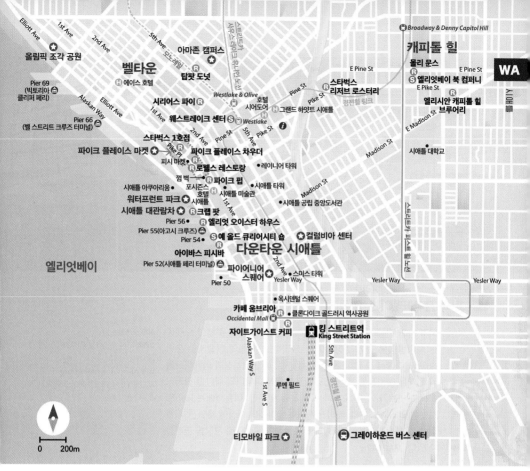

올림픽 조각 공원

1st Ave
2nd Ave
5th Ave
Elliott Ave

아마존 캠퍼스

벨타운

🅡 에이스 호텔

탑팟 도넛

Pier 69
(빅토리아 🚢
클리퍼 페리)

시리어스 파이 🅡
Westlake & Olive
호텔
시어도어

🅡 스타벅스
리저브 로스터리

캐피톨 힐

몰리 문스
🅢 엘리엇베이 북 컴퍼니

엘리시안 캐피톨 힐
🅡 브루어리

Alaskan Way
Elliott Ave

1st Ave
웨스트레이크 센터
Pike St
Pine St

그랜드 하얏트 시애틀

E Pine St
E Pine St
E Pike St

Broadway & Denny Capitol Hill

WA

Pier 66
(벨 스트리트 크루즈 터미널)

스타벅스 1호점
2nd Ave
Pine St
Pike St
5th Ave
Westlake
경전철 링크

E Madison St

Madison St

시애틀 대학교

파이크 플레이스 마켓 🅡
피시 마켓
Pike Pl

파이크 플레이스 차우더

껌 벽
🅡 로웰스 레스토랑
🅡 파이크 펍
포시즌스
호텔

레이니어 타워

시애틀 타워

Madison St

시애틀 아쿠아리움
워터프런트 파크
시애틀 대관람차 🅡

🅡 시애틀
미술관
1st Ave

시애틀 공립 중앙도서관

🅡 크랩 팟

Pier 56
Pier 55(아고시 크루즈)
Pier 54

🅢 엘리엇 오이스터 하우스
🅢 예 올드 큐리어시티 숍

🔯 컬럼비아 센터

엘리엇베이

다운타운 시애틀

아이바스 피시바
Pier 52(시애틀 페리 터미널)
Pier 50

파이어니어
스퀘어
Yesler Way
2nd Ave
🔯 스미스 타워

Yesler Way

Yesler Way

카페 움브리아
Occidental Mall
자이트가이스트 커피

옥시덴털 스퀘어
🅡 클론다이크 골드러시 역사공원

🏛 킹 스트리트역
King Street Station

Alaskan Way S
5th Ave

1st Ave S
루멘 필드

N
0   200m

티모바일 파크 🔯

🚌 그레이하운드 버스 센터

① 시애틀 아쿠아리움
Seattle Aquarium

태평양의 해양생물과 산호초를 관람하는 아쿠아리움.
다이버가 먹이를 주는 이벤트와 직접 수중생물을 만져
보는 오픈형 터치풀은 아이들에게 인기다. 아래층에 마
련된 '언더워터 돔'에서는 퓨젯사운드의 바닷속을 실감
나게 체험할 수 있다.

ADD 1483 Alaskan Way **OPEN** 09:30~18:00(17:00 입장 마감)
PRICE 성인 $34~44, 4~12세 $24~31(온라인 예매 시 할인)
WEB seattleaquarium.org **ACCESS** Pier 59

② 예 올드 큐리어시티 숍
Ye Olde Curiosity Shop

1899년에 문을 연 이색적인 골동품 박물관. 북극 원주
민 공예품부터 토템 기둥, 고래 뼈 등 온갖 기이한 물품
을 수집해 온 J.E. 스탠리 가족이 4대째 대를 이어 운영
중이다. 비슷한 콘셉트의 '리플리의 믿거나 말거나' 박
물관 설립자인 로버트 리플리조차 이곳에서 아이템을
구매했을 정도로 진기한 물건으로 가득하다. 기념품점
을 겸하고 있으며 관람은 무료다.

ADD 1001 Alaskan Way **OPEN** 10:00~18:00(주말 연장 운영)
WEB yeoldecuriosityshop.com **ACCESS** Pier 54

② 스타벅스 1호점을 찾아라!
파이크 플레이스 마켓 Pike Place Market

여러 동의 건물이 합쳐진 복합 재래시장. 1907년 문을 열고 오랫동안 사랑받아온 먹거리 장터이자 스타벅스 1호점의 탄생지로 유명하다. 바다에서 갓 잡아 올린 생선을 사고파는 어시장과 아케이드를 가득 채운 꽃시장을 구경하고, 따끈한 클램 차우더와 다양한 길거리 음식도 맛보자. 늦은 오후가 되면 문을 닫지만, 여름철에는 나이트 마켓이 열리기도 한다. 파이크 플레이스 마켓의 중심에 세워진 '퍼블릭 마켓 센터' 간판에서 출발하면 효율적인 동선으로 시장을 둘러볼 수 있다. **MAP 617p**

ADD 85 Pike St
OPEN 이른 아침~오후(채소/꽃시장은 09:00~16:00)
WEB pikeplacemarket.org
ACCESS LINK 웨스트레이크 역에서 도보 5분

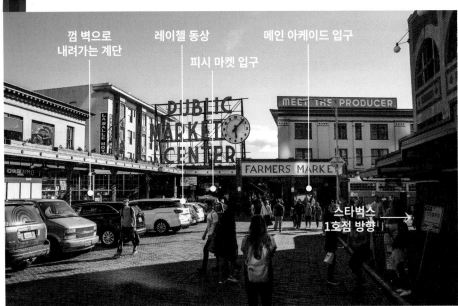

껌 벽으로 내려가는 계단
레이첼 동상
피시 마켓 입구
메인 아케이드 입구
스타벅스 1호점 방향

명소 BEST 15

미로처럼 얽히고설킨 시장은 걸어 다니면서 구경하는 재미가 쏠쏠하다. 200여 개의 점포 중에서 자칫 놓칠지도 모를 추천 장소 15곳을 모았다.

Best 1 네온사인 'Public Market Center'

1937년 파이크 플레이스(Pike Place)와 파이크 스트리트(Pike St)의 교차지점에 세워진 대형 옥외 간판. 복잡한 시장에서 길잡이가 돼주는 랜드마크. 메인 아케이드 위에도 비슷한 모양의 네온사인이 있다.

Best 2 레이첼 동상
Rachel the Pig

레이첼이라는 돼지를 모델로 만든 돼지 동상은 마켓의 슈퍼스타! 관광객들은 행운을 가져다주는 레이첼과 인증샷을 찍고 저금통 구멍에 동전을 넣는다.

Best 3 껌 벽
Gum Wall

지하 골목에 있는 극장(마켓 시어터)을 후원하려고 씹던 껌과 동전을 붙여놓던 것이 쌓여서 명물이 됐다. 덕분에 '세계에서 가장 지저분한 명소 TOP 5'에 오르기도 했지만, 인증샷을 남기는 관광객으로 가득하다.

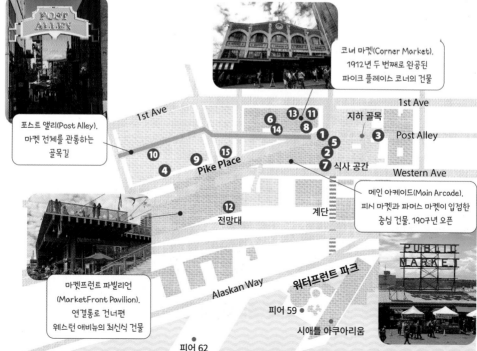

포스트 앨리(Post Alley).
마켓 전체를 관통하는 골목길

코너 마켓(Corner Market).
1912년 두 번째로 완공된 파이크 플레이스 코너의 건물

지하 골목

Post Alley

1st Ave

Pike Place

식사 공간

Western Ave

전망대

계단

메인 아케이드(Main Arcade).
피시 마켓과 파머스 마켓이 입점한 중심 건물. 1907년 오픈

마켓프런트 파빌리언
(MarketFront Pavilion).
연결통로 건너편
웨스턴 애비뉴의 최신식 건물

Alaskan Way

워터프런트 파크

피어 59

시애틀 아쿠아리움

피어 62

Best 4 스타벅스 1호점
Original Starbucks

1971년 원두 소매점으로 출발한 스타벅스 1호 매장. '1912 Pike Place'라는 주소를 새긴 출입문과 갈색 바탕에 인어가 그려진 오리지널 간판이 그대로 남아 있다. 스타벅스의 대표 원두인 파이크 플레이스를 비롯해 여기서만 구매할 수 있는 오리지널 로고 굿즈가 날개 돋친 듯 팔려나간다. 참고로 스타벅스 본사(Starbucks Center) 건물은 남쪽 소도(SoDo, South of Downtown) 지역에, 스타벅스 리저브는 캐피톨 힐에 있다. 미국 3대 카페에 대한 정보는 060p 참고.

OPEN 06:00~20:00

Best 5 피시 마켓
Fish Market

간판 그림과 똑같은 복장을 한 생선 장수가 큰 목소리로 떠들며 생선을 던지고 받는 유쾌한 장면을 월드 페이머스 피시 마켓 앞에서 구경할 수 있다. 재미있는 마케팅 전략 덕분에 미국 전역에서 배송 주문이 밀려드는 인기 업체가 됐다.

OPEN 07:00~17:00

Best 6 파이크 플레이스 차우더
Pike Place Chowder

신선한 조갯살이 듬뿍 들어간 클램 차우더 맛집. 랍스터 롤이나 던지니스 크랩 롤과 함께 먹으면 든든한 한 끼 식사가 된다. 웨이팅이 심할 때는 온라인 주문 후 픽업하는 방법도 있다.

OPEN 11:00~17:00

클램 차우더를 먹기 위해
줄 선 사람들

Best 7 워터프런트 뷰포인트
Waterfront Viewpoint

피시 마켓 안쪽, 퍼블릭 시팅(Public Seating)이라고 저힐 테이블을 시장에서 산 음식을 앉아서 먹을 수 있도록 공용 공간이다. 창밖으로 바다가 보이는 완벽한 뷰 맛집!

Best 8 쓰리 걸스 베이커리
Three Girls Bakery

무려 1912년에 개업한 파이크 플레이스의 터줏대감. 맛있는 파이와 빵, 샌드위치로 시애튼 주민들의 입맛을 사로잡았다.

OPEN 07:00~17:30

Best 9 피로시키
Piroshky Piroshky

빵 속에 채소, 고기 혹은 소시지 등 다양한 재료를 넣은 러시아 전통 요리 피로시키 파이가 고소한 냄새를 풍기며 식욕을 자극한다. 스타벅스 1호점 커피와 함께 먹으면 완벽한 조합.

OPEN 08:00~19:00

핑크 도어
The Pink Door

간판은 따로 없고 포스트앨리 골목의 핑크빛 현관문만
이 가게의 존재를 알린다. 문을 열고 입장하면 뜻밖의
넓은 공간에 놀라게 된다. 조개를 듬뿍 넣은 봉골레 파
스타가 대표 메뉴. 웨이팅이 길기 때문에 오픈테이블로
예약하는 것이 좋다.

OPEN 11:00~16:30, 17:00~22:00/일·월요일 휴무

스토리빌 커피
Storyville Coffee

근사한 우든 인테리어와 맛있는
커피, 파이크 플레이스가 내려다
보이는 스트리트뷰로 인기를 얻
은 카페. 코너 마켓 꼭대기 층에
있다.

OPEN 08:00~15:00(금~일요일 ~16:00)

선데크
Sun Deck

마켓프런트 파빌리언은 건물 전체
가 시원한 오션뷰를 자랑한다. 개
방된 전망 공간 선데크에는 레이첼
의 사촌 빌리가 앉아 있다. 대형 탭
룸 올드 스토브 브루잉(Old Stove
Brewing)도 멋진 장소다.

OPEN 07:00~22:00

WA
시애틀

메츠커 맵
Best 13
Metsker Maps of Seattle

1950년부터 자리를 지켜온 지도 및 여행서적 전문 서점. 벽에 걸린 세계지도와 지구본을 구경하는 수집가의 눈빛에서 부러움이 느껴진다. 시애틀 관련 기념품을 구하기에도 좋은 곳.

OPEN 09:00~ 18:00(주말 10:00~)

메이드 인 워싱턴
Best 14
Made in Washington

연어, 와인, 원두, 클램 차우더 같은 스페셜티 푸드와 유리 공예품, 각종 기념품 등 시애틀과 워싱턴주의 특산품을 판매한다. 클램 차우더 가게 바로 옆.

OPEN 09:00~17:00

비처스 핸드메이드 치즈
Best 15
Beecher's Handmade Cheese

가게 안쪽에서 치즈를 만드는 과정을 견학할 수 있는 수제 치즈 전문점. 신선한 치즈와 맥앤치즈도 판매한다.

OPEN 09:00~19:00(동절기 10:00~17:00)

+MORE+

시애틀의 파머스 마켓 문화 구경하기

근교에서 수확한 로컬 식재료를 취급하는 파머스 마켓은 유기농 라이프스타일을 추구하는 시애틀 사람들에게 특별한 의미를 지닌다. 상설 마켓인 파이크 플레이스 파머스 마켓 외에도 요일별로 돌아가며 장터가 열린다. 주택가 주변에서 열리는 장터는 현지인의 일상을 들여다볼 좋은 기회! 인스타그램 및 홈페이지에서 변동 사항을 체크하자.

WEB sfmamarkets.com
인스타그램 @seattlefarmersmkts

[토요일] 사우스 레이크 유니언 마켓
OPEN 11:00~16:00(5~10월)
[토요일] 유니버시티 디스트릭트
OPEN 09:00~14:00(연중)
[일요일] 캐피톨 힐 브로드웨이
OPEN 11:00~15:00(연중)
[일요일] 발라드 파머스 마켓
OPEN 09:00~14:00(연중)

Spot 1 옥시덴털 스퀘어
Occidental Square

파이어니어 스퀘어 주변, 고풍스러운 붉은 벽돌로 지어진 주요 건물은 1889년의 대화재 이후 재건축된 것이다. 치프 시애틀 동상부터 옥시덴털 스퀘어 사이는 1970년대부터 갤러리와 화랑이 들어섰으며, 주변 직장인들의 단골 카페도 많다. 단, 최근 노숙자가 급증해 밤에는 다소 주의가 필요하다.

ADD 117 S Washington St

③ 시애틀 역사의 시작
파이어니어 스퀘어
Pioneer Square

1851년 11월 13일, 엘리엇베이 알키곶에 도착한 최초의 유럽인인 데니 일가(Denny Party)가 이듬해 건설한 정착촌. 백인들이 영역을 확장하면서 삶의 터전에서 쫓겨난 원주민들은 점점 오지로 밀려났고, 1854년 미국 정부는 원주민들에게 강제적인 토지 매각을 요구하기에 이르렀다. 당시 협상에서 명연설을 남겼던, 이 도시가 이름을 물려받은 추장 시애틀(Chief Si'ahl, 1786~1866, 두와미시족과 수콰미시족의 대추장)의 동상이 파이어니어 스퀘어와 틸리쿰 플레이스에 세워져 있다. **MAP 617p**

ADD 100 Yesler Way
WEB pioneersquare.org
ACCESS LINK 파이어니어 스퀘어역

Spot 2 클론다이크 골드러시 역사공원
Klondike Gold Rush National Historical Park

1897년 캐나다 유콘 클론다이크에서 금이 발견되었다는 소식을 접한 사람들이 앞다투어 서부로 몰려들었다. 이곳은 골드러시와 함께 한 시애틀의 발전 과정 및 당대의 뉴스와 자료를 집대성한 박물관이다. 전시 내용은 알래스카 크루즈 루트와도 밀접한 연관이 있으므로, 크루즈 여행을 할 계획이라면 더욱 흥미로운 장소.

ADD 319 2nd Ave S
OPEN 10:00~17:00/월·화요일 휴무
PRICE 무료
WEB nps.gov/klse

: WRITER'S PICK :

"Every part of this country is sacred to my people."

"이 땅의 모든 부분은 우리에게 신성하다. 이제 얼마 남지 않은 나의 사람들은 마치 태풍이 휩쓸고 간 대지 위, 산산이 흩어진 나무들 같다. 바람을 타고 흘러넘치는 파도처럼, 물결처럼 많았던 사람들은 떠나고, 우리 부족의 위대함은 아픈 기억으로만 남았다. 그러나 그대들의 도시와 마을이 잠든 밤, 아름다운 땅을 사랑하는 영혼들은 끊임없이 돌아올 것이다. 백인들이 홀로 이곳을 차지하는 일은 결코 없으리라."

시애틀 대추장의 연설 중에서

도시가 아름다운 이유
시애틀의 공공미술과 건축

공공미술과 예술이 발달한 시애틀은 건축 분야에서도 혁신적인 기술과 디자인을 도입했다.
다운타운의 스카이라인을 이루는 고층 빌딩군 중에도 독특한 외관으로 시선을 사로잡는 건물이 많다.
주민들의 문화 공간 시애틀 중앙 도서관, 망치를 든 거대한 <해머링 맨>이 설치된 시애틀 미술관도 눈여겨보자.

레이니어 타워　시애틀 타워　시애틀 미술관　컬럼비아 센터　스미스 타워
1203서드 애비뉴
시애틀 대관람차

레이니어 타워

시애틀 공립 중앙도서관

시애틀 미술관

- **스미스 타워** Smith Tower 1914년에 지어진 42층 빌딩. 360° 파노라마 야외 전망대가 있다.
- **시애틀 타워** Seattle Tower 1929년에 지어진 아르데코 양식의 건물. 지역의 바위산을 형상화했다.
- **레이니어 타워** Rainier Tower 건물의 하층부가 좁아지는 독특한 디자인의 건물. 바로 옆에 260m 높이의 레이니어 스퀘어 타워가 세워졌다.
- **시애틀 공립 중앙도서관** Seattle Public Library-Central Library 건축가 렘 쿨하우스가 설계한 유리와 철골 구조의 11층짜리 도서관. 채광 좋은 거실을 콘셉트로 한 내부가 인상적이다.
- **시애틀 미술관** Seattle Art Museum(SAM) 천천히 망치를 두드리는 <해머링 맨>은 조나단 보로프스키의 조각. 시애틀 예술 협회의 리처드 풀러 박사가 기증한 소장품을 비롯해 2만5000점의 작품을 보유했다.
WEB seattleartmuseum.org

④ 모노레일과 스트리트카 탑승 장소
웨스트레이크 센터 Westlake Center

여행자라면 반드시 알아둬야 할 다운타운 시애틀의 쇼핑센터 겸 교통 허브. 시애틀 센터(스페이스 니들)행 모노레일 역은 건물 3층에 있고, 사우스 레이크 유니언행 스트리트카는 건물 북쪽, 5번가와 올리브웨이 코너에서 출발한다. 웨스트레이크 센터 주변은 시애틀에서 탄생한 백화점 노드스트롬, 아웃렛인 노드스트롬랙, 각종 브랜드가 밀집한 쇼핑가라서 깔끔한 분위기. 평일 점심에는 직장인을 위한 푸드트럭이 센터 앞 광장으로 모여든다. MAP 617p

ADD 400 Pine St
WEB westlakecenter.com
ACCESS 파이크 플레이스 마켓에서 500m, 도보 6분

⑤ 시애틀 매리너스의 홈구장
티모바일 파크 T-Mobile Park

1999년 개장한 시애틀 매리너스의 홈구장이다. 2019년 1월부로 세이프코 필드에서 티모바일 파크로 명칭을 변경했다. 비가 많이 내리는 날씨 때문에 개폐식 돔 구조이며, 경기장 뒤로 펼쳐지는 다운타운의 스카이뷰가 예술! 상층부 좌석에 앉을수록 더 멋진 뷰를 감상할 수 있다. 티모바일 파크 옆 루멘 필드(Lumen Field)는 메이저리그 축구팀 시애틀 사운더스와 미식 축구팀 시애틀 시호크스가 공유하는 다목적 구장. 2026년 월드컵 개최지 중 한 곳으로 선정됐다. MAP 617p

ADD 1250 1st Avenue South
WEB mariners.com/Tours
ACCESS LINK King Street Station역에서 도보 15분

⑥ 새로운 실험이 이뤄지는 곳
아마존 캠퍼스 Amazon Campus

시애틀은 글로벌 기업의 인큐베이터 역할을 담당해온 첨단 도시다. 1940년대부터 조선소와 항공기 산업이 발달했고, 보잉, 마이크로소프트, 아마존닷컴 본사가 연이어 설립되면서 IT 도시의 위상을 공고히 했다. 데이터 기반 서점(Amazon Books)이나 무인 편의점(Amazon Go) 같은 비즈니스 모델이 최초로 선보인 곳도 시애틀이다.

유니언 호수 남쪽과 다운타운 사이에 자리한 여러 동의 아마존 본사 건물 중에서는 단연 스피어스(The Spheres)가 눈에 띈다. 3개의 유리 온실 내부에 희귀식물 4만 그루를 심어 놓은 열대우림 '아마존'은 매월 첫

째·셋째 토요일에 한해 일반인 관람 예약이 가능하다. 비지터 센터인 언더스토리(Understory)와 건물 내 레스토랑 윌몿츠 고스트(Willmott's Ghost), 건물 옆 잔디 광장은 상시 방문할 수 있다. **MAP 617p**

ADD 2101 7th Ave
OPEN 화~토요일 10:00~18:00
PRICE 무료
WEB seattlespheres.com
ACCESS 파이크 플레이스 마켓에서 1km

✦MORE✦
아마존 커뮤니티 바나나 스탠드
Amazon Community Banana Stand

아마존 본사 근처에서 아침 8시부터 바나나를 나눠주는 행사. 공동체와 상생한다는 의미로, 직원은 물론이고 지나가는 사람은 누구나 바나나를 받을 수 있다. 카트 2개에서 하루 약 8000개의 바나나를 소비한다고 알려져 있다.

알렉산더 칼더 <The Eagle(1971)>

⑦ 잔디밭 위 공공미술
올림픽 조각 공원 Olympic Sculpture Park

시애틀 미술관(SAM)에서 조성한 조각 공원으로, 바다를 향해 펼쳐진 푸른 잔디 위에서 예술품을 감상할 수 있다. 알렉산더 칼더, 루이스 부르주아, 리처드 세라, 마크 디 수베로 등 저명한 예술가의 미술품을 주기적으로 순환 전시한다. 주요 관광지와 다소 떨어져 있으니, 해안 산책로를 따라 자전거를 탈 때 잠시 들러보자. **MAP 617p**

ADD 2901 Western Ave
ACCESS 시애틀 센터에서 600m, 워터프런트 파크에서 1.5km

8 다양성의 거리
캐피톨 힐 Capitol Hill

캐피톨 힐에는 다양한 문화가 공존하는 지역. 주택가와 상가 사이에 재밌는 상점들이 숨어 있고, 저렴한 임대료로 넉넉한 공간을 확보할 수 있어서 마이크로 브루어리와 특색 있는 로컬 카페가 많다. 시애틀 태생의 천재 기타리스트 지미 헨드릭스의 흔적이 곳곳에 남아 있어 록을 좋아하는 사람이라면 꼭 가보게 되는 곳. 지미 헨드릭스 동상과 시애틀 대표 서점 엘리엇베이 북 컴퍼니 부근이 중심 거리다. **MAP 617p**

ADD 1604 Broadway
ACCESS 파이어니어 스퀘어에서 스트리트카 First Hill 노선 이용

지미 헨드릭스 동상

+ M O R E +

Since 1973! 시애틀 대표 서점
엘리엇베이 북 컴퍼니
The Elliott Bay Book Company

은은한 커피 향이 맴도는 시애틀 최초의 북카페이자 대표 서점이다. 채광 좋은 내부는 숲속 도서관 같은 분위기. 삼나무 책장에 수만 권의 장서가 빼곡하게 꽂혀 있고, 서가마다 손글씨로 추천 글을 적어둔 메모지가 친근하다. 매주 세계 각국에서 초청된 작가 낭독회와 사인회가 열리는 소통의 공간이다. **MAP 617p**

ADD 1521 10th Ave
OPEN 10:00~22:00
WEB elliottbaybook.com

다운타운 북쪽
시애틀 센터 & 사우스 레이크 유니언
Seattle Center & South Lake Union

시애틀의 첨단도시다운 면모를 이해하려면 다운타운 위쪽의 시애틀 센터를 방문하면 된다. 스페이스 니들 전망대에 오르고, 미술관과 박물관을 보려면 최소 3~4시간은 필요하다. 1962년 시애틀 세계 박람회 당시 만들어진 모노레일이 다운타운 웨스트레이크 센터와 시애틀 센터를 하루 종일 왕복한다. 유니언 호수 쪽으로 갈 때는 웨스트레이크 센터에서 스트리트카에 탑승할 것.

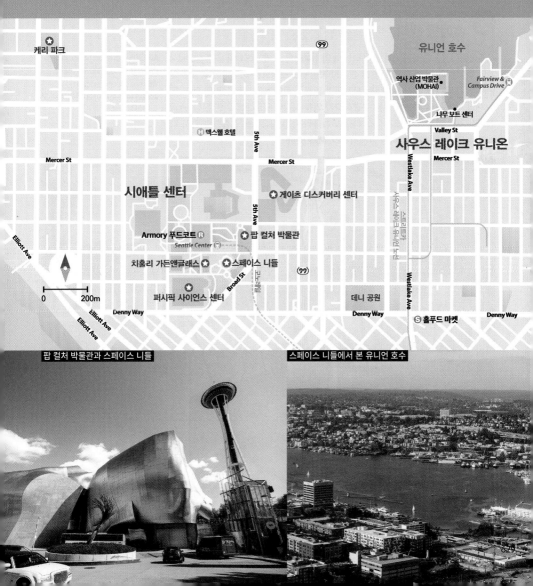

케리 파크

(99)

유니언 호수

역사 산업 박물관 (MOHAI)

Fairview & Campus Drive

나무 보트 센터

맥스웰 호텔

Valley St

5th Ave

사우스 레이크 유니온

Mercer St

Mercer St

Mercer St

시애틀 센터

게이츠 디스커버리 센터

5th Ave

Westlake Ave

스트리트카 사우스 레이크 유니언

Armory 푸드코트 ®
Seattle Center

팝 컬처 박물관

치훌리 가든앤글래스

스페이스 니들

(99)

Westlake Ave

퍼시픽 사이언스 센터

Broad St

퍼스트애비뉴

데니 공원

0 — 200m

Elliott Ave

Elliott Ave

Denny Way

Denny Way

홀푸드 마켓 Ⓢ

Denny Way

팝 컬처 박물관과 스페이스 니들

스페이스 니들에서 본 유니언 호수

629

① 스페이스 니들과 모노레일

시애틀 센터 Seattle Center

세계박람회장을 개조한 시애틀 센터는 높이 184m의 스페이스 니들을 중심으로 4
개의 박물관과 IMAX 극장·공연장·경기장·정원·레스토랑으로 이루어진 복합 문화
단지다. 스페이스 니들 전망대는 시간대별 인원 제한이 있으므로 온라인 예매 또
는 현장 예매 후 주변 박물관을 구경하다가 입장 시각에 맞춰 올라가면 된다. 관광
객에게 가장 인기 많은 스페이스 니들과 치훌리 가든 입장권을 결합한 패키지 티
켓이나 시티 패스를 구매하면 경제적이다. **MAP 629p**

ADD 305 Harrison St(모노레일역)
OPEN 07:00~21:00
WEB seattlecenter.com
ACCESS 웨스트레이크 센터에서 모
노레일로 3분

WA

 Spot 1 ## 치훌리 가든앤글래스
Chihuly Garden and Glass

시애틀 출신의 유리공예 아티스트 데일 치훌리의 작품을 모아놓은 미술관. 라스베이거스 벨라지오 호텔 로비 천장에 장식된 <피오리 디 코모(Fiori di Como)>가 대표작이다. 8개의 전시실과 유리 온실, 야외 정원으로 이루어진 공간을 관람하는 내내 황홀함의 연속! 아름다운 색채로 빛나는 유리공예 작품은 마치 살아있는 꽃과 나무 같다.

OPEN 10:00~17:00(여름철 연장 운영/마감 45분 전 입장)
PRICE $35~39(스페이스 니들 통합권 $63~68)
WEB chihulygardenandglass.com

 Spot 2 ## 팝 컬처 박물관
Museum of Pop Culture(MoPOP)

미이그로소프트의 공동 창업자 폴 앨런이 설립한 초대형 박물관. 기타리스트 지미 헨드릭스의 부서진 기타를 형상화한 건물 디자인은 프랭크 게리가 설계했다. 지미 헨드릭스, 너바나, 밥 딜런의 소장품을 포함해 음악·영화·패션·비디오게임 등 대중문화를 망라한다. 관객이 직접 체험하는 인터랙티브 전시관이며, 대중 예술가를 위한 다양한 활동을 펼치는 비영리 단체 역할도 겸한다.

OPEN 10:00~17:00
PRICE $28~34 **WEB** mopop.org

 Spot 3 ## 퍼시픽 사이언스 센터
Pacific Science Center

과학·수학·신입과 관련된 현상과 원리를 직접 체험하며 배우는 박물관. 열대 나비 전시실에서부터 곤충 마을, 공룡 모형, 플라네타륨(천체관)과 레이저 돔까지 갖췄다. 가족 단위 관광객이라면 필수 방문 코스.

OPEN 10:00~17:00
PRICE 성인 $27~35, 3~17세 $20~26
WEB pacificsciencecenter.org

② 빌 게이츠 부부의 사회공헌 재단
게이츠 디스커버리 센터
Gates Discovery Center

빌 게이츠와 멜린다 프렌치 게이츠가 공동으로 운
영하는 사회공헌 재단. 옥상 정원과 빗물 재활용
시설을 설치해 지속 가능한 친환경 건물의 대표 사
례로 꼽힌다. 자선 활동을 소개하는 작은 박물관
겸 비지터 센터를 둘러볼 수 있다. **MAP 629p**

ADD 440 5th Ave N
OPEN 수~토요일 10:00~17:00(가이드 투어 14:00)
PRICE 무료
WEB discovergates.org
ACCESS 시애틀 센터에서 400m

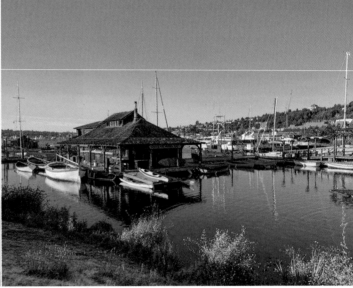

역사 산업 박물관
Museum of History & Industry(MOHAI)
ADD 860 Terry Ave N
OPEN 10:00~17:00
PRICE $25 **WEB** mohai.org

나무 보트 센터
The Center for Wooden Boats
ADD 1010 Valley St
OPEN 12:00~19:00(주말 10:00~18:00)/
월·화요일 휴무
PRICE 무료/보트 대여비 별도
WEB cwb.org

④ 영화 속 선상 가옥 구경하기
사우스 레이크 유니언 South Lake Union

아마존 캠퍼스 앞에서 스트리트카를 타고 3정거장 거리인 사우스 레이크에
는 시애틀의 문화·산업·역사를 집대성한 역사 산업 박물관(MOHAI)과 나무 보
트 박물관이 있다. 영화 <시애틀의 잠 못 이루는 밤>에 등장한 톰 행크스의 선
상 가옥(Houseboat)은 호수 중간쯤에서 볼 수 있는데, 한때 2천여 척까지 늘어
났다가 현재 500여 가구가 남아 있는 선상 가옥의 가격은 일반 주택 못지않게
비싸다고. 나무 보트 센터에서 보트를 빌려 접근하거나, 크루즈 투어를 하면
서 볼 수 있으며, 가끔 에어비앤비 숙소로 임대하는 경우도 있다. **MAP 629p**

시애틀의 일상 속으로
유니언 호수 북쪽 Lake Union North

다운타운 북쪽의 유니언 호수와 서쪽의 엘리엇베이, 동쪽의 워싱턴 호수는 운하(Lake Washington Ship Canal)로 연결된다. 유니언베이(Union Bay)와 포티지베이(Portage Bay)에서 카약을 타거나 호수 주변의 버크-길먼 트레일(Burke-Gilman Trail)을 자전거로 달려보는 것도 추천. 워싱턴 주립대학이나 프리몬트, 발라드 지역은 각자의 일정에 맞게 방문해보자.

유니버시티 빌리지 Ⓢ

유니버시티 디스트릭트

워싱턴 대학교

레드 스퀘어

수잘로 도서관

드럼헬러 분수

Univ of Washington

프리몬트

Fremont Ave

99

Fremont Ave

Pacific St

Northlake Way

Pacific St

Pacific St

포티지 베이

N 36th St

테오 초콜릿 Ⓡ

레닌 동상 · 프리몬트 트롤

프리몬트 Ⓢ N 35th St

선데이 마켓 (벼룩시장)

〈기차를 기다리며〉 Ⓡ 프리몬트 브루잉

N 34th St

N 34th St

프리몬트 브리지 Northlake Way

개스웍스 파크 ✪

99 유니언 호수

포티지 베이

5

520 0 300m

생기 넘치는 대학가
① 워싱턴 대학교 University of Washington

1861년에 설립된 워싱턴 대학교는 매년 봄 벚꽃이 만발하고, 여름에는 장미가 피는 아름다운 캠퍼스로 유명하다. 맑은 날이면 마운트 레이니어가 정면으로 보이는 드럼헬러 분수(Drumheller Fountain)가 최고의 포토 스폿. 붉은 벽돌로 이뤄진 중앙 광장 레드 스퀘어와 캠퍼스 설립 초기 인문사회대학의 고딕 양식 건물 6개가 위치한 쿼드(Quad), 해리포터 도서관으로 불리는 수잘로 도서관(Suzzallo Library)도 눈여겨보자. 북쪽은 유니버시티 빌리지 쇼핑센터, 레스토랑, 카페가 즐비한 대학가로 이어진다. 캠퍼스 안에 경전철 역이 있어 쉽게 방문할 수 있고, 일반인도 교내 주차(유료) 가능. **MAP 633p**

ADD 4060 George Washington Lane
WEB washington.edu
ACCESS LINK University Washington역

조지 워싱턴의 동상

레드 스퀘어와 수잘로 도서관

프리몬트브리지

② 공공 예술의 거리
프리몬트 Fremont

유니언 호수 북쪽의 프리몬트브리지를 건너면 문화적 자부심이 강한 프리몬트가 나온다. 스스로를 '우주의 중심(Center of the Universe)'으로 이름 붙일 정도로, 다른 곳과는 확연히 다른 자유분방함이 흘러넘치는 아주 특별한 동네. 다리 아래 설치한 트롤 조형물, 슬로바키아에서 공수한 블라디미르 레닌의 동상, 주민들이 항상 데코레이션을 해두는 6인의 조각상 <기차를 기다리며> 등 거리마다 파격적인 미술작품이 설치돼 있다. 일요일에는 수공예품과 빈티지 제품 벼룩시장에 파머스 마켓을 더한 프리몬트 일요 시장이 볼거리. 프리몬트 비어 가든에서 맥주 한잔을 즐기고, 발라드 쪽으로 넘어가는 것도 좋은 방법이다. **MAP 633p**

ADD N 34th St   **WEB** fremont.com
ACCESS 웨스트레이크 센터에서 메트로 버스 4번으로 20분(다리 건너편 Fremont Ave하차)

유니언 호수를 지나가는 크루즈
<기차를 기다리며>   레닌 동상   <프리몬트 트롤>

③ 유니언 호수가 보이는 전망 공원
개스웍스 파크 Gas Works Park

옛 열병합 발전소 부지가 공원으로 재탄생했다. 특히 유니언 호수 전
경이 보이는 둥그스름한 언덕은 최고의 전망 포인트. 거대한 산업시설
과 녹지, 푸른 호수의 조합이 무척 독특하다. 공장의 일부를 개조한 어
린이 놀이터도 있어 주말에는 많은 시민이 찾아오는 쉼터. 저녁에는
방문을 권장하지 않는다. **MAP 633p**

ADD 2101 N Northlake Way
OPEN 06:00~22:00
ACCESS 프리몬트 중심가에서 도보 20분

④ 미국 속 북유럽 주택가
발라드 Ballard

바다와 호수가 만나는 곳에 스칸디나비아 이민자들이 모여 사는 북유
럽풍 주택가. 국립 노르딕 박물관, 컬러풀한 주택, 전망 좋은 호숫가에
는 트렌디한 레스토랑(Walrus and Carpenter, Asadero Ballard)과 브루어
리(Reuben's Brews)가 기다리고 있다. 시애틀 주민들도 살고 싶은 동네
로 선망하는 아름다운 곳. 다운타운에서 다소 거리가 있지만, 예쁘고
활기찬 동네를 보고 싶다면 한번 방문해보자. 발라드 애비뉴, 마켓 스
트리트, 유니언 호숫가를 중심으로 동선을 짜고, 파머스 마켓이 열리
는 일요일에 맞춰서 가면 훨씬 즐거운 여행이 될 것이다. **MAP 609p**

ADD Ballard Ave & Market St
ACCESS 다운타운에서 메트로 버스 D라인으로 25분

여기가 바로 시푸드 천국!
워터프런트 & 파이크 플레이스 마켓 맛집

알래스카를 오가는 어선이 태평양의 싱싱한 해산물을 직배송하는 항구도시 시애틀!
차원이 다른 퀄리티의 청정 시푸드를 맛보자.

망치로 두드려 먹는 해산물
크랩 팟 The Crab Pot

테이블 위에 종이를 깔고 갓 쪄낸 뜨끈뜨끈한 해산물을 한가득 쏟아주는
콘셉트로 대박이 난 시푸드 전문점. 껍질을 깨 먹을 수 있도록 나무망치
와 앞치마를 제공해준다. 메뉴는 속살이 통통한 알래스카 크랩과 던지니
스 크랩이 포함된 것으로 선택하자(2인분부터 주문 가능). 워낙 인기가 많아
서 웨이팅은 피할 수 없다. **MAP 617p**

ADD 1301 Alaskan Way   **OPEN** 11:30~20:30(금·토요일 ~21:00)   **MENU** 1인 $65~90
WEB thecrabpotseattle.com   **ACCESS** 워터프런트 Pier 57

알래스카 대구로 만든 피시앤칩스
아이바스 피시바 Ivar's Fish Bar

알래스카산 대구와 넙치, 연어로 만드는 피시앤칩스는 시애
틀에서만 맛볼 수 있는 특별 메뉴. 클램 차우더를 곁들여 포
장 주문하면 한 끼 식사로 거뜬하다. 1938년 시애틀 워터프
런트의 길거리 스탠드로 출발해 워싱턴주 전역에 18개의 매
장을 운영하는 전문 시푸드 바로 성장했다. **MAP 617p**

ADD 1001 Alaskan Way
OPEN 10:00~20:00(금·토요일 ~21:00)
MENU 피시앤칩스 $14~20
WEB ivars.com
ACCESS 워터프런트 Pier 54

40년 전통의 뷰 맛집
엘리엇 오이스터 하우스
Elliot's Oyster House

종류별로 골라 먹는 오이스터(생굴 및 튀김)와 고급 시푸드 요리로 40년 넘게 영업해온 레스토랑. 항구 앞 테라스석과 실내 좌석, 오이스터 바로 나뉜다. 점심 시간에는 크랩 케이크, 시푸드 파스타, 버거 등 비교적 간단한 메뉴를 팔지만, 저녁에는 시푸드 타워나 생선 요리 등을 주문하는 분위기. 예약 필수. **MAP 617p**

ADD 1201 Alaskan Way Ste 100
OPEN 11:00~21:00
MENU 시푸드 타워 $115(2~3인용), 생선 $27~29/서비스 차지 20% 별도
WEB elliottsoysterhouse.com
ACCESS 워터프런트 Pier 56

시푸드 브런치 명소
로웰스 레스토랑 Lowell's Restaurant

20세기 초 매닝스 카페테리아라는 이름으로 문을 연 후 파이크 플레이스 마켓과 역사를 함께 해온 브런치 선문집. 1·3층은 입구에서 주문하고 알아서 자리를 집는 캐주얼한 방식을 유지하며, 2층은 정식 레스토랑이다. 알래스카 연어로 만든 에그 베네딕트, 오믈렛 같은 아침 식사는 11시까지, 샌드위치, 피시앤칩스 등 점심 식사는 늦은 오후까지 주문할 수 있다. **MAP 617p**

ADD 1519 Pike Pl
OPEN 08:00~16:00
MENU 에그 베네딕트 $22~36, 오믈렛 $18
WEB eatatlowells.com

셰프의 피자
시리어스 파이 Serious Pie

해산물 외에 다른 메뉴를 원한다면, 제임스 비어드상을 받은 톰 더글러스의 피제리아를 찾아가 보자. 스타벅스의 진 CEO 하워드 슐츠 회장의 단글집으로 유명해졌고, 한때 스타벅스 리저브 안에서 영업하기도 했다. 얇은 크러스트 피자 도우 위에 버섯과 트러플 치즈 등 고급 재료를 얹은 고메 피자가 대표 메뉴. 발라드 쪽에도 매장이 있다. **MAP 617p**

ADD 2001 4th Ave
OPEN 11:30~21:00(금·토요일 ~22:00, 겨울철은 1시간씩 단축 운영)
MENU 피자 $22~27
WEB seriouspieseattle.com
ACCESS 웨스트레이크 센터 부근

커피의 도시 시애틀
스페셜티 커피와 디저트

스타벅스를 탄생시킨 커피의 도시 시애틀! 한 블록 지날 때마다 스페셜티 커피 전문점을 만나게 된다.
그윽한 커피 향과 적당한 산미는 여행의 쉼표다. 커피와 잘 어울리는 디저트도 맛보자.

최고의 커피를 맛보다
스타벅스 리저브 로스터리 Starbucks Reserve Roastery

스타벅스의 고급 브랜드인 리저브의 플래그십 스토어. 스페셜티 커피의
비중이 점점 높아지면서 2014년, 캐피톨 힐 언덕 위에 현재의 건물을 건
축했다. 다크 로스팅이 기본인 오리지널 스타벅스와 차별화된, 최상급 싱
글 오리진 원두를 적절하게 로스팅한다. 최고의 바리스타가 다양한 방식
으로 커피를 추출해주는 커피 바와 로스터리까지 갖춘 리저브 로스터리는
시애틀·시카고·뉴욕·상하이·밀라노·도쿄에만 지점이 있으며, 시애틀 매장
만의 한정판 굿즈도 특별하다. **MAP 617p**

ADD 1124 Pike St **OPEN** 07:00~22:00(겨울철 ~21:00)
WEB roastery.starbucks.com **ACCESS** 캐피톨 힐

아늑한 휴식 공간
자이트가이스트 커피
Zeitgeist Coffee

시애틀에서 유명한 독립 커피 전문점. 벽돌 건물 내부는 로컬 아티스트의 작품을 전시하는 갤러리 공간으로 활용한다. 높은 천장 안으로 환한 햇빛이 쏟아져 들어오는 낮에 찾아와 느긋하게 쉬고 싶은 손님의 마음을 캐치한 듯 잡지와 신문도 적절히 비치했다. 커피와 함께 샌드위치, 샐러드도 파는 동네 사랑방이다. **MAP 617p**

ADD 171 S Jackson St
OPEN 07:00~늦은 오후
WEB zeitgeistcoffee.com
ACCESS 파이어니어 스퀘어

라테 아트의 창시자
에스프레소 비바체
Espresso Vivace

1988년부터 시애틀 독립 커피 문화를 리드해 온 에스프레소 카페. 창업자인 데이비드 쇼머는 나뭇잎 모양의 라테 아트를 최초로 선보인 라테의 달인. 로고에 '아름다운 커피 한 잔(una bella tazza di caffe)'이라는 철학을 담았다. 간이 매장인 사이드워크 에스프레소 바도 운영 중이다.

ADD 532 Broadway Ave E
OPEN 06:00~19:00
WEB espressovivace.com
ACCESS 캐피톨 힐

이탈리아 정통 커피
카페 움브리아
Caffè Umbria

이탈리아 출신 이민자 가족이 3대째 운영하는 카페. 아라비카 원두를 블렌딩해 맛과 향의 밸런스가 뛰어난 이탈리아 정통 방식의 카푸치노를 맛볼 수 있다. 테라스석에 앉아서 바라보는 파이어니어 스퀘어가 낭만적이다. **MAP 617p**

ADD 320 Occidental Ave S
OPEN 07:00~17:00(주말 08:00~16:00)
WEB caffeumbria.com
ACCESS 파이어니어 스퀘어

좋은 재료로 만든 수제 아이스크림

몰리 문스
Molly Moon's Homemade Ice Cream

시애틀 거리에서 사람들이 길게 줄을 선 아이스크림 가게가 보인다면 바로 이곳! 매장에서 직접 구운 와플콘 위에 부드러운 수제 아이스크림을 듬뿍 얹어준다. 워싱턴주 근교에서 가져온 신선한 꿀, 로컬 우유와 크림을 재료로 사용하며, 테오 초콜릿과 스텀프타운 커피로 맛을 더한다. **MAP 617p**

ADD 917 E Pine St
OPEN 12:00~22:00
WEB mollymoon.com
ACCESS 캐피톨 힐

도넛과 커피의 찰떡궁합

탑팟 도넛
Top Pot Doughnuts

캐피톨 힐에 첫 번째 매장을 오픈한 뒤 시애틀 각지로 영역을 확대한 도넛 전문점. 1920년대 레시피로 만드는 도넛은 미국과 캐나다의 스타벅스에서 판매되기도 했으며, 축구 경기장 루멘 필드의 공식 도넛으로도 선정되기도 했다. 매장에서 원두 로스팅까지 하는 다운타운 5번가 지점은 오바마 전 대통령이 들른 곳으로 유명하다. **MAP 617p**

ADD 2124 5th Ave
OPEN 07:00~19:00
WEB toppotdoughnuts.com
ACCESS 다운타운

초콜릿 바에서 주방까지

테오 초콜릿
Theo Chocolate

1994년부터 공정무역 유기농 초콜릿을 생산한 고급 초콜릿 브랜드. 중앙아메리카와 아프리카 각지에서 수확한 유기농 카카오를 원료로 다양한 제품을 만든다. 플래그십 스토어 내 컨페션 키친에서 다양한 초콜릿 시음 및 만들기 수업(유료)을 들을 수 있다. **MAP 633p**

ADD 3400 Phinney Ave N
OPEN 10:00~18:00/월요일 휴무
PRICE 매장 무료, 초콜릿 테이스팅 $15(예약 필수)
WEB theochocolate.com   **ACCESS** 프리몬트

시애틀에도 수제 맥주 열풍!
마이크로 브루어리 & 비어 가든

최적의 환경에서 더 맛있는 맥주를 만든다! 시애틀 근교의 야키마밸리(Yakima Valley)에서는 미국에서 소비되는 홉의 77%를 생산하며, 현재 시애틀에만 60여 곳의 마이크로 브루어리가 성업 중이다.

파이크 플레이스 마켓의 보물창고
파이크 펍
Pike Pub

1989년부터 마이크로 브루어리 펍의 선구자 역할을 한 곳. 페일 에일, IPA 등 다양한 종류별 오리지널 브랜드 맥주를 판매한다. 껌 벽 바로 아래쪽인 포스트앨리에도 입구가 있는데, 좁은 통로를 따라 올라가면 갑자기 넓은 공간이 나타난다. 견학 가능한 양조 설비와 함께, 맥주의 역사를 정리한 마이크로 브루어리 박물관도 갖췄다. **MAP 617p**

ADD 1415 1st Ave
OPEN 11:00~21:00/화·수요일 휴무
WEB pikebrewing.com
ACCESS 파이크 플레이스 마켓

비어 가든에서 즐기는 수제 맥주
프리몬트 브루잉
Fremont Brewing

톡톡 튀는 프리몬트의 매력이 느껴지는 가족 경영 양조장. 양조장 전력의 일부를 자가발전으로 공급할 정도로 환경문제에 관심이 많다. 참나무통에 꽃나무를 심어놓은 정원에서 맥주를 마실 수 있으며, 프레첼과 사과를 무료 제공한다. 선택이 어려울 때는 맥주 샘플러가 정답! **MAP 633p**

ADD 1050 N 34th St
OPEN 11:00~21:00
WEB fremontbrewing.com
ACCESS 프리몬트

자유의 거리에서 맥주 한잔
엘리시안 캐피톨 힐 브루어리
Elysian Capitol Hill Brewery

1996년부터 350여 종류의 맥주를 생산해온 시애틀의 대표적인 수제 맥주 양조장. 독특한 네이밍과 실험적인 재료 덕분에 탄탄한 마니아층을 보유했다. 세계 최대 주류 회사인 AB인베브가 인수한 후에도 꾸준한 인기를 유지 중. 계절 맥주와 상시 메뉴 중에서 고를 수 있으며, IPA 스타일의 스페이스 더스트(Space Dust), 스타우트 스타일의 드래곤스투스(Dragonstooth)가 대표적이다. **MAP 617p**

ADD 1221 E Pike St
OPEN 12:00~21:00
WEB elysianbrewing.com
ACCESS 캐피톨 힐

캐나다 국경을 넘어서
크루즈 여행

시애틀 워터프런트의 대형 크루즈는 태평양 항로를 따라 아시아와 알래스카로 향하는 여정을 시작한다. 길게는 몇 주일, 짧게는 하루짜리 일정을 골라서 다녀오는 것도 시애틀을 제대로 즐기는 방법! 국경을 넘어야 하기에 출입국 서류를 확실하게 준비해야 한다.

브리티시컬럼비아 주의사당
페어몬트 엠프레스 호텔

① 캐나다에서 보내는 하루
캐나다 빅토리아 크루즈 Victoria Cruises

시애틀에서 고속 페리를 타고 3시간만 가면 영국적인 색채가 짙게 묻어나는 빅토리아의 페리 터미널에 도착한다. 여행사에서는 '빅토리아섬'이라고 부르기도 하는데, 정확하게는 캐나다 밴쿠버 끝자락에 위치한 브리티시컬럼 비아주의 주도다. 작은 도시라서 항구에서부터 대중교통으로 쉽게 돌아볼 수 있으며, 주요 구경거리와 상점가, 기념품숍, 레스토랑은 거번먼트 스트리트(Government St) 주변에 밀집해 있다. 아름다운 장미 정원 부차트 가든을 구경하고 유서 깊은 페어몬트 엠프레스 호텔에서 애프터눈 티를 즐긴 다음, 주의사당의 야경까지 보고 돌아오면 완벽한 하루가 완성된다. 시애틀-빅토리아를 왕복하는 페리는 빅토리아 클리퍼가 유일하며, 차량 동반은 불가능하다. 자동차를 가져가려면 포트 앤젤레스 항구(시애틀에서 223km)로 가서 카페리를 이용한다.

	빅토리아 클리퍼 Victoria Clipper	블랙 볼 페리 Black Ball Ferry
출발 장소	피어 69(시애틀 다운타운)	포트 앤젤레스(올림픽반도) 649p
소요 시간	편도 2시간 45분	편도 90분
요금	왕복 $145~215(예약 필수)	편도 차량+운전자 1인 $84
홈페이지	clippervacations.com	cohoferry.com

부차트 가든
빅토리아 이너 하버

② 전설과 모험의 땅으로
알래스카 크루즈 Alaska Cruises

영롱한 에메랄드빛 바다, 광활한 원시림, 빙하가 공존하는 알래스카의 자연을 만끽하고 골드러시 시대의 특별한 스토리를 간직한 마을과 도시를 한꺼번에 둘러보는 여행은 경이로움의 연속이다. 캐나다 밴쿠버를 거쳐 알래스카의 항구 도시 케치칸·수노·앵커리시·빙하 시벅(허버느 빙하, 글레이셔베이)까지 핵심 루트를 다녀오는 일정은 7박 8일. 여름에는 북쪽으로 올라갈수록 백야 현상이 일어난다.

여행 최적기는 바다가 잔잔한 6~9월이며, 여행 기간과 선박, 객실 종류에 따라 요금 차이가 크다. 최소 6개월~1년 전부터 프로모션 기간을 기다렸다가 예약하는 것이 유리하다.

프린세스 크루즈 Princess Cruises
WEB princesscruises.co.kr
셀러브리티 크루즈 Celebrity Cruises
WEB celebritycruises.com
홀랜드 아메리카 라인 Holland America Line
WEB hollandamerica.com
카니발 레전드 크루즈 Carnival Legend Cruise
WEB carnival.com

: WRITER'S PICK :
출입국 서류 준비하기

미국-캐나다 국경을 통과하려면 출입국에 필요한 정식 서류를 준비한다. 자동차나 배편으로 캐나다 국경을 통과할 때는 eTA(캐나다 전자여행허가)가 필요 없다. 캐나다에서 미국에 재입국할 때는 ESTA와 별도로 I-94가 필요하다. 모바일 앱(CBP One™)으로 사전 접수하면 출입국 절차가 좀더 간편해진다. 입국 요건은 변경될 수 있으므로 방문 직전 재확인하자.

태평양 불의 고리
캐스케이드산맥 Cascade Range

캐나다 브리티시컬럼비아에서 미국 워싱턴, 오리건, 북부 캘리포니아까지 장장 1100km를 뻗어 내려간 산맥이다. 마운트 레이니어·세인트 헬렌스·마운트 후드·래슨 피크 등 주요 봉우리는 모두 활화산으로, 태평양 불의 고리를 구성한다. 시애틀에서 비교적 가까운 곳은 마운트 레이니어 국립공원과 노스 캐스케이드 국립공원이다.

① 워싱턴주의 아이콘
마운트 레이니어 국립공원
Mount Rainier National Park

맑은 날이면 시애틀 도심에서도 관측되는 마운트 레이니어는 캐스케이드산맥의 최고봉이다. 현지에서는 옛 명칭인 마운트 타코마(Mount Tacoma)로 부르기도 한다. 산 정상(해발 4392m)은 미국 본토에서 가장 넓은 빙하로 뒤덮여 있다. 연평균 16.3m의 눈이 내리고 날씨가 수시로 바뀌지만, 들판 가득 꽃이 피어난 여름에는 북미의 알프스라고 불러도 손색없는 풍경을 만나게 된다. 야생화 군락지는 국립공원의 중심 구역 파라다이스(해발 1600m)와 자동차로 방문할 수 있는 가장 높은 지점인 선라이즈(해발 1950m)에 있다. 편의시설이 제한적이라서 식수와 식량을 준비해갈 것. 니스퀄리 입구와 가까운 애쉬포드(Ashford)에 숙소와 레스토랑이 모여 있고, 국립공원 내의 2개뿐인 숙소를 예약하려면 서둘러야 한다. 2024년부터 파라다이스/선라이즈 지역에 한해 입장 예약제를 시행 중이다. NPS 공식 예약페이지(recreation.gov)에서 예약 후 QR코드를 발급받아 입구에서 제시한다. 시행기간: 5~9월 07:00~15:00(예약비 $2). **MAP 603p**

ⓘ **헨리 잭슨 메모리얼 비지터 센터**
  Henry M. Jackson Memorial Visitor Center
ADD 39000 State Route 706 E, Ashford, WA 98304
TEL 360-569-6575   **PRICE** 차량 1대 $30
OPEN 니스퀄리 입구(Nisqually Entrance) 24시간, 화이트리버 입구(White River Entrance) 7~9월
WEB nps.gov/mora
ACCESS 시애틀에서 144km(자동차 2시간)

머틀폭포의 시원한 폭포수

유서 깊은 산장 파라다이스 인

파라다이스
Paradise

마운트 레이니어 국립공원 남서쪽 니스퀄리 입구로 진입해 30km가량 올라가면 비지터 센터가 나온다. 야생화 군락지와 폭포를 보면서 마운트 레이니어의 만년설을 향해 걷는 스카이라인 트레일이 최고의 인기 코스. 전체를 다 걷기 어렵다고 해도 머틀 폭포(Myrtle Falls)까지는 꼭 다녀오자. 7월까지 등산로에 눈이 쌓여 있기 때문에 등산화와 재킷은 필수다. 날씨가 본격적으로 더워지는 8월 초부터 야생화가 만개한다.

스카이라인 트레일 Skyline Trail
TREKKING 전체 8.8km(머틀 폭포까지 1.3km)/4~5시간/난이도 중

② 에메랄드빛 호수와 빙하 산맥
노스 캐스케이드 국립공원
North Cascades National Park

워싱턴주 북부, 캐나다 국경에 인접한 국립공원이다. 300여 개의 빙하와 만년설, 빙하의 침식 작용으로 형성된 비탈, 빙하 호수의 협곡으로 이뤄져 있다. 지형이 험준한 국립공원 안쪽보다는 호숫가 전망 포인트에서 전경을 감상하는 것이 일반적이다. 길쭉한 모양의 로스 호수(Ross Lake)와 에메랄드빛 디아블로 호수(Diablo Lake) 주변은 레크리에이션이 가능한 국립 휴양지라서 보트 투어를 즐길 수 있다. **MAP 603p**

ⓘ **디아블로 레이크 전망 포인트**
　 Diablo Lake Vista Point
ADD State Rte 20, Rockport, WA 98283
OPEN 5월 말~11월 (그 외 기간에는 도로 일부 폐쇄)
PRICE 무료
WEB nps.gov/noca
ACCESS 시애틀에서 205km(자동차 2시간 30분)

자연 생태계의 보고

올림픽 국립공원
Olympic National Park

시애틀 서쪽, 광활한 올림픽반도(Olympic Peninsula)에 자리 잡은 국립공원이다. 고산지대, 온대우림, 빙하, 해안 등 다양한 생태계가 관찰되어 유네스코 세계유산으로 등재됐다. 공식 비지터 센터가 위치한 포트 앤젤레스에서 고지대 정상까지 올라가는 내내 만년설로 뒤덮인 올림픽산맥의 장관이 펼쳐진다. 반대편 호 레인 포레스트(Hoh Rain Forest)에서는 울창한 나무와 이끼로 둘러싸인 온대우림을 만나게 된다. 올림픽반도 대부분은 야생동물 보호구역이므로, 전방 주시 및 제한 속도를 지키며 운전하자.

SUMMARY
공식 명칭 Olympic National Park

ⓘ 올림픽 국립공원 비지터 센터
Olympic National Park Visitor Center

WEATHER

안개가 자주 발생하고 기상 예측이 어렵다. 비교적 건조하고 온화한 날씨가 이어지는 6~8월 사이가 여행 적기이며, 겨울에는 많은 눈이 내린다. 미국 본토에서 강우량이 가장 많은 지역이므로 트레킹을 한다면 우비와 여벌의 옷은 필수. 방문 전 일기예보와 국립공원 홈페이지를 반드시 확인하자.

기온	1월	7월
최고 평균	5℃	23℃
최저 평균	-1℃	10℃

올림픽 국립공원 IN & OUT

광활한 면적의 국립공원은 크게 허리케인 리지와 호 레인 포레스트 구역으로 나뉜다. 두 구역의 진입로가 완전히 달라서 충분한 시간 여유를 갖고 돌아봐야 한다.

주요 지점과의 거리(포트 앤젤레스 기준)

출발지	거리	자동차 소요 시간
시애틀(페리 이용)	135km	3시간
시애틀(육로 이용)	225km	3시간
호 레인 포레스트	141km	2시간

포트 앤젤레스(Port Angeles) 항구

자동차로 가기

시애틀에서 출발한다면 베인브리지 페리에 자동차를 싣고 건너가는 것이 편하다. 시간상 육로로 우회하는 방법과 큰 차이는 없으나, 페리에서 풍경을 감상할 수 있으니 한 번쯤 해볼 만한 경험. 베인브리지 아일랜드에 도착하면, 포트 앤젤레스까지 다시 117km를 달려가야 한다. 올림픽반도를 한 바퀴 도는 루트 101(US-101)은 잘 관리된 자동차 도로라서 쉽게 운전할 수 있다. 인디언 보호구역 및 다른 지역은 포장도로라고 표시돼 있어도 도로 상태가 나쁠 수 있으니 주의한다.

탑승 장소 피어 52 시애틀 페리 터미널
(파이어니어 스퀘어에서 도보 10분)
운행 시간 새벽부터 늦은 밤까지 약 1시간 간격, 편도 35분 소요
페리 요금 차량 1대 $22.25(운전자 1인 포함),
도보 탑승자 1인 $10.25, 자전거 편도 $1
WEB wsdot.wa.gov/ferries

: WRITER'S PICK :

베인브리지행 페리 자동차로 탑승하는 방법

❶ 게이트 통과 및 티켓 구매

❷ 페리 터미널 입구에 줄 서기
(최소 20분 전 도착)

❸ 도보 및 자전거 여행자는 별도 입구로 걸어서 탑승

❹ 주차 후 갑판 위로 올라가 시애틀 경치 감상

❺ 늦지 않게 차량으로 복귀하여 안내에 따라 출차

올림픽반도 전체를 한 바퀴 도는 루트 101을 따라서 달리는 것이 최고의 여행 코스.

DAY 1 시애틀에서 베인브리지행 페리를 타고 건너와 올림픽반도로 진입한다. **❶ 던지니스 스핏**을 잠깐 구경하고 **❷ 포트 앤젤레스 비지터 센터**에서 날씨를 체크한 다음 **❸ 허리케인 리지**(편도 40분)를 다녀오자. 포트 앤젤레스 또는 크레센트 호수 쪽에서 숙박한다.

DAY 2 아침 일찍 **❹ 호 레인 포레스트**로 이동(편도 2시간)해 2시간 정도 산책한 다음 **❺ 루비 해변**이나 칼라로흐에서 바다를 감상한다. **❻ 퀴놀트 호수** 쪽에서 숙박하거나, 루트 101을 따라 포틀랜드 방향으로 여정을 이어간다.

+MORE+

올림픽반도의 편의시설

국립공원과 소도시, 마을이 공존하는 올림픽반도에서는 편의시설 이용이 어렵지 않다.

▪포트 앤젤레스

올림픽반도에서 가장 규모가 큰 편으로, 일반 모텔과 호텔형 숙소를 비롯해 다양한 편의시설을 갖췄다. 캐나다 밴쿠버섬이 어렴풋이 보이는 지점에 자리하며, 캐나다 빅토리아행 카페리(Black Ball Ferry)가 출발한다. 항구에는 출입국사무소도 설치돼 있다.

ⓘ **포트 앤젤레스 비지터 센터**
Port Angeles Visitor Center
ADD 121 E Railroad Ave,
Port Angeles, WA 98362
WEB visitportangeles.com

▪호숫가 주변

올림픽반도의 호숫가에는 힐링하기 좋은 산장형 숙소가 많다. 1920년대에 지어진 러스틱한 캐빈부터 모던한 리조트, 캠핑장 등 종류별로 선택 가능. 여름철에만 운영하는 숙소도 있다. 주요 숙소 정보는 국립공원 홈페이지에서 확인할 수 있으며, 카페나 레스토랑을 겸한 숙소를 미리 알아두면 유용하다.

WEB nps.gov/olym

숙소와 레스토랑을 함께 운영하는 장소

레이크 크레센트 로지 Lake Crescent Lodge
칼라로흐 로지 Kalaloch Lodge
레이크 퀴놀트 로지 Lake Quinault Lodge
로그 캐빈 리조트 Log Cabin Resort
레인포레스트 리조트 빌리지 Rainforest Resort Village

① 올림퍼스산맥의 파노라마
허리케인 리지 Hurricane Ridge

포트 앤젤레스에서 시작된 산간 도로의 끝에 올림픽 국립공원 최고의 전망 포인트가 있다. 해발 2427m의 올림퍼스산과 올림픽산맥의 고봉이 파노라마처럼 펼쳐지는 곳. 초원에서 풀을 뜯는 사슴 무리는 사람에 대한 경계심도 없어서 눈이 마주쳐도 한가롭게 풀을 뜯는다. 비지터 센터와 전망대를 겸한 산장에서의 커피 한잔은 좋은 추억이 될 것이다. 겨울에는 크로스컨트리를 즐기는 사람들이 주로 방문하며, 제설 작업은 대개 주말을 앞두고 진행된다. **MAP 649p**

ⓘ **허리케인 리지 비지터 센터**
Hurricane Ridge Visitor Center
ADD 3002 Mt Angeles Rd, Port Angeles, WA 98362
OPEN 도로 24시간(스노체인 필수)
ACCESS 포트 앤젤레스에서 29km(자동차 40분)

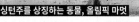
워싱턴주를 상징하는 동물, 올림픽 마멋

6월 말부터 봄꽃이 피기 시작한다.

비지터 센터

올림픽산맥

② 세계에서 가장 긴 모래톱
던지니스 스핏
Dungeness Spit

8.9km 길이로 길게 뻗은 모래곶(Spit)에 먼바다에서 떠밀려온 유목(Driftwood)이 쌓여 있는 해변. 주차장에서 숲길을 따라 조금만 내려가면 해풍과 파도에 휩쓸리며 반질반질해진 통나무가 나뒹군다. 모래톱으로 걸어 내려갈 수 있지만, 위험한 상황이 발생해도 도와줄 사람이 없는 구역이니 위에서 내려다보는 것만으로도 충분하다. 철새와 야생동물의 개체수가 많아 국립야생물보호구역으로 지정된 만큼 자연 그대로의 태평양을 경험할 수 있다. **MAP 649p**

던지니스 국립야생보호구역
Dungeness National Wildlife Refuge
ADD 715 Holgerson Rd, Sequim, WA 98382
OPEN 일출~일몰 1시간 전

PRICE $3(일행 전체)
WEB fws.gov/refuge/dungeness
ACCESS 포트 앤젤레스에서 25km(자동차 30분)

└ 셀프 요금 정산소

③ 평화로운 빙하호
크레센트 호수 Lake Crescent

약 7000년 전 산사태가 발생하면서 생성된 초승달 모양의 빙하 호수. 1915년에 지어진 산장은 허리케인 리지와 호 레인 포레스트를 연결하는 중간에 있어 숙소로도 안성맞춤이다. 식당 운영 기간은 4월 말~10월. 음료 테이크아웃도 가능하다. **MAP 649p**

레이크 크레센트 로지 Lake Crescent Lodge
ADD 416 Lake Crescent Rd, Port Angeles, WA 98363
WEB olympicnationalparks.com
ACCESS 포트 앤젤레스에서 33km(자동차 30분)

여유롭게 물놀이를 즐길 수 있는 깨끗한 호수

미송(美松) 숲길을 따라 호수로 진입

④ 신비로운 원시림
호 레인 포레스트 Hoh Rain Forest

올림픽반도의 반대편은 미국 본토에서 강우량이 가장 많은 온대우림
(Temperate Rainforest) 지대다. 겨우내 비가 내리는 탓에 거대한 나무들
은 축 늘어진 이끼와 양치류로 뒤덮인다. 전나무와 가문비나무, 단풍나
무 등 다양한 수종이 자라고 있으나, 너무 울창한 나머지 침엽수와 활엽
수를 분간하기조차 어렵다. 주차장에 차를 세우고 조금만 걸어가면 영
화 <트와일라잇> 촬영지와 비슷하다고 알려진 모세의 홀(Hall of Moses)
이 나온다. 습기 머금은 나무 사이로 햇살이 비치는 순간, 투명한 초록으
로 빛나는 원시림의 신비로움을 꼭 경험해보자. **MAP 649p**

ⓘ 호 레인 포레스트 비지터 센터
 Hoh Rain Forest Visitor Center
ADD 18113 Upper Hoh Rd, Forks, WA
98331
OPEN 도로 24시간
ACCESS 포트 앤젤레스에서 141km(자동차 2시
간 이상)

모세의 홀 Hall of Moses
TREKKING 1바퀴 1.2km/30분/난이도 하

⑤ 바위가 많은 해변
루비 해변 Ruby Beach

분명 조금 전까지 산길을 달리고 있었는데 갑자기 바다가 나타난다. 올
림픽반도를 한 바퀴 돌아나가는 루트 101은 숲과 바다를 넘나드는 것이
매력이다. 서쪽 해안지대는 기온이 낮은 데다 거친 바위가 많아서 수영
에는 부적합하다. 루비 해변과 칼라로흐(Kalaloch) 해변이 접근성도 좋고
비교적 넓은 모래사장이다. 노을 포토 스폿인 리알토 해변은 큰길에서
우회해 20분 정도 들어가야 한다. **MAP 649p**

ADD Ruby Beach, Washington 98331
ACCESS 포트 앤젤레스에서 134km(자동차 1시간 30분)

퀴놀트 레인 포레스트

도로가 통제되거나 시간이 부족해서 호 레인 포레스트를 방문하지 못했다면, 큰길에서 가까운 퀴놀트 레인 포레스트를 걸어보자. 올림픽 국립공원 밖에 있어 유명세는 덜하지만, 퀴놀트 호수도 비가 많이 내리는 온대우림에 속하기 때문에 이끼와 양치식물로 뒤덮인 풍경을 감상할 수 있다.

퀴놀트 온대우림 트레일
Quinault Rain Forest Nature Trail
TREKKING 1바퀴 1.4km/30분/난이도 하

6 평화로운 힐링 스폿

퀴놀트 호수 Lake Quinault

루트 101에서 잠시 벗어나 산으로 들어가면 퀴놀트 호수와 만나게 된다. 아메리카 원주민 퀴놀트 네이션(Quinault Nation)의 소유지이며, 낚시를 즐기거나 하이킹을 하려는 사람들이 찾아오는 조용한 휴양마을 분위기. 여기저기 흩어진 산장과 리조트에서 보이는 노을과 아침 호숫가 풍경이 그림처럼 아름답고 평화롭다. 포틀랜드로 이동하기 전, 워싱턴주에서의 일정을 마무리할 때 들르기 좋다. **MAP 649p**

ACCESS 루비 해변에서 65km (자동차 50분)

1926년 지어진 레이크 퀴놀트 로지

호숫가의 레이크 퀴놀트 리조트

세계에서 가장 큰 가문비나무(Sitka Spruce)

Portland

포틀랜드

자연 친화적인 삶을 제시하는 매거진 <킨포크>
의 탄생지 포틀랜드를 여행할 때는 한 템포 느
리게 움직여야 한다. 아무 목적 없이 거리를
걷다가 눈에 띄는 카페에서 커피 한 잔, 바로
옆 브루어리에서 맥주 한 병 마시다 보면, 꾸
밈없고 여유로운 삶을 추구하는 포틀랜드의
일원이 된다. 윌래밋 강변에서 열리는 파머스
마켓을 구경하고, 길거리에 푸드 카트가 늘어
서는 주말에는 더욱 즐겁게 놀 수 있다. 특히
오리건주는 소비세가 없어서 쇼핑 만족도가
최상! 마운트 후드가 보이는 도시 곳곳의 전망
포인트와 워싱턴 파크의 장미 정원도 놓치지
말자.

포틀랜드 BEST 9

1 주말 마켓 662p

2 파이어니어 법원 광장 664p

3 화이트 스택 667p

4 데슈트 브루어리 674p

5 강변 공원 667p

6 장미 정원 680p

7 공중 트램 681p

8 오리건 라벤더 팜 683p

9 캐넌비치 685p

SUMMARY

공식 명칭 City of Portland
소속 주 Oregon(OR)
표준시 PT(서머타임 있음)

대표 주소: 파이어니어 스퀘어 Pioneer Square

ADD 700 SW 6th Ave, Portland, OR 97204
WEB travelportland.com

WEATHER

포틀랜드의 최고 기온은 한여름에도 30°C를 넘지 않는다. 특히 산간 지대로 근교 여행을 떠날 때는 사계절 따뜻한 옷이 필요하다. 겨울에도 영하로 내려가는 일은 드물지만, 비가 많이 내리기 때문에 체감온도는 훨씬 낮은 편이다. 5월에는 온 도시가 장미로 뒤덮이고, 6~8월 성수기에는 축제와 볼거리가 다양하다.

포틀랜드 한눈에 보기

포틀랜드를 관통하는 윌래밋강(남북)과 번사이드 스트리트(동서)를 기준으로 하여 크게 4개의 구역으로 구분한다. 각 주소에는 방향을 뜻하는 NW(북서쪽)·SW(남서쪽)·SE(남동쪽)·NE(북동쪽)이 붙어 있다. 주요 관광지인 강 서쪽에 다운타운과 강변 공원, 초창기 포틀랜드 번화가인 올드타운이 있다.

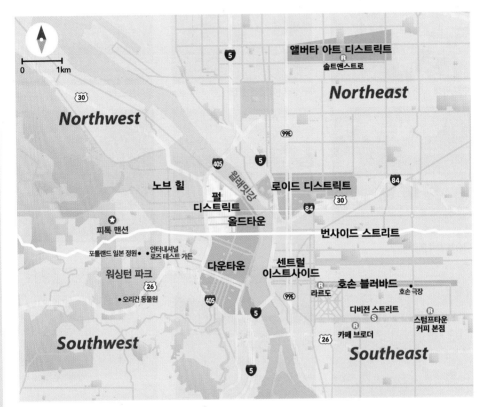

다운타운 포틀랜드

포틀랜드 여행과 쇼핑의 중심지. 산미 좋은 스텀프타운 커피를 마시고, 포틀랜드 로컬 상점과 독립 서점을 구경하자. 강변에서 열리는 토요 시장도 놓치지 말 것! 664p

올드타운 & 펄 디스트릭트

빈티지한 벽돌 건물과 자갈길이 포틀랜드의 옛 분위기를 보여준다. 코너마다 숨은 브루어리와 힙한 맛집을 찾아가 보자. 666p

센트럴 이스트사이드

윌래밋강 건너편의 넓은 공장 부지가 차례로 브루어리와 로스터리로 변신 중이다. 공간이 넓은 만큼 여유로운 시간을 보낼 수 있다. 생각보다 넓은 지역이니 갈 곳을 확실히 정해야 한다. 670p

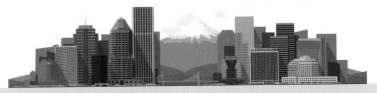

포틀랜드 추천 일정

포틀랜드는 규모가 작고 대중교통이 잘 연결돼 있어 차가 없어도 편리하게 다닐 수 있다. 꼭 봐야할 명소보다는 문화 체험에 집중된 도시로, 취향에 맞는 갤러리·편집숍·브루어리·카페·맛집 등을 찾아서 즐기는 것만으로도 금세 일정이 끝나버린다. 와인 산지로 유명한 윌래밋밸리, 라벤더 팜, 오리건 코스트 같은 근교 여행까지 더해지면 포틀랜드 한 달 살기에 도전해 보고픈 마음이 들 것.

	Day 1	Day 2	Day 3
오전	🚋 기차 MAX Pioneer Pl역	🚋 기차 MAX Washington Park 역	
	❶ 다운타운 - 파이어니어 법원 광장 🍴 푸드트럭(SW 10th & Alder)	❶ 워싱턴 파크 - 인터내셔널 로즈 테스트 가든 🚗 자동차 10분 ❷ 피톡 맨션	하루 일정 • 윌래밋밸리 와이너리 • 마운트 후드 라벤더팜 • 컬럼비아강 협곡 전망대
오후	- ❷ 파월 서점	🚗 자동차 15분 ❸ 포틀랜드 공중 트램	최소 1박 2일 이상 • 오리건 코스트 • 크레이터 호수 국립공원
	🚶 도보 15분 ❸ 강변공원 - 토요 시장 - 번사이드브리지(화이트 스택)	🚗 자동차 20분 ❸ 강 동쪽 지역 - 앨버타 아트 디스트릭트 - 호손	

포틀랜드 IN & OUT

국내 직항편은 없으나, 가까운 시애틀에서 기차나 버스로 쉽게 방문할 수 있다. 미국 서부 해변을 따라 운행하는 앰트랙 노선(코스트 스타라이트)에 관한 정보는 703p 참고.

주요 지점과의 거리

출발지	거리(km)	교통수단별 소요 시간			
		자동차	항공	버스	기차
세일럼	74km	1시간	-	-	-
시애틀	270km	3 시간	50분	3.5시간	4시간
샌프란시스코	1,024km	10시간	1.5시간	16시간	19시간(버스 환승)

공항에서 시내 가기

포틀랜드 국제 공항(PDX)에서 다운타운까지는 20km 거리다. 경전철 맥스의 레드라인을 이용하면 약 40분, 택시나 자동차로는 약 20분이 소요된다.

포틀랜드 국제공항 Portland International Airport
ADD 7000 NE Airport Way **WEB** pdx.com

포틀랜드 시내 교통

포틀랜드 교통공사 트라이멧(TriMet)이 대중교통을 총괄한다. 다운타운은 물론, 주변 동네까지 경전철·버스·기차·스트리트카 노선이 촘촘하게 연결돼 있다. 단, 늦은 시간에는 대중교통 이용을 삼가자.

WEB trimet.org

시내 교통 요금

요금 결제는 정류장이나 버스에 설치된 단말기에 태그하는 방식이다. 통합 교통카드인 홉카드(Hop Card, 실물 카드 구매비 $3 또는 모바일 앱)가 없어도 신용카드·애플페이·구글페이·삼성페이로 결제 가능. 같은 결제 수단으로 하루에 1회권을 2번 결제한 후부터 1일권이 자동 적용된다. 탑승할 때마다 태그가 필수지만 추가 요금은 결제되지 않으니, 같은 결제 수단을 사용하는 규칙만 지키면 된다(예를 들어, 애플워치와 아이폰은 서로 다른 결제 수단으로 인식한다).

홉카드 자판기(왼쪽)와
개찰기(오른쪽)

요금	1회권	1일권(Day Pass)
통합권	$2.8 2시간 30분 이내 환승 가능	$5.6

경전철 맥스

스트리트카

트라이멧 버스

🚈 경전철 맥스 Light Rail MAX

5개 노선이 다운타운과 근교를 연결한다. 다운타운에서도 지상으로 운행하기 때문에 편리하다. 경전철 역에 부착된 단말기에 카드를 태그한 후 탑승한다.

■ **주요 행선지별 이용 라인**
워싱턴 파크 레드·블루라인
유니언스테이션, 그레이하운드역 그린·옐로우라인
포틀랜드 국제공항 레드라인

🚉 스트리트카 Streetcar

여행자에게는 노브 힐-공중 트램을 오가는 NS라인이 특히 유용하다. 환승이 되지 않는 스트리트카 전용 1회권($2)을 자판기에서 따로 구매할 수 있으나, 대중교통은 하루 2회 이상 이용할 확률이 높으니, 교통 카드로 결제하는 편이 낫다.

🚌 트라이멧 버스 TriMet Bus

80여 개 노선의 버스가 도심과 외곽 지역을 연결한다. 배차 간격은 15분 이내.

🚈 통근열차 Westside Express Service(WES)

비버튼 환승 센터(Beaverton Transit Center)에서 남쪽으로 향하는 열차. 교외 지역 통근자들이 주로 이용한다.

포틀랜드 경전철 맥스 노선도

포틀랜드에서 숙소 정하기

포틀랜드의 숙소는 다른 대도시보다 가격이 저렴하다. 단, 저녁 시간에는 숙소 바로 앞까지 우버를 이용해야 할 수 있으니 교통비까지 감안해서 숙소 위치를 결정하자. 가장 좋은 위치는 교통이 편리하고 사람이 많은 다운타운 중심가. 범위를 넓힌다면 강 건너편 컨벤션 센터 근처의 비즈니스호텔이 괜찮다.

클라이드 호텔 포틀랜드
The Clyde Hotel Portland by Kasa ★★★

포틀랜드 감성 그 자체였던 에이스 호텔의 자리에 새롭게 문을 연 부티크 호텔이다. 기존 건물의 분위기를 최대한 살렸다. 셀프 체크인, 애완동물 프렌들리, 무료 자전거 서비스 등 현대적인 면모가 돋보인다. 공용 욕실을 사용하는 룸도 있으니 예약 전 확인한다.

ADD 1022 SW Harvey Milk St
TEL 971-803-6673 **PRICE** $100~150
WEB kasa.com **ACCESS** 다운타운

포틀랜드 메리어트 다운타운 워터프런트 Portland Marriott
Downtown Waterfront ★★★★

윌래밋강 워터프런트 공원 남쪽에 있는 4성급 호텔. 아침저녁으로 공원을 산책하기 좋고, 다운타운 파이어니어 스퀘어까지 도보 15분 거리다. 도시 뷰 또는 윌래밋강 뷰를 선택할 수 있다.

ADD 1401 SW Naito Pkwy
TEL 503-226-7600 **PRICE** $260~300
WEB marriott.com

호텔 이스트룬드
Hotel Eastlund ★★★

로이드 지구에 있는 강변 뷰 호텔. 컨벤션 센터 근처에 있으며, 윌래밋강 동쪽을 돌아보기에 좋다. 다운타운까지 대중교통으로 쉽게 이동할 수 있다는 것도 장점.

ADD 1021 NE Grand Ave
TEL 503-235-2100 **PRICE** $210~230
WEB hoteleastlund.com

멕메나민스 크리스털 호텔
McMenamins Crystal Hotel ★★★

다운타운 펄 디스트릭트 쪽의 스타일리시한 부티크 호텔. 다리미 모양 건물에 51개 객실을 각각 다른 콘셉트로 꾸몄다. 일부 객실은 공용 욕실을 사용하므로 예약 전 반드시 확인.

ADD 303 SW 12th Ave
TEL 503-972-2670 **PRICE** $200~200
WEB mcmenamins.com

파라마운트 호텔
Paramount Hotel ★★★

다운타운 중심부에 자리한 호텔. 파월 서점, 파이어니어 스퀘어, 에이스 호텔까지 도보 5~10분 거리다. 호텔 남쪽으로 사우스 파크 (South Park)가 펼쳐진다.

ADD 808 SW Taylor St
TEL 503-223-9900
PRICE $180~200
WEB portlandparamount.com

+ M O R E +

자전거 친화도시, 포틀랜드

포틀랜드에서는 버스, 경전철, 스트리트카에도 자전거를 들고 탑승할 수 있다. 나이키에서 후원하는 자전거 공유 프로그램인 바이크타운(Biketown)을 이용하면 필요한 위치에서 대여 및 반납할 수 있다. 그 외 자전거를 타면서 도시를 안내해주는 유료 투어 프로그램도 있다. 헬멧 착용은 필수.

바이크타운 Biketown
PRICE 대여 시 $1 결제, 1분당 $0.35 /앱에서 회원가입 후 이용
WEB biketownpdx.com

사이클 포틀랜드의 바이크 투어
Cycle Portland Bike Tours
PRICE 2시간 $18, 24시간 $40(헬멧, 자물쇠, 자전거 지도 포함)
WEB portlandbicycletours.com

노브 힐
바리스타

펄 디스트릭트
ⓢ 젬 셋 러브
ⓢ 힙 하운드
ⓡ 바리스타
ⓢ 킨 개러지

파인 스테이트 비스킷 ⓡ

윌래밋강

유니언역
Union Station

그레이하운드
버스 센터

올드타운
란 수 중국 정원

포치 라이트 ⓡ ⓡ 데슈트 브루어리
파월스 시티 오브 북스 ⓡ 푸드 카트 포틀랜드 부두 도넛
맥메나민스 크리스털 호텔 시티 그릴 화이트스택 간판
멕메나민스 링글러 아넥스 포틀랜드 번사이드 브리지
맥메나민스 링글러 아넥스 ★ (구)에이스 마더스 ⓡ 토요 시장 ★ 톰 맥콜 워터프런트 파크
스텀프타운 커피 호텔 비스트로앤바 포틀랜드 ⓡ 포틀랜드
할로 슈즈 ⓢ 포틀랜드 스텀프타운 워터프런트
커피 파크
케이스 스터디 커피 ⓡ 파이어니어 스퀘어 ⓢ 나이키 톰 맥콜
ⓘ 파이어니어 플레이스
파라마운트 호텔 ★ 파이어니어 ⓡ 올림피아 프로비전스
블루 스타 도넛 컬럼비아 법원 광장 ⓡ 포틀랜드
패디스 바앤그릴 모리슨브리지 야시장
포틀랜드 미술관 워터 애비뉴 커피 센트럴
다운타운 이스트사이드 로그 이스트사이드 펍
포틀랜드 윌래밋강
호손브리지 ⓡ 코아바 커피 로스터스

포틀랜드 메리어트
다운타운 워터프런트 ⓡ 버거빌

🏛 윌래밋
제트보트 투어

S Moody & Gibbs

★ 포틀랜드 공중 트램 ★ 포틀랜드 공중 트램
(상부역) (하부역)

올드 스파게티 팩토리 ⓡ

경전철 맥스   스트리트카
▪▪▪▪ MAX Blue Line   ▬▬▬ A Loop
▪▪▪▪ MAX Green Line   ▬▬▬ B Loop
▪▪▪▪ MAX Orange Line   ▬▬▬ North South Line
▪▪▪▪ MAX Red Line
▪▪▪▪ MAX Yellow Line

주말마다 행복한 축제

Market & Events

강변과 공원 등 사람들이 모이는 장소라면 어김없이 주말 마켓이 문을 연다.
포틀랜드 주민들은 토요일 오전이면 동네 마켓을 찾아 식료품과 생필품을 구매하고 떠들썩한 축제를 즐긴다.
매주 이벤트가 있으니 포틀랜드에 왔다면 동네별로 열리는 주말 시장을 꼭 구경해보자.

톰 맥콜 워터프런트 파크의 토요 시장

포틀랜드 토요 시장 Portland Saturday Market

미국에서 가장 규모가 큰 야외 아트 & 크래프트 마켓.
1974년부터 이어진 토요일 이벤트다. 로컬 아티스트
가 만든 수공예품과 미술품, 독특한 패션 아이템을 볼
수 있고, 푸드트럭도 총집합한다. 번사이드브리지 아래
강변으로 내려가면 바로 찾을 수 있다.

OPEN 3~12월 토요일 10:00~17:00, 일요일 11:00~16:30
WEB portlandsaturdaymarket.com
ACCESS 톰 맥콜 워터프런트 파크

포틀랜드 파머스 마켓 Portland Farmers Market

라벤더와 장미를 사 들고 강변을 산책해보는 건 어떨까? 파머
스 마켓은 오리건주와 워싱턴주 남서부 지역의 농장과 베이커
리·치즈·육류·해산물 공급자를 소비자와 직접 연결하는 직거래
장터다. 다운타운과 가까운 포틀랜드 주립대학에서는 매 주말,
시내 일반 주택가에서도 요일별로 장터가 열린다.

OPEN 매주 토요일 09:00~14:00/12월 마지막 주 휴무
WEB portlandfarmersmarket.org
ACCESS Portland State University

포틀랜드 야시장 Portland Night Market

인더스트리얼한 공간이 많은 센트럴 이스트사
이드의 공장 건물을 빌려 비정기적으로 개최하
는 야시장이다. 실내에서 열리기 때문에 비가
와도 걱정이 없다.

OPEN 금·토요일 16:00~23:00(홈페이지 참고)
WEB pdxnm.com
ACCESS 100 SE Alder St(센트럴 이스트사이드)

첫째 목요일 길거리 아트 축제
First Thursday Street Gallery

다운타운과 올드타운, 노브 힐, 펄 디스트릭트의 아트 갤러리가 주축이 되어 진행하는 이벤트. 작가들이 거리로 나와 작품을 전시하고 푸드트럭도 참가하는 거리 축제다.

ADD NW 13th Ave and NW Irving St
OPEN 4~10월 17:00~21:00

마지막 목요일 앨버타 아트 축제
Last Thursday on Alberta

여름철 한정, 매월 마지막 목요일 저녁에 열리는 지역 축제다. 앨버타 스트리트 15블록 곳곳에서 다채로운 공연이 펼쳐지고 벼룩시장도 열린다.

ADD NE Alberta St & 15th~30th Ave
OPEN 6~8월 17:00~21:00

포틀랜드 장미 축제
Rose Festival

1907부터 계속된 대표 축제다. 성대한 퍼레이드(Grand Floral Parade)와 함께 불꽃놀이, 하프마라톤, 콘서트 등 도시 전역에서 성대하게 열리는 포틀랜드 최고의 이벤트다.

OPEN 5월 말~6월
WEB rosefestival.org

포틀랜드 백수 수간
Portland Beer Week

포틀랜드의 명물 수제 맥주를 빠짐없이 맛보고 싶다면? 로컬 브루어리가 대거 참여하여 수백 종류의 맥주를 시음하는 즐거운 축제를 놓치지 말자.

OPEN 6월(10일간)
WEB pdxbeerweek.com

포틀랜드 여행의 중심
다운타운 포틀랜드 Downtown Portland

윌래밋강 서쪽의 다운타운은 파머스 마켓이 열리는 파이어니어 법원 광장과 에이스 호텔 주변이 가장 번화하다. 규모가 작은 중심가는 걸어서 구경해도 충분하고, 이동 시엔 촘촘하게 연결된 스트리트카와 경전철 맥스를 이용한다.

1875년 건축한
파이어니어 법원

포틀랜드의 대표 광장
❶ 파이어니어 법원 광장 Pioneer Courthouse Square

포틀랜드 법원 건물 앞, 교통의 요지이자 만남의 장소로 활용되는 광장. 여름철에는 여행자를 위한 안내 부스를 운영한다. 광장 주변은 파이어니어 플레이스(쇼핑센터), 노드스트롬 백화점, 포틀랜드에서 탄생한 브랜드 나이키와 컬럼비아의 플래그십 매장 등이 밀집한 쇼핑가다. 스트리트카가 교차하는 곳이어서 포틀랜드 여행의 시작점으로 삼기에 좋다. **MAP 661p**

ADD 700 SW 6th Ave
ACCESS 경전철 맥스 Pioneer Sq/
Pioneer Courthouse/Pioneer
Place역

파이어니어 플레이스 앞 사거리

② 꾸미지 않은 듯한 시크함
(구)에이스 호텔 포틀랜드
Ace Hotel Portland

로비의 편안한 소파에 앉아
여유 즐기기

힙스터의 도시 포틀랜드를 상징했던 에이스 호텔 자리에 2024년 6월, 클라이드 호텔 포틀랜드가 새롭게 문을 열었다. 오랜 팬들에겐 아쉬움이 남지만, 감성적인 로비 소파와 친구 집처럼 빈티지하고 편안한 호텔의 외관 및 내부는 그대로 남아 있다.
같은 건물 1층에는 윌래밋강 건너편에 로스터리를 둔 워터 애비뉴 커피가 입점했으니 고소한 라테 한 잔을 마시며 쉬어가도 좋다. 원래 이 자리에 있던 스텀프타운 커피(672p)는 도보 5분 거리로 이전했다. **MAP 661p**

ADD 1026 SW Harvey Milk St
OPEN 워터 애비뉴 커피 07:00~16:30
WEB kasa.com
ACCESS 파이어니어 법원 광장에서 도보 10분

PHOTO BOOTH

빈티지한 인생 4컷!
흑백사진 부스 찾아보기

③ 세계 최대의 독립 서점
파월스 시티 오브 북스
Powell's City of Books

세계에서 가장 큰 규모의 독립 서점. 4층
짜리 건물이 한 블록 전체를 차지하고 있
어 서점 내부 지도가 필요할 정도로 넓
다. 10개의 대형 서고에 3500개가 넘는
섹션이 분류돼 있으며, 중고 서적을 포함
한 백만 권 이상의 장서를 보유하고 있
다. 무엇이든 직접 만드는 것을 좋아하
는 도시의 특성을 반영해 소규모 개인 출
판물도 폭넓게 갖췄다. 유니크한 잡지와
출간물을 모아둔 자인(Zine), 희귀 서적
과 고서적 코너(Rare Book Room), 커피
를 마시며 책을 읽을 수 있는 공간(Coffee
Room)이 사랑받는다. **MAP 661p**

ADD 1005 W Burnside St
OPEN 10:00~21:00
WEB powells.com
ACCESS 에이스 호텔에서 도보 5분

④ 아기자기한 골목 여행
올드타운과 펄 디스트릭트 Old Town & Pearl District

다운타운의 북쪽, 올드타운과 펄 디스트릭트는 옛 공장과 물류 창고가 많은 동네다. 1980년 중반부터 아트 갤러리
와 로컬 상점이 입점하기 시작했고, 스트리트카가 생기면서 접근성까지 좋아져 전성기를 맞이했다. 자갈이 깔린
도로와 낡은 벽돌 건물에 그려진 벽화가 빈티지한 분위기를 자아내고, 코너마다 브루어리와 특색 있는 가게가 눈
에 띈다. 데슈트 브루어리와 부두 도넛도 이 동네의 명물. 파월스 시티 오브 북스 북쪽과 동쪽(강변 방향)으로 도보
10~15분 이내의 구역. **MAP 661p**

ADD 210 NW 11th Ave　**ACCESS** 스트리트카 NS라인 NW 10th & Couch역

브리지타운 포틀랜드

⑤ 시민들의 주말 쉼터
톰 맥콜 워터프런트 공원
Tom McCall Waterfront Park

포틀랜드 시내를 관통하는 윌래밋강의 서쪽
을 따라 길게 이어진 강변 공원이다. 평일에
는 한적하다가, 주말에는 놀러나온 시민들
로 붐비는 장소. 번사이드브리지 교각 근처
에서 토요 시장과 오리건 맥주 축제 등 다양
한 이벤트가 열린다. 강폭은 300~500m 정
도로 충분히 걸어서 건널 수 있는 거리. 낮
에는 상관없지만 저녁에는 안전에 주의해야
한다. 혼자 건너는 것은 금물. MAP 661p

ADD 98 SW Naito Pkwy
ACCESS 경전철 맥스 레드·블루라인 Oak/SW 1st역

+ M O R E +

브리지타운 포틀랜드의 대표 다리는?

윌래밋강에는 무려 12개의 다리가 놓여 있다. 시속 65km의 쾌
속선을 타고 강 상류와 하류를 오가는 제트보트 투어로 단시간
에 여러 개 다리를 구경할 수 있다. 출발 장소는 다운타운 지역
강 건너편에 있는 오리건 과학산업박물관(OMSI) 앞 부두.

OPEN 5~9월/예약 필수　　**WEB** willamettejet.com

번사이드브리지 Burnside Bridge(1926년)
화이트 스택 간판(Historic White Stag Sign)이 잘 보이는 포인트

세인트존스브리지 St. Johns Bridge(1931년)
윌래밋강이 유일한 현수교. 에메랄드색 타워가 눈에 띈다.

모리슨브리지 Morrison Bridge
센트럴 이스트사이드로 걸어서 건너기에 가장 무난한 다리다.

호손브리지 Hawthorne Bridge(1910년)
다리의 중앙부가 개폐되는 승개교. 자전거 통행량이 가장 많다.

스틸브리지 Steel Bridge(1912년)
눈에 띄는 철제교. 경전철 전용 다리라서 걸어서 건널 수 없다.

번사이드브리지에서 바라본
화이트 스택

세인트존스브리지

포틀랜드 쇼핑가 BEST 4

포틀랜드에서는 글로벌 브랜드보다 소규모 로컬 브랜드가 더 큰 사랑을 받는다.
뛰어난 안목으로 큐레이팅한 소품 매장도 많다. 책에 소개된 매장을 참고하여 나만의 취향 저격 제품을 찾아보자.

접근성이 좋은 다운타운 쇼핑가는 가장 쉽게 구경할 수 있는 장소다. 파이어니어 법원
광장 주변에는 대형 매장이, 에이스 호텔 주변에는 고급 부티크와 편집숍이 많다.

ACCESS 다운타운 파이어니어 플레이스에서 도보 5~15분 이내

Around
Ace Hotel

다운타운 에이스 호텔 주변

포틀랜드의 감각과 철학
메이드히어 MadeHere

포틀랜드 근교에서 생산된 제품을 모아 놓은 편집숍. 수
제 가죽 제품부터 소소한 기념품까지, 재밌는 아이템으
로 가득하다.

ADD 40 NW 10th Ave

아기자기한 기념품점
크래프티 원더랜드 Crafty Wonderland

200여 명의 공예가와 디자이너의 제품을 독점 판매하는
상점. 엽서, 액자 등 부담 없는 가격대의 제품이 많다.

ADD 808 SW 10th Ave

담백한 홈데코 상점
운윙클 Woonwinkel

현지 디자이너의 제품과 글로벌 브랜드를 센스 있게 큐
레이팅한 홈데코 편집숍.

ADD 935 SW Washington St

컨템포러리 패션 부티크
프랜시스 메이
Frances May

'YES! YES! YES!'라는 슬로건 아래 신진 디자이너 제품을 세심하게 큐레이팅하는 패션 부티크. 매장 디스플레이도 감각적이다.

ADD 521 SW 10th Ave

북유럽풍 쇼핑 아케이드
유니언 웨이
Union Way

목조 건물 사이를 연결해 놓은 작은 쇼핑몰. 수제부츠 전문점 대너 등 여러 브랜드가 입점했다.

ADD 1022 W Burnside St

안녕, 포틀랜드?
헬로 프롬 포틀랜드
Hello From Portland

포틀랜드에서 만들어진 티셔츠와 모자, 양말 등 작고 소중한 생활소품을 판매한다.

ADD 120 NW 10th Ave

+MORE+
오리건주가 만들어낸 메가 브랜드, 나이키와 컬럼비아

나이키와 컬럼비아는 오리건주에서 탄생한 세계적인 스포츠웨어·아웃도어 브랜드다. 두 업체 모두 다운타운 파이어니어 법원 광장 쪽에 플래그십 스토어를 운영 중이다. 소비세가 0%인 오리건주에서 부담 없는 쇼핑을 즐겨보자.

나이키 포틀랜드 Nike Portland
ADD 638 SW 5th Ave

컬럼비아 스포츠웨어 Columbia Sportswear
ADD 911 SW Broadway

Pearl District & Nob Hill
펄 디스트릭트 & 노브 힐

고색창연한 공장 지대에서 스타일리시한 쇼핑가로 변신한 펄 디스트릭트를 구경한 다음, 노브 힐로 넘어가자. 빅토리아 양식 주택가에 부티크 매장과 인기 카페가 밀집한 로컬들의 핫플이다.

ACCESS 다운타운에서 30분, 스트리트카 NS라인 NW 22nd &Lovejoy

아웃도어 신문심
킨 개라지 KEEN Garage

아쿠아슈즈와 등산화, 워킹 부츠 등 아웃도어 라이프를 위한 온갖 기능성 제품을 모았다.

ADD 505 NW 13th Ave

빈티지 숍 빈티시
포치 라이트 Porch Light

핸드메이드 장신구, 도자기, 문구류, 향초 등 빈티지 생활용품을 판매한다.

ADD 225 NW 11th Ave

669

유럽 디자이너 신발
헤일로 슈즈 Halo Shoes

실용적이면서 스타일리시한 신발 전문점. 스페인과 이탈리아 디자이너 제품이 많다.

ADD 1050 SW Alder St

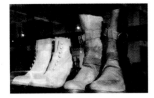

독특한 액세서리
젬 셋 러브 Gem Set Love

앤티크 주얼리 전문점. 결혼반지 등 특별한 선물을 주문 제작하기도 한다.

ADD 720 NW 23rd Ave

펫을 위한 선물 가게
힙 하운드 Hip Hound

반려동물을 위한 장난감과 예쁜 옷, 갖가지 용품으로 가득하다.

ADD 610 NW 23rd Ave

Hawthorne Blvd

호손 블러바드

저렴한 가격으로 희소성 있는 물건을 득템하기 좋은 동네. 히피 문화가 꽃을 피우던 1960년대 번성하여, 포틀랜드의 '헤이트-애시버리(샌프란시스코의 히피 거리)'로 일컬어진다. 호손 극장을 중심으로 약 1.7km에 걸쳐 레코드 가게와 빈티지 의류 매장이 늘어서 있다. 한 블록 아래는 스텀프타운 커피의 본점이 위치한 디비전 스트리트다. 다운타운과는 거리가 있으니, 낮 시간에 방문할 것.

ACCESS 다운타운에서 20분, 버스 14번 Hawthorne Theatre 하차(윌래밋강 동쪽)

1달러짜리 레코드
잭팟 레코드
Jackpot Records

거리에 내놓은 중고 레코드가 수집 욕구를 자극한다.

ADD 3574 SE Hawthorne Blvd

빈티지 패션 창고
하우스 오브 빈티지
House of Vintage

1920~2000년대의 빈티지 의류를 취급하는 대형 매장이다.

ADD 3315 SE Hawthorne Blvd

파월스 시티 오브 북스의 호손점
파월스 북스 온 호손
Powell's Books on Hawthorne

쇼핑가 중심에 있으니 이 주변을 구경해보자.

ADD 3723 SE Hawthorne Blvd

Alberta Arts District

앨버타 아트 디스트릭트

자유롭고 독립적인 지역색을 가지고 있는 보헤미안의 거리. 벽화가 그려진 건물과 아트 갤러리, 장인 정신으로 만든 아이템이 눈길을 끈다. 가장 유명한 레스토랑, 카페, 디저트 가게를 탄생시킨 동네라 해도 과언이 아닌 곳. 매월 마지막 주 목요일, 길거리 축제가 열릴 때 방문해도 좋다.

ACCESS 다운타운에서 30분. 버스 8번 NE 15th & Alberta 하차

희귀 음반을 찾는다면
미시시피 레코드 Mississippi Records

블루스, 가스펠, 초기 비틀스 음반 등 희소성 있는 라인업으로 USA 투데이 선정 '미국 레코드숍 TOP10'에 이름을 올린 레코드 가게.

ADD 5202 N Albina Ave

내 손으로 만드는 포근함
클로즈 니트 Close Knit

털실을 파는 클로즈 니트와 다양한 패브릭 천을 파는 볼트 패브릭 부티크가 나란히 자리한다.

ADD 2140 NE Alberta St

깜찍한 어린이 서점
그린 빈 북스 Green Bean Books

작은 오두막집에 입점한 어린이책 전문 서점. 실내와 정원까지 예쁘게 꾸몄다.

ADD 1600 NE Alberta St

아기자기한 잡화점
콜라주 Collage

다채로운 컬러의 포장지, 스티커, 테이프를 파는 미술용품 및 공예품 판매점.

ADD 1639 NE Alberta St

그린 빈 북스

미시시피 레코드

클로즈 니트

포틀랜드의 자존심
스페셜티 커피

포틀랜드 사람들은 커피에 진심이다. 단 한 잔의 커피도 정성을 담아 내려주고, 라테아트도 하나같이 예술.
정감 넘치는 장소를 찾아 카페 투어를 떠나보자.

미국 로컬 커피의 전설
스텀프타운 커피
Stumptown Coffee Roasters

1999년 포틀랜드에서 탄생한 미국의 3대 스페셜티 커피 브랜드. 미디엄 로스트를 원칙으로 하는 이곳에서는 어떤 커피를 마셔도 실패가 없지만, 그중에서도 라테가 특히 일품이다. 고급 원두를 차가운 물로 추출한 콜드브루, 우유가 들어간 커피 위드 밀크, 질소를 주입한 니트로 콜드브루는 완제품으로 판매한다. 최초의 매장은 강 건너편 디비전 스트리트에 있는데, 1999년 디비전 스트리트의 '헤어밴더'라는 미용실 자리에 처음 문을 열었다고 하여 시그니처 원두 이름을 헤어밴더라고 붙였다. 접근성 좋은 다운타운에도 매장이 2곳 있다. **MAP 656·661p**

■ **디비전 스트리트(1호점)**
ADD 4525 SE Division St
OPEN 06:30~17:00(주말 07:00~)
WEB stumptowncoffee.com

■ **다운타운점**
ADD 1140 SW Washington St/ 128 SW 3rd Ave

인기 커피만 골라서 블렌딩한
케이스 스터디 커피
Case Study Coffee Roasters

작은 카트에서 커피를 파는 이벤트 'Espresso Art Catering'으로 시작한 뒤 로컬 원두(스텀프타운, 하트, 코아바)를 블렌딩해서 인기를 얻었다. 가게 이름은 손님에게 새로운 경험을 배우고 성장함을 지향한다는 의미. 창업자가 직접 디자인한 매장 인테리어가 감각적이다. **MAP 661p**

ADD 802 SW 10th Ave
OPEN 07:00~16:00
WEB casestudycoffee.com
ACCESS 다운타운

매일 볶는 신선한 원두
코아바 커피 로스터스
Coava Coffee Roasters

베테랑 바리스타 맷 히긴스가 2008년 창업한 카페. 매장에서 매일 볶아낸 원두로 커피를 내리기 때문에 향이 풍부하고 맛있다. 커피 종류는 커피·에스프레소·마키아토·카푸치노·라테 등 5종류뿐! 우드톤의 심플한 카페 내부가 신선한 커피 향으로 가득하다. **MAP 661p**

ADD 1300 SE Grand Ave
OPEN 07:00~18:00
WEB coavacoffee.com
ACCESS 센트럴 이스트사이드

챔피언의 커피는 다르다
바리스타 Barista

미국 북서 지역 바리스타 대회(Northwest Barista Championship)에서 우승 경력 3회에 빛나는 빌리 윌슨이 2009년 오픈한 카페. 포틀랜드 여러 곳에 매장이 있고, 와인을 비롯한 주류도 판매한다. 분위기 있는 벽돌 건물에 자리 잡은 노브 힐 지점의 인기가 높다. **MAP 661p**

ADD 539 NW 13th Ave
OPEN 06:00~18:00(주말 07:00~)
WEB baristapdx.com
ACCESS 노브 힐

강을 건넌다면 한 번쯤
워터 애비뉴 커피 Water Avenue Coffee

다운타운의 (구)에이스 호텔에 입점한 워터 애비뉴 커피의 최초 매장으로, 호손브리지와 모리슨브리지 건너편, 워터 애비뉴 코너에 자리잡고 있다. 이 지역에는 옛 공장 건물을 개조해 넓은 공간감이 돋보이는 장소가 많은데, 벙크 바 워터(Bunk Bar Water), 클라크루이스 레스토랑(Clarklewis Restaurant)처럼 현지인들이 즐겨 찾는 맛집과 함께 방문하면 좋다. 하지만 평소에는 인적이 드문 곳이므로, 방문할 예정이라면 주말을 추천한다. **MAP 661p**

ADD 1028 SE Water Ave   **OPEN** 07:00~14:00(금~일요일 ~16:00)
WEB wateravenuecoffee.com   **ACCESS** 센트럴 이스트사이드

여행자를 위한 쉼표
포틀랜드의 수제 맥주

슬로시티 포틀랜드는 대기업 맥주가 시장을 장악한 1980년대부터 수제 맥주를 생산해왔다.
마운트 후드의 청정수를 사용한 포틀랜드 IPA, 노스웨스트 페일에일, 아이리시 레드, 스타우트 에일을 맛보자.

6잔의 샘플러와 맛있는 안주
데슈트 브루어리
Deschutes Brewery

다운타운에서 도보 10분 거리, 접근성이 좋은 대형 브루잉 펍. 상시 판매하는 맥주와 시즌별 한정판 맥주로 구성된 다양한 수제 맥주를 갖췄다. 6종류의 맥주를 조금씩 맛보는 샘플러(Brewer's Choice Tray)가 무난하고, 핑거 푸드·샌드위치·피자·치킨·와플 등 간단한 음식도 준비돼 있다. 떠들썩한 분위기에서 유쾌한 시간을 보내고 싶을 때 최고의 장소다. **MAP 661p**

ADD 210 NW 11th Ave
OPEN 11:30~21:00
WEB deschutesbrewery.com
ACCESS 펄 디스트릭트

비밀스러운 세계로 안내하는 소박한 바
맥메나민스 링글러 아넥스
McMenamins Ringlers Annex

파웰 서점 서편에는 오리건 최초의 브루잉 펍을 연 맥메나민스의 양조장과 펍들이 자리한다. 흥미로운 건 스피크이지 스타일의 링글러 아넥스 바다. 계단을 내려가 바 벽면에 난 허름한 문을 열면 라이브 음악이 흐르는 공연장(Al's Den)으로 이어진다. 1986년부터 사랑받아 온 루비(Ruby), 다크초콜릿 향을 담은 터미네이터 스타우트(Terminator Stout)가 대표 맥주다. **MAP 661p**

ADD 1332 W Burnside St Brewery
OPEN 15:00~22:00(금·토요일 ~24:00)/월·화요일 휴무
WEB mcmenamins.com/handcrafted
ACCESS 펄 디스트릭트

분위기는 아이리시 펍이 최고
패디스 바앤그릴
Paddy's Bar & Grill

포틀랜드의 대표적인 아이리시 펍으로 피시앤칩스, 아이리시 램 스튜 등 전통 아일랜드 음식과 맥주를 즐길 수 있다. 600종이 넘는 음료를 진열해둔 바 자체가 볼거리. 매년 3월 세인트 패트릭 데이에는 축제의 장으로 변한다.
MAP 661p

ADD 65 SW Yamhill St, Portland
OPEN 11:00~24:00(일요일 ~23:00)
WEB paddys.com
ACCESS 다운타운

한정판 맥주를 마셔보자
로그 이스트사이드 펍 Rogue Eastside Pub

컬럼비아강을 보면서 맥주를 마실 수 있는 브루어리다. 한정판 맥주 36종과 19개의 탭을 보유하고 있다. 펍 뒤편 파일럿 양조장에서 만든 실험적인 맥주를 매주 선보인다. 모닥불이 있는 야외 파티에 앉으면 칵테일도 마실 수 있다. **MAP 661p**

ADD 928 SE 9th Ave
OPEN 퍼블릭 하우스 11:00~22:00
WEB rogue.com
ACCESS 센트럴 이스트사이드

+MORE+

달콤한 사과 향
레버런드 냇츠 하드 사이다 Reverend Nat's Hard Cider

알코올 도수가 낮은 사과 발효주(Apple Wine)로 인기를 얻은 곳. 2004년 친구 집에서 수확한 사과로 실험을 거듭한 끝에 수제 맥주 수준의 알코올 도수에 독특한 풍미를 지닌 사이다를 개발했다. 한때 테이스팅 룸에서 샘플러를 제공하기도 했으나, 현재는 배달만 가능. 시내 마트에서 발견한다면 한 캔쯤 구매해보자.

WEB reverendnatshardcider.com

맥주와 즐기는 워킹 투어

포틀랜드 올드 타운 지역의 브루어리를 방문해 다양한 맥주를 시음해보는 워킹 투어도 있다. 저녁 시간에 공포 체험을 주제로 하는 혼티드 펍 투어(Haunted Pub Tour)가 인기. 21세 이상만 참여 가능하며, 신분증 지참은 필수.

WEB beerquestpdx.com

커피를 더 맛있게!
포틀랜드의 달콤한 디저트

포틀랜드에서 인정받은 디저트는 미국 서부의 다른 도시에서도 뜨거운 인기몰이 중!
커피와 더없이 잘 어울리는 달콤한 맛에 빠져보자.

LA의 키치함이 포틀랜드를 만나면
부두 도넛
Voodoo Doughnut

포틀랜드 올드타운의 어느 허름한 빌딩 코너에서 탄생한 강렬한 핑크! 부두교의 악마 숭배 모티브를 익살스럽게 변형한 콘셉트다. 달콤하기만 한 일반 도넛과 달리 베이컨이나 시리얼을 토핑으로 쓰는 등 기발한 아이디어로 폭발적인 인기를 얻었다. 매장에서 결혼식을 거행할 수 있어서 매스컴의 주목을 받기도 했다. LA를 포함한 미국의 다른 지역까지 진출했다. **MAP 661p**

ADD 22 SW 3rd Ave
OPEN 새벽~밤
WEB voodoodoughnut.com
ACCESS 올드타운

미식가의 아이스크림
솔트앤스트로
Salt & Straw

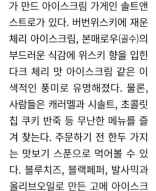

미국 서부 어느 도시를 가든, 가장 힙한 장소에는 포틀랜드 출신 셰프가 만든 아이스크림 가게인 솔트앤스트로가 있다. 버번위스키에 재운 체리 아이스크림, 본매로우(골수)의 부드러운 식감에 위스키 향을 입힌 다크 체리 맛 아이스크림 같은 이색적인 풍미로 유명해졌다. 물론, 사람들은 캐러멜과 시솔트, 초콜릿 칩 쿠키 반죽 등 무난한 메뉴를 즐겨 찾는다. 주문하기 전 한두 가지는 맛보기 스푼으로 먹어볼 수 있다. 블루치즈, 블랙페퍼, 발사믹과 올리브오일로 만든 고메 아이스크림도 대표 메뉴다. **MAP 656p**

ADD 2035 NE Alberta St
OPEN 11:00~23:00
WEB saltandstraw.com
ACCESS 앨버타 아트 디스트릭트

촉촉한 유기농 도넛
블루 스타 도넛
Blue Star Donuts

USA 투데이 선정 '맛있는 10대 도넛'에 이름을 올리며 솔트앤스트로만큼 급성장한 도넛 전문점. 코로나19로 문을 닫는 위기를 겪기도 했지만, 인기에 힘입어 재기했다. 버터와 달걀을 듬뿍 넣고 18시간 숙성한 반죽으로 브리오슈 도넛을 만든다. **MAP 661p**

ADD 1701 SW Jefferson St
OPEN 07:00~17:00
WEB bluestardonuts.com

마운트 후드도 식후경

포틀랜드 맛집 투어

먹고 마시는 것에 특화된 도시답게, 포틀랜드에서는 다양한 먹거리를 만날 수 있다.
저렴한 푸드 카트와 독특한 샌드위치 가게, 감성 가득 브런치 가게까지, 취향대로 골라 먹는 재미가 있다.

맛도 최고! 전망도 최고!

포틀랜드 시티 그릴
Portland City Grill

고층 빌딩이 거의 없는 포틀랜드에서
도심 속 전망대 역할을 하는 레스토랑.
해 질 무렵 30층 창가석에 앉으면, 윌
래밋강이 한눈에 들어오는 야경 명소로
변신한다. 하지만 이곳이 현지인의 갖
가지 모임 장소로 사랑받게 된 비결은
무엇보다도 푸짐한 요리와 친절한 서비
스 덕분이다. 풀 서비스 레스토랑이지
만 드레스코드가 엄격하지 않고, 가격
도 합리적인 편. 예약 없이 방문이 어려
울 만큼 인기가 높다. **MAP 661p**

ADD 111 SW 5th Ave(30층)
OPEN 요일별로 다름/예약 권장
MENU 시푸드 $45~58, 스테이크 $55~75.5
WEB portlandcitygrill.com

500개의 카트가 경쟁하는

포틀랜드 푸드 카트
Food Cart

포틀랜드에서는 푸드 카트 밀집 구역을 팟(Pods)이
라고 부른다. 도시 이곳저곳을 누비는 500여 개의
푸드 카트는 포틀랜드의 명물. 메뉴당 가격은 $15
내외이며, 팁이 없어서 맛과 실속을 동시에 추구하는
젊은 층이 주로 찾는다. 보통 점심부터 영업을 개시
해 늦은 오후쯤 문을 닫고, 주말에는 파머스 마켓 등
축제에도 나타난다. 솜씨 좋은 푸드트럭이 많으니 점
심은 길거리 음식으로 해결하는 것도 좋은 방법.

ADD • 751-799 SW Ankeny St(파월 서점 근처) • SW 5th Ave/
Oak St(파이어니어 법원 광장 근처) • SW 3rd Ave/Washington
St(워터프런트 파크 근처)
WEB foodcartsportland.com

스칸디나비아 브런치의 맛

카페 브로더 Café Broder

오후 3시까지만 영업하는 브런치 전문 레스토랑. 북유럽 스타일 인테리어가 돋보이고, 주방 소품과 식기도 예쁘다. 아침과 점심 메뉴가 조금씩 다른데, 덴마크식 팬케이크와 스웨덴식 해시 포테이토, 스웨덴식 미트볼, 클럽샌드위치 처럼 소박한 메뉴가 주를 이룬다. 2007년 첫 매장이 큰 인기를 얻자 포틀랜드 북쪽에 브로더 노르드(Broder Nord), 남쪽에 브로더 쇠더(Broder Söder)도 오픈했다. **MAP 656p**

ADD 2508 SE Clinton St
OPEN 수~월요일 09:00~15:00
MENU 브런치 $14~17
WEB broderpdx.com
ACCESS 호손

셰프의 특제 샌드위치

라르도 Lardo

푸드 카트에서 팔다가 매장까지 오픈한 샌드위치 전문점. 부위별 돼지고기를 넣은 퓨전 샌드위치 중에는 포크 미트 볼 반미 샌드위치, 김치가 들어간 코리안포크숄더도 있다. 유명 셰프와 협업해서 만드는 셰프위치(Chefwich)가 대표 메뉴. **MAP 656p**

ADD 1212 SE Hawthorne Blvd
OPEN 11:00~22:00
MENU 샌드위치 $14~18
WEB lardosandwiches.com
ACCESS 호손

뉴욕타임스에도 소개된

올림피아 프로비전스 Olympia Provisions

가공육을 전문으로 취급하는 샤퀴테리(Charcuterie)와 식료품점이 합쳐진 그로서란트(Grocerant)다. 뉴욕타임스와 뉴요커에 소개될 정도로 미국 전역에서 이름난 매장이다. 5종류의 가공육과 치즈를 맛볼 수 있는 셰프 초이스를 비롯해 브런치, 샌드위치를 판매한다. **MAP 661p**

ADD 107 SE Washington St, Portland
OPEN 11:30~21:00(주말 10:00~)
MENU 샤퀴테리보드 $26, 샌드위치 $16~17
WEB olympiaprovisions.com
ACCESS 센트럴 이스트사이드

북미 유명 체인의 본점

올드 스파게티 팩토리
Old Spaghetti Factory

미국과 캐나다 전역에 포진한 패밀리 레스토랑 체인의 본점. 1969년 포틀랜드 다운타운에 문을 열었다가 1984년 강변으로 매장을 옮겼다. 1800년대에 지은 고풍스러운 건물을 리모델링한 레스토랑에서 윌래밋강의 풍경을 감상하며 식사할 수 있다. 미트볼과 스파게티 등 저렴한 미국식 이탈리안 메뉴가 주력 메뉴. 아이들과 함께이거나, 넓은 식사 장소가 필요할 때 방문하기 좋다. **MAP 661p**

ADD 715 S Bancroft St
OPEN 런치/디너 **MENU** 스파게티 $17~22 **WEB** osf.com
ACCESS 워터프런트(다운타운 남쪽)

미국 엄마의 브런치

마더스 비스트로앤바
Mother's Bistro & Bar

2000년부터 다운타운 최고의 브런치 가게. 아침부터 점심까지 엄마가 차려준 가정식 콘셉트로 브런치를 판매한다. 매달 새롭게 바뀌는 이달의 메뉴(Mother of the Month, M.O.M)를 먹으러 여러 번 찾아오는 사람도 많다. 매장을 확장 이전했는데도 여전한 인기 때문에 예약은 필수. 저녁에는 비스트로 & 바로 운영된다. **MAP 661p**

ADD 121 SW 3rd Ave
OPEN 저녁 17:00~21:00, 수~일요일 브런치 09:00~14:00/월요일 휴무
MENU 브런치 $18~25 **WEB** mothersbistro.com
ACCESS 올드타운

매일 플시는 식당

파인 스테이트 비스킷 Pine State Biscuits

칼로리 걱정은 잊고 헤비한 비스킷 샌드위치와 팬케이크를 즐겨보자. 직접 반죽한 버터밀크 비스킷에 프라이드치킨, 치즈 등을 넣어 샌드위치를 만들고, 그 위에 진한 그레이비 소스를 부은 레지(The Reggie)가 시그니처 메뉴. 레지 딜럭스(Reggie Deluxe)는 계란을 추가한 것이다. 워낙 인기 맛집이라 오픈런을 하거나, 온라인 픽업 주문 후 찾아가는 것이 좋다. **MAP 661p**

ADD 1717 NW 23rd Ave
OPEN 08:00~14:00
MENU 비스킷 샌드위치 $10~15
WEB pinestatebiscuits.com **ACCESS** 노브 힐

간편하게 한 끼를 해결하고 싶은 때

버거빌 Burgerville

체인점이 흔치 않은 포틀랜드에서 자꾸만 눈에 띄다 보니 자연스레 관심이 쏠리는 버거 전문점. 1961년부터 이웃 농가와의 파트너십을 통해 재료를 수급해 오고 있어 지역 주민들의 지지를 받는다. 추천 메뉴는 채소가 포함된 노스웨스트 치즈버거와 베이컨 치즈버거. 오전 11시 이전에는 모닝 세트를 판매하고 밤늦게까지 버거를 먹을 수 있는 곳이니 체크해두자. 도심보다는 근교에 매장이 더 많다. **MAP 661p**

MENU 햄버거 $4~7
WEB burgerville.com
ACCESS 포틀랜드 전역

오리건주의 자연 속으로
포틀랜드 주변 Around Portland

날씨가 맑고 대기 상태가 좋으면, 거대한 마운트 후드의 윤곽이 서서히 드러난다. 와인 산지로 유명한 윌래밋밸리, 라벤더 팜과 오리건 코스트는 우리에게 힐링의 시간을 선물한다. 짧게는 반나절, 길게는 하루 동안 다녀오면 좋을 포틀랜드 근교에서 여유로운 시간을 만끽해보자.

① 장미의 도시 포틀랜드
워싱턴 파크 Washington Park

포틀랜드 도심과 가까운 숲과 언덕에 조성된 시민 공원. 장미 정원·일본 정원·오리건주 동물원·호이트 수목원·포틀랜드 어린이 박물관·공연장 등 다양한 시설을 갖췄다. 공원 내부는 굉장히 넓고 경사진 곳이 많아서 차량으로 방문하거나, 여름철 운행하는 무료 셔틀버스를 이용해야 한다. 공원 북쪽에는 포틀랜드를 장미의 도시로 만들어 준 인터내셔널 로즈 테스트 가든이 있다. 1917년부터 장미 품종을 연구해 온, 미국에서 가장 오래된 장미 정원이다. 5월 말~9월에 랩소디 인 블루, 버건디 아이스버그 등 722종의 장미 덩굴 1만 그루가 차례대로 꽃을 피운다. 포틀랜드 장미 축제가 열리는 6월이 가장 아름답다. MAP 656p

인터내셔널 로즈 테스트 가든
International Rose Test Garden
ADD 400 SW Kingston Ave
OPEN 05:00~22:00
PRICE 입장 무료, 주차 시간당 $2
ACCESS 다운타운에서 3km, 차로 10분, 버스 63번 SW Rose Garden Blvd & Sherwood역 하차

② 4분간 만나는 최고의 전망
포틀랜드 공중 트램
Portland Aerial Tram

포틀랜드 최고의 전망을 만날 수 있는 가장 쉽고 확실한 방법은 오리건보건과학대학(Oregon Health & Science University, OHSU)이 있는 언덕 위 동네 마쿼 힐(Marquam Hill)에서 강변을 왕복하는 통근용 공중 트램을 타는 것. 마운트 후드와 포틀랜드의 전경을 보기 위해 찾아오는 사람이 많아지면서 관광용으로도 운행하게 됐다. 탑승 시간은 4분으로 매우 짧다. **MAP 661p**

ADD 3303 SW Bond Ave
OPEN 05:30~21:30(토요일 09:00~17:00)/일요일 휴무
PRICE 왕복 $8.5
WEB gobytram.com
ACCESS 스트리트카 NS노선 S Moody & Gibbs역 하차

눈 덮인 마운트 후드

③ 눈 덮인 마운트후드가 보인다
피톡 맨션 Pittock Mansion

오리건주의 대표 일간지 <디 오리거니언(The Oregonian)>을 창간한 헨리 피톡과 그의 가족이 살았던 저택으로, 1914년 지어졌다. 높은 언덕에서 정면으로 보이는 마운트 후드 전망으로 유명한 곳. 맑은 날에 또렷이 드러나는 새하얀 설산이 도시 전경과 잘 어우러진다. 공공 정원이라서 입장료는 받지 않으며, 늦은 저녁까지 개방한다. 맨션 안에는 당시 부유층의 화려한 생활상과, 맨땅이었던 '스텀프타운'에서 현재의 포틀랜드로 성장하기까지의 도시 역사가 전시돼 있다. 워싱턴 공원과 같은 날 들르기 좋은 위치이며, 버스 정류장은 언덕 아래 1km 지점에 있어 자동차로 가는 것이 좋다.

MAP 656p

OPEN 정원 아침~21:00, 저택 10:00~16:00/화요일 12:00~(6~9월 ~17:00)
PRICE 정원 무료, 저택 $17, 주차비 시간당 $2
WEB pittockmansion.org
ACCESS 다운타운에서 6km/버스 20번 W Burnside & NW Barnes 하차

④ 협곡이 보이는 비스타 하우스
컬럼비아강 협곡 Columbia River Gorge

캐스케이드산맥의 절벽 지대, 장장 130km의 협곡 사이를 흘러가는 컬럼비아강은 워싱턴주와 오리건주를 구분하는 경계선이다. 90개 이상의 폭포가 낙하하는 협곡 일대는 컬럼비아강 협곡 국립 경관 지역 (Columbia River Gorge National Scenic Area)으로 관리된다. 가장 아름다운 지점인 크라운 포인트 절벽 위에 대리석으로 지어진 비스타 하우스 (Vista House)를 방문하면 탁 트인 전망이 펼쳐진다. 컬럼비아강 유역에 고속도로(I-84)를 건설하던 1918년에 휴게소 겸 전망대로 만들어졌으며, 현재는 기념품숍과 카페로 운영된다. **MAP 603p**

비스타 하우스

ADD 40700 Historic Columbia River Hwy, Corbett, OR 97019
OPEN 금~월요일 09:00~17:00(겨울 10:00~16:00)
WEB vistahouse.com
ACCESS 포틀랜드에서 48km(자동차 30분~1시간)

⑤ 숲속으로 떠나는 와이너리 투어
윌래밋밸리 Willamette Valley

포틀랜드에서 남쪽으로 1시간 남짓 거리에는 오리건주의 주도 세일럼이 있다. 인구가 적고 고층 건물이 거의 없는 자연 친화적인 이 도시가 위치한 곳은 삼면이 산으로 둘러싸인 윌래밋밸리의 한복판으로, 포틀랜드에서 세일럼까지는 삼면이 산으로 둘러싸인 윌래밋밸리와 윌래밋강 유역의 비옥한 토지에 700여 개의 와이너리가 자리한다. 서늘한 해양성 기후 덕분에 피노누아가 특히 유명하고, 경관이 멋진 와이너리가 많으니 와인 애호가라면 방문을 계획해보자. **MAP 603p**

윌래밋밸리 포도원 Willamette Valley Vineyard
ADD 8800 Enchanted Way SE, Turner, OR 97392
WEB willamettevalley.org
ACCESS 포틀랜드에서 87km(자동차 1시간)

⑥ 보랏빛으로 물드는 여름
오리건 라벤더 팜
Oregon Lavender Farm

오리건주의 특산품 라벤더는 포틀랜드 남부에서 많이 재배된다. 우뚝 솟은 마운트 후드를 배경으로 라벤더 들판을 찍으려면 6월 중순부터 7월 중순 사이에 윌래밋밸리와 클랙커미스 카운티를 찾아가 보자. 온라인상에서 인기가 많은 곳은 축제 기간에만 개방하는 라벤더 농장이 대부분으로, 꽃밭에서 인증샷을 남기고, 소박한 시골 축제에 참여할 수 있다. 라벤더 생화나 수제 에센셜 오일, 라벤더 향 로션, 유기농 비누 같은 소품도 구매 가능. 매년 바뀌는 축제 일정은 'Oregon Lavender Festival'를 검색해 알아볼 수 있다. 라벤더 농장은 매우 덥고 그늘이 없으니 모자와 선글라스가 필수다. **MAP 603p**

ACCESS 포틀랜드에서 35~40km, 마운트 후드 근교

후드강 라벤더 팜 Hood River Lavender Farms
OPEN 5~9월 10:00~17:00
ADD 3823 Fletcher Drive, Hood River
WEB hoodriverlavender.com

클랙커미스강 라벤더 축제
Clackamas River Lavender Festival
OPEN 6월 중 이틀간
ADD Oregon Lavender Farm

윌래밋밸리 라벤더 축제
Willamette Valley Lavender Festival
OPEN 7월 중 이틀간
WEB chehalemculturalcenter.org

#Road_Trip

태평양을 따라 달리는 길
루트 101 U.S. Route 101

미국 서부 해안 전체를 종단하는 루트 101은 워싱턴주 텀워터(Tumwater)에서 시작된다. 바다 쪽으로 툭 튀어나온 올림픽반도를 한 바퀴 돌아, 파도가 부서지는 오리건 코스트 하이웨이를 따라 내려가 보자. 세계에서 가장 키 큰 나무가 사는 레드우드 국립공원을 지날 때쯤 루트 101은 캘리포니아 1번 도로와 교차하면서 샌디에이고까지 이어진다. 끝 모를 자동차 도로의 전체 구간은 장장 2478km! 책에 소개한 구간별 정보를 바탕으로 나만의 자동차 여행 계획을 세워보자.

추천 경로

🏁 **출발** 올림픽 국립공원
646p
⬇ 180km, 2.5시간
아스토리아
⬇ 41km, 40분
캐넌비치
⬇ 290km, 4시간
오리건 코스트 하이웨이
⬇ 248km, 3시간
크레이터 호수(우회)
⬇ 250km, 3시간
레드우드 국립공원 240p

684

① 컬럼비아강과 바다의 만남
아스토리아 전망 탑 Astoria Column

워싱턴과 오리건주의 경계를 유유히 흐르던 컬럼비아 강은 아스토리아에 이르러 비로소 태평양과 조우한다. 독특한 설계로 지어진 아스토리아-메글러브리지 (Astoria-Megler Bridge) 건너편, 언덕 위 전망 탑에서 360도 전망을 볼 수 있는데, 164개의 좁은 계단을 통해 꼭대기층에 올라간다. 불과 38m 높이인데도 주차장에서 보는 것과 전혀 다른 완벽한 경치. 강 하구와 바다가 만나는 푸른색과 끝없이 펼쳐진 녹색 삼림을 마주한 순간 가슴까지 시원해진다. 한여름에도 바람이 심한 지역이니 전망대에 올라갈 때는 겉옷을 챙기자. **MAP 603p**

ADD 1 Coxcomb Dr, Astoria, OR 97103
OPEN 05:00~22:00
PRICE 무료, 주차 $5
WEB astoriacolumn.org

② 오렌지색 노을에 빛나는 섬의 반영
캐넌비치 Cannon Beach

아스토리아를 떠난 루트 101번 도로가 바다에 가까워지는 지점에는 건초더미를 닮은 해이스택 바위 (Haystack Rock)가 있다. 높이 71.6m의 육중한 바위 주변을 작은 암초가 둘러싼 풍경이 아름다운 포토 포인트. 해이스택 바위를 둘러싼 리조트에서 조금만 내려가면 다다르는 캐넌비치는 오리건주 해안에서 보기 드물게 넓고, 뛰어다녀도 좋을 만큼 단단하다. 해변에서 수평선까지 바다가 온통 붉게 물드는 저녁이 되면 일찌감치 해변에 자리 잡은 사람들은 모닥불을 피우고, 사진을 찍으며 태평양의 노을을 맞이한다. 노을의 방향과 촬영자의 움직임에 따라 카메라에 담기는 색과 빛이 달라진다. **MAP 603p**

ADD US-101, Cannon Beach, OR 97110
OPEN 24시간
WEB cannonbeach.org

: WRITER'S PICK :

루이스-클라크 탐험대와 아스토리아

메리웨더 루이스 대위와 윌리엄 클라크 소위는 미국 제3대 대통령 토머스 제퍼슨의 명령을 받고 1804년 5월 14일 미주리주에서 출발해 미국 북서부 지역을 탐사했다. 그들이 1228일에 걸쳐 확보한 자료는 미국의 영토 경계선을 확립하는 근거가 됐다. 탐험대가 최종적으로 정착한 곳은 오늘날의 아스토리아에 해당하는 포트 클랫솝(Fort Clatsop). 이 자리에 루이스-클라크 국립역사공원이 조성됐다. 아스토리아 전망 탑에 루이스-클라크 탐험대와 치누크 원주민 부족의 만남을 묘사한 그림이 있다.

③ 오리건의 해안 절벽을 달리는
오리건 코스트 하이웨이
Oregon Coast Highway

캘리포니아에 1번 국도가 있다면, 오리건에는 오리건 코스트 하이웨이가 있다. 584km의 해안도로 전체가 시닉 바이웨이로 지정된 도로는 컬럼비아강 하구의 아스토리아에서 출발하여 북미에서 가장 큰 해안사구인 오리건 듄 국립휴양지(Oregon Dunes National Recreation Area) 등의 해안 명소를 두루 지나간다. 거센 파도가 부딪치는 험준한 절벽 아래로 펠리컨·바다오리·바다사자·물개가 서식하고, 바다와 산, 강과 평야를 넘나들며 오리건주의 자연과 일체가 되는 최고의 코스다. 캐넌비치에서 차로 10분 거리인 전망 포인트에서 앞으로 달리게 될 오리건 코스트의 풍경을 카메라에 담아보자. **MAP 603p**

ADD Ecola State Park Viewpoint, Cannon Beach, OR 97110
OPEN 06:00~22:00

트롤리 투어

북쪽 입구와 가까운 메리엄 포인트 | 스틸 비지터 센터

④ 미국에서 가장 깊은 호수
크레이터 호수 국립공원 Crater Lake National Park

ADD Steel Visitor Center, Crater Lake, OR 97604
PRICE 차량 1대 $30
WEB nps.gov/crla
ACCESS 서쪽 입구(연중 개방): 메드포드(Medford)에서 오리건주 62번 도로(OR-62)를 따라 128km/북쪽 입구(여름 개방): 다이아몬드 호수(Diamond Lake)에서 오리건주 138번 도로(OR-138)를 따라 40km

캐스케이드산맥 깊숙한 위치에 미국에서 수심이 가장 깊은(592m) 크레이터 호수가 있다. 화산 활동으로 생성된 분화구에 빗물과 눈이 담수된 고산 호수다. 호수 한가운데 마법사의 모자처럼 뾰족하게 솟아오른 위자드섬(Wizard Island)의 녹색과 호수의 강렬한 푸른색이 묘한 조화를 이룬다. 루트 101에서 벗어나 먼 거리를 우회해야 하지만, 진입이 가능한 시기라면 후회 없는 여행이 돼줄 곳. 해발 1883m의 고산 호수까지 올라가는 길은 상당히 멀어서, 국립공원 진입 전 반드시 주유소에 들러야 한다. 정상과 가까운 마자마 마을(Mazama Village)과 다이아몬드 호수의 주유소는 여름철만 운영하며 가격이 비싸다는 점을 참고하자. 6월에도 눈이 쌓여 있으니, 호수 일주 도로의 개방 상황을 반드시 체크하자. **MAP 603p**

① 호수 일주 도로
Rim Drive

국립공원의 주요 지역은 겨우내 눈에 파묻혀 있다가 통상 6~10월에 개방된다. 호수 주변을 따라 일주하는 53km의 드라이브 코스가 국립공원의 하이라이트. 절벽의 전망 포인트에 멈춰 설 때마다 호수의 풍경도 달라진다. 옛 산장 건물에 만들어진 비지터 센터와 국립공원 내 숙소(Crater Lake Lodge)도 멋진 전망대 역할을 한다. 그늘이 전혀 없는 분화구이기 때문에 햇볕이 강한 8월에는 더울 수 있다.

ⓘ **림 빌리지 비지터 센터**
Rim Village Visitor Center
ADD Crater Lake National Park, Rim Village

디스커버리 포인트에서 본 위자드섬

② 다이아몬드 호수
Diamond Lake

여름에만 개방되는 북쪽 게이트를 따라 30km 정도 운전하면, 또 다른 고산 호수 다이아몬드 호수(해발 1520m)가 나온다. 고지대에 있는 것은 같지만, 그레이디 호수보다 접근성이 좋아서 호숫가에서 배를 타거나 낚시를 즐길 수 있다. 1922년부터 운영한 호숫가 리조트는 인터넷 접속이 가능한 로비 라운지를 비롯해 숙소와 주유소, 레스토랑까지 갖춘 반가운 쉼터. 머그잔 가득 따라주는 투박한 커피가 그 어떤 고급 커피보다 맛있게 느껴진다.

다이아몬드 호수 리조트
ADD 350 Resort Dr, Diamond Lake

호숫가 리조트

따라만 하면
너무 쉬운

미국 서부
여행 준비 08

여행 전 받아두면 유용한 앱

◆ 입국 관련

해외 안전 여행 | **인천공항 스마트패스** | **Mobile Passport Control** | **CBP One**

외교부에서 제공하는 안전 여행 정보 | 인천공항 출국 절차를 간소화해 주는 서비스 | 미국 공항 입국 심사를 빠르게 해주는 서비스 | 미국 국경을 자동차 또는 선박으로 넘을 때 활용

◆ 길 찾기 & 교통

Google Maps | **Uber** | **Waze** | **ParkMobile**

내비게이션과 실시간 교통정보, 영업장 정보 확인 | 한국 우버 계정 그대로 사용 가능한 차량 공유 서비스 | 도로교통 단속 정보를 실시간 제공하는 내비게이션 앱 | 주차장 정보를 확인하고 요금을 지불할 때 사용

◆ 식사 & 쇼핑

Yelp | **OpenTable** | **Uber Eats** | **SIMON**

음식점과 지역 정보에 대한 현지인 리뷰 확인 | 식당 소개와 함께 예약이 가능한 사이트 | 우버 계정과 연동해 사용하는 배달 음식 주문 앱 | 사이먼 계열 아웃렛 위치 확인과 쇼핑 쿠폰 다운로드

: WRITER'S PICK :
지역별 추천 이동수단

샌프란시스코 & 라스베이거스 & 시애틀 | **LA & 샌디에이고** | **도시 간 이동** | **국립공원 & 미국 서부 전역**

대중교통으로 여행 가능한 환경 | 택시 또는 우버, 리프트 이용 추천 704p | 먼 거리는 비행기, 4~5시간 정도는 앰트랙과 버스 703p | 운전이 가능하다면 렌터카 추천 706p

Plan ning My Travel 02

여행 서류

◆ 여권

여권은 출입국뿐 아니라 해외 체류에 필수인 신분증이다. 신원 확인, 신용카드 사용, 주류 구매 등 다양한 상황에서 제시할 수 있도록 항상 소지해야 한다. 만 18세 미만 미성년자 및 생애 최초 여권 신청자는 직접 여권사무 대행 기관을 방문해야 하고, 일반 여권 재발급은 온라인으로 신청가능하다. 여행 중 분실 시 해외 공관에서 재발급받을 수 있다.

신여권   구여권

발급 장소 전국 여권사무 대행 기관(서울: 각 구청, 지방: 시청, 군청) 및 재외공관
WEB passport.go.kr(외교부 여권 안내)

◆ 비자·전자여행허가 ESTA

한국은 미국 비자 면제 프로그램(Visa Waiver Program)에 가입돼 있어서 90일 이내 단기 여행은 전자여행허가만 받으면 가능하다. 전자여행허가제(ESTA) 공식 홈페이지에 접속해 국적, 여권 정보, 생년월일 등 신상정보를 기재한다. 수수료는 1인당 $21, 대행 사이트의 경우 별도의 수수료를 요구한다. 정보 입력 및 결제를 마치면 허가 승인과 함께 결제 영수증을 확인할 수 있다.

WEB esta.cbp.dhs.gov(우측 상단에서 한국어 선택)

◆ 국제 운전면허증

미국에서 운전을 할 때는 반드시 국제 운전면허증, 국내 운전면허증, 여권을 지참한다. 국내 운전면허증 뒷면에 영문으로 정보를 표기한 영문 운전 면허증은 미국 서부에서 정식으로 통용되는 면허가 아니다. 따라서 미국 서부에서 자동차를 빌리거나 운전하기 위해서는 반드시 국제 운전면허증을 추가로 발급받아야 한다. 국제 운전면허의 유효기간은 발급일로부터 1년이며, 미국에 단기 방문하는 경우에만 사용가능하다.

☑**신청 장소** 전국 운전면허 시험장 및 관할 경찰서
☑**준비물** 여권, 운전면허증, 사진 1매
　(6개월 이내 촬영한 여권용 사진만 가능)
☑**수수료** 8500원

: WRITER'S PICK :
입국 전 알아두면 좋은 정보

❶ 모바일 여권 심사 (MPC) 대상인지 확인 해보세요!
ESTA를 소지하고 미국에 입국하는 사람은 입국 심사 절차를 확인하자.
➡ 698p

❷ 비행기 외 교통수단으로 국경을 넘을 땐 I-94
공항 입국자는 ESTA 소지 시 출입국 기록이 전산 처리되지만, 캐나다 및 멕시코 쪽에서 육로 또는 선박으로 미국 국경을 통과할 때는 ESTA와 별도로 I-94가 필요하다. 국경에서 작성해도 되지만 모바일 앱(CBP One™)으로 사전 접수할 경우 출입국 절차가 좀 더 간편해진다. 수수료는 $6이며, 결제 후 7일 내 발급받아야 한다.

◆ 여행자보험

코로나19 이후 여행 중에 발생하는 상해나 질병에 대해 보장
해주는 여행자보험의 중요성이 높아졌다. 특히 의료비가 높은
미국을 방문할 때는 여행자보험이 필수다. 여행자보험은 반드
시 출발 전에 가입해야 하는데, 온라인 보험 사이트에서 가입
하는 것이 가장 저렴하다. 미처 가입하지 못했다면 공항 출국
장 근처 카운터를 찾아 가입한다.

보상 내용과 규정은 보험 가입금과 약관, 과거 병력에 따라서
달라진다. 해외에서 병원을 방문한 다음 보험금 청구를 하기 위해서는 현지에서
작성해준 진료비 납부 내역과 진단서를 챙겨야 한다. 도난 물품에 대한 보험금을
청구하려면 미국 경찰서의 도난신고 증명서가 필요하다. 상세 내용은 보험사별 안
내에 따른다.

항공권 예약

미주 노선은 항상 인기가 높아서 항공권 예약을 서둘러야 한다. 항공권은 날짜가
임박할수록 가격이 상승하기 때문에 빨리 예약하는 게 경제적이다. 일반적으로 직
항보다는 경유편이, 성수기보다는 비수기가 저렴하다. 단, 경유 시간이 길어지면
피로도가 쌓여 전체 여행에 악영향을 줄 수 있다는 점, 날씨가 쾌적하고 다양한 이
벤트가 열리는 성수기에 가야 여행 만족도가 높다는 점을 감안한다.

Plan
ning
My
Travel
03

◆ 미국 서부 주요 도시의 국제공항 안내

로스앤젤레스 ➡ 260p
샌프란시스코 ➡ 112p
라스베이거스 ➡ 390p
시애틀 ➡ 610p

Plan ning My Travel 04

◆ 화폐 단위

미국 화폐 단위는 달러와 센트로 구분된다.
1달러(Dollar, $)는 100센트(Cent, ¢)이며,
동전에는 페니(1¢), 니켈(5¢), 다임(10¢),
쿼터(25¢)라는 호칭이 붙는다.

| 1¢ | 5¢ | 10¢ | 25¢ |
| (페니 penny) | (니켈 nickel) | (다임 dime) | (쿼터 quarter) |

지폐는 $1·2·5·10·20·50·100 구종류,
동전은 1·5·10·25¢ 4종류가 있다.

◆ 미국에서 결제하는 방법

실생활에서는 주로 $20 이하의 지폐를 사용하며, 그 이상의 금액은 대부분 신용카드로 지불한다. $100짜리를 내면 신분증 확인을 요구하기도 한다. 현금만 받는 레스토랑도 가끔 있으니 어느 정도의 현금은 항상 휴대하고 다닐 것. 특히 $1와 $5짜리 지폐는 택시, 호텔, 발렛파킹, 레스토랑 팁 지불 용도로 유용하다.

◆ 체크카드

하나 트래블로그

트래블월렛
트래블페이

요즘에는 해외 결제 수수료와 환전 수수료가 무료인 체크카드(충전식 선불카드) 사용이 많다. 미리 계좌에 달러를 충전해 두면, 미국 ATM에서 현금을 인출하거나 현지결제 시 해당 금액만 빠져나가기 때문에 유리한 조건. 특히 교통 카드 용도나 거리주차 단말기, 카페처럼 소소한 금액을 지불할 때 컨택리스 결제(Tap to Pay) 기능이 포함된 카드가 있으면 여러모로 유용하다. 남은 외화를 원화로 재환전할 때는 환급 수수료가 발생하기도 하니, 필요한 금액만 충전해서 사용한다. 상세 내용은 카드사 홈페이지를 참고하자.

구분	트래블페이	트래블로그	토스	SOL트래블
발행처	트래블월렛	하나카드	토스뱅크	신한카드
홈페이지	travel-wallet.com	www.hanacard.co.kr	www.tossbank.com	www.shinhancard.com

➜ 팁을 결제할 때 주의

카드 선 승인 후 팁에 해당하는 금액을 차감하는 미국 레스토랑의 경우, 팁 결제 방식 때문에 금액이 이중으로 결제된 채 홀딩되어 현금이 묶이는 상황이 발생할 수 있다. 영수증 금액을 먼저 결제하고 팁은 현금으로 지불하는 것도 방법이다.

➜ 보증금 결제 시 주의

호텔에서 보증금을 체크카드로 결제할 경우, 해당 금액이 통장에서 빠져나갔다가 반환되기까지 약 일주일에서 열흘 이상 걸릴 수 있으므로 매우 불편하다.

➜ 추후 청구 금액에 주의

추후에 합산 결제되는 대중교통 요금이나 숙소 미청구액, 주유소 등에서 뒤늦게 대금이 청구되는 경우가 있다. 귀국 후 계좌에 잔액이 부족하다면 연체 처리될 수 있으니 남은 외화는 적어도 한 달 정도 시간을 두고 재환전하는 것이 좋다.

◆ 신용카드

미국에서 해외 결제가 가능한 일반 신용카드를 사용할 때 해외 카드사(Visa, Master)에 지불하는 수수료(약 1%) 외에도 국내 카드사 수수료(0.2~0.5%)가 추가로 부과된다. 환율 변동까지 고려하면 불리한 조건이다. 하지만 호텔 보증금이나 렌터카 보증금은 체크카드가 아닌 신용카드를 요구하는 경우가 많아 신용카드는 필수다. 따라서, 해외 수수료가 없는 신용카드를 알아보고 추가로 발급받는 것도 좋은 선택이다.

➔ ZIP CODE란?

간혹 주유소나 교통 티켓 발매기 등 기계에서 신용카드를 사용할 때 우편번호(Zipcode) 입력을 요구하는데, 00000 또는 한국 우편번호 등 5자리 숫자를 입력하면 통과되기도 한다. 샌프란시스코의 뮤니모바일 등 온라인 카드 등록을 할 때도 마찬가지다.

◆ 모바일 결제

미국에서도 이미 모바일 결제 사용이 보편적이다. 애플페이는 해외 결제 지원 카드가 아이폰에 등록되어 있다면 별다른 추가 절차 없이 바로 사용할 수 있다. 반면 삼성페이는 해외 결제 지원이 되는 특정 카드를 발급받아야 하고, 반드시 국내 USIM을 장착한 상태에서 카드를 먼저 등록하고 사용해야 한다.

해외 결제 등록

등록 준비 중...

삼성페이

➔ 삼성페이 등록절차

❶ 출국 전 삼성페이에서 카드 등록(설정 ➔ 해외 결제 안내 ➔ 해외에서 사용하기 ➔ 해외 결제 등록 후 지문 인증까지 끝내기)

❷ 해외에서는 로밍 네트워크 또는 Wi-Fi에 연결된 상태에서 NFC 기능을 켜고 결제

◆ 환전하기

원·달러 환율은 최근 달러당 1400~1500원 안팎을 오르내린다. 앞서 소개한 체크카드가 있다면, 앱을 통해 실시간으로 수수료 없이 환전해둔 다음, 필요한 만큼 현지 ATM에서 인출할 수 있다. 하지만 단말기에 따라서 수수료가 붙을 수 있으며, 한 달 인출 한도가 정해져 있다는 점을 고려해야 한다. 국내에서 달러를 미리 환전해 가려면, 모바일 뱅킹을 이용하는 것이 할인율이 높다. 먼저 앱에서 환전을 신청한 다음, 지정한 은행 지점이나 공항 출장소를 방문해 달러를 찾는 방법이다. 미국 입국 시 달러 반입 한도는 가족당(1인당 아님) $10,000이며, 금액이 초과하는 경우 세관에 신고해야 한다.

Plan ning My Travel 05

휴대폰 로밍 vs 유심 vs 이심

◆ 항목별 장단점 비교

한국 통신사에서 판매하는 로밍 상품은 유심을 바꿔 끼울 필요 없다는 점에서 가장 간편하다. 요금제도 예전보다 개선되어 1달 미만의 단기 여행이라면 추천할 만하다. 더 저렴한 가격으로 더 많은 양의 데이터를 사용하려면 현지 유심이나 이심이 적당한데, 통화 품질이나 사용하는 통신망에 따른 이용 조건이 다양해서 업체의 안내를 꼼꼼하게 읽고 선택해야 한다.

구분	장점	단점	데이터
데이터 로밍	• 본인 번호 그대로 사용 가능 (SKT는 통신사 앱으로 한국 및 현지 무료 통화 가능/KT는 유료 전화만 가능)	• 데이터 용량이 제한적 • 잘못 이용할 경우 과도한 요금이 청구될 수 있음	3~24GB
포켓 와이파이	• 여러 단말기에서 사용 가능하며, 일행과 공유해 비용 절감	• 별도 기계를 휴대하고 충전해야 함	와이파이 무제한
이심 (eSIM)	• 장기 사용시 저렴 • 온라인으로 간편하게 신청 가능 • 유심칩 교체 없이 본인 번호를 그대로 유지한 채 현지 데이터 (또는 현지 번호)를 사용할 수 있음	• 최신 단말기에서만 사용 가능 • 상품 종류에 따라 데이터만 제공하는 경우도 있으며, 현지 번호까지 이용하려면 사용 방법을 잘 숙지해야 함	요금제에 따라 다양하게 선택 가능
유심 (USIM)칩	• 장기 사용 시 저렴하며, 대부분의 단말기에서 사용 가능 • 현지 번호를 발급받은 경우 현지 통화와 문자 가능	• 유심칩 교체 후에는 한국 번호 사용 불가 • 보통 출국 전 수령해야 함	

◆ 미국 3대 통신사

미국에서 가장 안정적인 서비스를 제공하는 통신사는 버라이즌과 에이티앤티지만, 한국 여행자가 사용할 때는 티모바일이 현실적인 대안이다. 판매 정책은 계속 변경되므로 구매 전 통신사별 정책을 재확인하자.

구분	버라이즌 Verizon	에이티앤티 AT&T	티모바일 T-Mobile
특징	• 아이폰(또는 일부 미국 출시 안드로이드폰) 상품 판매 중 • 대부분 장기 상품만 취급	• 기종에 따라서 주파수 대역이 맞지 않는 상황이 대부분 • 아이폰 상품만 판매 중	• 갤럭시와 아이폰 모두 사용 가능 • 이심/유심 모두 판매

➜ **주파수 대역 및 IMEI 확인하기**
- **에이티앤티** att.com/wireless/byod
- **티모바일** t-mobile.com/resources/bring-your-own-phone

◆ 요즘 대세는 선불 이심 Prepaid eSIM

휴대폰이 최신 기종이라면 국내 유심칩을 그대로 끼워둔 채 해외 eSIM을 추가로 사용할 수 있어 편리하다. 직접 설치하고 세팅하는 과정이 까다롭고, 현지에서 개통이 원활하지 않은 경우 판매처에 연락해 문제를 해결해야 하니 고객 응대가 친절한지 확인 후 구매한다.

➜ eSIM 사용 가능 여부 확인하기

휴대폰에서 *#06#을 눌러 EID 바코드가 뜨면 사용할 수 있는 기종이다. 하지만 단말기 기종이나 구매한 국가에 따라 차이가 있으니 판매처의 안내를 따른다.

➜ eSIM 설치 방법

❶ 온라인 판매처에서 사전 구매하고 출국일을 입력한다.
❷ eSIM 최종 연결은 현지 도착 후 와이파이가 연결된 상태에서 진행한다.
❸ eSIM이 활성화된 후에는 핸드폰 설정을 변경해 원하는 항목만 선택해 사용한다.
❹ 활성화/비활성화는 반복이 가능하지만, 완전히 삭제한 경우 재설치가 불가능하니 주의한다.

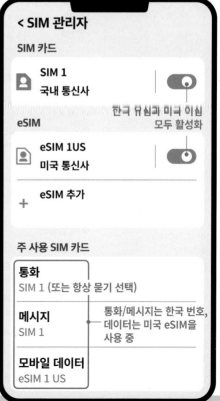

미국 전화번호를 사용하기 위해
SIM 1을 비활성화한 화면

한국 전화번호를 활성화한 상태에서
미국 데이터만 사용하는 화면

< SIM 관리자

SIM 카드

SIM 1
국내 통신사

히프 휴닌
비활성화

eSIM

eSIM 1US
미국 통신사

미국 유심
활성화

+ eSIM 추가

주 사용 SIM 카드

통화 eSIM 1 US	
메시지 eSIM 1 US	통화/메시지/데이터 모두 미국 eSIM을 사용 중
모바일 데이터 eSIM 1 US	

< SIM 관리자

SIM 카드

SIM 1
국내 통신사

한국 유심과 미국 이심
모두 활성화

eSIM

eSIM 1US
미국 통신사

+ eSIM 추가

주 사용 SIM 카드

통화 SIM 1 (또는 항상 묻기 선택)	
메시지 SIM 1	통화/메시지는 한국 번호, 데이터는 미국 eSIM을 사용 중
모바일 데이터 eSIM 1 US	

Plan ning My Travel 06

여행 준비물과 체크 리스트

◆ 여행지별 드레스코드와 준비물

➜ 공통 준비물

❶ 모자 & 선글라스
미국 서부 지역은 여름은 물론 겨울에도 햇살이 따가운 곳이 많아 눈과 피부를 보호할 챙이 넓은 모자와 선글라스가 필요하다.

❷ 긴소매 옷
일교차가 큰 곳이 많아 한여름이라도 긴소매 옷을 준비해야 한다. 봄과 가을에도 여러 겹의 옷을 겹쳐 입어 체온을 유지하자. 특히 국립공원을 여행할 계획이라면 7~8월에도 점퍼를, 그 외 계절에는 갑자기 기온이 내려갈 경우에 대비해 경량 패딩을 휴대하자.

❸ 신발
여행 스케줄에 맞추어 종류별 신발을 준비한다.

- **구두**   고급 레스토랑, 공연장, 클럽 방문
- **아쿠아 슈즈**   서핑, 수영 등 수상 레저 활동
- **운동화**   도시 관광, 국립공원 기본 트레킹
- **등산화**   고산 지역 하이킹
- **방한화**   겨울철 눈 덮인 지역 방문

+ M O R E +

**국립공원 방문 전
준비물 체크!**

모자/선글라스/선크림
운동화/등산화
우비/우산
겉옷, 긴 바지
여벌의 양말
아이스박스(식량)
호루라기
손전등
다용도 칼
물/물통
고열량 간식
응급처치 도구
종이 지도
비닐봉지

➜ 도심 주요 관광지
평소엔 캐주얼한 옷차림이어도 상관없지만, 루프탑이나 고급 레스토랑, 공연장, 클럽을 방문한다면 적당한 드레스코드를 맞춰야 한다. 최고급 레스토랑에서는 남자의 경우 재킷과 긴 바지, 구두를 착용해야 한다. 여성은 지나치게 짧은 옷차림이나 플립플롭(쪼리형 샌들)은 피한다.

와이너리

➜ 국립공원
편의시설이 제한적이므로 입장 전, 식수와 기본적인 식료품을 준비해야 한다. 일부 캠핑장이나 피크닉 구역 외에서는 취사가 엄격하게 금지되므로 아이스박스에서 꺼내 바로 먹을 수 있는 간편식이 편리하다. 야간에는 야생동물 접근에 대비해 음식물을 차에서 꺼내 숙소에 갖고 들어가거나, 캠핑 사이트에 준비된 '베어 프루프' 컨테이너(자물쇠는 개인 지참)를 이용해야 한다. 099p와 381p의 주의사항도 확인할 것.

트레킹

◆ 최종 체크 리스트

체크	항목	내용
	기본 서류	여권 및 여권 사본, 비자와 ESTA, 국제·국내 운전면허증, 항공권, 신용카드, 바우처, 여행자보험, 현금
	수첩 및 필기도구	휴대폰 분실에 대비해 여권과 항공권의 일련번호, 신용카드 번호, 한국 대사관, 숙소, 항공사, 여행사 등 비상 연락처를 적어 둔다.
	휴대폰	로밍 또는 포켓 와이파이, 선불 유심 등 준비
	보조배터리	테마파크, 대중교통, 구글맵 등 휴대폰 배터리 소모량이 많아서 보조배터리가 필수다. 단, 기내 수하물로만 휴대해야 한다.
	멀티 어댑터	220V 제품을 미국의 전기 전압(110V)에 맞추기 위한 여행용으로 준비한다. 익스텐션 코드가 있으면 하나의 어댑터로 여러 기계를 쓸 수 있어 편리하다(110V로 사용 가능한 전자기기인지 체크).
	슬리퍼	미국의 호텔이나 모텔에서는 실내화를 제공하지 않는다. 따라서 룸과 수영장에서 신을 슬리퍼를 준비하면 편리하다.
	세면도구	칫솔, 치약 같은 일회용품은 비치돼 있지 않다. 여행용 세면도구는 현지 편의점에서도 살 수 있다.
	화장품 & 자외선 차단제	자외선 차단제는 필수. 야생동물 서식지에서는 향이 강한 제품이나 향수를 자제한다.
	모자 & 선글라스	햇볕이 뜨거우므로 챙이 넓은 모자와 선글라스는 필수다.
	상비약	감기약, 소화제 등 기본적인 의약품은 마트에서 쉽게 구할 수 있다. 개인 상비약은 소분해 기내 수하물이나 위탁 수하물에 넣는다.
	지퍼백	기내 수하물 중 액체류를 담을 지퍼백이 필요하다. 여분의 비닐봉지는 현지 마트에서도 구할 수 있다.
	수영복	대부분의 호텔에는 수영장이 딸려 있으므로 수영복을 가져가면 유용하다.

멀티 어댑터

◆ 비행기 탑승 전 확인 사항

➔ 탑승 전 인터뷰

일반적인 탑승 수속(보딩 패스 발급) 전 미국 교통보안청(TSA) 규정에 따른 간략한 항공 보안 질의를 하고, 탑승 전 기내 수하물 검사를 추가로 실시한다. 본인의 여행 계획(목적 및 체류 기간, 숙소 정보 등)을 정확하게 숙지하고 약 1분간 진행되는 인터뷰(한국어)에 응하면 된다.

➔ 수하물 규정

수하물 허용량은 항공사별 정책과 티켓 등급에 따라 차이가 있다. 국내 항공사 일반석 기준으로, 위탁 수하물은 통상 2개(각 23kg 이하)까지 허용되나 공동 운항편이나 경유편은 규정이 달라질 수 있다. 이용할 항공사의 안내에 따르자.

구분	취급 방법	
	객실 반입 가능	위탁 수하물 처리
다용도 맥가이버칼, 면도칼, 과도 등 날카로운 물건	x	o
100ml 이상의 액체류, 젤류, 크림류	x	o
보조/여분 리튬이온배터리(100Wh 이하 배터리 최대 20개. 단, 100~160Wh의 고용량 배터리는 2개만 가능)	o	x
파손되기 쉬운 전자제품, 귀중품, 화폐	o	x
페인트, 가스류, 연료 등 발화성/인화성 물질 (몸에 소지한 개인용 라이터 1개만 허용)	x	x

예외적으로 기내 반입이 가능한 액체·젤·크림류

❶ 용기당 100ml 이하로 1인당 총 1L 용량의 투명 지퍼백 1개에 밀봉

❷ 비행 중 이용할 영유아 식품

❸ 의사 처방전이 있는 의약품

❹ 면세점에서 구매한 주류와 화장품 등 액체류는 아래 조건을 모두 준수 시 반입 가능

• 면세점에서 제공하는 국제 표준 방식의 훼손탐지가능 봉투(STEB: Security Tamper Evident Bag)로 포장 후, 최종 항공편 탑승 전까지 미개봉 상태 유지

• 면세점 구매 시 받은 영수증이 봉투 안에 동봉 또는 부착되어야 함

• 경유 항공편 이용 시 구매 제한이 있으니 면세점 및 항공사에 별도 문의

Planning My Travel 07

미국 공항 안내

◆ 입국 절차

❶ 입국 심사

ESTA(또는 비자) 승인 자체가 입국을 보장하는 것은 아니다. 미국 CBP(관세국경보호청)의 입국 심사에 대비해 귀국 항공권과 숙소 바우처 등 필요 서류를 보여줄 수 있도록 프린트하거나 모바일 캡처 화면을 준비해 가는 것을 권한다. 절차는 공항마다 조금씩 다를 수 있으나, 보통 다음 2가지 방법으로 나뉜다.

A. 모바일 여권 심사(Mobile Passport Control)

일반적인 입국 심사에 비해 좀 더 빠른 입국이 가능하고 비용은 따로 들지 않는다. 2025년 2월 CBP 홈페이지 기준, 미국 시민권자·영주권자이거나 ESTA를 소지하고 재입국하는 사람(Returning Visa Waiver Program Travelers)이 이용할 수 있다.

• STEP 1 모바일앱(MPC) 다운로드

출국 전 개인 정보와 여권 정보를 입력하고 프로필을 생성해 둔다. 가족이 있다면 프로필 하나(최대 12인까지)에 같이 등록하면 된다.

• STEP 2 미국 입국 신고하기

비행기가 착륙하면 앱을 켜고 세관 신고를 진행한다. 안내에 따라 본인 및 동반인의 사진(셀카)을 찍은 다음 최종 제출(submit) 버튼을 누른다. 이때 핸드폰이 반드시 Wi-Fi 또는 모바일 데이터에 연결돼 있어야 한다.

• STEP 3 MPC 전용 줄 서기

심사관이 여권 또는 얼굴 인식을 통해 정보를 확인한다. 사전 입력한 내용에 관한 간단한 질문 몇 가지와 함께 절차가 빠르게 끝난다. 전용 줄이 없는 공항이라면 모바일 앱을 보여주면서 직원에게 문의한다.

B. 외국인 입국 심사(Non U.S. Citizens)

로스앤젤레스 공항(LAX)과 샌프란시스코 공항(SFO) 등 주요 공항의 심사대기 줄은은 매우 긴 편으로 2시간은 예상해야 한다. 차례가 되면 심사대 앞으로 가서 여권을 제출한다. 가족은 입국 심사를 함께 진행할 수 있다. 심사관이 체류 목적, 여행 기간, 방문 지역과 숙소, 세관 신고내역에 관한 질문을 하면 단답형으로 간단하게 대답한다. 질문이 끝나면 지문 등록과 사진 촬영을 마치고 여권을 돌려받는다. 이때 세관 확인증을 준다면 잘 보관해 두었다가 마지막에 제출한다.

❷ 수하물 찾기

모니터에서 자신이 타고 온 비행기 편명에 맞는 컨베이어 번호를 확인하고, 수하물 찾는 곳(Baggage Claim) 표지판을 따라간다(대형 화물은 오버사이즈 화물 코너 이용).

❸ 세관 통과

면세 범위를 초과하는 물품이나 1만 달러를 초과하는 현금을 휴대한 경우 반드시 세관에 신고해야 한다. 여행 목적으로 방문하는 경우 $100까지 면세가 적용된다. 21세 이상인 경우 주류는 1L 이하의 술 1병, 200개비 이하의 담배(잎담배는 100개비)까지 가능하다. 모든 육류 및 생과일, 생채소, 식물이나 씨앗은 반입 금지다.

◆ 미국에서 환승하기

미국이나 캐나다(전자여행허가 필요)에서 환승하는 경우 첫 번째 공항에서 입국 심사 및 수하물 검사를 정식으로 받게 된다. 항공편 지연까지 고려하면 현지에서 기다리는 한이 있더라도 최소 3~4시간은 잡는 것을 추천한다.

❶ 환승 확인

경유지에서 내리면 Transit, Transfer, Connecting Flights(환승, 연결편)라고 쓰인 간판을 따라간다. Arrival(도착), Exit(출구)로 나가지 않도록 주의하자.

❷ 입국 심사

환승 심사대는 별도 운영하는 것이 일반적이지만, 작은 공항은 일반 입국자와 같은 심사대를 이용할 때도 있다.

❸ 위탁 수하물 찾기

수하물은 일단 찾아서 다시 내 짐배 부치에서 찾아야 하며, 짐 기사 후 연결편 수하물 접수대에 다시 옮겨놓는 것이 원칙이다. 샌프란시스코 공항의 경우 2024년 6월부터 수하물 자동 추적 시스템을 도입했다. 아직은 시행 초기 단계이니 적용 여부를 항공사 측에 반드시 확인하자.

❹ 국내선 터미널로 이동

큰 공항이라면 공항버스를 타고 국제선 터미널에서 국내선 터미널로 이동해야 할 때가 있다.

❺ 보안검색대

미국 국내선 항공편의 보안검색대 통과 시 액체류 봉투는 밀봉된 상태를 유지해야 한다. 경유 항공편 이용 시에는 면세점에서 액체류와 젤류를 구매해도 되는지 확인한다.

❻ 탑승

공항에 설치된 모니터에서 환승 편명과 시간, 탑승구(Gate)를 확인한다. 탑승권에 적혀 있더라도 연착 등의 사유로 변동될 수 있으니 반드시 틈틈이 재확인하자.

Plan ning My Travel 08

앰뷸런스

해안경비대

소방차

여행 중 사고 대비

해외여행은 안전이 최우선인 만큼 돌발 상황에 대한 대비가 필요하다. 여권, 항공권, 각종 예약 확인서의 사본을 준비하고, 여행자보험에 가입한다. 긴급 상황 발생 시 도움을 받을 수 있는 영사 콜센터, 현지 공관 연락처 등도 메모해둔다.

➜ 미국에서 응급 전화번호는 911

응급상황 발생 시 911(한국의 119에 해당)에 가장 먼저 전화를 걸어 본인의 현재 위치를 알린다. 한국어 통역 서비스가 제공되어 "Korean interpreter please(코리안 인터프리터 플리즈)"라고 말해도 된다. 단, 교환원이 연결될 때까지 시간이 소요되기 때문에 가능하다면 현재 상황과 위치를 간략하고 신속하게 알려주는 것이 좋다.

➜ 외교부의 지원이 필요할 때는 영사 콜센터

대한민국 외교부에서는 사건, 사고, 긴급상황에 처한 해외 여행자에게 도움을 주기 위해 연중무휴 24시간 상담 서비스와 7개 국어 통역 서비스(영어·일본어·중국어·프랑스어·러시아어·스페인어·베트남어)를 제공한다.

해외 재난 및
사건·사고 접수

해외여행 중 긴급 상황 시
7개 국어 통역 서비스 제공

신속 해외 송금
지원

해외 안전 여행
지원

◆ 신속해외송금지원제도

해외여행 중 소지품 도난, 분실 등으로 긴급 경비가 필요한 상황 발생 시 1회에 한해 외교부로부터 현지화를 전달받을 수 있다. 신청 접수는 영사콜센터를 통해 24시간 가능하며, 국내 연고자가 외교부 협력 은행 계좌로 입금, 재외공관을 통해 송금받는 방식이다. 지원 한도는 1회 $3000 이하다.

➜ 이용 방법

Wi-Fi 등 인터넷이 가능한 환경이라면
- 무료 전화 모바일 앱을 통해 음성 통화료 없이 상담 가능
- 실시간 안전 정보 푸시 알림 제공
- 카카오톡 상담 연결 가능(카카오톡 채널에서 '영사콜센터' 검색)

핸드폰 유료 통화가 가능하다면
- +82-2-3210-0404(미국 입국 시 수신한 외교부 안내 문자에서 통화 버튼 누르기)

무료 콜렉트콜은 반드시 현지 일반전화/공중전화를 이용
- 011-800-2100-0404/011-800-2100-1304

◆ 미국 서부 총영사관 정보

*카카오톡 채널에서 영사관을 검색해서 채널을 추가할 수 있다.

➜ 주 로스앤젤레스 총영사관
Consulate General of Republic of Korea in Los Angeles

주소 3243 Wilshire Blvd, Los Angeles, CA 90010
대표 전화 +1-213-385-9300
긴급 전화 +1-213-700-1147
업무 시간 평일 09:00~16:30/민원실 방문 전 예약 필수

주 로스앤젤레스 총영사관

➜ 주 샌프란시스코 총영사관
Consulate General of Republic of Korea San Francisco

주소 3500 Clay Street, San Francisco, CA94118
대표 전화 +1-415-921-2251
긴급 전화 +1-415-265-4859
업무 시간 평일 09:00~16:30/민원실 방문 전 예약 필수

➜ 주 시애틀 총영사관 Consulate General of Republic of Korea in Seattle

주소 115 W Mercer St. Seattle, WA 98119
대표 전화 +1-206-441-1011~4,
긴급 전화 +1-206-947-8293
업무 시간 평일 08:30~16:00/민원실 방문 전 예약 필수

◆ 상황별 대처 요령

➜ 여권을 분실했다면

현지에서 여권을 분실했다면 총영사관에 가시 여권 분실 신고를 하고(온라인 신고 가능), 임시 여권을 발급받는다. 여권 사본을 별도로 보관하고 있다면 절차가 조금 간편해진다. 분실물을 미국 경찰에 신고했다면 분실 확인증(Police Report)과 사진 1매를 준비한다.

➜ 사고가 발생했다면

시갑 분실, 교농사고 같은 사고가 발생했다면 현지 경찰서에 신고하고, 현지에서 가까운 공관에도 도움을 요청한다. 보험금을 청구하기 위해서는 경찰서의 도난 신고서(Police Report)가 필요하다. 범인의 인상착의, 사건 발생 장소, 도난 물품 명세서를 기재하고 확인 도장을 받는데, 이때 분실(Lost)이 아닌 도난(Theft)만 보험금 청구 대상에 포함된다는 점에 주의하자.

➜ 병원 이용

내형 빙원을 빙문히디리도 미국 보험이 없으면 제대로 치료받기 어려울 수 있다. 아주 긴급한 상황이 아닌 이상 Urgent Care Center를 찾아가서 치료받는 편이 낫다. 병원을 이용한 다음에는 보험사에서 요구하는 서류(진료 내역 및 결제 영수증)를 꼼꼼히 챙긴다.

> 일반 의약품은 드럭 스토어(CVS, Walgreens)에서 구매 가능

기차 여행

◆ 앰트랙 Amtrak

American과 Track의 합성어인 앰트랙은 미국 철도 공사(National Railroad Passenger Corporation)를 뜻하며, 미국 전역의 철도 운송업을 총괄하는 준공영 기업이다. 해안을 따라 달리는 웨스트 코스트 노선, 광활한 대지를 가르는 남부 종단 노선이 있다. 요금은 비슷한 노선의 항공편과 가격이 비슷하고 소요 시간이 길어 비효율적이지만, 특별한 경험을 원하는 장거리 여행자 사이에서 인기다.

WEB amtrak.com

◆ 주요 노선

AMTRAK®

전체 46개 주, 500여 개 역을 운행한다. 주요 도시라고 해서 모두 앰트랙이 통과하는 것은 아니므로, 기차 노선과 자신의 여행 경로가 맞는지 확인한다. 예를 들어 샌프란시스코와 라스베이거스에는 앰트랙 노선이 없기 때문에 인근 도시에서 연계 버스로 환승해야 한다.

노선	운행 구간
코스트 스타라이트 Coast Starlight	시애틀-포틀랜드-LA
캘리포니아 제퍼 California Zephyr	시카고-덴버-솔트레이크시티-에머리빌(샌프란시스코)
퍼시픽 서프라이너 Pacific Surfliner	샌루이스오비스포-산타바바라-LA-오렌지 카운티-샌디에이고
캐스케이드 Cascades	밴쿠버-시애틀-포틀랜드-유진
산호아킨 San Joaquin	샌프란시스코(오클랜드)-프레즈노-베이커스필드

> **! 주의사항**
> - 객실 내 이동 시엔 중요 소지품을 항상 소지하자.
> - 냉방이 가동되므로 따뜻한 옷이나 무릎 담요를 준비한다.
> - 장거리 운행 시 시간이 지연되는 경우가 많다. 연결 교통편과 다음 일정을 고려해 빠듯한 스케줄은 피한다.
> - 기차역 주변은 치안이 좋지 않다. 늦은 시간에 도착하는 기차편은 피하고, 안전에 유의한다.

◆ 타는 방법

현장에서 곧바로 승차권을 구매할 수 있으나, 구간별 연결이 원활하지 않은 때를 대비해 온라인으로 미리 정보를 확인하고 예매하는 것이 좋다.

➜ 좌석의 종류

홈페이지에서 출발 장소와 목적지를 입력하면 구매 가능한 티켓 종류가 표시된다. 단거리는 일반석(Coach Seat) 또는 비즈니스석(Business Class) 중에서, 장거리는 침대칸(Bedroom) 또는 1인실인 루멧(Roomete)을 추가로 선택할 수 있다. 루멧은 전용 욕실과 화장실을 갖춘 특실이다.

➜ 레일 패스의 종류

❶ 미국 레일 패스 USA Rail Pass 미국 전역에서 이용 가능/사용 개시 후 30일 이내에 10회 탑승/$499

❷ 캘리포니아 레일 패스 California Rail Pass 캘리포니아주에서 이용 가능/사용 개시 후 21일 중에서 7일을 골라서 탑승/$159

➜ 할인 정책 확인

출발일 최소 7일 이전에 예약하면 일반 가격에서 20% 정도를 할인해주는 경우가 많다. 또한, 기차를 여러 번 이용할 예정이라면 일정 기간 또는 일정 횟수만큼 이용 가능한 레일 패스를 구매하는 것이 유리하다. 패스의 잔여 기간이나 횟수는 사용 개시일을 기준으로 적용된다. 일정 변경은 가능하지만, 좌석 사전 예약은 필수다.

Move like Local 01

Move like Local 02

◆ 그레이하운드 & 플릭스버스 Greyhound & Flixbus

1914년 설립되어 북미 전역 1900여 개 목적지를 연결하는 광역 버스 그레이하운드는 장거리 여행자들이 가장 저렴하게 이용하는 교통수단이다. 하지만 시간이 매우 오래 걸리기 때문에 가까운 도시 (시애틀-포틀랜드, LA-샌디에이고)를 오가는 용도로 이용하는 편이 알맞다. 2021년

그레이하운드

글로벌 체인 플릭스버스에서 인수하면서 플릭스버스 홈페이지나 앱을 통해서도 예약할 수 있다.

WEB greyhound.com, flixbus.com

➔ 티켓 예매

홈페이지나 전화로 예매하거나, 현장에서 구매한다. 미리 예매할수록 할인율이 높고, 회원 가입 후 마일리지를 적립할 수 있으며, 예매 내역을 프린트해 가져간다.

➔ 수하물

1인당 휴대용 수하물 1개와 버스 짐칸용 수하물 1개 무료. 추가 요금을 내면 짐칸용 수하물을 2개까지 더 실을 수 있다.

➔ 버스 내 편의시설

국내 고속버스와 비슷한 수준이나, 노선에 따라 다소 낙후된 경우도 있다. 1열 4석의 좌석과 에어컨, 전원 콘센트, 화장실을 갖추고 있다.

❗ 주의사항

- 할인 티켓은 환불 불가인 경우가 많으니 신중하게 구매한다.
- 심야 버스 이용 시엔 따뜻한 옷이나 무릎 담요를 준비한다.
- 장거리 버스는 추천하지 않는다.
- 그레이하운드역이 도심 외곽에 위치한 경우가 많아 안전에 유의해야 한다.
- 혹시 모를 범죄에 대비해 가급적 기사와 가까운 앞쪽 좌석에 앉는다.

Move like Local 03

◆ 라이드셰어 Rideshare

미국 샌프란시스코에서 탄생한 우버 (Uber)와 리프트(Lyft)로 대표되는 차량 공유(차량 호출) 서비스는 현지에서 자주 사용하게 되는 교통수단이다. 주차난이 심각한 샌프란시스코, 대중교통 이용이 쉽지 않은 LA에서는 물론이고, 시애틀이나 라스베이거스, 샌디에이고 같은 곳에서도 일상적으로 사용한다.

◆ 계정 생성하기(우버 기준)

➜ 국내 계정

출국 전 국내에서 한국 전화번호로 인증받고 계정을 만든 다음 신용카드를 등록해두면 현지에서 그대로 사용할 수 있다. 한국 앱스토어에서는 Uber가 아닌 UT라는 이름의 앱을 찾아서 설치해야 하는데, 해당 앱을 미국에서 클릭하면 현지 Uber와 동일한 인터페이스로 변한다.

➜ 미국 계정

현지 번호를 이용해 가입 신청을 하면 미국에서 사용 가능한 쿠폰을 받을 수 있다는 장점이 있다. 하지만 통신사의 정식 후불제 번호가 아닌 선불 유심(또는 eSIM)을 이용하게 되면, 해당 번호가 이미 다른 사람에 의해 등록돼 있어서 가입이 제한될 확률이 높다. 우버는 1인 1계정을 원칙으로 하고 있으니, 장기 체류가 아닌 이상 국내 계정을 그대로 이용하기를 추천한다.

◆ 이용 순서

➜ 차량 호출

국내에서 택시를 호출하는 방식과 크게 다르지 않다. 탑승 장소와 목적지를 입력한 다음, 차량 종류를 선택한다. 가장 기본적인 차량은 UberX이며, 인원이 많은 경우 UberXL, 짐이 특별히 많다면 UberSUV를 선택한다. 다른 사람과 합승하는 우버 풀(Uber Pool)은 비용이 저렴하지만, 안전을 고려해 이용하지 않는 것이 좋다.

➜ 탑승하기

배정된 차량이 도착하면 번호 확인 후 탑승한다. 공항에서는 본인이 서 있는 위치가 아닌, 특정 장소에서 호출해야 한다는 점을 기억하자. 탑승 시엔 "Hello" 정도의 가벼운 인사를 건넨다. 운전기사의 성향에 따라 조금씩 다르긴 하지만, 승객에게 특별한 말을 건네지 않는 것이 기본적인 규칙이다.

➜ 요금 결제

결제는 하차 후에 등록해둔 신용카드를 통해 이루어지며, 이때 팁도 선택할 수 있다. 일반 택시는 요금의 15~18%를 팁으로 내지만, 우버에서는 팁이 의무 사항이 아니다. 단, 짐 싣는 것을 도와줬다거나 인적이 드문 곳으로 이동해 빈 차로 돌아가야 하는 상황이라면 $2~5 내외의 팁을 내는 것이 관례다. 운전기사가 승객을 평가하는 별점 시스템을 의식해, 매번 팁을 내는 사람도 있다.

우버 기사를 만나는 방법에 관한 설명을 실시간으로 제공

차량 위치

도착까지 남은 시간

호출 위치

❗ 장점 및 단점

우버나 리프트는 차량 호출 시 목적지 설정을 이미 해두었기 때문에 기사에게 별다른 설명이 필요하지 않다는 점이 편리하다. 하지만 개인 차량에 탑승하는 것이므로 위생 상태가 청결하지 못한 차량을 배정받거나, 정식 택시와 비교했을 때 불편한 경험을 하게 될 수도 있다는 점은 감안해야 한다.

◆ 요금 비교하기

택시 호출 서비스의 요금은 수요와 공급에 따라서 계속 바뀌기 때문에 최소 2개의 앱(우버·리프트)을 깔아두고 좀 더 저렴한 업체를 통해 호출하는 것이 좋다. 장거리 이동은 오히려 일반 택시가 저렴한 경우도 있으니, 공항 탑승구 등에서 사전에 요금을 확인할 수 있다면 예상 요금을 비교해보고 이용하자. 출퇴근 시간과 인파가 몰리면 요금이 2배 이상 오르며, 스포츠 경기가 끝난 직후에는 경기장 앞보다는 큰 거리로 나와 호출하는 것이 유리하다는 것도 참고.

Move like Local 04

자동차 여행

미국에서의 운전은 한국과 유사한 편이지만, 간혹 문화와 관습이 달라 당황스러운 상황이 발생하기도 한다. 국제 운전면허증, 국내 운전면허증, 여권을 항상 휴대하고 방어 운전과 교통법규 및 제한속도 준수는 기본! 렌터카를 빌릴 때 알아두면 좋을 정보는 104p 참고.

◆ 사전 준비

➜ 긴급 출동 서비스

렌터카 회사의 긴급 출동 서비스(기본 옵션)에는 운전자의 부주의로 인한 출동(열쇠 분실·배터리 방전·연료 부족·타이어 펑크 등)이 포함되지 않는다. 사소하지만 난처한 상황에 대비하려면 추가 비용을 내고 프리미엄 이머전시 로드사이드 어시스턴스(Premium Emergency Roadside Assistance)를 선택하자. 미국 거주자라면 미국 자동차협회(American Automobile Association) 회원으로 가입해 비용을 절감할 수 있다.

WEB aaa.com

➜ 차량 절도에 주의하기

잠기지 않은 차량이나 밖에서 들여다보이는 물품의 도난은 보험이 적용되지 않는 만큼 주의가 필요하다. 여권, 현금, 전자제품과 귀중품은 항상 휴대하고, 주차 시차 안의 물건이 보이지 않도록 정돈해야 한다. 고의로 사고를 유발하거나 운전자가 하차하도록 유인하는 범죄도 발생하므로, 항상 차량 잠금장치를 확인하자. 도난 사고를 당하면 경찰에 신고해 경찰 신고 번호(Police Report Number)를 받아 두어야 한다.

➜ 유료도로 비용 확인하기

대도시 주변 지역에 있는 유료 도로는 주마다 다른 정책과 결제 시스템을 적용해서 매우 혼란스럽다. 특히 전자식 톨게이트를 통과할 때는 반드시 단말기가 부착돼 있어야 한다. 메이저 렌터카 회사에서는 차량에 단말기를 붙여두고 추후 수수료와 통행료를 청구하는 경우가 대부분이다. 방문 지역의 유료 도로 위치와 지불 방법을 파악하고 개인 계좌를 오픈해 요금을 지불하는 방법도 있는데, 이 경우 기존 단말기와 중복으로 결제

될 우려가 있다. 렌터카 회사별로 방식이 다르니, 사전에 업체에 문의하자.

주	결제 시스템	홈페이지
캘리포니아	FasTrak	bayareafastrak.org
워싱턴(시애틀 주변)	Good to Go	mygoodtogo.com
콜로라도, 유타	Express Toll	expresstoll.com

◆ 운전 시 주의 사항 및 팁

➔ 나 홀로 여행은 피하자

서울-부산 간 이동 거리(390km)는 미국 기준으로 단
거리에 속한다. 서부 지역을 차로 타면 하루에도 수백
km를 달리는 일이 빈번해서 2인 이상 교대하며 운전
하는 것이 좋다. 상황이 여의찮다면 본인의 행선지를
주변에 알리고 여행하자.

➔ 무선통신 두절에 대비하자

도시를 벗어나면 전화·인터넷·GPS가 되지 않는 경우가
매우 많기 때문에 오프라인 지도를 준비하고, 어두워지
기 전에 숙소에 도착한다. 구글맵도 미리 다운받아 두
면 오프라인 상황에서 이용할 수 있는데, 간혹 외진 길
로 안내할 수 있으니 일반적인 경로를 확인해둔다. 산
간 지대에서는 예상 도착 시간을 넉넉하게 잡을 것.

➔ 도로 상황 파악하고 떠나기

겨울철이거나 자연재해로 도로가 폐쇄되면 수백 km를
우회해야 한다. 산이 많은 국립공원일수록 겨울에서 봄
까지 핵심 관광 도로를 열지 않는 곳이 많으니, 방문 전
반드시 국립공원 홈페이지의 공지사항을 체크하자.

➔ 물과 식량은 충분히! 주유도 충실히!

그랜드 서클 쪽은 도시
간 거리가 멀어서 수백
km를 달려야 다음 마을
이 나타난다. 국립공원
에도 편의시설이 거의

없으므로, 차에 언제나 충분한 물과 식량을 싣고 다녀
야 한다. 주유소가 보일 때마다 다음 주유소 위치를 확
인하고 주유하는 것은 기본이다.

➔ 길 위의 야생동물 주의

도시를 벗어나면 도로에 야생동물이 자주 출몰한다. 특
히 국립공원 내 도로에서는 언제나 서행하고, 야생동물
이 도로를 완전히 벗어날 때까지 비상등을 켜고 기다리
는 것이 원칙. 뒤쪽 차량의 시야가 확보될 수 있도록 안
전에 유의하자. 사진 촬영을 위해 차에
서 내려 가까이 다가가는 것은 금
물. 먹이를 주는 행위 또한 엄
격하게 금지돼 있다.

◆ 기본적인 교통 법규

➜ 미국의 속도 단위는 마일!

미국의 모든 표지판과 차량 계기판은 '시속 마일'에 맞춰져 있다. 1마일(Mile, ml)은 약 1.6km이므로, 제한속도 55마일은 88km, 65마일은 105km에 해당한다. km 단위로 착각하는 경우가 흔하니 언제나 신경 쓰며 운전하자.

➜ 비보호 좌회전

교차로에서 별도의 좌회전 신호가 없다면 비보호 좌회전을 하는 곳이다. 운전 시 가장 당황할 수 있는 부분. 직진 신호인 상황에서 차량 통행이 없으면 좌회전이 허용된다. 차량이 연이어 지나가는 큰길이라면 직진에서 주황색 신호로 바뀌는 순간 좌회전하는 것이 일반적이다. 반대편 차량도 이 점을 감안해 늦게 출발하는 것이 관례. 마찬가지로, 직진할 때는 반대편에 좌회전 차량이 없는지 잘 살피고 출발해야 한다.

➜ 보행자 주의

미국에서는 보행자 우선권을 엄격하게 준수해야 한다. 보행자가 지나갈 때 경적을 울리는 건 금물. 또한, 횡단보도 정지선을 넘지 않도록 주의한다.

소방차

➜ 소방차, 경찰차

긴급 차량의 사이렌 소리가 들리면 즉시 길 옆에 정차해서 길을 비켜줘야 한다.

➜ 스쿨존, 스쿨버스

학교 주변 스쿨존은 주별로 정책이 다르다. 제한속도는 통상 15~25마일(25~40km/h)이며, 진입 시 속도를 줄여야 한다. 만약 스쿨버스가 정차해 차 벽에 붙은 STOP 사인이 펼쳐지면, 스쿨버스 반대 방향 차선까지 주위 모든 차량이 정지해야 한다. 즉, 스쿨버스가 나를 향해 서 있다면 나도 차를 길옆에 세워야 한다.

➜ 교통 법규 준수

주행 중 휴대폰 사용은 중대 교통법규 위반이다. 속도 제한도 엄격하게 단속하는 편. 아무도 없어 보이는 고속도로에서도 불시에 순찰차가 나타나고, 가끔은 항공 단속까지 이뤄지니 주의해야 한다. 주변의 차들이 빠르게 달린다고 해도, 현지인과 여행자는 경험치가 다르다는 점을 인지하고 소신껏 운전하자. WAZE 앱을 다운받으면 사용자끼리 교통 단속 정보를 주고받을 수 있지만, 모든 단속을 피할 수 있는 것은 아니다. 여행자답게 느긋한 마음으로 속도제한을 지키자.

스쿨버스

➔ 경찰 단속 및 적발 시 대처 방법

경찰차가 경광등을 켜고 따라올 경우 속도를 줄이고 안전한 위치에 정차한다. 차에서 내리거나 손을 함부로 움직이는 행동은 절대 삼가고, 경찰관이 다가올 때까지 두 손을 운전대에 올려둔 채 지시를 기다린다. 신분증이 옷이나 가방 안에 있다면 경찰에게 알려서 허락을 받은 다음 꺼내야 하며, 국제 운전면허증은 반드시 국내 운전면허증과 함께 제시한다. 이후 경찰관과 대화할 때도 두 손을 운전대에 올려 경찰의 의심을 사지 않도록 한다.

경미한 법규 위반은 주의로 끝나기도 하지만, 과속 및 신호 위반 등은 벌금(속도에 따라 $150~300 이상)이 부과된다. 과속 스티커를 받으면 온라인으로 납부할 수 있다. 이의 신청도 가능하지만 여행객은 현실적으로 불가능하니, 속도를 준수하는 것이 유일한 방법. 벌금은 반드시 정해진 기간에 납부해야 하며, 미납 시 재입국 거절 사유가 될 수 있다.

➔ 카풀 라인

고속도로 1차선에 마름모가 그려져 있다면 카풀 라인을 뜻한다. 즉, 2인 이상 탑승한 차량만 운행할 수 있다. 카풀 라인 진·출입은 실선이 아닌 점선 구간에서만 가능하다.

➔ 갓길 주정차

고속도로 갓길에 함부로 주·정차하는 것은 엄격히 금지돼 있다. 차 고장 및 긴급 상황을 제외하고는 갓길 이용 금지.

➔ 고속도로가 마을을 지날 때

미국의 고속도로는 마을을 지날 때 제한속도가 변경되니, 표지판을 잘 살핀다. 비를 신입 시점에서는 대체로 30 40km 속도로 심각하고, 마을 중심부에서는 25~35km로 시행해야 한다.

➔ 휴게소 이용

우리나라의 고속도로 휴게소와 다르게, 가까운 출구(Exit)로 빠져나가 인근 상업시설을 이용하는 것이 일반적이다. 대부분의 주유소는 편의점을 겸하며, 화장실을 무료 개방한다.

➔ 주유하기

대부분 셀프주유소다. 비어 있는 주유기에 주차하고 신용카드로 선결제하는 방식. 한국 신용카드를 이용할 때 결제 단계에서 우편번호(Zipcode) 입력을 요청한다면, 한국 우편번호 또는 00000 등 5자리 숫자를 입력해보자. 신용카드 결제가 승인되지 않을 때는 주유소 내 편의점을 찾아가면 된다. 직원에게 주유기 번호(Pump Number)와 결제 금액을 말하면, 카운터에서 카드 결제 후 주유기를 작동시켜준다. 실제 주유 금액이 결제 금액보다 적게 나왔다면, 카운터로 돌아가서 환불받는다.

◆ 도시에서 거리 주차하기

길거리 주차는 가장 편리하면서도 실수하기 쉬운 부분이다. 대도시에서도 무료로 주차할 수 있는 거리가 꽤 있지만, 주차 요건이 상당히 까다롭기 때문에 표지판을 잘 확인해야 한다. 주별, 도시별로 표지판이 다르니, 책에 소개한 내용을 참고해 상황에 맞게 대처하자.

➡ 보도블럭 경계선 색상에 주의

붉은색으로 칠해진 경계선은 '절대 주차 금지'라는 뜻. 흰색 경계선은 거리 주차가 가능하다는 표시지만, 주변의 주차 표지판 정보를 꼼꼼히 확인해야 한다.

➡ 다양한 주차 표지판 예시

보통 초록색은 '주차 가능한 정보'를, 빨간색은 '주차 불가능한 정보'를 제공한다고 이해하면 된다. 한 줄씩 차근히 읽어나가면 표지판에 담긴 많은 정보를 파악할 수 있다.

최대 75분까지 주차 가능

주차 가능 시간대 오전 9시~오후 6시

일요일은 예외

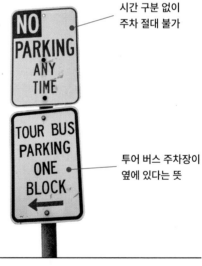

시간 구분 없이 주차 절대 불가

투어 버스 주차장이 옆에 있다는 뜻

거리 주차가 가능한 구역이지만, 월~토요일까지는 오전 9시~오후 6시에 차량 1대 기준으로 최대 75분만 정차할 수 있다는 뜻. 일요일에는 시간제한 없이 주차할 수 있다.

빨간색의 NO PARKING은 주차가 불가능하다는 뜻이지만, 그 아래 적힌 정보도 중요하다. ANY TIME이라고 적혀 있다면 시간 구분 없이 언제나 주차 금지다.

월요일 오전 9~11시에는
주차 금지라는 뜻

거리 청소 시간

최대 2시간까지
주차 가능

월~금요일
오전 8시~오후 6시

주차 허가증이 있으면
주차 제한에
영향을 받지 않음

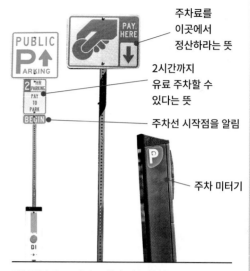

주차료를
이곳에서
정산하라는 뜻

2시간까지
유료 주차할 수
있다는 뜻

주차선 시작점을 알림

주차 미터기

NO PARKING이지만 주차가 불가능한 시간은 월요일 오전 9시부터 11시까지인 2시간뿐이다. 해당 시간에는 거리 청소를 하므로 주차 금지라는 뜻. 그 아래는 평일 오전 8시부터 오후 6시까지는 최대 2시간까지만 주차할 수 있다는 뜻. 바꿔서 생각하면, 평일 오후 6시 이후부터 그다음 날 새벽 5시까지는 주차 가능하다는 뜻도 된다.

전형적인 유료 거리 주차가 가능한 장소. 주차료를 지불하는 주차 미터기가 세워져 있고, 신용 카드로 결제 가능한 곳이 대부분이다. 하지만 유료 주차라고 해도 시간제한을 두는 곳이 대부분이니, 표지판을 먼저 확인하자.

주차 미터기

◆ 교통 표지판 보는 법

미국은 주마다 교통법규가 달라서 주 경계를 지날 경우 제한속도가 변경되는 경우가 많고, 도로 표지판의 형태도 다르기 때문에 유의해야 한다. 다음은 캘리포니아에서 일반적으로 사용되는 교통 표지판이다. 적색 표지판은 중요한 규제 사항을, 마름모형 표지판(주로 노란색)은 전방의 특정한 상태 및 위험을 경고하며, 직사각형의 흰색 표지판은 운전자가 반드시 따라야 하는 중요한 규칙이라는 표시다.

➡ 꼭 알아야 할 적색 규제 표지판

정지
빨간색 신호등과 같은 효과를 가진 표지판. 무조건 브레이크를 밟고 3초가량 정지했다가 출발한다. 사거리에 STOP 사인이 있으면 먼저 도착한 차량 순서대로 통과한다. 즉, 교차로에 정차할 때 다른 길에 먼저 온 차가 있는지 신경 써야 한다. 꼬리물기는 절대 금지. STOP 사인 위반은 중대 교통법규 위반이다.

양보
역삼각형 양보 표지판이 보이면 다른 차량과 자전거, 보행자를 보내기 위해 속도를 줄이거나 정지할 준비를 해야 한다. 내 차선의 우선순위가 옆차선이나 교차 차선보다 낮다는 뜻이다.

진입 금지
해당 도로에 진입하지 말라는 의미의 표지판. 고속도로 출구 램프 등에 설치돼 있다. 이미 잘못 진입한 상태라면 'WRONG WAY'라는 사인이 나타나는데, 이 표지판이 보이면 비상등을 켜고 이 상황을 벗어날 방법을 찾는다.

➡ 경고 표지판

Railroad Crossing 철도 건널목. 노란색은 차량이 철도 건널목에 가까워진다는 경고. 흰색 표지판이 보이면 반드시 주변 상황을 살피고 속도를 늦추거나 정지한다.

Divided Highway
중앙분리대 종료

Lane Ends
차선 종료

School Zone 학교 주변. 오각형 표지판은 주변에 학교가 있다는 표시. 감속은 기본이고, 횡단보도가 아니더라도 어린이가 건너려 하면 정지해야 한다.

Stop Ahead
전방에 정지 표지판 있음

Traffic Signal Ahead
전방에 교통신호 있음

Slippery When Wet 미끄러운 도로. 미국 도로는 마른 상태에서도 미끄러운 편이다.

Merging Traffic 합류 도로. 속도를 늦춰야 한다.

Crossroad
교차로

Winding Road
굽잇길

◆ 미국의 도로 체계

➔ 인터스테이트 하이웨이 Interstate Highways

가장 상위 개념의 고속도로 시스템. 붉은색과 파란색의 방패 모양 표지판으로 표시한다. 미국 대륙의 서쪽에서 동쪽으로 갈수록, 남쪽에서 북쪽으로 갈수록 번호가 커진다. 일부 특별 구간을 제외하고는 무료이기 때문에 프리웨이로 불리기도 한다.

➔ US 루트(US 하이웨이) U.S. Route(U.S. Highways)

정식 명칭은 United States Numbered Highway이며, 약칭으로 U.S. Highway 또는 U.S. Route로 표시한다. 인터스테이트 하이웨이 시스템이 탄생한 1956년 이전까지 여러 주를 연결하던 주요 고속도로였으나 현재는 국도 개념에 가깝다. 동쪽에서 서쪽으로 갈수록, 북쪽에서 남쪽으로 갈수록 도로 번호가 커진다. 흑백의 방패 모양 표지판이 기본이며, 주에 따라서 표시 형태가 조금씩 다르다.

I-22
(22번 고속도로)

I-495
(495번 고속도로)

US-50,
Route 50
(루트 50)

US-66,
Route 66
(루트 66)

US-798,
Route 798
(루트 798)

➔ 주립 도로 State Highways

각 주에서 관리하는 도로이며, 주별로 표지판 모양과 색이 다르다. 정식 명칭은 California State Route 1, Utah State Route 24 등이며, 주의 약칭에 번호를 붙인다. 지도상에 흰색 타원형에 검은색 숫자로 표시된다.

지도 표기 형태

CA-1
(캘리포니아 1번
주립 도로)

NV-318
(네바다 318번
주립 도로)

UT-24
(유타 24번 주립
도로)

AZ-87
(애리조나 87번
주립 도로)

CO-14
(콜로라도 14번
주립 도로)

고속도로 진입로 표시

❶ 진행 방향 ❷ 도로 체계 ❸ 도로 번호를 구분해 표시하므로 주행 방향을 늘 의식하고 있어야 한다.

진입하면 북쪽으로 주행하는
405번 고속도로라는 뜻

동쪽 East / 서쪽 West /
남쪽 South / 북쪽 North

출구 표시 Exit

도로 우측에 ❶ 도로 번호 ❷ 출구 번호 ❸ 진출 방향을 표시한다. 출구 번호는 숫자로만 매기거나, 뒤에 알파벳을 붙여 좀 더 세분화해 표시하는 경우도 있다. 해당 출구에 마련된 편의시설 정보를 배치하기도 한다.

211A 출구로 진출하면
Utopia 서쪽 루트 56으로
진입하게 된다는 뜻

13번 출구로 진출하면
주유소, 레스토랑, 숙소
등이 있다는 뜻

미국의 역사

1492년, 미 대륙의 발견

아메리카 대륙의 원주민은 고유의 전통을 가지고 농경, 수렵 생활을 하면서 자연을 숭배하는 삶을 영위했다. 대서양을 횡단해 미시의 땅에 노착한 크리스토퍼 콜럼버스는 1506년 사망할 때까지 자신이 발견한 신대륙을 인도라 믿었고, 이 때문에 유럽인들은 아메리카 원주민을 인디언으로 부르게 됐다.

17세기, 탐험의 시대

콜럼버스 이후 유럽인들의 아메리카 대륙 탐험이 이어졌다. 1607년 영국 성공회 신자들이 버지니아에 정착했고, 1620년에는 필그림(Pilgrims)이라 불리는 청교도인들이 메이플라워호를 타고 뉴잉글랜드에 정착했다.

1776년, 미국의 독립

1776년 7월 4일, 영국 식민지 지역 중 동부 지역 13개 주의 대표가 필라델피아에 모여 독립을 선언한다. 이후 8년간 전쟁을 벌여 마침내 영국으로부터 독립한다.

1789년, 조지 워싱턴 취임

초대 대통령으로 조지 워싱턴이 취임한 이래, 미국은 1848년까지 남부와 서부로 영토를 확장한다. 이 과정에서 아메리카 원주민과의 갈등이 깊어지게 된다.

1803년, 중부 지역 확장

프랑스령이었던 현재의 루이지애나·미주리·아이오와·네브래스카·몬태나·오클라호마주를 포함한 중부 지역을 나폴레옹으로부터 1500만 달러에 사들이며 영토를 확장한다.

1830년, 아메리카 원주민 강제 이주

미국 정부는 원주민을 피정복민이자 계몽의 대상으로 인식하고 토지를 몰수했으며, 1830년에는 강제 이주를 시행했다. 원주민들은 무력투쟁을 벌였으나 수적 열세, 부족별 저항에 따른 한계로 결국 굴복했다. 이렇듯 서부 개척 시대는 원주민 학살의 역사로서 오늘날까지 이들의 사회적 불평등과 빈곤 문제가 해결 과제로 남아 있다.

1846~1848년, 서부 점령

멕시코와의 전쟁에서 승리한 미국은 1848년 과달루페 이달고(Guadalupe Hidalgo) 조약에 따라 남서부 지역(텍사스·뉴멕시코·캘리포니아·네바다·유타·애리조나 북부·와이오밍주)의 방대한 영토를 미국으로 편입시킨다.

1849년, 골드러시의 시작

새크라멘토 인근에서 사금이 발견됐다는 소문이 퍼지면서 미국은 물론 유럽, 중남미, 하와이에서도 사람들이 몰려든다. 1849년에는 10만 명, 1852년 약 30만 명이 서부로 이주했다. 이 당시 캘리포니아로 이주한 사람들을 '49ers(Forty-niners)'라고 부른다. 이들은 서부로 가는 육로 개척과 철도 및 도시 발달에 큰 영향을 끼쳤다.

1861년, 남북전쟁 발발

1854년 북부를 중심으로 노예제를 반대하는 공화당이 창당됐고, 1860년 에이브러햄 링컨이 대통령에 당선된다. 남부군(Confederate)의 공격으로 시작된 남북 전쟁은 북군(Union)의 승리로 막을 내린다. 전쟁 이후 풍부한 자원과 노동력, 이민자의 유입으로 기술 개발이 가속화되면서 산업화가 빠르게 진행됐다.

1929년, 경제 대공황과 뉴딜 정책

1917년 제1차 세계대전에 참전한 미국은 세계적인 자본 국가로 발돋움했으나, 전후 향상된 생산력을 소비가 받쳐주지 못하면서 1929년 경제 대공황이 발생했다. 제32대 루스벨트 대통령은 대규모 공공사업을 통한 뉴딜 정책을 시행한다.

1941년, 제2차 세계대전 참전

1941년 일본의 진주만 공습으로 연합군에 합류한 미군은 노르망디 상륙작전과 과달카날 해전 승리로 전세를 역전, 다시 한번 승전국이 된다.

1945년 이후, 냉전 시대

전후 자본주의와 사회주의 간 이념 갈등이 세계를 분열시켰고, 미국은 서방 자본주의의 선도 국가로 소련과 맞선다. 1950년 한국전쟁에서 미국은 막대한 원조와 UN군 개입을 이끌며 한반도의 공산화를 막았고, 이란에서 친위 쿠데타를 일으켜 소련의 남하를 막았다.

1960년대, 베트남 전쟁과 평화 시위

미국 국민의 자유주의, 평화주의, 시민 의식 성장으로 비판 여론에 시달리던 미군은 1973년 베트남에서의 철수를 선언한다. 당시의 주목할 만한 사건으로는 1963년 마틴 루터킹 목사의 '나는 꿈이 있습니다' 연설, 1969년 아폴로 11호의 달 탐사 성공이 있다.

2001년, 9·11 테러

1991년 소련 붕괴 이후 세계 유일의 초강대국으로 부상한 미국은 세계 경찰을 자임했다. 그러나 아프가니스탄을 소련으로부터 방어하기 위해 육성했던 이슬람 과격 단체로부터 2001년 9·11 세계 무역센터 테러를 당했다.

2008년, 최초의 흑인 대통령 취임

최초의 흑인 대통령인 버락 오바마가 취임 및 재선에 성공해 8년의 임기를 마쳤다.

2017년, 트럼프 대통령 취임

도널드 트럼프가 제45대 대통령으로 취임했다.

2021년, 바이든 대통령 취임

오바마 정권의 부통령 조 바이든이 제46대 대통령으로 취임했다.

2025년, 트럼프 대통령 취임

도널드 트럼프가 제47대 대통령으로 취임했다.

715

717

718

THIS IS

디스이즈미국서부

WESTERN USA